JN446777

제5판

선형대수학

한재영 · 한응섭 · 김익성 지음

불법복사는 지적재산을 훔치는 범죄행위입니다.

저작권법 제97조의 5(권리의 침해죄)에 따라 위반자는 5년 이하의 징역 또는 5천만원 이하의 벌금에 처하거나 이를 병과할 수 있습니다.

KM 경문사

머 리 말

행렬과 벡터에 관한 이론과 실제는 자연과학에서 인문, 사회과학에 이르는 모든 학문분야에서 활용되고 있는 현대수학의 중요한 영역이다. 현대수학의 많은 사실들이 인류문명의 창달에 밑거름이 되도록 교양과정이나 응용수학이 필요한 학생들에게 전수되기를 바라는 마음에서 이 책을 엮었다.

행렬과 선형변환의 구조를 규명하는 데 현대대수학과 해석기하학의 기초이론이 필요하여 서두에 집합, 관계, 순서, 군, 환, 체를 다루고 있다. 정의의 개념과 정리의 이해를 돕기 위하여 이론의 전개에 수학적 효율성과 합리성을 제고하였으며, 응용수학이 필요한 많은 분야의 학생들을 위하여 연습문제의 상세한 풀이에 이 책의 특징을 두었다.

수학과 학생들에게는 선형사상을 기본으로 하여 행렬과 그의 성질을 규명하고 응용수학이 필요한 학생들은 예제와 연습문제를 접함으로써 정의의 개념과 정리의 내용을 이해하기 쉬우리라 본다.

이 책의 내용은 벡터공간과 선형사상, 행렬과 행렬식, 행렬의 대각화로 이루어져 있다. 행렬의 대각화가 가장 중요한 부분으로 내적공간과 고유치문제를 언급하고 행렬의 표준형과 곡선·곡면의 분류에 대하여 기술하였다.

수학과 학생들은 체계적인 학습이 필요하고 그 외의 학생들에게는 행렬, 선형사상, 내적공간, 대각화를 강의하면 충분하리라 생각된다.

이 책을 제5판까지 발행해 주신 경문사 박문규 사장님과 임직원 여러분께 고마움을 전하며 앞으로 더 좋은 책이 되도록 힘쓸 것을 다짐한다.

2008년 3월

저자 **한 재 영**

차 례

제 1 장

집합과 사상

제 1 장

집합과 사상

1.1 집 합

어떤 **대상**(object)들의 모임(collection)을 **집합**(set)이라 하고, 집합을 이루는 각 대상을 집합의 **원소**(element)라 한다. 집합을 대문자 A, B, C, $\cdots$, X, Y, Z 등으로 나타내고 원소를 소문자 a, b, c, $\cdots$, x, y, z 등으로 표시한다. $x \in A$는 x가 집합 A의 원소, $x \notin A$는 x가 집합 A의 원소가 아님을 의미한다. 주어진 집합 A의 원소 중에서 어떤 **성질**(property) P를 만족하는 원소 전체의 집합을 다음으로 나타낸다.

$$\{x \in A \mid P(x) : \text{진(True)}\}$$

두 개의 집합 A, B에서 A의 모든 원소가 B의 원소가 될 때 A는 B의 **부분집합**(subset)이라 한다. 다음 명제가 항상 진일 때 A는 B의 부분집합이다.

$$x \in A \Rightarrow x \in B$$

이 때 $A \subset B$로 나타낸다. 집합 A, B가 $A \subset B$인 동시에 $B \subset A$일 때 A와 B는 같다(equal)고 하고 $A = B$로 나타낸다. A와 B가 같은 집합이면 다음 명제는 항상 진이다.

$$x \in A \Longleftrightarrow x \in B$$

어떤 집합 A, B에서 $A \subset B$이고 $A \neq B$이면 A는 B의 **진부분집합**(proper subset)이라 한다. 집합 A가 집합 B의 부분집합이고 같을 수 있으면 $A \subseteq B$로 나타내기

도 한다.

주어진 집합 X의 부분집합들의 **집합연산**(set operation)을 생각하자. X의 부분집합 A, B에서 다음을 차례로 A와 B의 **합집합**(union), **교집합**(intersection), **차집합**(difference), **대칭차집합**(symmetric difference)이라 한다.

$$A \cup B = \{x \in X \mid x \in A \text{ 또는 } x \in B\}$$
$$A \cap B = \{x \in X \mid x \in A \text{ 그리고 } x \in B\}$$
$$A - B = \{x \in X \mid x \in A, \text{ 그러나 } x \notin B\}$$
$$A \triangle B = (A - B) \cup (B - A)$$

원소를 갖지 않는 집합을 **공집합**(empty set, null set)이라 하고 $\varnothing$로 나타낸다. 집합 A, B에서 $A \cap B = \varnothing$이면 A와 B는 **서로 소**(disjont)라 한다. 주어진 집합 X의 부분집합 A에서 다음 집합을 집합 X에 관한 A의 **여집합**(complement)이라 한다.

$$A^C = X - A = \{x \in X \mid x \notin A\}$$

예제 1.1.1 집합 $X = \{a, b, c, d, e, f\}$, $A = \{a, b, c, d, e\}$, $B = \{f\}$에서 다음을 구하여라.

(1) $A \cup B$ (2) $A \cap B$ (3) $A^C = X - A$ (4) $A - B$ (5) $A \triangle B$

[풀이] $A \cup B = A \triangle B = X$, $A \cap B = \varnothing$, $A^C = B$, $A - B = A$.

예제 1.1.2 주어진 집합 X의 부분집합 A, B에서 다음이 성립한다.

(1) $(A \cup B)^C = A^C \cap B^C$ (2) $(A \cap B)^C = A^C \cup B^C$

[풀이] $$\begin{aligned}(A \cup B)^C &= \{x \in X \mid x \in (A \cup B)^C\} = \{x \in X \mid x \notin A \cup B\}\\ &= \{x \in X \mid x \notin A,\ x \notin B\} = \{x \in X \mid x \in A^C,\ x \in B^C\}\\ &= \{x \in X \mid x \in A^C \cap B^C\} = A^C \cap B^C.\end{aligned}$$

예제 1.1.3 공집합의 기호 $\varnothing$에서 $\varnothing$, $\{\varnothing\}$, $\{\varnothing, \{\varnothing\}\}$, $\{\varnothing, \{\varnothing\}, \{\varnothing, \{\varnothing\}\}\}$, $\{\varnothing, \{\varnothing\}, \{\varnothing, \{\varnothing\}\}, \{\varnothing, \{\varnothing\}, \{\varnothing, \{\varnothing\}\}\}\}$, $\cdots$ 등을 각각 0, 1, 2,

3, 4, …라 한다. 이들의 원소 관계를 살펴보아라.

[풀이] $1=\{0\}$, $2=\{0, 1\}$, $3=\{0, 1, 2\}$, $4=\{0, 1, 2, 3\}$, …이므로 모든 $n\in n^*$, $n^*=n+1$이다. 속한다는 기호 $\in$을 $<$로 놓으면 $n<n+1$이다. $n\notin n$이므로 n은 n보다 작지 않다. 정수 n은 자신을 자신의 원소로 갖지 않는 집합이다.

예제 1.1.4 집합 A에서 $x\in A$, $x\notin x$인 모든 x의 집합 $S=\{x\in A | x\notin x\}$는 S의 원소가 아님을 보여라.

[풀이] $S=\{x\in A | x\notin x\}$에서 $S\in S$라 하자. 그러면 $S\in A$이고 $S\notin S$이다. 역으로 $S\in A$이고 $S\notin S$이면 $S\in S$이다. 이는 모순이다.

예제 1.1.5 집합 $\{x | x$는 $x=x$인 원소$\}$을 **전집합**(universal set)이라 하고 U로 나타낸다. 모든 원소에서 $x=x$이므로 $x\neq x$인 원소는 존재하지 않는다. 집합 $\{x | x\neq x$인 원소$\}$를 **공집합**이라 하고 $\varnothing$로 나타낸다. 임의의 집합 A에서 다음이 성립함을 보여라.

(1) $\varnothing\subseteq A$　　　　(2) $A\subseteq U$

[풀이] (1) $x\notin A$이면 $x\notin\varnothing$이다. 모든 원소에 대하여 $x=x$이기 때문에 $\varnothing$의 원소는 존재하지 않는다. 그러므로 $x\notin\varnothing$는 항상 참이다. 이 명제의 대우는 항상 참이다. 즉 $x\in\varnothing$이면 $x\in A$이다. 이는 $\varnothing\subseteq A$임을 뜻한다.

(2) $x\in A$이면 x는 원소이고 $x=x$이다. 즉 $x\in U$이므로 $A\subseteq U$이다.

예제 1.1.6 집합 $A=\{x | x$는 $x^2=4$인 홀수$\}=\varnothing$임을 보여라.

[풀이] 모든 홀수 x에서 x^2은 홀수이므로 $x^2\neq 2^2$이다. A의 원소 x가 있다면 $x^2=2^2$이므로 모순이다. 따라서 집합 A는 공집합이다.

$x=a$인 원소들의 집합 $\{x | x=a\}$를 **단집합**(singleton set)이라 하고 $\{a\}$로 나타낸다. $x=a$ 또는 $x=b$인 원소 x들의 집합 $\{x | x=a$ 또는 $x=b\}$를 $\{a, b\}$로 나타낸다. 집합 $\{a, b\}$는 **순서가 없는 쌍**(unordered pair)이다. 원소 a, b에서 집합 $\{\{a\}, \{a, b\}\}$를 a와 b의 **순서쌍**(ordered)이라 한다. 원소 b, a의 순서쌍 $(b, a)=\{\{b\}, \{a, b\}\}$는 (a, b)와 같다고 볼 수 없다. $\{a\}\notin\{\{b\}, \{a, b\}\}=(b, a)$이고

$\{b\} \notin \{\{a\}, \{a, b\}\}$이므로 집합 (a, b)와 (b, a)는 다를 수 있기 때문이다. 집합 A, B에서 $A \times B = \{(a, b) | a \in A, b \in B\}$를 A, B의 **카테시언 곱**(cartesian product)이라 한다.

예제 1.1.7 집합 A, B, C에서 다음이 성립함을 보여라.

(1) $A \times (B \cup C) = (A \times B) \cup (A \times C)$ (2) $A \times (B \cap C) = (A \times B) \cap (A \times C)$

[풀이] 모든 $(x, y) \in A \times (B \cup C)$에서 $x \in A$이고 $y \in B \cup C$이다. $y \in B \cup C$는 $y \in B$ 또는 $y \in C$이다. 이는 「$x \in A$이고 $y \in B$이다」 또는 「$x \in A$이고 $y \in C$이다」와 동치이다. 따라서 $(x, y) \in (A \times B) \cup (A \times C)$이다. 즉 $A \times (B \cup C) \subseteq (A \times B) \cup (A \times C)$이다.

역으로 $(x, y) \in (A \times B) \cup (A \times C)$이면 $(x, y) \in A \times B$ 또는 $(x, y) \in A \times C$이다. 「$x \in A$이고 $y \in B$이다」 또는 「$x \in A$이고 $y \in C$이다」는 $x \in A$이고 「$y \in B$ 또는 $y \in C$이다」와 동치이다. 이는 $(x, y) \in A \times (B \cup C)$를 뜻한다. 따라서 $(A \times B) \cup (A \times C) \subseteq A \times (B \cup C)$이다.

이로써 $A \times (B \cup C) = (A \times B) \cup (A \times C)$가 증명되었다.

예제 1.1.8 집합 A, B에서 $A \times B = \varnothing$일 필요충분조건은 $A = \varnothing$이거나 $B = \varnothing$임을 밝혀라.

[풀이] $A \times B \neq \varnothing$이면 순서쌍 $(x, y) \in A \times B$가 존재한다. $x \in A$이고 $y \in B$이므로 $A \neq \varnothing$이고 $B \neq \varnothing$이다. 역으로 $A \neq \varnothing$이고 $B \neq \varnothing$이면 $x \in A$, $y \in B$인 원소가 존재하여 $(x, y) \in A \times B$이다. 이는 $A \times B \neq \varnothing$임을 뜻한다.

연습문제 1.1

1. 전집합 U, 공집합 $\varnothing$, 임의의 부분집합 A, B에서 $A \cap B$와 같은 집합은 어느 것인가?

   ① $(U \cup B) \cap (A \cup \varnothing)$ ② $(\varnothing \cap B) \cup (A \cup U^C)$

   ③ $A \cup \varnothing^C$ ④ $A \cap U^C$

2. n개의 원소를 갖는 집합 A의 멱집합 2^A의 원소의 개수는 $2^n=\binom{n}{0}+\binom{n}{1}+\cdots+\binom{n}{n}$이다. 집합 $A=\{0, 1, 2, 3, 4\}$의 멱집합 2^A의 원소의 개수는 어느 것인가?

① 2^3　　② 2^4　　③ 2^5　　④ 2^6

3. 전집합 U와 공집합 $\varnothing$에서 $\varnothing^C=U$임을 보여라.

4. 집합 A, B의 대칭차집합 $A\triangle B=(A-B)\cup(B-A)$에서 $A\triangle I=A$인 집합 I는 어느 것인가? $A\triangle I=A$인 I를 연산 $\triangle$에 관한 항등원이라 한다.

① U　　② $\varnothing$　　③ A　　④ B

5. 집합 A, B에서 $A\triangle B=(A-B)\cup(B-A)$로 주어진 집합연산 $\triangle$의 항등원 $\varnothing$에 대하여 $A\triangle B=\varnothing$인 집합 B는 A와 같다. $(A\triangle B)\triangle C$와 같은 집합은 어느 것인가?

① $(A\cup C)\triangle(B\cup C)$　　② $(A\cap C)\triangle(B\cup C)$

6. 집합 A, B에서 $A-B=B^C-A^C$임을 $A-B=A\cap B^C$을 써서 보여라.

7. De Morgan의 법칙을 증명하여라.

① $\left(\bigcup_{i=1}^{n} A_i\right)^C=\bigcap_{i=1}^{n} A_i^C$　　② $\left(\bigcap_{i=1}^{n} A_i\right)^C=\bigcup_{i=1}^{n} A_i^C$

8. 집합 A, B에서 $A\subseteq B$, $A^C=B-A$가 항상 성립하는 것을 찾아라.

① $A\cap B=B$　　② $A\cup B=A$　　③ $A\cup B^C=\varnothing$　　④ $B\cup A^C=B$

9. 집합 $\{a, b\}$와 $\{b, a\}$는 같은 집합임을 보여라.

10. 같지 않은 원소 a, b에 관한 순서쌍 (a, b)와 (b, a)는 같지 않음을 보여라.

11. 원소 a, b, $a\neq b$의 순서쌍 (a, b)가 다른 순서쌍 (c, d)와 같은 조건을 구하여라.

12. 집합 A, B, C, D에서 다음이 성립함을 보여라.

$$(A\times B)\cap(C\times D)=(A\cap C)\times(B\cap D)$$

1.2 사 상

집합 A, B의 카테시언 곱 $A\times B$의 부분집합 f에서 (1) 모든 $x\in A$에 대하여 $(x, y)\in f$인 $y\in B$가 존재하며, (2) $(x, y_1)\in f$, $(x, y_2)\in f$이면 $y_1=y_2$일 때 f를 A에서 B로의 **함수**(function) 또는 **사상**(mapping)이라 하고 $f: A\to B$로 나타낸다. $(x, y)\in f$이면 $y=f(x)$라 하고 f에 관한 x의 **상**(image)이라 한다. (1)은 A의 각 원소 x가 반드시 상을 가짐을 뜻하고, (2)는 상은 오직 하나만이 있음을 의미한다. 모든 A의 원소에서 $y=f(x)$가 존재하고 오직 하나 뿐일 때 $f: A\to B$는 사상이다. 집합 A를 **정의역**(domain), 집합 B를 **공의역**(codomain)이라 한다. 사상 f에 관한 정의역 A의 상들 전체의 집합 $f(A)=\{f(x)|x\in A\}$를 f의 **치역**(range)이라 한다. 함수 $f: A\to B$, $b\in B$에서 $f^{-1}(b)=\{a\in A|f(a)=b\}$를 b의 **원상**(inverse image)이라 한다.

두 개의 사상 f, $g: A\to B$가 모든 $x\in A$에 대하여 $f(x)=g(x)$이면 f와 g는 같다 하고 $f=g$로 나타낸다. 사상 f와 g가 같기 위해서는 정의역과 공의역이 같고 대응값이 같아야 한다. 모든 원소 $a\in A$에 대하여 $I(a)=a$인 사상 $I: A\to A$를 A 위의 **항등사상**(identity mapping, unity mapping)이라 한다. 항등사상은 두 가지의 중요한 의미를 갖는다. I의 상 $\{I(a)|a\in A\}=\{a|a\in A\}=A$이고, $I(a)=I(b)$, a, $b\in A$이면 $a=b$이다. 이러한 현상을 일반화하여 보자. 사상 $f: A\to B$에서 $\mathrm{Im} f=f(A)$가 B와 같을 때 f는 **위로의 사상**(onto mapping) 또는 **전사적사상**(surjective mapping)이라 한다. 항등사상은 전사이다. 사상 $f: A\to B$가 전사일 필요충분조건은 임의의 $b\in B$에 대하여 $f(a)=b$인 $a\in A$가 존재하는 것이다. 즉

$$\forall b\in B, \quad \exists a\in A;\ f(a)=b.$$

사상의 정의에 의하여 $a=b$이면 $f(a)=f(b)$이다. 그러나 역이 항상 성립하지는 않는다. $f(a)=f(b)$이면 $a=b$라는 명제가 항상 성립하면 $f: A\to B$는 **1대1 사상**(one-to-one mapping) 또는 **단사적사상**(injective mapping)이라 한다. 항등사상은 일대일사상이다. 전사인 동시에 단사인 사상을 **1대1대응사상**(one-to-one corespondence) 또는 **전단사적사상**(bijective mapping)이라 한다. 항등사상은 전단사이다.

예제 1.2.1 구간 $[-1, 1]$ 위의 함수 $f(x)=x^2$, $g(x)=x^3$, $h(x)=\cos x$는 어떤 함수인가?

사상들의 **합성**(composition)에 관하여 살펴보자. 사상 $f: A \to B$, $g: B \to C$에서 임의의 $a \in A$에 대하여 $f(a) \in B$는 오직 하나 있다. $b=f(a)$에 대하여 $g(b)=g(f(a))$인 $g(b) \in C$가 오직 하나 있다. 이러한 명제는 f와 g가 사상이라는 정의에서 나온다. 따라서 모든 $a \in A$에 대하여 $c=g(b)=g(f(a))$가 오직 하나만 존재한다. 이는 $h: A \to C$, $h(a)=c$가 사상임을 뜻한다. 사상 h를 f와 g의 **합성사상**(composite mapping)이라 하고 $h=g \circ f$로 나타낸다. 이 때 아래 그림을 **순환적**(commutative)이라 한다.

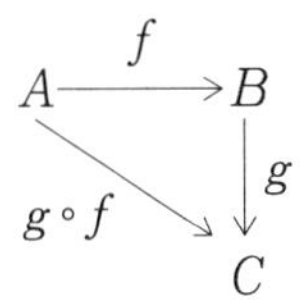

예제 1.2.2 집합 A, B에서 사상 $f: A \to B$와 항등사상 I_A, I_B에 대하여 $f \circ I_A = I_B \circ f$임을 보여라.

[풀이] 임의의 $a \in A$에서

$$(f \circ I_A)(a) = f(I_A(a)) = f(a), \qquad (I_B \circ f)(a) = I_B(f(a)) = f(a).$$

사상 $f: A \to B$, $g: B \to C$와 합성 $g \circ f$의 전사, 단사 관계를 살펴보자. f와 g가 단사이면 $g \circ f$도 단사이고, f와 g가 전사이면 $g \circ f$도 전사이다. 실제로 모든 a, $b \in A$에서

$$(g \circ f)(a) = (g \circ f)(b)$$

이면 $g(f(a))=g(f(b))$이다. g가 단사이므로 $f(a)=g(b)$이고 f가 단사이므로 $a=b$이다. 이는 합성사상 $g \circ f: A \to C$가 단사임을 뜻한다. 사상 $g: B \to C$가 전사이면 임의의 $c \in C$에 대하여 $g(b)=c$인 $b \in B$가 있다. $f: A \to B$가 전사이면 $f(a)=b$인 $a \in A$가 있다. 임의의 $c \in C$에 대하여 $(g \circ f)(a)=g(f(a))=g(b)=c$인 $a \in A$가 존재한다. 이는 $g \circ f: A \to C$가 전사임을 뜻한다.

예제 1.2.3 사상 $f: A \to B$, $g: B \to C$에서 다음이 성립함을 보여라.

(1) $g \circ f$가 단사이면 f는 단사이다.

(2) $g \circ f$가 전사이면 g는 전사이다.

[풀이] a, $b \in A$, $f(a)=f(b)$의 양변에 g를 시행하면 $g(f(a))=g(f(b))$, $(g \circ f)(a)=(g \circ f)(b)$이다. $g \circ f$가 단사이면 $a=b$이다. 이는 f가 단사임을 뜻한다. $g \circ f: A \to C$가 전사이면 임의의 $c \in C$에 대하여 $(g \circ f)(a)=c$인 $a \in A$가 존재한다. $(g \circ f)(a)=g(f(a))$이므로 $f(a)=b$라 놓으면 $g(b)=c$이다. 이는 g가 전사임을 의미한다.

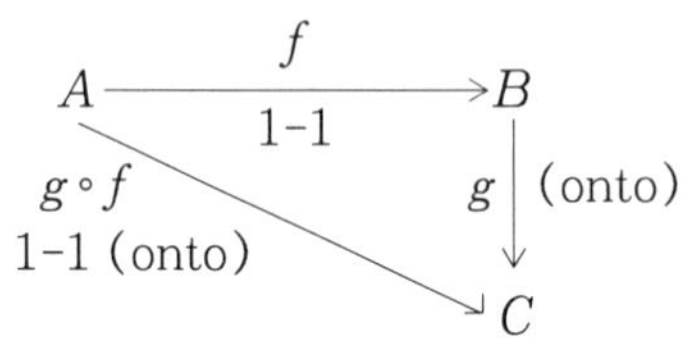

정리 1.2.1 사상 $f: A \to B$에서 다음이 성립한다.

(1) f가 단사이기 위한 필요충분조건은 $g \circ f = I_A$인 사상 $g: B \to A$가 존재하는 것이다.

(2) f가 전사이기 위한 필요충분조건은 $f \circ h = I_B$인 $h: B \to A$가 존재하는 것이다.

[증명] 항등사상 I_A, I_B는 전단사이므로 (1), (2)의 역은 예제 1.2.3에 의하여 분명히 성립한다. $f: A \to B$가 단사이면 $f(A)$의 원소 b에서 $f(a)=b$인 $a \in A$가 오직 하나 있다. 고정된 원소 $q \in A$에 대하여

$$g(b)=\begin{cases} a, & b \in f(A) \\ q, & b \notin f(A) \end{cases}$$

로 정의된 사상 $g: B \to A$를 생각한다. 임의의 $a \in A$에 대하여 $(g \circ f)(a)=g(f(a))=g(b)=a$이다. 이는 $g \circ f = I_A$임을 뜻한다. f가 전사이면 $f(A)=B$이다. 임의의 $b \in B$에 대하여 $f(a)=b$인 $a \in A$가 존재하므로 $\{a \in A \mid f(a)=b\} \neq \varnothing$이다. 이 집합의 특정한 원소 하나를 택하여 a_b라 하자. $h(b)=a_b$로 주어진 사상 $h: B \to A$에서

$$(f\circ h)(b)=f(h(b))=f(a_b)=b$$

이는 $f\circ h=I_B$임을 뜻한다.

정리 1.2.1의 사상 $g:B\to A$를 f의 **좌역사상**(left inverse mapping), $h:B\to A$를 f의 **우역사상**(right inverse mapping)이라 한다.

정리 1.2.2 사상 $f:A\to B$가 일대일대응이기 위한 필요충분조건은 $g\circ f=I_A$, $f\circ g=I_B$인 사상 $g:B\to A$가 오직 하나 존재한다.

[증명] 정리 1.2.1에 의하면 $g\circ f=I_A$, $f\circ h=I_B$인 사상 g, $h:B\to A$가 존재한다. f가 전사이므로 모든 $b\in B$에 대하여 $f(a)=b$인 $a\in A$가 오직 하나 있다. 합성함수의 정의에 의하여 $g:B\to A$는 $g(b)=a$인 사상이고, $f(h(b))=(f\circ h)(b)=I_B(b)=b$이다. f가 단사이면 $f(a)=f(h(b))$에서 $h(b)=a$이다. 따라서 $g=h$이다. $g'\circ f=I_A$, $f\circ g'=I_B$인 사상 $g':B\to A$가 있다고 가정하자. 모든 $b\in B$에 대하여

$$\begin{aligned}g'(b)&=(I_A\circ g')(b)=[(g\circ f)\circ g'](b)=[g\circ(f\circ g')](b)\\&=(g\circ I_B)(b)=g(b)\end{aligned}$$

따라서 $g=g'$이다. $g\circ f=I_A$, $f\circ g=I_B$라 하면 I_A, I_B는 전단사이므로 f는 전사인 동시에 단사이다. 이로써 역이 증명되었다.

정리 1.2.2의 사상 $g:B\to A$를 사상 $f:A\to B$의 **역사상**(inverse mapping)이라 하고 f^{-1}로 나타낸다. 그러면 $f^{-1}\circ f=I_A$, $f\circ f^{-1}=I_B$이다. 사상 $f:A\to B$, $g:B\to C$가 일대일대응이면 $g\circ f$도 일대일대응이고 $g\circ f$의 역사상은 $f^{-1}\circ g^{-1}$이다. 실제로 모든 $a\in A$에서 다음이 성립한다.

$$[(f^{-1}\circ g^{-1})\circ(g\circ f)](a)=[f^{-1}\circ(g^{-1}\circ g)\circ f](a)=(f^{-1}\circ f)(a)=a$$

집합 X의 부분집합으로 이루어진 집합 $\mathscr{F}$를 X의 **부분집합족**이라 한다. 집합 I와 집합족 $\mathscr{F}$에서 일대일대응사상 $\sigma:I\to\mathscr{F}$가 존재할 때 I를 **첨자집합**이라 한다. $\alpha\in I$, $\sigma(\alpha)\in\mathscr{F}$이므로 $\sigma(\alpha)=A_\alpha\in\mathscr{F}$로 나타낼 수 있다. 집합족의 합집합과 교집합은 다음으로 주어진다.

$$\bigcup_{\alpha\in I} A_\alpha=\{x\in X \mid \exists\alpha\in I,\ x\in A_\alpha\}$$

$$\bigcap_{\alpha\in I} A_\alpha=\{x\in X \mid \forall\alpha\in I,\ x\in A_\alpha\}$$

예제 1.2.4 집합 A의 멱집합을 $P(A)$라 하자. 이 때 $P(A)$와 2^A은 일대일 대응임을 보여라. 2^A은 A에 $2=\{0, 1\}$로의 함수 전체의 집합이다.

[풀이] 임의의 $B\in P(A)$에서 다음으로 정의된 사상 χ_B를 생각하자.

$$\chi_B(x)=\begin{cases}1, & x\in B\\ 0, & x\in A-B\end{cases}$$

특성함수 전체의 집합 $T=\{\chi_B \mid B\in P(A)\}\subseteq 2^A$에 대하여 $\chi: P(A)\to T$, $\chi(B)=\chi_B$는 사상이다. $\chi_B\in 2^A$임은 분명하므로 $B=C$이면 $\chi_B=\chi_C$임을 보이자. $\chi_B(x)$와 $\chi_C(x)$는

$$\chi_B(x)=\begin{cases}1, & x\in B\\ 0, & x\in A-B\end{cases},\qquad \chi_C=\begin{cases}1, & x\in C\\ 0, & x\in A-C\end{cases}$$

이므로 $B=C$이면 $\chi_B(x)=\chi_C(x)$이다. $\chi_B=\chi_C$라 하면

$$A-B=\{x\in A \mid \chi_B(x)=0\}=\{x\in A \mid \chi_C(x)=0\}=A-C$$

이므로 $B=C$이다. 이는 χ가 단사임을 뜻한다. $f\in 2^A$이면 집합 $B=\{x\in A \mid f(x)=1\}$에 대하여 $\chi_B=f$이다. 따라서 $\chi: P(A)\to 2^A$은 전사이다. 이로써 $\chi: P(A)\to 2^A$은 전단사임이 증명되었다.

연습문제 1.2

1. n개의 원소를 갖는 집합 A의 멱집합 $P(A)$의 원소의 개수를 구하여라.

2. 사상 $f: A\to B$, A_1, $A_2\subseteq A$, B_1, $B_2\subseteq B$에서 성립하지 않는 것은?
   ① $f(A_1\cup A_2)=f(A_1)\cup f(A_2)$　　② $f^{-1}(B_1\cup B_2)=f^{-1}(B_1)\cup f^{-1}(B_2)$

③ $f(A_1 \cap A_2) = f(A_1) \cap f(A_2)$ ④ $f^{-1}(B_1 \cap B_2) = f^{-1}(B_1) \cap f^{-1}(B_2)$

3. 사상 $f : A \to B$와 집합족 $\{C_i | i \in I,\ C_i \subseteq A\}$, $\{D_i | i \in I,\ D_i \subseteq B\}$에서 다음이 성립함을 보여라.

① $f^{-1}(\cap D_i) = \cap f^{-1}(D_i)$ ② $f(\cap C_i) \subseteq \cap f(C_i)$

4. 집합 $A = \{1,\ 2,\ 3\}$, $B = \{a,\ b\}$에 관한 집합 B^A, A^B의 원소의 개수를 구하여라.

5. 집합 $A_1 = \{a,\ b\}$, $A_2 = \{c,\ d\}$에서 $A_1 \times A_2 \neq A_2 \times A_1$이 성립함을 보여라.

6. $A_n = \left[0,\ \frac{1}{n}\right]$, $B_n = \left(0,\ \frac{1}{n}\right)$, $C_n = \left[0,\ \frac{1}{n}\right)$일 때 공집합은 어느 것인가?

① $\cap A_n$ ② $\cap B_n$ ③ $\cap C_n$ ④ $\cup A_n$

7. 사상 $f : A \to B$가 전단사일 필요충분조건은 모든 $D \subseteq A$에 대하여 $f(D^C) = [f(C)]^C$임을 보여라.

8. $\mathbb{R}^+$를 양의 실수 전체의 집합이라 하면 함수 $f : \mathbb{R} \to \mathbb{R}^+$, $f(x) = e^x$의 역함수는 존재함을 보여라.

9. 사상 $f : A \to B$가 전단사이면 역사상 $f^{-1} : B \to A$도 전단사임을 보여라.

1.3 동치관계

공이 아닌 집합 $S_1,\ \cdots,\ S_n$의 **순서 n조**(ordered n-tuple) $(x_1,\ \cdots,\ x_n)$, $x_i \in S_i$, $i = 1,\ \cdots,\ n$들 전체의 집합 $S_1 \times \cdots \times S_n$을 S_i들의 **적집합**(product set) 또는 **카테시언 곱**이라 한다. 즉 $S_1 \times \cdots \times S_n = \{(x_1,\ \cdots,\ x_n) | x_i \in S_i,\ i = 1,\ \cdots,\ n\}$. 순서조 $(x_1,\ \cdots,\ x_n)$과 $(y_1,\ \cdots,\ y_n)$은 모든 i에 대하여 $x_i = y_i$일 때 한하여 같다고 하며 $(x_1,\ \cdots,\ x_n) = (y_1,\ \cdots,\ y_n)$으로 나타낸다. 모든 $S_i = S$이면 $S \times \cdots \times S = S^n$으로 표시한다.

집합 S 위의 카테시언 곱 $S \times S$의 부분집합 R를 S 위의 **관계**(ralation)라 한다. 이러한 부분집합은 여러 개가 있을 수 있으므로 S 위의 관계는 다양할 수 있다. 관계 R의 원소 $(a, b)\in R$는 a와 b는 R의 관계를 갖는다고 하고 $a \underset{R}{\sim} b$로 나타낸다. R를 특별히 언급할 필요가 없을 때 간단히 $a\sim b$로 표시한다. R의 원소가 아닌 순서쌍 (a, b)를 a와 b는 R의 관계를 갖지 않는다 하고, $a\nsim b$로 나타낸다. 집합 S 위의 관계 $\sim$이 다음 조건을 만족할 때 이 관계를 **동치관계**(equivalent relation)라 한다.

(1) **반사률**(reflexive laws): 모든 $a\in S$에서 $a\sim a$

(2) **대칭률**(symmetric laws): $a\sim b$이면 $b\sim a$

(3) **추이률**(transitive laws): $a\sim b$, $b\sim c$이면 $a\sim c$

예제 1.3.1 집합 $S=\{1, 2, 3, 4\}$ 위의 다음 관계를 판별하여라.

(1) $R_1=\{(1, 1), (2, 2), (3, 3), (4, 4)\}$

(2) $R_2=\{(1, 1), (2, 3), (3, 2)\}$

(3) $R_3=\{(1, 3), (3, 4), (1, 4)\}$

[풀이] R_1은 반사율, R_2는 대칭률, R_3은 추이율을 만족한다.

예제 1.3.2 집합 $S=\{a, b, c, d, e\}$ 위의 관계 $R=\{(a, a), (b, b), (c, c), (d, d), (e, e), (a, b), (b, a), (c, d), (d, c)\}$는 동치관계이다.

[풀이] 모든 대각선상의 점은 R의 원소이다. $a\sim b$이면 $b\sim a$이고, $c\sim d$이면 $d\sim c$이다. 또한 $a\sim b$, $b\sim a$이면 $a\sim a$이고 $c\sim d$, $d\sim c$이면 $c\sim c$이다. $b\sim a$, $a\sim b$이면 $b\sim b$이고 $d\sim c$, $c\sim d$이면 $d\sim d$이다.

집합 S 위의 동치관계 $\sim$에서 원소 $a\in S$와 동치관계에 있는 S의 원소 전체의 집합 $\bar{a}=\{x\in S\,|\,x\sim a\}$를 a의 **동치류**(equivalence class)라 한다. $a\sim a$이므로 $\bar{a}$는 공집합이 아니다.

예제 1.3.3 동치관계 $(S, \sim)$에서 $a\sim b$일 필요충분조건은 $\bar{a}=\bar{b}$이다.

[풀이] $x\in\bar{a}$이면 $x\sim a$이다. $x\sim a$, $a\sim b$이므로 $x\sim b$, 즉 $x\in\bar{b}$이다. 이는 $\bar{a}\subseteq\bar{b}$임을 뜻한다. 같은 이유에서 $\bar{b}\subseteq\bar{a}$임을 알 수 있다. 따라서 $\bar{a}=\bar{b}$이다. $x\in\bar{a}=\bar{b}$이면 $x\sim a$, $x\sim b$이다. $a\sim x$, $x\sim b$에서 $a\sim b$를 얻는다.

$A=\bigcup_{i\in I} A_i$, $A_i \cap A_j=\phi$이고 $i\neq j$인 A의 부분집합족 $\{A_i | i\in I\}$를 A의 **분할**(partition)이라 한다.

정리 1.3.1 집합 S 위의 동치관계 $\sim$에 관한 동치류 전체의 집합은 S의 분할이다.

[증명] 모든 $a\in A$에서 $a\sim a$이므로 $a\in\bar{a}$이다. 그러므로 $a\in\cup\{\bar{a}|a\in S\}$이다. a, $b\in S$, $\bar{a}\cap\bar{b}\neq\varnothing$라 하자. $x\in\bar{a}\cap\bar{b}$이면 $x\in\bar{a}$, $x\in\bar{b}$에서 $x\sim a$, $x\sim b$이다. $a\sim x$, $x\sim b$가 되어 $a\sim b$를 얻는다. 예제 1.3.3에 의하면 $\bar{a}=\bar{b}$이다. 따라서 $\bar{a}=\bar{b}$이거나 $\bar{a}\cap\bar{b}=\varnothing$이다.

정리 1.3.2 $\{A_i | i\in I\}$가 집합 A의 분할이면 $a\sim b \Longleftrightarrow a$, $b\in A_i$, $i\in I$로 주어진 관계 $\sim$은 동치관계이다.

[증명] $A=\bigcup_{i\in I} A_i$, $a\in A$이면 $a\in A_i$인 $i\in I$가 존재한다. $a\in A_i$이고 $a\in A_i$이므로 $a\sim a$이다. $a\sim b$이면 a, $b\in A_i$, $i\in I$인 A_i가 있으므로 b, $a\in A_i$가 되어 $b\sim a$이다. $a\sim b$, $b\sim c$이면 a, $b\in A_i$, b, $c\in A_j$인 i, j가 존재한다. $i\neq j$이면 $b\in A_i\cap A_j=\varnothing$이므로 모순이다. $i=j$이므로 a, $c\in A_i$, 즉 $a\sim c$이다.

예제 1.3.4 집합 $A=\{0, 1, 2, 3, 4\}$의 분할 $A_1=\{0, 1\}$, $A_2=\{2, 3\}$, $A_3=\{4\}$에 관한 동치관계를 구하여라.

[풀이] $0\sim 0$, $0\sim 1$, $1\sim 0$, $1\sim 1$, $2\sim 2$, $3\sim 3$, $2\sim 3$, $3\sim 2$, $4\sim 4$이므로 $R=\{(0, 0), (1, 1), (2, 2), (3, 3), (4, 4), (0, 1), (1, 0), (2, 3), (3, 2)\}$이다. $\bar{0}=\bar{1}$, $\bar{2}=\bar{3}$이므로 $\{\bar{0}, \bar{2}, \bar{4}\}$는 동치류 집합이다.

양의 정수 n에서 $a-b$가 n의 배수인 정수 a, b를 법 n에 관하여 **합동**(congruent)이라 하고 $a\equiv b \pmod{n}$로 나타낸다. $a\equiv b \pmod{n}$이면 $a-b=nk$인 정수 k가 존재한다. 정수의 나눗셈 정리에 의하면 $a=nq+r$, $0\leq r<n$인 정수 q, r가 오직 한 쌍 존재한다. $a\equiv r \pmod{n}$, $r=0, \cdots, n-1$이다. $\{0, 1, 2, \cdots, n-1\}$을 n을 법으로 하는 **최소양잉여계**(system of least positive residue modulo n)라 한다. 모든 정수가 집합 $\{a_0, \cdots, a_{n-1}\}$의 어떤 한 원소와 합동일 때 $\{a_0, \cdots, a_{n-1}\}$을 법 n에 관한 **완전잉여계**(complete residue system)라 한다. 정수 $\mathbb{Z}$ 위의 합동 $\equiv$

은 동치관계이다. 모든 정수 $a \in \mathbb{Z}$에서 $a \equiv a \pmod{n}$이다. 정수 a, b에서 $a \equiv b \pmod{n}$이면 $b \equiv a \pmod{n}$이다. 정수 a, b, c에서 $a \equiv b \pmod{n}$, $b \equiv c \pmod{n}$이면 $a = b + nk$, $b = c + nl$, k, $l \in \mathbb{Z}$이므로 $a = c + n(l+k) = c + nm$, 즉 $a \equiv c \pmod{n}$이다. 법 n에 관한 동치류 $\bar{a} = \{m \in \mathbb{Z} \mid m \equiv a \pmod{n}\}$, $a = 0, \cdots, n-1$ 전체의 집합 $\{\bar{a} \mid a \in Z,\ a = 0, 1, \cdots, n\} = \{\bar{0}, \bar{1}, \cdots, \overline{n-1}\}$을 $\mathbb{Z}_n$으로 나타낸다.

예제 1.3.5 $10^n \equiv 1 \pmod{9}$임을 보여라.

[풀이] $10^n - 1 = 999 \cdots 99$이므로 $10^n - 1$은 9의 배수이다. 따라서 $10^n - 1 \equiv 0 \pmod{9}$, $10^n \equiv 1 \pmod{9}$이다.

예제 1.3.6 $18x \equiv 30 \pmod{42}$를 만족하는 정수 x를 구하여라.

[풀이] $-42 = (-3) \cdot 18 + 12$, $18 = 1 \cdot 12 + 6$, $12 = 2 \cdot 6$에서 $6 = 18 - 12 = 18 - (-42 + 3 \cdot 18) = (-2) \cdot 18 + 42 = (-2) \cdot 18 - 42 \cdot (-1)$이다. 양변에 5를 곱하면 $30 = 18 \cdot (-10) - 42 \cdot (-5)$이다. $18 \cdot (-10) \equiv 30 \pmod{42}$이므로 $x = -10$이다. $x = 4$, 11, 18, 25, 32, 39도 해이다.

집합 S 위의 관계 $\leq$이 다음 조건을 만족하면 S를 **반순서집합**(partially ordered set)이라 한다.

(1) 모든 $a \in S$에서 $a \leq a$(**반사률**)

(2) $a \leq b$, $b \leq a$이면 $a = b$(**반대칭률**)

(3) $a \leq b$, $b \leq c$이면 $a \leq c$(**추이률**)

$a \leq b$, $a \neq b$이면 $a < b$라 한다. 반순서집합의 모든 원소가 순서를 가질 때, 즉 $a < b$, $a = b$, $a > b$ 중 적어도 하나가 꼭 성립할 때 $(S, \leq)$를 **전순서집합**(totally ordered set)이라 한다.

예제 1.3.7 반순서집합 A, B의 곱 $A \times B$에 순서를 주어 보자. $a < c$이거나 $a = c$, $b \leq d$이면 $(a, b) \leq (c, d)$로 정의한다. 이를 사전식 순서라 한다. $b < d$이거나 $b = d$, $a \leq c$일 때 $(a, b) \leq (c, d)$로 주어진 관계를 반사적식 순서라 한다. 다음에서 사전식 순서는 어느 것인가?

(1) $(1, 2)<(0, 4)$ (2) $(1, 2)<(2, 1)$

(3) $(3, 14)<(3, 5)$ (4) $(1, 2)<(1, 1)$

반순서집합 S의 부분집합 B에서 B의 모든 원소가 **비교가능**(comparable)하면 B를 **쇄**(chain)라 한다. 쇄는 **전순서 부분집합**이다. 집합 A의 멱집합 $P(A)$는 포함관계 $\subseteq$에 의하여 반순서집합을 이룬다. $A_i \subseteq A_{i+1}$, $i=1, 2, \cdots$인 부분집합족 $\{A_i | i \in Z\}$는 하나의 쇄이다. 반순서집합 S의 어떤 원소 x에 대해서도 $m<x$가 되지 않는 원소 m을 **극대원**(maximal element)이라 한다. $x \geq m$인 원소 x는 m 자신뿐일 때 m은 극대원이다. S의 어떤 원소 x도 $n>x$가 아닐 때 n을 **극소원**(minimal element)이라 한다. $x \leq n$인 원소 x는 n뿐일 때 n은 극소원이다. S의 모든 원소 x에 대하여 $a \geq x$이면 a를 **최대원**(greatest element), 모든 원소 x에 대하여 $b \leq x$일 때 b를 **최소원**(least element)이라 한다. 반순서집합 S의 부분집합 A에서 A의 모든 원소 x에 대하여 $x \leq a$인 원소 a를 집합 A의 **상계**(upper bound), **상계집합**의 최소원이 있으면 이를 **상한**이라 한다. A의 모든 원소 x에 대하여 $a \leq x$인 원소 a를 b의 **하계**(lower bound)라 하고, 하계의 최대원이 있으면 이를 **하한**이라 한다. 집합 A의 상한을 $\sup A$, 하한을 $\inf A$로 나타낸다.

예제 1.3.8 집합 A의 멱집합 $P(A)$는 포함관계 $\subseteq$에 의하여 반순서집합을 이룬다. 부분집합족 $B=\{B_j\}$가 전순서 부분집합이면 $\sup B=\cup B_j$이고 $\inf B=\cap B_j$이다.

[풀이] 모든 $B_j \subseteq \cup B_j$이므로 $\cup B_j$는 B의 상계이다. $C \in P(A)$가 B의 상계이면 모든 $B_j \subseteq C$이다. 그러므로 $\cup B_j \subseteq C$이다. 이는 $\cup B_j$가 상한임을 뜻한다. 같은 이유에서 $\cap B_j$는 B의 하한이다.

반순서집합 S의 부분집합 A, B, $A \subseteq B$의 상계집합을 $\mu(A)$, $\mu(B)$라 하자. $\mu(A) \supseteq \mu(B)$이므로 $\sup A \leq \sup B$이다. 하계집합을 $\lambda(A)$, $\lambda(B)$라 하면 $\lambda(B) \subseteq \lambda(A)$이므로 $\inf A \geq \inf B$이다. 상계를 갖는 모든 부분집합이 상한을 가지면 반순서집합 S를 **조건부완비집합**(conditional complete set)이라 한다. 상계를 갖는 공이 아닌 모든 부분집합이 상한을 갖는다고 하자. 하계를 갖는 공이 아닌 부분집합을 A라 하면 $\lambda(B) \neq \varnothing$, B의 원소는 $\lambda(B)$의 상계이므로 $\lambda(B)$는 상계를 갖는다. B가 공집합이 아니기 때문이다. $\lambda(B)$의 상한이 바로 B의 하한이다. 위 사실의 역

도 성립한다. 반순서집합 S의 공이 아닌 모든 부분집합이 최소원을 가질 때 이를 **정렬순서집합**(well ordered set)이라 한다. 반순서집합 S의 두 원소 $a<b$에서 $a<c<b$인 원소 $c\in S$가 존재하지 않으면 a를 b의 **직전자**(immediate predecessor), b를 a의 **직후자**(immediate successor)라 한다. 자연수집합 N은 정렬순서집합이다. 정수집합 $\mathbb{Z}$, 실수집합 $\mathbb{R}$ 등은 정렬집합이 아니다.

정리 1.3.3 정렬집합 $(S, \leq)$에서 명제 「$y<x$인 모든 y에 대하여 $P(y)$가 참이면 $P(x)$도 참이다」가 항상 성립하면 S의 모든 원소에서 P는 참이다. 이를 **초한적귀납법**의 원리라 한다.

[증명] $P(x)$가 거짓인 원소 $x\in S$가 있다고 하자. 집합 $\{x\in S | P(x) : F\}$는 공집합이 아니다. S는 $\varnothing$가 아닌 부분집합이므로 최소원 y를 갖는다. $y>x$인 모든 x에 대하여 $P(x)$는 참이다. $P(x)$가 참이면 $P(y)$도 참이어야 하므로 y는 $\{x\in S | P(x) : F\}$의 원소라는 것에 어긋난다. 따라서 $\{x\in S | P(x) : F\}=\varnothing$이다. 이는 모든 S의 원소에 대하여 명제 $P(x)$가 참임을 뜻한다.

정리 1.3.4 자연수에 관한 명제 P에서 다음이 성립한다.

(1) $P(1)$이 참이고 $P(n)$이 참이면 $P(n+1)$도 참이라 하자. 그러면 모든 자연수에 대하여 P는 참이다.

(2) $P(1)$이 참이고 모든 자연수 k, $1\leq k\leq n$에 대하여 $P(k)$가 참이라 하자. 그러면 모든 자연수 n에 대하여 $P(n)$은 참이다.

연습문제 1.3

※ 다음의 순서도를 갖는 반순서집합 $A=\{a, b, c, d, e\}$에 관한 물음에 답하여라(1~5).

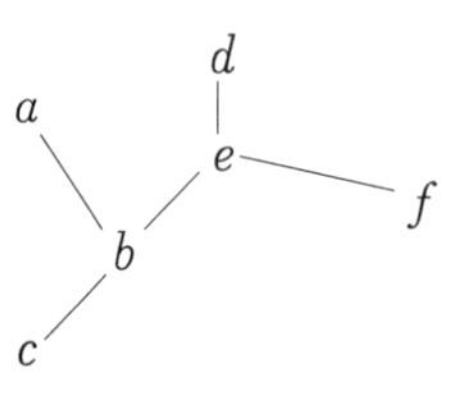

1. 비교가능한 짝이 아닌 것은?
   ① (a, c)　② (b, d)　③ (b, f)　④ (f, d)

2. $S_x=\{y\in A|y<x\}$를 x에 관한 **단편**(initial segment)이라 한다. a에 관한 단편은 어느 것인가?
   ① $\{b\}$　② $\{b, c, d, e, f\}$　③ $\{a, b, c, d\}$　④ $\{d, e, f\}$

3. 쇄가 되는 것은?
   ① $\{a, b, c\}$　② $\{b, c, d, e, f\}$　③ $\{a, b, c, f\}$　④ $\{b, c, e, f\}$

4. 쇄 M에서 $N\supseteq M$인 쇄 N은 M뿐일 때 M을 **극대쇄**(maximal chain)라 한다. 극대쇄가 아닌 것은?
   ① $\{a, b, c\}$　② $\{d, e, f\}$　③ $\{b, c, d, e\}$　④ $\{b, c, e\}$

5. A의 **절단**(cut)인 것은?
   ① $\{a, b, c\}, \{d, e, f\}$　② $\{b, c, e\}, \{a, d, f\}$
   ③ $\{b, c, d, e\}, \{a, f\}$　④ $\{b, c, f\}, \{a, d, e\}$

※ 다음의 순서도를 갖는 집합 $A=\{a, b, c, d, e, f, g\}$, $B=\{c, d, e\}$에 대하여 물음에 답하여라(6~10).

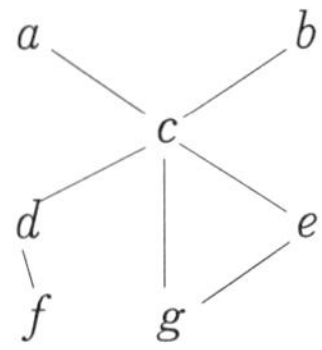

6. B의 상계는 어느 것인가?
   ① $\{a, b\}$　② $\{a, b, c\}$　③ $\{a\}$　④ $\{b\}$

7. B의 상한은?
   ① a　② b　③ c　④ d

8. B의 하계를 구하여라.

9. B의 하한을 구하여라.

10. 공집합 $\varnothing$의 하한은 존재하는가?

11. 집합 $A=\{1, 2, 3\}$, $B=\{a, b\}$에서 $G\subseteq A\times B$를 관계라 한다. $G=\{(1, a), (1, b), (3, a)\}$의 역관계 G^{-1}를 구하여라.

12. 집합 A 위의 관계 $R\subseteq A\times A$가 대칭일 때 성립하는 것은?
① $R=R^{-1}$ ② $R\subseteq R^{-1}$ ③ $R\supseteq R^{-1}$ ④ $R\subsetneqq R^{-1}$

13. 집합 $A=\{0, 1, 2, 3, 4\}$의 분할 $A_1=\{0, 1, 2\}$, $A_2=\{3\}$, $A_3=\{4\}$에 관한 동치관계를 구하여라.

14. G가 집합 A 위의 동치관계라 하자. 사상 $\pi: A\to A/G$, $\pi(x)=Gx$, $A/G=\{Gx\,|\,x\in A,\ Gx: \text{동치류}\}$는 전사임을 보여라.

15. 집합 $A=\{0, 1, 2\}$, $B=\{a, b\}$ 위의 관계 $G=\{(0, a), (0, b), (1, a), (2, b)\}$이다. G와 $H=\{(a, x)\}$의 합성 $H\circ G$를 구하여라.

16. 집합 $G=\{(a, a), (b, b), (c, c), (d, d), (e, e), (f, f), (a, b), (b, a), (a, c), (c, a), (c, d), (d, c), (a, d), \square\}$이 $A=\{a, b, c, d, e, f\}$ 위의 동치관계이면 $\square$은 어느 것인가?
① (a, d) ② (d, a) ③ (d, e) ④ (e, d)

17. 집합 $A=\{a, b, c, d, e, f\}$ 위의 동치관계 $G=\{(a, a), (b, b), (c, c), (d, d), (e, e), (f, f), (b, c), (c, b)\}$의 집합 $B=\{a, b, c\}$에 관한 축소관계를 구하여라.

18. 집합 $A=\{a, b, c, d\}$ 위의 동치관계 $R=\{(a, a), (b, b), (c, c), (d, d), (a, b), (b, a), (a, c), (c, a), (b, c), (c, b)\}$의 동치류 중에서 다른 세 개와 같지 않은 것은?
① $\bar{a}$ ② $\bar{b}$ ③ $\bar{c}$ ④ $\bar{d}$

19. 구간 $A=[-1, 1]$, $B=[0, 1]$, $P(x, y): x^2+y^2=1$에 관한 관계 $R_1=\{(x, y)\,|\,x\in A,\ y\in B,\ P(x, y): T\}$, $R_2=\{(x, y)\,|\,x\in A,\ y\in B,\ P(x, y): T\}$, $R_3=\{(x, y)\,|\,x\in B,\ y\in B,\ P(x, y): T\}$, $R_4=\{(x, y)\,|\,x\in B,\ y\in A,\ P(x, y): T\}$에서 단위원의 제 1 사분면을 나타내는 것은?
① R_1 ② R_2 ③ R_3 ④ R_4

20. A 위의 관계 R에서 $R\cap R^{-1}\subseteq I_A$, $I_A=\{(a, a)\,|\,a\in A\}$이면 R는 어떤 관계

인가?

① 추이적 관계 ② 대칭적 관계 ③ 반대칭적 관계 ④ 반사적 관계

21. 반순서집합 A의 모든 쌍 $\{x, y\}$가 상한과 하한을 가지면 이를 **속**(lattice)이라 한다. $\{x, y\}$의 상한을 $x \vee y$, 하한을 $x \wedge y$로 나타내고 **결합**(join), **교차**(meet)라 한다. 속에 관한 성질이 아닌 것은?

① $x \vee x = x$, $x \wedge x = x$ ② $x \vee y = y \vee x$, $x \wedge y = y \wedge x$

③ $(x \wedge y) \vee z = x \vee (y \wedge z)$ ④ $(x \wedge y) \wedge z = x \wedge (y \wedge z)$

22. 반순서집합 A, B에서 $x \leq y$이면 $f(x) \leq f(y)$가 항상 성립하면 사상 $f: A \to B$를 **순서보존사상**(order preserving mapping), 전단사인 순서보존 사상을 **순서동형사상**(similarity ordered mapping)이라 한다. 다음의 순서도를 갖는 반순서집합 A에서 B로의 순서동형사상을 구하여라.

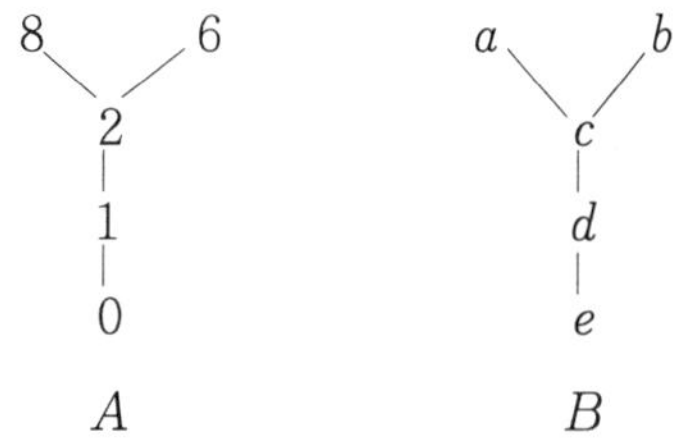

1.4 대수적 구조

공이 아닌 집합 S에서 사상 $\varnothing: S^n \to S$를 **n항연산**(n-ary operation)이라 하고 **2항연산**(binary operation)을 $+$, $\times$, $\circ$, $\cdot$, $*$, $\cdots$ 등으로 표시한다. 모든 a, $b \in S$에서 $a \circ b \in S$임을 뜻한다. 모든 a, $b \in A$에서 $a \circ b \in A$인 S의 부분집합을 이항연산 $\circ$에 의하여 **닫혀있다**(closed)고 한다. 2항연산을 간단히 연산이라 하자.

집합 G위 이항연산 $\circ$이 다음을 만족하면 쌍$(G, \circ)$을 **군**(group)이라 한다.

(1) 모든 a, b, $c \in G$에서

$$(a \circ b) \circ c = a \circ (b \circ c)$$ [**결합법칙**(associative laws)]

(2) 임의의 $a \in G$에 대해 $e \in G$가 존재하여

$$a \circ e = e \circ a = a$$[**항등원**(identity)의 존재]

(3) 임의의 원 $a \in A$에서 원 $b \in A$가 존재하여

$$a \circ b = b \circ a = e$$[**역원**(inverse)의 존재]

다음을 만족하는 군을 **가환군**(commutative group) 또는 **Abel군**(abelian group)이라 한다.

(4) 모든 a, $b \in G$에서

$$a \circ b = b \circ a$$

덧셈 $+$로 표시된 군 $(G, +)$를 **덧셈군**(additive group), 곱셈 $\cdot$로 표시된 군 $(G, \cdot)$을 **곱셈군**(mulitiplicative group)이라 한다. 덧셈군은 조건 (4)를 항상 만족하는 것으로 약속한다. 집합 G가 유한집합이면 **유한군**(finite group), 무한집합이면 **무한군**(infinite group)이라 한다.

정리 1.4.1 군 G에서 다음이 성립한다.

(1) 항등원은 오직 하나뿐이다.

(2) 역원은 오직 하나뿐이다.

(3) $ax = b$, $xa = b$인 $x \in G$는 오직 하나뿐이다.

[증명] (1) e, $f \in G$가 항등원이라 하자. 모든 a, $b \in G$에서 $ae = ea = a$, $bf = fb = b$이다. $a = f$, $b = e$이면 $fe = ef = f$, $ef = fe = e$. 따라서 $e = fe = f$.

(2) b, c가 a의 역원이면 $ab = ba = e$, $ac = ca = e$이다. 그러면 $b = be = b(ac) = (ba)c = ec = c$, 즉 $b = c$이다.

(3) a의 유일한 역원을 a^{-1}이라 하자. $a(a^{-1}b) = (aa^{-1})b = eb = b$이므로 $x = a^{-1}b \in G$는 $ax = b$의 해이다. $ax = b$의 양변에 a^{-1}을 곱하면 $x = a^{-1}(ax) = a^{-1}b$이다.

곱셈군 $(G, \cdot)$의 항등원을 1, 역원을 a^{-1}로 나타내고 덧셈군 $(G, +)$의 항등원을 0, 역원을 $-a$로 나타낸다. 0을 **영원**(zero element), $-a$를 a의 **음원**(negative element)이라 한다.

예제 1.4.1 법 n에 관한 잉여류계 $\overline{\mathbb{Z}}_n=\{\overline{0}, \cdots, \overline{n-1}\}$ 위의 연산 $+$를 $\overline{a}+\overline{b}=\overline{a+b}$로 주면 $\overline{\mathbb{Z}}_n$은 덧셈군을 이룬다. $\overline{\mathbb{Z}}_4$의 연산표를 만들어라.

[풀이]

$+$	$\overline{0}$	$\overline{1}$	$\overline{2}$	$\overline{3}$
$\overline{0}$	$\overline{0}$	$\overline{1}$	$\overline{2}$	$\overline{3}$
$\overline{1}$	$\overline{1}$	$\overline{2}$	$\overline{3}$	$\overline{0}$
$\overline{2}$	$\overline{2}$	$\overline{3}$	$\overline{0}$	$\overline{1}$
$\overline{3}$	$\overline{3}$	$\overline{0}$	$\overline{1}$	$\overline{2}$

예제 1.4.2 소수 p에 관한 기약잉여계(reduced residue system) $\overline{\mathbb{Z}}_p^*$는 $\overline{a}\circ\overline{b}=\overline{ab}$에 의하여 군을 이룬다. $\overline{\mathbb{Z}}_5^*$의 연산표를 구하여라.

[풀이]

$\cdot$	$\overline{1}$	$\overline{2}$	$\overline{3}$	$\overline{4}$
$\overline{1}$	$\overline{1}$	$\overline{2}$	$\overline{3}$	$\overline{4}$
$\overline{2}$	$\overline{2}$	$\overline{4}$	$\overline{1}$	$\overline{3}$
$\overline{3}$	$\overline{3}$	$\overline{1}$	$\overline{4}$	$\overline{2}$
$\overline{4}$	$\overline{4}$	$\overline{3}$	$\overline{2}$	$\overline{1}$

예제 1.4.3 군 G의 원 a, b, c에서 $ab=ac$, $ba=ca$이면 $b=c$이다. 이를 **소약법칙**(cancellation law)이라 한다.

[풀이] $b=eb=(a^{-1}a)b=a^{-1}(ab)=a^{-1}(ac)=(a^{-1}a)c=ec=c$

$b=be=b(aa^{-1})=(ba)a^{-1}=(ca)a^{-1}=c(aa^{-1})=ce=c$

예제 1.4.4 모든 $a\in G$에서 $a^2=e$인 군 G는 가환이다.

[풀이] $aa=e=aa^{-1}$이므로 소거의 법칙에 의하면 $a=a^{-1}$이다. 모든 a, $b\in G$에서 $ab=(ab)^{-1}=b^{-1}a^{-1}=ba$이다.

덧셈군 $(G, +)$의 조건을 다시 써보자.

(1) $a, b, c\in G$, $(a+b)+c=a+(b+c)$

(2) $a\in G$, $0\in G$, $a+0=0+a=a$

(3) $a \in G$, $-a \in G$, $a+(-a)=(-a)+a=0$

(4) a, $b \in G$, $a+b=b+a$

덧셈군의 원 a를 n번 더한 것을 na라 한다. 즉 $na=a+\cdots+a$. $0a=0$, $(-a)+\cdots+(-a)=-na$라 한다. 곱셈군의 원 a에서

$$a^n=a\cdot\cdots\cdot a,\ a^{-n}=(a^{-1})^n,\ a^0=1$$

예제 1.4.5 양의 유리수 전체의 집합 $\mathbb{Q}^+$ 위의 연산 $a*b=\dfrac{ab}{2}$는 $(\mathbb{Q}^+, *)$를 군으로 만든다.

[풀이] a, $b \in \mathbb{Q}^+$이면 $a*b=\dfrac{ab}{2} \in \mathbb{Q}^+$이므로 $*$는 이항연산이다. a, b, $c \in \mathbb{Q}^+$에서 $a*(b*c)=(a*b)*c$가 성립한다.

$$a*(b*c)=a*\frac{bc}{2}=\frac{a(bc)}{4}=\frac{abc}{4}$$

$$(a*b)*c=\frac{ab}{2}*c=\frac{(ab)c}{4}=\frac{abc}{4}$$

모든 $a \in \mathbb{Q}^+$에서 다음이 성립하므로 수 2는 항등원이다.

$$a*2=\frac{a\cdot 2}{2}=\frac{2a}{2}=a$$

$$2*a=\frac{2a}{2}=a$$

모든 $a \in \mathbb{Q}^+$에서 $a*\dfrac{4}{a}=2$이므로 a의 역원은 $\dfrac{4}{a}$이다. 모든 a, $b \in \mathbb{Q}^+$에서 $a*b=\dfrac{ab}{2}=\dfrac{ba}{2}=b*a$가 성립한다. 따라서 $(\mathbb{Q}^+, *)$는 가환인 환이다.

군 G의 공이 아닌 부분집합 H가 G의 연산에 의하여 또 하나의 군을 이루면, 이를 G의 **부분군**(subgroup)이라 한다. 항등원으로 이루어진 부분군을 **자명한 부분군**(trivial subgroup), G 자신이 아닌 부분군을 **진부분군**(proper subgroup)이라 한다. H가 G의 부분군이면 모든 a, $b \in H$에서 $ab \in H$, $1 \in H$, $a^{-1} \in H$이다. 역으로 $ab \in H$, $a^{-1} \in H$라 하자. $b=a$이면 $1=aa^{-1} \in H$이므로 H는 부분군이다. H가 G의 부분군일 필요충분조건은 모든 a, $b \in H$에서 $ab \in H$, $a^{-1} \in H$이다.

예제 1.4.6 공이 아닌 부분집합 H가 유한군 G의 부분집합이기 위한 필요충분조건은 모든 a, $b \in H$에서 $ab \in H$이다.

[풀이] $H=\{a_1, \cdots, a_r\}$, $r \geq 1$, $a \in H$라 하자. 집합 $aH=\{aa_1, \cdots, aa_r\}$에서

$$aH \subseteq H$$

이고 aH의 원소의 개수는 r이다. $aa_i=aa_j$, i, $j=1, \cdots, r$이면 양변에 a^{-1}을 곱하면 $a_i=a_j$, $i=j$이다. 이는 aH의 원소는 서로 다르며 개수가 r임을 뜻한다. 집합 aH는 H의 부분집합이고 원소의 개수가 같다는 것은 aH와 H가 같은 집합임을 의미한다. $1 \in H=aH$이므로 $1=aa_i$인 a_i가 존재한다. $a_i=a^{-1} \in H$이다.

예제 1.4.7 덧셈군 $(\mathbb{Z}, +)$의 부분군은 어떤 정수 n의 배수들의 집합 $n\mathbb{Z}$뿐이다.

[풀이] 집합 $n\mathbb{Z}=\{nk \mid k \in \mathbb{Z}\}$는 $(\mathbb{Z}, +)$의 부분군이다. k, $l \in \mathbb{Z}$에서

$$nk+nl=n(k+l)=nm, \ m=k+l$$
$$0=n \cdot 0, \ -nk=n(-k)$$

$\mathbb{Z}$의 부분집합 $H=\{0\}$이면 $H=0\mathbb{Z}$이다. $H \neq \{0\}$이면 이의 최소양의 정수 n에서 $H=n\mathbb{Z}$이다.

군 G, G'에서 $f(ab)=f(a)f(b)$, a, $b \in G$인 사상 f를 **군준동형사상**(group homomorphism)이라 한다. 전단사인 군준동형사상을 **군동형사상**(group isomorphism)이라 한다. 군동형사상이 존재하면 G와 G'는 **동형관계**에 있다고 하고 $G \approx G'$로 나타낸다.

예제 1.4.8 군 $(\mathbb{Z}, +)$와 $(2\mathbb{Z}, +)$는 동형이다.

[풀이] 사상 $f: \mathbb{Z} \to 2\mathbb{Z}$, $f(n)=2n$, $n \in \mathbb{Z}$가 동형사상임을 보이자. m, $n \in \mathbb{Z}$에서 $f(m+n)=2(m+n)=2m+2n=f(m)+f(n)$. $f(m)=f(n)$이면 $2m=2n$, $m=n$이므로 f는 일대일이다. 임의의 $n \in 2\mathbb{Z}$에서 $n=2m$인 m이 존재한다. $m \in \mathbb{Z}$이고 $f(m)=2m=n$이다. 이는 m이 n의 원상임을 의미한다. 즉 f는 전사이다.

예제 1.4.9 동형사상 $f: G \to G'$의 역사상 $f^{-1}: G' \to G$는 동형사상이다.

[풀이] 임의의 $a', b' \in G'$에서 $f(a)=a'$, $f(b)=b'$인 $a, b \in G$가 존재한다. $f(ab) = f(a)f(b)=a'b'$, $ab=f^{-1}(a'b')$이다. $a=f^{-1}(a')$, $b=f^{-1}(b')$이므로

$$f^{-1}(a')f^{-1}(b')=f^{-1}(a'b')$$

예제 1.4.10 함수 $\phi(x)=e^x$은 실수집합 $\mathbb{R}$에서 양의 실수집합 $\mathbb{R}^+$로의 동형사상이다.

[풀이] $x, y \in \mathbb{R}$에서 $\phi(x+y)=e^{x+y}=e^x e^y=\phi(x)\phi(y)$이다. 이는 ϕ가 덧셈군 $\mathbb{R}$에서 곱셈군 $\mathbb{R}^+$로의 군준동형임을 뜻한다. $\phi(x)=\phi(y)$이면 $e^x=e^y$이다. 양변에 log를 취하면 $x=y$이다. $x \in \mathbb{R}^+$, $y=\log x$이면 $\phi(y)=e^{\log x}=x$이다. 이는 $y \in \mathbb{R}$가 x의 원상임을 의미한다. 함수 $y=e^x$은 전단사인 군준동형사상, 즉 군동형사상이다.

군준동형사상 $f: G \to G'$에서 집합 $\{a \in G \mid f(a)=e'\}$을 f의 **핵**(kernel)이라 하고 $\ker f$로 나타낸다. 군준동형사상의 정의에 의하여 $f(e)=f(ee)=f(e)f(e)$이므로 $f(e)=e'$이다. $e \in \ker f$이므로 $\operatorname{Ker} f \neq \varnothing$이다. 집합 $\{f(a) \mid a \in G\}$를 f의 **상**(image)이라 하고 $\operatorname{Im} f$로 나타낸다.

정리 1.4.2 군준동형사상 $f: G \to G'$에서 다음이 성립한다.

(1) $\operatorname{Ker} f$, $\operatorname{Im} f$는 부분군이다.

(2) f가 일대일일 필요충분조건은 $\operatorname{Ker} f=\{e\}$이다.

[증명] (1) a, $b \in \operatorname{Ker} f$이면 $f(a)=e'$, $f(b)=e'$이다. $e'=e'e'=f(a)f(b)=f(ab)$이므로 $ab \in \operatorname{Ker} f$이다. $f(a^{-1})=f(a)^{-1}=e'$이므로 $a^{-1} \in \operatorname{Ker} f$. 따라서 $\operatorname{Ker} f$는 G의 부분군이다.

(2) $a \in \operatorname{Ker} f$이면 $f(a)=e'$이다. $f(e)=e'$이므로 $f(a)=f(e)$, f가 일대일이면 $a=e$이다. 따라서 $\operatorname{Ker} f=\{e\}$. 핵의 원소가 e 하나뿐이라 하자. $f(a)=f(b)$이면

$$f(ab^{-1})=f(a)f(b^{-1})=f(b)f(b^{-1})=e$$

그러므로 $ab^{-1} \in \operatorname{Ker} f$, $ab^{-1}=e$, $a=b$이다.

예제 1.4.11 $\mathbb{R}^*=\mathbb{R}-\{0\}$ 위의 사상 $f:\mathbb{R}^*\to\mathbb{R}^*$, $f(x)=x^2$의 핵과 상을 구하여라.

[풀이] $f(xy)=(xy)^2=x^2y^2=f(x)f(y)$이므로 준동형이다. $\mathrm{Im}\,f=\{f(x)\mid x\in\mathbb{R}^*\}=\{x^2\mid x\in\mathbb{R}^*\}$, $\mathrm{Ker}\,f=\varnothing$

공인 아닌 집합 R 위의 이항연산 **덧셈**(addition) $+$와 **곱셈**(multiplication) $\cdot$이 다음의 조건을 만족하면 $(R, +, \cdot)$을 **환**(ring)이라 한다.

(1) $(R, +)$이 덧셈군이다.

(2) $a, b, c\in R$, $(a\cdot b)\cdot c=a\cdot(b\cdot c)$

(3) $a, b, c\in R$, $(a+b)\cdot c=a\cdot c+b\cdot c$, $a\cdot(b+c)=a\cdot b+a\cdot c$

환 R의 영원을 0, $a\in R$의 음원을 $-a$로 나타낸다. $(R, \cdot)$이 가환인 환을 **가환환**(commutative ring), $(R, \cdot)$이 **단위원**(unity element)을 갖는 환을 **단위원을 갖는 환**(ring with unity)이라 한다. 일반적으로 $a\cdot b$를 ab로 나타낸다.

예제 1.4.12 법 n에 관한 잉여류 전체의 집합 $\mathbb{Z}_n=\{\bar{0}, \bar{1}, \cdots, \overline{n-1}\}$은 덧셈 $\bar{a}+\bar{b}=\overline{a+b}$, $\bar{a}\cdot\bar{b}=\overline{ab}$에 의하여 환을 이룬다. 영원과 단위원을 구하여라.

[풀이] 모든 $\bar{a}\in\mathbb{Z}_n$에서 $\bar{1}\cdot\bar{a}=\bar{a}$, $\bar{0}+\bar{a}=\bar{a}$이므로 $\bar{1}$는 단위원, $\bar{0}$은 영원이다.

예제 1.4.13 집합 $\mathbb{Q}[n]=\{a+b\sqrt{n}\mid a, b\in\mathbb{Z}\}$는 다음 연산에 의하여 환을 이룬다. 단 n은 완전제곱수가 아니다.

$$(a+b\sqrt{n})+(c+d\sqrt{n})=(a+c)+(b+d)\sqrt{n}$$
$$(a+b\sqrt{n})\cdot(c+d\sqrt{n})=(ac+bdn)+(ad+bc)\sqrt{n}$$

[풀이] $0=0+0\sqrt{n}$이고 $-a-b\sqrt{n}$은 $a+b\sqrt{n}$의 음원이다. $1=1+0\sqrt{n}$은 단위원이다.

단위원 1을 갖는 환 R에서 $1=0$이면 $a=1a=0a=0$이므로 $R=\{0\}$이다. 이것은 별 의미를 갖지 못하므로 $1\neq 0$라고 약속한다. 영이 아닌 원 $a\in R$에서 $ab=0$인 원 $b\neq 0$이 존재하면 a를 **좌영인자**(left zero divisor)라 하고, $ba=0$인 원 $b\neq$

0이 존재하면 a를 **우영인자**(right zero divisor)라 한다. 영인자를 갖지 않는 환을 **정역**(integral domain)이라 한다. 정역의 모든 원 a, b에서 $ab=0$이면 $a=0$ 또는 $b=0$이다.

예제 1.4.14 잉여류계 $\overline{\mathbb{Z}}_3=\{\bar{0}, \bar{1}, \bar{2}\}$, $\overline{\mathbb{Z}}_4=\{\bar{0}, \bar{1}, \bar{2}, \bar{3}\}$의 영인자를 구하여라.

[풀이] $\overline{\mathbb{Z}}_3$은 영인자를 갖지 않는다. $\bar{2}\cdot\bar{2}=\bar{0}$이므로 $\bar{2}$는 $\overline{\mathbb{Z}}_4$의 영인자이다.

$R\ni 1$의 원 a에서 $aa^{-1}=a^{-1}a=1$인 $a^{-1}\in R$가 존재하면 a를 **단원**(unit)이라 한다. 영이 아닌 모든 원이 단원인 환 $R\ni 1$을 **나눗셈환**(division ring)이라 한다. **가환인 나눗셈환**(commutative division ring)을 **체**(field)라 한다. 집합 F가 체이기 위해서는 다음 조건을 만족해야 한다.

(1) 모든 a, $b\in F$에서 $a+b\in F$이고

(i) $a, b, c\in F$, $(a+b)+c=a+(b+c)$

(ii) $a\in F$, $a+0=0+a=a$인 0이 존재한다.

(iii) $a\in F$, $a+(-a)=(-a)+a=0$인 $-a$가 존재한다.

(iv) $a, b\in F$, $a+b=b+a$

(2) 모든 a, $b\in F$에서 $ab\in F$이고

(v) $(ab)c=a(bc)$

(vi) $a, b, c\in F$, $(a+b)c=ab+bc$, $a(b+c)=ab+ac$

(vii) $a\in F$, $1\in R$, $a1=1a=a$

(viii) $a\in F$, $a\neq 0$이면 $a^{-1}a=a^{-1}a=1$인 $a^{-1}\in F$.

유리수 전체의 집합 $\mathbb{Q}$, 실수 전체의 집합 $\mathbb{R}$, 복소수 전체의 집합 $\mathbb{C}$는 덧셈과 곱셈에 의하여 체를 이룬다.

예제 1.4.15 다음 집합은 체인가?

(1) $K=\{a+b\sqrt{2}\mid a, b\in\mathbb{Q}\}$　　(2) $F=\{a+bi\mid a, b\in\mathbb{Z}, i=\sqrt{-1}\}$

[풀이] $1=1+0\sqrt{2}$는 단위원이다. $a+b\sqrt{2}\neq 0$일 때

$(a+b\sqrt{2})^{-1}=\dfrac{1}{a^2-2b^2}(a-b\sqrt{2})$라 놓으면

$$(a+b\sqrt{2})(a+b\sqrt{2})^{-1}=(a+b\sqrt{2})\cdot\frac{1}{a^2-2b^2}(a-b\sqrt{2})=1$$

K는 체이다. 그러나 $(1+i)^{-1}=\frac{1}{2}-\frac{1}{2}i\notin F$이므로 F는 체가 아니다.

연습문제 1.4

1. 군 G의 원 a에서 $a=(a^{-1})^{-1}$임을 보여라.

2. $a^2=a$인 원 a는 항등원인가?

3. 군의 원 a, b에서 $(ab)^{-1}=b^{-1}a^{-1}$임을 보여라.

4. 원의 개수가 3인 군 $G=\{e, a, b\}$의 곱셈표를 만들어라.

5. 덧셈군 $(\mathbb{Z}, +)$와 곱셈군 $\{1, -1\}$은 준동형관계에 있음을 보여라.

6. 군 G의 부분군 K, H에서 $KH=\{kh|k\in K,\ n\in H\}$, $H^{-1}=\{h^{-1}|h\in H\}$이면 다음이 성립함을 보여라.

   ① $HH=H$　　② $H^{-1}=H$　　③ $HH^{-1}=H$

7. 사상 $f: G\to H$, $g: H\to L$이 군준동형이면 $g\circ f: G\to L$도 준동형임을 보여라.

8. 군 G의 부분집합족 $\{H_\alpha|\alpha\in I\}$에서 $\bigcap_{\alpha\in I}H_\alpha$는 G의 부분군임을 보여라.

9. 집합 S의 멱집합 $P(S)$는 다음 연산에 의하여 가환군임을 보여라.

$$A\triangle B=(A\cup B)-(A\cap B)$$

10. 다음에서 곱셈군이 아닌 것은?

    ① $\{a|a$: 홀수$\}$　　② $\{1, -1, i, -i\}$

    ③ $\{z|z\in\mathbb{C}, |z|=1\}$　　④ $\{-2, -1, 1, 2\}$

11. $a^m=1$인 최소 양의 정수를 군의 원 a의 **위수**(order)라 한다. 단사인 군준동형사상 $f: G\to G'$에서 a의 위수와 $f(a)$의 위수는 같음을 보여라.

12. 순환군 $G=\{e, a, a^2\}$ 위의 **자기형사상**(automorphism)을 구하여라.

13. 순환군 $G=\langle a | a^n=e \rangle$에서 사상 $f : \mathbb{Z} \to G$, $f(i)=a^i$의 핵과 상을 구하여라.

14. 군준동형사상 $f : G \to G'$의 핵을 K라 하면 $Ka=\{b \in G | f(a)=f(b)\}$임을 보여라.

15. $\mathbb{Z}[i]=\{a+bi | i=\sqrt{-1}, a, b \in \mathbb{Z}\}$는 다음의 연산에 의하여 환임을 보여라.

$$(a+bi)+(c+di)=(a+c)+(b+d)i,$$
$$(a+bi)(c+di)=(ac-bd)+(ad+bc)i$$

16. $n>1$, $n\mathbb{Z}$의 단위원을 구하여라.

17. 환 $(R, +, \cdot)$에서 다음이 성립함을 증명하여라.

① $a0=0a=0$　　② $a(-b)=(-a)b=-ab$

③ $(-a)(-b)=ab$

18. 정수환 $\mathbb{Z}$의 단원을 구하여라.

19. 다음의 환 $(R, \oplus, \odot)$은 체임을 보여라.

$$a \oplus b=a+b+1, \ a \odot b=a+b+ab$$

20. 환 R와 정수환 $\mathbb{Z}$에서 $R \times \mathbb{Z}=\{(a, r) | a \in R, r \in \mathbb{Z}\}$는 다음 연산에 의하여 환을 이룬다. 영원과 항등원을 구하여라.

$$(a, r) \oplus (b, s)=(a+b, r+s), \ (a, r) \odot (b, s)=(ab+rb+sa, rs)$$

21. 잉여류환 $\mathbb{Z}_{12}$의 영인자를 모두 구하여라.

22. 환 R, S에서 항상 성립하는 것은 어느 것인가?

① R, S가 정역이면 $R \oplus S$도 정역이다.

② R, S가 체이면 $R \oplus S$도 체이다.

23. 환 R, S에서 $R \oplus S$와 $S \oplus R$는 동형임을 보여라.

24. 환 R의 덧셈부분군 I가 모든 $r \in R$, $a \in I$에 대하여 ar, $ra \in I$이면 I를 R의 **이데알**(ideal)이라 한다. 체 R의 이데알은 자명한 이데알과 그 자신뿐임을 보여라.

제 2 장

행렬과 행렬식

제 2 장

행렬과 행렬식

1.1 행렬과 연산

체 $\mathbb{K}$의 원소를 **스칼라**(scalar) 또는 **수**(number)라 한다. 수 $a_{ij} \in \mathbb{K}(i=1, \cdots, m, j=1, \cdots, n)$의 직사각형 모양의 배열

$$A=\begin{bmatrix} a_{11} & a_{12} & \cdots & a_{1n} \\ a_{21} & a_{22} & \cdots & a_{2n} \\ \vdots & \vdots & & \vdots \\ a_{m1} & a_{m2} & \cdots & a_{mn} \end{bmatrix}$$

을 체 $\mathbb{K}$ 위의 **행렬**(matrix)이라 한다. 가로에 배열된 것이 m개, 세로에 배열된 것이 n개라는 의미에서 $m \times n$ 행렬 또는 크기가 $m \times n$인 행렬이라 한다.

$i=1, \cdots, m$에서 $[a_{i1}\ a_{i2}\ \cdots\ a_{in}]$을 **제 i 행**(i-th row)이라 하고 $j=1, \cdots, n$에서 다음을 **제 j 열**(j-th column)이라 한다.

$$\begin{bmatrix} a_{1j} \\ a_{2j} \\ \vdots \\ a_{mj} \end{bmatrix}$$

위의 행렬 A에는 m개의 행과 n개의 열이 있다. 제 i 행과 제 j 열이 겹쳐지는 수 a_{ij}를 **제 ij-성분**(component)이라 하고 행렬을

$$A=[a_{ij}], \quad i=1, \cdots, m, \quad j=1, \cdots, n$$

으로 나타낸다. 실수 $\mathbb{R}$ 위의 행렬을 **실행렬**(real matrix), 복소수 C 위의 행렬을 **복소행렬**(complex matrix)이라 한다. 체 $\mathbb{K}$를 특별히 언급할 필요가 없을 때 $A=[a_{ij}]$를 행렬이라 한다. 체 $\mathbb{K}$ 위의 $m\times n$행렬 전체의 집합을 $\mathrm{Mat}_{m\times n}(\mathbb{K})$ 또는 $M_{m\times n}(\mathbb{K})$로 나타낸다. 이 책에서는 실행렬과 복소행렬을 주로 다루며, 행의 개수와 열의 개수가 같은 **정방행렬**(square matrix)에 관한 성질을 살펴보기로 한다.

예제 2.1.1 다음 행렬의 행과 열을 구하여라.

$$A=\begin{bmatrix}1 & 2\\ 3 & 4\end{bmatrix} \qquad B=\begin{bmatrix}1 & 2 & 3 & 4\\ 2 & 1 & 0 & 1\\ 1 & 2 & 4 & 5\end{bmatrix}$$

[풀이] 행렬 A에서 열은 A^1, A^2이고 행은 A_1, A_2이다.

$$A^1=\begin{bmatrix}1\\ 3\end{bmatrix},\quad A^2=\begin{bmatrix}2\\ 4\end{bmatrix},\quad A_1=[1\ \ 2],\quad A_2=[3\ \ 4]$$

행렬 B의 열은 B^1, B^2, B^3, B^4이고 행은 B_1, B_2, B_3이다.

$$B^1=\begin{bmatrix}1\\ 2\\ 1\end{bmatrix},\ B^2=\begin{bmatrix}2\\ 1\\ 2\end{bmatrix},\ B^3=\begin{bmatrix}3\\ 0\\ 4\end{bmatrix},\ B^4=\begin{bmatrix}4\\ 1\\ 5\end{bmatrix}$$

$$B_1=[1\ 2\ 3\ 4],\ B_2=[2\ 1\ 0\ 1],\ B_3=[1\ 2\ 4\ 5].$$

$m\times n$행렬 전체의 집합 $M_{m\times n}(\mathbb{K})$에서 이 집합의 행렬 $A=[a_{ij}]$, $B=[b_{ij}]$가 모든 i, j에 대해서 $a_{ij}=b_{ij}$일 때 A와 B는 **같다**(equal)고 하고 $A=B$로 나타낸다. 두 행렬이 같으려면 각각 행과 열의 개수가 같고 성분이 같아야 한다. 제ij-성분이 $a_{ij}+b_{ij}$인 행렬 C를 A와 B의 **합**(sum)이라 하고 $A+B$로 나타낸다. $\alpha\in\mathbb{K}$에 대하여 제ij-성분이 αa_{ij}인 행렬을 행렬 A의 **스칼라곱**(scalar multiplication)이라 하고 αA로 나타낸다. 즉 A, $B\in M_{m\times n}(\mathbb{K})$, $\alpha\in\mathbb{K}$에 대하여

$$A+B=[a_{ij}]+[b_{ij}]=[a_{ij}+b_{ij}],\quad \alpha A=\alpha[a_{ij}]=[\alpha a_{ij}].$$

예제 2.1.2 다음 행렬 A, B와 수 α에 대하여 $A+B$, αA를 구하여라.
(단 $\alpha=3$, -3)

$$A=\begin{bmatrix} 3 & -2 & 1 & 0 \\ 1 & -1 & 0 & 1 \\ 1 & -1 & 0 & 1 \end{bmatrix},\quad B=\begin{bmatrix} -3 & 1 & -1 & 1 \\ 3 & 1 & 0 & 0 \\ 1 & -1 & 0 & 0 \end{bmatrix}$$

[풀이] $A+B=\begin{bmatrix} 3-3 & -2+1 & 1-1 & 0+1 \\ 1+3 & -1+1 & 0+0 & 1+0 \\ 1+1 & -1-1 & 0+0 & 1+0 \end{bmatrix}=\begin{bmatrix} 0 & -1 & 0 & 1 \\ 4 & 0 & 0 & 1 \\ 1 & -2 & 0 & 1 \end{bmatrix}$

$$3A=3\begin{bmatrix} 3 & -2 & 1 & 0 \\ 1 & -1 & 0 & 1 \\ 1 & -1 & 0 & 1 \end{bmatrix}=\begin{bmatrix} 3\times3 & 3\times(-2) & 3\times1 & 3\times0 \\ 3\times1 & 3\times(-1) & 3\times0 & 3\times1 \\ 3\times1 & 3\times(-1) & 3\times0 & 3\times1 \end{bmatrix}$$

$$=\begin{bmatrix} 9 & -6 & 3 & 0 \\ 3 & -3 & 0 & 3 \\ 3 & -3 & 0 & 3 \end{bmatrix}$$

$$(-3)A=(-3)\begin{bmatrix} 3 & -2 & 1 & 0 \\ 1 & -1 & 0 & 1 \\ 1 & -1 & 0 & 1 \end{bmatrix}=\begin{bmatrix} -3\times3 & -3\times(-2) & -3\times1 & -3\times0 \\ -3\times1 & -3\times(-1) & -3\times0 & -3\times1 \\ -3\times1 & -3\times(-1) & -3\times0 & -3\times1 \end{bmatrix}$$

$$=\begin{bmatrix} -9 & 6 & -3 & 0 \\ -3 & 3 & 0 & -3 \\ -3 & 3 & 0 & -3 \end{bmatrix}.$$

예제 2.1.3 행렬 A와 $\alpha=-1$에서 $\alpha A=(-1)A$를 $-A$로 나타내면 $-A=-1\cdot A$, $A-B=A+(-B)$이다. 다음 행렬 A, B에서 $A+B$, $-A$, $2A-3B$를 구하여라.

$$A=\begin{bmatrix} 1 & 0 & -1 \\ 1 & 1 & 0 \end{bmatrix},\quad B=\begin{bmatrix} -1 & 2 & 1 \\ 1 & 0 & 2 \end{bmatrix}$$

[풀이] $A+B=\begin{bmatrix} 1 & 0 & -1 \\ 1 & 1 & 0 \end{bmatrix}+\begin{bmatrix} -1 & 2 & 1 \\ 1 & 0 & 2 \end{bmatrix}=\begin{bmatrix} 0 & 2 & 0 \\ 2 & 1 & 2 \end{bmatrix}$

$$-A=(-1)\begin{bmatrix} 1 & 0 & -1 \\ 1 & 1 & 0 \end{bmatrix}=\begin{bmatrix} -1 & 0 & 1 \\ -1 & -1 & 0 \end{bmatrix}$$

$$2A-3B=2\begin{bmatrix} 1 & 0 & -1 \\ 1 & 1 & 0 \end{bmatrix}-3\begin{bmatrix} -1 & 2 & 1 \\ 1 & 0 & 2 \end{bmatrix}$$

$$=\begin{bmatrix}2 & 0 & -2\\ 2 & 2 & 0\end{bmatrix}+\begin{bmatrix}3 & -6 & -3\\ -3 & 0 & -6\end{bmatrix}=\begin{bmatrix}5 & -6 & -5\\ -1 & 2 & -6\end{bmatrix}.$$

모든 성분이 0인 $m\times n$행렬을 **영행렬**(zero matrix)이라 하고 O으로 나타낸다. 행렬 $A=[a_{ij}]$, $-A=[a_{ij}]\in M_{m\times n}$에서

$$A+B=[a_{ij}]+[-a_{ij}]=[a_{ij}-a_{ij}]=[0]=O$$

$[-a_{ij}]=(-1)\cdot[a_{ij}]=(-1)A=-A$로 나타내면 $A+(-A)=O$. 또한 모든 행렬 A에 대하여 $A+O=A$이다.

정리 2.1.1 행렬 A, B, $C\in M_{m\times n}(\mathbb{K})$와 α, $\beta\in\mathbb{K}$에 대하여 다음이 성립한다.

(1) $(A+B)+C=A+(B+C)$ (2) $A+O=A=O+A$

(3) $A+(-A)=(-A)+A=O$ (4) $A+B=B+A$

(5) $\alpha(A+B)=\alpha A+\alpha B$ (6) $(\alpha+\beta)A=\alpha A+\beta A$

(7) $(\alpha\beta)A=\alpha(\beta A)$ (8) $1A=A$(1은 수의 1)

[증명] (1) $A=[a_{ij}]$, $B=[b_{ij}]$, $C=[c_{ij}]$

$$\begin{aligned}A+(B+C)&=[a_{ij}]+\{[b_{ij}]+[c_{ij}]\}=[a_{ij}]+[b_{ij}+c_{ij}]\\ &=[a_{ij}+(b_{ij}+c_{ij})]=[(a_{ij}+b_{ij})+c_{ij}]\\ &=[a_{ij}+b_{ij}]+[c_{ij}]=(A+B)+C\end{aligned}$$

(2) $A+O=[a_{ij}]+[0]=[a_{ij}+0]=[a_{ij}]=A$

(3) $-A=[-a_{ij}]$이므로 $A+(-A)=[a_{ij}-a_{ij}]=[0]=O$.

예제 2.1.4 $m\times n$행렬 전체의 집합 $M_{m\times n}$은 덧셈에 관한 군을 이룬다.

[풀이] A, $B\in M_{m\times n}$이면 $A+B\in M_{m\times n}$이고 (i) $A+B=B+A$, (ii) $(A+B)+C=A+(B+C)$, (iii) $-A\in M_{m\times n}$, $A+(-A)=O$. 또한 $O+A=A$이므로 $M_{m\times n}$은 덧셈에 관한 항등원 O를 가진 덧셈군이다.

행렬 $A=[a_{ij}]\in M_{m\times n}(\mathbb{K})$, $B=[b_{jk}]\in M_{n\times r}(\mathbb{K})$의 곱 AB는 $c_{ij}=\sum_{k=1}^{n}a_{ik}b_{kj}=a_{i1}b_{1j}+a_{i2}b_{2j}+\cdots+a_{in}b_{nj}$를 제 ij-성분으로 갖는 행렬이다.

$m\times n$행렬 $A=[a_{ij}]$와 $n\times r$행렬 $B=[b_{jk}]$의 곱 AB를 알기 쉽게 나타내어 보자. $1\times n$행렬 A와 $n\times 1$열의 B의 **도트곱**(dot product)을 다음으로 정의한다.

$$A\cdot B=[a_1\ a_2\ \cdots\ a_n]\begin{bmatrix} b_1 \\ b_2 \\ \vdots \\ b_n \end{bmatrix}=a_1b_1+a_2b_2+\cdots+a_nb_n$$

행렬 A, B의 곱을 직사각형 배열로 나타내면

$$\begin{bmatrix} a_{11} & a_{12} & \cdots & a_{1n} \\ a_{21} & a_{22} & \cdots & a_{2n} \\ \vdots & \vdots & \vdots & \vdots \\ a_{m1} & a_{m2} & \cdots & a_{mn} \end{bmatrix}\begin{bmatrix} b_{11} & b_{12} & \cdots & b_{1r} \\ b_{21} & b_{22} & \cdots & b_{2r} \\ \vdots & \vdots & \vdots & \vdots \\ b_{n1} & b_{n2} & \cdots & b_{nr} \end{bmatrix}=\begin{bmatrix} c_{11} & c_{12} & \cdots & c_{1r} \\ c_{21} & c_{22} & \cdots & c_{2r} \\ \vdots & \vdots & \vdots & \vdots \\ c_{m1} & c_{m2} & \cdots & c_{mr} \end{bmatrix}$$

A를 행벡터 A_1, $\cdots$, A_m, B를 열벡터 B^1, $\cdots$, B^r으로 나타내면

$$\begin{bmatrix} A_1 \\ A_2 \\ \vdots \\ A_m \end{bmatrix}[B^1\ B^2\ \cdots\ B^r]=\begin{bmatrix} A_1\cdot B^1 & A_1\cdot B^2 & \cdots & A_1\cdot B^r \\ A_2\cdot B^1 & A_2\cdot B^2 & \cdots & A_2\cdot B^r \\ \vdots & \vdots & & \vdots \\ A_m\cdot B^1 & A_m\cdot B^2 & \cdots & A_m\cdot B^r \end{bmatrix}$$

예제 2.1.5 다음 행렬의 곱을 구하여라.

(1) $\begin{bmatrix} 2 & -1 \\ 1 & 0 \\ -3 & 4 \end{bmatrix}\begin{bmatrix} 1 & -2 & -5 \\ 3 & 4 & 2 \end{bmatrix}$ (2) $\begin{bmatrix} 1 & -2 & 5 \\ 3 & 4 & 2 \end{bmatrix}\begin{bmatrix} 2 & -1 \\ 1 & 0 \\ -3 & 4 \end{bmatrix}$

(3) $\begin{bmatrix} 0 & 1 & 2 \\ 0 & 1 & 4 \\ 0 & 0 & 1 \end{bmatrix}\begin{bmatrix} 1 & -2 & 5 \\ 0 & 1 & -4 \\ 0 & 0 & 1 \end{bmatrix}$ (4) $\begin{bmatrix} 0 & -2 & 5 \\ 0 & 1 & 4 \\ 0 & 0 & 1 \end{bmatrix}\begin{bmatrix} 1 & -2 & 5 \\ 0 & 1 & -4 \\ 0 & 0 & 1 \end{bmatrix}$

[풀이] (1) $\begin{bmatrix} 2\cdot1+(-1)\cdot3 & 2\cdot(-2)+(-1)\cdot4 & 2\cdot(-5)+(-1)\cdot2 \\ 1\cdot1+0\cdot3 & 1\cdot(-2)+0\cdot4 & 1\cdot(-5)+0\cdot2 \\ -3\cdot1+4\cdot3 & -3\cdot(-2)+4\cdot4 & (-3)\cdot(-5)+4\cdot2 \end{bmatrix}$

$$=\begin{bmatrix} -1 & -8 & -12 \\ 1 & -2 & -5 \\ 9 & 22 & 23 \end{bmatrix}$$

(2) $\begin{bmatrix} 1\cdot2+(-2)\cdot1+5\cdot(-3) & 1\cdot(-1)+(-2)\cdot0+5\cdot4 \\ 3\cdot2+4\cdot1+2\cdot(-3) & 3(-1)+4\cdot0+2\cdot4 \end{bmatrix}=\begin{bmatrix} -15 & 19 \\ 4 & 5 \end{bmatrix}$

(3) $\begin{bmatrix} 0\cdot1+1\cdot0+2\cdot0 & 0\cdot(-2)+1\cdot1+2\cdot0 & 0\cdot5+1\cdot(-4)+2\cdot1 \\ 0\cdot1+1\cdot0+4\cdot0 & 0\cdot(-2)+1\cdot1+4\cdot0 & 0\cdot5+1\cdot(-4)+4\cdot1 \\ 0\cdot1+0\cdot0+1\cdot0 & 0\cdot(-2)+0\cdot1+1\cdot0 & 0\cdot5+0\cdot(-4)+1\cdot1 \end{bmatrix}$

$=\begin{bmatrix} 0 & 1 & -2 \\ 0 & 1 & 0 \\ 0 & 0 & 1 \end{bmatrix}$

(4) $\begin{bmatrix} 0\cdot1+(-2)\cdot0+5\cdot0 & 0\cdot(-2)-2\cdot1+5\cdot0 & 0\cdot5+(-2)\cdot(-4)+5\cdot1 \\ 0\cdot1+1\cdot0+4\cdot0 & 0\cdot(-2)+1\cdot1+4\cdot0 & 0\cdot5+1\cdot(-4)+4\cdot1 \\ 0\cdot1+0\cdot0+1\cdot0 & 0\cdot(-2)+0\cdot1+1\cdot0 & 0\cdot5+0\cdot(-4)+1\cdot1 \end{bmatrix}$

$=\begin{bmatrix} 0 & -2 & 13 \\ 0 & 1 & 0 \\ 0 & 0 & 1 \end{bmatrix}.$

행렬 A의 열의 개수와 B의 행의 개수가 같을 때 곱 AB는 가능하다. $n\times n$ 행렬 전체의 집합 $M_{n\times n}$의 모든 원소에 대하여 곱은 가능하다. 일반적으로 A와 B의 곱이 가능하지만 B와 A의 곱 BA는 불가능한 경우가 있다. 행렬 A와 B의 곱이 가능하여 $AB=BA$일 때 A와 B는 **가환적**(commutative)이라 한다.

예제 2.1.6 다음 행렬 A, B의 가환성을 판별하여라.

(1) $A=\begin{bmatrix} 1 & 2 & 3 \\ 0 & 1 & 4 \\ 0 & 0 & 1 \end{bmatrix}$, $B=\begin{bmatrix} 1 & -2 & 5 \\ 0 & 1 & -4 \\ 0 & 0 & 1 \end{bmatrix}$

(2) $A=\begin{bmatrix} 1 & 1 \\ 0 & 0 \end{bmatrix}$, $B=\begin{bmatrix} 1 & 0 \\ 1 & 0 \end{bmatrix}$

[풀이] (1) $AB=BA$이므로 가환적이다.

$$AB=\begin{bmatrix} 1 & 2 & 3 \\ 0 & 1 & 4 \\ 0 & 0 & 1 \end{bmatrix}\begin{bmatrix} 1 & -2 & 5 \\ 0 & 1 & -4 \\ 0 & 0 & 1 \end{bmatrix}=\begin{bmatrix} 1 & 0 & 0 \\ 0 & 1 & 0 \\ 0 & 0 & 1 \end{bmatrix}$$

$$BA=\begin{bmatrix}1 & -2 & 5\\ 0 & 1 & -4\\ 0 & 0 & 1\end{bmatrix}\begin{bmatrix}1 & 2 & 3\\ 0 & 1 & 4\\ 0 & 0 & 1\end{bmatrix}=\begin{bmatrix}1 & 0 & 0\\ 0 & 1 & 0\\ 0 & 0 & 1\end{bmatrix}$$

(2) $AB \neq BA$이므로 비가환적이다.

$$AB=\begin{bmatrix}1 & 1\\ 0 & 0\end{bmatrix}\begin{bmatrix}1 & 0\\ 1 & 0\end{bmatrix}=\begin{bmatrix}2 & 0\\ 0 & 0\end{bmatrix}$$

$$BA=\begin{bmatrix}1 & 0\\ 1 & 0\end{bmatrix}\begin{bmatrix}1 & 1\\ 0 & 0\end{bmatrix}=\begin{bmatrix}1 & 1\\ 1 & 1\end{bmatrix}$$

$n\times n$행렬 $A=[a_{ij}]$에서 a_{11}, $\cdots$, a_{nn}을 **주대각성분**(principal diagonal component)이라 한다. $i=j$이면 $\delta_{ij}=1$, $i\neq j$이면 $\delta_{ij}=0$인 기호 δ_{ij}를 **Kronecker의 델타**라 한다. 주대각성분 이외의 모든 성분이 0인 정방행렬을 **대각행렬**(diagonal matrix), 주대각성분이 모두 1인 대각행렬을 ***n*차항등행렬** 또는 **항등행렬**(identity matrix)이라 하고 I_n 또는 I로 나타낸다.

$$I_2=\begin{bmatrix}1 & 0\\ 0 & 1\end{bmatrix},\quad I_3=\begin{bmatrix}1 & 0 & 0\\ 0 & 1 & 0\\ 0 & 0 & 1\end{bmatrix},\quad I_n=\begin{bmatrix}1 & 0 & \cdots & 0 & 0\\ 0 & 1 & \cdots & 0 & 0\\ \vdots & \vdots & & \vdots & \vdots\\ 0 & 0 & \cdots & 0 & 1\end{bmatrix}$$

정리 2.1.2 합과 곱이 가능한 행렬 A, B, C와 수 α에 대하여 다음이 성립한다.

(1) $(AB)C=A(BC)$　　(2) $A(B+C)=AB+AC$

(3) $(A+B)C=AC+BC$　　(4) $\alpha(AB)=(\alpha A)B=A(\alpha B)$

[증명] (1) 행렬 $A=[a_{ij}]\in M_{m\times n}$, $B=[b_{jk}]\in M_{n\times r}$, $C=[c_{kl}]\in M_{r\times s}$에서 행렬 AB의 제 ik-성분은 $\sum_{j=1}^{n} a_{ij}b_{jk}$, 행렬 BC의 제 jl-성분은 $\sum_{k=1}^{r} b_{jk}c_{kl}$이다. 행렬 $(AB)C$의 제 il-성분은

$$\sum_{k=1}^{r}\left(\left(\sum_{j=1}^{n} a_{ij}b_{jk}\right)c_{kl}\right)=\sum_{k=1}^{r}\sum_{j=1}^{n}(a_{ij}b_{jk})c_{kl}$$

행렬 $A(BC)$의 제 il-성분은

$$\sum_{j=1}^{n}\left(a_{ij}\left(\sum_{k=1}^{r} b_{jk}c_{kl}\right)\right)=\sum_{j=1}^{n}\sum_{k=1}^{r} a_{ij}(b_{jk}c_{kl})$$

행렬 $(AB)C$와 $A(BC)$의 제 il-성분은 같으므로 $(AB)C=A(BC)$

(2) $A=[a_{ij}]\in M_{m\times n}$, $B=[b_{jk}]\in M_{n\times r}$, $C=[c_{jk}]\in M_{n\times r}$이면 행렬 $B+C$의 제 jk-성분은 $b_{jk}+c_{jk}$이고 AB와 AC의 제 ik-성분은 각각 $\sum_{j=1}^{n} a_{ij}b_{jk}$, $\sum_{j=1}^{n} a_{ij}c_{jk}$이다. 행렬 $A(B+C)$와 AB, AC의 제 ik-성분은 다음 관계가 있다.

$$\sum_{j=1}^{n} a_{ij}(b_{jk}+c_{jk})=\sum_{j=1}^{n} a_{ij}b_{jk}+\sum_{j=1}^{n} a_{ij}c_{jk}$$

행렬 $A(B+C)$의 제 ik-성분은 행렬 AB, AC의 제 ik-성분의 합과 같으므로 $A(B+C)=AB+AC$.

(3) 행렬 $A=[a_{ij}]\in M_{m\times n}$, $B=[b_{jk}]\in M_{n\times r}$의 곱 AB의 제 ik-성분과 α의 관계는 다음과 같다.

$$\alpha\sum_{j=1}^{n} a_{ij}b_{jk}=\sum_{j=1}^{n}(\alpha a_{ij})b_{jk}=\sum_{j=1}^{n} a_{ij}(\alpha b_{jk})$$

행렬 $\alpha(AB)$, $(\alpha A)B$, $A(\alpha B)$의 모든 성분은 서로 같으므로 $\alpha(AB)=(\alpha A)B=A(\alpha B)$.

행렬 $A=[a_{ij}]\in M_{m\times n}$의 제 ij-성분 a_{ij}를 제 ji-성분으로 갖는 행렬 $[b_{ji}]\in M_{n\times m}$을 A의 **전치행렬**(transposed matrix)이라 하고 A^t 또는 ${}^tA$로 나타낸다.

$$A=\begin{bmatrix} a_{11} & a_{12} & \cdots & a_{1n} \\ a_{21} & a_{22} & \cdots & a_{2n} \\ \vdots & \vdots & & \vdots \\ a_{m1} & a_{m2} & \cdots & a_{mn} \end{bmatrix},\quad A^t=\begin{bmatrix} a_{11} & a_{12} & \cdots & a_{m1} \\ a_{12} & a_{22} & \cdots & a_{m2} \\ \vdots & \vdots & & \vdots \\ a_{1n} & a_{2n} & \cdots & a_{mn} \end{bmatrix}$$

정리 2.1.3 행렬 A, B와 수 α에 대하여 다음이 성립한다.

(1) $A, B\in M_{n\times n}$이면 $(A^t)^t=A$, $(A+B)^t=A^t+B^t$, $(\alpha A)^t=\alpha A^t$

(2) $A\in M_{m\times n}$, $B\in M_{n\times r}$이면 $(AB)^t=B^tA^t$

[증명] (1) 행렬 A^t의 제 ij-성분은 a_{ji}, $(A^t)^t$의 제 ij-성분은 a_{ij}이므로 $(A^t)^t=A$이다. 같은 이유에서 $(A+B)^t=A^t+B^t$, $(\alpha A)^t=\alpha A^t$

(2) $A=[a_{ij}]$, $B=[b_{jk}]$ $AB=[c_{ik}]$라 놓으면

$$c_{ik}=\sum_{j=1}^{n} a_{ij}b_{jk}, \quad c_{ki}=\sum_{j=1}^{n} a_{ij}b_{ji}$$

A^t의 제 ji-성분은 a_{ij}, B^t의 제 b_{kj}-성분은 b_{jk}이다. B^tA^t의 제 ki-성분은 $\sum_{j=1}^{n} b_{jk}a_{ij} = \sum_{j=1}^{n} a_{ij}b_{jk}$이므로 AB^t의 제 ik-성분과 B^tA^t의 제 ki-성분은 같다. 따라서 $(AB)^t=B^tA^t$.

예제 2.1.7 다음 행렬의 전치행렬 A^t, B^t, $(AB)^t$, A^tB^t을 구하여라.

$$A=\begin{bmatrix} 2 & 0 & 1 \\ -1 & 0 & 4 \end{bmatrix}, \quad B=\begin{bmatrix} -1 & 0 & 4 \\ 1 & 3 & 0 \\ -1 & 1 & 1 \end{bmatrix}$$

[풀이] $A^t=\begin{bmatrix} 2 & -1 \\ 0 & 0 \\ 1 & 4 \end{bmatrix}, \quad B^t=\begin{bmatrix} -1 & 1 & -1 \\ 0 & 3 & 1 \\ 4 & 0 & 1 \end{bmatrix}$

$$(AB)^t=\begin{bmatrix} -3 & 1 & 9 \\ -3 & 4 & 0 \end{bmatrix}^t=\begin{bmatrix} -3 & -3 \\ 1 & 4 \\ 9 & 0 \end{bmatrix}$$

$$B^tA^t=\begin{bmatrix} -1 & 1 & -1 \\ 0 & 3 & 1 \\ 4 & 0 & 1 \end{bmatrix}\begin{bmatrix} 2 & -1 \\ 0 & 0 \\ 1 & 4 \end{bmatrix}=\begin{bmatrix} -3 & -3 \\ 1 & 4 \\ 9 & 0 \end{bmatrix}.$$

예제 2.1.8 다음 행렬 A에서 AA^t와 A^tA를 비교하여라.

$$A=\begin{bmatrix} 1 & 2 & 0 \\ 3 & -1 & 4 \end{bmatrix}$$

[풀이] $AA^t=\begin{bmatrix} 1 & 2 & 0 \\ 3 & -1 & 4 \end{bmatrix}\begin{bmatrix} 1 & 3 \\ 2 & -1 \\ 0 & 4 \end{bmatrix}=\begin{bmatrix} 5 & 1 \\ 1 & 26 \end{bmatrix}$

$$A^tA=\begin{bmatrix} 1 & 3 \\ 2 & -1 \\ 0 & 4 \end{bmatrix}\begin{bmatrix} 1 & 2 & 0 \\ 3 & -1 & 4 \end{bmatrix}=\begin{bmatrix} 10 & -1 & 12 \\ -1 & 5 & -4 \\ 12 & -4 & 16 \end{bmatrix}.$$

정리 2.1.4 n차정방행렬 전체의 집합 $M_{n\times n}(M_n)$에 대하여 다음 성질이 성립한다.

(i) A, $B\in M_n$에서 합 $A+B\in M_{n\times n}$이다.

(1) $(A+B)+C=A+(B+C)$, $C\in M_{n\times n}$.

(2) $O\in M_n$, 모든 A에 대하여 $A+O=O+A=A$

(3) 모든 A에 대하여 $-A\in M_{n\times n}$, $A+(-A)=(-A)+A=O$

(4) 모든 A, B에 대하여 $A+B=B+A$

(ii) A, $B\in M_{n\times n}$에서 $AB\in M_{n\times n}$이다.

(5) $(AB)C=A(BC)$, $C\in M_{n\times n}$

(6) $(A+B)C=AC+BC$, $A(B+C)=AB+AC$

(7) 모든 $A\in M_n$에 대하여 $IA=AI=A$

(8) 모든 $A\in M_n$에 대하여 $OA=AO=O$

[증명] 정리 2.1.1과 정리 2.1.2에 의하여 분명히 성립한다.

n차정방행렬 $A=[a_{ij}]$에서 $A^t=A$일 때 A를 **대칭행렬**(symmetric matrix)이라 한다. 모든 $1\leq i$, $j\leq n$에 대하여 $a_{ji}=a_{ij}$이면 A는 대칭행렬이다. $A^t=-A$일 때 A를 **교대행렬**(alternating matrix)이라 한다. 모든 $1\leq i$, $j\leq n$에 대하여 $a_{ji}=-a_{ij}$이면 A는 교대행렬이다.

예제 2.1.9 다음 중에서 교대행렬은 어느 것인가?

(1) $\begin{bmatrix} 1 & 0 & 3 \\ 0 & 5 & -4 \\ 1 & 0 & -1 \end{bmatrix}$ (2) $\begin{bmatrix} 0 & 2 & 3 \\ 2 & 1 & 2 \\ 3 & 2 & 1 \end{bmatrix}$

(3) $\begin{bmatrix} 0 & 0 & 1 \\ 0 & 1 & 0 \\ 0 & 1 & 0 \end{bmatrix}$ (4) $\begin{bmatrix} 0 & 0 & -1 \\ 0 & 0 & 2 \\ 1 & -2 & 0 \end{bmatrix}$

[풀이] $$A^t=\begin{bmatrix} 0 & 0 & -1 \\ 0 & 0 & 2 \\ 1 & -2 & 0 \end{bmatrix}^t=\begin{bmatrix} 0 & 0 & -1 \\ 0 & 0 & -2 \\ -1 & 2 & 0 \end{bmatrix}=-\begin{bmatrix} 0 & 0 & -1 \\ 0 & 0 & 2 \\ 1 & -2 & 0 \end{bmatrix}=-A$$

이므로 (4)는 교대행렬이다.

예제 2.1.10 정방행렬 A에서 다음이 성립한다.

(1) AA^t, $A+A^t$는 대칭행렬이다.

(2) $A-A^t$는 교대행렬이다.

(3) 행렬 A는 교대 대칭행렬과 교대행렬의 합으로 일의적으로 표시된다.

[풀이] (1) 정리 2.1.3에서 $(AA^t)^t=(A^t)^tA^t=AA^t$, $(A+A^t)^t=A^t+(A^t)^t=A^t+A=A+A^t$. 그러므로 AA^t, $A+A^t$은 대칭행렬이다.

(2) $(A-A^t)^t=A^t+(-A^t)^t=A^t-(A^t)^t=A^t-A=-(A-A^t)$이므로 $A-A^t$은 교대행렬이다.

(3) $B=\dfrac{A+A^t}{2}$, $C=\dfrac{A-A^t}{2}$이라 놓으면 $B+C=\dfrac{1}{2}(A+A^t)+\dfrac{1}{2}(A-A^t)=A$, $B^t=B$, $C^t=-C$이다. $A=B'+C'$, $B'^t=B'$, $C'^t=-C'$인 행렬 B', C'가 존재한다면 $A^t=(B'+C')^t=B'^t+C'^t=B'-C'$이다. $A+A^t=(B'+C')+(B'-C')=2B'$, $A-A^t=(B'+C')-(B'-C')^t=(B'+C')-B'+C'=2C'$이므로

$$B'=\frac{1}{2}(A+A^t),\quad C'=\frac{1}{2}(A-A^t)$$

그러므로 $B=B'$, $C=C'$이다. 따라서 $A=B+C$인 대칭행렬 B와 교대행렬 C는 $B=\dfrac{1}{2}(A+A^t)$, $C=\dfrac{1}{2}(A-A^t)$뿐이다.

예제 2.1.11 다음 행렬 A, B를 대칭행렬과 교대행렬의 합으로 나타내어라.

$$A=\begin{bmatrix} 0 & 1 \\ -1 & 1 \end{bmatrix} \qquad B=\begin{bmatrix} -2 & 0 & 1 \\ -1 & 1 & 0 \\ 0 & -1 & 1 \end{bmatrix}$$

[풀이] 행렬 A에서 A^t, $A+A^t$, $A-A^t$을 구하면

$$A^t=\begin{bmatrix} 0 & -1 \\ 1 & 1 \end{bmatrix}$$

$$A+A^t=\begin{bmatrix} 0 & 1 \\ -1 & 1 \end{bmatrix}+\begin{bmatrix} 0 & -1 \\ 1 & 1 \end{bmatrix}=\begin{bmatrix} 0 & 0 \\ 0 & 2 \end{bmatrix}$$

$$A-A^t=\begin{bmatrix} 0 & 1 \\ -1 & 1 \end{bmatrix}+\begin{bmatrix} 0 & -1 \\ 1 & 1 \end{bmatrix}=\begin{bmatrix} 0 & 2 \\ -2 & 0 \end{bmatrix}$$

따라서 $A=\frac{1}{2}(A+A^t)+\frac{1}{2}(A-A^t)$

$$\begin{bmatrix} 0 & -1 \\ 1 & 1 \end{bmatrix}=\frac{1}{2}\begin{bmatrix} 0 & 0 \\ 0 & 2 \end{bmatrix}+\frac{1}{2}\begin{bmatrix} 0 & 2 \\ -2 & 0 \end{bmatrix}=\begin{bmatrix} 0 & 0 \\ 0 & 1 \end{bmatrix}+\begin{bmatrix} 0 & 1 \\ -1 & 0 \end{bmatrix}$$

행렬 B^t, $B+B^t$, $B-B^t$를 구하면

$$B^t=\begin{bmatrix} -2 & -1 & 0 \\ 0 & 1 & -1 \\ 1 & 0 & 1 \end{bmatrix}$$

$$B+B^t=\begin{bmatrix} -2 & 0 & 1 \\ -1 & 1 & 0 \\ 0 & -1 & 1 \end{bmatrix}+\begin{bmatrix} -2 & -1 & 0 \\ 0 & 1 & -1 \\ 1 & 0 & 1 \end{bmatrix}=\begin{bmatrix} -4 & -1 & 1 \\ -1 & 2 & -1 \\ 1 & -1 & 2 \end{bmatrix}$$

$$B-B^t=\begin{bmatrix} -2 & 0 & 1 \\ -1 & 1 & 0 \\ 0 & -1 & 1 \end{bmatrix}-\begin{bmatrix} -2 & -1 & 0 \\ 0 & 1 & -1 \\ 1 & 0 & 1 \end{bmatrix}=\begin{bmatrix} 0 & 1 & 1 \\ -1 & 0 & 1 \\ -1 & -1 & 0 \end{bmatrix}$$

따라서 $B=\frac{1}{2}(B+B^t)+\frac{1}{2}(B-B^t)$

$$\begin{bmatrix} -2 & 0 & 1 \\ -1 & 1 & 0 \\ 0 & -1 & 1 \end{bmatrix}=\frac{1}{2}\begin{bmatrix} -4 & -1 & 1 \\ -1 & 2 & -1 \\ 1 & -1 & 2 \end{bmatrix}+\frac{1}{2}\begin{bmatrix} 0 & 1 & 1 \\ -1 & 0 & 1 \\ -1 & -1 & 0 \end{bmatrix}$$

$$=\begin{bmatrix} -2 & -\frac{1}{2} & \frac{1}{2} \\ -\frac{1}{2} & 1 & -\frac{1}{2} \\ \frac{1}{2} & -\frac{1}{2} & 1 \end{bmatrix}+\begin{bmatrix} 0 & \frac{1}{2} & \frac{1}{2} \\ -\frac{1}{2} & 0 & \frac{1}{2} \\ -\frac{1}{2} & -\frac{1}{2} & 0 \end{bmatrix}.$$

행렬 $A\in M_{n\times n}$에서 $AB=BA=I$인 행렬 $B\in M_{n\times n}$가 존재할 때 A를 **정칙행렬**(nonsingular matrix)이라 한다. 이 때 행렬 A를 **가역적**(invertible)이라 한다. 행렬 $A\in M_{n\times n}$, $A\neq O$에서 $AB=O$, $BA=O$인 행렬 $B\in M_{n\times n}$, $B\neq O$가 존재할 때 A를 **영인자**(zero-divisor)라 한다.

행렬 A에서 $AB=BA=I$인 행렬 B가 존재하면 오직 하나뿐이다. $AC=CA=I$인 행렬 C가 존재하면 $C=CI=C(AB)=(CA)B=IB=B$이기 때문이다. AB

$=BA=I$인 하나뿐인 행렬 B를 A의 **역행렬**(inverse matrix)이라 하고 A^{-1}로 나타낸다. 그러면 $AA^{-1}=A^{-1}A=I$이다. 항등행렬 I의 역행렬은 I 자신이다.

정리 2.1.5 행렬 $A, B \in M_{n\times n}$에서 다음이 성립한다.

(1) $(A^{-1})^{-1}=A$ (2) $(AB)^{-1}=B^{-1}A^{-1}$

[증명] (1) A가 정칙행렬이면 $AA^{-1}=A^{-1}A=I$이므로 A의 역행렬은 A^{-1}이고 A^{-1}의 역행렬 $(A^{-1})^{-1}$은 A이다. 따라서 $(A^{-1})^{-1}=A$.

(2) A, B가 정칙행렬이면 역행렬 A^{-1}, B^{-1}가 존재하여

$$AA^{-1}=A^{-1}A=I, \quad BB^{-1}=B^{-1}B=I$$

$(AB)(B^{-1}A^{-1})=A(BB^{-1})A^{-1}=AIA^{-1}=AA^{-1}=I$, $(B^{-1}A^{-1})(AB)=B^{-1}(A^{-1}A)B=B^{-1}IB=B^{-1}B=I$이므로

$$(AB)(B^{-1}A^{-1})=(B^{-1}A^{-1})(AB)=I$$

따라서 $B^{-1}A^{-1}$은 AB의 역행렬이다.

정리 2.1.6 행렬 $A\in M_{n\times n}$이 정칙행렬이기 위한 필요충분조건은 전치행렬 A^t가 가역행렬이 되는 것이다.

[증명] $(A^t)^t=A$이므로 $(A^{-1}A)^t=A^t(A^{-1})^t=I$, $(AA^{-1})^t=(A^{-1})^tA^t=I$에서 $A^t(A^{-1})^t=(A^{-1})^tA^t=I$. 그러므로 A^t의 역행렬은 $(A^{-1})^t$이다.

예제 2.1.12 2×2 행렬 $A=\begin{bmatrix} a & b \\ c & d \end{bmatrix}$가 가역행렬이기 위한 필요충분조건은 $\Delta=ad-bc\neq 0$이다.

[풀이] $ad-bc\neq 0$일 때 다음 행렬 A^{-1}은 $AA^{-1}=A^{-1}A=I$를 만족한다.

$$\mathrm{A}^{-1}=\frac{1}{ad-bc}\begin{bmatrix} d & -b \\ -c & a \end{bmatrix}$$

실제로

$$AA^{-1}=\begin{bmatrix} a & b \\ c & d \end{bmatrix}\left(\frac{1}{ad-bc}\begin{bmatrix} d & -b \\ -c & a \end{bmatrix}\right)=\frac{1}{ad-bc}\begin{bmatrix} a & b \\ c & d \end{bmatrix}\begin{bmatrix} d & -b \\ -c & a \end{bmatrix}$$

$$=\frac{1}{ad-bc}\begin{bmatrix} ad-bc & -ab+ba \\ cd-dc & -cb+da \end{bmatrix}=\frac{1}{ad-bc}\begin{bmatrix} ad-bc & 0 \\ 0 & ad-bc \end{bmatrix}$$

$$=\begin{bmatrix} \frac{ad-bc}{ad-bc} & 0 \\ 0 & \frac{ad-bc}{ad-bc} \end{bmatrix}=\begin{bmatrix} 1 & 0 \\ 0 & 1 \end{bmatrix}$$

$$A^{-1}A=\frac{1}{ad-bc}\begin{bmatrix} d & -b \\ -c & a \end{bmatrix}\begin{bmatrix} a & b \\ c & d \end{bmatrix}=\frac{1}{ad-bc}\begin{bmatrix} da-bc & db-bd \\ -ca+ac & -bc+ad \end{bmatrix}$$

$$=\frac{1}{ad-bc}\begin{bmatrix} ad-bc & 0 \\ 0 & ad-bc \end{bmatrix}=\begin{bmatrix} \frac{ad-bc}{ad-bc} & 0 \\ 0 & \frac{ad-bc}{ad-bc} \end{bmatrix}=\begin{bmatrix} 1 & 0 \\ 0 & 1 \end{bmatrix}$$

역을 증명하기 위하여 A가 가역행렬이고 $ad-bc=0$이라 하자. 행렬 B를 다음으로 놓으면 $BA=O$이다.

$$B=\begin{bmatrix} d & -b \\ -c & a \end{bmatrix},$$

$$BA=\begin{bmatrix} d & -b \\ -c & a \end{bmatrix}\begin{bmatrix} a & b \\ c & d \end{bmatrix}=\begin{bmatrix} ad-bc & bd-bd \\ -ac+ac & ad-bc \end{bmatrix}=\begin{bmatrix} 0 & 0 \\ 0 & 0 \end{bmatrix}$$

그런데 $B=BI=B(AA^{-1})=(BA)A^{-1}=OA^{-1}=O$이므로 $a=b=c=d=0$

$$\begin{bmatrix} d & -b \\ -c & a \end{bmatrix}=\begin{bmatrix} 0 & 0 \\ 0 & 0 \end{bmatrix}$$

$A=O$이므로 $AA^{-1}=A^{-1}A=I$에서 $O=OA^{-1}=I$이다. 이는 분명한 모순이다. 따라서 A가 가역행렬이면 $ad-bc\neq 0$이다.

예제 2.1.13 다음 행렬 A, B에서 $(AB)^{-1}=B^{-1}A^{-1}$임을 보여라.

$$A=\begin{bmatrix} 1 & 2 \\ 1 & 3 \end{bmatrix},\qquad B=\begin{bmatrix} 3 & 2 \\ 2 & 2 \end{bmatrix}$$

[풀이] $\Delta_A=3\cdot1-2\cdot1=3-2=1$, $\Delta_B=3\cdot2-2\cdot2=2$, $\Delta_{AB}=7\cdot8-6\cdot9=56-54=2$

이므로

$$A^{-1}=\begin{bmatrix} 3 & -2 \\ -1 & 1 \end{bmatrix}, \quad B^{-1}=\begin{bmatrix} 1 & -1 \\ -1 & \frac{3}{2} \end{bmatrix}, \quad (AB)^{-1}=\begin{bmatrix} 4 & -3 \\ -\frac{9}{2} & \frac{7}{2} \end{bmatrix}$$

따라서 $(AB)^{-1}=B^{-1}A^{-1}$.

예제 2. 1. 14 다음 행렬의 역행렬을 구하여라.(단 $a_{11}\,a_{22}\cdots a_{nn}\neq 0$)

$$A=\begin{bmatrix} \cos\theta & \sin\theta \\ -\sin\theta & \cos\theta \end{bmatrix}, \quad B=\begin{bmatrix} a_{11} & 0 & \cdots & 0 \\ 0 & a_{22} & \cdots & 0 \\ \vdots & \vdots & & \vdots \\ 0 & 0 & \cdots & a_{nn} \end{bmatrix}$$

[풀이] $\Delta_A=\cos\theta\cdot\cos\theta-\sin\theta\cdot(-\sin\theta)=\cos^2\theta+\sin^2\theta=1$, $\Delta_B=a_{11}\,a_{22}\cdots a_{nn}\neq 0$ 이므로 A^{-1}, B^{-1}은 존재한다. 실제로

$$A^{-1}=\begin{bmatrix} \cos\theta & -\sin\theta \\ \sin\theta & \cos\theta \end{bmatrix}, \quad B^{-1}=\begin{bmatrix} \frac{1}{a_{11}} & 0 & \cdots & 0 \\ 0 & \frac{1}{a_{22}} & \cdots & 0 \\ \vdots & \vdots & & \vdots \\ 0 & 0 & \cdots & \frac{1}{a_{nn}} \end{bmatrix}$$

행렬 $A\in M_{n\times n}$의 거듭제곱 AA, AAA, $\cdots$ 등을 A^2, A^3, $\cdots$으로 나타낸다. 또한 $(A^{-1})^2=A^{-2}$, $(A^{-1})^3=A^{-3}$, $\cdots$이다. 양의 정수 m, n에서 $A^mA^n=A^{m+n}=A^nA^m$, $(A^m)^n=A^{mn}=(A^n)^m$이 성립한다.

예제 2. 1. 15 $(A+B)^2\neq A^2+2AB+B^2$인 행렬 A, B의 예를 들어라. 또 등식이 성립할 필요충분조건을 구하여라.

[풀이] $A=\begin{bmatrix} 1 & 1 \\ 0 & 0 \end{bmatrix}$, $B=\begin{bmatrix} 1 & 0 \\ 1 & 0 \end{bmatrix}$이라 놓으면

$$(A+B)^2=\begin{bmatrix} 2 & 1 \\ 1 & 0 \end{bmatrix}^2=\begin{bmatrix} 2 & 1 \\ 1 & 0 \end{bmatrix}\begin{bmatrix} 2 & 1 \\ 1 & 0 \end{bmatrix}=\begin{bmatrix} 5 & 2 \\ 2 & 1 \end{bmatrix}$$

$$A^2+2AB+B^2=\begin{bmatrix}1&1\\0&0\end{bmatrix}^2+2\begin{bmatrix}1&1\\0&0\end{bmatrix}\begin{bmatrix}1&0\\1&0\end{bmatrix}+\begin{bmatrix}1&0\\1&0\end{bmatrix}^2$$

$$=\begin{bmatrix}1&1\\0&0\end{bmatrix}+2\begin{bmatrix}2&0\\0&0\end{bmatrix}+\begin{bmatrix}1&0\\1&0\end{bmatrix}=\begin{bmatrix}6&1\\1&0\end{bmatrix}$$

따라서 $(A+B)^2\neq A^2+2AB+B$.

다음으로 $(A+B)^2\neq A^2+2AB+B^2$이기 위한 필요충분조건은 $A^2+AB+BA+B^2=A^2+2AB+B^2$에서 $AB=BA$이다.

행렬 $A=[a_{ij}]\in M_{n\times n}$의 주대각선분 a_{11}, a_{22}, $\cdots$, a_{nn}의 합 $a_{11}+a_{22}+\cdots+a_{nn}$을 A의 **흔적**(trace)이라 하고 $\operatorname{tr}A$로 나타낸다.

예제 2.1.16 행렬 A, $B\in M_{n\times n}$과 수 α에 대하여 다음이 성립한다.

(1) $\operatorname{tr}A^t=\operatorname{tr}A$　　(2) $\operatorname{tr}(A+B)=\operatorname{tr}A+\operatorname{tr}B$

(3) $\operatorname{tr}(\alpha A)=\alpha\operatorname{tr}A$　　(4) $\operatorname{tr}AB=\operatorname{tr}BA$

[풀이] (1), (3)은 흔적의 정의에서 분명히 성립한다.

(2) $A=[a_{ij}]$, $B=[b_{ij}]$, $A+B=[c_{ij}]$라 놓으면 $a_{ij}+b_{ij}=c_{ij}$이므로

$$\operatorname{tr}(A+B)=\sum_{i=1}^{n}c_{ij}=\sum_{i=1}^{n}(a_{ij}+b_{ij})$$
$$=\sum_{i=1}^{n}a_{ij}+\sum_{i=1}^{n}b_{ij}=\operatorname{tr}A+\operatorname{tr}B$$

(3) $A=[a_{ij}]$, $B=[b_{jk}]$, $AB=[c_{ik}]$, $BA=[d_{ik}]$라 놓으면 다음 두 식이 성립하므로 $\operatorname{tr}(AB)=\operatorname{tr}(BA)$이다.

$$\operatorname{tr}(AB)=\sum_{i=1}^{n}c_{ii}=\sum_{i=1}^{n}\sum_{k=1}^{n}a_{ik}b_{ki}$$
$$\operatorname{tr}(BA)=\sum_{i=1}^{n}d_{ii}=\sum_{i=1}^{n}\sum_{k=1}^{n}b_{ik}a_{ki}=\sum_{i=1}^{n}\sum_{k=1}^{n}a_{ki}b_{ik}=\sum_{k=1}^{n}\sum_{i=1}^{n}a_{ik}b_{ki}.$$

예제 2.1.17 다음 행렬 A, B에서 $\operatorname{tr}(AB)$, $\operatorname{tr}(BA)$를 구하여라.

$$A=\begin{bmatrix}0&1&0\\0&1&0\\-1&0&1\end{bmatrix},\quad B=\begin{bmatrix}-1&0&1\\1&1&0\\0&-1&0\end{bmatrix}$$

[풀이] $AB=\begin{bmatrix} 0 & 1 & 0 \\ 0 & 1 & 0 \\ -1 & 0 & 1 \end{bmatrix}\begin{bmatrix} -1 & 0 & 1 \\ 1 & 1 & 0 \\ 0 & -1 & 0 \end{bmatrix}=\begin{bmatrix} 1 & 1 & 0 \\ 1 & 1 & 0 \\ 1 & -1 & -1 \end{bmatrix}$

$BA=\begin{bmatrix} -1 & 0 & 1 \\ 1 & 1 & 0 \\ 0 & -1 & 0 \end{bmatrix}\begin{bmatrix} 0 & 1 & 0 \\ 0 & 1 & 0 \\ -1 & 0 & 1 \end{bmatrix}=\begin{bmatrix} -1 & -1 & 1 \\ 0 & 2 & 0 \\ 0 & -1 & 0 \end{bmatrix}$

따라서 $\mathrm{tr}(AB)=1+1+(-1)=1$, $\mathrm{tr}(BA)=-1+2+0=1$.

n차행렬 $A=[a_{ij}]$에서 주대각선 아래쪽(위쪽)에 있는 성분이 모두 0일 때 A를 **상 3 각행렬**(upper triangular matrix)[**하 3 각행렬**(lower triangular matrix)]이라 한다. 모든 $1 \le j \le i \le n$에 대하여 $a_{ij}=0$인 행렬이 상 3 각행렬, 모든 $1 \le i < j \le n$에 대하여 $a_{ij}=0$인 행렬이 하 3 각행렬이다. 주대각성분 이외의 모든 성분이 0인 행렬을 **대각행렬**, 모든 주대각성분이 일정한 수 a인 대각행렬을 **스칼라 행렬**(scalar matrix)이라 한다.

예제 2. 1. 18 다음 삼각행렬의 차이를 말하여라.

$L=\begin{bmatrix} 2 & 0 & 0 \\ 0 & 1 & 0 \\ 1 & 0 & 0 \end{bmatrix} \quad M=\begin{bmatrix} 0 & 0 & 0 \\ 1 & 0 & 0 \\ 0 & 1 & 0 \end{bmatrix} \quad U=\begin{bmatrix} 0 & 0 & 4 \\ 0 & 0 & 7 \\ 0 & 0 & 0 \end{bmatrix} \quad N=\begin{bmatrix} 1 & -1 & 1 \\ 0 & 0 & 1 \\ 0 & 0 & 1 \end{bmatrix}$

[풀이] L: 하삼각행렬, M: 하삼각행렬,
U: 상삼각행렬, N: 상삼각행렬

복소수 $\mathbb{C}$의 행렬 $A=[a_{ij}]$와 a_{ij}의 공액복소수 $\overline{a_{ij}}$에 관한 행렬 $\overline{A}=[\overline{a_{ij}}]$를 A의 **공액행렬**(conjugate matrix)이라 한다. 모든 i, j에 대하여 $\overline{a_{ij}}=a_{ji}$일 때 A를 **Hermite 행렬**(Hermitian matrix)이라 하고, $\overline{A}=-{}^tA$인 행렬을 **Hermite 교대행렬**(skew Hermitian matrix)이라 한다. 공액전치행렬 $\overline{A^t}$을 A^*으로 나타내면 $A^*=A$일 때 Hermite 행렬, $A^*=-A$일 때 Hermite 교대행렬이다.

예제 2. 1. 19 다음 행렬에서 대칭행렬, 교대행렬, Hermite 행렬, Hermite 교대행렬을 구하여라.

$$A=\begin{bmatrix}1&2&3\\2&2&1\\3&1&0\end{bmatrix} \qquad B=\begin{bmatrix}0&-1&2\\1&0&0\\-2&0&0\end{bmatrix}$$

$$C=\begin{bmatrix}2&5i&2-3i\\-5i&3&4\\2+3i&4&0\end{bmatrix} \qquad D=\begin{bmatrix}i&-3&5i\\3&0&2+3i\\5i&-2+3i&3i\end{bmatrix}$$

[풀이] $A^t=\begin{bmatrix}1&2&3\\2&2&1\\3&1&0\end{bmatrix}=A$

$$B^t=\begin{bmatrix}0&1&-2\\-1&0&0\\2&0&0\end{bmatrix}=-\begin{bmatrix}0&-1&2\\1&0&0\\-2&0&0\end{bmatrix}=-B$$

$$\overline{C}^t=\begin{bmatrix}2&-5i&2+3i\\5i&3&4\\2-3i&4&0\end{bmatrix}^t=\begin{bmatrix}2&5i&2-3i\\-5i&3&4\\2+3i&4&0\end{bmatrix}=C$$

$$\overline{D}^t=\begin{bmatrix}-i&-3&-5i\\3&0&2-3i\\-5i&-2-3i&-3i\end{bmatrix}^t=\begin{bmatrix}-i&3&-5i\\-3&0&-2-3i\\-5i&2-3i&-3i\end{bmatrix}$$

$$=-\begin{bmatrix}i&-3&5i\\3&0&2+3i\\5i&-2+3i&3i\end{bmatrix}=D$$

따라서 A는 대칭행렬, B는 교대행렬, C는 Hermite 행렬, D는 Hermite 교대행렬.

연습문제 2.1

1. 다음 행렬 A, B, C에 대하여 $(AB)C=A(BC)$임을 보여라.

$$A=\begin{bmatrix}1&1\\-1&2\\0&3\end{bmatrix} \qquad B=\begin{bmatrix}3&-1\\0&1\end{bmatrix} \qquad C=\begin{bmatrix}1&0&2\\1&1&0\end{bmatrix}$$

2. 다음 행렬 A, B에서 A^n, B^n을 구하여라.

$$A=\begin{bmatrix} \alpha & a \\ 0 & \alpha \end{bmatrix} \qquad B=\begin{bmatrix} \alpha & 1 & 0 \\ 0 & \alpha & 1 \\ 0 & 0 & \alpha \end{bmatrix}$$

3. 다음 행렬 A에서 A^n을 구하여라.

$$A=\begin{bmatrix} \cos\theta & -\sin\theta \\ \sin\theta & \cos\theta \end{bmatrix}$$

4. 다음을 증명하여라.
   ① A가 정칙행렬, $AB=AC$일 때 $B=C$이다.
   ② A가 정칙행렬, $\lambda\neq0$, $A=\lambda B$일 때 $A^{-1}=\frac{1}{\lambda}B^{-1}$이다.
   ③ 정칙행렬 A, B가 대칭행렬일 때 $[(AB)^t]^{-1}=A^{-1}B^{-1}$이다.

5. A, B가 대칭행렬일 때 $AB+BA$, $P^tAP(P\in M_{m\times n})$은 대칭행렬인가?

6. $X^t=[x_1, \cdots, x_n]$, $A\in M_{n\times n}$에 대하여 다음이 성립한다.
   ① 모든 X에 대하여 $X^tAX=0$일 필요충분조건은 A가 교대행렬인 것이다.
   ② 대칭행렬 A에 대하여 $X^tAX=0$일 필요충분조건은 $A=O$인 것이다.

7. 행렬 A, B, C에서 $\mathrm{tr}(B^{-1}AB)=\mathrm{tr}\,A$임을 보여라.

8. 정방행렬 A가 $A^tA=AA^t=I$를 만족하고 $A^{-1}=A^t$일 때 A를 **직교행렬**(orthogonal matrix)이라 한다. 다음에 답하여라.
   ① A, B가 직교행렬이면 AB, A^{-1}도 직교행렬이다.
   ② 항등행렬 I는 직교행렬이다.
   ③ A가 직교행렬이면 $|A|=\det A=\pm1$이다.

9. 다음을 증명하여라.
   ① A가 Hermite 행렬이면 $PA\overline{P^t}$도 Hermite 행렬이다.
   ② 대칭행렬 A, B에서 AB가 대칭행렬이기 위한 필요충분조건은 $AB=BA$인 것이다.

10. 다음이 성립함을 보여라.
   ① $AA^t=A$이면 ${}^tA=A$, $A^2=A$이다.
   ② $C=X(X^tX)^{-1}X^t$이면 $C^2=C=C^t$이다.

11. $\overline{A^t}=A$, $\overline{A^t}=-A$인 행렬 A를 각각 Hermite행렬, Hermite교대행렬이라 한다. $\overline{A^t}=A^*$를 A의 **공액전치행렬**이라 할 때 다음을 증명하여라.
   ① $(A+B)^*=A^*+B^*$, $(AB)^*=B^*A^*$, $(\lambda A)^*=\bar{\lambda}A^*$, $(A^{-1})^*=(A^*)^{-1}$
   ② $A+A^*$는 Hermite행렬, $A-A^*$는 Hermite교대행렬이다.

12. 임의의 복소행렬은 Hermite행렬과 Hermite교대행렬의 합으로 일의적으로 표시됨을 보여라.

13. 다음을 증명하여라.
   ① A, B가 다같이 상(하) 3 각행렬이면 AB도 상(하) 3 각행렬이다.
   ② A, P가 n차정방행렬이고 P가 정칙행렬이면 모든 자연수 n에 대하여 $(P^{-1}AP)^n=P^{-1}A^nP$이다.

14. 자연수 n에 대하여 다음을 증명하여라.
   ① $A^2=O$이면 $A(I+A)^n=A$
   ② $I-A^n=(I-A)(I+A+\cdots+A^{n-1})$

15. $I+A$가 정칙행렬이고 $B=(I-A)(I+A)^{-1}$일 때 다음 물음에 답하여라.
   ① $I+B$는 정칙행렬이다.
   ② A가 직교행렬이면 B는 교대행렬이고, A가 교대행렬이면 B는 직교행렬이다.

16. $A^m=O$, $A^{m-1}\neq O$인 자연수 m이 존재할 때 A를 **멱영행렬**(nilpotent matrix), $A^2=A$, $A\neq I$인 행렬 A를 **멱등행렬**(idempotent matrix)이라 한다. 다음을 증명하여라.
   ① n차행렬 A, B에서 $AB=O$이면 A, B 중 어느 하나는 정칙이 아니다.
   ② $A^n=I$이면 A는 정칙이고 $A^{-1}=A^{n-1}$이다.
   ③ $A^n=O$인 n이 존재하면 A는 **특이행렬**이다. 그러나 $I-A$, $I+A$는 정칙행렬이다.
   ④ $A^2=A$, $A\neq I$이면 A는 정칙행렬이 아니다. 즉 특이행렬이다.

17. 다음 행렬 A를 대칭행렬과 교대행렬의 합으로 나타내고 행렬 B를 Hermite행렬과 Hermite교대행렬의 합으로 나타내어라.

$$A=\begin{bmatrix} 6 & 3 & 1 \\ -3 & 8 & 0 \\ 5 & 4 & 2 \end{bmatrix} \qquad B=\begin{bmatrix} 1+3i & 4+2i & 6+8i \\ 8+2i & 5+7i & 2+8i \\ 4+6i & 2+6i & 9+i \end{bmatrix}$$

18. 다음 행렬 A에서 $f(A)=2A^3-4A+5I$를 구하여라.

$$A=\begin{bmatrix} 1 & 2 \\ 4 & -3 \end{bmatrix}$$

2.2 기본행렬과 기본변형

체 $\mathbb{K}$ 위의 $m\times n$행렬 전체의 집합 $M_{m\times n}(\mathbb{K})$에서 $i=1, \cdots, m$, $j=1, \cdots, n$인 순서쌍 (i, j)에 대하여 $a_{ij}=1$이고 그 외의 모든 $a_{kl}=0(k\neq i,\ l\neq j)$인 행렬을 E_{ij}로 나타낸다.

$$E_{ij}=\begin{bmatrix} 0 & \cdots & 0 & \cdots & 0 \\ \vdots & & & & \vdots \\ 0 & \cdots & 1 & \cdots & 0 \\ \vdots & & & & \vdots \\ 0 & \cdots & 0 & \cdots & 0 \end{bmatrix} \leftarrow i$$
$$\uparrow$$
$$j$$

임의의 행렬 $A=[a_{ij}]\in M_{m\times n}(\mathbb{K})$는 다음으로 표시된다.

$$\begin{aligned} A&=\begin{bmatrix} a_{11} & 0 & \cdots & 0 \\ 0 & 0 & \cdots & 0 \\ \vdots & \vdots & & \vdots \\ 0 & 0 & \cdots & 0 \end{bmatrix}+\cdots+\begin{bmatrix} 0 & a_{12} & \cdots & 0 \\ 0 & 0 & \cdots & 0 \\ \vdots & \vdots & & \vdots \\ 0 & 0 & \cdots & 0 \end{bmatrix}+\cdots+\begin{bmatrix} 0 & 0 & \cdots & 0 \\ \vdots & \vdots & & \vdots \\ 0 & 0 & \cdots & 0 \\ 0 & 0 & \cdots & a_{mn} \end{bmatrix} \\ &=a_{11}\begin{bmatrix} 1 & 0 & \cdots & 0 \\ 0 & 0 & \cdots & 0 \\ \vdots & \vdots & & \vdots \\ 0 & 0 & \cdots & 0 \end{bmatrix}+a_{12}\begin{bmatrix} 0 & 1 & \cdots & 0 \\ 0 & 0 & \cdots & 0 \\ \vdots & \vdots & & \vdots \\ 0 & 0 & \cdots & 0 \end{bmatrix}+\cdots+a_{mn}\begin{bmatrix} 0 & 0 & \cdots & 0 \\ 0 & 0 & \cdots & 0 \\ \vdots & \vdots & & \vdots \\ 0 & 0 & \cdots & 1 \end{bmatrix} \\ &=a_{11}E_{11}+a_{12}E_{12}+\cdots+a_{mn}E_{mn} \end{aligned}$$

$$= \sum_{j=1}^{n} \sum_{i=1}^{m} a_{ij} E_{ij}$$

또한 $E_{ii}^2 = E_{ii}$, $E_{ij}E_{kl} = \begin{cases} E_{il}, & j=k \\ O, & j \neq k \end{cases}$

예제 2.2.1 다음 행렬을 E_{ij}, $i=1, 2$, $j=1, 2$로 나타내어라.

$$A = \begin{bmatrix} 0 & 1 \\ -1 & 0 \end{bmatrix}$$

[풀이] $A = \begin{bmatrix} 0 & 1 \\ -1 & 0 \end{bmatrix} = \begin{bmatrix} 0 & 0 \\ 0 & 0 \end{bmatrix} + \begin{bmatrix} 0 & 1 \\ 0 & 0 \end{bmatrix} + \begin{bmatrix} 0 & 0 \\ -1 & 0 \end{bmatrix} + \begin{bmatrix} 0 & 0 \\ 0 & 0 \end{bmatrix}$

$$= (0)\begin{bmatrix} 1 & 0 \\ 0 & 0 \end{bmatrix} + (1)\begin{bmatrix} 0 & 1 \\ 0 & 0 \end{bmatrix} + (-1)\begin{bmatrix} 0 & 0 \\ 1 & 0 \end{bmatrix} + (0)\begin{bmatrix} 0 & 0 \\ 0 & 0 \end{bmatrix}$$

$$= 0 \cdot E_{11} + 1 \cdot E_{12} - 1 \cdot E_{21} + 0 \cdot E_{22}$$

$m \times n$행렬 $A = [a_{ij}]$의 행을 $R_1, \cdots, R_m$, 열을 $C_1, \cdots, C_n$이라 하면 $A = [R_1, \cdots, R_m]^t = [C_1, \cdots, C_n]$으로 표시된다.

정의 행렬 A의 행에 따른 다음 유형의 변형 하나하나를 **기본행변형**(elementary row operation)이라 한다.

(I) 제 i 행과 제 j 행을 서로 바꾸어 넣는다. $[R_i \leftrightarrow R_j]$

(II) 제 i 행을 제 j 행을 α배한 것으로 바꾸어 넣는다. $[R_i \to \alpha R_i]$

(III) 제 i 행을 제 j 행을 α배한 것과 제 i 행을 합한 것으로 바꾸어 넣는다. $[R_i \to \alpha R_j + R_i]$

행렬 A에 기본행변형 (I), (II), (III)을 시행하여 얻은 행렬을 A의 **기본행변형 행렬**(elementary row operation matrix)라 한다. 행렬 A의 열에 관한 **기본렬변형**도 같은 방법으로 정의된다. 행렬 A에 대한 기본행변형과 기본열변형을 합하여 행렬의 **기본변형**(elementary operation)이라 한다. 유한 번의 기본행(열)변형에 의하여 얻어진 행렬을 그 행렬과 **행동등**(row equivalent) [**열동등**(column equivalent)]하다고 하고 $A \underset{R}{\sim} B$($A \underset{C}{\sim} B$)로 나타낸다.

예제 2.2.2 다음 행렬 A에 기본행변형 $R_1 \overset{①}{\to} -4R_2+3R_1$, $R_1 \overset{②}{\to} R_3+R_1$, $R_2 \overset{③}{\to} -5R_3+2R_2$를 시행하여 보아라.

[풀이] $$A=\begin{bmatrix} 2 & 3 & 4 & 5 & 6 \\ 0 & 0 & 3 & 2 & 5 \\ 0 & 0 & 0 & 0 & 2 \end{bmatrix} \overset{①}{\to} \begin{bmatrix} 6 & 9 & 0 & 7 & -2 \\ 0 & 0 & 3 & 2 & 5 \\ 0 & 0 & 0 & 0 & 2 \end{bmatrix} \underset{③}{\overset{②}{\to}} \begin{bmatrix} 6 & 9 & 0 & 7 & 0 \\ 0 & 0 & 6 & 4 & 0 \\ 0 & 0 & 0 & 0 & 2 \end{bmatrix}$$

예제 2.2.3 다음 행렬 A, B는 행동등하다.

$$A=\begin{bmatrix} 3 & 7 & -5 & 4 \\ 1 & 2 & -1 & 1 \\ 2 & 7 & -8 & 5 \end{bmatrix}, \quad B=\begin{bmatrix} 1 & 0 & 3 & -1 \\ 0 & 1 & -2 & 1 \\ 0 & 0 & 0 & 0 \end{bmatrix}$$

[풀이] $$A=\begin{bmatrix} 3 & 7 & -5 & 4 \\ 1 & 2 & -1 & 1 \\ 2 & 7 & -8 & 5 \end{bmatrix} \xrightarrow[R_1 \leftrightarrow R_2]{} \begin{bmatrix} 1 & 2 & -1 & 1 \\ 3 & 7 & -5 & 4 \\ 2 & 7 & -8 & 5 \end{bmatrix}$$

$$\xrightarrow[R_2 \to R_2+(-3)R_1]{} \begin{bmatrix} 1 & 2 & -1 & 1 \\ 0 & 1 & -2 & 1 \\ 2 & 7 & -8 & 5 \end{bmatrix} \xrightarrow[R_3 \to R_3-2R_1]{} \begin{bmatrix} 1 & 2 & -1 & 1 \\ 0 & 1 & -2 & 1 \\ 0 & 3 & -6 & 3 \end{bmatrix}$$

$$\xrightarrow[R_1 \to R_1+(-2)R_2]{} \begin{bmatrix} 1 & 0 & 3 & -1 \\ 0 & 1 & -2 & 1 \\ 0 & 3 & -6 & 3 \end{bmatrix} \xrightarrow[R_3 \to R_3+(-3)R_2]{} \begin{bmatrix} 1 & 0 & 3 & -1 \\ 0 & 1 & -2 & 1 \\ 0 & 0 & 0 & 0 \end{bmatrix}$$

$$=B$$

따라서 A에 기본열변형을 다섯 번 시행하여 B를 얻는다. 즉 $A \underset{R}{\sim} B$.

n차단위행렬 I_n에 기본행변형 (I), (II), (III) 중의 어느 하나를 한 번 시행해서 얻을 수 있는 행렬을 **n차기본행렬**(elementary matrix)이라 한다. $I_{(R_i \leftrightarrow R_j)}$, $I_{(R_i \to \alpha R_i)}$, $I_{(R_i \to R_i+\alpha R_j)}$의 세 가지 유형이 있다.

예제 2.2.4 다음 행렬 A, B, C는 항등행렬 I_3의 기본행렬이다(단 $\alpha \neq 0$).

$$A=\begin{bmatrix} 1 & 0 & 0 \\ 0 & 0 & 1 \\ 0 & 1 & 0 \end{bmatrix} \quad B=\begin{bmatrix} 1 & 0 & 0 \\ 0 & 0 & \alpha \\ 0 & 0 & 1 \end{bmatrix} \quad C=\begin{bmatrix} \alpha & 0 & 0 \\ 0 & 1 & 0 \\ 0 & 0 & 1 \end{bmatrix}$$

[풀이] $I_{(R_2 \leftrightarrow R_3)}=A$, $I_{(R_2 \to R_2+\alpha R_3)}=B$, $I_{(R_1 \to \alpha R_1)}=C$.

단위행렬 I_n에 기본열변형 (I), (II), (III) 중 어느 하나를 한 번 시행하여 얻은 행렬을 n차기본행렬이라 한다. $I_{(C_i \leftrightarrow C_j)}$, $I_{(C_i \to \alpha C_i)}$, $I_{(C_i \to C_i+\alpha C_j)}$의 세 가지 유형이 있다.

예제 2.2.5 항등행렬 I_3의 기본행변형 (I), (II), (III)을 $e_1(I_3)=E_1$, $e_2(I_3)=E_2$, $e_3(I_3)=E_3$이라 할 때 $e_i(A)=e_i(I)A=E_iA$임을 보여라.

[풀이] $A=[a_{ij}]\in M_{3\times 3}$, $E_1=\begin{bmatrix}1&0&0\\0&0&1\\0&1&0\end{bmatrix}$, $E_2=\begin{bmatrix}1&0&0\\0&\alpha&0\\0&0&1\end{bmatrix}$, $E_3=\begin{bmatrix}1&0&0\\0&1&\alpha\\0&0&1\end{bmatrix}$

$\alpha\neq 0$ 이라 놓으면

$$e_1(A)=A_{(R_2\leftrightarrow R_3)}=\begin{bmatrix}a_{11}&a_{12}&a_{13}\\a_{31}&a_{32}&a_{33}\\a_{21}&a_{22}&a_{23}\end{bmatrix}$$

$$e_2(A)=A_{(R_2\to\alpha R_2)}=\begin{bmatrix}a_{11}&a_{12}&a_{13}\\\alpha a_{21}&\alpha a_{22}&\alpha a_{23}\\a_{31}&a_{32}&a_{33}\end{bmatrix}$$

$$e_3(A)=A_{(R_2\to R_2+\alpha R_3)}=\begin{bmatrix}a_{11}&a_{12}&a_{13}\\a_{21}+\alpha a_{31}&a_{22}+\alpha a_{32}&a_{23}+\alpha a_{32}\\a_{31}&a_{32}&a_{33}\end{bmatrix}$$

따라서

$$E_1A=\begin{bmatrix}1&0&0\\0&0&1\\0&1&0\end{bmatrix}\begin{bmatrix}a_{11}&a_{12}&a_{13}\\a_{21}&a_{22}&a_{23}\\a_{31}&a_{32}&a_{33}\end{bmatrix}=\begin{bmatrix}a_{11}&a_{12}&a_{13}\\a_{31}&a_{32}&a_{33}\\a_{21}&a_{22}&a_{23}\end{bmatrix}=e_1(A)$$

$$E_2A=\begin{bmatrix}1&0&0\\0&\alpha&0\\0&0&1\end{bmatrix}\begin{bmatrix}a_{11}&a_{12}&a_{13}\\a_{21}&a_{22}&a_{23}\\a_{31}&a_{32}&a_{33}\end{bmatrix}=\begin{bmatrix}a_{11}&a_{12}&a_{13}\\\alpha a_{21}&\alpha a_{22}&\alpha a_{23}\\a_{31}&a_{32}&a_{33}\end{bmatrix}=e_2(A)$$

$$E_3A=\begin{bmatrix}1&0&0\\0&1&\alpha\\0&0&1\end{bmatrix}\begin{bmatrix}a_{11}&a_{12}&a_{13}\\a_{21}&a_{22}&a_{23}\\a_{31}&a_{32}&a_{33}\end{bmatrix}=\begin{bmatrix}a_{11}&a_{12}&a_{13}\\a_{21}+\alpha a_{31}&a_{22}+\alpha a_{32}&a_{23}+\alpha a_{32}\\a_{31}&a_{32}&a_{33}\end{bmatrix}$$
$$=e_3(A)$$

정리 2.2.1 행렬 $A=[a_{ij}]\in M_{m\times n}$에 한 기본행변형을 시행하여 얻은 행렬을 $e(A)$라 할 때 $e(A)=e(I_m)A=EA$이다. e가 기본열변형이면 $e(A)=Ae(I_n)=AE$가 성립한다.

[증명] (i) 변형 (I)에 대하여 $e_1(A)=e_1(I_m)A=E_1A$임을 보이자.

$$\mathrm{A}_{(R_i\leftrightarrow R_j)}=e\left(\begin{bmatrix} a_{11} & \cdots & \overset{\overset{i}{\downarrow}}{a_{1i}} & \cdots & \overset{\overset{j}{\downarrow}}{a_{1j}} & \cdots & a_{1n} \\ \vdots & & \vdots & & \vdots & & \vdots \\ a_{i1} & \cdots & a_{ii} & \cdots & a_{ij} & \cdots & a_{in} \\ \vdots & & \vdots & & \vdots & & \vdots \\ a_{j1} & \cdots & a_{ji} & \cdots & a_{jj} & \cdots & a_{jn} \\ \vdots & & \vdots & & \vdots & & \vdots \\ a_{m1} & \cdots & a_{mi} & \cdots & a_{mj} & \cdots & a_{mn} \end{bmatrix}\begin{matrix} \\ \\ \leftarrow i \\ \\ \leftarrow j \\ \\ \\ \end{matrix}\right)=\begin{bmatrix} a_{11} & \cdots & \overset{\overset{i}{\downarrow}}{a_{1i}} & \cdots & \overset{\overset{j}{\downarrow}}{a_{1j}} & \cdots & a_{1n} \\ \vdots & & \vdots & & \vdots & & \vdots \\ a_{j1} & \cdots & a_{ji} & \cdots & a_{jj} & \cdots & a_{jn} \\ \vdots & & \vdots & & \vdots & & \vdots \\ a_{i1} & \cdots & a_{ii} & \cdots & a_{ij} & \cdots & a_{in} \\ \vdots & & \vdots & & \vdots & & \vdots \\ a_{m1} & \cdots & a_{mi} & \cdots & a_{mj} & \cdots & a_{mn} \end{bmatrix}\begin{matrix} \\ \\ \leftarrow i \\ \\ \leftarrow j \\ \\ \\ \end{matrix}$$

$$(I_{(R_i\leftrightarrow R_j)})A=\begin{matrix} \\ \\ i\rightarrow \\ \\ j\rightarrow \\ \\ \\ \end{matrix}\begin{bmatrix} 1 & \cdots & \overset{\overset{i}{\downarrow}}{0} & \cdots & \overset{\overset{j}{\downarrow}}{0} & \cdots & 0 \\ \vdots & & \vdots & & \vdots & & \vdots \\ 0 & \cdots & 0 & \cdots & 1 & \cdots & 0 \\ \vdots & & \vdots & & \vdots & & \vdots \\ 0 & \cdots & 1 & \cdots & 0 & \cdots & 0 \\ \vdots & & \vdots & & \vdots & & \vdots \\ 0 & \cdots & 0 & \cdots & 0 & \cdots & 0 \end{bmatrix}\begin{bmatrix} a_{11} & \cdots & a_{1i} & \cdots & a_{1j} & \cdots & a_{1n} \\ \vdots & & \vdots & & \vdots & & \vdots \\ a_{i1} & \cdots & a_{ii} & \cdots & a_{ij} & \cdots & a_{in} \\ \vdots & & \vdots & & \vdots & & \vdots \\ a_{j1} & \cdots & a_{ji} & \cdots & a_{jj} & \cdots & a_{jn} \\ \vdots & & \vdots & & \vdots & & \vdots \\ a_{m1} & \cdots & a_{mi} & \cdots & a_{mj} & \cdots & a_{mn} \end{bmatrix}\begin{matrix} \\ \\ \leftarrow i \\ \\ \leftarrow j \\ \\ \\ \end{matrix}$$

$$=\begin{bmatrix} a_{11} & \cdots & a_{1i} & \cdots & a_{1j} & \cdots & a_{1n} \\ \vdots & & \vdots & & \vdots & & \vdots \\ a_{j1} & \cdots & a_{ji} & \cdots & a_{jj} & \cdots & a_{jn} \\ \vdots & & \vdots & & \vdots & & \vdots \\ a_{i1} & \cdots & a_{ii} & \cdots & a_{ij} & \cdots & a_{in} \\ \vdots & & \vdots & & \vdots & & \vdots \\ a_{m1} & \cdots & a_{mi} & \cdots & a_{mj} & \cdots & a_{mn} \end{bmatrix}$$

따라서 $e_1(A)=e_1(I_m)A=E_1A$.

(ii) 변형 (II)에 대하여 $e_2(A)=e_2(I_m)A$임을 보이자.

$$A_{(R_i\to\alpha R_i)}=\begin{bmatrix} a_{11} & \cdots & a_{1i} & \cdots & a_{1n} \\ \vdots & & \vdots & & \vdots \\ \alpha a_{i1} & \cdots & \alpha a_{ii} & \cdots & \alpha a_{in} \\ \vdots & & \vdots & & \vdots \\ a_{m1} & \cdots & a_{m2} & \cdots & a_{mn} \end{bmatrix},\qquad I_{(R_i\to\alpha R_i)}=\begin{bmatrix} 1 & \cdots & \overset{\overset{i}{\downarrow}}{0} & \cdots & 0 \\ \vdots & & \vdots & & \vdots \\ 0 & \cdots & \alpha & \cdots & \\ & & 0 & & \\ \vdots & & \vdots & & \vdots \\ 0 & \cdots & 0 & \cdots & 0 \end{bmatrix}\begin{matrix} \\ \\ \leftarrow i \\ \\ \\ \\ \end{matrix}$$

$$(I_{(R_i\to\alpha R_i)})A=\begin{matrix} \\ \\ i\to \\ \\ \\ \\ \end{matrix}\begin{bmatrix} 1 & \cdots & 0 & \cdots & 0 \\ \vdots & & \vdots & & \vdots \\ 0 & \cdots & \alpha & \cdots & \\ & & 0 & & \\ \vdots & & \vdots & & \vdots \\ 0 & \cdots & \underset{\underset{i}{\uparrow}}{0} & \cdots & 0 \end{bmatrix}\begin{bmatrix} a_{11} & \cdots & a_{1i} & \cdots & a_{1n} \\ \vdots & & \vdots & & \vdots \\ a_{i1} & \cdots & a_{ii} & \cdots & a_{in} \\ \vdots & & \vdots & & \vdots \\ a_{m1} & \cdots & \underset{\underset{i}{\uparrow}}{a_{mi}} & \cdots & a_{mn} \end{bmatrix}\begin{matrix} \\ \\ \leftarrow i \\ \\ \\ \end{matrix}$$

$$=\begin{bmatrix} a_{11} & \cdots & a_{1i} & \cdots & a_{1n} \\ \vdots & & \vdots & & \vdots \\ \alpha a_{i1} & \cdots & \alpha a_{ii} & \cdots & \alpha a_{in} \\ \vdots & & \vdots & & \vdots \\ a_{m1} & \cdots & a_{mi} & \cdots & a_{mn} \end{bmatrix}$$

따라서 $e_2(A)=e_2(I_m)A=E_2A$.

(iii) 변형 (III)에 대하여 $e_3(A)=e_3(I)A=E_3A$임을 보이자.

$$A_{(R_i\to R_i+\alpha R_j)}=\begin{bmatrix} a_{11} & \cdots & \overset{\overset{i}{\downarrow}}{a_{1i}} & \cdots & \overset{\overset{j}{\downarrow}}{a_{1j}} & \cdots & a_{in} \\ \vdots & & \vdots & & \vdots & & \vdots \\ a_{i1}+\alpha a_{j1} & \cdots & a_{ii}+\alpha a_{ji} & \cdots & a_{ij}+\alpha a_{jj} & \cdots & a_{in}+\alpha a_{jn} \\ \vdots & & \vdots & & \vdots & & \vdots \\ a_{j1} & \cdots & a_{ji} & \cdots & a_{jj} & \cdots & a_{jn} \\ \vdots & & \vdots & & \vdots & & \vdots \\ a_{m1} & \cdots & a_{mi} & \cdots & a_{mj} & \cdots & a_{mn} \end{bmatrix}\begin{matrix} \\ \\ \leftarrow i \\ \\ \leftarrow j \\ \\ \\ \end{matrix}$$

$$
I_{(R_i \to R_i + \alpha R_j)} = \begin{array}{c} \\ \\ \\ i \to \\ \\ j \to \\ \\ \\ \end{array}
\begin{array}{c} \begin{array}{ccccccc} & & i & & j & & \\ & & \downarrow & & \downarrow & & \end{array} \\
\begin{bmatrix} 1 & \cdots & 0 & \cdots & 0 & \cdots & 0 \\ \vdots & & \vdots & & \vdots & & \vdots \\ 0 & \cdots & 0 & \cdots & \alpha & \cdots & 0 \\ \vdots & & \vdots & & \vdots & & \vdots \\ 0 & \cdots & 0 & \cdots & 1 & \cdots & 0 \\ \vdots & & \vdots & & \vdots & & \vdots \\ 0 & \cdots & 0 & \cdots & 0 & \cdots & 1 \end{bmatrix} \end{array}
$$

$$
(I_{(R_i \to R_i + \alpha R_j)})A = \begin{array}{c} \\ \\ \\ i \to \\ \\ j \to \\ \\ \\ \end{array}
\begin{array}{c} \begin{array}{ccccccc} & & i & & j & & \\ & & \downarrow & & \downarrow & & \end{array} \\
\begin{bmatrix} 1 & \cdots & 0 & \cdots & 0 & \cdots & 0 \\ \vdots & & \vdots & & \vdots & & \vdots \\ 0 & \cdots & 1 & \cdots & \alpha & \cdots & 0 \\ \vdots & & \vdots & & \vdots & & \vdots \\ 0 & \cdots & 0 & \cdots & 1 & \cdots & 0 \\ \vdots & & \vdots & & \vdots & & \vdots \\ 0 & \cdots & 0 & \cdots & 0 & \cdots & 1 \end{bmatrix} \end{array}
\begin{array}{c} \begin{array}{ccccccc} & & i & & j & & \\ & & \downarrow & & \downarrow & & \end{array} \\
\begin{bmatrix} a_{11} & \cdots & a_{1i} & \cdots & a_{1j} & \cdots & a_{1n} \\ \vdots & & \vdots & & \vdots & & \vdots \\ a_{i1} & \cdots & a_{ii} & \cdots & a_{ij} & \cdots & a_{in} \\ \vdots & & \vdots & & \vdots & & \vdots \\ a_{j1} & \cdots & a_{ji} & \cdots & a_{jj} & \cdots & a_{jn} \\ \vdots & & \vdots & & \vdots & & \vdots \\ a_{m1} & \cdots & a_{mi} & \cdots & a_{mj} & \cdots & a_{mn} \end{bmatrix} \end{array}
\begin{array}{c} \\ \\ \\ \leftarrow i \\ \\ \leftarrow j \\ \\ \\ \end{array}
$$

$$
= \begin{bmatrix} a_{11} & \cdots & a_{1i} & \cdots & a_{1j} & \cdots & a_{1n} \\ \vdots & & \vdots & & \vdots & & \vdots \\ a_{i1}+\alpha a_{j1} & \cdots & a_{ii}+\alpha a_{ji} & \cdots & a_{ij}+\alpha a_{jj} & \cdots & a_{in}+\alpha a_{jn} \\ \vdots & & \vdots & & \vdots & & \vdots \\ a_{j1} & \cdots & a_{ji} & \cdots & a_{jj} & \cdots & a_{jn} \\ \vdots & & \vdots & & \vdots & & \vdots \\ a_{m1} & \cdots & a_{mi} & \cdots & a_{mj} & \cdots & a_{mn} \end{bmatrix}
\begin{array}{c} \\ \\ \leftarrow i \\ \\ \leftarrow j \\ \\ \\ \end{array}
$$

따라서 $e_3(A) = e_3(I_m)A = E_3A$.

정리 2.2.2 행렬 A, B가 행동등할 필요충분조건은 $E_S \cdots E_2 E_1 A = B$인 기본행렬 $E_1, \cdots, E_S$가 존재하는 것이다.

[증명] $A \underset{R}{\sim} B$이면 행렬 A에 기본행변형을 유한 번 시행하여 행렬 B를 얻을 수 있다.

$$e_S(\cdots(e_2(e_1(A)))\cdots) = e_S(\cdots(e_2(E_1 A))\cdots) = \cdots = E_S E_{S-1} E_1 A$$

역으로 기본행렬 $E_1, \cdots, E_S$가 존재하여 $E_S, \cdots E_1 A = B$이면 $e_S(\cdots(e_2(e_1 A))\cdots) = B$. 따라서 $A \underset{R}{\sim} B$이다.

기본행렬에 대하여 다음 등식은 분명히 성립한다.

$$(I_{(R_i \leftrightarrow R_j)})^{-1} = I_{(R_i \leftrightarrow R_j)}$$
$$(I_{(R_i \to \alpha R_i)})^{-1} = I_{(R_i \to \frac{1}{\alpha} R_i)}, \qquad \alpha \neq 0$$
$$(I_{(R_i \to R_i + \alpha R_j)})^{-1} = I_{(R_i \to R_i + (-\alpha) R_j)}$$

예제 2.2.6 다음의 기본행렬은 정칙행렬이다.

$$E_1 = \begin{bmatrix} 0 & 1 & 0 \\ 1 & 0 & 0 \\ 0 & 0 & 1 \end{bmatrix} \qquad E_2 = \begin{bmatrix} 1 & 0 & 0 \\ 0 & 1 & 0 \\ 0 & 0 & \alpha \end{bmatrix} \qquad E_3 = \begin{bmatrix} 1 & 0 & 0 \\ 0 & 1 & \alpha \\ 0 & 0 & 1 \end{bmatrix}$$

[풀이] $E_1 E_1 = \begin{bmatrix} 0 & 1 & 0 \\ 1 & 0 & 0 \\ 0 & 0 & 1 \end{bmatrix} \begin{bmatrix} 0 & 1 & 0 \\ 1 & 0 & 0 \\ 0 & 0 & 1 \end{bmatrix} = \begin{bmatrix} 1 & 0 & 0 \\ 0 & 1 & 0 \\ 0 & 0 & 1 \end{bmatrix}$

$$E_2 = \begin{bmatrix} 1 & 0 & 0 \\ 0 & 1 & 0 \\ 0 & 0 & 1 \end{bmatrix}_{R_3 \to \alpha R_3} = \begin{bmatrix} 1 & 0 & 0 \\ 0 & 1 & 0 \\ 0 & 0 & \alpha \end{bmatrix}$$

$$E_2^{-1} = \begin{bmatrix} 1 & 0 & 0 \\ 0 & 1 & 0 \\ 0 & 0 & 1 \end{bmatrix}_{R_3 \to \frac{1}{\alpha} R_3} = \begin{bmatrix} 1 & 0 & 0 \\ 0 & 1 & 0 \\ 0 & 0 & \frac{1}{\alpha} \end{bmatrix}$$

$$E_2E_2^{-1}=\begin{bmatrix}1&0&0\\0&1&0\\0&0&\alpha\end{bmatrix}\begin{bmatrix}1&0&0\\0&1&0\\0&0&\dfrac{1}{\alpha}\end{bmatrix}=\begin{bmatrix}1&0&0\\0&1&0\\0&0&1\end{bmatrix}=I$$

$$E_3=\begin{bmatrix}1&0&0\\0&1&0\\0&0&1\end{bmatrix}_{R_2\to R_2+\alpha R_3}=\begin{bmatrix}1&0&0\\0&1&\alpha\\0&0&1\end{bmatrix}$$

$$E_3^{-1}=\begin{bmatrix}1&0&0\\0&1&0\\0&0&1\end{bmatrix}_{R_2\to R_2+(-\alpha)R_3}=\begin{bmatrix}1&0&0\\0&1&-\alpha\\0&0&1\end{bmatrix}$$

$$E_3E_3^{-1}=\begin{bmatrix}1&0&0\\0&1&\alpha\\0&0&1\end{bmatrix}\begin{bmatrix}1&0&0\\0&1&-\alpha\\0&0&1\end{bmatrix}=\begin{bmatrix}1&0&0\\0&1&-\alpha+\alpha\\0&0&1\end{bmatrix}=\begin{bmatrix}1&0&0\\0&1&0\\0&0&1\end{bmatrix}=I$$

따라서 $\alpha\neq 0$일 때

$$E_1^{-1}=E_1,\qquad E_2^{-1}=\begin{bmatrix}1&0&0\\0&1&0\\0&0&\dfrac{1}{\alpha}\end{bmatrix},\qquad E_3^{-1}=\begin{bmatrix}1&0&0\\0&1&-\alpha\\0&0&1\end{bmatrix}$$

정리 2.2.3 행렬 $A\underset{R}{\sim}I$일 필요충분조건은 $PA=I$인 행렬 $P=E_S\cdots E_2E_1$이 존재하는 것이다. 행렬 $[A\,\vdots\,I]\underset{R}{\sim}[B\,\vdots\,P]$이면 $PA=B$이다. 또한 $[A\,\vdots\,I]\underset{R}{\sim}[I\,\vdots\,P]$이면 $PA=I$, $P=A^{-1}$이다.

[증명] $[A\,\vdots\,I]\underset{R}{\sim}[B\,\vdots\,P]$이면 유한 번의 기본행변형에 의하여 $[E_S\cdots E_1A\,\vdots\,E_S\cdots E_1I]=[B\,\vdots\,P]$가 된다. $B=E_S\cdots E_1A$, $P=E_S\cdots E_1I=E_S\cdots E_1$에서 $B=PA$. $B=I$이면 $PA=I$, $P=A^{-1}$.

예제 2.2.7 다음 행렬의 역행렬을 구하여라.

$$A=\begin{bmatrix}3&-1&2\\2&1&1\\1&-3&0\end{bmatrix}\qquad B=\begin{bmatrix}2&1&1\\3&-1&2\\1&-3&0\end{bmatrix}$$

[풀이] $[A \,\vdots\, I]=\left[\begin{array}{ccc|ccc} 3 & -1 & 2 & 1 & 0 & 0 \\ 2 & 1 & 1 & 0 & 1 & 0 \\ 1 & -3 & 0 & 0 & 0 & 1 \end{array}\right] \xrightarrow[R_1 \leftrightarrow R_3]{} \left[\begin{array}{ccc|ccc} 1 & -3 & 0 & 0 & 0 & 1 \\ 2 & 1 & 1 & 0 & 1 & 0 \\ 3 & -1 & 2 & 1 & 0 & 0 \end{array}\right]$

$$\xrightarrow[\substack{-2R_1+R_2 \\ -3R_1+R_3}]{} \left[\begin{array}{ccc|ccc} 1 & -3 & 0 & 0 & 0 & 1 \\ 0 & 7 & 1 & 0 & 1 & -2 \\ 0 & 8 & 2 & 1 & 0 & -3 \end{array}\right] \xrightarrow[R_2-R_3]{} \left[\begin{array}{ccc|ccc} 1 & -3 & 0 & 0 & 0 & 1 \\ 0 & -1 & -1 & -1 & 1 & 1 \\ 0 & 8 & 2 & 1 & 0 & -3 \end{array}\right]$$

$$\xrightarrow[(-1)R_2]{} \left[\begin{array}{ccc|ccc} 1 & -3 & 0 & 0 & 0 & 1 \\ 0 & 1 & 1 & 1 & -1 & -1 \\ 0 & 8 & 2 & 1 & 0 & -3 \end{array}\right] \xrightarrow[\substack{3R_2+R_1 \\ -8R_2+R_3}]{} \left[\begin{array}{ccc|ccc} 1 & 0 & 3 & 3 & -3 & -2 \\ 0 & 1 & 1 & 1 & -1 & -1 \\ 0 & 0 & -6 & -7 & 8 & 5 \end{array}\right]$$

$$\xrightarrow[6R_2]{} \left[\begin{array}{ccc|ccc} 1 & 0 & 3 & 3 & -3 & -2 \\ 0 & 6 & 6 & 6 & -6 & -6 \\ 0 & 0 & -6 & -7 & 8 & 5 \end{array}\right] \xrightarrow[R_3+R_2]{} \left[\begin{array}{ccc|ccc} 1 & 0 & 3 & 3 & -3 & -2 \\ 0 & 6 & 0 & -1 & 2 & -1 \\ 0 & 0 & -6 & -7 & 8 & 5 \end{array}\right]$$

$$\xrightarrow[2R_1]{} \left[\begin{array}{ccc|ccc} 2 & 0 & 6 & 6 & -6 & -4 \\ 0 & 6 & 0 & -1 & 2 & -1 \\ 0 & 0 & -6 & -7 & 8 & 5 \end{array}\right] \xrightarrow[R_3+R_1]{} \left[\begin{array}{ccc|ccc} 2 & 0 & 0 & -1 & 2 & 1 \\ 0 & 6 & 0 & -1 & 2 & -1 \\ 0 & 0 & -6 & -7 & 8 & 5 \end{array}\right]$$

$$\xrightarrow[(-1)R_3]{} \left[\begin{array}{ccc|ccc} 2 & 0 & 0 & -1 & 2 & 1 \\ 0 & 6 & 0 & -1 & 2 & -1 \\ 0 & 0 & 6 & 7 & -8 & -5 \end{array}\right] \xrightarrow[3R_1]{} \left[\begin{array}{ccc|ccc} 6 & 0 & 0 & -3 & 6 & 3 \\ 0 & 6 & 0 & -1 & 2 & -1 \\ 0 & 0 & 6 & 7 & -8 & -5 \end{array}\right]$$

$$\longrightarrow \frac{1}{6}\left[\begin{array}{ccc|ccc} 1 & 0 & 0 & -3 & 6 & 3 \\ 0 & 1 & 0 & -1 & 2 & -1 \\ 0 & 0 & 1 & 7 & -8 & -5 \end{array}\right]$$

$$A^{-1}=\frac{1}{6}\begin{bmatrix} -3 & 6 & 3 \\ -1 & 2 & -1 \\ 7 & -8 & -5 \end{bmatrix}$$

$$[B \,\vdots\, I]=\left[\begin{array}{ccc|ccc} 2 & 1 & 1 & 1 & 0 & 0 \\ 3 & -1 & 2 & 0 & 1 & 0 \\ 1 & -3 & 0 & 0 & 0 & 1 \end{array}\right]=\left[\begin{array}{ccc|ccc} 6 & 0 & 0 & 6 & -3 & 3 \\ 0 & 6 & 0 & 2 & -1 & -1 \\ 0 & 0 & 6 & -8 & 7 & -5 \end{array}\right]$$

$$B^{-1}=\frac{1}{6}\begin{bmatrix} 6 & -3 & 3 \\ 2 & -1 & -1 \\ -8 & 7 & -5 \end{bmatrix}$$

행렬 A의 기본열변형에 대해서도 기본행변형과 같은 정리가 성립한다.

(I) $A_{(C_i \leftrightarrow C_j)}$, (II) $A_{(C_i \to \alpha C_i)}$, (III) $A_{(C_i \to C_i + \alpha C_j)}$에 대한 기본열행렬(elementary column matrix)은 다음 성질을 갖는다.

$$(I_{(C_i \leftrightarrow C_j)})^{-1} = I_{(C_j \leftrightarrow C_i)}$$

$$(I_{(C_i \to \alpha C_i)})^{-1} = I_{(C_i \to \frac{1}{\alpha} C_i)},\ \alpha \neq 0$$

$$(I_{(C_i \to C_i + \alpha C_j)})^{-1} = I_{(C_i \to C_i + (-\alpha) C_j)}$$

정리 2.2.4 $A \underset{C}{\sim} B$이면 $AP = B$인 정칙행렬 P가 존재한다. $A \underset{C}{\sim} I$이면 $P = E_s \cdots E_1$에 의하여 다음 변형이 가능하다.

$$\begin{bmatrix} A \\ \hdashline I \end{bmatrix} \underset{C}{\sim} \begin{bmatrix} I \\ \hdashline A^{-1} \end{bmatrix}$$

예제 2.2.8 항등행렬 I_3에서 기본행행렬과 기본열행렬을 비교하여라.

[풀이]

$$\begin{bmatrix} 1 & 0 & 0 \\ 0 & 1 & 0 \\ 0 & 0 & 1 \end{bmatrix} \xrightarrow[C_1 \leftrightarrow C_2]{} \begin{bmatrix} 0 & 1 & 0 \\ 1 & 0 & 0 \\ 0 & 0 & 1 \end{bmatrix}, \quad \begin{bmatrix} 1 & 0 & 0 \\ 0 & 1 & 0 \\ 0 & 0 & 1 \end{bmatrix} \xrightarrow[R_1 \leftrightarrow R_2]{} \begin{bmatrix} 0 & 1 & 0 \\ 1 & 0 & 0 \\ 0 & 0 & 1 \end{bmatrix}$$

$$\begin{bmatrix} 1 & 0 & 0 \\ 0 & 1 & 0 \\ 0 & 0 & 1 \end{bmatrix} \xrightarrow[\alpha C_2]{} \begin{bmatrix} 1 & 0 & 0 \\ 1 & \alpha & 0 \\ 0 & 0 & 1 \end{bmatrix}, \quad \begin{bmatrix} 1 & 0 & 0 \\ 0 & 1 & 0 \\ 0 & 0 & 1 \end{bmatrix} \xrightarrow[\alpha R_2]{} \begin{bmatrix} 1 & 0 & 0 \\ 0 & \alpha & 0 \\ 0 & 0 & 1 \end{bmatrix}$$

$$\begin{bmatrix} 1 & 0 & 0 \\ 0 & 1 & 0 \\ 0 & 0 & 1 \end{bmatrix} \xrightarrow[C_1 + \alpha C_2]{} \begin{bmatrix} 1 & 0 & 0 \\ \alpha & 1 & 0 \\ 0 & 0 & 1 \end{bmatrix}, \quad \begin{bmatrix} 1 & 0 & 0 \\ 0 & 1 & 0 \\ 0 & 0 & 1 \end{bmatrix} \xrightarrow[\alpha R_1 + R_2]{} \begin{bmatrix} 1 & 0 & 0 \\ \alpha & 1 & 0 \\ 0 & 0 & 1 \end{bmatrix}$$

예제 2.2.9 기본열변형으로 다음 행렬 A를 기본행렬의 곱으로 나타내어라.

$$A = \begin{bmatrix} 1 & -2 & -1 \\ -1 & 3 & 2 \\ -2 & 2 & 4 \end{bmatrix}$$

[풀이] $\xrightarrow{E_1}$

$$\begin{bmatrix} 1 & -2 & -1 \\ -1 & 3 & 2 \\ -2 & 2 & 4 \end{bmatrix} \begin{bmatrix} 1 & 2 & 0 \\ 0 & 1 & 0 \\ 0 & 0 & 1 \end{bmatrix}, \quad \begin{bmatrix} 1 & 0 & 0 \\ 0 & 1 & 0 \\ 0 & 0 & 1 \end{bmatrix} \xrightarrow[C_2 + 2C_1]{} \begin{bmatrix} 1 & 2 & 0 \\ 0 & 1 & 0 \\ 0 & 0 & 1 \end{bmatrix}$$

$$\xrightarrow{E_2}\begin{bmatrix}1&0&-1\\-1&1&2\\-2&-2&4\end{bmatrix}\begin{bmatrix}1&0&1\\0&1&0\\0&0&0\end{bmatrix},\qquad \begin{bmatrix}1&0&0\\0&1&0\\0&0&1\end{bmatrix}\xrightarrow[C_1+C_3]{}\begin{bmatrix}1&0&1\\0&1&0\\0&0&1\end{bmatrix}$$

$$\xrightarrow{E_3}\begin{bmatrix}1&0&0\\-1&1&1\\-2&-2&2\end{bmatrix}\begin{bmatrix}1&0&0\\0&1&0\\1&0&1\end{bmatrix},\qquad \begin{bmatrix}1&0&0\\0&1&0\\0&0&1\end{bmatrix}\xrightarrow[C_3+C_1]{}\begin{bmatrix}1&0&0\\0&1&0\\1&0&1\end{bmatrix}$$

$$\xrightarrow{E_4}\begin{bmatrix}1&0&0\\0&1&1\\0&-2&2\end{bmatrix}\begin{bmatrix}1&0&0\\0&1&-1\\0&0&1\end{bmatrix},\qquad \begin{bmatrix}1&0&0\\0&1&0\\0&0&1\end{bmatrix}\xrightarrow[C_3-C_2]{}\begin{bmatrix}1&0&0\\0&1&-1\\0&0&1\end{bmatrix}$$

$$\xrightarrow{E_5}\begin{bmatrix}1&0&0\\0&1&0\\0&-2&4\end{bmatrix}\begin{bmatrix}1&0&0\\0&1&0\\0&\frac{1}{2}&1\end{bmatrix},\qquad \begin{bmatrix}1&0&0\\0&1&0\\0&0&1\end{bmatrix}\xrightarrow[C_2+\frac{1}{2}C_3]{}\begin{bmatrix}1&0&0\\0&1&0\\0&\frac{1}{2}&1\end{bmatrix}$$

$$\xrightarrow{E_6}\begin{bmatrix}1&0&0\\0&1&0\\0&0&4\end{bmatrix}\begin{bmatrix}1&0&0\\0&1&0\\0&0&\frac{1}{4}\end{bmatrix},\qquad \begin{bmatrix}1&0&0\\0&1&0\\0&0&1\end{bmatrix}\xrightarrow[\frac{1}{4}C_3]{}\begin{bmatrix}1&0&0\\0&1&0\\0&0&\frac{1}{4}\end{bmatrix}$$

따라서 $AE_1E_2E_3E_4E_5E_6=I$이다.

어떤 기본행변형이나 기본열변형을 **기본변형**(elementary operation)이라 한다. 행렬 A에 유한 번의 기본변형을 시행하여 얻을 수 있는 행렬 B를 A와 **동등**(equivalent)이라 하고 $A\sim B$로 나타낸다. $A\sim B$일 필요충분조건은 $PAQ=B$인 정칙행렬 P, Q가 존재하는 것이다.

예제 2.2.10 행렬 A의 기본변형으로 다음 관계를 얻으면 $PAQ=B$이다.

$$\begin{bmatrix}A&I\\I&O\end{bmatrix}\to\begin{bmatrix}B&P\\Q&O\end{bmatrix}$$

예제 2.2.11 다음 행렬 A, B, C, I에서 $PAQ=I$, $P'BQ'=C$인 행렬 P, Q, P', Q'를 구하여라.

$$A=\begin{bmatrix}0&1&2&3\\1&1&2&3\\2&2&2&3\\3&3&3&3\end{bmatrix}\qquad B=\begin{bmatrix}1&2&-1&2\\-2&-5&3&0\\1&0&1&10\end{bmatrix}$$

$$I=\begin{bmatrix}1&0&0&0\\0&1&0&0\\0&0&1&0\\0&0&0&1\end{bmatrix}\qquad C=\begin{bmatrix}1&0&0&0\\0&1&0&0\\0&0&0&0\end{bmatrix}$$

[풀이] (i) $$\left[\begin{array}{c|c}A&I\\\hline I&O\end{array}\right]=\left[\begin{array}{cccc|cccc}0&1&2&3&1&0&0&0\\1&1&2&3&0&1&0&0\\2&2&2&3&0&0&1&0\\3&3&3&3&0&0&0&1\\\hline 1&0&0&0&&&&\\0&1&0&0&&&&\\0&0&1&0&&&&\\0&0&0&1&&&&\end{array}\right]$$

$$=\left[\begin{array}{cccc|cccc}1&0&0&0&0&1&0&0\\0&1&0&0&1&0&0&0\\0&0&1&0&0&-1&-1&1\\0&0&0&1&0&0&3&-2\\\hline 1&-1&0&0&&&&\\0&1&2&1&&&&\\0&0&-1&-1&&&&\\0&0&0&\frac{1}{3}&&&&\end{array}\right]$$

$$=\left[\begin{array}{c|c}I&P\\\hline Q&O\end{array}\right]$$

$$\begin{bmatrix}0&1&0&0\\1&0&0&0\\0&-1&-1&1\\0&0&3&-2\end{bmatrix}\begin{bmatrix}0&1&2&3\\1&1&2&3\\2&2&3&3\\3&3&3&3\end{bmatrix}\begin{bmatrix}1&-1&0&0\\0&1&2&1\\0&0&-1&-1\\0&0&0&\frac{1}{3}\end{bmatrix}=\begin{bmatrix}1&0&0&0\\0&1&0&0\\0&0&1&0\\0&0&0&1\end{bmatrix}$$

따라서

$$P=\begin{bmatrix} 0 & 1 & 0 & 0 \\ 1 & 0 & 0 & 0 \\ 0 & -1 & -1 & 1 \\ 0 & 0 & 3 & -2 \end{bmatrix}, \quad Q=\begin{bmatrix} 1 & -1 & 0 & 0 \\ 0 & 1 & 2 & 1 \\ 0 & 0 & -1 & -1 \\ 0 & 0 & 0 & \frac{1}{3} \end{bmatrix}$$

(ii)
$$\left[\begin{array}{c|c} B & I \\ \hline I & O \end{array}\right]=\left[\begin{array}{cccc|ccc} 1 & 2 & -1 & 2 & 1 & 0 & 0 \\ -2 & -5 & 3 & 0 & 0 & 1 & 0 \\ 1 & 0 & 1 & 10 & 0 & 0 & 1 \\ \hline 1 & 0 & 0 & 0 & & & \\ 0 & 1 & 0 & 0 & & & \\ 0 & 0 & 1 & 0 & & & \\ 0 & 0 & 0 & 1 & & & \end{array}\right]$$

$$=\left[\begin{array}{cccc|ccc} 1 & 0 & 0 & 0 & 1 & 0 & 0 \\ 0 & 1 & 0 & 0 & -2 & -1 & 0 \\ 0 & 0 & 0 & 0 & -5 & -2 & 1 \\ \hline 1 & -2 & -1 & -10 & & & \\ 0 & 1 & 1 & 4 & & & \\ 0 & 0 & 1 & 0 & & & \\ 0 & 0 & 0 & 1 & & & \end{array}\right]=\left[\begin{array}{c|c} C & P' \\ \hline Q' & O \end{array}\right]$$

$$P'=\begin{bmatrix} 1 & 0 & 0 \\ -2 & -1 & 0 \\ -5 & -2 & 1 \end{bmatrix}, \quad Q'=\begin{bmatrix} 1 & -2 & -1 & -10 \\ 0 & 1 & 1 & 4 \\ 0 & 0 & 1 & 0 \\ 0 & 0 & 0 & 1 \end{bmatrix}.$$

다음 조건을 만족하는 행렬을 **행 사다리꼴행렬**(matrix in row-echelon form)이라 한다.

(i) 각 행에서 처음으로 0이 아닌 성분은 1이다. 이 성분 1은 행의 번호가 커질수록 오른쪽에 더 치우쳐 있다.

(ii) 0으로만 이루어진 행은 그렇지 않고 보다 뒤에 놓여 있다.

예제 2.2.12 다음은 행 사다리꼴행렬인가?

(1) $\begin{bmatrix} 1 & 2 & 0 & 4 \\ 0 & 1 & 0 & 1 \\ 0 & 0 & 1 & 0 \\ 0 & 0 & 0 & 1 \end{bmatrix}$ (2) $\begin{bmatrix} 1 & 0 & 0 & 0 \\ 0 & 0 & 1 & 0 \\ 0 & 0 & 0 & 1 \\ 0 & 0 & 0 & 0 \end{bmatrix}$

다음 조건 (iii)을 만족하는 사다리꼴행렬을 **기약 행 사다리꼴행렬**(matrix in reduced row-echelon form)이라 한다.

(iii) 1이 들어 있는 열의 나머지 성분은 모두 0이다.

정리 2.2.5 행렬 $A=[a_{ij}]\in M_{m\times n}$에 유한 번의 기본행변형을 시행하여 기약 행 사다리꼴행렬 E로 변형된다. 기본행변형을 $E_S, \cdots, E_2, E_1$이라 하면 $P=E_S\cdots E_1$은 정칙행렬이고 $E=E_S\cdots E_1A=PA$이다.

[증명] $A=O$이면 분명하므로 $A\neq O$라 하고 행의 개수 m에 대한 귀납법으로 증명하자. $m=1$이면 $A=[a_{11}\ a_{12}\ \cdots\ a_{1n}]$이다. 처음으로 0이 아닌 성분을 a_{1i}라 하면 a_{1i}^{-1}을 A의 행에 곱하여

$$[0\ \cdots\ 0\ \underset{\substack{\uparrow \\ i}}{1}\ (a_{1i+1})(a_{1i})^{-1}\cdots\ a_{1n}a_{1i}^{-1}]$$

제 i 번째의 항 1에 $(i+1)$ 이상의 각 항을 곱하여 그 항에서 빼면

$$[0\ \cdots\ 0\ 1\ 0\ \cdots\ 0]$$

이는 기약 행 사다리꼴행렬이다.

모든 $r\times n$행렬이 기약 행 사다리꼴행렬로 변형된다고 가정하면 $(r+1)\times n$ 행렬 A도 기약 행 사다리꼴행렬로 변형됨을 보이자. 행렬 A의 1열이 모두 0이면 다음 행렬에서 A_{22}는 $r\times(n-1)$행렬로 기약 행 사다리꼴로 변형된다.

$$\begin{bmatrix} 0 & a_{12} & \cdots & a_{1n} \\ 0 & a_{22} & \cdots & a_{2n} \\ \vdots & \vdots & & \vdots \\ 0 & a_{(r+1)2} & \cdots & a_{(r+1)n} \end{bmatrix} = \left[\begin{array}{c|c} 0 & A_{12} \\ \hline 0 & A_{22} \end{array}\right] \qquad \cdots\cdots (1)$$

제 1 열의 처음으로 0이 아닌 성분이 존재하여 a_{i1}이면 $\dfrac{1}{a_{i1}}R_i\leftrightarrow R_1$, $-a_{j1}R_1+R_j$, $j=2, 3, \cdots, r+1$의 기본행변형으로 다음 형의 행렬을 얻는다. A_{22}는 $r\times(n-1)$

행렬로 기약 행 사다리꼴행렬로 변형된다.

$$\left[\begin{array}{c:c} 1 & A_{12} \\ \hdashline 0 & A_{22} \end{array}\right] \qquad \cdots\cdots (2)$$

행렬 A_{22}의 제 1 열의 성분이 모두 0이고 $a_{12} \neq 0$이거나 또는 최초의 1 위쪽에 0이 아닌 성분이 있을 때 (1), (2)는 기약 행 사다리꼴행렬이 아니다. 이 경우에 기본열변형 (III) 또는 기본행변형 (III)을 시행하여 (1) 또는 (2)를 기약 행 사다리꼴행렬로 변형가능하다. 따라서 모든 행렬은 기약 행 사다리꼴로 변형가능하다.

예제 2.2.12 다음 행렬을 기약 행 사다리꼴행렬로 변형하여라.

$$A=\begin{bmatrix} 0 & 1 & 2 \\ -1 & 3 & -1 \\ 1 & -2 & 1 \end{bmatrix} \qquad B=\begin{bmatrix} 3 & -1 & 2 & 1 & 0 & 0 \\ 2 & 1 & 1 & 0 & 1 & 0 \\ 1 & -3 & 0 & 0 & 0 & 1 \end{bmatrix}$$

[풀이] $A \xrightarrow[R_1 \leftrightarrow R_3]{} \begin{bmatrix} 1 & -2 & 1 \\ -1 & 3 & -1 \\ 0 & 1 & 2 \end{bmatrix} \xrightarrow[R_2+R_1]{} \begin{bmatrix} 1 & -2 & 1 \\ 0 & 1 & 0 \\ 0 & 1 & 2 \end{bmatrix} \xrightarrow[\substack{R_1+2R_3 \\ R_3-R_2}]{} \begin{bmatrix} 1 & 0 & 5 \\ 0 & 1 & 0 \\ 0 & 0 & 2 \end{bmatrix}$

$$\xrightarrow[\frac{1}{2}R_3]{} \begin{bmatrix} 1 & 0 & 5 \\ 0 & 1 & 0 \\ 0 & 0 & 1 \end{bmatrix} \xrightarrow[R_1-5R_3]{} \begin{bmatrix} 1 & 0 & 0 \\ 0 & 1 & 0 \\ 0 & 0 & 1 \end{bmatrix}$$

$$B \xrightarrow[R_1 \leftrightarrow R_3]{} \begin{bmatrix} 1 & -3 & 0 & 0 & 0 & 1 \\ 2 & 1 & 1 & 0 & 1 & 0 \\ 3 & -1 & 2 & 1 & 0 & 0 \end{bmatrix} \xrightarrow[R_3-3R_1]{R_2-2R_1} \begin{bmatrix} 1 & -3 & 0 & 0 & 0 & 1 \\ 0 & 7 & 1 & 0 & 0 & -2 \\ 0 & 8 & 2 & 1 & 0 & -3 \end{bmatrix}$$

$$\xrightarrow[\substack{-\frac{8}{7}R_2+R_3 \\ \frac{1}{7}R_2 \\ 3R_2+R_1}]{} \begin{bmatrix} 1 & 0 & 0 & -\frac{1}{2} & 1 & \frac{1}{2} \\ 0 & 1 & 0 & -\frac{1}{6} & \frac{1}{3} & -\frac{1}{6} \\ 0 & 0 & 1 & \frac{7}{6} & -\frac{4}{3} & -\frac{5}{6} \end{bmatrix}$$

따라서 $A \underset{R}{\sim} I$, $B \underset{R}{\sim} \begin{bmatrix} 1 & 0 & 0 & -\frac{1}{2} & 1 & \frac{1}{2} \\ 0 & 1 & 0 & -\frac{1}{6} & \frac{1}{3} & -\frac{1}{6} \\ 0 & 0 & 1 & \frac{7}{6} & -\frac{4}{3} & -\frac{5}{6} \end{bmatrix}$

정리 2.2.6 정방행렬 $A=[a_{ij}]\in M_{n\times m}$에 대하여 다음은 동치이다.

(1) A는 정칙행렬이다.

(2) A의 기약 행 사다리꼴행렬은 항등행렬 I이다.

(3) A는 유한 개의 기본행렬의 곱으로 표시된다.

[증명] (1)⇒(2) A가 정칙행렬이고 기본행렬 $E_1, \cdots, E_S$가 존재하여 $E_S\cdots E_1A=C$는 기약 행 사다리꼴행렬이다. $A, E_1, \cdots, E_S$가 정칙행렬이므로 C의 행 중에서 0으로만 이루어진 행은 없다. 따라서 $C=I$이다.

(2)⇒(3) $E_S\cdots E_1A=I$이면 $A=(E_S\cdots E_1)^{-1}=E_1^{-1}\cdots E_S^{-1}$이고 $E_1^{-1}, \cdots, E_S^{-1}$도 기본행렬이다. 따라서 A는 유한 개의 기본행렬의 곱으로 표시된다.

(3)⇒(1) $A=E_S\cdots E_1$이면 $E_1, \cdots, E_S$는 정칙행렬이므로 A도 정칙행렬이다.

정리 2.2.7 $A=[a_{ij}]$가 $m\times n$행렬이고 $A\underset{R}{\sim}B$인 행렬 B가 기약 행 사다리꼴행렬이라 하자. 연립방정식 $AX=O$가 자명하지 않은 해를 가질 필요충분조건은 행렬 B의 모든 성분이 다 0은 아닌 행의 개수가 n보다 작게 되는 것이다. A가 $m\times n$행렬이면 $AX=O$가 자명한 해만을 가질 필요충분조건은 $A\underset{R}{\sim}I$이다.

[증명] B가 기약 사다리꼴행렬이면 모든 성분이 다 0은 아닌 행의 개수 r는 n보다 클 수 없다. B가 n개의 영이 아닌 행을 갖는다면

$$B=\begin{bmatrix} I_n \\ O \end{bmatrix}$$

이고 $BX=O$이므로 $X=O$. $r<n$이면 $BX=O$의 일차식은 r개의 미지수와 $n-r$개의 임의의 값을 취할 수 있는 변수로 되어 있다. 따라서 $BX=O$은 자명하지 않은 해를 무수히 가질 수 있다. 이의 역은 분명하다.

예제 2.2.14 다음 행렬 A의 기약 행 사다리꼴행렬의 0이 아닌 행의 개수 r는 3보다 크지 않음을 보여라.

$$A=\begin{bmatrix} 1 & 2 & 0 \\ 1 & 1 & 0 \\ 1 & 0 & 0 \\ 0 & 1 & 0 \end{bmatrix} \qquad B=\begin{bmatrix} 1 & 0 & 0 & 1 \\ -1 & 0 & 1 & -1 \\ 0 & 1 & -1 & 0 \end{bmatrix}$$

[풀이] $A \underset{R}{\sim} \begin{bmatrix} 1 & 2 & 0 \\ 0 & -1 & 0 \\ 0 & -2 & 0 \\ 0 & 1 & 0 \end{bmatrix} \underset{R}{\sim} \begin{bmatrix} 1 & 0 & 0 \\ 0 & -1 & 0 \\ 0 & 0 & 0 \\ 0 & 0 & 0 \end{bmatrix} \underset{R}{\sim} \begin{bmatrix} 1 & 0 & 0 \\ 0 & 1 & 0 \\ 0 & 0 & 0 \\ 0 & 0 & 0 \end{bmatrix}$

$$B \underset{R}{\sim} \begin{bmatrix} 1 & 0 & 0 & 1 \\ 0 & 0 & 1 & 0 \\ 0 & 1 & -1 & 0 \end{bmatrix} \sim \begin{bmatrix} 1 & 0 & 0 & 1 \\ 0 & 1 & -1 & 0 \\ 0 & 0 & 1 & 0 \end{bmatrix} \sim \begin{bmatrix} 1 & 0 & 0 & 1 \\ 0 & 1 & 0 & 0 \\ 0 & 0 & 1 & 0 \end{bmatrix}$$

따라서 $r=2$, $r=3$이므로 3보다 크지 않다.

연습문제 2.2

1. 다음 행렬의 곱을 구하여라.

① $\begin{bmatrix} 1 & 0 & 0 \\ 0 & 0 & 1 \\ 0 & 1 & 0 \end{bmatrix} \begin{bmatrix} a_{11} & a_{12} & a_{13} \\ a_{21} & a_{22} & a_{23} \\ a_{31} & a_{32} & a_{33} \end{bmatrix}$ ② $\begin{bmatrix} 1 & 0 & 0 \\ 0 & k & 0 \\ 0 & 0 & 1 \end{bmatrix} \begin{bmatrix} a_{11} & a_{12} & a_{13} \\ a_{21} & a_{22} & a_{23} \\ a_{31} & a_{32} & a_{33} \end{bmatrix}$

③ $\begin{bmatrix} 1 & 0 & 0 \\ 0 & 1 & 0 \\ k & 0 & 1 \end{bmatrix} \begin{bmatrix} a_{11} & a_{12} & a_{13} \\ a_{21} & a_{22} & a_{23} \\ a_{31} & a_{32} & a_{33} \end{bmatrix}$ ④ $\begin{bmatrix} a_{11} & a_{12} & a_{13} \\ a_{21} & a_{22} & a_{23} \\ a_{31} & a_{32} & a_{33} \end{bmatrix} \begin{bmatrix} 1 & 0 & 0 \\ 0 & 0 & 1 \\ 0 & 1 & 0 \end{bmatrix}$

⑤ $\begin{bmatrix} a_{11} & a_{12} & a_{13} \\ a_{21} & a_{22} & a_{23} \\ a_{31} & a_{32} & a_{33} \end{bmatrix} \begin{bmatrix} 1 & 0 & 0 \\ 0 & k & 0 \\ 0 & 0 & 1 \end{bmatrix}$ ⑥ $\begin{bmatrix} a_{11} & a_{12} & a_{13} \\ a_{21} & a_{22} & a_{23} \\ a_{31} & a_{32} & a_{33} \end{bmatrix} \begin{bmatrix} 1 & 0 & 0 \\ 0 & 1 & 0 \\ k & 0 & 1 \end{bmatrix}$

2. 다음 행렬의 역행렬을 구하여라.

$A = \begin{bmatrix} 2 & 1 & -1 & 2 \\ 1 & 3 & 2 & -3 \\ -1 & 2 & 1 & -1 \\ 2 & -3 & -1 & 4 \end{bmatrix}$ $B = \begin{bmatrix} 2 & 4 & 3 & 2 \\ 3 & 6 & 5 & 2 \\ 2 & 5 & 2 & -3 \\ 4 & 5 & 14 & 14 \end{bmatrix}$

3. 다음 연립방정식의 해를 구하여라.

① $\begin{cases} 3x_1 + 2x_2 + 16x_3 + 5x_4 = 0 \\ 2x_2 + 10x_3 + 8x_4 = 0 \\ x_1 + x_2 + 7x_3 + 3x_4 = 0 \end{cases}$ ② $\begin{cases} x_1 - x_3 = 2 \\ x_2 + 3x_3 = 1 \\ x_1 + 2x_2 = 7 \end{cases}$

4. 행렬 A, $B\in M_{n\times n}$에서 $A\approx B \Leftrightarrow \exists P\in M_{n\times n}$, $B=P^{-1}AP$라 할 때 "$\approx$"는 $M_{n\times n}$의 동치관계임을 보여라.

5. 다음 행렬 A, B에서 $PA=B$인 정칙행렬 P를 구하여라.

$$A=\begin{bmatrix} 2 & 3 & 4 \\ 4 & 3 & 1 \\ 1 & 2 & 4 \end{bmatrix} \qquad B=\begin{bmatrix} 1 & 2 & -1 \\ -1 & 1 & 2 \\ 2 & -1 & 1 \end{bmatrix}$$

6. $[A \,\vdots\, B] \underset{R}{\sim} [I \,\vdots\, C]$이면 $C=A^{-1}B$가 성립한다. 다음 행렬 A, B에서 $A^{-1}B$를 구하여라.

① $A=\begin{bmatrix} 1 & 2 \\ 3 & 4 \end{bmatrix}$, $\quad B=\begin{bmatrix} 2 & 5 \\ 3 & -2 \end{bmatrix}$

② $A=\begin{bmatrix} 1 & 0 & 1 \\ 3 & 1 & 0 \\ 1 & 0 & 0 \end{bmatrix}$, $\quad B=\begin{bmatrix} 4 & 1 & 4 \\ 0 & 1 & 0 \\ 2 & 0 & 3 \end{bmatrix}$

7. 다음 행렬을 기본행렬의 곱으로 나타내어라.

① $\begin{bmatrix} 2 & 1 \\ 1 & 2 \end{bmatrix}$ $\qquad$ ② $\begin{bmatrix} 1 & 0 & 1 \\ 3 & 1 & 0 \\ 1 & 0 & 0 \end{bmatrix}$

8. 행렬 A, B, $C\in M_{n\times n}$, $A=BC$일 때 A가 정칙행렬이면 BC도 정칙행렬임을 보여라.

9. 다음 행렬 A, B에 대하여 $PAQ=I$, $P'BQ'=I$인 정칙행렬 P, Q, P', Q'를 구하여라. 또 역행렬 A^{-1}, B^{-1}을 구하여라.

$$A=\begin{bmatrix} 0 & 1 & 2 & 3 \\ 1 & 1 & 2 & 3 \\ 2 & 2 & 2 & 3 \\ 3 & 3 & 3 & 3 \end{bmatrix} \qquad B=\begin{bmatrix} 2 & 1 & -1 & 2 \\ 1 & 3 & 2 & -3 \\ -1 & 2 & 1 & -1 \\ 2 & -3 & -1 & 4 \end{bmatrix}$$

10. 다음 행렬을 기약 사다리꼴행렬로 변형하여라.

$$A=\begin{bmatrix} 0 & 0 & 1 & 3 & -2 \\ 0 & 1 & 2 & 6 & 0 \\ 0 & 2 & 3 & 9 & 2 \\ 0 & 1 & 1 & 3 & 2 \end{bmatrix} \qquad B=\begin{bmatrix} 2 & -3 & -1 & 4 \\ -1 & 2 & 1 & -3 \\ 1 & 3 & 2 & -3 \\ 2 & 1 & -1 & 2 \end{bmatrix}$$

2.3 행렬식의 성질

공이 아닌 집합 S 위의 일대일대응사상 $\sigma : S \to S$ 전체의 집합을 $A(S)$라 놓자.

$$A(S)=\{\sigma \mid \sigma : S \to S \mid \sigma : \text{전단사}\}$$

$A(S)$의 원소 σ, δ에 대하여 $(\delta\sigma)(x)=\delta(\sigma(x))$, $x \in S$으로 정의된 사상 $\delta\sigma : S \to S$는 전단사이므로 $\delta\sigma \in A(S)$이다. 항등사상 $I : S \to S$, $I(x)=x$, $x \in S$를 1이라 하고, σ의 역사상을 σ^{-1}이라 하면

$$1\sigma=\sigma, \qquad \sigma\sigma^{-1}==\sigma^{-1}\sigma=1$$

집합 $A(S)$는 사상의 합성에 의하여 군을 이룬다. 이 군 $A(S)$를 S 위의 **치환군**(permutation group)이라 하고 σ를 **치환**(permutation)이라 한다. 집합 $I_n=\{1, 2, \cdots, n\}$ 위의 치환군 $A(I_n)$을 S_n으로 나타낸다. I_n 위의 전단사인 사상은 $n!$개 존재하므로 $|S_n|=n!$ 이다. 치환 $\sigma \in S_n$을 아래와 같이 원소나열법으로 나타낼 수 있다.

$$\sigma=\begin{pmatrix} 1 & 2 & n \\ \sigma(1) & \sigma(2) & \sigma(n) \end{pmatrix}$$

예제 2.3.1 집합 $I_3=\{1, 2, 3\}$ 위의 치환군 S_n의 원소와 그 역을 구하여라.

[풀이] $\{1, 2, 3\}$에서 $\{1, 2, 3\}$으로의 전단사인 사상은 $3!=6$(개)이다.

$$1=\begin{pmatrix} 1 & 2 & 3 \\ 1 & 2 & 3 \end{pmatrix} \qquad \sigma_1=\begin{pmatrix} 1 & 2 & 3 \\ 2 & 3 & 1 \end{pmatrix} \qquad \sigma_2=\begin{pmatrix} 1 & 2 & 3 \\ 3 & 1 & 2 \end{pmatrix}$$

$$\tau_1=\begin{pmatrix} 1 & 2 & 3 \\ 1 & 3 & 2 \end{pmatrix} \qquad \tau_2=\begin{pmatrix} 1 & 2 & 3 \\ 3 & 2 & 1 \end{pmatrix} \qquad \tau_3=\begin{pmatrix} 1 & 2 & 3 \\ 2 & 1 & 3 \end{pmatrix}$$

집합 $S_3=\{1, \sigma_1, \sigma_2, \tau_1, \tau_2, \tau_3\}$. 이들의 역사상은 아래와 같다.

$$\sigma_1^{-1}=\begin{pmatrix} 1 & 2 & 3 \\ 2 & 3 & 1 \end{pmatrix}^{-1}=\begin{pmatrix} 1 & 2 & 3 \\ 3 & 1 & 2 \end{pmatrix}=\sigma_2$$

$$\sigma_2^{-1}=\begin{pmatrix}1&2&3\\3&1&2\end{pmatrix}^{-1}=\sigma_1$$

$$\tau_1^{-1}=\begin{pmatrix}1&2&3\\1&3&2\end{pmatrix}^{-1}=\begin{pmatrix}1&2&3\\1&3&2\end{pmatrix}=\tau_1$$

$$\tau_2^{-1}=\begin{pmatrix}1&2&3\\3&2&1\end{pmatrix}^{-1}=\tau_2$$

$$\tau_3^{-1}=\begin{pmatrix}1&2&3\\2&1&3\end{pmatrix}^{-1}=\begin{pmatrix}1&2&3\\2&1&3\end{pmatrix}^{-1}=\tau_3.$$

치환 $\sigma\in S_n$이 $i_1\to i_2\to\cdots\to i_r\to i_1$이고 i_1, i_2, $\cdots$, i_r 이외의 숫자는 치환 σ에 의하여 변하지 않을 때, 이 치환 σ를 길이가 r인 **순환치환**(cycle permutation)이라 한다. 길이가 r인 순환치환 σ를 다음으로 나타낸다.

$$\sigma=(i_1\,i_2\cdots\,i_{r-1}\,i_r)$$

길이가 1인 순환치환을 1로 나타내기로 하면 $S_3=\{1, (1\ 2\ 3), (1\ 3\ 2), (2\ 3), (1\ 3), (1\ 2)\}$로 표시할 수 있어 편리하다. 순환치환 $\sigma=(i_1\cdots i_r)$과 $\delta=(j_1\cdots j_s)$에서 집합 $\{i_1, \cdots, i_r\}$와 $\{j_1, \cdots, j_s\}$의 교집합이 공집합일 때 σ과 δ는 **서로소**라고 한다.

예제 2.3.2 다음 치환을 순환치환으로 나타내어라.

(1) $\sigma=\begin{pmatrix}1&2&3&4&5&6&7\\2&1&3&4&6&5&7\end{pmatrix}$ (2) $\delta=\begin{pmatrix}1&2&3&4&5&6\\1&2&5&3&4&6\end{pmatrix}$

[풀이] (1) 3, 4, 7은 변하지 않고 $1\leftrightarrow2$, $5\leftrightarrow6$ 이므로

$$\sigma=(5\ 6)(1\ 2)=(1\ 2)(5\ 6)$$

(2) 1, 2, 6은 변하지 않고 $3\to5\to4\to3$ 이므로

$$\delta=(3\ 5\ 4).$$

길이가 2인 순환치환을 **호환**(transposition)이라 한다. 숫자 i와 j만이 서로 바뀌고 나머지 숫자는 변하지 않은 호환을 $(i\ j)$로 나타낸다. 호환 $(i\ j)$의 역치환은 $(i\ j)$이고 $(i\ j)(i\ j)=1$이다.

예제 2.3.3 다음 치환의 역치환과 σ^2을 구하여라.

$$\sigma=\begin{pmatrix}1&2&3&4&5\\1&5&3&4&2\end{pmatrix}$$

[풀이] $\sigma^2=\begin{pmatrix}1&2&3&4&5\\1&5&3&4&2\end{pmatrix}\begin{pmatrix}1&2&3&4&5\\1&5&3&4&2\end{pmatrix}=\begin{pmatrix}1&2&3&4&5\\1&2&3&4&5\end{pmatrix}=1$

따라서 $\sigma^{-1}=\sigma$.

예제 2.3.4 다음 치환 σ를 순환치환의 곱으로 나타내고, 그 표시법은 몇 가지인가 살펴보아라.

$$\sigma=\begin{pmatrix}1&2&3&4&5&6\\1&3&4&2&6&5\end{pmatrix}$$

[풀이] $\sigma=(5\ 6)(2\ 3\ 4)$, $(2\ 3\ 4)=(2\ 3)(2\ 4)$이므로

$$\sigma=(5\ 6)(2\ 3\ 4)=(5\ 6)(2\ 3)(2\ 4)$$

또는

$$\sigma=(5\ 6)(2\ 3\ 4)(1\ 3)(1\ 3)(2\ 3)(2\ 3).$$

예제 2.3.5 다음 치환을 호환의 곱으로 나타내어라.

$$\sigma=\begin{pmatrix}1&2&3&4\\3&1&4&2\end{pmatrix}$$

[풀이] 치환의 합성에 의하면 δ는 다음으로 표시된다.

$$\sigma=(1\ 3\ 4\ 2)=(1\ 2)(1\ 4)(1\ 3)=(1\ 2)(1\ 2)(1\ 2)(1\ 4)(1\ 3)$$

위의 예에서 본 바와 같이 하나의 치환을 호환의 곱으로 표시하는 방법은 무수히 많다. 다음 정리는 행렬식의 정의에 유용한 것이다.

정리 2.3.1 치환은 쌍마다 서로 소인 몇 개의 순환치환의 곱으로 표시된다. 또한 치환은 몇 개의 호환의 곱으로 표시되고, 그 표시방법은 일의적이 아니다.

[증명] 숫자 1, 2, ⋯, n 중에서 치환 $\sigma \in S_n$에 의하여 변하는 최초의 숫자를 i_1이라 하자. $\sigma(i_1)=i_2$이고 $\sigma(i_2)=i_1$일 때 $\delta=(i_1,\ i_2)$라 놓자. $\sigma(i_2)\neq i_1$일 때 $\sigma(i_2)=i_3$이라 놓으면 i_3은 i_1, i_2와는 같을 수가 없다. σ는 $\{1,\ 2,\ \cdots,\ n\}$에서 $\{1,\ \cdots,\ n\}$으로의 전단사이므로 $i_3=i_2$일 수가 없기 때문이다. $\sigma(i_3)=i_1$일 때 $\delta=(i_1\ i_2\ i_3)$이라 놓자. $\sigma(i_3)\neq i_1$일 때 $\sigma(i_3)\neq i_1,\ i_2$이므로 $\sigma(i_3)=i_4$라 놓을 수 있다. 이러한 과정을 유한 번 시행하면 $\sigma(\cdots(\sigma(i_1))\cdots)=\sigma^r(i_1)=i_1$이 되고 $\delta=(i_1 \cdots i_r)$를 얻는다. 다음으로 집합 $\{1,\ 2,\ \cdots,\ n\}$과 $\{i_1,\ i_2,\ \cdots,\ i_r\}$의 차집합의 원소 중에서 σ에 의하여 변하지 않는 최초의 숫자를 j_1이라 놓고 위의 과정을 시행하면 순환치환 $\tau=(j_1 \cdots j_S)$를 얻는다. 집합 $\{i_1,\ \cdots,\ i_r,\ j_1,\ \cdots,\ j_S\}$에 동일한 과정을 반복함으로써 결과적으로 순환치환 $\pi=(l_1,\ \cdots,\ l_t)$가 존재하여

$$\sigma=(l_1 \cdots l_t) \cdots (j_1 \cdots j_S)(i_1 \cdots i_r)$$

로 나타낼 수 있다. 순환치환 $(i_1 \cdots i_r)$는 몇 개의 호환의 곱으로 표시된다. 즉

$$\delta=(i_1\ i_r)\ \cdots\ (i_1\ i_2)$$

따라서 모든 치환은 몇 개의 호환의 곱으로 표시된다.

예제 2.3.6 다음 치환 σ에 대하여 위 정리의 증명과정을 살펴보아라.

$$\sigma=\begin{pmatrix} 1 & 2 & 3 & 4 & 5 & 6 \\ 2 & 3 & 1 & 4 & 6 & 5 \end{pmatrix}$$

[풀이] σ에 의하여 변하는 최초의 숫자는 1이다. $\sigma(1)=2$, $\sigma(2)=3$, $\sigma(3)=1$이므로 $\delta=(1\ 2\ 3)$, $\{1,\ 2,\ 3,\ 4,\ 5,\ 6\}-\{1,\ 2,\ 3\}=\{4,\ 5,\ 6\}$에서 σ에 의하여 변하는 최초의 숫자는 5이다. $\tau(5)=6$, $\tau(6)=5$이므로 $\tau=(5\ 6)$. $\{4,\ 5,\ 6\}-\{5,\ 6\}=\{4\}$에서 σ에 의하여 변하지 않는 숫자는 없으므로 $\pi=1$이다. 따라서 $\sigma=\delta\tau=(1\ 2\ 3)(5\ 6)$, 순환치환 $(1\ 2\ 3)=(1,\ 3)(1,\ 2)$이므로 $\sigma=(1\ 2)(1\ 3)(5\ 6)$과 같이 호환의 곱으로 표시된다. 그런데 $(5\ 6)=(5\ 6)(1\ 2)(1\ 2)$이므로 $\sigma=(1\ 2)(1\ 3)(5\ 6)(1\ 2)(1\ 2)$로도 표시될 수 있다.

치환 σ가 서로 소인 순환치환은 $(i_1 \cdots i_r)$, $(j_1 \cdots j_S)$, ⋯, $(l_1 \cdots l_t)$의 곱으로 표시된다. $(i_1 \cdots i_r)=(i_1\ i_r)\ \cdots\ (i_1\ i_2)$, ⋯, $(l_1 \cdots l_t)=(l_1-l_t)\ \cdots\ (l_1,\ l_2)$이

각각 $(r-1)$, $\cdots$, $(t-1)$개의 호환의 곱으로 표시되므로 σ는 $(r-1)+(s-1)+\cdots+(t-1)$개의 호환의 곱으로 표시됨을 알 수 있다. 치환을 호환의 곱으로 나타내는 방법은 유일하지 않음을 알았다. 몇 개의 호환의 곱으로 표시된 치환에 하나의 호환을 곱하여 원래의 치환과 같게 할 수는 없을까 하는 의문이 생긴다. 다음 정리에서 보는 바와 같이 그러한 가능성은 전혀 없다.

정리 2.3.2 임의의 치환 $\sigma\in S_n$은 짝수 개의 호환의 곱으로 표시되거나 또는 홀수 개의 호환의 곱으로 표시되는 오직 한 가지 경우만이 있을 수 있다. 즉 짝수 개의 호환의 곱으로도 표시되고 동시에 홀수 개의 호환의 곱으로 표시되는 치환은 존재하지 않는다.

[증명] 집합 $\{1, 2, \cdots, n\}=\{x_1, x_2, \cdots, x_n\}$의 **차적**(difference product) $Q(x_1, x_2, \cdots, x_n)=\prod_{i<j}(x_i-x_j)$를 생각한다.

$$\prod_{i<j}(x_i-x_j)=(x_1-x_2)(x_1-x_3)\cdots(x_1-x_n)(x_2-x_3)\cdots(x_2-x_n)\cdots(x_{n-1}-x_n)$$

$x_1\leftrightarrow x_2$인 차적 $Q(x_2, x_1, x_3, \cdots, x_n)=-Q(x_1, x_2, \cdots, x_n)$임을 쉽게 알 수 있다. 같은 이유에서 $k<l$에 대하여

$$Q=(x_1, \cdots, x_l, \cdots, x_k, \cdots, x_n)=-Q(x_1, \cdots, x_n)$$

치환 $\sigma=\begin{pmatrix}1 & 2 & \cdots & n\\ p_1 & p_2 & \cdots & p_n\end{pmatrix}$과 $Q(x_1, \cdots, x_n)$의 곱을

$$\sigma Q(x_1, x_2, \cdots, x_n)=Q(x_{P_1}, x_{P_2}, \cdots, x_{P_n})$$

으로 정의하자. 치환 $\tau=\begin{pmatrix}1 & 2 & \cdots & n\\ q_1 & q_2 & \cdots & q_n\end{pmatrix}$ $\tau=\begin{pmatrix}p_1 & p_2 & \cdots & p_n\\ r_1 & r_2 & \cdots & r_n\end{pmatrix}$에 대하여 다음이 성립한다.

$$\begin{aligned}(\tau\sigma)Q(x_1, x_2, \cdots, x_n)&=\tau(\sigma Q(x_1, x_2, \cdots, x_n))=\tau(Q(x_{P_1}, x_{P_2}, \cdots, x_{P_n}))\\ &=Q(x_{r_1}, x_{r_2}, \cdots, x_{r_n})\end{aligned}$$

이때 $\sigma=\tau_1\tau_2\cdots\tau_r=\rho_1\rho_2\cdots\rho_s$와 같이 호환 τ_i, ρ_j에 의하여 두 가지로 표현되었다고 가정하면 σ는 r개, s개의 호환의 곱으로 이루어져 있다.

$$\sigma Q(x_1, x_2, \cdots, x_n)=(\tau_1\tau_2\cdots\tau_r)Q(x_1, x_2, \cdots, x_n)$$

$$
\begin{aligned}
&= (\tau_1\tau_2 \cdots \tau_{r-1})(\tau_r Q(x_1, x_2, \cdots, x_n)) \\
&= (\tau_1 \cdots \tau_{r-1})\{(-1)Q(x_1, x_2, \cdots, x_n)\} \\
&= \cdots = (-1)^r Q(x_1, x_2, \cdots, x_n) \\
\sigma Q(x_1, x_2, \cdots, x_n) &= (\rho_1\rho_2 \cdots \rho_S)Q(x_1, x_2, \cdots, x_n) \\
&= (-1)^S Q(x_1, x_2, \cdots, x_n)
\end{aligned}
$$

위의 두 식에서 $(-1)^r=(-1)^S$이므로 r와 s는 동시에 짝수 또는 동시에 홀수이다. 따라서 치환 σ의 호환의 곱의 개수는 언제나 짝수 또는 언제나 홀수이다.

짝수 개의 호환의 곱으로 표시되는 치환을 **우치환**(even permutation)이라 하고, 홀수 개의 호환의 곱으로 표시되는 치환을 **기치환**(odd permutation)이라 한다.

예제 2.3.7 S_n의 치환은 $3!=6$(개)이다. 이들을 우치환과 기치환으로 분류하여라.

[풀이] 우치환 : $\begin{pmatrix} 1 & 2 & 3 \\ 1 & 2 & 3 \end{pmatrix}=1$, $\begin{pmatrix} 1 & 2 & 3 \\ 2 & 3 & 1 \end{pmatrix}=(1\ 2\ 3)=(1\ 3)(1\ 2)$,

$\begin{pmatrix} 1 & 2 & 3 \\ 3 & 1 & 2 \end{pmatrix}=(1\ 3\ 2)=(1\ 2)(1\ 3)$

기치환 : $\begin{pmatrix} 1 & 2 & 3 \\ 1 & 3 & 2 \end{pmatrix}=(2\ 3)$, $\begin{pmatrix} 1 & 2 & 3 \\ 2 & 1 & 3 \end{pmatrix}=(1\ 2)$,

$\begin{pmatrix} 1 & 2 & 3 \\ 3 & 2 & 1 \end{pmatrix}=(1\ 3)$.

정리 2.3.3 치환군 S_n의 우치환 전체의 집합을 A_n, 기치환 전체의 집합을 B_n이라 할 때 $|A_n|=|B_n|=\dfrac{n!}{2}$이다.

[증명] $\tau=(1, 2)$에 대하여 사상 $f: A_n \to B_n$을 $\sigma \to \tau\sigma$로 정의하자. $\sigma \in A_n$은 우치환이므로 $\tau\sigma$는 기치환으로 B_n의 원소이다. 임의의 $\delta \in B_n$에 대하여 $\tau^{-1}\delta \in A_n$, $\tau(\tau^{-1}\delta)=(\tau\tau^{-1})\delta=\delta$이므로 $\tau^{-1}\delta$는 δ의 원상이다. 그러므로 f는 전사이다. σ, $\delta \in A_n$이 $f(\sigma)=f(\delta)$이면 $\tau\sigma=\tau\delta$, $(1\ 2)\sigma=(1\ 2)\delta$. 양변에 $(1\ 2)$를 곱하면

$$\sigma=(1\ 2)(1\ 2)\sigma=(1\ 2)(1\ 2)\delta=\delta$$

그러므로 f는 일대일이다. 따라서 f는 전단사이고 $|A_n|=|B_n|$이다.

치환군 S_n에서 집합 $\{1,\ -1\}$로의 함수 $\mathrm{sgn}: S_n\to\{1,\ -1\}$을 다음과 같이 정의한다.

$$\mathrm{sgn}(\sigma)=\begin{cases} 1, & \sigma : \text{우치환} \\ -1, & \sigma : \text{기치환} \end{cases}$$

이 함수를 **부호함수**(sign map)라 하고, $\mathrm{sgn}(\sigma)$를 σ의 **부호**라 한다. 부호함수에서 다음 성질이 성립한다.

(1) σ가 호환이면 $\mathrm{sng}(\sigma)=-1$

(2) 치환 σ의 역치환 σ^{-1}에 대하여 $\mathrm{sgn}(\sigma)=\mathrm{sgn}(\sigma^{-1})$

(3) 치환 σ, δ에 대하여 $\mathrm{sgn}(\sigma\delta)=\mathrm{sgn}(\sigma)\,\mathrm{sgn}(\delta)$

행렬 $A=[a_{ij}]\in M_{n\times n}(\mathbb{K})$와 치환군 S_n에서 부호함수 sgn에 의한 값

$$\det A=\sum_{\sigma\in S_n}\mathrm{sgn}(\sigma)a_{1\sigma(1)}\,a_{2\sigma(2)}\cdots a_{n\sigma(n)}$$

을 행렬 A의 **행렬식**(determinant)이라 한다. $n\times n$행렬 A의 행렬식을 **n차행렬식**이라 하고 $|A|$로 나타내기도 한다. 1×1행렬 $[a]$의 행렬식은 a이다. $n\times n$행렬 $A=[a_{ij}]$의 행렬식은 다음과 같이 나타낸다.

$$\det A=|A|=\begin{vmatrix} a_{11} & a_{12} & \cdots & a_{1n} \\ a_{21} & a_{22} & \cdots & a_{2n} \\ \vdots & \vdots & & \vdots \\ a_{n1} & a_{n2} & \cdots & a_{nn} \end{vmatrix}$$

예제 2.3.8 2×2 행렬 $A=[a_{ij}]$의 행렬식을 구하여라.

[풀이] $S_2=\{1,\ (1\ 2)\}$, $\mathrm{sgn}(1)=1$, $\mathrm{sgn}(1\ 2)=-1$이므로

$$\det A=\begin{vmatrix} a_{11} & a_{12} \\ a_{21} & a_{22} \end{vmatrix}=\mathrm{sgn}(1)a_{11}a_{22}+\mathrm{sgn}(1\ 2)a_{12}a_{21}$$

$$=a_{11}a_{22}-a_{12}a_{21}$$

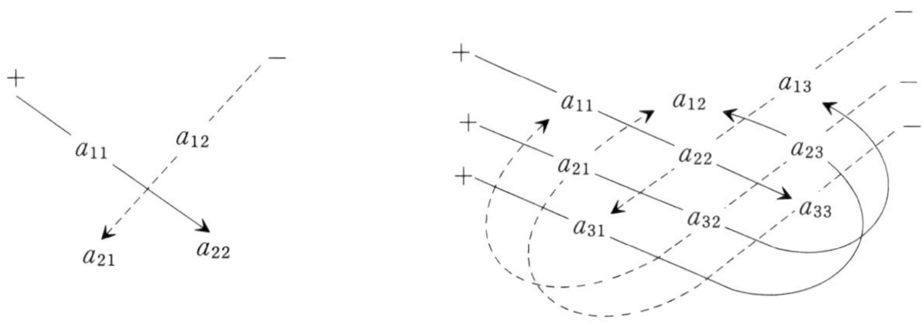

Sarrus의 법칙

3차행렬 $A=[a_{ij}]$의 행렬식을 정의에 의하여 구해보자.

$$S_3=\{1, (1, 2, 3), (1, 3, 2), (2, 3), (1, 2), (1, 3)\}$$
$$A_3=\{1, (1, 2, 3), (1, 3, 2)\}$$
$$B_3=\{(2, 3), (1, 2), (1, 3)\}$$

이므로

$$\begin{aligned}\det A &= \sum_{\sigma\in S_3}\operatorname{sgn}(\sigma)a_{1\sigma(1)}a_{2\sigma(2)}a_{3\sigma(3)}\\ &= a_{11}a_{22}a_{33}+a_{12}a_{23}a_{31}+a_{13}a_{21}a_{32}-a_{11}a_{23}a_{32}-a_{12}a_{21}a_{33}-a_{13}a_{22}a_{31}\end{aligned}$$

예제 2.3.8에 의하면

$$\begin{vmatrix} a_{22} & a_{23} \\ a_{32} & a_{33} \end{vmatrix} = a_{22}a_{33}-a_{23}a_{32}$$
$$\begin{vmatrix} a_{21} & a_{23} \\ a_{31} & a_{33} \end{vmatrix} = a_{21}a_{33}-a_{23}a_{31}$$
$$\begin{vmatrix} a_{21} & a_{22} \\ a_{31} & a_{32} \end{vmatrix} = a_{21}a_{32}-a_{22}a_{31}$$

이므로 A의 행렬식은

$$\det A = a_{11}\begin{vmatrix} a_{22} & a_{23} \\ a_{32} & a_{33} \end{vmatrix} - a_{12}\begin{vmatrix} a_{21} & a_{23} \\ a_{31} & a_{33} \end{vmatrix} + a_{13}\begin{vmatrix} a_{21} & a_{22} \\ a_{31} & a_{32} \end{vmatrix}$$

예제 2.3.9 다음 행렬식의 값을 구하여라.

$$A=\begin{bmatrix}1 & -1\\0 & 1\end{bmatrix} \qquad B=\begin{bmatrix}1 & 2 & 3\\0 & 1 & 0\\0 & 1 & 0\end{bmatrix}$$

[풀이] $|A|=1\cdot1-(-1)\cdot0=1$

$$|B|=\begin{vmatrix}1 & 2 & 3\\0 & 1 & 0\\0 & 1 & 0\end{vmatrix}=1\begin{vmatrix}1 & 0\\1 & 0\end{vmatrix}-2\begin{vmatrix}0 & 0\\0 & 0\end{vmatrix}+3\begin{vmatrix}0 & 1\\0 & 1\end{vmatrix}=0$$

예제 2.3.10 다음 행렬식의 값을 구하여라.

(1) $\begin{vmatrix}1 & 2 & 3\\4 & -2 & 3\\2 & 5 & -1\end{vmatrix}$ (2) $\begin{vmatrix}a & b & c\\c & a & b\\b & c & a\end{vmatrix}$

(3) $\begin{vmatrix}t+3 & -1 & 1\\5 & t-3 & 1\\6 & -6 & t+4\end{vmatrix}$ (4) $\begin{vmatrix}1 & 4 & -7\\2 & 5 & 8\\3 & -6 & 9\end{vmatrix}$

[풀이] (1) $1\begin{vmatrix}-2 & 3\\5 & -1\end{vmatrix}-2\begin{vmatrix}4 & 3\\2 & -1\end{vmatrix}+3\begin{vmatrix}4 & -2\\2 & 5\end{vmatrix}$

$=1(2-15)-2(-4-6)+3(20+4)=79$

(2) $a\begin{vmatrix}a & b\\c & a\end{vmatrix}-b\begin{vmatrix}c & b\\b & a\end{vmatrix}+c\begin{vmatrix}c & a\\b & c\end{vmatrix}$

$=a(a^2-bc)-b(ac-b^2)+c(c^2-ab)$

$=a^3+b^3+c^3-3abc$

(3) $(t+3)\begin{vmatrix}t-3 & 1\\-6 & t+4\end{vmatrix}-(-1)\begin{vmatrix}5 & 1\\6 & t+4\end{vmatrix}+1\begin{vmatrix}5 & t-3\\6 & -6\end{vmatrix}$

$=(t+2)(t-2)(t+4)$

(4) $1\begin{vmatrix}5 & 8\\-6 & 9\end{vmatrix}+4\begin{vmatrix}2 & 8\\3 & 9\end{vmatrix}+(-7)\begin{vmatrix}2 & 5\\3 & -6\end{vmatrix}$

$=306$

예제 2.3.11 다음 상3각행렬 A와 하3각행렬 B의 행렬식의 값을 구하여라.

$$A=\begin{bmatrix} a_{11} & a_{12} & \cdots & a_{1n} \\ 0 & a_{22} & \cdots & a_{2n} \\ \vdots & \vdots & & \vdots \\ 0 & 0 & \cdots & a_{nn} \end{bmatrix} \qquad B=\begin{bmatrix} a_{11} & a_{12} & \cdots & 0 \\ a_{21} & a_{22} & \cdots & 0 \\ \vdots & \vdots & & \vdots \\ a_{n1} & a_{n2} & \cdots & a_{nn} \end{bmatrix}$$

[풀이] 치환 σ에 대하여 $a_{1\sigma(1)}\,a_{2\sigma(2)}\cdots a_{n\sigma(n)}$은 행렬 A의 행에서 열이 중복되지 않도록 정확히 하나씩 택하여 곱한 것이다. $\sigma=1$ 이면 주대각성분의 곱은 $a_{11}\,a_{22}\cdots a_{nn}$, $\delta\neq 1$ 이면 $a_{1\sigma(1)}, a_{2\sigma(2)}, \cdots, a_{n\sigma(n)}$ 중 적어도 하나는 0이므로 $a_{1\sigma(1)}\,a_{2\sigma(2)}\cdots a_{n\sigma(n)}=0$. 따라서

$$|A|=|B|=\sum_{\sigma\in S_n}\mathrm{sgn}(\sigma)a_{1\sigma(1)}\,a_{2\sigma(2)}\cdots a_{n\sigma(n)}=a_{11}\,a_{22}\cdots a_{nn}$$

치환 $\sigma\in S_n$에 대하여 $\sigma(k)=j$라 하면 $\sigma^{-1}(j)=k$이므로

$$a_{k\sigma(k)}=a_{\sigma^{-1}(j),\,j}, \qquad i,\ j=1,\ 2,\ \cdots,\ n$$

$a_{\sigma^{-1}(j),\,j}$의 곱하는 순서를 적당히 바꾸면

$$a_{1\sigma(1)}\,a_{2\sigma(2)}\cdots a_{n\sigma(n)}=a_{\sigma^{-1}(1),\,1}\,a_{\sigma^{-1}(2),\,2}\cdots a_{\sigma^{-1}(n),\,n}$$

예를 들어 $\sigma=\begin{pmatrix} 1 & 2 & 3 \\ 3 & 1 & 2 \end{pmatrix}$, $\sigma^{-1}=\begin{pmatrix} 1 & 2 & 3 \\ 2 & 3 & 1 \end{pmatrix}$에 대하여

$$\begin{aligned} a_{13}a_{21}a_{32} &= a_{1\sigma(1)}\,a_{2\sigma(2)}\,a_{3\sigma(3)}=a_{\sigma^{-1}(1),\,1}\,a_{\sigma^{-1}(2),\,2}\,a_{\sigma^{-1}(3),\,3} \\ &= a_{21}a_{32}a_{13}=a_{13}a_{21}a_{32} \end{aligned}$$

치환 $\sigma=\begin{pmatrix} 1 & 2 & 3 \\ 2 & 1 & 3 \end{pmatrix}$, $\sigma^{-1}=\begin{pmatrix} 1 & 2 & 3 \\ 2 & 1 & 3 \end{pmatrix}$에 대하여

$$\begin{aligned} a_{12}a_{21}a_{33} &= a_{1\sigma(1)}\,a_{2\sigma(2)}\,a_{3\sigma(3)}=a_{\sigma^{-1}(1),\,1}\,a_{\sigma^{-1}(2),\,2}\,a_{\sigma^{-1}(3),\,3} \\ &= a_{21}a_{12}a_{33}=a_{12}a_{21}a_{33} \end{aligned}$$

또한 $S_n=\{\sigma^{-1}\mid\sigma\in S_n\}$이 성립하므로 다음 정리를 얻는다.

정리 2.3.4 행렬 $A\in M_{n\times n}$의 행렬식과 전치행렬 A^t의 행렬식은 같다. 즉 $|A|=|A^t|$.

[증명] $A=[a_{ij}]$, $A^t=[b_{ij}]$라 하면 $b_{ij}=a_{ji}$이다. $\mathrm{sgn}(\sigma)=\mathrm{sgn}(\sigma^{-1})$, $b_{1\sigma(1)}b_{2\sigma(2)}\cdots b_{n\sigma(n)}=b_{\sigma^{-1}(1),1}b_{\sigma^{-1}(2),2}\cdots b_{\sigma^{-1}(n),n}$이므로

$$\begin{aligned}|A^t| &= \sum_{\sigma\in S_n}\mathrm{sgn}(\sigma)b_{1\sigma(1)}b_{2\sigma(2)}\cdots b_{n\sigma(n)}\\ &= \sum_{\sigma^{-1}\in S_n}\mathrm{sgn}(\sigma^{-1})b_{\sigma^{-1}(1),1}b_{\sigma^{-1}(2),2}\cdots b_{\sigma^{-1}(n),n}\\ &= \sum_{\delta\in S_n}\mathrm{sgn}(\delta)b_{\delta(1),1}b_{\delta(2),2}\cdots b_{\delta(n),n}\\ &= \sum_{\delta\in S_n}\mathrm{sgn}(\delta)a_{1\delta(1)}a_{2\delta(2)}\cdots a_{n\delta(n)}\\ &= |A|\end{aligned}$$

예제 2.3.12 다음 행렬 A, B에서 $|A|=|A^t|$, $|B|=|B^t|$가 성립함을 보여라.

$$A=\begin{bmatrix}1 & 2\\ 0 & -1\end{bmatrix} \qquad B=\begin{bmatrix}3 & 2 & 4\\ 1 & -2 & 3\\ 2 & 3 & 2\end{bmatrix}$$

[풀이] $|A|=\begin{vmatrix}1 & 2\\ 0 & -1\end{vmatrix}=1\cdot(-1)-2\cdot 0=-1$

$$|A^t|=\begin{vmatrix}1 & 0\\ 2 & -1\end{vmatrix}=1\cdot(-1)-0\cdot 2=-1$$

$$|B|=\begin{vmatrix}3 & 2 & 4\\ 1 & -2 & 3\\ 2 & 3 & 2\end{vmatrix}=3\cdot(-2)\cdot 2+1\cdot 3\cdot 4+2\cdot 3\cdot 2$$

$$-4\cdot(-2)\cdot 2-3\cdot 3\cdot 3-2\cdot 1\cdot 2=-3$$

$$|B^t|=\begin{vmatrix}3 & 1 & 2\\ 2 & -2 & 3\\ 4 & 3 & 2\end{vmatrix}=3\cdot(-2)\cdot 2+2\cdot 3\cdot 2+4\cdot 3\cdot 1$$

$$-2\cdot(-2)\cdot 4-3\cdot 3\cdot 3-2\cdot 2\cdot 1=-3$$

따라서

$$|A|=|A^t|=-1, \quad |B|=|B^t|=-3$$

정리 2.3.5 행렬 $A=[a_{ij}]\in M_{n\times n}$의 행렬식은 행(열)에 관하여 선형이다. 즉

$$\begin{vmatrix} a_{11} & a_{12} & \cdots & a_{1n} \\ \vdots & \vdots & & \vdots \\ a_{k1}+b_{k1} & a_{k2}+b_{k2} & \cdots & a_{kn}+b_{kn} \\ \vdots & \vdots & & \vdots \\ a_{n1} & a_{n2} & \cdots & a_{nn} \end{vmatrix} = \begin{vmatrix} a_{11} & a_{12} & \cdots & a_{1n} \\ \vdots & \vdots & & \vdots \\ a_{k1} & a_{k2} & \cdots & a_{kn} \\ \vdots & \vdots & & \vdots \\ a_{n1} & a_{n2} & \cdots & a_{nn} \end{vmatrix} + \begin{vmatrix} a_{11} & a_{12} & \cdots & a_{1n} \\ \vdots & \vdots & & \vdots \\ b_{k1} & b_{k2} & \cdots & b_{kn} \\ \vdots & \vdots & & \vdots \\ a_{n1} & a_{n2} & \cdots & a_{nn} \end{vmatrix}$$

$$\begin{vmatrix} a_{11} & a_{12} & \cdots & a_{1n} \\ \vdots & \vdots & & \vdots \\ \alpha a_{k1} & \alpha a_{k2} & \cdots & \alpha a_{kn} \\ \vdots & \vdots & & \vdots \\ a_{n1} & a_{n2} & \cdots & a_{nn} \end{vmatrix} = \alpha \begin{vmatrix} a_{11} & a_{12} & \cdots & a_{1n} \\ \vdots & \vdots & & \vdots \\ a_{k1} & a_{k2} & \cdots & a_{kn} \\ \vdots & \vdots & & \vdots \\ a_{n1} & a_{n2} & \cdots & a_{nn} \end{vmatrix}$$

[증명] (i) 행렬 $D=[d_{ij}]$와 치환 $\sigma\in S_n$에 대하여

$$D=\begin{bmatrix} a_{11} & a_{12} & \cdots & a_{1n} \\ \vdots & \vdots & & \vdots \\ a_{k1}+b_{k1} & a_{k2}+b_{k2} & \cdots & a_{kn}+b_{kn} \\ \vdots & \vdots & & \vdots \\ a_{n1} & a_{n2} & \cdots & a_{nn} \end{bmatrix}, \quad d_{i\sigma(j)}=\begin{cases} a_{i\sigma(i)}, & i\neq k \\ a_{k\sigma(k)}+b_{k\sigma(k)}, & i=k \end{cases}$$

그러므로

$$\begin{aligned} |D| &= \sum_{\sigma\in S_n} \operatorname{sgn}(\sigma) d_{1\sigma(1)}\, d_{2\sigma(2)} \cdots d_{k\sigma(k)} \cdots d_{n\sigma(n)} \\ &= \sum_{\sigma\in S_n} \operatorname{sgn}(\sigma) a_{1\sigma(1)}\, a_{2\sigma(2)} \cdots (a_{k\sigma(k)}+b_{k\sigma(k)}) \cdots a_{n\sigma(n)} \\ &= \sum_{\sigma\in S_n} \operatorname{sgn}(\sigma) a_{1\sigma(1)}\, a_{2\sigma(2)} \cdots a_{k\sigma(k)} \cdots a_{n\sigma(n)} \\ &\quad + \sum_{\sigma\in S_n} \operatorname{sgn}(\sigma) a_{1\sigma(1)}\, a_{2\sigma(2)} \cdots b_{k\sigma(k)} \cdots a_{n\sigma(n)} \\ &= \begin{vmatrix} a_{11} & a_{12} & \cdots & a_{1n} \\ \vdots & \vdots & & \vdots \\ a_{21} & a_{22} & \cdots & a_{2n} \\ \vdots & \vdots & & \vdots \\ a_{n1} & a_{n2} & \cdots & a_{nn} \end{vmatrix} + \begin{vmatrix} a_{11} & a_{12} & \cdots & a_{1n} \\ \vdots & \vdots & & \vdots \\ b_{k1} & b_{k2} & \cdots & b_{kn} \\ \vdots & \vdots & & \vdots \\ a_{n1} & a_{n2} & \cdots & a_{nn} \end{vmatrix} \end{aligned}$$

(ii) $E=\begin{bmatrix} a_{11} & a_{12} & \cdots & a_{1n} \\ \vdots & \vdots & & \vdots \\ \alpha a_{k1} & \alpha a_{k2} & \cdots & \alpha a_{kn} \\ \vdots & \vdots & & \vdots \\ a_{n1} & a_{n2} & \cdots & a_{nn} \end{bmatrix}=[e_{ij}]$라 하면

$$e_{i\sigma(i)}=\begin{cases} a_{i\sigma(i)}, & i\neq k \\ \alpha a_{k\sigma(k)}, & i=k \end{cases}$$

그러므로

$$\begin{aligned}
|E| &= \sum_{\sigma\in S_n} \operatorname{sgn}(\sigma) e_{1\sigma(1)}\, e_{2\sigma(2)} \cdots e_{k\sigma(k)} \cdots e_{n\sigma(n)} \\
&= \sum_{\sigma\in S_n} \operatorname{sgn}(\sigma) a_{1\sigma(1)}\, a_{2\sigma(2)} \cdots (\alpha a_{k\sigma(k)}) \cdots a_{n\sigma(n)} \\
&= \alpha \sum_{\sigma\in S_n} \operatorname{sgn}(\sigma) a_{1\sigma(1)}\, a_{2\sigma(2)} \cdots a_{n\sigma(n)} \\
&= \alpha \begin{vmatrix} a_{11} & a_{12} & \cdots & a_{1n} \\ \vdots & \vdots & & \vdots \\ a_{21} & a_{22} & \cdots & a_{2n} \\ \vdots & \vdots & & \vdots \\ a_{n1} & a_{n2} & \cdots & a_{nn} \end{vmatrix}
\end{aligned}$$

행렬을 행벡터로 나타내면

$$\begin{vmatrix} A_1 \\ \vdots \\ A_{k-1} \\ A_k+\alpha B_k \\ A_{k+1} \\ \vdots \\ A_n \end{vmatrix} = \begin{vmatrix} A_1 \\ \vdots \\ A_{k-1} \\ A_k \\ A_{k+1} \\ \vdots \\ A_n \end{vmatrix} + \alpha \begin{vmatrix} A_1 \\ \vdots \\ A_{k-1} \\ B_k \\ A_{k+1} \\ \vdots \\ A_n \end{vmatrix}$$

따라서 행렬식은 행에 대하여 선형성을 갖는다.

예제 2.3.13 행렬 $A=[a_{ij}]\in M_{n\times n}$에서 하나의 행(열)의 성분이 모두 0이면 행렬식의 값 $|A|=0$ 이다.

[풀이] 행렬식의 정의에 의하면

$$|A| = \sum_{\sigma\in S_n} \operatorname{sgn}(\sigma) a_{1\sigma(1)}\, a_{2\sigma(2)} \cdots a_{n\sigma(n)}$$

$\{\sigma(1),\ \sigma(2),\ \cdots,\ \sigma(n)\}=\{1,\ 2,\ \cdots,\ n\}$이므로 $a_{1\sigma(1)},\ a_{2\sigma(2)},\ \cdots,\ a_{n\sigma(n)}$ 중 어느 하나가 영인 행의 원소이다. 모든 $a_{1\sigma(1)}\, a_{2\sigma(2)} \cdots a_{n\sigma(n)}=0$ 이므로 $|A|=0$.

정리 2.3.6 행렬 $A=[a_{ij}]\in M_{n\times n}$에서 이웃하는 두 행(두 열)의 대응하는 성분이 같으면 행렬식의 값은 0이다.

$$\begin{matrix} \\ \\ k \leftarrow \\ k+1 \leftarrow \\ \\ \\ \end{matrix}\begin{vmatrix} a_{11} & a_{12} & \cdots & a_{1n} \\ \vdots & \vdots & & \vdots \\ a_{k1} & a_{k2} & \cdots & a_{kn} \\ a_{k1} & a_{k2} & \cdots & a_{kn} \\ \vdots & \vdots & & \vdots \\ a_{n1} & a_{n2} & \cdots & a_{nn} \end{vmatrix} = \begin{vmatrix} A_1 \\ \vdots \\ A_k \\ A_k \\ \vdots \\ A_n \end{vmatrix} = 0$$

[증명] 제k행과 $(k+1)$행의 대응하는 성분이 일치할 때 행렬식 $|A|=0$임을 보이자. 치환 $\sigma\in S_n$에서 $\delta=(k,\ k+1)\sigma$라 놓으면 $(k,\ k+1)$은 호환이므로

$$\operatorname{sgn}(\delta)=\operatorname{sgn}\{(k,\ k+1)\sigma\}=-\operatorname{sgn}(\sigma)$$

$a_{kj}=a_{k+1,j}$, $a_{kl}=a_{k+1,l}$, $a_{kj}a_{k+1,l}=a_{k+1,j}a_{kl}$이므로 다음 등식이 성립한다.

$$a_{1\delta(1)}\,a_{2\delta(2)}\cdots a_{n\delta(n)}=a_{1\sigma(1)}\,a_{2\sigma(2)}\cdots a_{n\sigma(n)}$$

우치환 전체의 집합을 A_n, 기치환 전체의 집합을 B_n이라 하면 $A_n\cup B_n=S_n$, $A_n\cap B_n=\phi$이므로

$$\begin{aligned}
|A| &= \sum_{\tau\in S_n}\operatorname{sgn}(\tau)a_{1\tau(1)}\,a_{2\tau(2)}\cdots a_{k\tau(k)}\,a_{k+1,\tau(k+1)}\cdots a_{n\tau(n)} \\
&= \sum_{\sigma\in A_n}\operatorname{sgn}(\sigma)a_{1\sigma(1)}\,a_{2\sigma(2)}\cdots a_{k\sigma(k)}\,a_{k+1,\sigma(k+1)}\cdots a_{n\sigma(n)} \\
&\quad + \sum_{\delta\in B_n}\operatorname{sgn}(\delta)a_{1\delta(1)}\,a_{2\delta(2)}\cdots a_{k\delta(k)}\,a_{k+1,\delta(k+1)}\cdots a_{n\delta(n)} \\
&= \sum_{\sigma\in A_n}\operatorname{sgn}(\sigma)a_{1\sigma(1)}\,a_{2\sigma(2)}\cdots a_{k\sigma(k)}\,a_{k+1,\sigma(k+1)}\cdots a_{n\sigma(n)} \\
&\quad + \sum_{\sigma\in A_n}\{-\operatorname{sgn}(\sigma)\}a_{1\sigma(1)}\,a_{2\sigma(2)}\cdots a_{k\sigma(k)}\,a_{k+1,\sigma(k+1)}\cdots a_{n\sigma(n)} \\
&= \sum_{\sigma\in A_n}\operatorname{sgn}(\sigma)a_{1\sigma(1)}\cdots a_{n\sigma(n)}-\sum_{\sigma\in A_n}\operatorname{sgn}(\sigma)a_{1\sigma(1)}\cdots a_{n\sigma(n)} \\
&= 0
\end{aligned}$$

따라서 제k행 A_k와 제$(k+1)$행 $A_{(k+1)}$이 같으면 행렬식의 값 $|A|=0$이다.

위의 두 정리를 이용하면 행렬식의 계산에서 가장 중요한 다음 성질을 얻을 수 있다.

정리 2.3.7 n차행렬 $A=[a_{ij}]$에서 다음이 성립한다.

(1) 서로 다른 두 행(두 열)을 서로 교환하여 만든 행렬의 행렬식의 값은 A의 행렬식의 값과 부호만 다르다.

(2) 서로 다른 두 행(두 열)에 대응하는 성분이 일치하면 행렬식의 값은 0이다.

(3) 하나의 행(열)에 수 α를 곱하여 다른 하나의 행(열)에 더하여도 행렬식의 값은 변하지 않는다.

[증명] (1) 행렬 A의 행을 $A_1, A_2, \cdots, A_n$이라 하고

$$A=(A_1, A_2, \cdots, A_n)$$

으로 나타내기로 하자. 먼저 이웃하는 두 행을 교환한 행렬의 행렬식의 값은 A의 행렬식의 값과 부호만 다름을 보이자. 정리 2.3.5에 의하여

$$\begin{aligned}0&=|(A_1, \cdots, A_k+A_{k+1}, A_k+A_{k+1}, \cdots, A_n)|\\&=|(A_1, \cdots, A_k, A_k, \cdots, A_n)|+|(A_1, \cdots, A_k, A_{k+1}, \cdots, A_n)|\\&\quad+|(A_1, \cdots, A_{k+1}, A_k, \cdots, A_n)|+|(A_1, \cdots, A_{k+1}, A_{k+1}, \cdots, A_n)|\\&=|(A_1, \cdots, A_k, A_{k+1}, \cdots, A_n)|+|(A_1, \cdots, A_{k+1}, A_k, \cdots, A_n)|.\end{aligned}$$

$$|A|=|(A_1, \cdots, A_k, A_{k+1}, \cdots, A_n)|=-|(A_1, \cdots, A_{k+1}, A_k, \cdots, A_n)|$$

다음으로 제r행 A_r와 제s행 A_S를 교환하여 만든 행렬을 B라 하자.

$$A=(A_1, \cdots, A_r, \cdots, A_S, \cdots, A_n), \qquad B=(A_1, \cdots, A_S, \cdots, A_r, \cdots, A_n)$$

이라 하고 B의 이웃하는 행을 서로 교환하기를 $2(s-r)-1$번 반복하면 행렬 A가 된다. 이웃하는 행을 한 번 교환하면 행렬식의 값은 부호만 바뀌므로 $(-1)^{2(S-r)-1}=-1$이다. 따라서

$$|B|=(-1)^{2(S-r)-1}|A|=-|A|$$

(2) 제k행 A_k와 제l행 A_l이 같으면 $A=(A_1, \cdots, A_k, \cdots, A_l, \cdots, A_n)$에서 A_l행과 그 직전의 행 A_{l-1}과 교환하고 다시 A_{l-1}과 A_{l-2}를 교환한다. 이러한 과정을 $l-k-1$번 실시하면 행렬은

$$B=(A_1, \cdots, A_k, A_l, \cdots, A_n)$$

이 된다. $A_k=A_l$이므로 (1)과 정리 2.3.6에 의하여

$$-|A|=|B|=0$$

따라서 $|A|=0$.

(3) 정리 2.3.5와 (2)에 의하여

$$\begin{aligned}&|(A_1, \cdots, A_i+\alpha A_j, \cdots, A_j, \cdots, A_n)|\\&=|(A_1, \cdots, A_i, \cdots, A_j, \cdots, A_n)|+\alpha|(A_1, \cdots, A_j, \cdots, A_j, \cdots, A_n)|\\&=|(A_1, \cdots, A_i, \cdots, A_j, \cdots, A_n)|\\&=|A|\end{aligned}$$

예제 2.3.14 행렬식의 성질을 이용하여 다음 행렬식의 값을 구하여라.

(1) $\begin{vmatrix}2 & 1 & 3\\4 & 2 & 1\\6 & -3 & 4\end{vmatrix}$ (2) $\begin{vmatrix}2 & 8 & 7\\1 & 1 & 2\\-3 & 5 & 1\end{vmatrix}$

[풀이] (1) $\begin{vmatrix}2 & 1 & 3\\4 & 2 & 1\\6 & -3 & 4\end{vmatrix} \overline{\overline{\underset{R_2-2R_1}{}}} \begin{vmatrix}2 & 1 & 3\\4-4 & 2-2 & 1-6\\6 & -3 & 4\end{vmatrix} = \begin{vmatrix}2 & 1 & 3\\0 & 0 & -5\\6 & -3 & 4\end{vmatrix}$

$$\overline{\overline{\underset{R_3-3R_2}{}}} \begin{vmatrix}2 & 1 & 3\\0 & 0 & -5\\6-6 & -3-3 & 4-9\end{vmatrix} = \begin{vmatrix}2 & 1 & 3\\0 & 0 & -5\\0 & -6 & -5\end{vmatrix}$$

$$\overline{\overline{\underset{R_3-R_2}{}}} \begin{vmatrix}2 & 1 & 3\\0 & 0 & -5\\0 & -6 & 0\end{vmatrix}$$

$$=-2\cdot(-5)\cdot(-6)=-60$$

(2) $\begin{vmatrix}2 & 8 & 7\\1 & 1 & 2\\-3 & 5 & 1\end{vmatrix} \overline{\overline{\underset{\substack{R_1-2R_2\\R_3+3R_2}}{}}} \begin{vmatrix}2-2 & 8-2 & 7-4\\1 & 1 & 2\\-3+3 & 5+3 & 1+6\end{vmatrix} = \begin{vmatrix}0 & 6 & 3\\1 & 1 & 2\\0 & 8 & 7\end{vmatrix}$

$$\overline{\overline{\underset{R_1\leftrightarrow R_2}{}}} -\begin{vmatrix}1 & 1 & 2\\0 & 6 & 3\\0 & 8 & 7\end{vmatrix} = -3\begin{vmatrix}1 & 1 & 2\\0 & 2 & 1\\0 & 8 & 7\end{vmatrix}$$

$$\overline{\overline{\quad R_3-4R_2 \quad}} -3\begin{vmatrix} 1 & 1 & 2 \\ 0 & 2 & 1 \\ 0 & 8-8 & 7-4 \end{vmatrix} = -3\begin{vmatrix} 1 & 1 & 2 \\ 0 & 2 & 1 \\ 0 & 0 & 3 \end{vmatrix}$$

$$= -3 \cdot 1 \cdot 2 \cdot 3 = -18$$

예제 2.3.15 다음 행렬식의 값을 구하여라.

(1) $\begin{vmatrix} 1 & x & 1 \\ 1 & x & x \\ x & x & 1 \end{vmatrix}$ (2) $\begin{vmatrix} 1 & 1 & 1 \\ a & b & c \\ a^2 & b^2 & c^2 \end{vmatrix}$

[풀이] (1) $\begin{vmatrix} 1 & x & 1 \\ 1 & x & x \\ x & x & 1 \end{vmatrix} \underset{\substack{C_2-xC_1 \\ C_3-C_1}}{=\!=\!=} \begin{vmatrix} 1 & x-x & 1-1 \\ 1 & x-x & x-1 \\ x & x-x^2 & 1-x \end{vmatrix} = \begin{vmatrix} 1 & 0 & 0 \\ 1 & 0 & x-1 \\ x & x(1-x) & 1-x \end{vmatrix}$

$$= -(x-1)x(1-x) = x(x-1)^2$$

(2) $\begin{vmatrix} 1 & 1 & 1 \\ a & b & c \\ a^2 & b^2 & c^2 \end{vmatrix} \underset{\substack{C_2-C_1 \\ C_3-C_1}}{=\!=\!=} \begin{vmatrix} 1 & 1-1 & 1-1 \\ a & b-a & c-a \\ a^2 & b^2-a^2 & c^2-a^2 \end{vmatrix}$

$$= \begin{vmatrix} 1 & 0 & 0 \\ a & b-a & c-a \\ a^2 & (b+a)(b-a) & (c+a)(c-a) \end{vmatrix}$$

$$= (b-a)(c-a)\begin{vmatrix} 1 & 0 & 0 \\ a & 1 & 1 \\ a^2 & a+b & a+c \end{vmatrix}$$

$$\underset{C_3-C_2}{=\!=\!=} (b-a)(c-a)\begin{vmatrix} 1 & 0 & 0 \\ a & 1 & 0 \\ a^2 & a+b & c-b \end{vmatrix}$$

$$= (b-a)(c-a)(c-b) = (a-b)(b-c)(c-a)$$

정리 2.3.8 행렬 $A=[a_{ij}]$, $B=[b_{ij}] \in M_{n\times n}$의 곱 AB에서 $|AB|=|A||B|$이다.

[증명] 행렬 AB의 제 ik-성분을 $c_{ik}=\sum_{j=1}^{n} a_{ij}b_{jk} = a_{i1}b_{1k}+\cdots+a_{in}b_{nk}$이므로 AB의 제 i 행 C_i를 구하면

$$C_i=(c_{i1},\ c_{i2},\ \cdots,\ c_{in})=\left(\sum_{j=1}^{n}a_{ij}b_{j1},\ \sum_{j=1}^{n}a_{ij}b_{j2},\ \cdots,\ \sum_{j=1}^{n}a_{ij}b_{jn}\right)$$
$$=(a_{i1}b_{11}+a_{i2}b_{21}+\cdots+a_{in}b_{n1},\ \cdots,\ a_{i1}b_{1n}+a_{i2}b_{2n}+\cdots+a_{in}b_{nn})$$
$$=a_{i1}(b_{11},\ b_{12},\ \cdots,\ b_{1n})+a_{i2}(b_{21},\ b_{22},\ \cdots,\ b_{2n})+\cdots+a_{in}(b_{n1},\ b_{n2},\ \cdots,\ b_{nn})$$
$$=a_{i1}B_1+a_{i2}B_2+\cdots+a_{in}B_n=\sum_{j=1}^{n}a_{ij}B_j$$

정리 2.3.5를 이용하면

$$|AB|=|(C_1,\ C_2,\ \cdots,\ C_n)|=\left|\left(\sum_{j=1}^{n}a_{ij}B_j,\ \sum_{j=1}^{n}a_{2j}B_j,\ \cdots,\ \sum_{j=1}^{n}a_{nj}B_j\right)\right|$$
$$=\sum_{\sigma\in S_n}a_{1\sigma(1)}\,a_{2\sigma(2)}\cdots a_{n\sigma(n)}|(B_{\sigma(1)},\ B_{\sigma(2)},\ \cdots,\ B_{\sigma(n)})|$$
$$=\sum_{\sigma\in S_n}a_{1\sigma(1)}\,a_{2\sigma(2)}\cdots a_{n\sigma(n)}\{\mathrm{sgn}(\sigma)|(B_1,\ B_2,\ \cdots,\ B_n)|\}$$
$$=|B|\sum_{\sigma\in S_n}\mathrm{sgn}(\sigma)a_{1\sigma(1)}\,a_{2\sigma(2)}\cdots a_{n\sigma(n)}=|B|\,|A|$$

따라서

$$|AB|=|A|\,|B|$$

예제 2.3.16 다음 행렬식의 값을 구하여라.

(1) $\begin{vmatrix}0&1&1\\-1&0&0\\2&1&3\end{vmatrix}\begin{vmatrix}-1&0&2\\3&1&2\\1&1&-1\end{vmatrix}$ (2) $\begin{vmatrix}1+x&1+y&1+z\\1+2x&1+2y&1+2z\\1+3x&1+3y&1+3z\end{vmatrix}$

[풀이] (1) $\begin{vmatrix}0&1&1\\-1&0&0\\2&1&3\end{vmatrix}\begin{vmatrix}-1&0&2\\3&1&2\\1&1&-1\end{vmatrix}=\left|\begin{pmatrix}0&1&1\\-1&0&0\\2&1&3\end{pmatrix}\begin{pmatrix}-1&0&2\\3&1&2\\1&1&-1\end{pmatrix}\right|$

$$=\begin{vmatrix}4&2&1\\1&0&-2\\4&4&3\end{vmatrix}=-\begin{vmatrix}1&0&-2\\4&2&1\\4&4&3\end{vmatrix}=-\begin{vmatrix}1&0&-2\\0&2&9\\0&4&11\end{vmatrix}$$
$$=-(1\cdot2\cdot11-4\cdot9\cdot1)=-(22-36)=14$$

(2) $\begin{vmatrix}1+x&1+y&1+z\\1+2x&1+2y&1+2z\\1+3x&1+3y&1+3z\end{vmatrix}=\left|\begin{pmatrix}1&1&0\\1&2&0\\1&3&0\end{pmatrix}\begin{pmatrix}1&1&1\\x&y&z\\0&0&0\end{pmatrix}\right|$

$$=\begin{vmatrix}1&1&0\\1&2&0\\1&3&0\end{vmatrix}\begin{vmatrix}1&1&1\\x&y&z\\0&0&0\end{vmatrix}=0$$

연습문제 2.3

1. 다음 행렬식의 값을 만족하는 t의 값을 구하여라.

① $\begin{vmatrix}t+3&-1&1\\5&t-3&1\\6&-6&t+4\end{vmatrix}=0$ ② $\begin{vmatrix}t&t\\4&2t\end{vmatrix}=0$

2. 기본행렬 E에 대하여 $|EA|=|E||A|$임을 보여라.

3. A와 B가 행동등일 때 $|A|\neq 0 \Longleftrightarrow |B|\neq 0$ 임을 보여라.

4. 기본행렬을 이용하여 $|AB|=|A||B|$임을 보여라.

5. A가 가역행렬이면 $|A^{-1}|=|A|^{-1}$임을 보여라.

6. 치환 σ, δ에 대하여 $(\delta\sigma)^{-1}=\sigma^{-1}\delta^{-1}$, $(\sigma^{-1})^{-1}=\sigma$임을 보여라.

7. 다음 치환의 역치환을 구하여라.

$$\sigma=\begin{pmatrix}1&2&3\\3&1&2\end{pmatrix},\ \delta=\begin{pmatrix}1&2&3&4&5\\2&4&5&1&3\end{pmatrix}$$

8. 다음 치환을 순환치환의 곱으로 나타내어라. 또 호환의 곱으로 나타내어 부호(sgn)를 구하여라.

① $\sigma=\begin{pmatrix}1&2&3&4&5\\3&4&1&5&2\end{pmatrix}$ ② $\delta=\begin{pmatrix}1&2&3&4\\2&3&4&1\end{pmatrix}$

9. 다음 치환의 곱을 구하여라.

① $(1\ 2)(1\ 3)(1\ 4)$ ② $(1\ 4)(1\ 3)(1\ 2)$

③ $\begin{pmatrix}1&2&3&4&5\\4&3&2&5&1\end{pmatrix}\begin{pmatrix}1&2&3&4&5\\2&3&4&5&1\end{pmatrix}$ ④ $\begin{pmatrix}1&2&3&4&5\\2&3&4&5&1\end{pmatrix}\begin{pmatrix}1&2&3&4&5\\4&3&2&5&1\end{pmatrix}$

10. $Q(x_1, x_2, \cdots, x_n)=\prod_{i<j}(x_i-x_j)$와 치환 σ에 대하여 다음 물음에 답하여라.
① $Q(x_1, x_2, x_3, x_4)$의 값을 구하여라.
② $\sigma(Q)=\prod_{i<j}(x_{\sigma(i)}-x_{\sigma(j)})$, $\sigma(Q)=\text{sgn}(\sigma)Q$이다.

11. 다음 행렬식의 값을 구하여라.

① $\begin{vmatrix} 2 & 1 & 1 \\ 0 & 5 & -2 \\ 1 & -3 & 4 \end{vmatrix}$ ② $\begin{vmatrix} -2 & -1 & 4 \\ 6 & -3 & -2 \\ 4 & 1 & 2 \end{vmatrix}$

12. n차행렬 A와 수 α에 대하여 $|\alpha A|=\alpha^n|A|$임을 보여라.

13. 다음 행렬식에 관한 방정식의 근을 구하여라.

① $\begin{vmatrix} 1 & 1 & 1 \\ 1 & x & 2 \\ 1 & x^2 & 4 \end{vmatrix}=0$ ② $\begin{vmatrix} 0 & 1 & \sin x \\ \cos x & 0 & \sin x \\ \cos x & 1 & 0 \end{vmatrix}=1$

14. 다음 등식을 증명하여라.

$$\begin{vmatrix} \sin(x_1+y_1) & \sin(x_1+y_2) & \sin(x_1+y_3) \\ \sin(x_2+y_1) & \sin(x_2+y_2) & \sin(x_2+y_3) \\ \sin(x_3+y_1) & \sin(x_3+y_2) & \sin(x_3+y_3) \end{vmatrix}=0$$

또 $|I_{(R_j\to\alpha R_j)}|=\alpha$, $|I_{(R_i\leftrightarrow R_j)}|=-1$, $|I_{(R_i\to R_i+\alpha R_j)}|=1$ 이 성립함을 보여라.

15. $AA^t=I$인 정방행렬 A를 직교행렬이라 한다. 이 때 $|A|=\pm1$임을 보여라.

16. n차행렬 A, B, C에 대한 $2n$차행렬 $M=\begin{pmatrix} A & B \\ O & C \end{pmatrix}$에 대하여 $|M|=|A||C|$ 임을 보여라.

17. A, B, C, D가 n차행렬일 때 $2n$차행렬 $M=\begin{pmatrix} A & B \\ C & D \end{pmatrix}$는 $|M|=|AD|-|BC|$ $=|A||D|-|B||C|$임을 보여라.

18. 다음과 같은 행렬식에 관한 등식을 증명하여라.

$$\begin{vmatrix} 1 & x_1 & x_1^2 & \cdots & x_1^{n-1} \\ 2 & x_2 & x_2^2 & \cdots & x_2^{n-1} \\ \vdots & \vdots & \vdots & \cdots & \vdots \\ n & x_n & x_n^2 & \cdots & x_n^{n-1} \end{vmatrix}=(-1)^{\frac{n(n-1)}{2}}\prod_{i<j}(x_i-x_j)$$

19. 행렬식의 곱의 성질을 이용하여 다음 행렬식의 값을 구하여라.

① $\begin{vmatrix} b^2+c^2 & ab & ca \\ ab & c^2+a^2 & bc \\ ca & bc & a^2+b^2 \end{vmatrix}$ ② $\begin{vmatrix} 1 & \cos x & \cos(x+y) \\ \cos x & 1 & \cos y \\ \cos(x+y) & \cos y & 1 \end{vmatrix}$

20. 다음 행렬식의 값을 구하여라. 또 그 과정을 설명하여라.

① $\begin{vmatrix} 1 & 1 & 1 \\ 2 & -1 & 1 \\ 3 & 2 & 1 \end{vmatrix}$ ② $\begin{vmatrix} 1 & 1 & 1 \\ a & b & c \\ a^2 & b^2 & c^2 \end{vmatrix}$

③ $\begin{vmatrix} 1 & 1 & 1 \\ a & b & c \\ a^3 & b^3 & c^3 \end{vmatrix}$ ④ $\begin{vmatrix} 1 & a^2 & (b+c)^2 \\ 1 & b^2 & (c+a)^2 \\ 1 & c^2 & (a+b)^2 \end{vmatrix}$

2.4 행렬식의 전개

3차행렬식 $A=[a_{ij}]$에서 $|A|=a_{11}a_{22}a_{33}+a_{12}a_{23}a_{31}+a_{13}a_{21}a_{32}-a_{13}a_{22}a_{31}-a_{12}a_{21}a_{33}-a_{11}a_{23}a_{32}$를 2차행렬식으로 나타내어 보자. 3차행렬식 $|A|$는 2차행렬식의 일차결합으로 표시된다. 즉

$$|A|=\begin{vmatrix} a_{11} & a_{12} & a_{13} \\ a_{21} & a_{22} & a_{23} \\ a_{31} & a_{32} & a_{33} \end{vmatrix}=a_{11}\begin{vmatrix} a_{22} & a_{23} \\ a_{32} & a_{33} \end{vmatrix}-a_{12}\begin{vmatrix} a_{21} & a_{23} \\ a_{31} & a_{33} \end{vmatrix}+a_{13}\begin{vmatrix} a_{21} & a_{22} \\ a_{31} & a_{32} \end{vmatrix}$$

$$=-a_{21}\begin{vmatrix} a_{12} & a_{13} \\ a_{32} & a_{33} \end{vmatrix}+a_{22}\begin{vmatrix} a_{12} & a_{13} \\ a_{31} & a_{33} \end{vmatrix}-a_{23}\begin{vmatrix} a_{11} & a_{12} \\ a_{31} & a_{32} \end{vmatrix}$$

$$=a_{31}\begin{vmatrix} a_{12} & a_{13} \\ a_{22} & a_{23} \end{vmatrix}-a_{32}\begin{vmatrix} a_{11} & a_{13} \\ a_{21} & a_{23} \end{vmatrix}+a_{33}\begin{vmatrix} a_{11} & a_{12} \\ a_{21} & a_{22} \end{vmatrix}$$

위에서 본 바와 같이 3차행렬식은 2차행렬식의 값을 얻음으로써 자연스럽게 구해진다. 이러한 생각을 4차 이상의 행렬식에 적용할 수 있음을 보이고자 한다. 일반적으로 n차 이상의 행렬식은 $(n-1)$차행렬식, $(n-1)$차행렬식은 $(n-2)$차행렬식, …, 4차행렬식은 3차행렬식, 3차행렬식은 2차행렬식으로 나타낼 수 있음을 밝히려고 한다.

행렬 $A=[a_{ij}]\in M_{n\times n}$의 제 i 행과 제 j 열을 제외한 나머지 성분으로 이루어진 $(n-1)$차 행렬을 제 ij-성분 a_{ij}에 대한 **소행렬**(minor matrix)이라 하고 M_{ij}로 나타낸다. 행렬식 $|M_{ij}|$를 A의 **소행렬식**(minor)이라 하고, D_{ij}로 나타내기도 한다.

$$M_{ij}=\begin{bmatrix} a_{11} & \cdots & a_{1\,j-1} & a_{1\,j+1} & \cdots & a_{1\,n} \\ \vdots & & \vdots & \vdots & & \vdots \\ a_{i-1\,1} & \cdots & a_{i-1\,j-1} & a_{i-1\,j+1} & \cdots & a_{i-1\,n} \\ a_{i+1\,1} & \cdots & a_{i+1\,j-1} & a_{i+1\,j+1} & \cdots & a_{i+1\,n} \\ \vdots & & \vdots & \vdots & & \vdots \\ a_{n\,1} & \cdots & a_{n\,j-1} & a_{n\,j+1} & \cdots & a_{n\,n} \end{bmatrix}$$

소행렬 M_{ij}는 $n\times n=n^2$개가 있다. 치환군 S_n의 원소는 $n!$개이므로 소행렬을 구하는 것은 치환을 구하는 것보다 용이하다. 이러한 의미에서 행렬식의 성질을 밝히는 데 소행렬을 생각하게 되었다. 소행렬식 $|M_{ij}|$에 부호를 붙힌 수

$$A_{ij}=(-1)^{i+j}|M_{ij}|$$

를 행렬 A의 제 ij-성분의 **여인수**(cofactor)라 한다. 여인수 A_{ij}를 제 ji-성분으로 갖는 행렬을 **수반행렬**(adjoint matrix) 또는 **여인수행렬**(cofactor matrix)이라 하고 $\mathrm{adj}A$로 나타낸다. 즉

$$\mathrm{adj}A=[A_{ij}]^t=\begin{bmatrix} A_{11} & A_{21} & \cdots & A_{n1} \\ A_{12} & A_{22} & \cdots & A_{n2} \\ \vdots & \vdots & & \vdots \\ A_{1n} & A_{2n} & \cdots & A_{nn} \end{bmatrix}$$

예제 2.4.1 다음 행렬의 수반행렬을 구하여라.

$$A=\begin{bmatrix} 1 & 2 & 3 \\ 4 & 5 & 6 \\ 7 & 8 & 9 \end{bmatrix}$$

[풀이] A의 소행렬은 다음의 아홉 개이다.

$$M_{11}=\begin{bmatrix} 5 & 6 \\ 8 & 9 \end{bmatrix},\quad M_{12}=\begin{bmatrix} 4 & 6 \\ 7 & 9 \end{bmatrix},\quad M_{13}=\begin{bmatrix} 4 & 5 \\ 7 & 8 \end{bmatrix}$$

$$M_{21}=\begin{bmatrix}2&3\\8&9\end{bmatrix},\quad M_{22}=\begin{bmatrix}1&3\\7&9\end{bmatrix},\quad M_{23}=\begin{bmatrix}1&2\\7&8\end{bmatrix}$$

$$M_{31}=\begin{bmatrix}2&3\\5&6\end{bmatrix},\quad M_{32}=\begin{bmatrix}1&3\\4&6\end{bmatrix},\quad M_{33}=\begin{bmatrix}1&2\\4&5\end{bmatrix}$$

A의 소행렬식은

$$|M_{11}|=45-48=-3,\quad |M_{12}|=36-42=-6,\quad |M_{13}|=32-35=-3,$$
$$|M_{21}|=18-24=-6,\quad |M_{22}|=9-21=-12,\quad |M_{23}|=8-14=-6,$$
$$|M_{31}|=12-15=-3,\quad |M_{32}|=6-12=-6,\quad |M_{33}|=5-8=-3$$

A의 여인수는

$$A_{11}=(-1)^{1+1}(-3)=-3,\quad A_{12}=(-1)^{1+2}(-6)=6,\quad A_{13}=(-1)^{1+3}(-3)=-3,$$
$$A_{21}=(-1)^{2+1}(-6)=6,\quad A_{22}=(-1)^{2+2}(-12)=-12,\quad A_{23}=(-1)^{2+3}(-6)=6,$$
$$A_{31}=(-1)^{3+1}(-3)=-3,\quad A_{32}=(-1)^{3+2}(-6)=6,\quad A_{33}=(-1)^{3+3}(-3)=-3$$

따라서 수반행렬은

$$\mathrm{adj}\,A=\begin{bmatrix}-3&6&-3\\6&-12&6\\-3&6&-3\end{bmatrix}$$

예제 2.4.2 다음 행렬의 소행렬식, 여인수, 수반행렬을 구하여라.

$$A=\begin{bmatrix}1&2&-1\\1&1&4\\1&0&1\end{bmatrix}\qquad B=\begin{bmatrix}1&1&1&3\\0&3&1&1\\0&0&2&2\\-1&-1&-1&2\end{bmatrix}$$

[풀이] 행렬 A에 관한 소행렬식, 여인수, 수반행렬을 구하고 행렬 B에 대해서는 각자에게 맡긴다. 소행렬식 D_{ij}는

$$D_{11}=\begin{vmatrix}1&4\\0&1\end{vmatrix}=1,\quad D_{12}=\begin{vmatrix}1&4\\1&1\end{vmatrix}=-3,\quad D_{13}=\begin{vmatrix}1&1\\1&0\end{vmatrix}=-1,$$

$$D_{21}=\begin{vmatrix}2&-1\\0&1\end{vmatrix}=2,\quad D_{22}=\begin{vmatrix}1&-1\\1&1\end{vmatrix}=2,\quad D_{23}=\begin{vmatrix}1&2\\1&0\end{vmatrix}=-2,$$

$$D_{31}=\begin{vmatrix} 2 & -1 \\ 1 & 4 \end{vmatrix}=9, \quad D_{32}=\begin{vmatrix} 1 & -1 \\ 1 & 4 \end{vmatrix}=5, \quad D_{33}=\begin{vmatrix} 1 & 2 \\ 1 & 1 \end{vmatrix}=-1$$

여인수 A_{ij}는

$$\begin{aligned} &A_{11}=1, && A_{12}=3, && A_{13}=-1, \\ &A_{21}=-2, && A_{22}=2, && A_{23}=2, \\ &A_{31}=9, && A_{32}=-5, && A_{33}=-1 \end{aligned}$$

따라서 수반행렬은

$$\operatorname{adj}A=\begin{bmatrix} 1 & -2 & 9 \\ 3 & 2 & -5 \\ -1 & 2 & -1 \end{bmatrix}$$

정리 2.4.1 행렬 $A=[a_{ij}]\in M_{n\times n}$에서 다음의 전개식이 성립한다.

(1) $\displaystyle\sum_{j=1}^{n} a_{ij}A_{kj}=\begin{cases} 0, & k\neq i \\ |A|, & k=i \end{cases}$ (2) $\displaystyle\sum_{i=1}^{n} a_{ik}A_{ij}=\begin{cases} 0, & k\neq j \\ |A|, & k=j \end{cases}$

[증명] 행렬 A의 행에 관한 전개식을 증명한다.

집합 $\{2, 3, \cdots, n\}$ 위의 치환 전체의 집합을 T라 하면

$$\begin{aligned} a_{11}A_{11}=a_{11}|M_{11}|=a_{11}D_{11} \\ &=a_{11}\sum_{\sigma\in T}\operatorname{sgn}(\sigma)a_{2\sigma(2)}\,a_{3\sigma(3)}\cdots a_{n\sigma(n)} \\ &=\sum_{\sigma\in T}\operatorname{sgn}(\sigma)a_{11}a_{2\sigma(2)}\cdots a_{n\sigma(n)} \end{aligned}$$

행렬 $B=(A_i,\ A_2,\ \cdots,\ A_{i-1},\ A_1,\ A_{i+1},\ \cdots,\ A_n)^t=[b_{ij}]$라 놓으면

$$|B|=\begin{vmatrix} \textcircled{a_{i1}} & a_{i2} & a_{i3} & \cdots & a_{in} \\ a_{21} & a_{22} & a_{23} & \cdots & a_{2n} \\ \vdots & \vdots & \vdots & & \vdots \\ a_{11} & a_{12} & a_{13} & \cdots & a_{1n} \\ \vdots & \vdots & \vdots & & \vdots \\ a_{n1} & a_{n2} & a_{n3} & \cdots & a_{nn} \end{vmatrix}\leftarrow i \qquad |A|=\begin{vmatrix} a_{11} & a_{12} & a_{13} & \cdots & a_{1n} \\ a_{21} & a_{22} & a_{23} & \cdots & a_{2n} \\ \vdots & \vdots & \vdots & & \vdots \\ \textcircled{a_{i1}} & a_{i2} & a_{i3} & \cdots & a_{in} \\ \vdots & \vdots & \vdots & & \vdots \\ a_{n1} & a_{n2} & a_{n3} & \cdots & a_{nn} \end{vmatrix}\leftarrow i$$

행렬식 $|A|$의 여인수 $A_{i1}=(-1)^{i+1}D_{i1}$, $D_{i1}=|M_{i1}|$, $|B|$의 여인수 $B_{11}=(-1)^{1+1}$

$E_{11}=(-1)^2(N_{11})=|N_{11}|$이다. 여기서 M_{ij}, N_{ij}는 A, B의 소행렬이고 D_{ij}, E_{ij}는 $|A|$, $|B|$의 소행렬식이다. 그러면 $b_{11}B_{11}=a_{i1}(-A_{i1})=-a_{i1}A_{i1}$이다. 즉

$$E_{11}=|N_{11}|=\begin{vmatrix} a_{22} & a_{23} & \cdots & a_{2n} \\ a_{32} & a_{33} & \cdots & a_{3n} \\ \vdots & \vdots & & \vdots \\ a_{12} & a_{13} & \cdots & a_{1n} \\ \vdots & \vdots & & \vdots \\ a_{n2} & a_{n3} & \cdots & a_{nn} \end{vmatrix} \leftarrow i =(-1)^{i-2}\begin{vmatrix} a_{12} & a_{13} & \cdots & a_{1n} \\ a_{22} & a_{23} & \cdots & a_{2n} \\ \vdots & \vdots & & \vdots \\ a_{i2} & a_{i3} & \cdots & a_{in} \\ \vdots & \vdots & & \vdots \\ a_{n2} & a_{n3} & \cdots & a_{nn} \end{vmatrix} \leftarrow i$$

$$=(-1)^{i-2}D_{i1}=(-1)(-1)^{i-1}D_{i1}=(-1)(-1)^{i+1}D_{i1}$$
$$=(-1)A_{i1}=-A_{i1}$$

그러면

$$\begin{aligned} a_{i1}A_{i1} &= -b_{11}B_{11}=-b_{11}|N_{11}| \\ &= -b_{11}\sum_{\sigma\in T}\mathrm{sgn}(\sigma)b_{2\sigma(2)}\cdots b_{i-1\sigma(i-1)}\,b_{1\sigma(1)}\,b_{i+1\sigma(i+1)}\cdots b_{n\sigma(n)} \\ &= \sum_{\sigma\in T}-\mathrm{sgn}(\sigma)b_{11}\,b_{2\sigma(2)}\cdots b_{i+1\sigma(i-1)}\,b_{1\sigma(1)}\,b_{i+1\sigma(i+1)}\cdots b_{n\sigma(n)} \\ &= \sum_{\sigma\in T}-\mathrm{sgn}(\sigma)a_{i1}\,a_{2\sigma(2)}\cdots a_{i-1\sigma(i-1)}\,a_{1\sigma(1)}\,a_{i+1\sigma(i+1)}\cdots a_{n\sigma(n)} \\ &= \sum_{\substack{\delta\in S_n \\ \delta(i)=1}}\mathrm{sgn}(\delta)a_{i\delta(i)}\,a_{2\delta(2)}\cdots a_{1\delta(1)}\cdots a_{n\delta(n)} \quad (\text{단 } (i,\ 1)\sigma=\delta) \\ &= \sum_{\substack{\delta\in S_n \\ \delta(i)=1}}\mathrm{sgn}(\delta)a_{1\delta(1)}\,a_{2\delta(2)}\cdots a_{n\delta(n)} \end{aligned}$$

같은 방법으로 모든 j에 대하여

$$\begin{aligned} a_{ij}A_{ij} &= -b_{1j}B_{1j} \\ &= \sum_{\substack{\delta\in S_n \\ \delta(i)=j}}\mathrm{sgn}(\delta)a_{1\delta(1)}\,a_{2\delta(2)}\cdots a_{n\delta(n)} \end{aligned}$$

행렬식 $|A|$의 정의에 의하면

$$\begin{aligned} |A| &= \sum_{\delta\in S_n}\mathrm{sgn}(\delta)a_{1\sigma(1)}\,a_{2\sigma(2)}\cdots a_{n\sigma(n)} \\ &= \sum_{j=1}^{n}\Big(\sum_{\substack{\delta\in S_n \\ \delta(i)\in j}}\mathrm{sgn}(\sigma)a_{1j}\,a_{2\delta(2)}\cdots a_{n\delta(n)}\Big) \\ &= \sum_{j=1}^{n}a_{ij}A_{ij} \end{aligned}$$

행렬 $C=(A_1, \cdots, A_i, \cdots, A_{k-1}, A_i, A_{k+1}, \cdots, A_n)^t=[c_{ij}]$라 하자. 즉 $i<k$에 대하여

$$|C|=\begin{vmatrix} a_{11} & a_{12} & \cdots & a_{1n} \\ a_{21} & a_{22} & \cdots & a_{2n} \\ \vdots & \vdots & & \vdots \\ a_{i1} & a_{i2} & \cdots & a_{in} \\ \vdots & \vdots & & \vdots \\ a_{i1} & a_{i2} & \cdots & a_{in} \\ \vdots & \vdots & & \vdots \\ a_{n1} & a_{n2} & \cdots & a_{nn} \end{vmatrix} \begin{matrix} \\ \\ \\ \leftarrow i \\ \\ \leftarrow k \\ \\ \\ \end{matrix}$$

$c_{kj}=a_{ij}$, $C_{kj}=A_{kj}$이므로

$$0=|C|=\sum_{j=1}^{n} c_{kj}C_{kj}=\sum_{j=1}^{n} a_{ij}A_{kj} \qquad (i\neq k)$$

한편 $|A|=|A^t|$이고, 행렬 A의 제 j열은 행렬 A^t의 제 j행이므로 등식 (2)는 $|A^t|$를 제 j열에 관하여 전개한 것이다.

행렬식 $|A|$, $A=[a_{ij}]\in M_{n\times n}$의 여인수 A_{ij}는 소행렬식의 값 D_{ij}에 $(-1)^{i+j}$의 부호를 붙힌 것으로 이 부호만을 배열하면 다음의 도표를 얻는다.

$$\begin{vmatrix} + & - & + & - & \cdots \\ - & + & - & + & \cdots \\ + & - & + & - & \cdots \\ - & + & - & + & \cdots \\ + & - & + & - & \cdots \\ \vdots & \vdots & \vdots & \vdots & \vdots \end{vmatrix}$$

행렬의 성분 a_{ij}가 0이면 여인수 A_{ij}의 값에 관계 없이 $a_{ij}A_{ij}=0$이므로 행렬식의 전개에서 A_{ij}의 값을 구할 필요가 없게 된다. 예를 들어 모든 $a_{ij}=0$이면 $|A|=0$이다. 행렬식의 값을 얻고자 할 때는 행렬식의 성분이 0인 것을 행렬식의 성질로 많이 만들어 $(n-1)$차행렬식으로 전개한다. 이러한 과정을 다시 한번 시행하면 $(n-2)$차행렬식이 된다. 결과적으로 2차행렬식의 전개식이 되어 계산이 쉬워진다. 이러한 의미에서 행렬식의 계산에서 행 또는 열에 관한 전개식이 유용

하게 쓰인다.

예제 2.4.3 다음 행렬식의 값을 구하여라.

(1) $\begin{vmatrix} 1 & 2 & -1 \\ 1 & 1 & 4 \\ 0 & 1 & 0 \end{vmatrix}$ (2) $\begin{vmatrix} 1 & 2 & -1 & 3 \\ 0 & 1 & 4 & 2 \\ 0 & 1 & 0 & 4 \\ 1 & 0 & 2 & 1 \end{vmatrix}$

[풀이] (1) $\begin{vmatrix} 1 & 2 & -1 \\ 1 & 1 & 4 \\ 0 & 1 & 0 \end{vmatrix} \underset{R_2-R_1}{=\!=\!=} \begin{vmatrix} 1 & 2 & -1 \\ 0 & -1 & 5 \\ 0 & 1 & 0 \end{vmatrix} \underset{R_2+R_3}{=\!=\!=} \begin{vmatrix} 1 & 2 & -1 \\ 0 & 0 & 5 \\ 0 & 1 & 0 \end{vmatrix}$

$$\underset{R_1-R_3}{=\!=\!=} \begin{vmatrix} 1 & 1 & -1 \\ 0 & 0 & 5 \\ 0 & 1 & 0 \end{vmatrix} \underset{C_2\leftrightarrow C_3}{=\!=\!=} -\begin{vmatrix} 1 & -1 & 1 \\ 0 & 5 & 0 \\ 0 & 0 & 1 \end{vmatrix} = -\begin{vmatrix} 5 & 0 \\ 0 & 1 \end{vmatrix} = -5$$

(2) $\begin{vmatrix} 1 & 2 & -1 & 3 \\ 0 & 1 & 4 & 2 \\ 0 & 1 & 0 & 4 \\ 1 & 0 & 2 & 1 \end{vmatrix} \underset{R_4-R_1}{=\!=\!=} \begin{vmatrix} 1 & 2 & -1 & 3 \\ 0 & 1 & 4 & 2 \\ 0 & 1 & 0 & 4 \\ 0 & -2 & 3 & -2 \end{vmatrix} \overset{R_3-R_2}{\underset{R_3+2R_2}{=\!=\!=}} \begin{vmatrix} 1 & 2 & -1 & 3 \\ 0 & 1 & 4 & 2 \\ 0 & 0 & -4 & 2 \\ 0 & 0 & 11 & 2 \end{vmatrix}$

$$= \begin{vmatrix} 1 & 4 & 2 \\ 0 & -4 & 2 \\ 0 & 11 & 2 \end{vmatrix} = \begin{vmatrix} -4 & 2 \\ 11 & 2 \end{vmatrix} = -8-22 = -30$$

예제 2.4.4 다음 행렬의 소행렬식, 여인수, 수반행렬을 구하여라.

(1) $\begin{bmatrix} 1 & 0 & 1 \\ 2 & 1 & 2 \\ 0 & 4 & 6 \end{bmatrix}$ (2) $\begin{bmatrix} 1 & -1 & 0 & 4 & 5 \\ 0 & 0 & 1 & -1 & 2 \\ 2 & -1 & 0 & 4 & 1 \\ -1 & 0 & 1 & 0 & 0 \\ 0 & 1 & -1 & 1 & 1 \end{bmatrix}$

[풀이] (1)의 소행렬식, 여인수, 수반행렬을 구하고 (2)는 각자에게 맡긴다. 소행렬식의 값은

$$D_{11} = \begin{vmatrix} 1 & 2 \\ 4 & 6 \end{vmatrix} = 6-8 = -2, \quad D_{12} = \begin{vmatrix} 2 & 2 \\ 0 & 6 \end{vmatrix} = 12, \quad D_{13} = \begin{vmatrix} 2 & 1 \\ 0 & 4 \end{vmatrix} = 8,$$

$$D_{21}=\begin{vmatrix} 0 & 1 \\ 4 & 6 \end{vmatrix}=-4, \qquad D_{22}=\begin{vmatrix} 1 & 1 \\ 0 & 6 \end{vmatrix}=6, \qquad D_{23}=\begin{vmatrix} 1 & 0 \\ 0 & 4 \end{vmatrix}=4,$$

$$D_{31}=\begin{vmatrix} 0 & 1 \\ 1 & 2 \end{vmatrix}=-1, \qquad D_{32}=\begin{vmatrix} 1 & 1 \\ 2 & 2 \end{vmatrix}=0, \qquad D_{33}=\begin{vmatrix} 1 & 0 \\ 2 & 1 \end{vmatrix}=1$$

여인수는

$$\begin{array}{lll} A_{11}=-2, & A_{12}=-12, & A_{13}=8, \\ A_{21}=4, & A_{22}=6, & A_{23}=-4, \\ A_{31}=-1, & A_{32}=0, & A_{33}=1 \end{array}$$

따라서 수반행렬은

$$\operatorname{adj}A=\begin{bmatrix} -2 & 4 & -1 \\ -12 & 6 & 0 \\ 8 & -4 & 1 \end{bmatrix}$$

예제 2.4.5 행렬 $A=[a_{ij}]_{n\times n}$, $B=[b_{ij}]_{m\times m}$, $C=[c_{ij}]_{m\times n}$, $D=[d_{ij}]_{n\times m}$에 대하여, 다음 등식이 성립한다.

(1) $\begin{vmatrix} A & O \\ C & B \end{vmatrix}=|A||B|$ (2) $\begin{vmatrix} D & A \\ B & O \end{vmatrix}=(-1)^{nm}|A||B|$

[풀이] (1), (2)를 행렬 A, B, C, D의 성분으로 나타내어 보자.

$$(1)\ \begin{vmatrix} A & O \\ C & B \end{vmatrix}=\begin{vmatrix} a_{11} & a_{1n} & 0 & \cdots & 0 \\ \vdots & \vdots & \vdots & & \vdots \\ a_{n1} & a_{nn} & 0 & \cdots & 0 \\ c_{11} & c_{1n} & b_{11} & \cdots & b_{1m} \\ \vdots & \vdots & \vdots & & \vdots \\ c_{m1} & c_{mn} & b_{m1} & \cdots & b_{mm} \end{vmatrix}$$

$$(2)\ \begin{vmatrix} D & A \\ B & O \end{vmatrix}=\begin{vmatrix} d_{11} & d_{1m} & a_{11} & \cdots & a_{1n} \\ \vdots & \vdots & \vdots & & \vdots \\ d_{n1} & a_{nm} & a_{n1} & \cdots & a_{nn} \\ b_{11} & b_{1m} & 0 & \cdots & 0 \\ \vdots & \vdots & \vdots & & \vdots \\ b_{m1} & b_{mm} & 0 & \cdots & 0 \end{vmatrix}$$

(1)을 n에 관한 수학적 귀납법으로 증명하자. $n=1$일 때는 분명하므로 $n=r$일 때 성립한다면 $n=r+1$인 경우에도 성립함을 보이자. $n=r+1$일 때 왼쪽의 행렬식은 다음 모양이 된다.

$$D=\begin{vmatrix} A & O \\ C & B \end{vmatrix}=\begin{vmatrix} a_{11} & a_{12} & \cdots & a_{1r} & a_{1r+1} & 0 & 0 & \cdots & 0 \\ a_{21} & a_{22} & \cdots & a_{2r} & a_{2r+1} & 0 & 0 & \cdots & 0 \\ \vdots & \vdots & & \vdots & \vdots & \vdots & \vdots & & \vdots \\ a_{r1} & a_{r2} & \cdots & a_{rr} & a_{r\,r+1} & 0 & 0 & \cdots & 0 \\ a_{r+11} & a_{r+12} & \cdots & a_{r+1\,r} & a_{r+1\,r+1} & 0 & 0 & \cdots & 0 \\ c_{11} & c_{12} & \cdots & c_{1r} & c_{r+1\,r+1} & b_{11} & b_{12} & \cdots & b_{1m} \\ \vdots & \vdots & & \vdots & \vdots & \vdots & \vdots & & \vdots \\ c_{m1} & c_{m2} & \cdots & c_{mr} & c_{mr-1} & b_{m1} & b_{m2} & \cdots & b_{mn} \end{vmatrix}$$

행렬식 $|D|$의 성분 $a_{11}, a_{12}, \cdots, a_{1r+1}$의 소행렬식을 $D_{11}, D_{12}, \cdots, D_{1r+1}$이라 하면

$$|D|=\sum_{k=1}^{r+1}(-1)^{1+k}a_{1k}D_{1k}$$

그런데 D_{11}은 다음의 행렬식으로 $n=r$일 때의 행렬식과 같은 모양이다.

$$\begin{matrix} n\left\{ \right. \\ \\ m\left\{ \right. \end{matrix}\begin{vmatrix} a_{22} & \cdots & a_{2r+1} & \\ \vdots & & \vdots & O \\ a_{r+12} & \cdots & a_{r+1\,r+1} & \\ & C & & B \end{vmatrix}=\begin{vmatrix} N_{11} & O \\ C & B \end{vmatrix}=|N_{11}||B|$$

(아래 괄호: C 부분 n, B 부분 m)

같은 이유에서

$$D_{1k}=\begin{vmatrix} N_{1k} & O \\ C & B \end{vmatrix}=|N_{1k}||B|$$

따라서

$$\begin{aligned}|D|&=\sum_{k=1}^{r+1}(-1)^{1+k}a_{1k}|N_{1k}||B|=\left(\sum_{k=1}^{r+1}(-1)^{1+k}a_{1k}|N_{1k}|\right)|B| \\ &=|A||B|\end{aligned}$$

(2)는 마지막 열에 관하여 좌변을 전개하고, n에 관한 수학적 귀납법으로 증명된다.

예제 2.4.6 행렬 A, $B\in M_{n\times n}$에 대하여 $|AB|=|A||B|$임을 예제 2.4.5의 방법으로 증명하여라.

[풀이] $A=[a_{ij}]$, $B=[b_{ij}]$, $AB=C=[c_{ij}]$, $1\le i$, $j\le n$이라 놓으면 예제 2.4.5의 (1)에 의하여

$$|A||B|=\begin{vmatrix} a_{11} & a_{12} & \cdots & a_{1n} & 0 & \cdots & 0 \\ \vdots & \vdots & & \vdots & \vdots & & \vdots \\ a_{n1} & a_{n2} & \cdots & a_{nn} & 0 & \cdots & 0 \\ -1 & 0 & \cdots & 0 & b_{11} & \cdots & b_{1n} \\ 0 & -1 & \cdots & 0 & b_{21} & \cdots & b_{2n} \\ \vdots & \vdots & & \vdots & \vdots & & \vdots \\ 0 & 0 & \cdots & -1 & b_{n1} & \cdots & b_{nn} \end{vmatrix}$$

위의 행렬식 $n+j(j=1,\ \cdots,\ n)$열에 차례로 제 1 열에 b_{1j}, 제 2 열에 b_{2j}, $\cdots$, 제 n 열에 b_{nj}를 곱하여 더하면

$$|A||B|=\begin{vmatrix} a_{11} & a_{12} & \cdots & a_{1n} & c_{11} & \cdots & c_{1n} \\ \vdots & \vdots & & \vdots & \vdots & & \vdots \\ a_{n1} & a_{n2} & \cdots & a_{nn} & c_{n1} & \cdots & c_{nn} \\ -1 & 0 & \cdots & 0 & 0 & \cdots & 0 \\ 0 & -1 & \cdots & 0 & 0 & \cdots & 0 \\ \vdots & \vdots & & \vdots & \vdots & & \vdots \\ 0 & 0 & \cdots & -1 & 0 & \cdots & 0 \end{vmatrix}=\begin{vmatrix} A & C \\ -I & O \end{vmatrix}$$

예제 2.4.5의 (2)를 적용하면

$$\begin{aligned} |A||B| &=(-1)^{n\times n}|-I||C|=(-1)^{n^2}(-1)^n|AB| \\ &=(-1)^{n(n+1)}|AB| \\ &=|AB| \end{aligned}$$

예제 2.4.7 다음 행렬식에서 $M=|A||B|$, $N=|D||E|$임을 보여라.

$$M=\begin{vmatrix} A & O \\ C & B \end{vmatrix}=\begin{vmatrix} 1 & 1 & 0 & 0 \\ 1 & 1 & 0 & 0 \\ 0 & 1 & 1 & 0 \\ 0 & 0 & 1 & 1 \end{vmatrix}, \qquad N=\begin{vmatrix} F & D \\ E & O \end{vmatrix}=\begin{vmatrix} 1 & 1 & 1 & 0 \\ 1 & 1 & 0 & 1 \\ 0 & 1 & 0 & 0 \\ 1 & 0 & 0 & 0 \end{vmatrix}$$

[풀이] $M=\begin{vmatrix}1&1&0&0\\1&1&0&0\\0&1&1&0\\0&0&1&1\end{vmatrix}=\begin{vmatrix}1&1&0&0\\0&0&0&0\\0&1&1&0\\0&0&1&1\end{vmatrix}=0$

$$|A|=\begin{vmatrix}1&1\\1&1\end{vmatrix}=0,\qquad |B|=\begin{vmatrix}0&1\\0&0\end{vmatrix}=0,\qquad |B|=\begin{vmatrix}1&0\\1&1\end{vmatrix}=1$$

따라서

$$|A||B|=0\cdot 1=0=M$$

$$N=\begin{vmatrix}1&1&1&0\\1&1&0&1\\0&1&0&0\\1&0&0&0\end{vmatrix}=(-1)^{4+1}\begin{vmatrix}1&1&0\\1&0&1\\1&0&0\end{vmatrix}=-\begin{vmatrix}0&1&0\\0&0&1\\1&0&0\end{vmatrix}$$

$$=-(-1)^{3+1}\begin{vmatrix}1&0\\0&1\end{vmatrix}=-1$$

$$|D|=\begin{vmatrix}1&0\\0&1\end{vmatrix}=1,\qquad |E|=\begin{vmatrix}0&1\\1&0\end{vmatrix}=-1$$

따라서

$$|D||E|=1\cdot(-1)=-1,\qquad N=|D||E|$$

행렬식의 여인수에 관한 전개식은 행렬식의 값을 얻는 데 뿐만 아니라 역행렬을 구하는 데 긴요하게 쓰인다. 역행렬이 존재하는 n차행렬을 가역행렬이라 하고, 행렬식의 값이 0이 아닌 행렬을 정칙행렬이라 하며 이 둘은 같은 개념이다.

정리 2.4.2 행렬 $A=[a_{ij}]\in M_{n\times n}$이 가역행렬이기 위한 필요충분조건은 A가 정칙행렬인 것이다.

[증명] A가 가역행렬이면 $AA^{-1}=A^{-1}A=I$인 행렬 A^{-1}이 단 하나 존재한다. 행렬식의 곱에 관한 성질에서

$$|AA^{-1}|=|A^{-1}A|=|I|,\qquad |A||A^{-1}|=1$$

따라서 $|A|\neq 0$, $|A^{-1}|=\dfrac{1}{|A|}$이다. 역으로 $|A|\neq 0$이면 역행렬이 존재함을 보이

자. A의 수반행렬 adj$A$에서

$$A\,\mathrm{adj}A=\begin{bmatrix} a_{11} & a_{12} & \cdots & a_{1n} \\ a_{21} & a_{22} & \cdots & a_{2n} \\ \vdots & \vdots & & \vdots \\ a_{n1} & a_{n2} & \cdots & a_{nn} \end{bmatrix}\begin{bmatrix} A_{11} & A_{21} & \cdots & A_{n1} \\ A_{12} & A_{22} & \cdots & A_{n2} \\ \vdots & \vdots & & \vdots \\ A_{1n} & A_{2n} & \cdots & A_{nn} \end{bmatrix}$$

$$=\begin{bmatrix} \sum_{k=1}^{n} a_{1k}A_{1k} & \sum_{k=1}^{n} a_{1k}A_{2k} & \cdots & \sum_{k=1}^{n} a_{1k}A_{nk} \\ \sum a_{2k}A_{1k} & \sum_{k=1}^{n} a_{2k}A_{2k} & \cdots & \sum_{k=1}^{n} a_{2k}A_{nk} \\ \vdots & \vdots & & \vdots \\ \sum a_{nk}A_{1k} & \sum_{k=1}^{n} a_{nk}A_{2k} & \cdots & \sum a_{nk}A_{nk} \end{bmatrix}$$

$$=\begin{bmatrix} |A| & 0 & \cdots & 0 \\ 0 & |A| & \cdots & 0 \\ \vdots & \vdots & \cdots & \vdots \\ 0 & 0 & \cdots & |A| \end{bmatrix}=|A|\begin{bmatrix} 1 & 0 & \cdots & 0 \\ 0 & 1 & \cdots & 0 \\ \vdots & \vdots & & \vdots \\ 0 & 0 & \cdots & 1 \end{bmatrix}$$

$$=|A|I$$

$|A|\neq 0$ 이므로

$$\frac{A\,\mathrm{adj}A}{|A|}=I, \qquad A\left(\frac{\mathrm{adj}A}{|A|}\right)=I$$

따라서 행렬 A의 역행렬이 존재하여

$$A^{-1}=\frac{1}{|A|}\mathrm{adj}A$$

예제 2.4.8 다음 행렬 A와 adj$A$를 구하여 행렬식 $|A|$의 값이 24 임을 보여라.

$$A=\begin{bmatrix} 2 & 4 & 6 \\ -1 & 2 & 3 \\ 1 & 4 & 9 \end{bmatrix}$$

[풀이] 여인수를 구하면

$$D_{11}=\begin{vmatrix} 2 & 3 \\ 4 & 9 \end{vmatrix}=6, \qquad D_{12}=\begin{vmatrix} -1 & 3 \\ 1 & 9 \end{vmatrix}=-12, \quad D_{13}=\begin{vmatrix} -1 & 2 \\ 1 & 4 \end{vmatrix}=-6,$$

$$D_{21}=\begin{vmatrix} 4 & 6 \\ 4 & 9 \end{vmatrix}=12, \quad D_{22}=\begin{vmatrix} 2 & 6 \\ 1 & 9 \end{vmatrix}=12, \quad D_{23}=\begin{vmatrix} 2 & 4 \\ 1 & 4 \end{vmatrix}=4,$$

$$D_{31}=\begin{vmatrix} 4 & 6 \\ 2 & 3 \end{vmatrix}=0, \quad D_{32}=\begin{vmatrix} 2 & 6 \\ -1 & 3 \end{vmatrix}=12, \quad D_{33}=\begin{vmatrix} 2 & 4 \\ -1 & 2 \end{vmatrix}=8$$

여인수는

$$\begin{array}{lll} A_{11}=6, & A_{12}=12, & A_{13}=-6, \\ A_{21}=-12, & A_{22}=12, & A_{23}=-4, \\ A_{31}=0, & A_{32}=-12, & A_{33}=8 \end{array}$$

따라서 수반행렬은

$$\operatorname{adj}A=\begin{bmatrix} 6 & -12 & 0 \\ 12 & 12 & -12 \\ -6 & -4 & 8 \end{bmatrix}$$

따라서

$$A(\operatorname{adj}A)=\begin{bmatrix} 2 & 4 & 6 \\ -1 & 2 & 3 \\ 1 & 4 & 9 \end{bmatrix}\begin{bmatrix} 6 & -12 & 0 \\ 12 & 12 & -12 \\ -6 & -4 & 8 \end{bmatrix}$$
$$=\begin{bmatrix} 24 & 0 & 0 \\ 0 & 24 & 0 \\ 0 & 0 & 24 \end{bmatrix}=24I$$

그러므로 $|A|=24$ 이다.

예제 2.4.9 다음 행렬의 역행렬을 구하여라.

(1) $A=\begin{bmatrix} 1 & 1 & 0 \\ 1 & 1 & 1 \\ 0 & 2 & 1 \end{bmatrix}$ (2) $B=\begin{bmatrix} 1 & 2 & 2 \\ 3 & 1 & 0 \\ 1 & 1 & 1 \end{bmatrix}$

(3) $C=\begin{bmatrix} 2 & 3 & 4 \\ 4 & 3 & 1 \\ 1 & 2 & 4 \end{bmatrix}$ (4) $D=\begin{bmatrix} 2 & 5 & 2 & 3 \\ 2 & 3 & 3 & 4 \\ 3 & 6 & 3 & 2 \\ 4 & 1 & 2 & 8 \end{bmatrix}$

[풀이] (1) $\text{adj}A=\begin{bmatrix} -1 & -1 & 1 \\ -1 & 1 & -1 \\ 2 & -2 & 0 \end{bmatrix}$, $A^{-1}=\frac{1}{|A|}\text{adj}A=\begin{bmatrix} \frac{1}{2} & \frac{1}{2} & -\frac{1}{2} \\ \frac{1}{2} & -\frac{1}{2} & \frac{1}{2} \\ -1 & 1 & 0 \end{bmatrix}$

(2) $\text{adj}B=\begin{bmatrix} 1 & 0 & -2 \\ -3 & -1 & 6 \\ 2 & 1 & -5 \end{bmatrix}$, $B^{-1}=\frac{1}{|B|}\text{adj}B=\begin{bmatrix} -1 & 0 & 2 \\ 3 & 1 & -6 \\ -2 & -1 & 5 \end{bmatrix}$

(3) $C^{-1}=-\frac{1}{5}\begin{bmatrix} 10 & -4 & -9 \\ -15 & 4 & 14 \\ 5 & -1 & -6 \end{bmatrix}$ (4) $D^{-1}=\frac{1}{77}\begin{bmatrix} -42 & -35 & 49 & 21 \\ 32 & -10 & -8 & -5 \\ -40 & 51 & 10 & -13 \\ 27 & 6 & -26 & 3 \end{bmatrix}$

정리 2.4.3 (Cramer의 법칙) 정칙행렬 $A\in M_{n\times n}$에 관한 연립방정식 $AX=B$, $A=[a_{ij}]$, $X=(x_1, \cdots, x_n)^t$, $B=(b_1, \cdots, b_n)^t$은 단 한 개의 해를 가지며 그 해는 모든 $j=1, \cdots, n$에 대하여 다음으로 주어진다.

$$x_j=\frac{1}{|A|}|A|_{(C_j\leftrightarrow B)}$$

$$=\frac{\begin{vmatrix} a_{11} & a_{12} & \cdots & b_1 & \cdots & a_{1n} \\ a_{21} & a_{22} & \cdots & b_2 & \cdots & a_{2n} \\ \vdots & \vdots & & \vdots & & \vdots \\ a_{n1} & a_{n2} & \cdots & b_n & \cdots & a_{nn} \end{vmatrix}}{\begin{vmatrix} a_{11} & a_{12} & \cdots & a_{1n} \\ a_{21} & a_{22} & \cdots & a_{2n} \\ \vdots & \vdots & & \vdots \\ a_{n1} & a_{n2} & \cdots & a_{nn} \end{vmatrix}}$$

[증명] A의 역행렬 A^{-1}을 연립방정식 $AX=B$의 양변에 곱하면

$$(A^{-1})AX=A^{-1}B, \qquad (A^{-1}A)X=A^{-1}B$$

$A^{-1}A=I$, $IX=X$이므로

$$X=A^{-1}B$$

$A^{-1}=\frac{1}{|A|}\text{adj}A$를 대입하면

$$X=\frac{1}{|A|}(\operatorname{adj}A)B$$
$$=\frac{1}{|A|}\begin{bmatrix}A_{11} & A_{21} & \cdots & A_{n1}\\ A_{12} & A_{22} & \cdots & A_{n2}\\ \vdots & \vdots & & \vdots\\ A_{1n} & A_{2n} & \cdots & A_{nn}\end{bmatrix}\begin{bmatrix}b_1\\ b_2\\ \vdots\\ b_n\end{bmatrix}$$
$$=\frac{1}{|A|}\left[\sum_{i=1}^{n}b_iA_{i1}\ \ \sum_{i=1}^{n}b_iA_{i2}\ \cdots\ \sum_{i=1}^{n}b_iA_{in}\right]$$

그러므로 $j=1, \cdots, n$에 대하여

$$x_j=\frac{1}{|A|}\sum_{i=1}^{n}b_iA_{ij}$$

그런데 $\sum_{i=1}^{n}b_iA_{ij}$는 행렬식 $|A|$의 제 j 열의 성분 $a_{1j}, \cdots, a_{nj}$를 각각 $b_1, \cdots, b_n$으로 바꾸어 넣은 것으로 $|A|_{(C_j\leftrightarrow B)}$이다. 따라서

$$x_j=\frac{1}{|A|}|A|_{(C_j\leftrightarrow B)}$$
$$=\frac{1}{|A|}\begin{vmatrix}a_{11} & a_{12} & \cdots & a_{1j-1} & b_1 & a_{1j+1} & \cdots & a_{1n}\\ a_{21} & a_{22} & \cdots & a_{2j-1} & b_2 & a_{2j+1} & \cdots & a_{2n}\\ \vdots & \vdots & & \vdots & \vdots & \vdots & & \vdots\\ a_{n1} & a_{n2} & \cdots & a_{nj-1} & b_n & a_{nj+1} & \cdots & a_{nn}\end{vmatrix}$$

예제 2.4.10 계수행렬과 수반행렬을 이용하여 다음 연립방정식의 해를 구하여라.

$$\begin{cases}x \qquad - z=1\\ 2x+y-z=0\\ x+2y+5z=0\end{cases}$$

[풀이] 계수행렬 A의 $|A|$와 여인수를 구하여 보자.

$$A=\begin{bmatrix}1 & 0 & -1\\ 2 & 1 & -1\\ 1 & 2 & 5\end{bmatrix}, \qquad |A|=4$$

$$A_{11}=7, \qquad A_{12}=-11, \qquad A_{13}=3$$
$$A_{21}=-2, \qquad A_{22}=6, \qquad A_{23}=-2$$

$$A_{31}=1, \qquad A_{32}=-1, \qquad A_{33}=1$$

그러므로

$$\operatorname{adj}A=\begin{bmatrix} 7 & -2 & 1 \\ -11 & 6 & -1 \\ 3 & -2 & 1 \end{bmatrix}, \qquad A^{-1}=\frac{1}{4}\begin{bmatrix} 7 & -2 & 1 \\ -11 & 6 & -1 \\ 3 & -2 & 1 \end{bmatrix}$$

$AX=B$의 양변에 A^{-1}를 곱하면

$$X=A^{-1}B=\frac{1}{4}\begin{bmatrix} 7 & -2 & 1 \\ -11 & 6 & -1 \\ 3 & -2 & 1 \end{bmatrix}\begin{bmatrix} 1 \\ 0 \\ 0 \end{bmatrix}$$

$$=\frac{1}{4}\begin{bmatrix} 7 \\ -11 \\ 3 \end{bmatrix}=\begin{bmatrix} \frac{7}{4} \\ -\frac{11}{4} \\ \frac{3}{4} \end{bmatrix}$$

따라서 이 연립방정식의 해는

$$X=(x,\ y,\ z)=\left(\frac{7}{4},\ -\frac{11}{4},\ \frac{3}{4}\right)$$

예제 2.4.11 Cramer의 법칙으로 다음 연립방정식의 해를 구하여라.

(1) $\begin{cases} x+2y+z=4 \\ x-\ y+z=5 \\ 2x+3y-z=1 \end{cases}$ (2) $\begin{cases} 2x+4y+\ z=7 \\ 3x+2y+3z=7 \\ 5x-4y+4z=9 \end{cases}$

[풀이] (1) 계수행렬식 $|A|$를 구하여 보자.

$$(1)\ x=\frac{\begin{vmatrix} 4 & 2 & 1 \\ 5 & -1 & 1 \\ 1 & 3 & -1 \end{vmatrix}}{\begin{vmatrix} 1 & 2 & 1 \\ 1 & -1 & 1 \\ 2 & 3 & -1 \end{vmatrix}}=\frac{20}{9}, \qquad y=\frac{\begin{vmatrix} 1 & 4 & 1 \\ 1 & 5 & 1 \\ 2 & 1 & -1 \end{vmatrix}}{\begin{vmatrix} 1 & 2 & 1 \\ 1 & -1 & 1 \\ 2 & 3 & -1 \end{vmatrix}}=-\frac{3}{9},$$

$$z=\frac{\begin{vmatrix}1 & 2 & 4\\ 1 & -1 & 5\\ 2 & 3 & 1\end{vmatrix}}{\begin{vmatrix}1 & 2 & 1\\ 1 & -1 & 1\\ 2 & 3 & -1\end{vmatrix}}=\frac{22}{9}$$

(2) $x=\dfrac{1}{30}\begin{vmatrix}7 & 4 & 1\\ 7 & 2 & 3\\ 9 & -4 & 4\end{vmatrix}=3,\qquad y=\dfrac{1}{30}\begin{vmatrix}3 & 7 & 1\\ 3 & 7 & 3\\ 5 & 9 & 4\end{vmatrix}=\dfrac{1}{2},$

$$z=\frac{1}{30}\begin{vmatrix}2 & 4 & 7\\ 3 & 2 & 7\\ 5 & -4 & 9\end{vmatrix}=-1$$

예제 2.4.12 다음 연립방정식의 해를 정리 2.4.3의 증명과정에 따라서 구하여라.

$$\begin{cases}2x-5y+2z=7\\ \ \ x+2y-4z=3\\ 3x-4y-6z=5\end{cases}$$

[풀이] 이 연립방정식을 행렬로 나타내면

$$AX=\begin{bmatrix}2 & -5 & 2\\ 1 & 2 & -4\\ 3 & -4 & -6\end{bmatrix}\begin{bmatrix}x\\ y\\ z\end{bmatrix}=\begin{bmatrix}7\\ 3\\ 5\end{bmatrix}=B$$

$$|A|=\begin{vmatrix}2 & -5 & 2\\ 1 & 2 & -4\\ 3 & -4 & -6\end{vmatrix}=-\begin{vmatrix}1 & 2 & -4\\ 2 & -5 & 2\\ 3 & -4 & -6\end{vmatrix}=-\begin{vmatrix}1 & 2 & -4\\ 0 & -9 & 10\\ 0 & -10 & 6\end{vmatrix}$$

$$=-\begin{vmatrix}-9 & 10\\ -10 & 6\end{vmatrix}=-(-54+100)=-46$$

$$A_{11}=\begin{vmatrix}2 & -4\\ -4 & -6\end{vmatrix}=-28,\ A_{12}=-\begin{vmatrix}1 & -4\\ 3 & -6\end{vmatrix}=-6,\quad A_{13}=\begin{vmatrix}1 & 2\\ 3 & -4\end{vmatrix}=-10,$$

$$A_{21}=\begin{vmatrix}-5 & 2\\ -4 & -6\end{vmatrix}=-38,\ A_{22}=\begin{vmatrix}2 & 2\\ 3 & -6\end{vmatrix}=-18,\quad A_{23}=-\begin{vmatrix}2 & -5\\ 3 & -4\end{vmatrix}=-7,$$

$$A_{31}=\begin{vmatrix}-5 & 2\\ 2 & -4\end{vmatrix}=16,\quad A_{32}=\begin{vmatrix}2 & 2\\ 1 & -4\end{vmatrix}=10,\quad A_{33}=\begin{vmatrix}2 & -5\\ 1 & 2\end{vmatrix}=9,$$

$$\text{adj}A=\begin{bmatrix}-28 & -38 & 16\\ -6 & -18 & 10\\ -10 & -7 & 9\end{bmatrix},\quad A^{-1}=\frac{1}{-46}\begin{bmatrix}-28 & -38 & 16\\ -6 & -18 & 10\\ -10 & -7 & 9\end{bmatrix}$$

$$X=\frac{1}{-46}\begin{bmatrix}-28 & -38 & 16\\ -6 & -18 & 10\\ -10 & -7 & 9\end{bmatrix}\begin{bmatrix}7\\ 3\\ 5\end{bmatrix}=\frac{1}{-46}\begin{bmatrix}-230\\ -46\\ -46\end{bmatrix}$$

$$=\frac{1}{-46}\begin{bmatrix}-230\\ -46\\ -46\end{bmatrix}=\begin{bmatrix}5\\ 1\\ 1\end{bmatrix}$$

따라서 $X=(5, 1, 1)$.

연습문제 2.4

1. Cramer의 법칙을 써서 다음 연립방정식을 풀어라.

① $\begin{bmatrix}1 & 2 & -1\\ -1 & 1 & 2\\ 2 & -1 & 1\end{bmatrix}\begin{bmatrix}x\\ y\\ z\end{bmatrix}=\begin{bmatrix}3\\ 2\\ 1\end{bmatrix}$ ② $\begin{bmatrix}a & -2b\\ 3a & -5b\end{bmatrix}\begin{bmatrix}x\\ y\end{bmatrix}=\begin{bmatrix}c\\ 2c\end{bmatrix}$

2. $a^2-bc\neq 0$일 때 다음 연립방정식에서 a, b, c를 소거하여라.

$$\begin{cases}ax+by+c=0\\ cx+ay+b=0\\ bx+cy+a=0\end{cases}$$

3. 행렬식의 전개식을 써서 다음 행렬식의 값을 구하여라.

① $\begin{vmatrix}1 & 2 & 3 & 4\\ 2 & 4 & 1 & 3\\ 3 & 1 & 4 & 2\\ 4 & 3 & 2 & 1\end{vmatrix}$ ② $\begin{vmatrix}1 & 1 & 1 & 1 & 1\\ -1 & 2 & 0 & 0 & 0\\ 0 & -1 & 2 & 0 & 0\\ 0 & 0 & -1 & 2 & 0\\ 0 & 0 & 0 & -1 & 2\end{vmatrix}$

4. 다음 행렬식을 간단히 하여라.

① $\begin{vmatrix} a & b-c & c+b \\ a+c & b & c-a \\ a-b & b+a & c \end{vmatrix}$ ② $\begin{vmatrix} a+b+c & -c & -b \\ -c & a+b+c & -a \\ -b & -a & a+b+c \end{vmatrix}$

5. 다음 행렬식을 인수분해하여라.

① $\begin{vmatrix} 1 & 1 & 1 & 1 \\ a & x & a & a \\ b & b & x & b \\ c & c & c & x \end{vmatrix}$ ② $\begin{vmatrix} 1 & 1 & 1 & 1 \\ a & b & c & d \\ a^2 & b^2 & c^2 & d^2 \\ bcd & acd & abd & abc \end{vmatrix}$

6. 다음 연립방정식이 해를 갖기 위한 조건을 구하여라.

$$\begin{cases} ax+b(x-1)+c(x-y)=0 \\ a(y-1)+by+c(y-x)=0 \\ a(1-y)+b(1-x)+c=0 \end{cases}$$

7. 다음 등식이 성립함을 증명하여라.

① $\begin{vmatrix} a & \overbrace{b & b & \cdots & b}^{n} \\ b & a & b & \cdots & b \\ \vdots & \vdots & \vdots & & \vdots \\ b & b & b & \cdots & a \end{vmatrix} = (a-b)^{n-1}(a+nb)$

② $\begin{vmatrix} 1+a_1 & 1 & \cdots & 1 \\ 1 & 1+a_2 & \cdots & 1 \\ \vdots & \vdots & & \vdots \\ 1 & 1 & \cdots & 1+a_n \end{vmatrix} = a_1 a_2 \cdots a_n \left(1+\frac{1}{a_1}+\frac{1}{a_2}+\cdots+\frac{1}{a_n}\right)$

8. 다음 행렬식의 값을 구하여라.

① $\begin{vmatrix} 1 & 2 & 3 & 4 & 5 \\ 1^2 & 2^2 & 3^2 & 4^2 & 5^2 \\ 1^3 & 2^3 & 3^3 & 4^3 & 5^3 \\ 1^4 & 2^4 & 3^4 & 4^4 & 5^4 \\ 1^5 & 2^5 & 3^5 & 4^5 & 5^5 \end{vmatrix}$ ② $\begin{vmatrix} 0 & 1 & 1 & \cdots & 1 \\ 1 & 0 & 1 & \cdots & 1 \\ 1 & 1 & 0 & \cdots & 1 \\ \vdots & \vdots & \vdots & & \vdots \\ 1 & 1 & 1 & \cdots & 0 \end{vmatrix}$

9. 다음 행렬식을 간단히 하여라.

① $\begin{vmatrix} b^2+c^2 & c^2 & b^2 \\ c^2 & c^2+a^2 & a^2 \\ b^2 & a^2 & a^2+b^2 \end{vmatrix}$ ② $\begin{vmatrix} (b+c)^2 & a^2 & a^2 \\ b^2 & (c+a)^2 & b^2 \\ c^2 & c^2 & (a+b)^2 \end{vmatrix}$

10. A, $B \in M_{n\times n}$이고 A가 가역행렬일 때 모든 행렬 $B \in M_{n\times n}$에 대하여 $|B| = |A^{-1}BA|$임을 보여라.

제 3 장

벡터공간

제 3 장

벡터공간

3.1 벡터공간

복소수 전체 집합의 공이 아닌 부분집합 $\mathbb{K}$에서 덧셈 $+$와 곱셈 $\cdot$에 대하여 $(\mathbb{K}, +)$가 덧셈군, $\mathbb{K}-\{0\}$이 곱셈군이고 좌우분배법칙을 만족할 때 $\mathbb{K}$를 체라 한다. 영을 나타내는 0은 덧셈에 관한 항등원, 1은 곱셈에 관한 항등원이다. $\mathbb{C}$는 복소수체, $\mathbb{R}$는 실수체, $\mathbb{Q}$는 유리수체를 나타낸다.

공이 아닌 집합 V 위의 **덧셈**(addition) $+ : V\times V\to V$, $u+v\in V$, u, $v\in V$와 **스칼라곱** "$\cdot$": $\mathbb{K}\times V\to V$, $\alpha v\in V$, $\alpha\in\mathbb{K}$, $v\in V$에서 다음 조건을 만족할 때 $(V, +, \text{“}\cdot\text{”})$을 체 $\mathbb{K}$ 위의 **벡터공간**(vector space over $\mathbb{K}$)이라 한다.

(1) $(V, +)$이 덧셈군이다.

(2) 분배법칙이 성립한다. $\alpha\in\mathbb{K}$, u, $v\in V$, $\alpha(u+v)=\alpha u+\alpha v$

(3) 모든 α, $\beta\in\mathbb{K}$, $u\in V$에서 $(\alpha+\beta)u=\alpha u+\beta u$

(4) 모든 α, $\beta\in\mathbb{K}$, $u\in V$에서 $(\alpha\beta)u=\alpha(\beta u)$

(5) 모든 $u\in V$, 수 $1\in\mathbb{K}$에서 $1u=u$

벡터공간의 원소를 벡터라 하고 체의 원소를 **수**(number) 또는 **스칼라**(scalar)라 한다. 어떤 집합이 벡터공간이 되도록 하는 연산 $+$와 스칼라곱은 여러 가지가 있을 수 있다. 우리의 목적은 그들 연산이 어떠한 것이든 항상 성립하는 벡터공간의 성질을 밝히는 데 있다. 연산들이 의미하는 구체적인 내용에는 관심을 두지 않기로 한다. 실수 $\mathbb{R}$ 위의 벡터공간을 **실벡터공간**(real vector space) 복소수 $\mathbb{C}$ 위의 벡터공간을 **복소벡터공간**(complex vector space)이라 한다. 벡터공간이 될 조건 (1)을 자세히 쓰면

(i) 모든 $u,\ v,\ w\in V$에서 $(u+v)+w=u+(v+w)$

(ii) 모든 $u\in V$에서 $u+\mathbf{0}=\mathbf{0}+u=u$인 벡터 $\mathbf{0}$이 존재한다.

(iii) 모든 $u\in V$에서 $u+(-u)=(-u)+u=\mathbf{0}$인 벡터 $-u$가 존재한다.

(iv) 모든 $u,\ v\in V$에서 $u+v=v+u$

영원 $\mathbf{0}$을 **영벡터**(zero vector), 음원 $-u$를 u의 **음벡터**(negative vector)라 한다. 영벡터 $\mathbf{0}$과 수 0은 구별된다.

정리 3.1.1 벡터공간의 영원과 음벡터는 오직 하나뿐이다.

[증명] 모든 벡터 $u\in V$에서 $u+\mathbf{0}=\mathbf{0}+u=u,\ u+\mathbf{0}'=\mathbf{0}'+u=u$인 벡터 $\mathbf{0},\ \mathbf{0}'$가 있다고 하자. $u=\mathbf{0}'$이면

$$\mathbf{0}'+\mathbf{0}=\mathbf{0}+\mathbf{0}'=\mathbf{0}'$$

$u=\mathbf{0}$이면

$$\mathbf{0}+\mathbf{0}'=\mathbf{0}'+\mathbf{0}=\mathbf{0}$$

그러므로 $\mathbf{0}=\mathbf{0}'+\mathbf{0}=\mathbf{0}'$가 성립한다. 이는 영벡터가 오직 하나뿐임을 뜻한다. 벡터 $v,\ v'$가 고정된 벡터 u의 음벡터라 하면

$$u+v=v+u=\mathbf{0}$$
$$u+v'=v'+u=\mathbf{0}$$

그러면

$$v=v+\mathbf{0}=v+(u+v')=(v+u)+v'=\mathbf{0}+v'=v'$$

이는 u의 음벡터는 오직 하나뿐임을 뜻한다.

예제 3.1.1 다음은 가장 알기 쉬운 벡터공간이다.

(1) 단 하나의 원소 $\mathbf{0}$으로 된 집합 $V=\{\mathbf{0}\}$은 아래로 주어진 연산에 의하여 벡터공간을 이룬다. 이 공간을 **자명한 벡터공간**(trivial vector space)이라 한다.

$$\mathbf{0}+\mathbf{0}=\mathbf{0},\qquad \alpha\mathbf{0}=\mathbf{0},\qquad \alpha\in\mathbb{K}$$

(2) 체 $\mathbb{K}$는 $\mathbb{K}$ 위에서 벡터공간이다. 실수 $\mathbb{R}$는 $\mathbb{R}$ 위의 벡터공간이고, 복소수 $\mathbb{C}$는 $\mathbb{C}$ 위의 벡터공간이다.

[풀이] (1) 벡터공간의 조건 중에서 몇 가지만 확인하자. V의 원소는 $\mathbf{0}$뿐이므로 $\mathbf{0}$은 영원인 동시에 음원이다. 수 α에서

$$\alpha(\mathbf{0}+\mathbf{0})=\alpha\mathbf{0}=\mathbf{0},\qquad \alpha\mathbf{0}+\alpha\mathbf{0}=\mathbf{0}+\mathbf{0}=\mathbf{0}$$

이므로 $\alpha(\mathbf{0}+\mathbf{0})=\alpha\mathbf{0}+\alpha\mathbf{0}$이 성립한다. 수 α, β에서

$$(\alpha+\beta)\mathbf{0}=\mathbf{0},\qquad \alpha\mathbf{0}+\beta\mathbf{0}=\mathbf{0}+\mathbf{0}=\mathbf{0}$$

이므로 $(\alpha+\beta)\mathbf{0}=\alpha\mathbf{0}+\beta\mathbf{0}$이다. 또한

$$(\alpha\beta)\mathbf{0}=\mathbf{0},\qquad \alpha(\beta\mathbf{0})=\alpha\mathbf{0}=\mathbf{0}$$

이므로 $(\alpha\beta)\mathbf{0}=\alpha(\beta\mathbf{0})$이다. 특히 $\alpha=1$이면

$$1\cdot\mathbf{0}=\mathbf{0}$$

(2) $\mathbb{K}$ 위의 덧셈을 수의 더하기(plus), 스칼라곱을 수의 곱하기로 주면 $\mathbb{K}$는 $\mathbb{K}$ 위의 벡터공간이다.

실수 $\mathbb{R}$ 위의 집합 $\mathbb{R}^n=\{X=(x_1,\ \cdots,\ x_n)\,|\,x_i\in\mathbb{R},\ i=1,\ \cdots,\ n\}$을 벡터공간이 되도록 하는 연산에 관하여 생각해보자. 임의의 $X=(x_1,\ \cdots,\ x_n)$, $Y=(y_1,\ \cdots,\ y_n)$에서 덧셈과 스칼라곱을 아래로 정의한다.

$$X+Y=(x_1,\ \cdots,\ x_n)+(y_1,\ \cdots,\ y_n)=(x_1+y_1,\ \cdots,\ x_n+y_n)$$
$$\alpha X=(\alpha x_1,\ \cdots,\ \alpha x_n),\ \alpha\in\mathbb{R}$$

이때 $(\mathbb{R}^n,\ +,\ \cdot\ )$은 벡터공간을 이룬다. 이를 **Euclid공간**(Euclidean space)이라 한다. 실제로 $\mathbb{R}^n$이 벡터공간인가를 확인하자. α, $\beta\in\mathbb{R}$, $X, Y, Z\in\mathbb{R}^n$에서

(1) $[(x_1,\ \cdots,\ x_n)+(y_1,\ \cdots,\ y_n)]+(z_1,\ \cdots,\ z_n)$

$=(x_1+y_1,\ \cdots,\ x_n+y_n)+(z_1,\ \cdots,\ z_n)$

$=((x_1+y_1)+z_1,\ \cdots,\ (x_n+y_n)+z_n)$

$=(x_1+(y_1+z_1),\ \cdots,\ x_n+(y_n+z_n))$

$=(x_1, \cdots, x_n)+(y_1+z_1, \cdots, y_n+z_n)$
$=(x_1, \cdots, x_n)+[(y_1, \cdots, y_n)+(z_1, \cdots, z_n)]$

(2) $(0, \cdots, 0)\in\mathbb{R}^n$이고

$$(x_1, \cdots, x_n)+(0, \cdots, 0)=(x_1+0, \cdots, x_n+0)=(x_1, \cdots, x_n)$$

(3) $(-x_1, \cdots, -x_n)\in\mathbb{R}^n$이고

$$(x_1, \cdots, x_n)+(-x_1, \cdots, -x_n)=(x_1-x_1, \cdots x_n-x_n)=(0, \cdots, 0)$$

(4) $(x_1, \cdots, x_n)+(y_1, \cdots, y_n)=(x_1+y_1, \cdots, x_n+y_n)$
$=(y_1+x_1, \cdots, y_n+x_n)=(y_1, \cdots, y_n)+(x_1, \cdots, x_n)$

(5) $\alpha[(x_1, \cdots, x_n)+(y_1, \cdots, y_n)]=\alpha(x_1+y_1, \cdots, x_n+y_n)$
$=(\alpha(x_1+y_1), \cdots, \alpha(x_n+y_n))=(\alpha x_1+\alpha y_1, \cdots, \alpha x_n+\alpha y_n)$
$=(\alpha x_1, \cdots, \alpha x_n)+(\alpha y_1, \cdots, \alpha y_n)=\alpha(x_1, \cdots, x_n)+\alpha(y_1, \cdots, y_n)$

(6) $(\alpha+\beta)(x_1, \cdots, x_n)=((\alpha+\beta)x_1, \cdots, (\alpha+\beta)x_n)$
$=(\alpha x_1+\beta x_1, \cdots, \alpha x_n+\beta x_n)=(\alpha x_1, \cdots, \alpha x_n)+(\beta x_1, \cdots, \beta x_n)$
$=\alpha(x_1, \cdots, x_n)+\beta(x_1, \cdots, x_n)$

(7) $(\alpha\beta)(x_1, \cdots, x_n)=((\alpha\beta)x_1, \cdots, (\alpha\beta)x_n)$
$=(\alpha(\beta x_1), \cdots, \alpha(\beta x_n))=\alpha(\beta x_1, \cdots, \beta x_n)=\alpha(\beta(x_1, \cdots, x_n))$

(8) $1\cdot(x_1, \cdots, x_n)=(1\cdot x_1, \cdots, 1\cdot x_n)=(x_1, \cdots, x_n)$

복소수 $\mathbb{C}$ 위의 벡터공간 $\mathbb{C}^n$, 임의의 체 위의 벡터공간 $\mathbb{K}^n$도 유클리드공간과 같이 생각할 수 있다. $\mathbb{R}^2$공간의 두 벡터 $X=(x_1, y_1)$, $Y=(x_2, y_2)$에서

$$X+Y=(x_1, y_1)+(x_2, y_2)=(x_1+y_1, x_2+y_2)$$
$$\alpha X=(\alpha x_1, \alpha y_1), \alpha\in\mathbb{R}$$

예제 3.1.2 유계인 폐구간 $[a, b]$ 위의 연속인 실함수 $f:[a, b]\to\mathbb{R}$ 전체의 집합 $C[a, b]$는 아래의 덧셈과 스칼라곱에 의하여 벡터공간을 이룬다.

$$(f+g)(x)=f(x)+g(x), \ x\in[a, b]$$
$$(\alpha f)(x)=\alpha f(x), \ \alpha\in\mathbb{R}$$

[풀이] 모든 $x \in [a, b]$에서 $O(x)=0$인 **영함수**(zero function) $O:[a, b] \to \mathbb{R}$는 $C[a, b]$의 영원이다. 모든 $f \in C[a, b]$에서

$$(O+f)(x)=O(x)+f(x)=0+f(x)=f(x)$$

함수 $-f:[a, b] \to \mathbb{R}$, $(-f)(x)=-f(x)$, $x \in [a, b]$는 연속이고

$$[f+(-f)](x)=f(x)+(-f)(x)=f(x)-f(x)=0=O(x)$$

그러므로 $-f \in C[a, b]$는 f의 음원이다.

정리 3.1.2 벡터공간 V의 벡터 u와 수 α에서 다음 성질이 성립한다.

(1) $\alpha\mathbf{0}=\mathbf{0}$

(2) $0u=\mathbf{0}$

(3) $(-\alpha)u=\alpha(-u)=-\alpha u$

(4) $\alpha u=\mathbf{0}$ 이고 $u \neq \mathbf{0}$ 이면 $\alpha=0$

[증명] (1) 영벡터의 뜻에 따르면

$$\alpha\mathbf{0}=\alpha(\mathbf{0}+\mathbf{0})=\alpha\mathbf{0}+\alpha\mathbf{0}$$

양변에 $-\alpha\mathbf{0}$을 더하면

$$\alpha\mathbf{0}+(-\alpha\mathbf{0})=(\alpha\mathbf{0}+\alpha\mathbf{0})+(-\alpha\mathbf{0})=\alpha\mathbf{0}+(\alpha\mathbf{0}+(-\alpha\mathbf{0}))$$

$\alpha\mathbf{0}+(-\alpha\mathbf{0})=\mathbf{0}$ 이므로

$$\mathbf{0}=\alpha\mathbf{0}+(-\alpha\mathbf{0})=\alpha\mathbf{0}+\mathbf{0}=\alpha\mathbf{0}$$

여기서 $-\alpha\mathbf{0}$는 $\alpha\mathbf{0}$의 음벡터를 뜻한다.

(2) 수 0에서

$$0u=(0+0)u=0u+0u$$

이 식의 양변에 $-0u$를 더하면

$$0u+(-0u)=(0u+0u)+(-0u)=0u+(0u+(-0u))=0u$$

그러므로

$$\mathbf{0}=0u+(-0u)=0u$$

(3) (2)에 의하면

$$\alpha u+(-\alpha)u=(\alpha-\alpha)u=0u=\mathbf{0}$$

이므로 αu의 음원은 $(-\alpha)u$이다. αu의 음원은 $-\alpha u$이므로 $(-\alpha)u=-\alpha u$이다.

(4) $\alpha\neq 0$ 이면 역수 α^{-1}이 존재하여

$$\mathbf{0}=\alpha^{-1}\mathbf{0}=\alpha^{-1}(\alpha u)=(\alpha^{-1}\alpha)u=1u=u$$

그러므로 $u\neq\mathbf{0}$ 이면 $\alpha=0$ 이다.

벡터공간 V의 공이 아닌 부분집합 U가 V의 덧셈과 스칼라곱에 의하여 그 자신이 하나의 벡터공간을 이룰 때 U를 V의 **부분공간**(subspace)이라 한다. $(V, +, \cdot)$이 체 $\mathbb{K}$ 위의 벡터공간이고 $(U, +, \cdot)$이 $\mathbb{K}$ 위에서 벡터공간일 때 U는 V의 부분공간이다. U의 덧셈과 스칼라곱이 V의 그것들과 일치하여야 한다는 뜻이다. 부분집합 U가 다음의 네 가지 조건만 만족하면 충분하다. U가 V의 부분집합이므로 벡터공간의 다른 조건은 분명하게 성립하기 때문이다.

(i) 모든 $u, v\in U$에서 $u+v\in U$

(ii) $\mathbf{0}\in U$

(iii) 모든 $u\in U$에서 $-u\in U$

(iv) 모든 $u\in U$, $\alpha\in\mathbb{K}$에서 $\alpha u\in U$

정리 3.1.3 벡터공간 V의 부분집합 U가 부분공간이 되기 위한 필요충분조건은 모든 $u, v\in U$와 수 α에서 $u-v\in U$, $\alpha u\in U$이다.

[증명] 부분공간의 정의에 의하여 $u-v\in U$, $\alpha u\in U$임은 분명하다. 역이 성립함을 보이자. $\alpha=0$ 이면 정리 3.1.2에 의하여 $\mathbf{0}=0u\in U$. $\alpha=-1$ 이면 $-u=(-1)u\in U$, 모든 $u, v\in U$에서 $u+v=u-(-v)$이고 $-v\in U$이므로 $u+v\in U$이다. 이로써 부분공간이기 위한 조건 네 가지 모두를 만족한다.

영원 이외의 원소를 갖는 벡터공간은 적어도 두 개의 부분공간을 갖는다. 자명한 부분공간 $\{\mathbf{0}\}$과 벡터공간 그 자신이 부분공간이다. 자신과 같지 않은 부분공간을 **진부분공간**(proper subspace)이라 한다. 자명한 부분공간 이외의 다른 진부분공간을 갖지 않는 벡터공간을 **단순공간**(simple space)이라 한다.

예제 3.1.3 유클리드공간 $\mathbb{R}^n$의 벡터 $X=(x_1, \cdots, x_n)$, $Y=(y_1, \cdots, y_n)$에서

$$X \cdot Y = x_1 y_1 + \cdots + x_n y_n$$

을 X와 Y의 **도트곱**(dot product)이라 한다. 도트곱이 영인 벡터 X, Y를 서로 **수직**(orthogonal, perpendicular)이라 하고 $X \perp Y$로 나타낸다. 집합 $X^{\perp}=\{Y \in \mathbb{R}^n | X \perp Y,\ X\text{: 고정된 벡터}\}$는 $\mathbb{R}^n$의 부분공간이다.

[풀이] 정리 3.1.3에 의하면 두 가지 사실만 확인하면 된다. 모든 Y, $Z \in X^{\perp}$에서 $X \cdot Y = X \cdot Z = 0$이므로

$$X \cdot (Y-Z) = X \cdot Y - X \cdot Z = 0,$$
$$X \cdot (\alpha Y) = \alpha (X \cdot Y) = 0, \quad \alpha \in \mathbb{R}$$

따라서 $Y-Z \in X^{\perp}$, $\alpha Y \in X^{\perp}$이 성립한다. 즉 $X^{\perp}$는 $\mathbb{R}^n$공간의 부분공간이다.

예제 3.1.4 집합 $D[a, b]$를 유계인 폐구간 $[a, b]$에서 반복하여 미분가능한 실함수 전체 집합이라 하자. 이는 $\mathbb{R}$ 위의 벡터공간을 이룬다. 다음 집합은 $D[a, b]$의 부분공간이다.

$$E = \{f \in D[a, b] \,|\, f''(x) + f'(x) = 0,\ x \in [a, b]\}$$

[풀이] f, $g \in E$에서

$$(f-g)''(x) + (f-g)'(x) = f''(x) + f'(x) - g''(x) - g'(x) = 0$$
$$(\alpha f)''(x) + (\alpha f)'(x) = \alpha f''(x) + \alpha f'(x) = 0$$

$f-g \in E$, $\alpha f \in E$이므로 E는 부분공간이다.

예제 3.1.5 유클리드공간 $\mathbb{R}^3$에서 집합 $U=\{(x, y, x+y) | x, y \in \mathbb{R}\}$, $W=\{(x, y, z) | x+y+z=0\}$은 부분공간이다.

[풀이] X, $Y \in U$, $\alpha \in \mathbb{R}$에서 $X=(x_1, y_1, x_1+y_1)$, $Y=(x_2, y_2, x_2+y_2)$이면

$$X-Y = (x_1-x_2,\ y_1-y_2,\ (x_1+y_1)-(x_2+y_2))$$
$$\alpha X = (\alpha x_1,\ \alpha y_1,\ \alpha(x_1+y_1)),\quad \alpha \in \mathbb{R}$$

$(x_1+y_1)-(x_2+y_2)=(x_1-x_2)+(y_1-y_2)$, $\alpha(x_1+y_1)=\alpha x_1+\alpha y_1$이므로 $X-Y\in U$, $\alpha X\in U$.

예제 3.1.6 실수 $\mathbb{R}$ 위의 n차정방행렬 전체의 집합 M_n은 행렬의 합과 스칼라곱에 의하여 벡터공간을 이룬다. n차대칭행렬 전체의 집합 T_n은 부분공간이다.

[풀이] 전치행렬의 성질로부터 $A, B\in T_n$, $\alpha\in\mathbb{R}$에서

$$^t(A-B)={}^tA-{}^tB=A-B, \qquad {}^t(\alpha A)=\alpha{}^tA=\alpha A$$

따라서 $A-B\in T_n$, $\alpha A\in T_n$이므로 T_n은 부분공간이다.

벡터공간 V의 부분공간 U, W에서 합집합 $U\cup W$, 교집합 $U\cap W$가 부분공간이 되는가 살펴보자. 수 α와 벡터 u, $v\in U\cap W$에서 u, $v\in U$이고 u, $v\in W$이므로 $u-v\in U$, $u-v\in W$, $\alpha u\in U$, $\alpha u\in W$이다. 그러므로

$$u-v\in U\cap W, \qquad \alpha u\in U\cap W$$

이는 U와 W의 교집합은 항상 부분집합임을 뜻한다. 그러나 합집합 $U\cup W$는 항상 부분공간이라고 할 수는 없다.

예제 3.1.7 유클리드공간 $\mathbb{R}^2$의 다음의 부분공간 U, W의 합집합 $U\cup W$는 부분공간이 아니다.

$$U=\{(x, y)\,|\,y=x\}, \qquad W=\{(x, y)\,|\,y=-x\}$$

[풀이] $U\cap W=\{\mathbf{0}\}$이므로 자명한 부분공간이다. 원점이 아닌 벡터 $X\in U$, $Y\in W$에서 벡터합 $X+Y$는 X, Y를 두 변으로 하는 직사각형의 대각선이다. 이 대각선은 직선 $y=x$상에 있지 않고 직선 $y=-x$상에도 있지 않다. 즉 $X+Y\notin U$, $X+Y\notin W$이므로 $X+Y\notin U\cup W$. 따라서 W는 부분공간이 아니다.

예제 3.1.8 벡터공간 V의 부분공간 U, W에서 집합 $\{u+w\,|\,u\in U,\ w\in W\}$를 $U+W$로 나타낸다. $\mathbb{R}^2$공간은 부분공간 $U=\{(x, 0)\,|\,x\in\mathbb{R}\}$, $W=\{(0, x)\,|\,x\in\mathbb{R}\}$의 합이다.

[풀이] 모든 $(x, y)\in\mathbb{R}^2$은 $(x, y)=(x, 0)+(0, y)$으로 표시된다. $(x, 0)\in U$, $(0, y)\in W$이므로 $\mathbb{R}^2=U+W$이다.

정리 3.1.4 벡터공간 V의 부분공간 $W_1, \cdots, W_n$에서 이들의 합은 부분공간을 이룬다.

$$W=W_1+\cdots+W_n=\{w_1+\cdots+w_n \mid w_i\in W_i,\ i=1, \cdots, n\}$$

[증명] 벡터 $u, v\in W$, $u=\sum_{i=1}^{n}u_i$, $v=\sum_{i=1}^{n}v_i$에서

$$u-v=\left(\sum_{i=1}^{n}u_i\right)-\left(\sum_{i=1}^{n}v_i\right)=\sum_{i=1}^{n}(u_i-v_i)$$

$u\in W$, $\alpha\in\mathbb{K}$에서

$$\alpha u=\alpha\left(\sum_{i=1}^{n}u_i\right)=\sum_{i=1}^{n}\alpha u_i$$

W_i가 부분공간이므로 $u_i-v_i\in W_i$, $\alpha u_i\in W_i$, $i=1, \cdots, n$. 그러므로 $u-v\in W$, $\alpha u\in W$이다. 이는 W가 V의 부분공간임을 뜻한다.

벡터공간 V의 벡터 $v_1, \cdots, v_n$과 수 $\alpha_1, \cdots, \alpha_n$에서 아래의 벡터를 $v_1, \cdots, v_n$의 **1차결합**(linear combination)이라 한다.

$$v=\alpha_1v_1+\cdots+\alpha_nv_n$$

벡터 v가 적당한 벡터 $v_1, \cdots, v_n$의 일차결합으로 표시될 때 v는 이들 벡터에 의하여 **생성**(generated)되었다고 한다. 이때는 수 $\alpha_1, \cdots, \alpha_n$이 존재하여 $v=\sum_{i=1}^{n}\alpha_iv_i$가 된다. 벡터 $v_1, \cdots, v_n$의 일차결합 전체 집합은 다음 정리에서 보는 바와 같이 부분공간을 이룬다. 이 집합을 $v_1, \cdots, v_n$에 의하여 생성된 부분공간이라 하고 $\langle v_1, \cdots, v_n\rangle$으로 나타낸다. 즉

$$\langle v_1, \cdots, v_n\rangle=\{\alpha_1v_1+\cdots+\alpha_nv_n \mid \alpha_i:\ 수,\ i=1, \cdots, n\}$$

$V=\langle v_1, \cdots, v_n\rangle$인 벡터 $v_1, \cdots, v_n$이 존재할 때 $\{v_1, \cdots, v_n\}$을 V의 **생성원집합**(generating set)이라 한다. 모든 V의 원소가 $v_1, \cdots, v_n$의 일차결합이 될 때 이들은 V의 생성원들이 된다.

정리 3.1.5 벡터공간 V의 벡터 $v_1, \cdots, v_r$의 일차결합 전체의 집합

$$\langle v_1, \cdots, v_r \rangle = \{v = \alpha_1 v_1 + \cdots + \alpha_r v_r \mid \alpha_i \in \mathbb{K},\ i = 1, \cdots, r\}$$

은 $v_1, \cdots, v_r$를 포함하는 최소의 부분공간이다.

[증명] 집합 $\langle v_1, \cdots, v_n \rangle$의 두 원소 u, v

$$u = \alpha_1 v_1 + \cdots + \alpha_r v_r,\ v = \beta_1 v_1 + \cdots + \beta_r v_r$$

의 합은

$$\begin{aligned} u + v &= (\alpha_1 v_1 + \cdots + \alpha_r v_r) + (\beta_1 v_1 + \cdots + \beta_r v_r) \\ &= (\alpha_1 v_1 + \beta_1 v_1) + \cdots + (\alpha_r v_r + \beta_r v_r) \\ &= (\alpha_1 + \beta_1) v_1 + \cdots + (\alpha_r + \beta_r) v_r \end{aligned}$$

$\alpha_1 + \beta_1, \cdots, \alpha_r + \beta_r \in \mathbb{K}$이므로 $u + v \in \langle v_1, \cdots, v_r \rangle$. $\alpha \in \mathbb{K}$에서

$$\alpha u = \alpha(\alpha_1 v_1 + \cdots + \alpha_r v_r) = (\alpha\alpha_1) v_1 + \cdots + (\alpha\alpha_r) v_r$$

이고 $\alpha\alpha_i \in \mathbb{K}$이므로 $\alpha u \in \langle v_1, \cdots, v_r \rangle$. 이로써 $\langle v_1, \cdots, v_r \rangle$가 V의 부분공간임이 확인되었다. 모든 v_i는

$$v_i = 0 v_1 + \cdots + 0 v_{i-1} + 1 v_i + 0 v_{i+1} + \cdots + 0 v_r$$

이므로 $v_i \in \langle v_1, \cdots, v_r \rangle$. L을 $v_1, \cdots, v_r$를 포함하는 부분공간이라 하자. 임의의 $v \in \langle v_1, \cdots, v_r \rangle$에서 $v = \alpha_1 v_1 + \cdots + \alpha_r v_r$는 L의 원소 $v_1, \cdots, v_r$의 일차결합이므로 부분공간의 정의에 의하여 L의 원소이다. 그러므로 $v \in L$이다. 따라서 $\langle v_1, \cdots, v_r \rangle \subseteq L$이다. $v_1, \cdots, v_r$를 포함하는 모든 부분공간에 대하여 이러한 성질이 성립하므로 $\langle v_1, \cdots, v_r \rangle$는 $v_1, \cdots, v_r$를 포함하는 최소의 부분공간이다.

예제 3.1.9 벡터 $(1, 1, 1)$, $(1, 1, 0)$, $(1, 0, 0)$은 $\mathbb{R}^3$공간의 생성원임을 보여라.

[풀이] $\mathbb{R}^3$의 임의의 벡터 $X = (x, y, z)$에서 $(x, y, z) = \alpha(1, 1, 1) + \beta(1, 1, 0) + \gamma(1, 0, 0)$인 $\alpha, \beta, \gamma \in \mathbb{R}$가 존재함을 보이면 된다.

$$(x, y, z) = \alpha(1, 1, 1) + \beta(1, 1, 0) + \gamma(1, 0, 0)$$

$$=(\alpha,\ \alpha,\ \alpha)+(\beta,\ \beta,\ 0)+(\gamma,\ 0,\ 0)$$
$$=(\alpha+\beta+\gamma,\ \alpha+\beta,\ \alpha)$$

이므로 $x=\alpha+\beta+\gamma$, $y=\alpha+\beta$, $z=\alpha$이다. 이들을 계산하면

$$\alpha=z,\quad \beta=y-z,\quad \gamma=x-y$$

따라서

$$(x,\ y,\ z)=z(1,\ 1,\ 1)+(y-z)(1,\ 1,\ 0)+(x-y)(1,\ 0,\ 0)$$

예제 3.1.10 벡터 (1, 1, 1)을 (1, 1, 0), (0, 1, 1), (1, 0, 1)의 일차결합으로 표시할 때 계수를 구하여라.

[풀이] $(x,\ y,\ z)\in\mathbb{R}^3$은

$$(x,\ y,\ z)=\frac{x+y-z}{2}(1,\ 1,\ 0)+\frac{-x+y+z}{2}(0,\ 1,\ 1)+\frac{x-y+z}{2}(1,\ 0,\ 1)$$

로 표시된다. $x=y=z=1$ 이면

$$(1,\ 1,\ 1)=\frac{1}{2}(1,\ 1,\ 0)+\frac{1}{2}(0,\ 1,\ 1)+\frac{1}{2}(1,\ 0,\ 1)$$

그러므로 계수는 모두 $\frac{1}{2}$이다.

예제 3.1.11 다항식집합 $\mathbb{R}_n[x]=\{f(x)\in\mathbb{R}[x]\mid\deg f(x)<n\}$의 생성원을 구하여라.

[풀이] $f(x)\in\mathbb{R}_n[x]$는

$$f(x)=a_0\cdot 1+a_1x+\cdots+a_{n-1}x^{n-1}$$

으로 표시되므로 $\{1,\ x,\ \cdots,\ x^{n-1}\}$이 생성원집합이다.

예제 3.1.12 벡터공간 V의 벡터 $v_1,\ \cdots,\ v_r,\ v$에서 다음이 성립한다.

(1) $\langle v_1,\ \cdots,\ v_r\rangle=\langle v_1\rangle+\cdots+\langle v_r\rangle$

(2) $\langle v_1,\ \cdots,\ v_r\rangle\subseteq\langle v_1,\ \cdots,\ v_r,\ v\rangle$

(3) $\langle v_1, \cdots, v_r \rangle = \langle v_1, \cdots, v_r, v_i \rangle$, $i=1, \cdots, r$

[풀이] (1) 정의에 의하여

$$\begin{aligned}\langle v_1, \cdots, v_r \rangle &= \{\alpha_1 v_1 + \cdots + \alpha_r v_r \mid \alpha_1, \cdots, \alpha_r \in \mathbb{K}\} \\ &= \{\alpha_1 v_1 \mid \alpha_1 \in \mathbb{K}\} + \cdots + \{\alpha_r v_r \mid \alpha_r \in \mathbb{K}\} \\ &= \langle v_1 \rangle + \cdots + \langle v_r \rangle\end{aligned}$$

(2) $\langle v_1, \cdots, v_r, v \rangle$는 $v_1, \cdots, v_r$를 포함하는 부분공간이므로 정리 3.1.5에 의하여 $\langle v_1, \cdots, v_r \rangle$를 부분집합으로 갖는다.

(3) $\langle v_1, \cdots, v_r, v_i \rangle$의 임의의 원소 $u = \left(\sum_{i=1}^{r} \alpha_i v_i\right) + \alpha v_i$이므로

$$\begin{aligned}u &= \alpha_1 v_1 + \cdots + \alpha_i v_i + \cdots + \alpha_r v_r + \alpha v_i \\ &= \alpha_1 v_1 + \cdots + (\alpha_i + \alpha) v_i + \cdots + \alpha_r v_r \\ &= \beta_1 v_1 + \cdots + \beta_i v_i + \cdots + \beta_r v_r\end{aligned}$$

여기서 $\beta_1 = \alpha_1, \cdots, \beta_{i-1} = \alpha_{i-1}, \beta_i = \alpha_i + \alpha, \beta_{i+1} = \alpha_{i+1}, \cdots, \alpha_r = \beta_r$이다. 이로써 $u \in \langle v_1, \cdots, v_r \rangle$, 즉 $\langle v_1, \cdots, v_r, v_i \rangle \subseteq \langle v_1, \cdots, v_r \rangle$가 증명되었다. 따라서 $\langle v_1, \cdots, v_r \rangle = \langle v_1, \cdots, v_r, v_i \rangle$, $i=1, \cdots, r$이다.

예제 3.1.13 $\mathbb{R}^3$공간의 생성원집합은 여러 개가 있음을 보여라.

[풀이] $\{(1, 0, 0), (0, 1, 0), (0, 0, 1)\}$과 $\{(1, 1, 1), (1, 1, 0), (1, 0, 0)\}$은 $\mathbb{R}^3$공간의 서로 다른 생성원들이다.

정리 3.1.6 집합 V를 $v_1, \cdots, v_n$에 의하여 생성된 벡터공간이라 하면 다음이 성립한다.

(1) $v_1, \cdots, v_n$ 중의 어느 하나가 나머지 것들의 일차결합이면 그 벡터를 제외한 나머지 벡터는 V를 생성한다.

(2) $v_1, \cdots, v_n$ 중의 어느 하나가 나머지 것들의 일차결합으로 표시될 필요충분조건은 다음 식을 만족하는 적어도 하나는 영이 아닌 수 $\alpha_1, \cdots, \alpha_n$에 존재한다.

$$\alpha_1 v_1 + \cdots + \alpha_n v_n = \mathbf{0}$$

[증명] (1) $v_1, \cdots, v_n$이 V의 생성원이므로 임의의 벡터 v는 $v_1, \cdots, v_n$의 일차

결합으로 표시된다.

$$v=\alpha_1 v_1+\cdots+\alpha_n v_n$$

v_n이 나머지 $n-1$개의 벡터 $v_1, \cdots, v_{n-1}$의 일차집합으로 표시되면

$$v_n=\beta_1 v_1+\cdots+\beta_{n-1} v_{n-1}$$

그러면

$$\begin{aligned} v&=\alpha_1 v_1+\cdots+\alpha_{n-1} v_{n-1}+\alpha_n(\beta_1 v_1+\cdots+\beta_{n-1} v_{n-1}) \\ &=(\alpha_1+\alpha_n\beta_1) v_1+\cdots+(\alpha_{n-1}+\alpha_n\beta_{n-1}) v_{n-1} \end{aligned}$$

이므로 $V\subseteq\langle v_1, \cdots, v_{n-1}\rangle$. 따라서 V는 $v_1, \cdots, v_{n-1}$에 의하여 생성된다.

(2) v_n이 $v_1, \cdots, v_{n-1}$의 일차결합이면

$$v_n=\beta_1 v_1+\cdots+\beta_{n-1} v_{n-1},$$
$$\beta_1 v_1+\cdots+\beta_{n-1} v_{n-1}+(-1) v_n=\mathbf{0}$$

$\beta_1=\alpha_1, \cdots, \beta_{n-1}=\alpha_{n-1}, -1=\alpha_n$이라 놓으면

$$\alpha_1 v_1+\cdots+\alpha_n v_n=\mathbf{0}$$

이고 $\alpha_1, \cdots, \alpha_n$ 중에서 적어도 하나는 영이 아니다. 즉 α_n은 영이 아닌 하나의 계수이다. 역으로 $\alpha_1 v_1+\cdots+\alpha_n v_n=\mathbf{0}$ 이고 $\alpha_n\neq 0$ 라 하자.

$$\alpha_n v_n=(-\alpha_1) v_1+\cdots+(-\alpha_{n-1}) v_{n-1}$$

$\alpha_n{}^{-1}$를 양변에 곱하면

$$v_n=(-\alpha_1)\alpha_n{}^{-1} v_1+\cdots+(-\alpha_{n-1})\alpha_n{}^{-1} v_{n-1}$$

$-\alpha_1\alpha_n{}^{-1}=\beta_1, \cdots, -\alpha_{n-1}\alpha_n{}^{-1}=\beta_{n-1}$이라 하면

$$v_n=\beta_1 v_1+\cdots+\beta_{n-1} v_{n-1}$$

이 되어 v_n은 $v_1, \cdots, v_{n-1}$의 일차결합이다.

예제 3.1.14 $\mathbb{R}^2$공간의 벡터 (2, 4), (3, 6)과 (1, 2), (2, 5)에서 위의 정리를 생각해 보아라.

[풀이] $\alpha(2, 4)+\beta(3, 6)=(0, 0)$, $\alpha, \beta\in\mathbb{R}$ 이면

$$(2\alpha, 4\alpha)+(3\beta, 6\beta)=(2\alpha+3\beta, 4\alpha+6\beta)=(0, 0)$$

그러므로

$$2\alpha+3\beta=0, \ 4\alpha+6\beta=0$$

이를 풀면 $\alpha=3$, $\beta=-2$. 따라서 $3(2, 4)-2(3, 6)=(0, 0)$, $\alpha(1, 2)+\beta(2, 5)=(0, 0)$, $\alpha, \beta\in\mathbb{R}$를 풀면 $\alpha=0$, $\beta=0$이다.

예제 3.1.15 $\mathbb{R}^3$공간의 임의의 벡터는 벡터 $(2, 3, 4)$, $(6, 9, 12)$, $(1, 0, 1)$, $(0, 2, -1)$, $(4, 1, 7)$에 의하여 생성된다.

[풀이] 임의의 벡터 $(x, y, z)\in\mathbb{R}^3$이 이들 벡터의 일차결합임을 보이자.

$$(6, 9, 12)=3(2, 3, 4), \ (4, 1, 7)=(2, 3, 4)+2(1, 0, 1)-(0, 2, -1)$$

이므로

$$\begin{aligned} S&=\langle(2, 3, 4), (6, 9, 12), (1, 0, 1), (0, 2, -1), (4, 1, 7)\rangle \\ &=\langle(2, 3, 4), (1, 0, 1), (0, 2, -1)\rangle. \end{aligned}$$

연습문제 3.1

1. 벡터공간 $V=\mathbb{R}^3$에서 다음 집합 W는 V의 부분공간임을 보여라.
   ① $W=\{(a, b, 0)\,|\,a, b\in\mathbb{R}\}$
   ② $W=\{(a, b, c)\,|\,a+b+c=0, a, b, c\in\mathbb{R}\}$

2. 다음 집합은 $\mathbb{R}^3$공간의 부분공간이 아님을 보여라.
   ① $W=\{(a, b, c)\,|\,a\geq 0\}$ ② $W=\{(a, b, c)\,|\,a^2+b^2+c^2\leq 1\}$
   ③ $W=\{(a, b, c)\,|\,a, b, c\in\mathbb{Q}\}$

3. 체 $\mathbb{K}$ 위의 $n\times n$정방행렬 전체의 집합 V는 $\mathbb{K}$ 위의 벡터공간을 이룬다. 다

음 부분집합은 행렬공간의 부분공간임을 보여라.

① $W=\{A\in V \mid AT=TA,\ T\text{는 고정된 행렬}\}$

② $W=\{A\in V \mid A=A^*\}$

4. 실수 $\mathbb{R}$ 위의 행렬 전체 집합 M은 $\mathbb{R}$ 위의 벡터공간을 이룬다. 다음 부분집합은 M의 부분공간인가?

① $\{A \mid A\in M,\ |A|=0\}=W$　　② $\{A \mid A\in M,\ A^2=A\}=W$

5. 실수 $\mathbb{R}$에서 $\mathbb{R}$로의 모든 함수의 집합 V는 $\mathbb{R}$ 위의 벡터공간을 이룬다. 이때 집합 $U=\{f \mid f\in V,\ f(7)=2+f(1)\}$, $W=\{f \mid f\in V,\ f(x)\geq 0,\ x\text{는 모든 실수}\}$는 V의 부분공간이 아님을 보여라.

6. 벡터 $v=(1,\ -2,\ 5)$를 벡터 $e_1=(1,\ 1,\ 1)$, $e_2=(1,\ 2,\ 3)$, $e_3=(2,\ -1,\ 1)$의 일차결합으로 나타내어라.

7. $\mathbb{R}^3$공간의 xy평면 W는 $u=(1,\ 2,\ 0)$, $v=(0,\ 1,\ 0)$에 의하여 생성된다. 또 $u=(2,\ -1,\ 0)$, $v=(1,\ 3,\ 0)$에 의하여 생성됨을 보여라.

8. 벡터공간 V의 모든 원소 $u,\ v,\ w$에 대하여 $u+v=u+w$이면 $v=w$임을 보여라.

9. 임의의 벡터 $u,\ v$에 대하여 $-(u+v)=-u+(-v)$임을 보여라.

10. $\mathbb{R}^3$공간의 부분집합 $W=\{(x,\ y,\ z) \mid x,\ y,\ z\in\mathbb{R}\}$가 다음 어느 조건을 만족할 때 부분공간이 되는가?

① $x+y=2z$　　② $x+y+z=1$　　③ $x+2y=0$

④ $x+2y=1$　　⑤ $x+2y=3z$　　⑥ $z=0$

11. 다항식 $u=3t^2+8t-5$, $v=4t^2-6t-1$을 다항식 $2t^2+3t-4$, t^2-2t-3의 일차결합으로 나타내어라.

12. 행렬 $A=\begin{bmatrix}3 & 1\\ 1 & -1\end{bmatrix}$을 행렬 $E=\begin{bmatrix}1 & 1\\ 1 & 0\end{bmatrix}$, $F=\begin{bmatrix}0 & 0\\ 1 & 1\end{bmatrix}$, $G=\begin{bmatrix}0 & 2\\ 0 & -1\end{bmatrix}$의 일차결합으로 나타내어라.

13. 체 $\mathbb{K}$ 위의 벡터공간 V의 부분공간 $U,\ W$가 $U+W=V$, $U\cap W=\{\mathbf{0}\}$라 하자. 그러면 V의 임의의 벡터 v는 U에 속하는 단 하나의 벡터 u와 W에 속

하는 단 하나의 벡터 w의 일차결합 $v=u+w$로 표시됨을 보여라.

14. 체 $\mathbb{K}$ 위의 n차 정방행렬 전체 벡터공간을 V라 하자. 상삼각행렬 전체로된 부분공간 U와 하삼각행렬 전체로 된 부분공간 W에 대하여 $U+W$와 $U\cap W$를 구하여라.

15. $\mathbb{R}^3$공간의 다음 부분집합은 부분공간이 되는가?
① $W=\{x=(x_1,\ x_2,\ x_3)\,|\,x_1+2x_2=0\}$
② $W=\{x=(x_1,\ x_2,\ x_3)\,|\,x_1+2x_2=1\}$

16. 폐구간 $[a,\ b]$에서 실수 $\mathbb{R}$로의 연속함수 전체 집합을 $C[a,\ b]$, 미분가능한 함수 전체 집합을 $D[a,\ b]$라 할 때 이들은 모두 $[a,\ b]$ 위에서 실함수 전체의 집합의 부분공간임을 보여라.

17. $\mathbb{R}^3$공간은 벡터 $u=(1,\ 1,\ 1)$, $v=(1,\ 1,\ 0)$, $w=(1,\ 0,\ 0)$에 의하여 생성됨을 보여라.

18. $L(S)$를 벡터공간 V의 부분집합 S를 포함하고 있는 모든 부분집합의 공통부분이라 할 때 다음 물음에 답하여라.
① $S\subset T$이면 $L(S)\subset L(T)$임을 보여라.
② $L(L(S))=L(S)$임을 보여라.

19. 다음 중에서 $\cos^2 x$, $\sin^2 x$에 의하여 생성되는 것은?
① $\cos 2x$　② 1　③ $\sin x$　④ $1+x^2$

20. 벡터 $u=(1,\ 1,\ -1)$과 $v=(2,\ 3,\ 5)$로 생성된 평면의 방정식을 구하여라.

3.2 일차독립과 일차종속

체 $\mathbb{K}$ 위의 벡터공간 V의 원소 $v_1,\ v_2,\ \cdots,\ v_n$에서 일차식 $a_1v_1+\cdots+a_nv_n=\mathbf{0}$을 만족하는 적어도 하나는 0이 아닌 수 $a_1,\cdots,a_n$이 존재할 때 벡터 $v_1,\cdots,v_n$을 **일차종속**(linearly dependent)이라 한다. 1차종속이 아닌 벡터 $v_1,\ \cdots,\ v_n$을 **일차독립**(linearly independent)이라 한다. 벡터 $v_1,\ \cdots,\ v_n$이 일차독립이기 위한 필

요충분조건은 $\alpha_1 v_1 + \cdots + \alpha_n v_n = \mathbf{0}$ 이면 $\alpha_1 = \cdots = \alpha_n = 0$ 인 것이다. 일차독립과 일차종속은 벡터 $v_1, \cdots, v_n$의 배열 순서에는 관계가 없다.

정리 3.2.1 벡터 $v_1, \cdots, v_n$들 중에서 영벡터가 적어도 하나 있으면 이들은 일차종속이다.

[증명] $v_i = \mathbf{0}$ 이라 하면 $0 \cdot v_1 + \cdots + 0 \cdot v_{i-1} + 1 \cdot v_i + 0 \cdot v_{i+1} + \cdots + 0 \cdot v_n = \mathbf{0}$ 이고 $\alpha_1 = \cdots = \alpha_{i-1} = \alpha_{i+1} = \cdots = \alpha_n = 0$, $\alpha_i = 1 \neq 0$. 따라서 $v_1, \cdots, v_n$은 일차종속이다.

예제 3.2.1 다음 벡터에 대하여 일차종속, 일차독립을 판별하여라.

(1) $(0, 1, 0), (1, 1, 0), (0, 0, 1)$　　(2) $(1, 0, 1), (0, 1, 0)$

(3) $1+x, x, 1$　　(4) $1+x, 1-x$

[풀이] (1) $\alpha(0, 1, 0) + \beta(1, 1, 0) + \gamma(0, 0, 1) = (0, 0, 0)$인 실수 α, β, γ를 구한다.

$$(0, \alpha, 0) + (\beta, \beta, 0) + (0, 0, \gamma) = (0, 0, 0)$$
$$(\beta, \alpha+\beta, \gamma) = (0, 0, 0)$$

에서 $\beta = 0$, $\alpha + \beta = 0$, $\gamma = 0$. 따라서 $\alpha = 0$, $\beta = 0$, $\gamma = 0$. 벡터 $(0, 1, 0)$, $(1, 1, 0)$, $(0, 0, 1)$은 일차독립이다.

(2) $\alpha(1, 0, 1) + \beta(0, 1, 0) = (0, 0, 0)$인 α, β를 구한다.

$$(\alpha, 0, \alpha) + (0, \beta, 0) = (\alpha, \beta, \alpha) = (0, 0, 0)$$

$\alpha = 0$, $\beta = 0$ 이므로 $(1, 0, 1)$, $(0, 1, 0)$은 일차독립이다.

(3) $\alpha(1+x) + \beta x + \gamma 1 = 0$ 이라 놓으면

$$\alpha + \alpha x + \beta x + \gamma = (\alpha + \gamma) + (\alpha + \beta)x = 0$$

$\alpha + \gamma = 0$, $\alpha + \beta = 0$ 에서 $\alpha = -\beta$, $\alpha = -\gamma$ 이므로

$$\alpha = -\beta = -\gamma$$

$\alpha = 1$ 이면 $\beta = \gamma = -1$ 이고 $(1)(1+x) + (-1)x + (-1)1 = 0$. $\alpha(1+x) + \beta x + \gamma 1 = 0$ 이고 $\alpha \neq 0$, $\beta \neq 0$, $\gamma \neq 0$ 인 α, β, γ가 존재한다. 이는 $1+x, x, 1$ 이 일차종속임을

뜻한다.

예제 3.2.2 벡터 $u=(6, 2, 3, 4)$, $v=(0, 5, -3, 1)$, $w=(0, 0, 7, -2)$는 일차독립이다.

[풀이] 실수 x, y, z가 존재하여 $xu+yv+zw=\mathbf{0}$이라 하자.

$$\begin{aligned}(0, 0, 0, 0)&=x(6, 2, 3, 4)+y(0, 5, -3, 1)+z(0, 0, 7, -2)\\&=(6x, 2x, 3x, 4x)+(0, 5y, -3y, y)+(0, 0, 7z, -2z)\\&=(6x, 2x+5y, 3x-3y+7z, 4x+y-2z)\end{aligned}$$

이 등식의 성분을 비교하면

$$\begin{aligned}6x\qquad\quad&=0\\2x+5y\quad\;&=0\\3x-3y+7z&=0\\4x+\ y-2z&=0\end{aligned}$$

이 연립방정식의 근을 구하면 $x=y=z=0$. 따라서 벡터 u, v, w는 일차독립이다.

예제 3.2.3 $\mathbb{R}$에서 $\mathbb{R}$로의 함수 전체의 집합이 이루는 벡터공간을 V라 하자. 함수 f, g, h가 다음과 같을 때 일차독립, 일차종속을 판정하여라.

(1) $f(x)=e^{2x}$, $g(x)=x^2$, $h(x)=x$

(2) $f(x)=\sin x$, $g(x)=\cos x$, $h(x)=x$

[풀이] (1) $\alpha e^{2x}+\beta x^2+\gamma x=0$이라 놓으면

$$\begin{aligned}&x=0\text{ 이면 } \alpha e^0+\beta 0+\gamma 0=\alpha=0\\&x=1\text{ 이면 } \alpha e^2+\beta+\gamma=0\\&x=2\text{ 이면 } \alpha e^4+4\beta+2\gamma=0\end{aligned}$$

이 세 식에서 $\alpha=\beta=\gamma=0$. 따라서 e^{2x}, x^2, x는 일차독립이다.

(2) $\alpha\sin x+\beta\cos x+\gamma x=0$이라 놓으면

$$\begin{aligned}&x=0\text{ 이면 } \alpha\cdot 0+\beta\cdot 1+\gamma\cdot 0=0\\&x=\frac{\pi}{2}\text{ 이면 } \alpha\cdot 1+\beta\cdot 0+\frac{\pi}{2}\cdot\gamma=0\end{aligned}$$

$$x=\pi\text{이면 } \alpha\cdot 0+\beta\cdot(-1)+\gamma\cdot\pi=0$$

이 연립방정식의 근은 $\alpha=\beta=\gamma=0$이다. 따라서 $\sin x$, $\cos x$, x는 일차독립이다.

예제 3.2.4 벡터 u, v, w가 일차독립이면 $u+v$, $u-v$, $u-2v+w$도 일차독립이다.

[풀이] $\alpha(u+v)+\beta(u-v)+\gamma(u-2v+w)=\mathbf{0}$인 수 α, β, γ를 구하자. $\alpha u+\alpha v+\beta u-\beta v+\gamma u-2\gamma v+\gamma w=\mathbf{0}$에서

$$(\alpha+\beta+\gamma)u+(\alpha-\beta-2\gamma)v+\gamma w=\mathbf{0}$$

벡터 u, v, w가 일차독립이므로

$$\begin{aligned}\alpha+\beta+\gamma&=0\\ \alpha-\beta-2\gamma&=0\\ \gamma&=0\end{aligned}$$

이 연립방정식의 해는 $\alpha=0$, $\beta=0$, $\gamma=0$뿐이므로 $u+v$, $u-v$, $u-2v+w$는 일차독립이다.

예제 3.2.5 벡터 $u=(1+i,\ 2i)$, $v=(1,\ 1+i)$는 복소수체 $\mathbb{C}$ 위에서 일차종속이나 실수체 $\mathbb{R}$ 위에서는 일차독립이다.

[풀이] (i) 실수 α, β가 존재하여 $\alpha(1+i, 2i)+\beta(1, 1+i)=\mathbf{0}$이라 하면 $(\alpha+\alpha i, 2\alpha i)+(\beta,\ \beta+\beta i)=(\alpha+\beta+\alpha i,\ \beta+(2\alpha+\beta)i)=(0,\ 0)$. $\alpha+\beta+\alpha i=0$, $\beta+(2\alpha+\beta)i=0$에서 $\alpha+\beta=0$, $\alpha=0$이고 $\beta=0$, $2\alpha+\beta=0$. 따라서 $\alpha=\beta=0$이 되어 벡터 u, v는 $\mathbb{R}$ 위에서 일차독립이다.

(ii) 복소수 $z=-1$, $z'=1+i$라 놓으면 $(z)(1+i,\ 2i)+(z')(1,\ 1+i)=(-1-i,\ -2i)+(1+i)(1,\ 1+i)=(-1-i,\ -2i)+(1+i,\ 2i)=(-1-i+1+i,\ -2i+2i)=(0,\ 0)$. 즉 $zu+z'v=\mathbf{0}$이지만 $z=-1\neq0$, $z'=1+i\neq0$이다. 따라서 u, v는 복소수체 C 위에서는 일차종속이다.

정리 3.2.2 벡터공간 V의 원소 v_1, v_2, $\cdots$, v_n에 대하여 다음이 성립한다.

(1) v_1, $\cdots$, v_n이 일차종속이면 이들 중에 몇 개의 벡터를 첨가하여도 일차종

속이다.

(2) $v_1, \cdots, v_n$이 일차독립이면 이들 중에서 몇 개의 벡터를 제외하여도 일차독립이다.

[증명] (1) $v_1, \cdots, v_n$이 일차종속이면 적어도 하나는 0이 아닌 수 α_i, $i=1, \cdots, n$이 존재하여

$$\alpha_1 v_1 + \cdots + \alpha_n v_n = \mathbf{0}$$

새로운 벡터 $w_{n+1}, \cdots, w_{n+m}$에서

$$\alpha_1 v_1 + \cdots + \alpha_n v_n + 0 w_{n+1} + \cdots + 0 w_{n+m} = \mathbf{0}$$

이 성립한다. $\alpha_{n+1} = \cdots = \alpha_{n+m} = 0$ 이라 놓으면

$$\alpha_1 v_1 + \cdots + \alpha_n v_n + \alpha_{n+1} w_{n+1} + \cdots + \alpha_{n+m} w_{n+m} = \mathbf{0}$$

그러면 $\alpha_1, \cdots, \alpha_{n+m}$ 중 적어도 하나는 0이 아니다. 실제로 $\alpha_1, \cdots, \alpha_n$ 중 적어도 하나는 영이 아니다. 이러한 사실은 $v_1, \cdots, v_n, w_{n+1}, \cdots, w_{n+m}$이 일차종속임을 뜻한다.

(2) $v_1, \cdots, v_n$을 일차독립이라 하면 $v_1, \cdots, v_{n-1}$도 일차독립임을 보이면 충분하다. 수 $\alpha_1, \cdots, \alpha_{n-1}$이 존재하여

$$\alpha_1 v_1 + \cdots + \alpha_{n-1} v_{n-1} = \mathbf{0}$$

$\alpha_n = 0$ 이라 놓으면

$$\alpha_1 v_1 + \cdots + \alpha_{n-1} v_{n-1} + 0 v_n = \alpha_1 v_1 + \cdots + \alpha_n v_n = \mathbf{0}$$

$v_1, \cdots, v_n$이 일차독립이므로

$$\alpha_1 = \cdots = \alpha_{n-1} = \alpha_n = 0$$

그러므로 $\alpha_1 = \cdots = \alpha_{n-1} = 0$ 이 되어 $v_1, \cdots, v_{n-1}$은 일차독립이다.

정리 3.2.2는 벡터의 일차독립과 일차종속의 기본 성격을 나타낸 것이다. 종속성은 새로운 벡터의 첨가에 따르는 변화가 없으며 독립성은 제외에 관하여 불변임을 의미한다. 이러한 특성은 생성원인 동시에 일차독립인 벡터를 얻는 데 중

요한 역할을 한다.

정리 3.2.3 벡터 v와 $v_1, \cdots, v_n$에 대하여 다음 성질이 성립한다.

(1) 영이 아닌 벡터 v는 일차독립이다.

(2) 영벡터는 일차종속이다.

(3) $v_1, \cdots, v_n$ 중 어느 한 벡터가 영이거나 이들 중 어느 두 벡터가 서로 같으면 일차종속이다.

[증명] (1), (2) 수 α와 벡터 $v \neq \mathbf{0}$에 대하여 $\alpha v = \mathbf{0}$이면 $\alpha = 0$이다. 그러므로 v는 일차독립이다. 벡터 $v = \mathbf{0}$이면 $\alpha = 1$에 대하여 $\alpha v = 1v = v = \mathbf{0}$. 즉 $\alpha v = \mathbf{0}$이지만 $\alpha = 1 \neq 0$이다. 이는 $v = \mathbf{0}$이 일차종속임을 의미한다.

(3) $v_1, \cdots, v_n$에서 $v_i = \mathbf{0}$이라 하면

$$0v_1 + \cdots + 0v_{i-1} + 1v_i + 0v_{i+1} + \cdots + 0v_n = \mathbf{0}$$

$\alpha_1 = \cdots = \alpha_{i-1} = \alpha_{i+1} = \cdots = 0$. $\alpha_i = 1$이라 놓으면

$$\alpha_1 v_1 + \cdots + \alpha_n v_n = \mathbf{0}$$

$\alpha_1, \cdots, \alpha_n$ 중 적어도 하나 $\alpha_i = 1 \neq 0$이므로 $v_1, \cdots, v_n$은 일차종속이다. $v_1, \cdots, v_n$ 중에서 $v_i = v_j (i < j,\ i, j = 1, \cdots, n)$라 하면

$$0v_1 + \cdots + 0v_{i-1} + 1v_i + 0v_{i+1} + \cdots + 0v_{j-1} + (-1)v_j + 0v_{j+1} + \cdots + 0v_n = \mathbf{0}$$

$\alpha_1 = \cdots = \alpha_{i-1} = \alpha_{i+1} = \cdots = \alpha_{j-1} = \alpha_{j+1} = \cdots = \alpha_n = 0$, $\alpha_i = 1$, $\alpha_j = -1$이라 놓으면 $\alpha_1 v_1 + \cdots + \alpha_n v_n = \mathbf{0}$이고 α_i들 중 α_i, α_j는 영이 아니다. 따라서 $v_1, \cdots, v_n$은 일차종속이다.

정리 3.2.4 유한 개의 벡터 $v_1, \cdots, v_n (n \geq 2)$에 대하여 다음이 성립한다.

(1) $v_1, \cdots, v_n$이 일차종속일 필요충분조건은 그중의 하나의 벡터가 나머지 $(n-1)$개의 벡터의 일차결합으로 표시되는 것이다.

(2) $v_1, \cdots, v_n$이 일차독립일 필요충분조건은 그중의 어느 벡터도 나머지 벡터의 일차결합으로 표시되지 않는 것이다.

[증명] (2)는 (1)의 대우이므로 (1)을 증명하면 된다. $v_1, \cdots, v_n$이 일차종속이면

$\alpha_1 v_1 + \cdots + \alpha_n v_n = \mathbf{0}$을 만족하는 적어도 하나는 영이 아닌 수 $\alpha_1, \cdots, \alpha_n$이 존재한다. 이들 중 $\alpha_i \neq 0$이라 하면

$$v_i = \left(-\frac{\alpha_1}{\alpha_i}\right)v_1 + \cdots + \left(-\frac{\alpha_{i-1}}{\alpha_i}\right)v_{i-1} + \left(-\frac{\alpha_{i+1}}{\alpha_i}\right)v_{i+1} + \cdots + \left(-\frac{\alpha_n}{\alpha_i}\right)v_n$$

$-\frac{\alpha_1}{\alpha_i} = \beta_1, \cdots, -\frac{\alpha_n}{\alpha_i} = \beta_n$이라 놓으면

$$v_i = \beta_1 v_1 + \cdots + \beta_{i-1} v_{i-1} + \beta_{i+1} v_{i+1} + \cdots + \beta_n v_n$$

따라서 v_i는 $(n-1)$개의 벡터 $v_i, \cdots, v_{i-1}, v_{i+1}, \cdots, v_n$의 일차결합으로 표시된다. 역으로 v_i가 $v_1, \cdots, v_{i-1}, v_{i+1}, \cdots, v_n$의 일차결합으로 표시되었다면

$$v_i = \beta_1 v_1 + \cdots + \beta_{i-1} v_{i-1} + \beta_{i+1} v_{i+1} + \cdots + \beta_n v_n$$

이항하여 정돈하면

$$\beta_1 v_1 + \cdots + \beta_{i-1} v_{i-1} + (-1) v_i + \beta_{i+1} v_{i+1} + \cdots + \beta_n v_n = \mathbf{0}$$

$\alpha_1 = \beta_1, \cdots, \alpha_n = \beta_n, \alpha_i = -1$이라 놓으면

$$\alpha_1 v_1 + \cdots + \alpha_n v_n = \mathbf{0}$$

$\alpha_1, \cdots, \alpha_n$ 중 적어도 하나 $\alpha_i = -1 \neq 0$이므로 $v_1, \cdots, v_n$은 일차종속이다.

정리 3.2.5 벡터 v가 일차독립인 벡터 $v_1, \cdots, v_n$의 일차결합으로 표시된다면 $v = \alpha_1 v_1 + \cdots + \alpha_n v_n$인 $\alpha_1, \cdots, \alpha_n$은 오직 한 조만 존재한다.

[증명] $v = \alpha_1 v_1 + \cdots + \alpha_n v_n$, $v = \beta_1 v_1 + \cdots + \beta_n v_n$이라 하면

$$\begin{aligned} \mathbf{0} = v - v &= (\alpha_1 v_1 + \cdots + \alpha_n v_n) + (\beta_1 v_1 + \cdots + \beta_n v_n) \\ &= (\alpha_1 - \beta_1) v_1 + \cdots + (\alpha_n - \beta_n) v_n \end{aligned}$$

$v_1, \cdots, v_n$이 일차독립이므로

$$\alpha_1 - \beta_1 = 0, \cdots, \alpha_n - \beta_n = 0$$

그러므로 $\alpha_1 = \beta_1, \cdots, \alpha_n = \beta_n$이다. 이는 벡터 v가 $v_1, \cdots, v_n$의 일차결합으로 표시된다면 그 표시 방법은 일의적으로 정해짐을 의미한다.

예제 3.2.6 벡터 $v_1, \cdots, v_n$이 일차독립이고 $v_1, \cdots, v_n, w$가 일차종속이면 w는 $v_1, \cdots, v_n$에 의하여 생성된 부분공간 $\langle v_1, \cdots, v_n \rangle$의 원소이다.

[풀이] $v_1, \cdots, v_n, w$가 일차종속이므로 전부가 0은 아닌 $\alpha_1, \cdots, \alpha_n, \alpha$가 존재하여

$$\alpha_1 v_1 + \cdots + \alpha_n v_n + \alpha w = \mathbf{0}$$

$\alpha=0$ 이면 $\alpha_1 v_1 + \cdots + \alpha_n v_n = \mathbf{0}$ 이므로 모든 $\alpha_i = 0$. 이는 $v_1, \cdots, v_n, w$가 일차종속이라는 가정에 어긋난다. 그러므로 $\alpha \neq 0$. α로 양변을 나누면

$$w = \left(-\frac{\alpha_1}{\alpha}\right)v_1 + \cdots + \left(-\frac{\alpha_n}{\alpha}\right)v_n$$

벡터 w는 $v_1, \cdots, v_n$의 일차결합으로 표시되므로 이들의 일차결합 전체의 집합인 $\langle v_1, \cdots, v_n \rangle$의 원소이다.

예제 3.2.7 벡터 $v_1, \cdots, v_n$이 벡터공간 V의 생성원일 때 다음 성질이 성립한다.

(1) 임의의 벡터 $w \in V$에 대하여 $v_1, \cdots, v_n, w$는 일차종속이고 또한 V를 생성한다.

(2) 벡터 v_i가 $v_1, \cdots, v_{i-1}$의 일차결합이면 $v_1, \cdots, v_{i-1}, v_{i+1}, \cdots, v_n$은 V를 생성한다.

[풀이] (1) $v_1, \cdots, v_n$이 V의 생성원이므로 w는 이들의 일차결합으로 표시된다. $w = \alpha_1 v_1 + \cdots + \alpha_n v_n$인 수 $\alpha_1, \cdots, \alpha_n$이 존재하여

$$\alpha_1 v_1 + \cdots + \alpha_n v_n + (-1)w = \mathbf{0}$$

$w = v_{n+1}$, $\alpha_{n+1} = -1$ 이라 놓으면 $\sum_{i=1}^{n+1} \alpha_i v_i = \mathbf{0}$ 이고 α_i 중 적어도 하나 $\alpha_{n+1} \neq 0$ 이다. 그러므로 $v_1, \cdots, v_n, w$는 일차종속이다. 또 $v_1, \cdots, v_n$이 V의 생성원이면 이들에 w를 첨가한 $v_1, \cdots, v_n, w$도 V를 생성한다.

(2) $\langle v_1, \cdots, v_n \rangle = V$ 이므로 임의의 벡터 $w \in V$는 다음으로 표시된다.

$$w = \alpha_1 v_1 + \cdots + \alpha_{i-1} v_{i-1} + \alpha_i v_i + \alpha_{i+1} v_{i+1} + \cdots + \alpha_n v_n$$

v_i가 v_1, …, v_{i-1}의 일차결합이면

$$v_i = \beta_1 v_1 + \cdots + \beta_{i-1} v_{i-1}$$

이 v_i를 위의 식에 대입하면

$$\begin{aligned} w &= \alpha_1 v_1 + \cdots + \alpha_{i-1} v_{i-1} + \alpha_i(\beta_1 v_1 + \cdots + \beta_{i-1} v_{i-1}) + \alpha_{i+1} v_{i+1} + \cdots + \alpha_n v_n \\ &= (\alpha_1 + \alpha_i \beta_1) v_1 + \cdots + (\alpha_{i-1} + \alpha_i \beta_{i-1}) v_{i-1} + \alpha_{i+1} v_{i+1} + \cdots + \alpha_n v_n \end{aligned}$$

따라서 w는 v_1, …, v_{i-1}, v_{i+1}, …, v_n의 일차결합으로 표시된다.

체 $\mathbb{K}$ 위의 벡터공간 V의 벡터 v_1, …, v_n이 일차종속인가, 일차독립인가를 판별하는 것은 $\mathbb{K}$가 무엇이냐라는 질문과 깊은 관계를 갖는다.

예제 3.2.8 복소수 1, i는 실수 $\mathbb{R}$ 위에서는 일차독립이나 복소수 $\mathbb{C}$ 위에서는 일차종속이다.

[풀이] 임의의 실수 α, $\beta \in \mathbb{R}$에 대하여 $\alpha(1) + \beta(i) = 0$이라 하면

$$\alpha + \beta i = 0 = 0 + 0i$$

복소수의 성질에 의하여 $\alpha = 0$, $\beta = 0$. 따라서 1, i는 실수 위에서 일차독립이다. 그러나 $i \neq 0$, $-1 \neq 0$이고

$$i(1) + (-1)(i) = i - i = 0$$

이는 1, i가 $\mathbb{C}$ 위에서 일차종속임을 뜻한다.

예제 3.2.9 유클리드공간 $\mathbb{R}^n$ 위의 n개의 벡터

$$\begin{aligned} a_1 &= (a_{11}, a_{12}, \cdots, a_{1n}) \\ a_2 &= (a_{21}, a_{22}, \cdots, a_{2n}) \\ &\vdots \\ a_n &= (a_{n1}, a_{n2}, \cdots, a_{nn}) \end{aligned}$$

이 일차독립이기 위한 필요충분조건은 이들의 성분으로 이루어진 행렬식의 값이 영이 아닌 것이다.

$$D=\begin{vmatrix} a_{11} & a_{12} & \cdots & a_{1n} \\ a_{21} & a_{22} & \cdots & a_{2n} \\ \vdots & \vdots & & \vdots \\ a_{n1} & a_{n2} & \cdots & a_{nn} \end{vmatrix} \neq 0$$

[풀이] $x_1a_1+\cdots+x_na_n=(x_1a_{11}+\cdots+x_na_{n1},\ \cdots,\ x_1a_{1n}+\cdots+x_na_{nn})=O$이면 다음 제차연립방정식이 자명한 해 $(0, \cdots, 0)$만을 해로 가질 필요충분조건은 $D\neq 0$이다.

$$\begin{gathered} x_1a_{11}+\cdots+x_na_{n1}=0 \\ x_1a_{12}+\cdots+x_na_{n2}=0 \\ \vdots \\ x_1a_{1n}+\cdots+x_na_{nn}=0 \end{gathered}$$

예제 3.2.10 실수 $\mathbb{R}$ 위의 2×3행렬 전체 집합 V는 행렬의 스칼라곱과 덧셈에 의하여 벡터공간을 이룬다. 다음 행렬은 벡터공간 V에서 일차독립인가?

(1) $A=\begin{bmatrix} 1 & -2 & 3 \\ 2 & 4 & -1 \end{bmatrix}$, $B=\begin{bmatrix} 1 & -1 & 4 \\ 4 & 5 & -2 \end{bmatrix}$, $C=\begin{bmatrix} 3 & -8 & 7 \\ 2 & 10 & -1 \end{bmatrix}$

(2) $A=\begin{bmatrix} 2 & 1 & -1 \\ 3 & -2 & 4 \end{bmatrix}$, $B=\begin{bmatrix} 1 & 1 & -3 \\ -2 & 0 & 5 \end{bmatrix}$, $C=\begin{bmatrix} 4 & -1 & 2 \\ 1 & -2 & -3 \end{bmatrix}$

[풀이] (1) 실수 $xA+yB+zC=0$이라 놓으면

$$x\begin{bmatrix} 1 & -2 & 3 \\ 2 & 4 & -1 \end{bmatrix}+y\begin{bmatrix} 1 & -1 & 4 \\ 4 & 5 & -2 \end{bmatrix}+z\begin{bmatrix} 3 & -8 & 7 \\ 2 & 10 & -1 \end{bmatrix}=\begin{bmatrix} 0 & 0 & 0 \\ 0 & 0 & 0 \end{bmatrix}$$

$$\begin{bmatrix} x+y+3z & -2x-y-8z & 3x+4y+7z \\ 2x+4y+2z & 4x+5y+10z & -x-2y-z \end{bmatrix}=\begin{bmatrix} 0 & 0 & 0 \\ 0 & 0 & 0 \end{bmatrix}$$

이 등식의 성분을 비교하면

$$\begin{gathered} x+y+3z=0,\ -2x-y-8z=0,\ 3x+4y+7z=0 \\ 2x+4y+2z=0,\ 4x+5y+10z=0,\ -x-2y-z=0 \end{gathered}$$

이들 일차식을 만족하는 해는 $x=0$, $y=0$, $z=0$뿐이다. 따라서 행렬 A, B, C는 일차독립이다.

연습문제 3.2

1. 차수가 3 이하인 실수 $\mathbb{R}$ 위의 다항식으로 이루어진 벡터공간 V에서 다음 다항식은 일차독립인가?

   ① $f(t)=t^3-4t^2+2t+3,\ g(t)=t^3+2t^2+4t-1,\ h(t)=2t^3-t^2-3t+5$

   ② $f(t)=t^3-5t^2-2t+3,\ g(t)=t^3-4t^2-3t+4,\ h(t)=2t^3-7t^2-7t+9$

2. 행렬공간 $M_{2\times 2}$의 부분공간을 이루는 것은?

   ① $\left\{\begin{bmatrix} a & b \\ c & d \end{bmatrix} \middle| a,\ b,\ c,\ d:\ \text{정수}\right\}$　　② $\left\{\begin{bmatrix} a & b \\ c & d \end{bmatrix} \middle| a+d=0\right\}$

   ③ $\{A\in M_{2\times 2} \mid A=A^t\}$　　④ $\{A\in M_{2\times 2} \mid |A|=0\}$

3. 다음 다항식을 $f(t)=2+t+4t^2,\ g(t)=1-t+3t^2,\ h(t)=3+2t+5t^2$의 일차결합으로 표시하여라.

   ① $5+9t+5t^2$　　② $2+2t+3t^2$

4. 다음 벡터 $v_1,\ v_2,\ v_3,\ v_4$에서 일차독립인 벡터를 구하여 나머지 벡터를 이들의 일차결합으로 나타내어라.

   ① $v_1=(-2,\ 1,\ -1,\ 2),\ v_2=(2,\ 3,\ -2,\ 1),$
   $v_3=(10,\ 7,\ -4,\ -1),\ v_4=(-2,\ 9,\ -7,\ 8)$

   ② $v_1=(1,\ 3,\ 0,\ 2,\ 1),\ v_2=(2,\ 2,\ 1,\ 4,\ 3),$
   $v_3=(5,\ 6,\ -1,\ 7,\ 2),\ v_4=(2,\ 7,\ 3,\ 7,\ 7)$

5. 실변수 실함수 전체 집합이 이루는 실벡터공간에서 다음 함수는 일차독립임을 보여라.

   ① $e^{at},\ e^{bt}\quad (a\neq b)$　　② $\sin\theta,\ \sin 2\theta$

   ③ $x,\ e^x,\ \sin x$

6. n차 이하의 실계수 다항식 전체가 이루는 다항식공간에서 $1,\ x,\ x^2,\ \cdots,\ x^n$은 일차독립임을 보여라.

7. 벡터 $v_1,\ v_2,\ \cdots,\ v_4$가 일차독립일 때 다음 사실을 확인하여라.

   ① $v_1+v_2,\ v_2+v_3,\ v_3+v_4$는 일차독립이다.

② v_1+v_2, v_2+v_3, v_3+v_4, v_4+v_1은 일차종속이다.

③ v_1+v_2, v_2+v_3, v_3+v_1은 일차독립이다.

④ v_1, v_1+v_2, $v_1+v_2+v_3$, $v_1+v_2+v_3+v_4$는 일차독립이다.

8. 다음 벡터의 일차독립, 일차종속을 행렬식을 이용하여 판별하여라.

   ① (3, 1, 1), (2, 5, −1), (1, −4, −1)

   ② (2, 2, 3, 3), (0, 0, 1, 1), (0, 1, 0, 1), (1, 0, 1, 0)

9. 평면 위의 벡터 $u=(a, b)$, $v=(c, d)$가 일차종속이기 위한 필요충분조건은 $ab-bc=0$ 임을 보여라.

10. $u_1, \cdots, u_r, v_1, \cdots, v_s$가 일차독립일 때 $\langle u_1, \cdots, u_r\rangle \cap \langle v_1, \cdots, v_s\rangle = \{\mathbf{0}\}$임을 보여라.

11. 일차독립인 벡터 u, v, w에서 $u+v-2w$, $u-v-w$, $u+w$는 일차독립이고 $u+v-3w$, $u+3v-w$, $u+w$는 일차종속임을 보여라.

3.3 기저와 차원

벡터공간 V의 부분집합 $\{v_1, \cdots, v_n\}$이 다음 두 조건을 동시에 만족할 때 집합 $\{v_1, \cdots, v_n\}$을 V의 **기저**(basis)라 한다.

(1) $v_1, \cdots, v_n$은 일차독립이다.

(2) $v_1, \cdots, v_n$은 V를 생성한다.

집합 $\{v_1, \cdots, v_n\}$이 기저가 되기 위한 조건 (1)은 $\alpha_1 v_1+\cdots+\alpha_n v_n=\mathbf{0}$ 이면 $\alpha_1=\cdots=\alpha_n=0$을 의미하고, (2)는 임의의 벡터 $v\in V$는 $v_1, \cdots, v_n$의 일차결합으로 표시됨을 뜻한다. 그러므로 V의 임의의 벡터 $v=\alpha_1 v_1+\cdots+\alpha_n v_n$으로 표시되고, 이러한 표시는 일의적으로 정해진다. 이러한 수의 조 $(\alpha_1, \cdots, \alpha_n)$을 기저 $\{v_1, \cdots, v_n\}$에 대한 v의 **좌표**(coordinates)라 한다. 벡터 v의 좌표는 기저 $\{v_1, \cdots, v_n\}$의 원소의 나열 순서에 따라 다를 수 있다. 이러한 혼동을 피하기 위하여 $v_1, v_2, \cdots, v_n$의 순으로 나열된 기저 $\{v_1, \cdots, v_n\}$을 **순서기저**(ordered basis)라 한다. 유한 개

의 벡터로 이루어진 기저를 갖는 벡터공간을 **유한차원 벡터공간**(finite dimensional vector space)이라 하고, 그러하지 않은 벡터공간을 **무한차원 벡터공간**(infinite dimensional vector space)이라 한다. 앞으로 유한차원 벡터공간에 대하여 살펴보도록 한다.

예제 3.3.1 체 $\mathbb{K}$ 위의 벡터공간 $\mathbb{K}^n$의 n개의 벡터

$$e_1=(1, 0, \cdots, 0),\ e_2=(0, 1, 0, \cdots, 0),\ \cdots,\ e_n=(0, 0, \cdots, 0, 1)$$

은 $\mathbb{K}^n$의 기저를 이룬다. 기저 $\{e_1, e_2, \cdots, e_n\}$을 $\mathbb{K}^n$의 **표준기저**(standard basis)라 한다.

[풀이] (i) $e_1, e_2, \cdots, e_n$이 $\mathbb{K}^n$을 생성함을 보이자. 임의의 벡터 $X\in\mathbb{K}^n$, $X=(x_1, \cdots, x_n)$에 대하여 다음 식이 성립한다.

$$\begin{aligned}(x_1, x_2, \cdots, x_n)&=(x_1, 0, \cdots, 0)+(0, x_2, 0, \cdots, 0)+\cdots+(0, 0, \cdots, 0, x_n)\\&=x_1(1, 0, \cdots, 0)+x_2(0, 1, 0, \cdots, 0)+\cdots+x_n(0, 0, \cdots, 0, 1)\end{aligned}$$

그러므로 $X=(x_1, x_2, \cdots, x_n)=x_1e_2+x_2e_2+\cdots+x_ne_n$

(ii) $a_1e_1+a_2e_2+\cdots+a_ne_n=O$이면

$$a_1(1, 0, \cdots, 0)+a_2(0, 1, \cdots, 0)+\cdots+a_n(0, 0, \cdots, 0, 1)=(0, 0, \cdots, 0)$$
$$(a_1, 0, \cdots, 0)+(0, a_2, \cdots, 0)+\cdots+(0, 0, \cdots, 0, a_n)=(0, 0, \cdots, 0)$$

에서 $(a_1, a_2, \cdots, a_n)=(0, 0, \cdots, 0)$, $a_1=a_2=\cdots=a_n=0$. (i)과 (ii)에서 $e_1, e_2, \cdots, e_n$은 $\mathbb{K}^n$을 생성하고 일차독립이다. 따라서 $\{e_1, \cdots, e_n\}$은 $\mathbb{K}^n$의 기저이다.

예제 3.3.2 3차 이하의 다항식 전체의 집합으로 이루어진 벡터공간 $P_3(\mathbb{R})$에 대하여 다음 물음에 답하여라.

(1) $E=\{1, x, x^2\}$, $F=\{1, x-1, x^2-3x+2\}$는 $P_2(\mathbb{R})$의 기저이다.

(2) 다항식 $1+x+x^2$의 기저 E, F에 대한 좌표를 구하여라.

[풀이] (1) (i) $f(x)\in P_2(\mathbb{R})$는 $f(x)=ax^2+bx+c=a\cdot x^2+b\cdot x+c\cdot 1$이므로 $\{1, x, x^2\}$은 $P_2(\mathbb{R})$를 생성한다. $\alpha\cdot 1+\beta\cdot x+\gamma\cdot x^2=0$이면 $\alpha+\beta x+\gamma x^2=0$. $x=0$이면 $\alpha=0$이고 $x\neq 0$. $\beta x+\gamma x^2=0$, $\beta+\gamma x=0$에서 $\gamma=0$이면 $\beta=0$. 그러므로 $\alpha=\beta=\gamma=0$.

이는 1, x, x^2이 일차독립임을 뜻한다. 따라서 $\{1, x, x^2\}$은 $P_2(\mathbb{R})$의 기저이다.

(ii) 임의의 $f(x)\in P_2(\mathbb{R})$, $f(x)=ax^2+bx+c=\alpha(1)+\beta(x-1)+\gamma(x^2-3x+2)$인 실수 α, β, γ가 존재함을 보이자.

$$\begin{aligned} ax^2+bx+c &= \alpha+\beta(x-1)+\gamma(x^2-3x+2) \\ &= (\alpha-\beta+2\gamma)+(\beta-3\gamma)x+\gamma x^2 \end{aligned}$$

양변의 계수를 비교하면

$$\alpha-\beta+2\gamma=c, \quad \beta-3\gamma=b, \quad \gamma=a$$

이 연립방정식의 해는

$$\alpha=a+b+c, \quad \beta=b+3a, \quad \gamma=a$$

$f(x)=ax^2+bx+c=a(x^2-3x+2)+(b+3a)(x-1)+(a+b+c)\cdot 1$이므로 $P_2(\mathbb{R})$는 1, $x-1$, x^2-3x+2에 의하여 생성된다. 일차독립을 증명하기 위하여 $\alpha\cdot 1+\beta(x-1)+\gamma(x^2-3x+2)=0$이라 하자. $(\alpha-\beta+2\gamma)+(\beta-3\gamma)x+\gamma x^2=0$에서 $\alpha-\beta+2\gamma=0$, $\beta-3\gamma=0$, $\gamma=0$. 이 식에서 $\alpha=0$, $\beta=0$, $\gamma=0$이다. 이로써 $\{1, x-1, x^2-3x+2\}$는 $P_2(\mathbb{R})$의 기저임을 알았다.

(2) (i) $1+x+x^2=1\cdot 1\cdot+1\cdot x+1\cdot x^2$이므로 기저 E에 관한 좌표는 (1, 1, 1)이다. $1+x+x^2=3\cdot 1+4(x-1)+1\cdot(x^2-3x+2)$이므로 기저 F에 관한 좌표는 (3, 4, 1)이다.

정리 3.3.1 n개의 벡터 $\{v_1, \cdots, v_n\}$이 벡터공간 V의 기저가 되기 위한 필요충분조건은 V의 임의의 벡터 v가 이들의 일차결합으로 일의적으로 표시되는 것이다.

[증명] 기저의 정의와 정리 3.2.5에 의하여 이 정리의 한편은 명백하다. 역을 증명하기 위하여 $\alpha_1v_1+\cdots+\alpha_nv_n=\mathbf{0}$이라 하자. $0v_1+\cdots+0v_n=\mathbf{0}$과 $\alpha_1v_1+\cdots+\alpha_nv_n=\mathbf{0}$에서

$$\alpha_1v_1+\cdots+\alpha_nv_n=\mathbf{0}=0v_1+\cdots+0v_n$$

가정에 의하여 $\alpha_1=0$, $\cdots$, $\alpha_n=0$. 따라서 v_1, $\cdots$, v_n은 일차독립이다. v_1, $\cdots$, v_n이 V의 생성원이었으므로 $\{v_1, \cdots, v_n\}$은 V의 기저이다.

정리 3.3.2 벡터 $\{v_1, \cdots, v_n\}$이 벡터공간 V의 기저이면 m개의 벡터집합 $\{w_1, \cdots, w_m\}$은 $m>n$일 때 일차종속이다.

[증명] $\langle v_1, \cdots, v_n\rangle = V$이므로 $w_i = a_{1i}v_1 + \cdots + a_{ni}v_n$, $a_{ji}\in\mathbb{K}$, $1\leq i\leq m$, $1\leq j\leq n$인 a_{ji}가 존재한다. $x_1w_1+\cdots+x_nw_n+\cdots+x_mw_m=\mathbf{0}$인 수 $x_1, \cdots, x_n, \cdots, x_m$이 존재하여 이들 중 적어도 하나는 0이 아님을 보이자.

$$\begin{aligned} x_1w_1+\cdots+x_nw_n+\cdots+x_mw_m &= x_1\Big(\sum_{j=1}^{n} a_{j1}v_j\Big)+\cdots+x_m\Big(\sum_{j=1}^{n} a_{jm}v_j\Big) \\ &= \Big(\sum_{j=1}^{m} a_{1j}x_j\Big)v_1+\cdots+\Big(\sum_{j=1}^{m} a_{nj}x_j\Big)v_n=\mathbf{0} \end{aligned}$$

$v_1, \cdots, v_n$이 일차독립이므로 계수 $\sum_{j=1}^{m} a_{1j}x_j=0, \cdots, \sum_{j=1}^{m} a_{nj}x_j=0.$

$$\begin{gathered} a_{11}x_1+\cdots+a_{1m}x_m=0 \\ a_{21}x_1+\cdots+a_{2m}x_m=0 \\ \vdots \\ a_{n1}x_1+\cdots+a_{nm}x_m=0 \end{gathered}$$

방정식의 개수 n이 미지수의 개수 m보다 작으므로 자명하지 않는 해 $X=(x_1, \cdots, x_n)\neq\mathbf{0}$가 존재한다. 적어도 하나의 x_i는 영이 아니므로 $w_1, \cdots, w_m$은 일차종속이다.

정리 3.3.3 집합 $E=\{v_1, \cdots, v_n\}$, $F=\{w_1, \cdots, w_n\}$이 벡터공간 V의 기저이면 $m=n$이다.

[증명] $n>m$이라 하면 $\{w_1, \cdots, w_m\}$이 기저이므로 정리 3.3.2에 의하면 $v_1, \cdots, v_n$은 일차종속이다. 그런데 $\{v_1, \cdots, v_n\}$이 기저이므로 $v_1, \cdots, v_n$은 일차독립이다. 이는 명백한 모순이므로 $n\leq m$이어야 한다. 마찬가지로 $n<m$라 하면 $\{v_1, \cdots, v_n\}$이 기저이므로 $w_1, \cdots, w_m$은 일차종속이다. 이는 $w_1, \cdots, w_m$이 일차독립이라는 가정에 모순이다. 그러므로 $n\geq m$. 이로써 $n\leq m$, $n\geq m$, 즉 $n=m$임이 증명되었다.

벡터공간의 기저는 여러 가지가 있을 수 있다. 위 정리에서 본 바와 같이 그

기저의 원소는 서로 다를지라도 기저를 이루는 벡터의 개수는 같다. 이 일정한 수를 벡터공간의 **차원**(dimension)이라 한다. n개의 벡터로 이루어진 기저를 갖는 벡터공간을 유한차원 벡터공간이라 하고 $\dim_{\mathbb{K}} V = n$으로 나타낸다. 체 $\mathbb{K}$를 특별히 언급하지 않아도 혼동의 우려가 없으면 $\dim V = n < \infty$로 나타내기로 한다. 영벡터 하나로만 이루어진 자명한 공간 $\{\mathbf{0}\}$의 차원은 0으로 정의한다. 체 $\mathbb{K}$ 위의 벡터공간 $\mathbb{K}$의 생성원은 1뿐으로 이 공간의 차원은 1이다.

예제 3.3.3 체 $\mathbb{K}$ 위의 순서조의 집합 $\mathbb{K}^n = \{(x_1, \cdots, x_n) \mid x_i \in \mathbb{K}\}$의 연산을 다음으로 정의하자. $X = (x_1, \cdots, x_n)$, $Y = (y_1, \cdots, y_n)$과 $\alpha \in \mathbb{K}$에 대하여

$$X + Y = (x_1 + y_1, \cdots, x_n + y_n), \ \alpha X = (\alpha x_1, \cdots, \alpha x_n)$$

이때 $e_1 = (1, 0, \cdots, 0), \cdots, e_n = (0, \cdots, 0, 1)$의 집합 $\{e_1, \cdots, e_n\}$은 $\mathbb{K}^n$의 기저이고 $\dim_{\mathbb{K}} \mathbb{K}^n = n$이다.

[풀이] 임의의 $X = (x_1, \cdots, x_n) = x_1 e_1 + \cdots + x_n e_1$이고 $e_1, \cdots, e_n$은 일차독립이다. 이 집합의 원소는 n개이다. 이것 이외의 다른 기저가 있을지라도 그 원소의 개수는 n개이다. 따라서 $\mathbb{K}^n$의 차원은 n이다.

예제 3.3.4 실수계수다항식 전체의 집합 $\mathbb{R}[x]$가 이루는 벡터공간의 차원은 무한이다.

[풀이] $E = \{1, x, x^2, \cdots, x^n, \cdots\} \subseteq \mathbb{R}[x]$는 기저이고 이 집합의 원소의 개수는 유한이 아니다. 실제로 임의의 다항식 $f(x) = a_0 + a_1 x + \cdots + a_n x^n$은 E의 원소 중 $1, x, x^2, \cdots, x^n$의 일차결합이다. 따라서 $\dim_{\mathbb{R}} \mathbb{R}[x] = \infty$.

예제 3.3.5 벡터 $(1, 1, 1), (1, 2, 3), (2, -1, 1)$은 $\mathbb{R}^3$공간의 기저이고 $\mathbb{R}^3$공간의 차원은 3이다.

[풀이] $\begin{bmatrix} 1 & 1 & 1 \\ 1 & 2 & 3 \\ 2 & -1 & 1 \end{bmatrix} \Rightarrow \begin{bmatrix} 1 & 1 & 1 \\ 0 & 1 & 2 \\ 0 & -3 & -1 \end{bmatrix} \Rightarrow \begin{bmatrix} 1 & 1 & 2 \\ 0 & 1 & 3 \\ 0 & 0 & 1 \end{bmatrix} \Rightarrow \begin{bmatrix} 1 & 0 & 0 \\ 0 & 1 & 0 \\ 0 & 0 & 1 \end{bmatrix}$

에서 $x(1, 2, 3) + y(1, 1, 1) + z(2, -1, 1) = (0, 0, 0)$의 해는 $(0, 0, 0)$뿐임을

알 수 있다.

예제 3.3.6 실수 $\mathbb{R}$ 위의 $m\times n$행렬 전체의 집합 $M_{m\times n}$은 $\mathbb{R}$ 위의 벡터공간을 이룬다. 이 행렬공간의 차원은 mn이다.

[풀이] $A, B\in M_{m\times n}$에 대하여 $A=(a_{ij})$, $B=(b_{ij})$, $c\in\mathbb{R}$ 이면

$$A+B=(a_{ij}+b_{ij}),\ cA=(c\,a_{ij})$$

집합 $M_{m\times n}$은 이러한 연산 +, " · "에 의하여 벡터공간을 이룬다. 제 ij-성분은 1 이고 나머지 모든 성분은 0인 행렬을 M_{ij}라 하면

$$\begin{bmatrix} a_{11} & a_{12} & \cdots & a_{1n} \\ a_{21} & a_{22} & \cdots & a_{2n} \\ \vdots & \vdots & & \vdots \\ a_{m1} & a_{m2} & \cdots & a_{mn} \end{bmatrix} = a_{11}\begin{bmatrix} 1 & 0 & \cdots & 0 \\ 0 & 0 & \cdots & 0 \\ \vdots & \vdots & & \vdots \\ 0 & 0 & \cdots & 0 \end{bmatrix} + a_{12}\begin{bmatrix} 0 & 1 & \cdots & 0 \\ 0 & 0 & \cdots & 0 \\ \vdots & \vdots & & \vdots \\ 0 & 0 & \cdots & 0 \end{bmatrix} + \cdots + a_{mn}\begin{bmatrix} 0 & 0 & \cdots & 0 \\ 0 & 0 & \cdots & 0 \\ \vdots & \vdots & & \vdots \\ 0 & 0 & \cdots & 1 \end{bmatrix}$$

이고 $\{M_{ij} \mid i=1, \cdots, m,\ j=1, \cdots, n\}$은 일차독립이다. 따라서 집합 $\{M_{ij}\}$는 벡터공간 $M_{m\times n}$의 기저이고 이 집합의 개수는 $m\times n=mn$(개)이다.

예제 3.3.7 벡터 (1, −2, 5, −3), (2, 3, 1, −4), (3, 8, −3, −5)에 의하여 생성된 $\mathbb{R}^4$공간의 부분공간 W의 기저와 차원을 구하여라.

[풀이] $$\begin{bmatrix} 1 & -2 & 5 & -3 \\ 2 & 3 & 1 & -4 \\ 3 & 8 & -3 & -5 \end{bmatrix} \Rightarrow \begin{bmatrix} 1 & -2 & 5 & 3 \\ 0 & 7 & -9 & 2 \\ 0 & 14 & -18 & 4 \end{bmatrix} \Rightarrow \begin{bmatrix} 1 & -2 & 5 & -3 \\ 0 & 7 & -9 & 2 \\ 0 & 0 & 0 & 0 \end{bmatrix}$$

에서 (1, −2, 5, −3), (0, 7, −9, 2)는 W의 기저를 이룬다. 또한 W의 차원은 2 이다.

정리 3.3.4 n차원 벡터공간 V의 부분집합 $\{v_1, \cdots, v_n\}$이 일차독립이거나 생성원집합이면 $\{v_1, \cdots, v_n\}$은 V의 기저를 이룬다.

[증명] $v_1, \cdots, v_n$이 일차독립이면 $\{v_1, \cdots, v_n\}$은 V를 생성하고 $\{v_1, \cdots, v_n\}$이 V를 생성하면 $v_1, \cdots, v_n$은 일차독립임을 보여야 한다. $v_1, \cdots, v_n$을 일차독립이라 하고 w가 이들과 다른 벡터라 하면 벡터 $v_1, \cdots, v_n, w$의 개수는 n개 이

상이므로 일차종속이다. 정리 3.3.2에 의하면 차원보다 많은 개수로 된 벡터집합은 일차종속이기 때문이다. 적어도 하나는 영이 아닌 수 $\alpha_1, \cdots, \alpha_n, \alpha$가 존재하여

$$\alpha_1 v_1 + \cdots + \alpha_n v_n + \alpha w = \mathbf{0}$$

그러면 $\alpha \neq 0$이다. $\alpha = 0$이라 하면

$$\alpha_1 v_1 + \cdots + \alpha_n v_n = \mathbf{0}$$

그런데 $v_1, \cdots, v_n$은 일차독립이므로 모든 $\alpha_i = 0$. 이는 $v_1, \cdots, v_n, w$가 일차종속이라는 것에 어긋난다. $\alpha \neq 0$이므로

$$w = \left(-\frac{\alpha_1}{\alpha}\right)v_1 + \cdots + \left(-\frac{\alpha_n}{\alpha}\right)v_n$$

따라서 $w \in \langle v_1, \cdots, v_n \rangle$이다. w가 V의 임의의 원소이므로 $\langle v_1, \cdots, v_n \rangle = V$, 즉 $v_1, \cdots, v_n$은 V를 생성한다.

다음으로 $n > 1$이고 $v_1, \cdots, v_n$이 V를 생성한다고 하자. 그러면 적어도 하나는 영이 아닌 수 $\alpha_1, \cdots, \alpha_n$이 존재하여 다음 식을 만족한다고 하자.

$$\alpha_1 v_1 + \cdots + \alpha_n v_n = \mathbf{0}$$

$\alpha_n \neq 0$라고 가정하면

$$v_n = \left(-\frac{\alpha_1}{\alpha_n}\right)v_1 + \cdots + \left(-\frac{\alpha_{n-1}}{\alpha_n}\right)v_{n-1}$$

V는 $v_1, \cdots, v_n$에 의하여 생성되고 v_n은 $v_1, \cdots, v_{n-1}$에 의하여 생성되므로 V는 $v_1, \cdots, v_{n-1}$에 의하여 생성된다. $v_1, \cdots, v_{n-1}$이 일차독립이면 $\{v_1, \cdots, v_{n-1}\}$은 V의 기저이고 차원은 $n-1$이다. 이는 V의 차원이 n이라는 가정에 모순이다. 그러므로 $v_1, \cdots, v_{n-1}$은 일차종속이다. 이러한 과정을 계속하여 $V = \langle v_1 \rangle$을 얻는다. $v_1 = \mathbf{0}$이면 $\dim V = 0$. $v_1 \neq \mathbf{0}$이고 $\alpha v_1 = \mathbf{0}$이면 $\alpha = 0$이다. 즉 v_1은 일차독립이다. 그러므로 $\dim V = \dim\langle v_1 \rangle = 1$. 이는 $\dim V > 1$라는 가정에 어긋난다. 따라서 $v_1, \cdots, v_n$은 일차독립이다. $\dim V = n = 1$일 때 임의의 $v \in V$는 $v = \alpha v_1$으로 표시된다. $v = \mathbf{0}$이면 $\alpha v_1 = \mathbf{0}$이므로 $\alpha = 0$ 또는 $v_1 = \mathbf{0}$. $v_1 \neq \mathbf{0}$이므로 $\alpha = 0$. 따라서 v_1은 일차독립이다.

예제 3.3.8 벡터 (1, 2, 3), (−2, 1, 0), (1, 0, 1)은 $\mathbb{R}^3$공간의 기저이다.

[풀이] $\dim \mathbb{R}^3=3$이고 벡터가 세 개이므로 이들이 일차독립임을 보이면 충분하다.

$$\alpha(1, 2, 3)+\beta(-2, 1, 0)+\gamma(1, 0, 1)=(0, 0, 0)$$
$$(\alpha-2\beta+\gamma, 2\alpha+\beta, 3\alpha+\gamma)=(0, 0, 0)$$

에서 다음 연립방정식을 얻는다.

$$\begin{aligned} \alpha-2\beta+\gamma&=0 \\ 2\alpha+\beta&=0 \\ 3\alpha+\gamma&=0 \end{aligned}$$

연립방정식의 해는 (0, 0, 0)뿐이다. 따라서 주어진 세 벡터는 일차독립이다.

정리 3.3.5 벡터공간 V의 차원이 n이기 위한 필요충분조건은 일차독립인 벡터의 최대 개수가 n이다.

[증명] 정리 3.3.2에 의하면 $m>n$인 벡터 $w_1, \cdots, w_m$은 일차종속이다. 따라서 일차독립인 벡터의 최대 개수는 n이다. 역으로 일차독립인 n개의 벡터 $v_1, \cdots, v_n$이 존재하고 v가 임의의 벡터이면 $(n+1)$개의 벡터 $v_1, \cdots, v_n, v$는 일차종속이다. 적어도 하나는 영이 아닌 수 α_i, α가 존재하여

$$\alpha_1 v_1+\cdots+\alpha_n v_n+\alpha v=\mathbf{0}$$

$\alpha\neq 0$이어야 하므로 $v=(-\alpha^{-1}\alpha_1)v_1+\cdots+(-\alpha^{-1}\alpha_n)v_n$. 그러므로 $V=\langle v_1, \cdots, v_n\rangle$이다. 따라서 $\{v_1, \cdots, v_n\}$은 V의 기저이고 차원은 n이다.

정리 3.3.6 n차원 벡터공간 V의 r개$(r<n)$의 원소 $v_1, \cdots, v_r$이 일차독립이면 $\{v_1, \cdots, v_r, v_{r+1}, \cdots, v_n\}$이 기저가 되는 벡터 $v_{r+1}, \cdots, v_n$이 존재한다.

[풀이] $\dim V=n$이므로 $r(r<n)$개의 벡터 $v_1, \cdots, v_r$는 기저가 되지 못한다. $v_1, \cdots, v_r$가 일차독립인 벡터의 최대 개수이면 정리 3.3.5에 의하여 $r=n=\dim V$이다. 이는 모순이기 때문에 $v_1, \cdots, v_r$는 최대 개수가 아니다. 적당한 벡터

w가 존재하여

$$v_1,\ \cdots,\ v_r,\ w$$

는 일차독립이다. 이러한 w가 존재하지 않는다면 모든 벡터 w에 대하여 $v_1,\ \cdots,\ v_r,\ w$는 일차종속이다. 그러면 일차독립인 벡터의 개수는 r개 이하이므로 정리 3.3.5에 어긋난다. $w=v_{r+1}$이라 놓으면 다음 벡터는 일차독립이다.

$$v_1,\ \cdots,\ v_r,\ v_{r+1}$$

같은 이유에서 $r+1<n$일 때 일차독립인 벡터

$$v_1,\ \cdots,\ v_r,\ v_{r+1},\ v_{r+2}$$

가 존재한다. 이러한 과정을 $n-r$번 시행하면 기저가 되는 벡터

$$v_1,\ \cdots,\ v_r,\ v_{r+1},\ \cdots,\ v_{r+(n-r)}$$

를 얻는다. 즉 $\{v_1,\ \cdots,\ v_r\}$에 적당한 벡터 $v_{r+1},\ \cdots,\ v_n$을 첨가하여 $\{v_1,\ \cdots,\ v_n\}$이 V의 기저가 되도록 할 수 있다.

예제 3.3.9 벡터 (1, 0, 1), (2, 1, 0)을 포함하는 $\mathbb{R}^3$공간의 기저를 구하여라.

[풀이] (1, 0, 1), (2, 1, 0)으로 생성된 부분공간은

$$\begin{aligned} W &= \{\alpha(1,\ 0,\ 1)+\beta(2,\ 1,\ 0)\,|\,\alpha,\ \beta\in\mathbb{R}\} \\ &= \{(\alpha,\ 0,\ \alpha)+(2\beta,\ \beta,\ 0)\,|\,\alpha,\ \beta\in\mathbb{R}\} \\ &= \{(\alpha+2\beta,\ \beta,\ \alpha)\,|\,\alpha,\ \beta\in\mathbb{R}\} \\ &= \{(x,\ y,\ z)\,|\,x-2y-z=0,\ x,\ y,\ z\in\mathbb{R}\} \end{aligned}$$

W의 원소가 아닌 벡터 (1, 0, 0)을 택하면 일차독립인 벡터집합 {(1, 0, 1), (2, 1, 0), (1, 0, 0)}을 얻는다.

정리 3.3.7 n차원 벡터공간 V의 부분공간 W에서

(1) $\dim W \leq \dim V$　　　　(2) $\dim W = \dim V \Longleftrightarrow W=V$

[증명] (1) $\{w_1, \cdots, w_r\}$가 부분공간 W의 일차독립인 벡터의 최대 개수라 하면 $w_1, \cdots, w_r$는 V에서도 일차독립이다. 정리 3.3.5에 의하면 일차독립인 V의 원소의 최대 개수가 V의 차원이므로 $r \leq n$이다. 즉 부분공간 W의 차원은 V의 차원보다 작다.

(2) $\dim W = \dim V$이면 W의 기저 $\{u_1, \cdots, u_n\}$은 V의 기저이기도 하다. 따라서 $W = \langle u_1, \cdots, u_n \rangle = V$이다.

예제 3.3.10 n차원 벡터공간 V에서 다음 성질이 성립한다.

(1) $(n+1)$개의 벡터는 일차종속이다.

(2) 일차독립인 벡터집합은 한 기저의 부분집합이다.

(3) n개의 원소로 된 일차독립인 벡터는 기저를 이룬다.

[풀이] (1) $\{e_1, \cdots, e_n\}$이 V의 기저이면 정리 3.3.5에 의하여 $(n+1)$개 이상의 벡터로 이루어진 $e_1, \cdots, e_n, \cdots, e_m$은 일차종속이다.

(2) $v_1, \cdots, v_r$가 일차독립이면 (1)에 의하여 $r \leq n$이다. $r = n$이면 $\{v_1, \cdots, v_n\}$은 V의 기저이다. $r < n$이면 정리 3.3.6에 의하여 기저 $\{v_1, \cdots, v_r, v_{r+1}, \cdots, v_m\}$이 존재한다.

(3) 일차독립인 n개의 벡터 $v_1, \cdots, v_n$은 (2)에 의하여 어떤 기저의 부분집합이다. 기저의 원소의 개수는 n이므로 $\{v_1, \cdots, v_n\}$이 기저이다.

유한차원 벡터공간 V의 부분공간 $W_1, W_2, \cdots, W_r$의 차원 사이의 관계를 살펴보자. 부분공간 W_1과 W_2의 **합**(sum)을 다음으로 정의한다.

$$W_1 + W_2 = \{w_1 + w_2 \mid w_1 \in W_1,\ w_2 \in W_2\}$$

임의의 $w,\ w' \in W_1 + W_2$에서 $w = w_1 + w_2,\ w' = w_1' + w_2',\ w_1,\ w_1' \in W_1,\ w_2,\ w_2' \in W_2$이고

$$w + w' = (w_1 + w_2) + (w_1' + w_2') = (w_1 + w_1') + (w_2 + w_2')$$

W_1, W_2가 부분공간이므로 $w_1 + w_1' \in W_1,\ w_2 + w_2' \in W_2$이다. 그러므로 $w + w' \in W_1 + W_2$가 성립한다. 임의의 $a \in \mathbb{K}$에 대하여

$$aw = a(w_1 + w_2) = aw_1 + aw_2$$

이고 $aw_1 \in W_1$, $aw_2 \in W_2$이므로 $aw \in W_1 + W_2$이다. $a=0$ 또는 $a=-1$이면

$$0w = 0(w_1 + w_2) = 0w_1 + 0w_2 = \mathbf{0}$$
$$(-1)w = (-1)(w_1 + w_2) = (-1)w_1 + (-1)w_2$$

이므로 $\mathbf{0} \in W_1 + W_2$, $-w \in W_1 + W_2$이다.

예제 3.3.10에서 부분공간 W_1과 W_2의 합은 또한 부분공간임을 알았다. 이러한 사실에 근거하여 다음 정리를 얻는다.

정리 3.3.8 벡터공간 V의 부분공간 $W_1, \cdots, W_r$의 합을 다음과 같이 정의하면 그 합도 V의 부분공간이다.

$$W_1 + \cdots + W_r = \{w_1 + \cdots + w_r \mid w_i \in W_i,\ i = 1, \cdots, r\}$$

[증명] $W_1 + W_2$는 V의 부분공간임을 알았다. 부분공간 $W_1 + W_2$와 부분공간 W_3의 합 $(W_1 + W_2) + W_3$도 부분공간이다. 이러한 시행을 계속하면 $W_1 + \cdots + W_{r-1}$과 W_r의 합 $W_1 + \cdots + W_{r-1} + W_r$도 부분공간이다.

정리 3.3.9 벡터공간 V의 부분공간 U, W에서 다음의 차원정리가 성립한다.

$$\dim(U + W) = \dim U + \dim W - \dim(U \cap W)$$

[증명] U, W가 부분공간이면 $U \cap W$는 U와 W의 부분공간이다. $\dim U = m$, $\dim W = n$, $\dim(U \cap W) = r$라 하자. $v_1, \cdots, v_r$를 $U \cap W$의 기저라 하면 정리 3.3.6에 의하여 U, W의 기저가 존재하여

$$E = \{v_1, \cdots, v_r, u_1, \cdots, u_{m-r}\}, \quad F = \{v_1, \cdots, v_r, w_1, \cdots, w_{n-r}\}$$

$m + n - r$개의 벡터로 이루어진 다음 집합은 $U + W$의 기저임을 보이자.

$$B = \{v_1, \cdots, v_r, u_1, \cdots, u_{m-r}, w_1, \cdots, w_{n-r}\}$$

E가 U의 생성원집합, F가 W의 생성원집합이므로 $B = E \cup F$는 $U + W$를 생성함은 분명하다. B의 원소가 일차독립임을 보이기 위하여 다음 등식이 성립한다고 가정한다.

$$\alpha_1 v_1 + \cdots + \alpha_r v_r + \beta_1 u_1 + \cdots + \beta_{m-r} u_{m-r} + \gamma_1 w_1 + \cdots + \gamma_{n-r} w_{n-r} = \mathbf{0}$$

다음의 벡터 v는 U의 원소인 동시에 W의 원소이다. 즉 $v \in U \cap W$이다.

$$v = -\gamma_1 w_1 - \cdots - \gamma_{n-r} w_{n-r}$$

$\{v_1, \cdots, v_r\}$가 $U \cap W$의 기저이므로 수 $\delta_1, \cdots, \delta_r$가 존재하여

$$\delta_1 v_1 + \cdots + \delta_r v_r = v = -\gamma_1 w_1 - \cdots - \gamma_{n-r} w_{n-r}$$
$$\delta_1 v_1 + \cdots + \delta_r v_r + \gamma_1 w_1 + \cdots + \gamma_{n-r} w_{n-r} = \mathbf{0}$$

$\{v_1, \cdots, v_r, w_1, \cdots, w_{n-r}\}$이 W의 기저이므로 이들은 일차독립이다. 그러므로 $\delta_1 = \cdots = \delta_r = \gamma_1 = \cdots = \gamma_{n-r} = 0$. $\gamma_1 = \cdots = \gamma_{n-r} = 0$에서

$$\alpha_1 v_1 + \cdots + \alpha_r v_r + \beta_1 u_1 + \cdots + \beta_{m-r} u_{m-r} = \mathbf{0}$$

$\{v_1, \cdots, v_r, u_1, \cdots, u_{m-r}\}$이 U의 기저로 일차독립이므로 $\alpha_1 = \cdots = \alpha_r = \beta_1 = \cdots = \beta_{m-r} = 0$. 이로써 집합 B는 $U+W$의 기저임을 알았다. B의 원소의 개수는 $(m+n-r)$개이므로 $\dim(U+W) = m+n-r$이다. $\dim U = m$, $\dim W = n$, $\dim(U \cap W) = r$이므로 $\dim(U+W) = \dim U + \dim W - \dim(U \cap W)$가 성립한다.

예제 3.3.11 $\mathbb{R}^4$공간의 부분공간 $U = \{(a, b, c, d) \mid b+c+d=0\}$, $W = \{(a, b, c, d) \mid a+b=0, c=2d\}$에 대하여 U, W, $U \cap W$의 차원과 기저를 구하여라.

[풀이] (i) $0 \cdot a+b+c+d=0$에서 $(a, c, d) = (1, 0, 0), (0, 1, 0), (0, 0, 1)$이라 놓으면 $(a, b, c, d) = (1, 0, 0, 0), (0, -1, 1, 0), (0, -1, 0, 1)$이다. $v_1 = (1, 0, 0, 0)$, $v_2 = (0, -1, 1, 0)$, $v_3 = (0, -1, 0, 1)$은 부분공간 U의 기저이므로 $\dim U = 3$.

(ii) 연립방정식 $a+b=0$, $c=2d$ 또는 $a+b=0$, $c-2d=0$에서 $(b, d) = (1, 0), (0, 1)$이라 놓는다. 그러면 $(-1, 1, 0, 0)$, $(0, 0, 2, 1)$은 부분공간 W의 기저이고 $\dim W = 2$.

(iii) 연립방정식 $b+c+d=0$, $a+b=0$, $c=2d$에서 $d=1$이라 놓으면 $(3, -3, 2, 1)$이 $U \cap W$의 기저이므로 $\dim(U \cap W) = 1$.

예제 3.3.12 체 $\mathbb{K}$ 위의 벡터공간 $M_n(\mathbb{K})$의 부분공간 $U = \{[a_{ij}] \mid [a_{ij}] \in M_n,$

$a_{ij}=0,\ 1\le j<i\le n\}$, $W=\{[a_{ij}]\,|\,[a_{ij}]\in M_n,\ a_{ij}=0,\ 1\le i<j\le n\}$, $D=\{[a_{ij}]\,|\,[a_{ij}]\in M_n,\ a_{ij}=0,\ 1\le i\ne j\le n\}$에 대하여 다음을 확인하여라.

(1) $M_n=U+W$, $U\cap W=D$

(2) $\dim U=\dim W=\dfrac{n(n+1)}{2}$, $\dim(U\cap W)=n$

(3) $\dim U+\dim W-\dim(U\cap W)=n^2=\dim(U+W)$

[풀이] 행렬공간 $M_n(\mathbb{K})=M_{n\times n}(\mathbb{K})$에서 $E_{ij}=[a_{ij}]$, $a_{ij}=1$, $a_{kl}=0$, $k\ne i$, $l\ne j$의 집합 $\{E_{ij}\,|\,1\le i\le j\le n\}$는 기저이고, 이 집합의 원소의 개수는 $n\times n=n^2$(개)이다. $\{E_{ij}\,|\,1\le j<i\le n\}$, $\{E_{ij}\,|\,1\le i<j\le n\}$, $\{E_{ij}\,|\,1\le i=j\le n\}$은 각각 U, W, D의 기저이고 그 차원은 $\dfrac{n(n+1)}{2}$, $\dfrac{n(n+1)}{2}$, n이다.

벡터공간 V의 부분공간 U와 W가 $U\cap W=\{\mathbf{0}\}$일 때 합 $U+W$를 U, W의 직합이라 하고 $U\oplus W$로 나타낸다. 벡터 $v\in U\oplus W$는 $u\in U$, $w\in W$가 존재하여

$$v=u+w$$

$v=u'+w'$인 벡터 $u'\in U$, $w'\in W$가 존재한다면 $u+w=u'+w'$에서 $u-u'=w'-w$는 U의 원소인 동시에 W의 원소이다. $u-u'\in U\cap W$이고 $U\cap W=\{\mathbf{0}\}$이므로 $u-u'=\mathbf{0}$, $u=u'$. 마찬가지로 $w'-w\in U\cap W$, $w'-w=\mathbf{0}$, $w'=w$. 이상에서 $U+W$의 임의의 원소는 $u+w$로 표시되고, 그 표시법은 일의적임을 알았다. 부분공간 $U+W$를 U, W의 **직합**(direct sum)이라 하고 $U\oplus W$로 나타낸다. 부분공간 W_1, $\cdots$, W_r가 $W_i\cap W_j=\{\mathbf{0}\}$, $1\le i\ne j\le n$일 때 직합 $W_1\oplus\cdots\oplus W_r$도 정의할 수 있다.

벡터공간 V의 부분공간 W_1, $\cdots$, W_r가 존재하여 $W_1\oplus\cdots\oplus W_r$가 V와 같을 때 V를 W_1, $\cdots$, W_r의 **직합**(direct sum)이라 하고 다음으로 나타낸다.

$$V=W_1\oplus\cdots\oplus W_r$$

$r=2$일 때는 W_1과 W_2는 서로 다른 것의 **보공간**(complement space)이라 한다.

예제 3.3.13 $\mathbb{R}^3$공간의 부분공간 $\mathbb{R}_{yz}$, $\mathbb{R}_{xy}$, $\mathbb{R}_z$가 다음과 같을 때 $\mathbb{R}_{yz}+\mathbb{R}_{xy}$,

$\mathbb{R}_{yz}+\mathbb{R}_z$, $\mathbb{R}^3$의 관계를 구하여라.

$\mathbb{R}_{yz}=\{(0, y, z)\mid y, z\in\mathbb{R}\}$, $\mathbb{R}_{xy}=\{(x, y, 0)\mid x, y\in\mathbb{R}\}$, $\mathbb{R}_z=\{(0, 0, z)\mid z\in\mathbb{R}\}$

[풀이] $\mathbb{R}^3=\mathbb{R}_{xy}+\mathbb{R}_{yz}$, $\mathbb{R}^3=\mathbb{R}_{xy}+\mathbb{R}_z$임을 바로 알 수 있다. 평면 $\mathbb{R}_{xy}$, $\mathbb{R}_{yz}$의 교선 위의 벡터 u를 생각하면 $u=\mathbf{0}+u$, $\mathbf{0}\in\mathbb{R}_{xy}$, $u\in\mathbb{R}_{yz}$이고 $u=u+\mathbf{0}$, $u\in\mathbb{R}_{xy}$, $\mathbf{0}\in\mathbb{R}_{yz}$이다. 그러므로 u를 $\mathbb{R}_{xy}$, $\mathbb{R}_{yz}$의 원소의 합으로 나타내는 방법은 두 가지이다. 즉 $\mathbb{R}_{xy}\cap\mathbb{R}_{yz}=\mathbb{R}$, $\mathbb{R}_{xy}\cap\mathbb{R}_z=\{\mathbf{0}\}$. 따라서 $\mathbb{R}^3=\mathbb{R}_{xy}+\mathbb{R}_{yz}$, $\mathbb{R}^3=\mathbb{R}_{xy}\oplus\mathbb{R}_z$.

정리 3.3.10 부분공간 U, W가 $V=U+W$일 때 $V=U\oplus W$일 필요충분조건은 $\dim V=\dim U+\dim W$이다.

[증명] $\dim V=r$, $\dim W=s$, U와 W의 기저를 각각 $\{u_1, \cdots, u_r\}$, $\{w_1, \cdots, w_s\}$라 하자. $V=U+W$이므로 V의 임의 원소 v는 U의 원소 $u=\sum_{i=1}^{r}\alpha_i u_i$, W의 원소 $w=\sum_{j=1}^{s}\beta_j w_j$로 표시된다.

$$\begin{aligned} v&=\sum_{i=1}^{r}\alpha_i u_i+\sum_{j=1}^{s}\beta_j w_j \\ &=\alpha_1 u_1+\cdots+\alpha_r u_r+\beta_1 w_1+\cdots+\beta_s w_s \end{aligned}$$

이므로 $\{u_1, \cdots, u_r, w_1, \cdots, w_s\}$는 V를 생성한다. $\sum_{i=1}^{r}\alpha_i u_i+\sum_{j=1}^{s}\beta_j w_j=\mathbf{0}$이라 하면 $\sum_{i=1}^{r}\alpha_i u_i=\sum_{j=1}^{s}(-\beta_j)w_j$이고, 양변의 합은 U의 원소인 동시에 W의 원소이다. $U\cap W=\{\mathbf{0}\}$에서

$$\sum_{i=1}^{r}\alpha_i u_i=\mathbf{0}, \qquad \sum_{j=1}^{s}\beta_j w_j=\mathbf{0}$$

$u_1, \cdots, u_r$와 $w_1, \cdots w_s$가 일차독립이므로 모든 $\alpha_i=0$, $\beta_j=0$이다. 이로써 집합 $\{u_1, \cdots, u_r, w_1, \cdots, w_s\}$가 $U\oplus W$의 기저임을 알았다. $V=U\oplus W$이므로 $\dim V=\dim(U\oplus W)=r+s=\dim U+\dim W$가 성립한다. 역으로 $\dim U+\dim W=\dim V$라 하자. $u_1, \cdots, u_r$가 U의 기저라 하면 벡터 $w_{r+1}, \cdots, w_n$이 존재하여 다음 집합이 V의 기저가 된다.

$$u_1, \cdots, u_r, w_{r+1}, \cdots, w_n$$

이때 $\{w_{r+1}, \cdots, w_n\}$은 W의 기저이고 $\dim W = m = n - r = \dim V - \dim U$이다. 임의의 $v \in U \cap W$는 $v \in U$이고 $v \in W$이므로

$$v = \alpha_1 u_1 + \cdots + \alpha_r u_r = \alpha_{r+1} w_{r+1} + \cdots + \alpha_n w_n$$

이항하여 정돈하면

$$\alpha_1 u_1 + \cdots + \alpha_r u_r + (-\alpha_{r+1}) w_{r+1} + \cdots + (-\alpha_n) w_n = \mathbf{0}$$

집합 $\{u_1, \cdots, u_r, w_{r+1}, \cdots, w_n\}$이 일차독립이므로

$$\alpha_1 = \cdots = \alpha_r = -\alpha_{r+1} = \cdots = -\alpha_n = 0$$

따라서 $v = \mathbf{0}$이다. 즉 $U \cap W = \{\mathbf{0}\}$.

정리 3.3.11 $V = W_1 + \cdots + W_r (r \geq 2)$일 때 $V = W_1 \oplus \cdots \oplus W_r$일 필요충분조건은 $\dim V = \dim W_1 + \cdots + \dim W_r$이다.

[증명] 정리 3.3.10과 r에 관한 수학적 귀납법으로 증명된다.

정리 3.3.12 유한차원 벡터공간 V의 부분공간 W의 보공간 W'는 존재하고, $\dim W' = \dim V - \dim W$이다.

[증명] $\dim W = m$이라 하면 정리 3.3.7에서 $m \leq n$이다. $m = n$이면 $W = V$이므로 $W' = \{\mathbf{0}\}$으로 이 정리는 증명된다. $m < n$이라 하자. 정리 3.3.6에 의하면 $\dim V = n$과 W의 기저 $\{v_1, \cdots, v_m\}$에 대하여 다음 집합이 V의 기저가 되는 벡터 $v_{m+1}, \cdots, v_n$이 존재한다.

$$\{v_1, \cdots, v_m, v_{m+1}, \cdots, v_n\}$$

벡터 $v_{m+1}, \cdots, v_n$에 의하여 생성된 부분공간을 W'라 놓으면

$$V = W + W'$$

임의의 $w \in W \cap W'$에서 $w \in W$이고 동시에 $w \in W'$이므로

$$w = \alpha_1 v_1 + \cdots + \alpha_m v_m = \alpha_{m+1} v_{m+1} + \cdots + \alpha_n v_n$$

이항하여 정돈하면

$$a_1v_1+\cdots+a_mv_m+(-a_{m+1})v_{m+1}+\cdots+(-a_n)v_n=\mathbf{0}$$

$v_1, \cdots, v_n$이 일차독립이므로

$$a_1=\cdots=a_m=-a_{m+1}=\cdots=-a_n=0$$

그러므로 $w=\mathbf{0}$이다. 따라서 $W\cap W'=\{\mathbf{0}\}$이다. 이로써 V는 W와 W'의 직합임이 증명되었다. 정리 3.3.10에 의하여 $\dim V=\dim W+\dim W'$, $\dim W'=\dim V-\dim W$가 성립한다.

예제 3.3.14 벡터공간 $\mathbb{R}^3$에서 $W=\langle(1,1,0),(0,1,1)\rangle$의 보공간과 차원을 구하여라.

[풀이] 벡터 $(1,1,0)$, $(0,1,1)$과 $(1,0,1)$은 $\mathbb{R}^3$의 기저이고 $(1,1,0)$, $(0,1,1)$은 W의 기저이다. $W'=\langle(1,1,0)\rangle$이라 하면 $\mathbb{R}^3=W\oplus W'$이고, $\dim W'=1=\dim\mathbb{R}^3-\dim W$.

예제 3.3.15 $\mathbb{R}^3$의 부분공간 $W=\langle(1,0,1),(2,1,0),(-5,2,-9)\rangle$의 보공간과 차원을 구하여라.

[풀이] $$\begin{bmatrix}1&0&1\\2&1&0\\-5&2&-9\end{bmatrix}\Rightarrow\begin{bmatrix}1&0&1\\0&1&-2\\0&2&-4\end{bmatrix}\Rightarrow\begin{bmatrix}1&0&1\\0&1&-2\\0&0&0\end{bmatrix},\ \begin{vmatrix}1&0&1\\0&1&-2\\0&0&0\end{vmatrix}=0$$

이므로 세 벡터는 일차종속이다. 실제로 $(1,0,1)$, $(2,1,0)$은 일차독립이고 $(-5,2,-9)=-9(1,0,1)+2(2,1,0)$이다. $(1,0,1)$, $(2,1,0)$의 일차결합으로 표시되지 않는 벡터 $(1,0,0)$을 잡으면 $\{(1,0,1),(2,1,0),(1,0,0)\}$은 $\mathbb{R}^3$의 기저이다. $W'=\langle(1,0,0)\rangle$이라 놓으면 $\mathbb{R}^3=W\oplus W'$이고 $\dim W'=1=\dim\mathbb{R}^3-\dim W=3-2$이다.

연습문제 3.3

1. 다음 벡터로 생성된 $\mathbb{R}^4$공간의 부분공간의 차원을 구하여라.

① $\langle\{(a, b, c, d) | a, b, c \in \mathbb{R}\}\rangle$

② $\langle\{(a, b, c, d) | d=a+b, c=a-b\}\rangle$

③ $\langle\{(a, b, c, d) | a=b=c=d\}\rangle$

2. 다음 $\mathbb{R}^3$공간의 부분공간의 기저를 구하여라.

   ① 평면 $3x-2y+5z=0$

   ② 평면 $x-y=0$

   ③ 직선 $y=-t,\ z=4t,\ -\infty<t<\infty$

   ④ $b=a+c$인 벡터 (a, b, c) 전체의 집합

3. 행렬공간 $M_{2\times2}(\mathbb{R})$의 기저 E, 대칭행렬공간 $S_{2\times2}(\mathbb{R})$의 기저 F에 관한 각각의 행렬 A, B의 좌표를 구하여라.

$$A=\begin{bmatrix} 2 & 3 \\ 4 & -7 \end{bmatrix} \qquad B=\begin{bmatrix} 4 & -11 \\ -11 & -7 \end{bmatrix}$$

$$E=\left\{\begin{bmatrix} 1 & 1 \\ 1 & 1 \end{bmatrix}, \begin{bmatrix} 0 & -1 \\ 1 & 0 \end{bmatrix}, \begin{bmatrix} 1 & -1 \\ 0 & 0 \end{bmatrix}, \begin{bmatrix} 1 & 0 \\ 0 & 0 \end{bmatrix}\right\}$$

$$F=\left\{\begin{bmatrix} 1 & -2 \\ -2 & 1 \end{bmatrix}, \begin{bmatrix} 2 & 1 \\ 1 & 3 \end{bmatrix}, \begin{bmatrix} 4 & -1 \\ -1 & -5 \end{bmatrix}\right\}$$

4. 집합 $\{v_1, v_2, v_3\}$이 벡터공간 V의 기저일 때 벡터집합 $\{v_1, v_1+v_2, v_1+v_2+v_3\}$도 기저임을 보여라.

5. 유한차원 벡터공간의 부분공간의 차원은 유한임을 보여라.

6. $\mathbb{R}^3$공간의 부분공간은 원점을 지나는 직선, 원점을 지나는 평면, 원점으로만 된 자명한 부분공간, $\mathbb{R}^3$자신 뿐임을 설명하여라.

7. 체 $\mathbb{K}$ 위의 벡터공간 U, W에서 집합 $V=U\times W=\{(u, w) | u\in U, w\in W\}$ 위의 연산이 다음과 같을 때 V는 $\mathbb{K}$ 위의 벡터공간이다. $u, u'\in U$, $w, w'\in W$, $\alpha\in\mathbb{K}$에 대하여

$$(u, w)+(u', w')=(u+u', w+w'),\ \alpha(u, w)=(\alpha u, \alpha w)$$

   ① V가 벡터공간임을 확인하여라.

   ② $\overline{U}=\{(u, 0) | u\in U\}$, $\overline{W}=\{(0, w) | w\in W\}$는 V의 부분공간이고 $U\cong\overline{U}$, $W\cong\overline{W}$, $\dim V=\dim U+\dim W$임을 보여라.

8. $\mathbb{R}^3$공간의 기저 $\{(1, 1, 1), (1, 1, 0), (1, 0, 0)\}$에 관한 다음 벡터의 좌표를 구하여라.

   ① $u=(4, -3, 2)$ ② $v=(a, b, c)$

9. 벡터공간 V의 부분공간 U, W가 $\dim U=4$, $\dim W=5$, $\dim V=8$일 때 $\dim U\cap W$를 구하여라.

10. $\{e_1, \cdots, e_n\}$, $\{f_1, \cdots, f_n\}$이 유한차원공간 V의 두 기저이다. 벡터 $v=(3, 5, -2)$의 두 기저에 관한 좌표를 $[v]_e$, $[v]_f$라 할 때 다음 물음에 답하여라.

    ① $\{e_1=(1, 1, 1), e_2=(0, 2, 3), e_3=(0, 2, -1)\}$, $\{f_1=(1, 1, 0), f_2=(1, -1, 0), f_3=(0, 0, 1)\}$일 때 $[v]_e$, $[v]_f$를 구하여라.

    ② $[e_1]_f$, $[e_2]_f$, $[e_3]_f$를 행으로 갖는 행렬 P를 구하여라.

    ③ $[v]_eP=[v]_f$임을 보여라.

11. 벡터 $v_1=(a, 1, 0)$, $v_2=(1, a, 1)$, $v_3=(0, 1, a)$가 $\mathbb{R}^3$의 기저일 때 a의 값을 구하여라.

12. $v_1=(1, 3, 5, 2)$, $v_2=(2, -1, 3, -3)$, $v_3=(1, 4, 6, 3)$에 대하여 다음 물음에 답하여라.

    ① $\mathbb{R}^4$의 부분공간 $W=\langle v_1, v_2, v_3\rangle$의 기저 E와 차원을 구하여라.

    ② W의 기저 E를 포함하는 $\mathbb{R}^4$의 기저를 구하여라.

13. $\mathbb{R}^5$공간의 3차원 부분공간 U, W에서 $\dim U\cap W\neq 0$임을 보여라.

14. 행렬공간 $M_{2\times 2}(\mathbb{R})$의 부분공간 $U=\{A\in M_{2\times 2}(\mathbb{R})\mid A^t=A\}$, $W=\{A\in M_{2\times 2}(\mathbb{R})\mid t_r(A)=0\}$에서 다음 부분공간의 차원을 구하여라.

    ① $U\cap W$ ② $U+W$

15. 체 $\mathbb{K}$ 위의 벡터공간 U의 기저 $\{v_1, \cdots, v_n\}$에서 모든 $\alpha\in\mathbb{K}(\alpha\neq 0)$에 대하여 $\{\alpha v_1, v_2, \cdots, v_n\}$도 V의 기저임을 보여라.

16. $U\cap W$가 벡터공간 U의 부분공간인 부분공간 U, W의 포함관계를 구하여라.

17. 3차원 벡터공간의 두 개의 서로 다른 부분공간의 합은 그 자신임을 보여라.

3.4 행공간과 열공간

체 $\mathbb{K}$ 위의 $m\times n$행렬 $A=(a_{ij})$의 행벡터 $A_1, \cdots, A_m$에 의하여 생성된 $\mathbb{K}^n$의 부분공간을 행렬 A의 **행공간**(row space)이라 하고, 행공간의 차원을 **행계수**(row rank)라 한다. A의 열벡터 $A^{(1)}, \cdots, A^{(n)}$에 의하여 생성된 $\mathbb{K}^m$의 부분공간을 **열공간**(column space)이라 하고, 그 차원을 **열계수**(column rank)라 한다.

행렬의 행공간과 열공간은 연립방정식의 해의 존재성을 규명하는 데 유용하게 쓰인다.

예제 3.4.1 다음 행렬 A, B의 행공간과 열공간의 기저를 구하여라.

(1) $A=\begin{bmatrix}1 & -3\\ 2 & -6\end{bmatrix}$　　(2) $B=\begin{bmatrix}1 & 1 & 2 & 1\\ 1 & 0 & 1 & 2\\ 2 & 1 & 3 & 4\end{bmatrix}$

[풀이] (1) $r(A)=\{(1,\ -3),\ (2,\ -6)\}=\{(1,\ -3)\}$, $c(A)=\left\{\begin{bmatrix}1\\2\end{bmatrix},\ \begin{bmatrix}-3\\-6\end{bmatrix}\right\}=\left\langle\begin{bmatrix}1\\2\end{bmatrix}\right\rangle$. 행렬 A의 행공간 $r(A)$의 기저는 $\{(1,\ -3)\}$, 차원은 1이고, 열공간 $c(A)$의 기저는 $\left\{\begin{bmatrix}1\\2\end{bmatrix}\right\}$, 차원은 1이다.

(2) $r(B)=\langle(1,\ 1,\ 2,\ 1),\ (1,\ 0,\ 1,\ 2),\ (2,\ 1,\ 3,\ 4)\rangle=\langle(1,\ 0,\ 1,\ 2),\ (0,\ 1,\ 1,\ 0),\ (0,\ 0,\ 0,\ 1)\rangle$. 행렬 B의 행공간의 기저는 $\{(1,\ 0,\ 1,\ 2),\ (0,\ 1,\ 1,\ 0),\ (0,\ 0,\ 0,\ 1)\}$, 차원은 3이다. 열공간의 기저는 $\{(1,\ 0,\ 0)^t,\ (0,\ 1,\ 0)^t,\ (0,\ 0,\ 1)^t\}$ 차원은 3이다. 사다리꼴행렬로 나타내는 과정을 이용한 것이다.

$$\begin{bmatrix}1 & -3\\ 2 & -6\end{bmatrix}\Rightarrow\begin{bmatrix}1 & -3\\ 0 & 0\end{bmatrix},\ \begin{bmatrix}1 & -3\\ 2 & -6\end{bmatrix}\Rightarrow\begin{bmatrix}1 & 0\\ 2 & 0\end{bmatrix}$$

$$\begin{bmatrix}1 & 1 & 2 & 1\\ 1 & 0 & 1 & 2\\ 2 & 1 & 3 & 4\end{bmatrix}\Rightarrow\begin{bmatrix}1 & 1 & 2 & 1\\ 0 & -1 & -1 & 1\\ 0 & -1 & -1 & 2\end{bmatrix}\Rightarrow\begin{bmatrix}1 & 1 & 2 & 1\\ 0 & -1 & -1 & 1\\ 0 & 0 & 0 & 1\end{bmatrix}\Rightarrow\begin{bmatrix}1 & 0 & 1 & 2\\ 0 & 1 & 1 & 0\\ 0 & 0 & 0 & 1\end{bmatrix},$$

$$\begin{bmatrix}1 & 1 & 2 & 1\\ 1 & 0 & 1 & 2\\ 2 & 1 & 3 & 4\end{bmatrix}\Rightarrow\begin{bmatrix}1 & 0 & 0 & 0\\ 1 & -1 & -1 & 1\\ 2 & -1 & -1 & 2\end{bmatrix}\Rightarrow\begin{bmatrix}1 & 0 & 0 & 0\\ 1 & -1 & 0 & 0\\ 2 & -1 & 0 & 1\end{bmatrix}\Rightarrow\begin{bmatrix}1 & 0 & 0 & 0\\ 0 & 1 & 0 & 0\\ 0 & -1 & 0 & 1\end{bmatrix}$$

$$\Rightarrow\begin{bmatrix}1&0&0&0\\0&1&0&0\\0&-1&1&0\end{bmatrix}\Rightarrow\begin{bmatrix}1&0&0&0\\0&1&0&0\\0&0&1&0\end{bmatrix}$$

정리 3.4.1 체 $\mathbb{K}$ 위의 벡터공간 V의 원소 $v_1, \cdots, v_n$에 의하여 생성된 부분공간 $W=\langle v_1, \cdots, v_n\rangle$과 $\alpha\in\mathbb{K}$에 대하여, 다음이 성립한다.

$$\begin{aligned}W&=\langle v_1, \cdots, v_i, \cdots, v_j, \cdots, v_n\rangle=\langle v_1, \cdots, v_j, \cdots, v_i, \cdots, v_n\rangle(i\neq j)\\&=\langle v_1, \cdots, v_{i-1}, \alpha v_i, v_{i+1}, \cdots, v_n\rangle(\alpha\neq 0)\\&=\langle v_1, \cdots, v_{i-1}, v_i+\alpha v_j, \cdots, v_j, \cdots, v_n\rangle(i\neq j, \alpha\neq 0)\end{aligned}$$

[증명] (1) 임의의 $w\in W$에 대하여 $w=\alpha_1v_1+\cdots+\alpha_iv_i+\cdots+\alpha_jv_j+\cdots+\alpha_nv_n=\alpha_1v_1+\cdots+\alpha_jv_j+\cdots+\alpha_iv_i+\cdots+\alpha_nv_n$이므로 $w\in\langle v_1, \cdots, v_j, \cdots, v_i, \cdots, v_n\rangle$. 또한 $w\in\langle v_i, \cdots, v_j, \cdots, v_i, \cdots, v_n\rangle$이면 $w\in W$이다. 따라서 $W=\langle v_1, \cdots, v_i, \cdots, v_j, \cdots, v_n\rangle=\langle v_1, \cdots, v_j, \cdots, v_i, \cdots, v_n\rangle$

(2) $\alpha v_1+\cdots+\alpha_i(\alpha v_i)+\cdots+\alpha_nv_n=\alpha v_1+\cdots+(\alpha_i\alpha)v_i+\cdots+\alpha_nv_n$이고 $\alpha_1v_1+\cdots+\alpha_iv_i+\cdots+\alpha_nv_n=\alpha_1v_1+\cdots+(\alpha_i\alpha^{-1})(\alpha v_i)+\cdots+\alpha_nv_n$이므로 $\langle v_1, \cdots, \alpha v_i, \cdots, v_n\rangle=\langle v_1, \cdots, v_i, \cdots, v_n\rangle$.

(3) $\alpha_1v_1+\cdots+\alpha_i(v_i+\alpha v_j)+\cdots+\alpha_jv_j+\cdots+\alpha_nv_n=\alpha_1v_1+\cdots+\alpha_iv_i+\cdots+(\alpha_i\alpha+\alpha_j)v_j+\cdots+\alpha_nv_n$이고 $\alpha_1v_1+\cdots+\alpha_iv_i+\cdots+\alpha_jv_j+\cdots+\alpha_nv_n=\alpha_1v_1+\cdots+\alpha_i(v_i+\alpha v_j)+\cdots+(\alpha_j-\alpha_i\alpha)v_j+\cdots+\alpha_nv_n$이므로 $\langle v_1, \cdots, v_i, \cdots, v_j, \cdots, v_n\rangle=\langle v_1, \cdots, v_i+\alpha v_j, \cdots, v_j, \cdots, v_n\rangle$.

정리 3.4.2 행렬 $M_{m\times n}(\mathbb{K})$의 행공간과 열공간에 대하여 다음이 성립한다.

(1) A에 기본행변형을 유한 번 시행하여 얻은 행렬을 B라 하면 A의 행공간과 B의 행공간은 같다.

(2) A에 기본열변형을 유한 번 시행하여 얻은 행렬을 C라 하면 A의 열공간과 C의 열공간은 같다.

[증명] 행렬 A의 행벡터를 $A_1, A_2, \cdots, A_m$이라 하자. $\langle A_1, \cdots, A_i, \cdots, A_j, \cdots, A_m\rangle$에 기본행변형을 시행하면 정리 3.4.1에 의하여 $\alpha\in\mathbb{K}$, $\alpha\neq 0$이면

$$\langle A_1, \cdots, A_i, \cdots, A_j, \cdots, A_n\rangle=\langle A_1, \cdots, A_j, \cdots, A_i, \cdots, A_n\rangle$$

$$=\langle A_1, \cdots, \alpha A_i, \cdots, A_j, \cdots, A_m\rangle=\langle A_1, \cdots, A_i+\alpha A_j, \cdots, A_m\rangle$$

따라서 기본행변형에 의하여 행렬 A의 행공간을 변하지 않는다. 마찬가지로 기본열변형에 의하여 열공간도 변하지 않는다.

정리 3.4.3 행렬 $A\in M_{m\times n}(\mathbb{K})$의 기약 행(열) 사다리꼴행렬이 처음 r개의 영이 아닌 행벡터와 $(m-r)$개의 영벡터로 이루어져 있을 때 영이 아닌 r개의 행(열)벡터는 A의 행공간의 기저를 이룬다.

[증명] A의 기약 행 사다리꼴행렬은 다음 형태이다.

$$E=\begin{bmatrix} 1 & * & 0 & *\cdots * & 0 & * & 0 & e_1 \\ 0 & 0 & 1 & *\cdots * & 0 & * & 0 & e_2 \\ \vdots & \vdots & \vdots & \vdots \quad \vdots & \vdots & \vdots & \vdots & \vdots \\ 0 & 0 & 0 & 0\cdots 0 & 1 & * & * & e_r \\ 0 & 0 & 0 & 0\cdots 0 & 0 & 0 & 0 & 0 \\ 0 & 0 & 0 & 0\cdots 0 & 0 & 0 & 0 & 0 \end{bmatrix}\begin{matrix} \left.\vphantom{\begin{matrix}1\\1\\1\\1\end{matrix}}\right\} r\text{개} \\ \left.\vphantom{\begin{matrix}1\\1\end{matrix}}\right\} (m-r)\text{개} \end{matrix}$$

행렬 E는 행렬 A에 기본 변형을 유한 번 실시하여 얻은 것으로 행렬 A의 행공간과 행렬 E의 행공간은 정리 3.4.2에 의하여 같다. 그런데 E의 처음 r개의 행 $E_1, \cdots, E_r$는 일차독립이므로 $\{E_1, \cdots, E_r\}$는 E의 행공간의 기저이다. 따라서 $\{E_1, \cdots, E_r\}$는 행렬 A의 행공간의 기저이고 차원은 r이다. 열공간에 대해서도 같은 결론을 얻을 수 있다.

예제 3.4.2 다음 행렬의 사다리꼴행렬을 구하여라.

$$A=\begin{bmatrix}1 & 1 & 5\\ 2 & 3 & 13\end{bmatrix} \qquad B=\begin{bmatrix}1 & -1 & -2\\ 3 & -2 & -3\end{bmatrix}$$

[풀이] $A=\begin{bmatrix}1 & 1 & 5\\ 2 & 3 & 13\end{bmatrix}\Rightarrow\begin{bmatrix}1 & 1 & 5\\ 0 & 1 & 3\end{bmatrix}\Rightarrow\begin{bmatrix}1 & 0 & 2\\ 0 & 1 & 3\end{bmatrix}$

$B=\begin{bmatrix}1 & -1 & -2\\ 3 & -2 & -3\end{bmatrix}\Rightarrow\begin{bmatrix}1 & -1 & -2\\ 0 & 1 & 3\end{bmatrix}\Rightarrow\begin{bmatrix}1 & 0 & 1\\ 0 & 1 & 3\end{bmatrix}$

A의 행공간 $\langle(1, 0, 2), (0, 1, 3)\rangle$과 B의 행공간 $\langle(1, 0, 1), (0, 1, 3)\rangle$은 같다.

예제 3.4.3 다음 행렬 A, B를 사다리꼴행렬로 고쳐서 열공간의 기저와 차원을 구하여라.

$$A=\begin{bmatrix}1&2&-1\\2&4&6\\0&0&-8\end{bmatrix},\qquad B=\begin{bmatrix}2&1&-1&1\\1&-1&-2&5\\5&1&-4&7\end{bmatrix}$$

[풀이] $$A=\begin{bmatrix}1&2&-1\\2&4&6\\0&0&-8\end{bmatrix}\Rightarrow\begin{bmatrix}1&0&0\\2&0&8\\0&0&-8\end{bmatrix}\Rightarrow\begin{bmatrix}1&0&0\\2&0&1\\0&0&-1\end{bmatrix}\Rightarrow\begin{bmatrix}1&0&0\\2&1&0\\0&-1&0\end{bmatrix}$$

$$B=\begin{bmatrix}2&1&-1&1\\1&-1&-2&5\\5&1&-4&7\end{bmatrix}\Rightarrow\begin{bmatrix}2&0&0&1\\1&-3&3&5\\5&-3&3&7\end{bmatrix}\Rightarrow\begin{bmatrix}0&0&0&1\\-9&-3&3&5\\-9&-3&3&7\end{bmatrix}$$

$$\Rightarrow\begin{bmatrix}1&0&0&0\\5&1&1&1\\7&1&1&1\end{bmatrix}\Rightarrow\begin{bmatrix}1&0&0&0\\5&0&0&1\\7&0&0&1\end{bmatrix}\Rightarrow\begin{bmatrix}1&0&0&0\\0&1&0&0\\2&1&0&0\end{bmatrix}$$

A의 열공간은 $\langle(1,\ 2,\ 0)^t,\ (0,\ 1,\ -1)^t\rangle$, B의 열공간은 $\langle(1,\ 0,\ 2)^t,\ (0,\ 1,\ 1)^t\rangle$이고 차원은 각각 2이다.

예제 3.4.4 벡터 $A_1=(1,\ 1,\ 0,\ 0)$, $A_2=(0,\ 0,\ 1,\ 1)$, $A_3=(-2,\ 0,\ 2,\ 2)$, $A_4=(0,\ -3,\ 0,\ 3)$으로 생성된 $\mathbb{R}^4$의 부분공간의 기저와 차원을 구하여라.

[풀이] $$A=\begin{bmatrix}A_1\\A_2\\A_3\\A_4\end{bmatrix}=\begin{bmatrix}1&1&0&0\\0&0&1&1\\-2&0&2&2\\0&-3&0&3\end{bmatrix}\Rightarrow\begin{bmatrix}1&1&0&0\\0&0&1&1\\-1&0&1&1\\0&1&0&-1\end{bmatrix}\Rightarrow\begin{bmatrix}1&1&0&0\\0&0&1&1\\0&1&1&1\\0&-1&0&1\end{bmatrix}$$

$$\Rightarrow\begin{bmatrix}1&1&0&0\\0&1&1&1\\0&2&1&1\\0&0&0&1\end{bmatrix}\Rightarrow\begin{bmatrix}1&1&0&0\\0&1&1&1\\0&0&-1&-1\\0&0&0&1\end{bmatrix}\Rightarrow\begin{bmatrix}1&1&0&0\\0&1&1&1\\0&0&1&1\\0&0&0&1\end{bmatrix}$$

$\langle A_1,\ A_2,\ A_3,\ A_4\rangle=\langle(1,\ 1,\ 0,\ 0),\ (0,\ 1,\ 1,\ 1),\ (0,\ 0,\ 1,\ 1),\ (0,\ 0,\ 0,\ 1)\rangle$, 차원은 4이다.

정리 3.4.4 행렬 $A=[a_{ij}]\in M_{m\times n}(\mathbb{K})$의 행계수(열계수)는 전치행렬 A^t의 열계수(행계수)와 같다.

[증명] 행렬 A의 행벡터 $A_1, A_2, \cdots, A_n$은 전치행렬 A^t의 열벡터 $R^{(1)}, R^{(2)}, \cdots, R^{(n)}$이다. $\dim\langle A_1, A_2, \cdots, A_n\rangle=\dim\langle R^{(1)}, R^{(2)}, \cdots, R^{(n)}\rangle$이므로 A의 행계수는 A^t의 열계수와 같다.

예제 3.4.5 다음 행렬 A의 기약 행 사다리꼴행렬과 A^t의 기약 열 사다리꼴행렬을 구하고 행계수와 열계수가 같음을 보여라.

$$A=\begin{bmatrix}2 & 1 & -1 & 1\\ 1 & -1 & -2 & 5\\ 5 & 1 & -4 & 7\end{bmatrix}, \qquad A^t=\begin{bmatrix}2 & 1 & 5\\ 1 & -1 & 1\\ -1 & -2 & -4\\ 1 & 5 & 7\end{bmatrix}$$

[풀이] $$A=\begin{bmatrix}2 & 1 & -1 & 1\\ 1 & -1 & -2 & 5\\ 5 & 1 & -4 & 7\end{bmatrix}\Rightarrow\begin{bmatrix}1 & -1 & -2 & 5\\ 2 & 1 & -1 & 1\\ 5 & 1 & -4 & 7\end{bmatrix}\Rightarrow\begin{bmatrix}1 & -1 & -2 & 5\\ 0 & 3 & 3 & -9\\ 0 & 6 & 6 & -18\end{bmatrix}$$

$$\Rightarrow\begin{bmatrix}1 & -1 & -2 & 5\\ 0 & 1 & 1 & -3\\ 0 & 1 & 1 & -3\end{bmatrix}\Rightarrow\begin{bmatrix}1 & -1 & -2 & 5\\ 0 & 1 & 1 & -3\\ 0 & 0 & 0 & 0\end{bmatrix}\Rightarrow\begin{bmatrix}1 & 0 & -1 & 2\\ 0 & 1 & 1 & -3\\ 0 & 0 & 0 & 0\end{bmatrix}$$

$$A^t=\begin{bmatrix}2 & 1 & 5\\ 1 & -1 & 1\\ -1 & -2 & -4\\ 1 & 5 & 7\end{bmatrix}\Rightarrow\begin{bmatrix}1 & 2 & 5\\ -1 & 1 & 1\\ -2 & -1 & -4\\ 5 & 1 & 7\end{bmatrix}\Rightarrow\begin{bmatrix}1 & 0 & 0\\ 0 & 1 & 0\\ -1 & 1 & 0\\ 2 & -3 & 0\end{bmatrix}$$

$$\Rightarrow\begin{bmatrix}1 & 0 & 0\\ -1 & 1 & 1\\ -2 & 1 & 1\\ 5 & -3 & -3\end{bmatrix}\Rightarrow\begin{bmatrix}1 & 0 & 0\\ -1 & 1 & 0\\ -2 & 1 & 0\\ 5 & -3 & 0\end{bmatrix}\Rightarrow\begin{bmatrix}1 & 0 & 0\\ 0 & 1 & 0\\ -1 & 1 & 0\\ 2 & -3 & 0\end{bmatrix}$$

정리 3.4.5 행렬 $A=(a_{ij})\in M_{m\times n}(\mathbb{K})$의 행공간의 차원과 열공간의 차원은 같다. 즉 행열의 행계수와 열계수는 같다.

[증명] 행렬 A의 행공간 $\langle A_1, \cdots, A_m\rangle$의 기저를 $\{B_1, B_2, \cdots, B_r\}$, $r\leq m$이라

하고

$$B_1=(b_{11}, b_{12}, \cdots, b_{1n}),\ B_2=(b_{21}, b_{22}, \cdots, b_{2n}),\ \cdots,\ B_r=(b_{r1}, b_{r2}, \cdots, b_{rn})$$

모든 $A_i \in \langle B_1, \cdots, B_r \rangle$이므로 $c_{ij} \in \mathbb{K}$가 존재하여

$$\begin{aligned} A_1 &= c_{11}B_1+\cdots+c_{1r}B_r \\ A_2 &= c_{21}B_1+\cdots+c_{2r}B_r \\ \vdots\ & \quad\ \vdots \qquad\qquad\quad \vdots \\ A_m &= c_{m1}B_1+\cdots+c_{mr}B_r \end{aligned}$$

행렬 $A=(A_1, \cdots, A_m)$의 제 ij-성분 a_{ij}는

$$a_{ij}=c_{i1}b_{1j}+\cdots+c_{ir}b_{rj}=\sum_{k=1}^{r} c_{ik}b_{kj}$$

행렬 A의 제 j열

$$\begin{bmatrix} a_{1j} \\ a_{2j} \\ \vdots \\ a_{mj} \end{bmatrix}=\begin{bmatrix} \sum_{k=1}^{r} c_{1k}b_{kj} \\ \vdots \\ \sum_{k=1}^{r} c_{mk}b_{kj} \end{bmatrix}=b_{1j}\begin{bmatrix} c_{11} \\ c_{21} \\ \vdots \\ c_{m1} \end{bmatrix}+\cdots+b_{rj}\begin{bmatrix} c_{1r} \\ c_{2r} \\ \vdots \\ c_{mr} \end{bmatrix}$$

$C_i=(c_{1i}, \cdots, c_{mi})^t$, $i=1, \cdots, r$라 놓으면 A의 제 j 열벡터는 $C_1, \cdots, C_r$에 의하여 생성된다. 그러므로 A의 열공간은 $\langle C_1, \cdots, C_r \rangle$의 부분공간이다. $\langle C_1, \cdots, C_r \rangle$의 차원은 r 이하이고 r는 A의 행공간의 차원이었으므로 A의 열공간의 차원은 행공간의 차원 이하이다. 같은 이유에서 A의 행공간의 차원은 열공간의 차원 이하이다. 따라서 행렬 A의 열공간의 차원과 행공간의 차원은 같다.

행렬 $A=[a_{ij}] \in M_{m\times n}$에서 몇 개의 행과 열을 제외하여 만든 $s\times s$행렬을 A의 **부분행렬**(submatrix)이라 한다. 행렬 A의 r차부분행렬 중에서 행렬식의 값이 0이 아닌 것이 적어도 하나 있고 $(r+1)$차부분행렬의 행렬식의 값은 모두 0일 때 r를 행렬 A의 **계수**(rank)라 한다. 행렬 A의 0이 아닌 부분행렬식이 존재하는 최고차가 계수이다.

예제 3.4.6 다음 행렬의 계수를 구하여라.

$$A=\begin{bmatrix}1 & 2 & -1\\ 2 & -1 & 1\\ 3 & 1 & 1\end{bmatrix}, \qquad B=\begin{bmatrix}1 & 2 & -1\\ 0 & 2 & 1\\ 1 & 3 & 0\end{bmatrix}$$

[풀이] 행렬 A의 계수는 3, B의 계수는 3이다.

$$\begin{vmatrix}1 & 2 & -1\\ 2 & -1 & 1\\ 3 & 1 & 1\end{vmatrix}=\begin{vmatrix}1 & 0 & 0\\ 2 & -5 & 3\\ 3 & -5 & 4\end{vmatrix}=\begin{vmatrix}-5 & 3\\ -5 & 4\end{vmatrix}=-5$$

$$\begin{vmatrix}1 & 2 & -1\\ 0 & 2 & 1\\ 1 & 3 & 0\end{vmatrix}=\begin{vmatrix}1 & 2 & -1\\ 0 & 2 & 1\\ 0 & 1 & 1\end{vmatrix}=\begin{vmatrix}2 & 1\\ 1 & 1\end{vmatrix}=1$$

예제 3.4.7 기본변형을 이용하여 다음 행렬의 계수를 구하여라.

(1) $\begin{bmatrix}3 & 9 & 2 & 4\\ 2 & -2 & 1 & 5\\ 7 & 5 & 4 & 14\end{bmatrix}$ (2) $\begin{bmatrix}1 & 1 & 2\\ 4 & 5 & 5\\ 5 & 8 & 1\\ -1 & -2 & 2\end{bmatrix}$

[풀이] 다음의 변형에서 계수는 각각 2와 3이다.

(1) $$\begin{bmatrix}3 & 9 & 2 & 4\\ 2 & -2 & 1 & 5\\ 7 & 5 & 4 & 14\end{bmatrix}\Rightarrow\begin{bmatrix}2 & -2 & 1 & 5\\ 3 & 9 & 2 & 4\\ 7 & 5 & 4 & 14\end{bmatrix}\Rightarrow\begin{bmatrix}1 & -2 & 2 & 5\\ 2 & 9 & 3 & 4\\ 4 & 5 & 7 & 14\end{bmatrix}$$

$$\Rightarrow\begin{bmatrix}1 & -2 & 2 & 5\\ 0 & 13 & -1 & -6\\ 0 & 13 & -1 & -6\end{bmatrix}\Rightarrow\begin{bmatrix}1 & -2 & 2 & 5\\ 0 & 13 & -1 & -6\\ 0 & 0 & 0 & 0\end{bmatrix}\Rightarrow\begin{bmatrix}1 & 0 & 0 & 0\\ 0 & 13 & -1 & -6\\ 0 & 0 & 0 & 0\end{bmatrix}$$

$$\Rightarrow\begin{bmatrix}1 & 0 & 0 & 0\\ 0 & 1 & 0 & 0\\ 0 & 0 & 0 & 0\end{bmatrix}$$

(2) $$\begin{bmatrix}1 & 1 & 2\\ 4 & 5 & 5\\ 5 & 8 & 1\\ -1 & -2 & 2\end{bmatrix}\Rightarrow\begin{bmatrix}1 & 0 & 0\\ 4 & 1 & -3\\ 5 & 3 & -9\\ -1 & -1 & 4\end{bmatrix}\Rightarrow\begin{bmatrix}1 & 0 & 0\\ 0 & 1 & -3\\ 0 & 3 & -9\\ 0 & -1 & 4\end{bmatrix}\Rightarrow\begin{bmatrix}1 & 0 & 0\\ 0 & 1 & 0\\ 0 & 3 & 0\\ 0 & -1 & 1\end{bmatrix}$$

$$\Rightarrow\begin{bmatrix}1&0&0\\0&1&0\\0&3&0\\0&0&1\end{bmatrix}\Rightarrow\begin{bmatrix}1&0&0\\0&1&0\\0&0&0\\0&0&1\end{bmatrix}\Rightarrow\begin{bmatrix}1&0&0\\0&1&0\\0&0&1\\0&0&0\end{bmatrix}$$

정리 3.4.6 행렬 A의 계수와 전치행렬 A^t의 계수는 같다.

[증명] 전치행렬 A^t의 임의의 r차부분행렬식은 A의 하나의 r차행렬식의 전치행렬식이다. 행렬식과 그 전치행렬식의 값은 같으므로 $\operatorname{rank} A=\operatorname{rank} A^t$이다.

정리 3.4.7 행렬 A의 계수는 행렬의 열과 행에 관한 기본변형에 의하여 변하지 않는다.

[증명] 다음 두 행렬의 계수가 같음을 보이면 충분하다.

$$A=\begin{bmatrix}a_{11}&\cdots&a_{1i}&\cdots&a_{1j}&\cdots&a_{1n}\\a_{21}&\cdots&a_{2i}&\cdots&a_{2j}&\cdots&a_{2n}\\\vdots&&\vdots&&&&\vdots\\a_{m1}&\cdots&a_{mi}&\cdots&a_{mj}&\cdots&a_{mn}\end{bmatrix}$$

$$A'=\begin{bmatrix}a_{11}&\cdots&a_{1i}&\cdots&a_{1j}+\alpha a_{1i}&\cdots&a_{1n}\\a_{21}&\cdots&a_{2i}&\cdots&a_{2j}+\alpha a_{2i}&\cdots&a_{2n}\\\vdots&&\vdots&&\vdots&&\vdots\\a_{m1}&\cdots&a_{mi}&\cdots&aa_{mj}+\alpha_{mi}&\cdots&a_{mn}\end{bmatrix}$$

행렬 A의 r차부분행렬식 $|R|_r$가 A의 j열을 포함하지 않으면 이에 대응하는 A'의 r차부분행렬식은 $|R|_r$와 같다. $|R|_r$가 j열을 포함하면 행렬식의 성질에 의하여 $|R|_r'=|R|_r+\alpha|R|_r''$의 꼴이 된다. 여기서 $|R|_r''$이 행렬식 $|R|_r$의 제 j 열 대신에 제 i 열이 들어간 행렬식이다. $|R|_r''$이 A의 제 i 열을 포함하고 있으면 $|R_r|''=0$, A의 제 i 열을 포함하지 않으면 $|R|_r''$은 부호를 생각하지 않을 때 A의 하나의 r차부분행렬식과 같다. 그러므로 A의 모든 r차부분행렬식의 값은 0이다. A'의 모든 r차부분행렬식도 0이다. 행렬의 계수의 정의에 의하면 $\operatorname{rank} A'\leq\operatorname{rank} A$이다. 역으로 행렬 A'의 제 i 열에 $-\alpha$를 곱하여 제 j 열에 더하면 행렬 A가 됨으로 위의 결과에서 $\operatorname{rank} A\leq\operatorname{rank} A'$이다. 이로써 행렬 A와 A'의 계수는 같음이 증명되었다.

정리 3.4.8 행렬의 계수와 행렬의 행(열)계수는 같다.

[증명] 열벡터에 대하여 증명하면 정리 3.4.5에 의하여 행벡터에 대해서도 성립한다. 행렬 A를 열벡터 $A^{(1)}, \cdots, A^{(n)}$으로 나타낸다.

$$A=\begin{bmatrix} a_{11} & a_{12} & \cdots & a_{1n} \\ a_{21} & a_{22} & \cdots & a_{2n} \\ \vdots & \vdots & & \vdots \\ a_{m1} & a_{m2} & \cdots & a_{mn} \end{bmatrix},\ A^{(1)}=\begin{bmatrix} a_{11} \\ a_{21} \\ \vdots \\ a_{m1} \end{bmatrix},\ A^{(2)}=\begin{bmatrix} a_{12} \\ a_{22} \\ \vdots \\ a_{m2} \end{bmatrix},\ \cdots,\ A^{(n)}=\begin{bmatrix} a_{1n} \\ a_{2n} \\ \vdots \\ a_{mn} \end{bmatrix}$$

행렬 A의 기본행(열)변형으로 $\text{rank}(A)=r$일 때, $|R|\neq 0$라 놓아도 일반성을 잃지 않는다.

$$|R|=\begin{vmatrix} a_{11} & a_{12} & \cdots & a_{1r} \\ a_{21} & a_{22} & \cdots & a_{2r} \\ \vdots & \vdots & & \vdots \\ a_{r1} & a_{r2} & \cdots & a_{rr} \end{vmatrix}\neq 0$$

행렬 R의 열벡터 $R^{(1)}, \cdots, R^{(r)}$가 일차독립임을 보이자. 수 $x_1, \cdots, x_r$가 존재하여

$$x_1R^{(1)}+\cdots+x_rR^{(r)}=\mathbf{0}$$

이라 하면

$$\begin{cases} a_{11}x_1+a_{12}x_2+\cdots+a_{1r}x_r=0 \\ a_{21}x_1+a_{22}x_2+\cdots+a_{2r}x_r=0 \\ \qquad\vdots \\ a_{r1}x_1+a_{r2}x_2+\cdots+a_{rr}x_r=0 \end{cases}$$

위의 동차식의 계수행렬 R의 행렬식의 값이 $|R|\neq 0$이므로 Cramer의 법칙에 의하여 자명한 해만을 갖는다. 즉 $x_1=x_2=\cdots=x_r=0$.

임의의 열벡터 $A^{(s)}(r+1\leq s\leq n)$은 $R^{(1)}, \cdots, R^{(r)}$에 의하여 생성됨을 보이자. 다음 연립방정식은 계수행렬 $|R|\neq 0$이므로 오직 하나뿐인 해 $\alpha_1, \cdots, \alpha_r$를 갖는다.

$$\begin{cases} a_{11}x_1+\cdots+a_{1r}x_r=a_{1s} \\ a_{21}x_1+\cdots+a_{2r}x_r=a_{2s} \\ \qquad\vdots \\ a_{r1}x_1+\cdots+a_{rr}x_r=a_{rs} \end{cases}$$

모든 $i=1, \cdots, r$에 대하여 $a_{is}=a_{is}\alpha_1+\cdots+a_{ir}\alpha_r=\sum_{k=1}^{r}a_{ik}\alpha_k$인 순서로 $(\alpha_1, \cdots, \alpha_n)$이 단 하나 존재한다. $\operatorname{rank} A=r$이므로 모든 $t=1+r, \cdots, m$에 대하여 다음 등식이 성립한다.

$$\begin{vmatrix} a_{11} & \cdots & a_{1r} & a_{1s} \\ a_{21} & \cdots & a_{2r} & a_{2s} \\ \vdots & & \vdots & \vdots \\ a_{r1} & \cdots & a_{rr} & a_{rs} \\ a_{t1} & \cdots & a_{tr} & a_{ts} \end{vmatrix}=0$$

이 행렬식의 제 1, 2, …, r열에 각각 $\alpha_1, \alpha_2, \cdots, \alpha_r$를 곱한 값 $\sum_{k=1}^{r}a_{ik}\alpha_k(i=1, \cdots, r)$를 제 s 열에서 빼면

$$\begin{vmatrix} a_{11} & \cdots & a_{1r} & 0 \\ a_{21} & \cdots & a_{2r} & 0 \\ \vdots & & \vdots & \vdots \\ a_{r1} & \cdots & a_{rr} & 0 \\ a_{t1} & \cdots & a_{tr} & a_{ts}-\sum_{k=1}^{r}a_{tk}\alpha_k \end{vmatrix}=0$$

이 행렬식을 $(r+1)$열에 관하여 전개하면

$$\left(a_{ts}-\sum_{k=1}^{r}a_{tk}\alpha_k\right)|R|=0$$

$|R|\neq 0$이므로 모든 $t=r+1, \cdots, m$에 대하여

$$a_{ts}-\sum_{k=1}^{r}a_{tk}\alpha_k=0,\ a_{ts}=a_{t1}\alpha_1+\cdots+a_{tr}\alpha_r$$

이는 행렬 A의 제 s 열 $A^{(s)}$가 $A^{(1)}, \cdots, A^{(r)}$의 일차결합임을 의미한다. 따라서 모든 열 $A^{(r+1)}, \cdots, A^{(n)}$이 $A^{(1)}, \cdots, A^{(r)}$의 일차결합이다. 아래의 벡터 $R^{(1)'}, \cdots, R^{(r)'}$는 A의 열공간의 기저를 이룬다. 따라서 A의 열공간의 차원은 $\operatorname{rank}(A)$와 같다.

$$R^{(1)'}=\begin{bmatrix} a_{11} \\ \vdots \\ a_{1r} \\ 0 \\ \vdots \\ 0 \end{bmatrix},\ \cdots,\ R^{(r)'}=\begin{bmatrix} a_{1r} \\ \vdots \\ a_{rr} \\ 0 \\ \vdots \\ 0 \end{bmatrix}$$

역으로 A의 r개의 열벡터 $A^{(1)}, \cdots, A^{(r)}$가 일차독립이라 하여도 일반성을 잃지 않는다. $A^{(s)}(s=r+1, \cdots, n)$는 $A^{(1)}, \cdots, A^{(r)}$에 의하여 생성되므로 행렬 A는 다음의 꼴이 된다.

$$A'=\begin{bmatrix} a_{11} & \cdots & a_{1r} & 0 & \cdots & 0 \\ a_{21} & \cdots & a_{2r} & 0 & \cdots & 0 \\ \vdots & & \vdots & \vdots & & \vdots \\ a_{r1} & \cdots & a_{rr} & 0 & \cdots & 0 \\ \vdots & & \vdots & \vdots & & \vdots \\ a_{m1} & \cdots & a_{mr} & 0 & \cdots & 0 \end{bmatrix}$$

가정에 의하여 행렬 A의 계수는 r이다. $\operatorname{rank} A'=r'$라 하면 $(r+1)$차 이상의 부분행렬식은 0이므로 $r'\leq r$이다. $r'<r$라면 행렬 A'의 열공간의 차원은 r보다 작다. 그러므로 $A^{(1)'}, \cdots, A^{(r)'}$ 중의 어느 하나는 나머지 열벡터의 일차결합이다. 이것은 $A^{(1)}, \cdots, A^{(r)}$가 일차독립이라는 가정에 모순이다. 따라서 $\operatorname{rank} A=\operatorname{rank} A'=r$이다.

예제 3.4.8 다음 행렬의 계수와 열공간의 차원을 구하여 비교하여 보아라.

$$A=\begin{bmatrix} 1 & 2 & -1 \\ 2 & -1 & 1 \\ 3 & 1 & 1 \end{bmatrix}$$

[풀이] $A^{(1)}=\begin{bmatrix} 1 \\ 2 \\ 3 \end{bmatrix}, A^{(2)}=\begin{bmatrix} 2 \\ -1 \\ 1 \end{bmatrix}, A^{(3)}=\begin{bmatrix} -1 \\ 1 \\ 1 \end{bmatrix}$에 대하여 $A^{(1)}x+A^{(1)}y+A^{(1)}z=(0, 0, 0)$인 x, y, z를 구한다.

$$\begin{cases} x+2y-z=0 \\ 2x-y+z=0 \\ 3x+y+z=0 \end{cases}$$

위 연립방정식의 계수행렬 A의 행렬식 $|A|=-5\neq 0$이므로 자명한 해뿐이므로 $x=y=z=0$이다. $A^{(1)}, A^{(2)}, A^{(3)}$은 일차독립이므로 $\dim\langle A^{(1)}, A^{(2)}, A^{(3)}\rangle=3$이다. 다음으로 A를 사다리꼴행렬로 변형하면

$$A=\begin{bmatrix}1&2&-1\\2&-1&1\\3&1&1\end{bmatrix}\Rightarrow\begin{bmatrix}1&2&-1\\0&-5&3\\0&-5&4\end{bmatrix}\Rightarrow\begin{bmatrix}1&2&-1\\0&0&-1\\0&-5&4\end{bmatrix}$$

$$\Rightarrow\begin{bmatrix}1&2&-1\\0&0&-1\\0&-5&0\end{bmatrix}\Rightarrow\begin{bmatrix}1&2&-1\\0&0&-1\\0&1&0\end{bmatrix}\Rightarrow\begin{bmatrix}1&0&0\\0&1&0\\0&0&1\end{bmatrix}$$

따라서 $\operatorname{rank} A=3$.

예제 3.4.9 행렬 $A, B\in M_{2\times 2}(\mathbb{R})$로서 다음 성질을 만족하는 예를 들어라.

(1) $\operatorname{rank}(A+B)<\operatorname{rank} A, \operatorname{rank} B$

(2) $\operatorname{rank}(A+B)>\operatorname{rank} A, \operatorname{rank} B$

[풀이] (1) $A=\begin{bmatrix}1&1\\0&0\end{bmatrix}$, $B=\begin{bmatrix}-1&-1\\0&0\end{bmatrix}$에서 $\operatorname{rank} A=\operatorname{rank} B=1$, $\operatorname{rank}(A+B)=\operatorname{rank}\begin{bmatrix}0&0\\0&0\end{bmatrix}=0$

(2) $A=\begin{bmatrix}1&0\\0&0\end{bmatrix}$, $B=\begin{bmatrix}0&0\\0&1\end{bmatrix}$에서 $\operatorname{rank} A=1$, $\operatorname{rank} B=1$, $\operatorname{rank}(A+B)=\operatorname{rank}\begin{bmatrix}1&0\\0&1\end{bmatrix}=2$.

체 $\mathbb{K}$ 위의 n개의 미지수 $x_1, \cdots, x_n$의 일차결합 $a_1x_1+\cdots+a_nx_n=b$를 **일차방정식**(linear equation)이라 한다. m개의 일차방정식으로 이루어진 **계**(system)를 **연립일차방정식**(system of linear equations) 또는 **연립방정식**이라 한다.

$$\begin{cases} a_{11}x_1+\cdots+a_{1n}x_n=b_1\\ a_{21}x_1+\cdots+a_{2n}x_n=b_2\\ \quad\vdots \qquad\qquad\ \vdots \quad\ \ \vdots\\ a_{m1}x_1+\cdots+a_{mn}x_n=b_m \end{cases}$$

$x_1, \cdots, x_n$을 이 연립방정식의 **변수** 또는 **미지수**라 하고 a_{ij}를 **계수**, b_i를 **상수**라 한다. n개의 미지수와 m개의 방정식으로 이루어진 연립방정식을 $m\times n$ 연립방정식이라 한다. 연립방정식의 계수를 성분으로 갖는 행렬 $A=[a_{ij}]\in M_{m\times n}(\mathbb{K})$를 **계수행렬**, $B=[b_1 \cdots b_m]^t$를 **상수행렬**이라 한다.

$$A=\begin{bmatrix} a_{11} & a_{12} & \cdots & a_{1n} \\ a_{21} & a_{22} & \cdots & a_{2n} \\ \vdots & \vdots & & \vdots \\ a_{m1} & a_{m2} & \cdots & a_{mn} \end{bmatrix}, \qquad B=\begin{bmatrix} b_1 \\ b_2 \\ \vdots \\ b_m \end{bmatrix}$$

그러면 $m\times n$연립방정식은 $AX=B$로 표시된다.

$$AX=\begin{bmatrix} a_{11} & a_{12} & \cdots & a_{1n} \\ a_{21} & a_{22} & \cdots & a_{2n} \\ \vdots & \vdots & & \vdots \\ a_{m1} & a_{m2} & \cdots & a_{mn} \end{bmatrix}\begin{bmatrix} x_1 \\ x_2 \\ \vdots \\ x_n \end{bmatrix}=\begin{bmatrix} \sum_{j=1}^{n} a_{1j}x_j \\ \sum_{j=1}^{n} a_{2j}x_j \\ \vdots \\ \sum_{j=1}^{n} a_{mj}x_j \end{bmatrix}=\begin{bmatrix} b_1 \\ b_2 \\ \vdots \\ b_m \end{bmatrix}$$

$B=O$인 연립방정식 $AX=O$을 **동차연립방정식** 또는 **제차연립방정식**이라 하고, $B\neq O$인 연립방정식 $AX=B$를 **비동차연립방정식**이라 한다.

정리 3.4.9 연립방정식 $AX=B$가 해를 갖기 위한 필요충분조건은 다음 두 행렬의 계수가 같은 것이다.

$$A=\begin{bmatrix} a_{11} & a_{12} & \cdots & a_{1n} \\ a_{21} & a_{22} & \cdots & a_{2n} \\ \vdots & \vdots & & \vdots \\ a_{m1} & a_{m2} & \cdots & a_{mn} \end{bmatrix}, \qquad A'=\begin{bmatrix} a_{11} & a_{12} & \cdots & a_{1n} & b_1 \\ a_{21} & a_{22} & \cdots & a_{2n} & b_2 \\ \vdots & \vdots & & \vdots & \vdots \\ a_{m1} & a_{m2} & \cdots & a_{mn} & b_m \end{bmatrix}$$

[증명] 연립방정식 $AX=B$는 다음으로 표시된다.

$$AX=\begin{bmatrix} a_{11} & a_{12} & \cdots & a_{1n} \\ a_{21} & a_{22} & \cdots & a_{2n} \\ \vdots & \vdots & & \vdots \\ a_{m1} & a_{m2} & \cdots & a_{mn} \end{bmatrix}\begin{bmatrix} x_1 \\ x_2 \\ \vdots \\ x_n \end{bmatrix}=x_1\begin{bmatrix} a_{11} \\ a_{21} \\ \vdots \\ a_{m1} \end{bmatrix}+x_2\begin{bmatrix} a_{12} \\ a_{22} \\ \vdots \\ a_{m2} \end{bmatrix}+\cdots+x_n\begin{bmatrix} a_{1n} \\ a_{2n} \\ \vdots \\ a_{mn} \end{bmatrix}$$

$$=x_1A^{(1)}+x_2A^{(2)}+\cdots+x_nA^{(n)}=B$$

연립방정식의 근 $x_1=\alpha_1$, $x_2=\alpha_2$, $\cdots$, $x_n=\alpha_n$이 존재하면 B는 행렬 A의 열벡터 $A^{(1)}$, $\cdots$, $A^{(n)}$에 의하여 생성된다. 행렬의 계수는 열계수와 같다. 그러므로 행렬의 계수는 일차독립인 열벡터의 최대 개수이다. 열벡터 B가 $A^{(1)}$, $\cdots$, $A^{(n)}$에 의하여 생성되면 $\operatorname{rank} A=\operatorname{rank} A'$이고 역도 성립한다.

정리 3.4.10 $m\times n$연립방정식 $AX=O$에 대하여 다음이 성립한다.

(1) $X_1, \cdots, X_r$가 이 동차식의 해이면 일차결합 $\alpha_1X_1+\cdots+\alpha_rX_r$도 해이다.

(2) X가 비동차식 $AX=B$의 하나의 해, X_0가 동차식 $AX=O$의 해이면 X_0+X는 $AX=B$의 해이다. 그러므로 비동차식의 해집합은 $\{X_0+X \mid AX=B, AX_0=O\}$이다.

[증명] (1) $AX_1=\cdots=AX_r=O$이면 $A(\alpha_1X_1+\cdots+\alpha_rX_r)=\alpha_1(AX_1)+\cdots+\alpha_r(AX_r)=\alpha_1\cdot O+\cdots+\alpha_r\cdot O=O$이므로 $\alpha_1X_1+\cdots+\alpha_rX_r$도 $AX=O$의 해이다.

(2) $AX=B$, $AX_0=O$이므로 $A(X+X_0)=B+O=B$. 따라서 $X+X_0$는 $AX=B$의 해이다.

정리 3.4.11 $m\times n$연립동차방정식 $AX=O$의 일차독립인 해는 $(n-\operatorname{rank}A)$조가 존재하고 나머지 해는 이들의 일차결합으로 표시된다. 즉 $AX=O$의 해로 이루어진 행렬의 계수는 $n-\operatorname{rank}A$이다.

[증명] $A=[a_{ij}]\in M_{m\times n}(\mathbb{K})$, $\operatorname{rank}A=r$이면 행렬 R_r가 존재하여

$$|R_r|=\begin{vmatrix} a_{11} & a_{12} & \cdots & a_{1r} \\ a_{21} & a_{22} & \cdots & a_{2r} \\ \vdots & \vdots & & \vdots \\ a_{r1} & a_{r2} & \cdots & a_{rr} \end{vmatrix}\neq 0$$

$$\begin{cases} a_{11}x_1+\cdots+a_{1r}x_r+a_{1r+1}x_{r+1}+\cdots+a_{1n}x_n=0 \\ a_{21}x_1+\cdots+a_{2r}x_r+a_{2r+1}x_{r+1}+\cdots+a_{2n}x_n=0 \\ \quad\vdots \qquad\qquad \vdots \qquad\qquad \vdots \qquad\qquad\qquad \vdots \quad \vdots \\ a_{r1}x_1+\cdots+a_{rr}x_r+a_{rr+1}x_{r+1}+\cdots+a_{rn}x_n=0 \end{cases}$$

이 식을 $x_1, \cdots, x_r$에 대하여 풀면

$$\begin{cases} a_{11}x_1+\cdots+a_{1r}x_r=-a_{1r+1}x_{r+1}-\cdots-a_{1n}x_n \\ a_{21}x_1+\cdots+a_{2r}x_r=-a_{2r+1}x_{r+1}-\cdots-a_{2n}x_n \\ \quad\vdots \qquad\qquad \vdots \qquad\qquad \vdots \qquad\qquad \vdots \\ a_{r1}x_1+\cdots+a_{rr}x_r=-a_{rr+1}x_{r+1}-\cdots-a_{rn}x_n \end{cases}$$

행렬로 나타내면

$$\begin{bmatrix} a_{11} & \cdots & a_{1r} \\ \vdots & & \vdots \\ a_{r1} & \cdots & a_{rr} \end{bmatrix}\begin{bmatrix} x_1 \\ \vdots \\ x_r \end{bmatrix} = -\begin{bmatrix} a_{1r+1} & \cdots & a_{1n} \\ \vdots & & \vdots \\ a_{rr+1} & \cdots & a_{rn} \end{bmatrix}\begin{bmatrix} x_{r+1} \\ \vdots \\ x_n \end{bmatrix}$$

$|R_r| \neq 0$ 이므로 R_r의 역행렬 R_r^{-1}을 양변에 곱하면

$$\begin{bmatrix} x_1 \\ \vdots \\ x_r \end{bmatrix} = -R_r^{-1}\begin{bmatrix} a_{1r+1} & \cdots & a_{1n} \\ \vdots & & \vdots \\ a_{rr+1} & \cdots & a_{rn} \end{bmatrix}\begin{bmatrix} x_{r+1} \\ \vdots \\ x_n \end{bmatrix} = \begin{bmatrix} c_{11} & \cdots & c_{1n-r} \\ \vdots & & \vdots \\ c_{r1} & \cdots & c_{rn-r} \end{bmatrix}\begin{bmatrix} x_{r+1} \\ \vdots \\ x_n \end{bmatrix}$$

$$= \begin{bmatrix} c_{11} & \cdots & c_{1n-r} \\ \vdots & & \vdots \\ c_{r1} & \cdots & c_{rn-r} \end{bmatrix}\begin{bmatrix} x_{r+1} \\ \vdots \\ x_n \end{bmatrix} = x_{r+1}\begin{bmatrix} c_{11} \\ \vdots \\ c_{r1} \end{bmatrix} + \cdots + x_n\begin{bmatrix} c_{1n-r} \\ \vdots \\ c_{rn-r} \end{bmatrix}$$

그러므로 x_{r+1}, $\cdots$, x_n은 다음 식을 만족하는 t_1, $\cdots$, t_{n-r}의 해이다.

$$\begin{bmatrix} x_1 \\ \vdots \\ x_r \end{bmatrix} = t_1\begin{bmatrix} c_{11} \\ \vdots \\ c_{r1} \end{bmatrix} + \cdots + t_{n-r}\begin{bmatrix} c_{1n-r} \\ \vdots \\ c_{rn-r} \end{bmatrix}$$

다음 식을 $t_1c_1 + \cdots + t_{n-r}c_{n-r}$로 나타내면 c_1, $\cdots$, c_{n-r}는 동차식 $AX=O$의 해이다. 또한 c_1, $\cdots$, c_{n-r}는 일차독립이다.

$$X = \begin{bmatrix} x_1 \\ \vdots \\ x_r \\ x_{r+1} \\ \vdots \\ x_n \end{bmatrix} = t_1\begin{bmatrix} c_{11} \\ \vdots \\ c_{r1} \\ 1 \\ 0 \\ \vdots \\ 0 \end{bmatrix} + \cdots + t_{n-r}\begin{bmatrix} c_{1n-r} \\ \vdots \\ c_{rn-r} \\ 0 \\ \vdots \\ 0 \\ 1 \end{bmatrix}$$

실제로 $d_1c_1 + \cdots + d_{n-r}c_{n-r} = 0$ 이라 놓으면 $d_1 = \cdots = d_{n-r} = 0$ 이다. 이로써 c_1, $\cdots$, c_{n-r}는 동차식 $AX=O$의 일차독립인 해이고, 임의의 해는 이들의 일차결합임을 보였다. 연립방정식 $AX=O$의 해집합은 $\langle c_1, c_2, \cdots, c_{n-r} \rangle$이고, 차원은 $n-r=n-\text{rank}\,A$이다.

위 정리의 행렬 c_1, c_2, $\cdots$, c_{n-r}를 동차식 $AX=O$의 **기본해**(fundamental solution)라 하고 이들의 일차결합인 해를 $AX=O$의 **일반해**(general solution)라 한다.

예제 3.4.10 다음 연립방정식의 기본해와 일반해를 구하여라.

(1) $\begin{cases} 2x_1 - x_2 - 2x_3 = 1 \\ -4x_1 + 2x_2 + 4x_3 = 3 \end{cases}$ (2) $\begin{cases} x_1 - x_3 + 2x_4 = 0 \\ x_2 + x_5 \qquad = 0 \end{cases}$

[풀이] (1) 다음 행렬 A, B에서 $\operatorname{rank} A = 1$, $\operatorname{rank} A' = 2$ 이다.

$$A = \begin{bmatrix} 2 & -1 & -2 \\ -4 & 2 & 4 \end{bmatrix}, \quad A' = \begin{bmatrix} 2 & -1 & -2 & 1 \\ -4 & 2 & 4 & 3 \end{bmatrix}$$

정리 3.4.9에 의하여 해는 존재하지 않는다.

(2) 2×5 행렬 A의 계수는 2이다.

$$A = \begin{bmatrix} 1 & 0 & -1 & 2 & 0 \\ 0 & 1 & 0 & 0 & 1 \end{bmatrix}$$

정리 3.4.11에 의하면 기본해는 (5−2)개 이다.

$$\begin{bmatrix} 1 & 0 \\ 0 & 1 \end{bmatrix} \begin{bmatrix} x_1 \\ x_2 \end{bmatrix} = -\begin{bmatrix} -1 & 2 & 0 \\ 0 & 0 & 1 \end{bmatrix} \begin{bmatrix} x_3 \\ x_4 \\ x_5 \end{bmatrix} = \begin{bmatrix} 1 & -2 & 0 \\ 0 & 0 & -1 \end{bmatrix} \begin{bmatrix} x_3 \\ x_4 \\ x_5 \end{bmatrix}$$

의 양변에 $\begin{bmatrix} 1 & 0 \\ 0 & 1 \end{bmatrix}$의 역행렬 $\begin{bmatrix} 1 & 0 \\ 0 & 1 \end{bmatrix}$을 곱하면

$$\begin{bmatrix} x_1 \\ x_2 \end{bmatrix} = \begin{bmatrix} 1 & 0 \\ 0 & 1 \end{bmatrix} \begin{bmatrix} 1 & -2 & 0 \\ 0 & 0 & -1 \end{bmatrix} \begin{bmatrix} x_3 \\ x_4 \\ x_5 \end{bmatrix} = \begin{bmatrix} 1 & -2 & 0 \\ 0 & 0 & -1 \end{bmatrix} \begin{bmatrix} x_3 \\ x_4 \\ x_5 \end{bmatrix},$$

$$\begin{bmatrix} x_1 \\ x_2 \end{bmatrix} = x_3 \begin{bmatrix} 1 \\ 0 \end{bmatrix} + x_4 \begin{bmatrix} -2 \\ 0 \end{bmatrix} + x_5 \begin{bmatrix} 0 \\ -1 \end{bmatrix}$$

동차식 $AX = O$의 기본해는 c_1, c_2, c_3의 세 개이다.

$$c_1 = \begin{bmatrix} 1 \\ 0 \\ 1 \\ 0 \\ 0 \end{bmatrix}, \quad c_2 = \begin{bmatrix} -2 \\ 0 \\ 0 \\ 1 \\ 0 \end{bmatrix}, \quad c_3 = \begin{bmatrix} 0 \\ -1 \\ 0 \\ 0 \\ 1 \end{bmatrix}$$

일반해는 c_1, c_2, c_3에 의하여 생성된 공간 $W=\langle c_1, c_2, c_3\rangle$의 원소이다. 따라서 일반해는 c_1, c_2, c_3의 어떤 일차결합이다.

정리 3. 4. 11에서 동차식 $AX=O$, $A\in M_{m\times n}(\mathbb{K})$의 해공간의 차원은 $n-\operatorname{rank} A$임을 알았다. 이는 비동차식의 해법에 활용된다.

정리 3. 4. 12 $m\times n$연립방정식 $AX=B$는 행렬 $A=[A^{(1)}, \cdots, A^{(n)}]$과 $A'=[A^{(1)}, \cdots, A^{(n)}, B]$의 계수가 같을 때 한하여 해를 갖는다. 이때 해의 개수의 판정법은 다음과 같다.

(1) A의 계수가 n이면 오직 한 개의 해를 갖는다.

(2) $\operatorname{rank} A<n$이면 두 개 이상의 해를 갖는다.

(3) $m<n$이면 두 개 이상의 해를 갖는다.

[증명] $AX=B$를 $A(X-B)=O$, $AY=O$, $Y=X-B$라 놓으면 정리 3. 4. 11에 의하여 분명하다.

정리 3. 4. 13 n차동차연립방정식 $AX=O$이 자명한 해 이외의 해를 가질 필요충분조건은 $|A|=0$이다. 즉 $|A|\neq 0$일 필요충분조건은 $AX=O$의 해가 영뿐이다.

[증명] $|A|\neq 0$이면 역행렬 A^{-1}가 존재하면 연립방정식 $AX=O$의 양변에 A^{-1}를 곱하면 $X=O$이다.

$$A^{-1}(AX)=A^{-1}O,$$
$$O=A^{-1}O=A^{-1}(AX)=(A^{-1}A)X=IX=X$$

역을 증명하기 위하여 $AX=O$은 영 이외의 해 $X\neq O$을 갖고 $|A|\neq 0$라 하자. A의 역행렬 A^{-1}를 양변에 곱하면

$$O=A^{-1}(AX)=IX=X$$

이는 $X\neq O$라는 가정에 모순이다. 따라서 $AX=O$이 영이 아닌 해를 갖는다면 $|A|=0$이다.

예제 3. 4. 11 다음 연립일차방정식의 일반해를 구하여라.

$$\begin{cases} x_1 - x_2 + 2x_3 - 3x_4 = 2 \\ -x_1 + 2x_2 - 3x_3 + 11x_4 = 1 \\ 2x_1 - x_2 + 3x_3 + 2x_4 = 7 \end{cases}$$

[풀이] $\begin{bmatrix} 1 & -1 & 2 & -3 \\ -1 & 2 & -3 & 11 \\ 2 & -1 & 3 & 2 \end{bmatrix} \Rightarrow \begin{bmatrix} 1 & -1 & 2 & -3 \\ 0 & 1 & -1 & 8 \\ 0 & 1 & -1 & 8 \end{bmatrix} \Rightarrow \begin{bmatrix} 1 & -1 & 2 & -3 \\ 0 & 1 & -1 & 8 \\ 0 & 0 & 0 & 0 \end{bmatrix}$

$$\Rightarrow \begin{bmatrix} 1 & 0 & 1 & 5 \\ 0 & 1 & -1 & 8 \\ 0 & 0 & 0 & 0 \end{bmatrix} \Rightarrow \begin{bmatrix} 1 & 0 & 1 & 5 \\ 0 & 1 & 0 & 0 \\ 0 & 0 & 0 & 0 \end{bmatrix} \Rightarrow \begin{bmatrix} 1 & 0 & 1 & 0 \\ 0 & 1 & 0 & 0 \\ 0 & 0 & 0 & 0 \end{bmatrix} \Rightarrow \begin{bmatrix} 1 & 0 & 0 & 0 \\ 0 & 1 & 0 & 0 \\ 0 & 0 & 0 & 0 \end{bmatrix}$$

$$\begin{bmatrix} 1 & -1 & 2 & -3 & 2 \\ -1 & 2 & -3 & 11 & 1 \\ 2 & -1 & 3 & 2 & 7 \end{bmatrix} \Rightarrow \begin{bmatrix} 1 & -1 & 2 & -3 & 2 \\ 0 & 1 & -1 & 8 & 3 \\ 0 & 1 & -1 & 8 & 3 \end{bmatrix}$$

$$\Rightarrow \begin{bmatrix} 1 & -1 & 2 & -3 & 2 \\ 0 & 1 & -1 & 8 & 3 \\ 0 & 0 & 0 & 0 & 0 \end{bmatrix} \Rightarrow \begin{bmatrix} 1 & 0 & 1 & 5 & 5 \\ 0 & 1 & -1 & 8 & 3 \\ 0 & 0 & 0 & 0 & 0 \end{bmatrix} \Rightarrow \begin{bmatrix} 1 & 0 & 1 & 5 & 5 \\ 0 & 1 & 0 & 0 & 0 \\ 0 & 0 & 0 & 0 & 0 \end{bmatrix}$$

$$\Rightarrow \begin{bmatrix} 1 & 0 & 0 & 0 & 0 \\ 0 & 1 & 0 & 0 & 0 \\ 0 & 0 & 0 & 0 & 0 \end{bmatrix}$$

그러므로 두 행렬의 계수는 2로 서로 같다. 3×4동차식 $AX=O$의 기본해는 $(4-2)$개이다.

$$x_1 - x_2 = 2 - 2x_3 + 3x_4$$
$$-x_1 + 2x_2 = 1 + 3x_3 - 11x_4$$

$$\begin{bmatrix} 1 & -1 \\ -1 & 2 \end{bmatrix}\begin{bmatrix} x_1 \\ x_2 \end{bmatrix} = \begin{bmatrix} 2 & -2 & 3 \\ 1 & 3 & -11 \end{bmatrix}\begin{bmatrix} 1 \\ x_3 \\ x_4 \end{bmatrix}$$

이 식의 양변에 $\begin{bmatrix} 1 & -1 \\ -1 & 2 \end{bmatrix}$의 역행렬 $\begin{bmatrix} 2 & 1 \\ 1 & 1 \end{bmatrix}$을 곱하면

$$\begin{bmatrix} x_1 \\ x_2 \end{bmatrix} = \begin{bmatrix} 2 & 1 \\ 1 & 1 \end{bmatrix}\begin{bmatrix} 2 & -2 & 3 \\ 1 & 3 & -11 \end{bmatrix}\begin{bmatrix} 1 \\ x_3 \\ x_4 \end{bmatrix}$$

$$=\begin{bmatrix}5 & -1 & -5\\ 3 & 1 & -8\end{bmatrix}\begin{bmatrix}1\\ x_3\\ x_4\end{bmatrix}=\begin{bmatrix}5\\ 3\end{bmatrix}+x_3\begin{bmatrix}-1\\ 1\end{bmatrix}+x_4\begin{bmatrix}-5\\ -8\end{bmatrix}$$

$t_1=x_3$, $t_2=x_4$를 임의의 수로 하여 다음 식을 얻는다.

$$\begin{bmatrix}x_1\\ x_2\\ x_3\\ x_4\end{bmatrix}=\begin{bmatrix}5\\ 3\\ 0\\ 0\end{bmatrix}+t_1\begin{bmatrix}-1\\ 1\\ 1\\ 0\end{bmatrix}+t_2\begin{bmatrix}-5\\ -8\\ 0\\ 1\end{bmatrix}$$

벡터 $(5, 3, 0, 0)^t$가 비동차식의 특수해이고 벡터 $(-1, 1, 1, 0)^t$, $(-5, -8, 0, 1)^t$가 동차식의 기본해이다.

예제 3. 4. 12 다음 연립방정식의 일반해를 구하여라.

$$\begin{cases} x_1+2x_2+x_3-2x_4+3x_5=2\\ 2x_1+x_2+2x_4+x_5=3\\ -2x_1-3x_2+2x_4+2x_5=1\\ 4x_1+5x_2-2x_3-2x_4+7x_5=9\end{cases}$$

[풀이] $\left[\begin{array}{ccccc|c}1 & 2 & 1 & -2 & 3 & 2\\ 2 & 1 & 0 & 2 & 1 & 3\\ -2 & -3 & -1 & 2 & 2 & 1\\ 4 & 5 & 2 & -2 & 7 & 9\end{array}\right]\Rightarrow\left[\begin{array}{ccccc|c}1 & 2 & 1 & -2 & 3 & 2\\ 0 & -3 & -2 & 6 & -5 & -1\\ 0 & 1 & 1 & -2 & 8 & 5\\ 0 & -3 & -2 & 6 & -5 & -1\end{array}\right]$

$$\Rightarrow\left[\begin{array}{ccccc|c}1 & 0 & -1 & 2 & -13 & -8\\ 0 & 1 & 2 & -2 & 27 & 19\\ 0 & 1 & 1 & -2 & 8 & 5\\ 0 & 0 & 0 & 0 & 0 & 0\end{array}\right]\Rightarrow\left[\begin{array}{ccccc|c}1 & 0 & -1 & 2 & -13 & -8\\ 0 & 1 & 2 & -2 & 27 & 19\\ 0 & 0 & -1 & 0 & -19 & -14\\ 0 & 0 & 0 & 0 & 0 & 0\end{array}\right]$$

$$\Rightarrow\left[\begin{array}{ccccc|c}1 & 0 & -1 & 2 & -13 & -8\\ 0 & 1 & 2 & -2 & 27 & 19\\ 0 & 0 & 1 & 0 & 19 & 14\\ 0 & 0 & 0 & 0 & 0 & 0\end{array}\right]\Rightarrow\left[\begin{array}{ccccc|c}1 & 0 & 0 & 2 & 6 & 6\\ 0 & 1 & 0 & -2 & -11 & -9\\ 0 & 0 & 1 & 0 & 19 & 14\\ 0 & 0 & 0 & 0 & 0 & 0\end{array}\right]$$

계수행렬 A의 계수와 행렬$(A^{(1)}, \cdots, A^{(5)}, B)$의 계수는 같으므로 이 연립방정식은 해를 갖는다.

$$\begin{cases} x_1+2x_2+x_3= 2x_4-3x_5+2 \\ 2x_1+\ x_2 \qquad =-2x_4-\ x_5+3 \\ -2x_1-3x_2-x_3=-2x_4-2x_5+1 \end{cases}$$

이 연립방정식의 행렬 표시에서

$$\begin{bmatrix} 1 & 2 & 1 \\ 2 & 1 & 0 \\ -2 & -3 & -1 \end{bmatrix}\begin{bmatrix} x_1 \\ x_2 \\ x_3 \end{bmatrix}=\begin{bmatrix} 2 & 2 & -3 \\ 3 & -2 & -1 \\ 1 & -2 & -2 \end{bmatrix}\begin{bmatrix} 1 \\ x_4 \\ x_5 \end{bmatrix}$$

$$\begin{bmatrix} x_1 \\ x_2 \\ x_3 \end{bmatrix}=\begin{bmatrix} 6 & -2 & -6 \\ -9 & 2 & 11 \\ 14 & 0 & -19 \end{bmatrix}\begin{bmatrix} 1 \\ x_4 \\ x_5 \end{bmatrix}$$

$x_4=t_1$, $x_5=t_2$로 잡으면

$$\begin{bmatrix} x_1 \\ x_2 \\ x_3 \\ x_4 \\ x_5 \end{bmatrix}=\begin{bmatrix} 6 \\ -9 \\ 14 \\ 0 \\ 0 \end{bmatrix}+t_1\begin{bmatrix} -2 \\ 2 \\ 0 \\ 1 \\ 0 \end{bmatrix}+t_2\begin{bmatrix} -6 \\ 11 \\ -19 \\ 0 \\ 1 \end{bmatrix}$$

정칙행렬 $A=(a_{ij})\in M_{n\times n}(\mathbb{K})$의 역행렬을 $A^{-1}=(x_{ij})\in M_{n\times n}(\mathbb{K})$라 놓으면

$$\begin{bmatrix} a_{11} & \cdots & a_{1n} \\ a_{21} & \cdots & a_{2n} \\ \vdots & & \vdots \\ a_{n1} & \cdots & a_{nn} \end{bmatrix}\begin{bmatrix} x_{11} & \cdots & x_{1n} \\ x_{21} & \cdots & x_{2n} \\ \vdots & & \vdots \\ x_{n1} & \cdots & x_{nn} \end{bmatrix}=\begin{bmatrix} 1 & 0 & \cdots & 0 \\ 0 & 1 & \cdots & 0 \\ \vdots & \vdots & & \vdots \\ 0 & 0 & \cdots & 1 \end{bmatrix}$$

이고, 다음의 n개의 연립방정식을 얻는다.

$$\begin{bmatrix} a_{11} & \cdots & a_{1n} \\ a_{21} & \cdots & a_{2n} \\ \vdots & & \vdots \\ a_{n1} & \cdots & a_{nn} \end{bmatrix}\begin{bmatrix} x_{11} \\ x_{21} \\ \vdots \\ x_{n1} \end{bmatrix}=\begin{bmatrix} 1 \\ 0 \\ \vdots \\ 0 \end{bmatrix}, \cdots, \begin{bmatrix} a_{11} & \cdots & a_{1n} \\ a_{21} & \cdots & a_{2n} \\ \vdots & & \vdots \\ a_{n1} & \cdots & a_{nn} \end{bmatrix}\begin{bmatrix} x_{1n} \\ x_{2n} \\ \vdots \\ x_{nn} \end{bmatrix}=\begin{bmatrix} 0 \\ \vdots \\ 0 \\ 1 \end{bmatrix}$$

이 연립방정식의 계수행렬 A는 n개의 연립방정식에 공통이므로 소거법을 동시에 실시할 수가 있다. 이러한 방법으로 정칙행렬의 역행렬을 구하는 것은 전자계산기의 프로그래밍에 유효하게 쓰인다.

예제 3.4.13 다음 행렬의 역행렬을 소거법으로 구하여라.

$$A=\begin{bmatrix} 1 & 2 & 1 \\ 2 & 1 & 0 \\ -2 & -3 & -1 \end{bmatrix}, \qquad B=\begin{bmatrix} 1 & 2 & 4 \\ 3 & 1 & 0 \\ 1 & 1 & 2 \end{bmatrix}$$

[풀이] $$A=\left[\begin{array}{ccc|ccc} 1 & 2 & 1 & 1 & 0 & 0 \\ 2 & 1 & 0 & 0 & 1 & 0 \\ -2 & -3 & -1 & 0 & 0 & 1 \end{array}\right] \Rightarrow \left[\begin{array}{ccc|ccc} 1 & 2 & 1 & 1 & 0 & 0 \\ 0 & -3 & -2 & -2 & 1 & 0 \\ 0 & 1 & 1 & 2 & 0 & 1 \end{array}\right]$$

$$\Rightarrow \left[\begin{array}{ccc|ccc} 1 & 0 & -1 & -3 & 0 & -2 \\ 0 & 0 & 1 & 4 & 1 & 3 \\ 0 & 1 & 1 & 2 & 0 & 1 \end{array}\right] \Rightarrow \left[\begin{array}{ccc|ccc} 1 & 0 & 0 & 1 & 1 & 1 \\ 0 & 0 & 1 & 4 & 1 & 3 \\ 0 & 1 & 0 & -2 & -1 & -2 \end{array}\right]$$

$$\Rightarrow \left[\begin{array}{ccc|ccc} 1 & 0 & 0 & 1 & 1 & 1 \\ 0 & 1 & 1 & 2 & 0 & 1 \\ 0 & 1 & 0 & -2 & -1 & -2 \end{array}\right] \Rightarrow \left[\begin{array}{ccc|ccc} 1 & 0 & 0 & 1 & 1 & 1 \\ 0 & 1 & 1 & 2 & 0 & 1 \\ 0 & 0 & -1 & -4 & -1 & -3 \end{array}\right]$$

$$\Rightarrow \left[\begin{array}{ccc|ccc} 1 & 0 & 0 & 1 & 1 & 1 \\ 0 & 1 & 0 & -2 & -1 & -2 \\ 0 & 0 & 1 & 4 & 1 & 3 \end{array}\right]$$

$$B=\left[\begin{array}{ccc|ccc} 1 & 2 & 4 & 1 & 0 & 0 \\ 3 & 1 & 0 & 0 & 1 & 0 \\ 1 & 1 & 2 & 0 & 0 & 1 \end{array}\right] \Rightarrow \left[\begin{array}{ccc|ccc} 1 & 2 & 4 & 1 & 0 & 0 \\ 0 & -5 & -12 & -3 & 1 & 0 \\ 0 & -1 & -2 & -1 & 0 & 0 \end{array}\right]$$

$$\Rightarrow \left[\begin{array}{ccc|ccc} 1 & 2 & 4 & 1 & 0 & 0 \\ 0 & 1 & \frac{12}{5} & \frac{3}{5} & -\frac{1}{5} & 0 \\ 0 & -1 & -2 & -1 & 0 & 1 \end{array}\right] \Rightarrow \left[\begin{array}{ccc|ccc} 1 & 0 & -\frac{4}{5} & -\frac{1}{5} & \frac{2}{5} & 0 \\ 0 & 1 & \frac{12}{5} & \frac{3}{5} & -\frac{1}{5} & 0 \\ 0 & 0 & \frac{2}{5} & -\frac{2}{5} & -\frac{1}{5} & 0 \end{array}\right]$$

$$\Rightarrow \left[\begin{array}{ccc|ccc} 1 & 0 & 0 & -1 & 0 & 2 \\ 0 & 1 & 0 & 3 & 1 & -6 \\ 0 & 0 & 1 & -1 & -\frac{1}{2} & \frac{5}{2} \end{array}\right]$$

따라서

$$A^{-1}=\begin{bmatrix} 1 & 1 & 1 \\ -2 & -1 & -2 \\ 4 & 1 & 3 \end{bmatrix}, \qquad B^{-1}=\begin{bmatrix} -1 & 0 & 2 \\ 3 & 1 & 6 \\ -1 & -\frac{1}{2} & \frac{5}{2} \end{bmatrix}$$

연습문제 3.4

1. 다음 행렬의 계수를 구하여라.

① $\begin{bmatrix} 0 & 1 & 2 \\ 3 & 2 & 1 \\ 4 & 3 & 2 \end{bmatrix}$ ② $\begin{bmatrix} 1 & 1 & 1+a \\ 1 & 1+a & 1 \\ 1+a & 1 & 1 \end{bmatrix}$

2. 다음 행렬의 계수를 구하여라.

① $\begin{bmatrix} 1 & 2 & -1 \\ 2 & 4 & 6 \\ 0 & 0 & -8 \end{bmatrix}$ ② $\begin{bmatrix} 1 & -3 & 2 & 2 & 1 \\ 0 & 3 & 6 & 0 & -2 \\ 2 & -3 & -2 & 4 & 4 \\ 5 & -3 & 10 & 10 & 5 \end{bmatrix}$

3. 다음 행렬의 계수를 구하여라.

$A=\begin{bmatrix} 2 & 0 & 1 & 2 \\ 3 & -4 & -1 & -9 \\ 1 & 2 & 3 & 7 \\ -3 & 1 & -2 & 0 \end{bmatrix}$ $B=\begin{bmatrix} 1 & -2 & -4 & 3 \\ -3 & 6 & 12 & -9 \\ 1 & 0 & 1 & 3 \end{bmatrix}$

4. 다음 연립방정식을 풀어라.

① $\begin{cases} 4x+8y+28z+12w=24 \\ 2x+3y+5z+2w=4 \\ 7x+9y+4z+w=2 \end{cases}$ ② $\begin{cases} 3x+4y+9z=9 \\ 3x+2y+5z=7 \\ 5x+2y+8z=8 \\ 8x+y+7z=12 \end{cases}$

5. Gauss의 소거법으로 다음 행렬의 역행렬을 구하여라.

① $\begin{bmatrix} 2 & 1 & 1 \\ 1 & 1 & 2 \\ 1 & 1 & 1 \end{bmatrix}$ ② $\begin{bmatrix} 2 & 5 & 3 \\ 1 & 2 & 1 \\ 1 & 0 & -3 \end{bmatrix}$

③ $\begin{bmatrix} 1 & -2 & 1 \\ -2 & 3 & 1 \\ 3 & -8 & 9 \end{bmatrix}$ ④ $\begin{bmatrix} 1 & 0 & 1 \\ -1 & 1 & 1 \\ 0 & 1 & 0 \end{bmatrix}$

6. 두 행렬이 같은 사다리꼴행렬을 가질 때 서로 동등하다고 한다. 다음 행렬과 동등한 행렬을 구하여라.

① $\begin{bmatrix} 0 & -2 & 0 \\ 0 & 1 & 5 \\ -1 & 0 & 1 \end{bmatrix}$ ② $\begin{bmatrix} -3 & 1 \\ 2 & 3 \\ 2 & 1 \end{bmatrix}$

③ $\begin{bmatrix} 1 & 4 & 1 & 3 \\ 2 & 8 & 3 & 5 \\ 1 & 4 & 2 & 7 \end{bmatrix}$ ④ $\begin{bmatrix} 1 & 0 & 1 \\ -1 & 1 & 1 \\ 0 & 1 & 0 \end{bmatrix}$

7. 다음 행렬의 역행렬을 구하여라.

① $A=\begin{bmatrix} 3 & 1 & 5 \\ -4 & 2 & 9 \\ 2 & 4 & 1 \end{bmatrix}$ ② $B=\begin{bmatrix} 1 & 0 & 2 \\ 3 & 1 & 6 \\ -1 & -2 & 2 \end{bmatrix}$

8. 다음 연립방정식의 해를 구하여라.

① $\begin{cases} 2x-y+2z-w=0 \\ -x+2y-7z+8w=0 \\ x-y+3z-3w=0 \end{cases}$ ② $\begin{cases} x-2y-z+4w=4 \\ 2x-4y-z+w=14 \\ -x+2y+3z-18w=8 \end{cases}$

9. 다음 연립방정식의 해를 구하여라.

① $\begin{cases} 3x_1-3x_2+15x_3=1 \\ 4x_1-2x_2+x_3=4 \\ 4x_1+3x_2+8x_3=13 \end{cases}$ ② $\begin{cases} 7x_1-3x_2+8x_3=1 \\ 4x_1-2x_2+8x_3=1 \\ -x_1+x_2-x_3=-1 \\ 3x_1-x_2+7x_3=0 \end{cases}$

제 4 장

선형사상과 행렬

제 4 장

선형사상과 행렬

4.1 선형사상

정의 체 $\mathbb{K}$ 위의 벡터공간 V, W에서 다음 조건을 만족하는 사상 $T: V \to W$를 V에서 W로의 **선형사상**(linear mapping) 또는 **선형변환**(linear transformation)이라 한다.

(1) $T(v+v')=T(v)+T(v')$, v, $v' \in V$

(2) $T(\alpha v)=\alpha T(v)$, $\alpha \in \mathbb{K}$, $v \in V$

벡터공간 V에서 V로의 선형사상을 V에서 $W(W \neq V)$로의 선형사상과 구분하기 위하여 **변환**(transformation)이라고 하는 경우가 있다. V에서 V로의 선형변환을 **1차변환**이라고도 한다. 선형사상이 되기 위한 조건 (1), (2)를 한 가지 식으로 나타내면 모든 v, $v' \in V$, α, $\beta \in \mathbb{K}$에서

$$T(\alpha v+\beta v')=\alpha T(v)+\beta T(v')$$

체 $\mathbb{K}$를 명백히할 필요가 있을 때 T를 $\mathbb{K}$-선형사상($\mathbb{K}$-linear mapping)이라 한다. 실수체 $\mathbb{R}$에 관한 선형사상을 $\mathbb{R}$-선형사상, 복소수체 $\mathbb{C}$에 관한 선형사상을 $\mathbb{C}$-선형사상이라 한다. 항등사상 $I: V \to V$, $I(v)=v$, $v \in V$는 조건 (1), (2)를 분명히 만족하므로 선형변환이다. 마찬가지로 **영사상** $O: V \to V$, $O(v)=\mathbf{0}$, $v \in V$도 선형변환이다.

예제 4. 1. 1 다음 사상은 선형변환임을 보여라.

(1) $T:\mathbb{R}^2\to\mathbb{R}^2,\ T(x_1,\ x_2)=(3x_1+4x_2,\ 2x_1+3x_2)$

(2) $T:\mathbb{R}^2\to\mathbb{R}^2,\ T(x,\ y)=(x\cos\theta-y\sin\theta,\ x\sin\theta+y\cos\theta)$

[풀이] (1) 임의의 $X=(x_1,\ x_2),\ Y=(y_1,\ y_2),\ \alpha\in\mathbb{R}$에 대하여

$$\begin{aligned}T(X+Y)&=T((x_1,\ x_2)+(y_1,\ y_2))=T(x_1+y_1,\ x_2+y_2)\\&=(3(x_1+y_1)+4(x_2+y_2),\ 2(x_1+y_1)+3(x_2+y_2))\\&=(3x_1+4x_2,\ 2x_1+3x_2)+(3y_1+4y_2,\ 2y_1+3y_2)\\&=T(x_1,\ x_2)+T(y_1,\ y_2)\\&=T(X)+T(Y)\\T(\alpha X)&=T(\alpha x_1,\ \alpha x_2)=(3\alpha x_1+4\alpha x_2,\ 2\alpha x_1+3\alpha x_2)\\&=\alpha(3x_1+4x_2,\ 2x_1+3x_2)=\alpha T(X)\end{aligned}$$

따라서 $T:\mathbb{R}^2\to\mathbb{R}^2$은 선형변환이다.

(2) $X=(x_1,\ x_2),\ Y=(y_1,\ y_2),\ \alpha\in\mathbb{R}$에 대하여

$$\begin{aligned}&T(X+Y)=T(x_1+y_1,\ x_2+y_2)\\&=((x_1+y_1)\cos\theta-(x_2+y_2)\sin\theta,\ (x_1+y_1)\sin\theta+(x_2+y_2)\cos\theta)\\&=((x_1\cos\theta-x_2\sin\theta)+(y_1\cos\theta-y_2\sin\theta),\ (x_1\sin\theta+x_2\cos\theta)+y_1\sin\theta+y_2\cos\theta)\\&=(x_1\cos\theta-x_2\sin\theta,\ x_1\sin\theta+x_2\cos\theta)+(y_1\cos\theta-y_2\sin\theta,\ y_1\sin\theta+y_2\cos\theta)\\&=T(x_1,\ x_2)+T(y_1,\ y_2)=T(X)+T(Y),\end{aligned}$$

$$\begin{aligned}T(\alpha X)&=T(\alpha x_1,\ \alpha x_2)=(\alpha x_1\cos\theta-\alpha x_2\sin\theta,\ \alpha x_1\sin\theta+\alpha x_2\cos\theta)\\&=\alpha(x_1\cos\theta-x_2\sin\theta,\ x_1\sin\theta+x_2\cos\theta)\\&=\alpha T(X)\end{aligned}$$

따라서 $T:\mathbb{R}^2\to\mathbb{R}^2$은 선형변환이다.

예제 4. 1. 2 $n\geq m$일 때 선형사상 $T:\mathbb{R}^n\to\mathbb{R}^m,\ T(x_1,\ \cdots,\ x_n)=(x_1,\ \cdots,\ x_m)$이 전사, 단사, 전단사일 조건을 구하여라.

[풀이] 임의의 $(x_1,\ \cdots,\ x_m)\in\mathbb{R}^m$에 대하여

$$T(x_1,\ \cdots,\ x_m,\ 0,\ \cdots,\ 0)=(x_1,\ \cdots,\ x_m)$$

이므로 $\mathbb{R}^n$의 원소 $(x_1, \cdots, x_m, 0, \cdots, 0)$은 T의 원상이다. 그러므로 선형사상 T는 전사이다. $n>m$일 경우 $(x_1, \cdots, x_m, 1, \cdots, 1)\in\mathbb{R}^n$도 $(x_1, \cdots, x_m)$의 T에 관한 원상이므로 T는 일대일이 아니다. $n=m$일 때 한하여 T는 전단사(일대일대응)이다.

예제 4.1.3 (1) 행렬공간 $M_{n\times r}(\mathbb{K})$와 행렬 $A\in M_{m\times n}(\mathbb{K})$에서 $T: M_{n\times r}(\mathbb{K})\to M_{m\times r}(\mathbb{K})$, $T(X)=AX$로 정의된 사상 T는 선형사상이다.

(2) 행렬공간 $M_{n\times n}(\mathbb{K})$와 고정된 n차 행렬 P, Q에서 $T: M_{n\times n}\to M_{n\times n}(\mathbb{K})$, $T(A)=PAQ$, $A\in M_{n\times n}(\mathbb{K})$로 정의된 사상 T는 선형사상이다.

[풀이] (1) 임의의 X, $Y\in M_{n\times r}(\mathbb{K})$에서

$$T(X+Y)=A(X+Y)=AX+AY=T(X)+T(Y)$$
$$T(\alpha X)=A(\alpha X)=\alpha(AX)=\alpha T(X)$$

따라서 T는 선형사상이다.

(2) 임의의 A, $B\in M_{n\times n}(\mathbb{K})$에서

$$T(A+B)=P(A+B)Q=PAQ+PBQ=T(A)+T(B),$$
$$T(\alpha A)=P(\alpha A)Q=\alpha(PAQ)=\alpha T(X)$$

따라서 T는 선형사상이다.

예제 4.1.4 벡터공간 $M_{3\times 1}(\mathbb{R})$, $\mathbb{R}_{3\times 1}$과 실행렬 A에서

$$T\begin{bmatrix} x_1 \\ x_2 \\ x_3 \end{bmatrix}=\begin{bmatrix} 1 & 2 & 2 \\ 1 & 1 & 2 \\ 0 & 1 & -1 \end{bmatrix}\begin{bmatrix} x_1 \\ x_2 \\ x_3 \end{bmatrix}, \qquad A=\begin{bmatrix} 1 & 2 & 2 \\ 1 & 1 & 2 \\ 0 & 1 & -1 \end{bmatrix}, \begin{bmatrix} x_1 \\ x_2 \\ x_3 \end{bmatrix}\in\mathbb{R}_{3\times 1}$$

로 정의된 사상 T는 선형사상이다.

[풀이] 임의의 열벡터 X, Y에서

$$X=\begin{bmatrix} x_1 \\ x_2 \\ x_3 \end{bmatrix}, \qquad Y=\begin{bmatrix} y_1 \\ y_2 \\ y_3 \end{bmatrix}$$

다음 식이 성립한다.

$$T(X+Y)=T\begin{bmatrix} x_1+y_1 \\ x_2+y_2 \\ x_3+y_3 \end{bmatrix}=\begin{bmatrix} 1 & 2 & 2 \\ 1 & 1 & 2 \\ 0 & 1 & -1 \end{bmatrix}\begin{bmatrix} x_1+y_1 \\ x_2+y_2 \\ x_3+y_3 \end{bmatrix}$$

$$=\begin{bmatrix} (x_1+y_1)+2(x_2+y_2)+2(x_3+y_3) \\ (x_1+y_1)+\ (x_2+y_2)+2(x_3+y_3) \\ (x_2+y_2)-\ (x_3+y_3) \end{bmatrix}$$

$$=\begin{bmatrix} (x_1+2x_2+2x_3)+(y_1+2y_2+2y_3) \\ (x_1+\ x_2+2x_3)+(y_1+\ y_2+2y_3) \\ (x_2-x_3)+\ (y_2-y_3) \end{bmatrix}$$

$$T(X)=\begin{bmatrix} x_1+2x_2+2x_3 \\ x_1+\ x_2+2x_3 \\ x_2-\ x_3 \end{bmatrix}, \qquad T(Y)=\begin{bmatrix} y_1+2y_2+2y_3 \\ y_1+\ y_2+2y_3 \\ y_2-\ y_3 \end{bmatrix}$$

에서 $T(X)+T(Y)=T(X+Y)$. 또한 $\alpha\in\mathbb{R}$에서 $T(\alpha X)=\alpha X$. 따라서 T는 선형사상이다.

체 $\mathbb{K}$ 위의 벡터공간 V의 하나의 기저를 $E=\{v_1, \cdots, v_n\}$이라 하자. 임의의 벡터 $v\in V$는 $v_1, \cdots, v_n$의 일차결합으로 일의적으로 표시된다.

$$v=x_1v_1+\cdots+x_nv_n,\ x_1, \cdots, x_n\in\mathbb{K}$$

v를 순서조 $(x_1, \cdots, x_n)$으로 대응시키는 사상 $T: V\to\mathbb{K}^n$, $T(v)=(x_1, \cdots, x_n)$은 선형사상이다. 실제로 임의의 벡터 $v, w\in V$에서

$$v=x_1v_1+\cdots+x_nv_n,\ w=y_1v_1+\cdots+y_nv_n$$

인 순서조 $(x_1, \cdots, x_n)$, $(y_1, \cdots, y_n)$이 오직 한 개씩만 존재한다.

$$v+w=(x_1+y_1)v_1+\cdots+(x_n+y_n),$$
$$\alpha v=(\alpha x_1)v_1+\cdots+(\alpha x_n)v_n,\ \alpha\in\mathbb{K}$$

이 식에 T를 시행하면

$$T(v+w)=(x_1+y_1, \cdots, x_n+y_n)=(x_1, \cdots, x_n)+(y_1, \cdots, y_n)$$
$$=T(v)+T(w),$$

$$T(\alpha v)=(\alpha x_1,\ \cdots,\ \alpha x_n)=\alpha(x_1,\ \cdots,\ x_n)$$
$$=\alpha T(v)$$

다음으로 $\mathbb{K}^n$의 임의의 $X=(x_1,\ \cdots,\ x_n)$에서 $v=x_1v_1+\cdots+x_nv_n$이라 놓으면 $v\in V$, $T(v)=X$이므로 T는 전사이다. T가 일대일임을 보이기 위하여 $T(v)=T(w)$라 하면 $(x_1,\ \cdots,\ x_n)=(y_1,\ \cdots,\ y_n)$에서 $x_1=x_2,\ \cdots,\ x_n=y_n$, $v=x_1v_1+\cdots+x_nv_n$, $w=y_1v_1+\cdots+y_nv_n$에서 $v=w$이다. 이는 사상 T가 일대일임을 의미한다. 이러한 사상 T를 **좌표사상**(coordinate mapping)이라 한다. n차원 벡터공간 V와 유클리드공간 $\mathbb{K}^n$은 좌표사상에 의하여 일대일대응이다. 즉 V와 $\mathbb{K}^n$은 동형이고 $V\approx\mathbb{K}^n$으로 나타낸다.

예제 4.1.5 체 $\mathbb{K}$ 위의 변수 x에 관한 다항식 전체 집합 $\mathbb{K}[x]$로 나타낸다. 다항식 $f(x)=a_0+a_1x+\cdots+a_nx^n$에 대하여 $D(f(x))=a_1+a_2x+\cdots+na_nx^{n-1}$으로 정의된 사상 $D:\mathbb{K}[x]\to\mathbb{K}[x]$를 **미분연산자**(differential operator)라 한다. 미분연산자 D는 선형변환이다.

[풀이] $f(x)=a_0+a_1x+\cdots+a_mx^m$, $g(x)=b_0+b_1x+\cdots+b_nx^n\in\mathbb{K}[x]$, $\alpha\in\mathbb{K}$에 대하여 $m\geq n$일 때

$$f(x)+g(x)=(a_0+b_0)+(a_1+b_1)x+\cdots+(a_n+b_n)x^n+\cdots+a_mx^m,$$
$$\alpha f(x)=\alpha a_0+\alpha a_1x+\cdots+\alpha a_mx^m$$

양변에 D를 시행하면

$$\begin{aligned}D(f(x)+g(x))&=(a_1+b_1)+2(a_2+b_2)x+\cdots+n(a_n+b_n)x^{n-1}+\cdots+ma_mx^{m-1}\\&=(a_1+2a_2x+\cdots+ma_mx^{m-1})+(b_1+2b_2x+\cdots+nb_nx^{n-1})\\&=D(f(x))+D(g(x)),\end{aligned}$$
$$\begin{aligned}D(\alpha f(x))&=\alpha a_1+2\alpha a_2x+\cdots+m\alpha a_mx^{m-1}\\&=\alpha(a_1+2a_2x+\cdots+ma_mx^{m-1})\\&=\alpha D(f(x))\end{aligned}$$

따라서 미분연산자 D는 선형사상이다.

예제 4.1.6 실수체 $\mathbb{R}$ 위의 폐구간 $[a,\ b]$에서 $\mathbb{R}$로의 연속함수 전체 집합

$C[a, b]$는 $\mathbb{R}$ 위의 벡터공간이다. $f \in C[a, b]$에 대하여 $I(f)=\int_a^b f(x)dx$로 정의된 사상 $I: C[a, b] \to \mathbb{R}$를 **적분연산자**(integral operator)라 한다. 적분연산자 I는 선형사상이다.

[풀이] $f(x), g(x) \in C[a, b]$, $\alpha \in \mathbb{R}$에 대하여

$$\int_a^b (f(x)+g(x))dx = \int_a^b f(x)dx + \int_a^b g(x)dx, \quad \int_a^b \alpha f(x)dx = \alpha \int_a^b f(x)dx$$

이므로 $I(f+g)=I(f)+I(g)$, $I(\alpha f)=\alpha I(f)$. 따라서 I는 선형사상이다.

정리 4.1.1 체 $\mathbb{K}$ 위의 벡터공간 V, W에 관한 선형사상 $T: V \to W$에서 두 공간의 영벡터를 다같이 $\mathbf{0}$이라 놓으면 다음이 성립한다.

(1) $T(\mathbf{0})=\mathbf{0}$ (2) $T(-v)=-T(v)$

[증명] (1) 수 $0 \in \mathbb{K}$에 대하여 $0v=\mathbf{0}$이므로

$$T(\mathbf{0})=T(0v)=0T(v)=\mathbf{0}$$

(2) $(-1)v=-v$이므로

$$T(-v)=T((-1)v)=(-1)T(v)=-T(v)$$

선형사상 $T: V \to W$에서 집합 $\{v \in V \mid T(v)=\mathbf{0}\}$을 T의 **핵**(kernel)이라 하고 $\ker T$로 나타낸다. T에 관한 V의 **상**(image)을 $\mathrm{Im}\, T$로 나타낸다.

정리 4.1.2 선형사상 $T: V \to W$가 일대일이기 위한 필요충분조건은 $\ker T = \{\mathbf{0}\}$이다.

[증명] $\mathrm{Ker}\, T \neq \{\mathbf{0}\}$이면 영이 아닌 벡터 $v \in V$가 존재하여 $T(v)=\mathbf{0}$이다. 그런데 $T(\mathbf{0})=\mathbf{0}$이므로

$$T(v)=T(\mathbf{0})$$

T가 일대일이면 $v=\mathbf{0}$이므로 v가 영벡터가 아니라는 가정에 모순이다. 따라서 $\ker T=\{\mathbf{0}\}$. 역으로 T가 일대일이 아니라고 가정하자. 즉 $T(u)=T(v)$이지만

$u \neq v$인 벡터 u, $v \in V$가 존재한다면

$$\mathbf{0} = T(u) - T(v) = T(u-v)$$

이므로 $u-v \in \ker T$이다. 그런데 $\ker T = \{\mathbf{0}\}$이므로 $u-v=\mathbf{0}$, $u=v$이다. 이는 가정에 모순이다. 따라서 T는 일대일이다.

정리 4.1.3 선형사상 $T : V \to W$에서 핵 $\ker T$는 V의 부분공간, 상 $\operatorname{Im} T$는 W의 부분공간이다.

[증명] 먼저 $\operatorname{Im} T$가 W의 부분공간임을 보이자. 임의의 w, $w' \in \operatorname{Im} T$에서 $\operatorname{Im} T = \{w \in W \mid \exists v \in V,\ T(v) = w\}$이므로 v, $v' \in V$가 존재하여 $T(v) = w$, $T(v') = w'$이다. T가 선형사상이므로

$$T(v+v') = T(v) + T(v') = w + w'$$

이고 $v+v' \in V$, $w+w' \in W$이다. 이는 $v+v' \in V$가 $w+w'$의 원상임을 의미한다. 그러므로 $w+w' \in \operatorname{Im} T$이다. 수 α에 대하여 $T(\alpha v) = \alpha T(v) = \alpha w$이므로 αv는 αw의 원상이다. 즉 $\alpha w \in \operatorname{Im} T$. 이로써 $\operatorname{Im} T$는 W의 부분공간임이 증명되었다. 다음으로 $\ker T$가 V의 부분공간임을 보이자. 임의의 v, $v' \in \ker T$에 대하여 $T(v) = \mathbf{0}$, $T(v') = \mathbf{0}$이므로

$$T(v+v') = T(v) + T(v') = \mathbf{0} + \mathbf{0} = \mathbf{0}$$

즉 $v+v' \in \ker T$. $T(\alpha v) = \alpha T(v) = \mathbf{0}$이므로 $\alpha v \in \ker T$. 따라서 $\ker T$는 V의 부분공간이다.

선형사상 $T : V \to W$에서 W의 부분공간 $\operatorname{Im} T$를 T의 **상공간**(image space, rank space)이라 하고 V의 부분공간 $\ker T$를 **핵** 또는 **퇴화공간**이라 한다.

예제 4.1.7 다음 선형사상의 $\ker T$와 $\operatorname{Im} T$를 구하여라.

$$T : \mathbb{R}^2 \to \mathbb{R}^2,\ T(x_1, x_2) = (2x_1 - x_2, 0)$$

[풀이] $\ker T = \{(x_1, x_2) \in \mathbb{R}^2 \mid 2x_1 - x_2 = 0\} = \{(x_1, x_2) \in \mathbb{R}^2 \mid x_2 = 2x_1\}$
$= \{(k, 2k) \mid k \in \mathbb{R}\} = \langle (1, 2) \rangle$,

$$\operatorname{Im} T=\{T(x_1, x_2)\mid(x_1, x_2)\in\mathbb{R}^2\}=\{(2x_1-x_2, 0)\mid x_1, x_2\in\mathbb{R}\}$$
$$=\{(k, 0)\mid k\in\mathbb{R}\}=\langle(1, 0)\rangle.$$

정리 4.1.4 선형사상 $T: V\to W$의 $\operatorname{Im} T$와 $\ker T$에 대하여 다음이 성립한다.

(1) $\{v_1, \cdots, v_n\}$이 V의 기저이면 $\operatorname{Im} T$는 $T(v_1), \cdots, T(v_n)$에 의하여 생성된다.

(2) $\{v_1, \cdots, v_n\}$이 V의 기저일 때 $\{T(v_1), \cdots, T(v_n)\}$이 $\operatorname{Im} T$의 기저일 필요충분조건은 T가 일대일사상인 것이다.

[증명] (1) $w\in\operatorname{Im} T$이면 $T(v)=w$인 $v\in V$가 존재한다. $\{v_1, \cdots, v_n\}$이 V의 기저이므로 적당한 수 $\alpha_1, \cdots, \alpha_n$이 존재하여

$$v=\alpha v_1+\cdots+\alpha v_n$$

양변에 T를 시행하면

$$w=T(v)=\alpha_1 T(v_1)+\cdots+\alpha_n T(v_n)$$

그러므로 $\operatorname{Im} T\subset\langle T(v_1), \cdots, T(v_n)\rangle$. $\langle T(v_1), \cdots, T(v_n)\rangle$의 임의의 원소 w는 $T(v_1), \cdots, T(v_n)$의 일차결합으로

$$w=\alpha_1 T(v_1)+\cdots+\alpha_n T(v_n)$$
$$=T(\alpha_1 v_1+\cdots+\alpha_n v_n)=T(v)$$

이므로 $\langle T(v_1), \cdots, T(v_n)\rangle\subset\operatorname{Im} T$. 따라서 $\operatorname{Im} T=\langle T(v_1), \cdots, T(v_n)\rangle$

(2) T가 일대일이면 $T(v_1), \cdots, T(v_n)$이 일차독립임을 보이자. 수 $\alpha_1, \cdots, \alpha_n$이 존재하여

$$\alpha_1 T(v_1)+\cdots+\alpha_n T(v_n)=\mathbf{0}$$

이면

$$T(\alpha_1 v_1+\cdots+\alpha_n v_n)=\mathbf{0}$$

이므로 $\alpha_1 v_1+\cdots+\alpha_n v_n\in\ker T=\{\mathbf{0}\}$, $\alpha_1 v_1+\cdots+\alpha_n v_n=\mathbf{0}$. $v_1, \cdots, v_n$이 일차독립이므로 $\alpha_1, \cdots, \alpha_n=0$. 따라서 $T(v_1), \cdots, T(v_n)$은 일차독립이다. (1)에서 $\operatorname{Im} T=\langle T(v_1), \cdots, T(v_n)\rangle$이므로 $\{T(v_1), \cdots, T(v_n)\}$은 $\operatorname{Im} T$의 기저이다. 역으로

$T(v_1)$, $\cdots$, $T(v_n)$이 $\mathrm{Im}\,T$의 기저이고, T가 일대일이 아니라고 가정하자. 정리 4.1.2에 의하여 $\ker T \neq \{\mathbf{0}\}$이므로 영이 아닌 벡터 $v \in V$가 존재하여 $T(v)=\mathbf{0}$. 이 벡터 v를

$$v=\alpha_1 v_1+\cdots+\alpha_n v_n$$

이라 놓으면 α_1, $\cdots$, α_n 중 적어도 하나는 영이 아니다. 양변에 T를 시행하면

$$\mathbf{0}=T(v)=\alpha_1 T(v_1)+\cdots+\alpha_n T(v_n)$$

이고 α_1, $\cdots$, α_n 중 적어도 하나는 영이 아니므로 $T(v_1)$, $\cdots$, $T(v_n)$은 일차종속이다. 이는 $\{T(v_1), \cdots, T(v_n)\}$이 $\mathrm{Im}\,T$의 기저라는 가정에 모순이다. 따라서 T는 일대일이어야 한다.

예제 4.1.8 선형사상 $T: \mathbb{R}^3 \to \mathbb{R}^3$에서 $T(x, y, z)=(3x-y, x-y+z, -x+2y-z)$에 대하여 다음 물음에 답하여라.

(1) 표준기저 $\{e_1, e_2, e_3\}$에서 $T(e_1)$, $T(e_2)$, $T(e_3)$을 구하여라.

(2) $\mathbb{R}^3$공간의 또 다른 기저를 구하여라.

[풀이] (1) $e_1=(1, 0, 0)$, $e_2=(0, 1, 0)$, $e_3=(0, 0, 1)$에서

$$\begin{aligned} T(e_1)&=T(1, 0, 0)=(3, 1, -1), \\ T(e_2)&=T(0, 1, 0)=(-1, -1, 2), \\ T(e_3)&=T(0, 0, 1)=(0, 1, -1) \end{aligned}$$

(2) 임의의 $X=(x, y, z) \in \mathbb{R}^3$에서

$$\alpha=\frac{x+y+z}{3},\ \beta=y+z,\ \gamma=\frac{-x+5y+2z}{3}$$

라 놓으면

$$T(\alpha, \beta, \gamma)=(x, y, z)=X$$

이다. 그러므로 T는 전사이다. 즉 $\mathrm{Im}\,T=\mathbb{R}^3$. 임의의 $(x, y, z) \in \ker T$에서

$$T(x, y, z)=(3x-y, x-y+z, -x+2y-z)=(0, 0, 0)$$

연립방정식

$$\begin{cases} 3x-y=0 \\ x-y+z=0 \\ -x+2y-z=0 \end{cases}$$

의 해는 $x=0$, $y=0$, $z=0$뿐이다. $\ker T=\{\mathbf{0}\}$이 되어 T는 일대일이다. 정리 4.1.4의 (2)에 의하여 $\{(3, 1, -1), (-1, -1, 2), (0, 1, -1)\}$은 $\mathbb{R}^3$의 기저이다.

예제 4.1.9 선형사상 $T: V \to W$에 대하여 다음에 답하여라.

(1) $v_1, \cdots, v_n$이 일차종속이면 $T(v_1), \cdots, T(v_n)$은 일차종속인가?

(2) $v_1, \cdots, v_n$이 일차독립이면 $T(v_1), \cdots, T(v_n)$은 일차독립인가?

[풀이] (1) $v_1, \cdots, v_n$이 일차종속이면

$$\alpha_1 v_1 + \cdots + \alpha_n v_n = \mathbf{0}$$

이 되는 적어도 하나는 영이 아닌 수 $\alpha_1, \cdots, \alpha_n$이 존재한다. 양변에 T를 시행하면

$$\mathbf{0} = T(\alpha_1 v_1 + \cdots + \alpha_n v_n) = \alpha_1 T(v_1) + \cdots + \alpha_n T(v_n)$$

따라서 $T(v_1), \cdots, T(v_n)$은 일차종속이다.

(2) T가 일대일일 때에 한하여 일차독립이다.

정리 4.1.5 $\{v_1, \cdots, v_n\}$이 벡터공간 V의 기저이고 $\{w_1, \cdots, w_n\}$이 벡터공간 W의 어떤 부분집합이라 하면 $T(v_i)=w_i$, $i=1, \cdots, n$을 만족하는 선형사상 $T: V \to W$가 단 하나 존재한다.

[증명] 기저 $\{v_1, \cdots, v_n\}$에 관한 벡터 $v \in V$의 좌표를 $(x_1, \cdots, x_n)$이라 하고 $T(v)=\sum_{i=1}^{n} x_i w_i$로 정의된 사상 $T: V \to W$를 생각하여 보자. 임의의 $v=x_1v_1+\cdots+x_nv_n$, $u=y_1v_1+\cdots+y_nv_n$에 대하여

$$v+u=(x_1+y_1)v_1+\cdots+(x_n+y_n)v_n$$
$$\alpha v=\alpha x_1 v_1+\cdots+\alpha x_n v_n,\ \alpha \in \mathbb{K}$$

이므로

$$\begin{aligned}T(v+u)&=\sum_{i=1}^{n}(x_i+y_i)w_i\\&=\sum_{i=1}^{n}x_iw_i+\sum_{i=1}^{n}y_iw_i\\&=T(u)+T(v),\\T(\alpha v)&=\sum_{i=1}^{n}(\alpha x_i)w_i=\alpha\sum_{i=1}^{n}x_iw_i\\&=\alpha T(v)\end{aligned}$$

그러므로 T는 선형사상이다. $L(v_i)=w_i$, $i=1, \cdots, n$인 선형사상 $L: V\to W$가 있으면 $L=T$임을 보이자. 임의의 $v\in V$, $v=x_1v_1+\cdots+x_nv_n$에서

$$\begin{aligned}L(v)&=L(x_1v_1+\cdots+x_nv_n)=x_1L(v_1)+\cdots+x_nL(v_n)\\&=x_1T(v_1)+\cdots+x_nT(v_n)\\&=T(x_1v_1+\cdots+x_nv_n)\\&=T(v)\end{aligned}$$

따라서 $L=T$.

예제 4.1.10 $\mathbb{R}^3$의 표준기저 $\{e_1, e_2, e_3\}$에 대하여 $T(e_1)=(3, 1, -1)$, $T(e_2)=(-1, -1, 2)$, $T(e_3)=(0, 1, -1)$인 선형사상 $T: \mathbb{R}^3\to\mathbb{R}^3$를 구하여라.

[풀이] 임의의 $(x, y, z)\in\mathbb{R}$에 대하여

$$\begin{aligned}T(x, y, z)&=T(xe_1+ye_2+ze_3)\\&=xT(e_1)+yT(e_2)+zT(e_3)\\&=x(3, 1, -1)+y(-1, -1, 2)+z(0, 1, -1)\\&=(3x-y, x-y+z, -x+2y-z)\end{aligned}$$

예제 4.1.11 $T(1, 1)=-2$, $T(0, 1)=1$인 선형사상 $T: \mathbb{R}^2\to\mathbb{R}$는 오직 하나뿐임을 보여라.

[풀이] $E=\{(1, 1), (0, 1)\}$이 $\mathbb{R}^2$공간의 기저임을 보이자. $(x, y)\in\mathbb{R}^2$에 대하여 $(x, y)=\alpha(1, 1)+\beta(0, 1)$인 α, β를 구하자.

$$(x, y)=(\alpha, \alpha)+(0, \beta)=(\alpha, \alpha+\beta)$$

에서 $x=\alpha$, $y=\alpha+\beta$이므로

$$\alpha=x,\ \beta=y-\alpha=y-x$$

그러므로

$$(x,\ y)=x(1,\ 1)+(y-x)(0,\ 1)$$

일차독립을 보이기 위하여

$$\alpha(1,\ 1)+\beta(0,\ 1)=(0,\ 0)$$

이라 놓으면

$$\alpha=0,\ \beta=0$$

이로써 $E=\{(1,\ 1),\ (0,\ 1)\}$은 $\mathbb{R}^2$의 기저임이 증명되었다. 임의의 $(x,\ y)\in\mathbb{R}^2$에 대하여

$$\begin{aligned}T(x,\ y)&=T(x(1,\ 1)+(y-x)(0,\ 1))\\&=xT(1,\ 1)+(y-x)T(0,\ 1)\\&=x\cdot(-2)+(y-x)\cdot 1\\&=-2x+y-x=-3x+y\end{aligned}$$

$L(1,\ 1)=-2$, $L(0,\ 1)=1$인 선형사상 $L:\mathbb{R}^2\to\mathbb{R}$가 있다면

$$\begin{aligned}L(x,\ y)&=L(x(1,\ 1)+(y-x)(0,\ 1))\\&=xL(1,\ 1)+(y-x)L(0,\ 1)\\&=x\cdot(-2)+(y-x)\cdot 1=-3x+y\end{aligned}$$

따라서 $L=T$.

정리 4.1.6 벡터공간 V에서 W로의 선형사상 전체의 집합 $L(V,\ W)$의 임의의 원소 S, T와 수 α에 대하여 다음과 같이 정의된 연산에 의하여 $L(V,\ W)$는 벡터공간을 이룬다.

$$(S+T)(v)=S(v)+T(v),\ v\in V$$
$$(\alpha S)(v)=\alpha S(v)$$

[증명] 임의의 $v, v' \in V$에 대하여

$$\begin{aligned}(S+T)(v+v') &= S(v+v')+T(v+v') \\ &= S(v)+S(v')+T(v)+T(v') \\ &= S(v)+T(v)+S(v')+T(v') \\ &= (S+T)(v)+(S+T)(v'),\end{aligned}$$

$$\begin{aligned}(S+T)(\alpha v) &= S(\alpha v)+T(\alpha v) \\ &= \alpha S(v)+\alpha T(v) = \alpha(S(v)+T(v)) \\ &= \alpha(S+T)(v)\end{aligned}$$

이므로 $S+T : V \to W$는 선형사상이다.

$$\begin{aligned}(\alpha S)(v+v') &= \alpha(S(v+v')) = \alpha(S(v)+S(v')) \\ &= \alpha S(v)+\alpha S(v') \\ &= (\alpha S)(v)+(\alpha S)(v'),\end{aligned}$$

$$\begin{aligned}(\alpha S)(\beta v) &= \alpha S(\beta v) = \alpha(\beta S(v)) \\ &= (\alpha\beta)S(v) = \beta(\alpha S)(v)\end{aligned}$$

이므로 $\alpha S : V \to W$는 선형사상이다.

정리 4.1.7 벡터공간 U, V, W에 관한 선형사상 $T : U \to V$, $S : V \to W$의 합성사상 $(S \circ T) : U \to W$, $(S \circ T)(v) = S(T(v))$, $v \in U$는 선형사상이다.

[증명] 임의의 $u_1, u_2, u \in U$와 수 α에 대하여

$$\begin{aligned}(S \circ T)(u_1+u_2) &= S(T(u_1+u_2)) = S(T(u_1)+T(u_2)) \\ &= S(T(u_1))+S(T(u_2)) = (S \circ T)(u_1)+(S \circ T)(u_2) \\ &= (S \circ T)(u_1+u_2),\end{aligned}$$

$$\begin{aligned}(S \circ T)(\alpha u) &= S(T(\alpha u)) = S(\alpha T(u)) \\ &= \alpha S(T(u)) = \alpha(S \circ T)(u)\end{aligned}$$

따라서 $S \circ T$는 U에서 W로의 선형사상이다.

예제 4.1.12 $\mathbb{R}^2$위의 선형사상 $S(x, y) = (x+y, 0)$, $T(x, y) = (-y, x)$에 대하여 $T \circ S$, $S \circ T : \mathbb{R}^2 \to \mathbb{R}^2$을 구하여라.

[풀이] $(T \circ S)(x, y) = T(S(x, y)) = T(x+y, 0)$
$= (0, x+y),$
$(S \circ T)(x, y) = S(T(x, y)) = S(-y, x)$
$= (-y+x, 0) = (x-y, 0)$

예제 4. 1. 13 선형사상 $T: V \to W$가 전단사일 때 역사상 $T^{-1}: W \to V$는 존재하고 그것도 선형사상이다.

[풀이] 임의의 $w, w' \in W$에서 T가 전단사이므로 단 하나씩의 벡터 $v, v' \in V$가 존재하여

$$T(v) = w, \ T(v') = w'$$

T가 선형이므로

$$T(v+v') = w+w', \ T(\alpha v) = \alpha T(v), \ \alpha \in \mathbb{K}$$

w를 v에 대응시키는 사상 $T^{-1}: W \to V$는 $T \circ T^{-1} = T^{-1} \circ T = I$. 즉

$$(T \circ T^{-1})(w) = T(T^{-1}(w)) = T(v) = w, \ (T^{-1} \circ T)(v)) = T^{-1}(w) = v$$

그러므로

$$T^{-1}(w+w') = v+v' = T(w) + T(w')$$
$$T^{-1}(\alpha w) = \alpha v = \alpha T^{-1}(w)$$

따라서 $T^{-1}: W \to V$, $T^{-1}(w) = v$, $T(v) = w$는 선형사상이다.

벡터공간 V 위의 선형사상 $T: V \to V$를 **자기선형사상**(endomorphism)이라 한다. V 위의 선형사상 $T: V \to V$의 전체의 집합 $L(V, V)$는 벡터공간을 이룬다. T를 n번 연속하여 합성한 사상을 T^n이라 하면 이것 또한 선형사상이다. 자연수 $m, n \geq 0$에 대하여 $T^{n+m} = T^n \circ T^m$, $(T^n)^m = T^{nm}$이다.

선형사상 $T: V \to W$가 일대일이고 전사(ono-to-one, onto)일 때 T를 V에서 W로의 **동형사상**(isomorphism)이라 한다. 두 벡터공간 V, W 사이에 동형사상이 존재하면 V와 W는 **동형관계**(isomorphic)에 있다고 하고, $V \cong W$로 나타낸다. V 위의 동형사상 $T: V \to V$를 **자기동형사상**(automorphism)이라 한다.

예제 4. 1. 14 행렬공간 $M_{n\times n}(\mathbb{K})$ 위의 사상 $T : M_{n\times n}(\mathbb{K})\to M_{n\times n}(\mathbb{K})$, $T(A)=A^t$, $A\in M_{n\times n}(\mathbb{K})$는 동형사상이다.

[풀이] 임의의 A, $B\in N_{n\times n}(\mathbb{K})$, $\alpha\in\mathbb{K}$에 대하여

$$T(A+B)=(A+B)^t=A^t+B^t=T(A)+T(B)$$
$$T(\alpha A)=(\alpha A)^t=\alpha A^t=\alpha T(A)$$

이므로 T는 선형사상이다. $A^t=B^t$, 즉 $T(A)=T(B)$라 하면 $A=B$이므로 T는 일대일이다. 또한 임의의 A에 대하여 $B=A^t$이라 놓으면

$$T(B)=T(A^t)=(A^t)^t=A$$

이므로 A^t는 A의 T에 관한 원상이다. 이로써 T는 전단사임이 증명되었다. 따라서 T는 $M_{n\times n}(\mathbb{K})$ 위의 동형사상이다.

예제 4. 1. 15 행렬공간 $M_{n\times n}(\mathbb{K})$와 $M\in M_{n\times n}(\mathbb{K})$에서

$$T(A)=AM+MA,\ A\in M_{n\times n}(\mathbb{K})$$

로 정의된 사상 T는 선형사상이다.

[풀이] 임의의 A, $B\in M_{n\times n}(\mathbb{K})$, $\alpha\in\mathbb{K}$에 대하여

$$\begin{aligned}T(A+B)&=(A+B)M+M(A+B)=AM+BM+MA+MB\\&=(AM+MA)+(BM+MB)=T(A)+T(B)\end{aligned}$$
$$\begin{aligned}T(\alpha A)&=(\alpha A)M+M(\alpha A)\\&=\alpha(AM+MA)=\alpha T(A)\end{aligned}$$

따라서 T는 $M_{n\times n}(\mathbb{K})$ 위의 자기선형사상이다.

예제 4. 1. 16 다음 선형사상을 동형임을 밝히고 그 역사상을 구하여라.

$$T : \mathbb{R}^3\to\mathbb{R}^3,\ T(x,\ y,\ z)=(x+z,\ x-z,\ y)$$

[풀이] 임의의 $(x,\ y,\ z)\in\mathbb{R}^3$에서 $T(\alpha,\ \beta,\ \gamma)=(x,\ y,\ z)$인 α, β, γ를 구하자.

$$(\alpha+\gamma,\ \alpha-\gamma,\ \beta)=(x,\ y,\ z)$$

에서

$$\alpha+\gamma=x, \quad \alpha-\gamma=y, \quad \beta=z$$

$\beta=z$, $2\alpha=x+y$, $2\gamma=x-y$에서

$$\alpha=\frac{x+y}{2}, \quad \beta=z, \quad \gamma=\frac{x-y}{2}$$

그러므로 $(\alpha, \beta, \gamma)=\left(\frac{x+y}{2}, z, \frac{x-y}{2}\right)\in\mathbb{R}^3$이라 놓으면

$$T(\alpha, \beta, \gamma)=\left(\frac{x+y}{2}+\frac{x-y}{2}, \frac{x+y}{2}-\frac{x-y}{2}, z\right)=(x, y, z)$$

즉 $(\alpha, \beta, \gamma)=\left(\frac{x+y}{2}, z, \frac{x-y}{2}\right)$는 T에 관한 (x, y, z)의 원상이다. 이는 T가 전사임을 뜻한다.

다음으로 $T(x, y, z)=T(x', y', z')$라 가정하면

$$(x+z, x-z, y)=(x'+z', x'-z', y')$$

$x+z=x'+z'$, $x-z=x'-z'$, $y=y'$에서 $x=x'$, $y=y'$, $z=z'$. 그러므로 $(x, y, z)=(x', y', z')$. 이는 T가 일대일임을 의미한다.

이상에서 $T:\mathbb{R}^3\to\mathbb{R}^3$은 동형사상임을 알았다. 역사상 $T^{-1}:\mathbb{R}^3\to\mathbb{R}^3$은 $T^{-1}(x, y, z)=\left(\frac{x+y}{2}, z, \frac{x-y}{2}\right)$이다. 실제로

$$\begin{aligned}(T^{-1}\circ T)(x, y, z)&=T^{-1}(T(x, y, z))=T^{-1}(x+z, x-z, y)\\&=\left(\frac{x+z}{2}+\frac{x-z}{2}, y, \frac{x+z}{2}-\frac{x-z}{2}\right)\\&=(x, y, z)\\(T\circ T^{-1})(x, y, z)&=T(T^{-1}(x, y, z))=T\left(\frac{x+y}{2}, z, \frac{x-y}{2}\right)\\&=\left(\frac{x+y}{2}+\frac{x-y}{2}, \frac{x+y}{2}-\frac{x-y}{2}, z\right)\\&=(x, y, z)\end{aligned}$$

정리 4.1.8 벡터공간 U, V, W에서 다음 동형관계가 성립한다.

(1) $U\cong U$ (2) $U\cong V\Rightarrow V\cong U$

(3) $U\cong V$, $V\cong W\Rightarrow U\cong W$

[증명] (1) 항등사상 $I: U \to U$, $I(u)=u$, $u \in U$는 전단사인 선형사상이므로 $U \cong U$.

(2) $U \cong V$이면 전단사인 선형사상 $T: U \to V$가 존재한다. 역사상 $T^{-1}: V \to U$는 전단사인 선형사상이므로 $V \cong U$.

(3) $U \cong V$, $V \cong W$이면 전단사인 선형사상 $T: U \to V$, $L: V \to W$가 존재한다. $L \circ T: U \to W$는 전단사인 선형사상이므로 $U \cong W$.

유한차원 벡터공간 사이의 선형사상에 대하여 살펴보기로 한다.

정리 4.1.9 유한차원 벡터공간 V, W가 동형일 필요충분조건은 V의 차원과 W의 차원이 같은 것이다.

[증명] 선형사상 $T: V \to W$가 동형이라 하자. V의 기저 $\{v_1, \cdots, v_n\}$의 T에 관한 값 $\{T(v_1), \cdots, T(v_n)\}$은 정리 4.1.4에 의하여 $\mathrm{Im}\,T$의 기저를 이룬다. T가 동형이면 $\ker T = \{\mathbf{0}\}$, $\mathrm{Im}\,T = W$이므로 $\{T(v_1), \cdots, T(v_n)\}$은 W의 기저이다. 따라서 W의 차원은 n이다. 즉 $\dim V = \dim W = n$. 역으로 $\{v_1, \cdots, v_n\}$, $\{w_1, \cdots, w_n\}$이 각각 V, W의 기저라 하자. 정리 4.1.5에 의하여 다음 조건을 만족하는 선형사상 $T: V \to W$, $S: W \to V$가 존재한다.

$$T(v_i) = w_i,\ S(w_i) = v_i,\ i = 1, \cdots, n$$

합성사상 $S \circ T: V \to V$, $T \circ S: W \to W$는

$$(S \circ T)(v_i) = S(T(v_i)) = S(w_i) = v_i$$
$$(T \circ S)(w_i) = T(S(w_i)) = T(v_i) = w_i$$

그러므로 모든 $v \in V$, $w \in W$에 대하여

$$(S \circ T)(v) = v, \qquad (T \circ S)(w) = w$$

즉

$$S \circ T = I_V, \qquad T \circ S = I_W$$

이는 S가 T의 역사상임을 의미하므로 S, T는 전단사이다. 따라서 $T: V \to W$는 동형사상으로 $V \cong W$.

정리 4.1.10 선형사상 $T: V \to W$의 핵 $\ker T$와 상공간 $\operatorname{Im} T$의 차원에서 다음이 성립한다.

$$\dim V = \dim(\ker T) + \dim(\operatorname{Im} T)$$

[증명] $\ker T$의 차원을 r, $\{v_1, \cdots, v_r\}$를 기저라 하자. $\dim(\ker T) \leq \dim(V)$이므로 $r \leq \dim V = n$이다. T가 영사상이면 $V = \ker T$, $\operatorname{Im} T = \{\mathbf{0}\}$이므로 등식은 분명히 성립한다. $T \neq O$. 즉 $\ker T < V$일 때 등식이 성립함을 보이자. $r < n$이면 정리 3.3.6에 의하여

$$\{v_1, \cdots, v_r, v_{r+1}, \cdots, v_n\}$$

이 V의 기저가 되는 벡터 $v_{r+1}, \cdots, v_n$이 존재한다. 이때 $\{T(v_{r+1}), \cdots, T(v_n)\}$이 $\operatorname{Im} T$의 기저임을 보이자. 그러면

$$\begin{aligned} &\dim(\operatorname{Im} T) = n - r = \dim V - \dim(\ker T), \\ &\dim V = \dim(\ker T) + \dim(\operatorname{Im} T) \end{aligned}$$

가 성립하여 정리의 증명은 완성된다.

임의의 $w \in \operatorname{Im} T$에 대하여 $T(v) = w$인 $v \in V$는 존재하고 수 $x_1, \cdots, x_r, x_{r+1}, \cdots, x_n$이 존재하여

$$v = x_1 v_1 + \cdots + x_r v_r + x_{r+1} v_{r+1} + \cdots + x_n v_n$$

양변에 T를 시행하면

$$\begin{aligned} T(v) &= x_1 T(v_1) + \cdots + x_r T(v_r) + x_{r+1} T(v_{r+1}) + \cdots + x_n T(v_n) \\ &= x_{r+1} T(v_{r+1}) + \cdots + x_n T(v_n) \end{aligned}$$

그러므로 $T(v) \in \langle T(v_{r+1}), \cdots, T(v_n) \rangle$. 즉 $T(v_{r+1}), \cdots, T(v_n)$은 $\operatorname{Im} T$를 생성한다. $T(v_{r+1}), \cdots, T(v_n)$이 일차독립임을 보이기 위하여 수 $x_{r+1}, \cdots, x_n$이 존재하여

$$x_{r+1} T(v_{r+1}) + \cdots + x_n T(v_n) = \mathbf{0}$$

이라 하면

$$T(x_{r+1}v_{r+1}+\cdots+x_nv_n)=\mathbf{0}$$

$x_{r+1}v_{r+1}+\cdots+x_nv_n\in\ker T$이므로

$$x_{r+1}v_{r+1}+\cdots+x_nv_n=x_1v_1+\cdots+x_rv_r$$

인 수 x_1, …, x_r가 존재한다. 이항하여 정돈하면

$$x_1v_1+\cdots+x_rv_r+(-x_{r+1})v_{r+1}+\cdots+(-x_n)v_n=\mathbf{0}$$

v_1, …, v_n이 일차독립이므로

$$x_1=\cdots=x_r=x_{r+1}=\cdots=x_n=0$$

그러므로 $T(v_{r+1})$, …, $T(v_n)$은 일차독립이다. 이로써 $\{T(v_{r+1}), \cdots, T(v_n)\}$이 $\operatorname{Im}T$의 기저임이 증명되었다.

예제 4.1.17 선형사상 $T:\mathbb{R}^3\to\mathbb{R}^2$, $T(x, y, z)=(x-z, z-y)$의 $\ker T$와 $\operatorname{Im}T$의 퇴화차원과 계수를 구하여라.

[풀이] 표준기저 $e_1=(1, 0, 0)$, $e_2=(0, 1, 0)$, $e_3=(0, 0, 1)$에 관한 상은

$$T(e_1)=(1, 0),\ T(e_2)=(0, -1),\ T(e_3)=(-1, 1)$$

정리 4.1.4의 (1)에 의하여 $\operatorname{Im}T$는 $(1, 0)$, $(0, -1)$, $(-1, 1)$에 의하여 생성된다. 즉

$$\operatorname{Im}T=\langle(1, 0), (0, -1), (-1, -1)\rangle$$

그런데 $(1, 0)$, $(0, -1)$은 일차독립이고 $(-1, 1)=(-1)\cdot(1, 0)+(-1)(0, -1)$이므로 $\operatorname{Im}T$의 기저는 $\{(1, 0), (0, -1)\}$이다. 그러므로 $\dim(\operatorname{Im}T)=2$. 정리 4.1.10에 의하여 $\dim(\ker T)=3-2=1$. 즉 퇴화차원은 1이고 계수는 2이다.

예제 4.1.18 상공간이 $\langle(1, 2, 0, -4), (2, 0, -1, -3)\rangle$인 선형사상 $T:\mathbb{R}^3\to\mathbb{R}^4$을 구하여라.

[풀이] 표준기저 $e_1=(1, 0, 0)$, $e_2=(0, 1, 0)$, $e_3=(0, 0, 1)$에 대하여 다음을 만족하는 선형사상 $T:\mathbb{R}^3\to\mathbb{R}^4$은 정리 4.1.5에 의하여 단 하나 존재한다.

$$T(e_1)=(1,\ 2,\ 0,\ -4),\ T(e_2)=(2,\ 0,\ -1,\ -3),\ T(e_3)=(0,\ 0,\ 0,\ 0)$$

$\mathrm{Im}\,T=\langle T(e_1),\ T(e_2),\ T(e_3)\rangle$이므로 T는 주어진 조건을 만족한다. 또한 임의의 $(x,\ y,\ z)\in\mathbb{R}^3$에 대하여

$$\begin{aligned}T(x,\ y,\ z)&=T(xe_1+ye_2+ze_3)=xT(e_1)+yT(e_2)+zT(e_3)\\&=x(1,\ 2,\ 0,\ -4)+y(2,\ 0,\ -1,\ -3)+z(0,\ 0,\ 0,\ 0)\\&=(x+2y,\ 2x,\ -y,\ -4x-3y)\end{aligned}$$

예제 4.1.19 다음 선형사상의 계수와 퇴화차원을 구하여라.

(1) $T:\mathbb{R}^4\to\mathbb{R}^3,\ T(x,y,z,w)=(x-y+z+w,\ x+2z-w,\ x+y+3z-3w)$

(2) $T:\mathbb{R}^3\to\mathbb{R}^3,\ T(x,\ y,\ z)=(x+2y-z,\ y+z,\ x+y-2z)$

[풀이] (1) 표준기저 $e_1,\ e_2,\ e_3,\ e_4$에 대하여

$$\begin{aligned}&T(1,\ 0,\ 0,\ 0)=(1,\ 1,\ 1),\ T(0,\ 1,\ 0,\ 0)=(-1,\ 0,\ 1),\\&T(0,\ 0,\ 1,\ 0)=(1,\ 2,\ 3),\ T(0,\ 0,\ 0,\ 1)=(1,\ -1,\ -3)\end{aligned}$$

$\mathrm{Im}\,T=\langle T(e_1),\ T(e_2),\ T(e_3),\ T(e_4)\rangle$

$$\begin{bmatrix}1&1&1\\-1&0&1\\1&2&3\\1&-1&-3\end{bmatrix}\Rightarrow\begin{bmatrix}1&1&1\\0&1&2\\0&1&2\\0&-2&-4\end{bmatrix}\Rightarrow\begin{bmatrix}1&1&1\\0&1&2\\0&0&0\\0&0&0\end{bmatrix}$$

이므로 $\{(1,1,1),(0,1,2)\}$는 $\mathrm{Im}\,T$의 기저이다. 따라서 $\dim(\mathrm{Im}\,T)=2$, $\dim(\ker T)=4-2=2$.

(2) 표준기저 $e_1,\ e_2,\ e_3$에 대하여

$$T(e_1)=(1,\ 0,\ 1),\ T(e_2)=(2,\ 1,\ 1),\ T(e_3)=(-1,\ 1,\ -2)$$

$$\begin{bmatrix}1&0&1\\2&1&1\\-1&1&-2\end{bmatrix}\Rightarrow\begin{bmatrix}1&0&1\\0&1&-1\\0&1&-1\end{bmatrix}\Rightarrow\begin{bmatrix}1&0&1\\0&1&-1\\0&0&0\end{bmatrix}$$

따라서 $\mathrm{Im}\,T$의 기저는 $(1,\ 0,\ 1),\ (0,\ 1,\ -1)$로 $\dim(\mathrm{Im}\,T)=2$이고 $\dim(\ker T)=3-2=1$이다.

정리 4.1.11 유한차원 벡터공간 V 위의 선형사상 $T : V \to V$에서 다음은 동치관계에 있다.

(1) T는 단사이다.

(2) T는 전사이다.

(3) T의 계수는 V의 차원과 같다.

[증명] 정리 4.1.10에 의하면

$$\dim V = \dim(\ker T) + \dim(\operatorname{Im} T)$$

T가 단사이면 $\ker T = \{\mathbf{0}\}$, $\dim(\ker T) = 0$ 이므로

$$\dim V = \dim(\operatorname{Im} T)$$

$\operatorname{Im} T \subset V$이고 $\dim(\operatorname{Im} T) = \dim V = n$이므로 $V = \operatorname{Im} T$. 그러므로 T는 전사이다. T가 전사이면 $\operatorname{Im} T = V$, $\dim(\operatorname{Im} T) = \dim V$이므로

$$\dim(\ker T) = 0$$

그러므로 $\ker T = \{\mathbf{0}\}$이 되어 T는 단사이다. 어느 경우이든 $\dim(\operatorname{Im} T) = \dim V$이므로 T의 계수는 V의 차원과 같다.

예제 4.1.20 선형사상 $T : \mathbb{R}^3 \to \mathbb{R}^3$, $T(x, y, z) = (x+y, y+z, z+x)$의 퇴화차원과 계수를 구하여라.

[풀이] 표준기저 e_1, e_2, e_3에 대하여

$$T(e_1) = (1, 0, 1),\ T(e_2) = (1, 1, 0),\ T(e_3) = (0, 1, 1)$$

$$\begin{bmatrix} 1 & 0 & 1 \\ 1 & 1 & 0 \\ 0 & 1 & 1 \end{bmatrix} \Rightarrow \begin{bmatrix} 1 & 0 & 1 \\ 0 & 1 & -1 \\ 0 & 1 & 1 \end{bmatrix} \Rightarrow \begin{bmatrix} 1 & 0 & 1 \\ 0 & 1 & -1 \\ 0 & 0 & 2 \end{bmatrix}$$

이므로 $\operatorname{Im} T$의 기저는 $\{(1, 0, 1), (0, 1, -1), (0, 0, 2)\}$이다. 그러므로 $\dim(\operatorname{Im} T) = 3$. $\dim(\ker T) = 3 - 3 = 0$, $\ker T = \{\mathbf{0}\}$이므로 T는 단사이다. $\operatorname{Im} T = \mathbb{R}^3$이므로 T는 또한 전사이다. 따라서 T는 전단사이다.

선형사상 $T: V \to W$가 $\ker T \neq \{\mathbf{0}\}$일 때 T를 **특이선형사상**(singular linear map)이라 하고, $\ker T = \{\mathbf{0}\}$일 때 **정칙선형사상**(nonsingular map)이라 한다. $\ker T = \{\mathbf{0}\}$일 필요충분조건은 정리 4.1.2에 의하여 T가 일대일인 것이다.

선형사상 $T: V \to V$가 정칙사상이면 정리 4.1.2에 의하여 T는 전단사, 즉 일대일 대응인 선형사상으로 동형사상이다. 이 T가 동형사상임을 보이기 위해서는 T가 정칙임을 보이면 충분하다. V 위의 정칙사상이면 역사상 $T^{-1}: V \to V$가 존재하여 $T \circ T^{-1} = T^{-1} \circ T = I_V$이다.

예제 4.1.21 $T(x, y, z) = (x\cos\theta - y\sin\theta, x\sin\theta + y\cos\theta, z)$으로 정의된 선형사상 $T: \mathbb{R}^3 \to \mathbb{R}^3$은 정칙이다.

[풀이] 임의의 $(x, y, z) \in \ker T$에서

$$(x\cos\theta - y\sin\theta,\ x\sin\theta + y\cos\theta,\ z) = (0, 0, 0)$$

그러면

$$\begin{cases} x\cos\theta - y\sin\theta = 0 & \cdots ① \\ x\sin\theta + y\cos\theta = 0 & \cdots ② \\ z = 0 & \cdots ③ \end{cases}$$

$① \times \cos\theta + ② \times \sin\theta$에서

$$x\cos^2\theta + x\sin^2\theta = x(\cos^2\theta + \sin^2\theta) = x = 0$$

같은 이유에서 $y=0$. 따라서 $\ker T = \{\mathbf{0}\}$으로 T는 일대일인 선형이다. 즉 T는 정칙사상이다.

연습문제 4.1

1. 다음 사상에서 선형이 아닌 것은?

① $T: \mathbb{R}^2 \to \mathbb{R}^2$, $T(x, y) = (y, x)$　　② $T: \mathbb{R}^2 \to \mathbb{R}^2$, $T(x_1, y_2) = (x_1, 1)$

③ $T:\mathbb{R}^3 \to \mathbb{R}^2,\ T(x,\ y,\ z)=(y,\ z)$ ④ $T:\mathbb{R}^2 \to \mathbb{R},\ T(x_1,\ x_2)=x_1x_2$

2. 다음 선형사상의 핵과 상의 기저를 구하여라.

   ① $T(x,\ y)=(2x+y,\ x,\ x+3y)$

   ② $T(x,\ y,\ z)=(x+2y-z,\ y+z,\ x+y-2z)$

   ③ $T(x_1,\ \cdots,\ x_n)=x_1+2x_2+\cdots+nx_n$

3. $M_{2\times 2}$에서 $\mathbb{R}$로의 사상 T가 다음과 같이 주어질 때 선형사상인 것은?

   ① $T\left(\begin{bmatrix} a & b \\ c & d \end{bmatrix}\right)=a+d$ ② $T\left(\begin{bmatrix} a & b \\ c & d \end{bmatrix}\right)=\begin{vmatrix} a & b \\ c & d \end{vmatrix}$

   ③ $T\left(\begin{bmatrix} a & b \\ c & d \end{bmatrix}\right)=2a+3b+c-d$ ④ $T\left(\begin{bmatrix} a & b \\ c & d \end{bmatrix}\right)=a^2+b^2$

4. $n\times n$행렬 A에 대하여 $AX=O$의 해공간의 차원은 $n-\operatorname{rank} T$임을 보여라.

5. 다음 동차연립방정식의 해공간의 차원을 구하여라.

$$\begin{cases} 2x_1+2x_2-x_3+x_5=0 \\ -x_1-x_2+2x_3-3x_4+x_5=0 \\ x_1+x_2-2x_3-x_5=0 \\ x_3+x_4+x_5=0 \end{cases}$$

6. 벡터공간 V의 기저 $\{v_1,\ \cdots,\ v_n\}$, 벡터집합 $\{w_1,\ \cdots,\ w_n\}\subset W$에서 $T(v_i)=T(w_i),\ i=1,\ \cdots,\ n$인 선형사상 $T:V\to W$에 대하여 $T(v),\ v\in V$의 값을 구하여라.

7. 다음 선형사상의 퇴화차원과 계수를 구하여라.

   ① $T:\mathbb{R}^2\to\mathbb{R}^2,\ T\left(\begin{bmatrix} x_1 \\ x_2 \end{bmatrix}\right)=\begin{bmatrix} 2 & -1 \\ -8 & 4 \end{bmatrix}\begin{bmatrix} x_1 \\ x_2 \end{bmatrix}$

   ② $T:\mathbb{R}^4\to\mathbb{R}^3,\ T\left(\begin{bmatrix} x_1 \\ x_2 \\ x_3 \end{bmatrix}\right)=\begin{bmatrix} 4 & 1 & -2 & -3 \\ 2 & 1 & 1 & -4 \\ 6 & 0 & -9 & 9 \end{bmatrix}\begin{bmatrix} x_1 \\ x_2 \\ x_3 \end{bmatrix}$

8. 다음 행렬에 관한 선형사상 T의 핵과 계수공간의 기저를 구하여라.

   ① $\begin{bmatrix} 1 & -1 & 3 \\ 5 & 6 & -4 \\ 7 & 4 & 2 \end{bmatrix}$ ② $\begin{bmatrix} 2 & 0 & -1 \\ 4 & 0 & -2 \\ 0 & 0 & 0 \end{bmatrix}$

9. 선형사상 $T:\mathbb{R}^3 \to V$의 $\ker T$가 이루는 도형을 구하여라.

10. 선형사상 $D:P_3 \to P_2$, $D(f)=f'$의 $\ker D$와 선형사상 $I:P_1 \to \mathbb{R}$, $I(f)=\int_{-1}^{1} f(x)dx$의 핵을 구하여라.

11. 다음 행렬에 관한 선형사상 T의 계수와 퇴화차원을 구하여라.

① $\begin{bmatrix} 4 & 1 & 5 & 2 \\ 1 & 2 & 3 & 0 \end{bmatrix}$ ② $\begin{bmatrix} 1 & 4 & 5 & 0 & 9 \\ 3 & -2 & 1 & 0 & -1 \\ -1 & 0 & -1 & 0 & -1 \\ 2 & 3 & 5 & 1 & 8 \end{bmatrix}$

12. $\pi^2=\pi$인 선형사상 $\pi:V \to V$를 **정사영**(projection)이라 한다. 이 때 $V=\operatorname{Im}\pi \oplus \ker \pi$임을 보여라.

13. $T(x,\ y)=(y,\ -x)$, $S(x,\ y)=(x,\ -y)$에 대하여 $S\circ T$, $T\circ S$, $S+T$를 구하여라.

14. 선형사상 $T(x_1,\ x_2,\ x_3)=(2x_1+x_2+3x_3,\ 3x_1-x_2+x_3,\ -4x_1+3x_2+x_3)$의 핵과 상공간의 기저를 구하여라.

15. 벡터공간 U 위의 선형사상 $S, T:V \to V$에 대하여 $T\circ S \neq S\circ T$인 예를 들어라.

16. 다항식 공간 P 위의 함수 $D(f(x))=D\left(\sum_{i=0}^{n} a_i x^i\right)=\sum_{i=0}^{n} i a_i x^{i-1}$, $F(f(x))=F\left(\sum_{i=0}^{n} a_i x^i\right)=\sum_{i=0}^{n} \frac{a_i}{i+1} x^{i+1}$에서 $F\circ D \neq I$, $D\circ F=I$임을 보여라.

17. π가 벡터공간 V 위의 정사영일 때 다음 물음에 답하여라.
① $1-\pi$도 정사영이다.
② $1-\pi$의 핵을 구하여라.
③ $\pi(1-\pi)=O$임을 보여라.

18. 벡터공간 V에서 V로의 선형사상을 **선형작용소**(linear operator)라 한다. $T(3,\ 1)=(2,\ -4)$, $T(1,\ 1)=(0,\ 2)$를 만족하는 선형작용소 T를 구하여라.

19. $T(x,\ y,\ z)=(2x,\ 4x-y,\ 2x+3y-z)$로 정의된 선형사상 $T:\mathbb{R}^3 \to \mathbb{R}^3$은 가역사상임을 보이고 역사상 T^{-1}을 구하여라.

20. 선형사상 T와 수 $\alpha \neq 0$에 대하여 다음이 성립함을 보여라.
① T가 비정칙일 필요충분조건은 αT가 비정칙인 것이다.

② T가 비정칙일 필요충분조건은 $-T$가 비정칙인 것이다.

21. 벡터공간의 직합 $V=U\oplus W$에서 $S,\ T: V\to V$를 $S(v)=u,\ T(v)=w,\ v=u+w,\ u\in U,\ w\in W$로 정의할 때 다음이 성립함을 보여라.
    ① $S^2=S,\ T^2=T$ ② $S+T=I$
    ③ $T\circ S=O,\ S\circ T=O$

22. 벡터공간 V 위의 선형사상 S, T가 $S^2=S,\ T^2=T,\ S+T=I,\ S\circ T=O,\ T\circ S=O$일 때 $V=\operatorname{Im} S\oplus \operatorname{Im} T$임을 보여라.

23. 선형사상 $T: V\to W$가 전사일 때 $\dim W\leq \dim V$임을 보여라.

24. 선형사상 $T: V\to W$와 V의 부분공간 U에서 $T_U: U\to W,\ T_U(u)=T(u),\ u\in U$로 정의된 사상 T_U를 T의 U에 관한 **축소사상**(restriction)이라 한다. 다음을 증명하여라.
    ① T_U는 선형이다. ② $\ker T_U=\ker T\cap U$
    ③ $\operatorname{Im} T_U=T(U)$

25. 복소공간 $\mathbb{C}$ 위의 사상 $T: \mathbb{C}\to\mathbb{C},\ T(z)=\bar{z},\ z\in\mathbb{C}$를 **공액사상**(conjugate map)이라 한다. 이때 T는 $\mathbb{R}$ 위의 벡터로서는 선형이나 $\mathbb{C}$ 위의 벡터로서는 비선형임을 보여라.

4.2 선형사상과 행렬

체 $\mathbb{K}$ 위의 벡터공간 $V,\ W$ 각각의 차원이 $n,\ m$이라 하자. V의 기저 $E=\{v_1, \cdots, v_n\}$, W의 기저 $F=\{w_1, \cdots, w_m\}$에서 $T(v_1), \cdots, T(v_n)$은 $w_1, \cdots, w_m$의 일차결합으로 일의적으로 표시된다.

$$\begin{aligned}
T(v_1)&=a_{11}w_1+a_{21}w_2+\cdots+a_{m1}w_m\\
T(v_2)&=a_{12}w_1+a_{22}w_2+\cdots+a_{m2}w_m\\
&\vdots\\
T(v_n)&=a_{1n}w_1+a_{2n}w_2+\cdots+a_{mn}w_m
\end{aligned}$$

T에 대하여 유일하게 결정되는 행렬

$$A=\begin{bmatrix} a_{11} & a_{12} & \cdots & a_{1n} \\ a_{21} & a_{22} & \cdots & a_{2n} \\ \vdots & \vdots & & \vdots \\ a_{m1} & a_{m2} & \cdots & a_{mn} \end{bmatrix}$$

을 기저 E, F에 관한 **T의 행렬**(the matrix of T relative to the bases E and F)이라 한다. 선형사상을 이러한 행렬 A로 나타내는 것을 선형사상의 **행렬표현**(matrix representation)이라 한다. $T(v_j)=a_{1j}w_1+a_{2j}w_2+\cdots+a_{mj}w_m=\sum_{i=1}^{n} a_{ij}w_i$의 계수행렬 $A=[a_{ij}]\in M_{m\times n}(\mathbb{K})$를 $[T]_E^F$로 나타낸다.

예제 4.2.1 선형사상 $T:\mathbb{R}^4\to\mathbb{R}^3$, $T(x, y, z, w)=(x+2y-z, 2x-5y, 7x-3y)$의 표준기저 $E=\{e_1, e_2, e_3, e_4\}$, $F=\{e_1, e_2, e_3\}$에 관한 행렬 $[T]_E^F$를 구하여라.

[풀이] $T(e_1)=T(1, 0, 0, 0)=(1, 2, 7)$

$T(e_2)=T(0, 1, 0, 0)=(2, -5, -3)$

$T(e_3)=T(0, 0, 1, 0)=(-1, 0, 0)$

$T(e_4)=T(0, 0, 0, 1)=(0, 0, 0)$

에서

$$T(e_1)=(1, 2, 7)=1(1, 0, 0)+2(0, 1, 0)+7(0, 0, 1)$$
$$T(e_2)=(2, -5, -3)=2(1, 0, 0)+(-5)(0, 1, 0)+(-3)(0, 0, 1)$$
$$T(e_3)=(-1, 0, 0)=(-1)(1, 0, 0)+0\cdot(0, 1, 0)+0\cdot(0, 0, 1)$$
$$T(e_4)=(0, 0, 0)=0\cdot(1, 0, 0)+0\cdot(0, 0, 0)+0\cdot(0, 0, 0)$$

따라서 T에 관한 행렬은

$$[T]_E^F=\begin{bmatrix} 1 & 2 & -1 & 0 \\ 2 & -5 & 0 & 0 \\ 7 & -3 & 0 & 0 \end{bmatrix}$$

예제 4.2.2 다음으로 정의된 선형사상 $T:\mathbb{R}^3\to\mathbb{R}^4$의 표준기저에 관한 행렬을 구하여라.

$$T\left(\begin{bmatrix} x_1 \\ x_2 \\ x_3 \end{bmatrix}\right)=\begin{bmatrix} x_1+x_2 \\ x_1-x_2 \\ x_3 \\ x_1 \end{bmatrix}$$

[풀이] $T(e_1)=T\left(\begin{bmatrix} 1 \\ 0 \\ 0 \end{bmatrix}\right)=\begin{bmatrix} 1 \\ 1 \\ 0 \\ 1 \end{bmatrix}$, $T(e_2)=T\left(\begin{bmatrix} 0 \\ 1 \\ 0 \end{bmatrix}\right)=\begin{bmatrix} 1 \\ -1 \\ 0 \\ 0 \end{bmatrix}$,

$$T(e_3)=T\left(\begin{bmatrix} 0 \\ 0 \\ 1 \end{bmatrix}\right)=\begin{bmatrix} 0 \\ 0 \\ 1 \\ 0 \end{bmatrix}$$

이므로 $[T]_E^F=[T(e_1)\ T(e_2)\ T(e_3)]$

$$=\begin{bmatrix} 1 & 1 & 0 \\ 1 & -1 & 0 \\ 0 & 0 & 1 \\ 1 & 0 & 0 \end{bmatrix}$$

예제 4.2.3 다항식공간 $P_3=\{a_0+a_1x+a_2x^2 | a_0,\ a_1,\ a_2 \in \mathbb{R}\}$ 위의 미분작용소 D의 기저 $\{p_1=-3+x^2,\ p_2=-3+x,\ p_3=7-x-x^2\}$에 관한 행렬을 구하여라.

[풀이] $D(-3+x^2)=2x=6(-3+x^2)+8(-3+x)+6(7-x-x^2)$
$D(-3+x)=1=1(-3+x^2)+1(-3+x)+1(7-x-x^2)$
$D(7-x-x^2)=-1-2x=-7(-3+x^2)-9(-3+x)-7(7-x-x^2)$

이므로 $[D]=\begin{bmatrix} 6 & 1 & -7 \\ 8 & 1 & -9 \\ 6 & 1 & -7 \end{bmatrix}$

행렬 $A \in M_{m\times n}(\mathbb{K})$, $\mathbb{K}$ 위의 벡터공간 V, W의 기저를 각각 $E=\{v_1,\ \cdots,\ v_n\}$, $F=\{w_1,\ \cdots,\ w_m\}$이라 하자. $T(v_j)=\sum_{i=1}^{m} a_{ij}w_i$, $j=1,\ \cdots,\ n$으로 정의된 선형

사상 T는 정리 4.1.5에 의하여 오직 하나만이 존재한다. 이 선형사상을 기저 E, F에 관한 **행렬 A에 관한 선형사상**(linear map associated with A)이라 하고 T_A로 나타낸다.

예제 4.2.4 다음 행렬에 관한 일차변환을 구하여라.

(1) $A=\begin{bmatrix} -1 & 0 \\ 0 & 1 \end{bmatrix}$ (2) $B=\begin{bmatrix} 1 & 0 \\ 0 & -1 \end{bmatrix}$

(3) $C=\begin{bmatrix} 0 & 1 \\ 1 & 0 \end{bmatrix}$

[풀이] (1) $T_A : \mathbb{R}^2 \rightarrow \mathbb{R}^2,\ T(X)=AX=\begin{bmatrix} -1 & 0 \\ 0 & 1 \end{bmatrix}\begin{bmatrix} x \\ y \end{bmatrix}=\begin{bmatrix} -x \\ y \end{bmatrix}$

(2) $T_B : \mathbb{R}^2 \rightarrow \mathbb{R}^2,\ T(X)=BX=\begin{bmatrix} 1 & 0 \\ 0 & -1 \end{bmatrix}\begin{bmatrix} x \\ y \end{bmatrix}=\begin{bmatrix} x \\ -y \end{bmatrix}$

(3) $T_C : \mathbb{R}^2 \rightarrow \mathbb{R}^2,\ T(X)=CX=\begin{bmatrix} 0 & 1 \\ 1 & 0 \end{bmatrix}\begin{bmatrix} x \\ y \end{bmatrix}=\begin{bmatrix} y \\ x \end{bmatrix}$

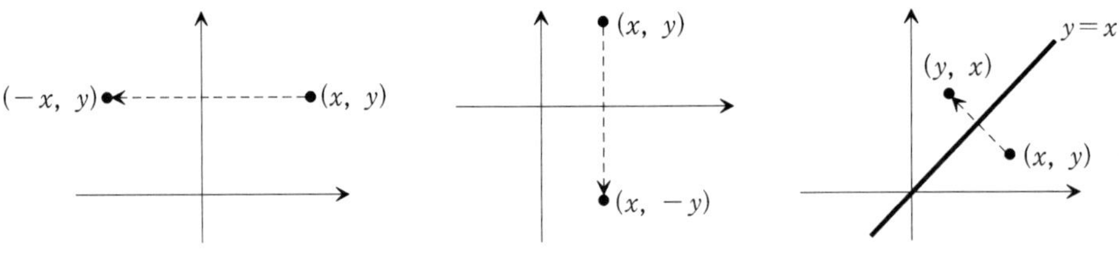

예제 4.2.5 다음 행렬에 관한 일차변환을 구하여라.

(1) $A=\begin{bmatrix} k & 0 \\ 0 & 1 \end{bmatrix}$ (2) $\begin{bmatrix} 1 & 0 \\ 0 & k \end{bmatrix}$

[풀이] (1) $T(X)=AX=\begin{bmatrix} k & 0 \\ 0 & 1 \end{bmatrix}\begin{bmatrix} x \\ y \end{bmatrix}=\begin{bmatrix} kx \\ y \end{bmatrix}$

(2) $T(X)=BX=\begin{bmatrix} 1 & 0 \\ 0 & k \end{bmatrix}\begin{bmatrix} x \\ y \end{bmatrix}=\begin{bmatrix} x \\ ky \end{bmatrix}$

(1)

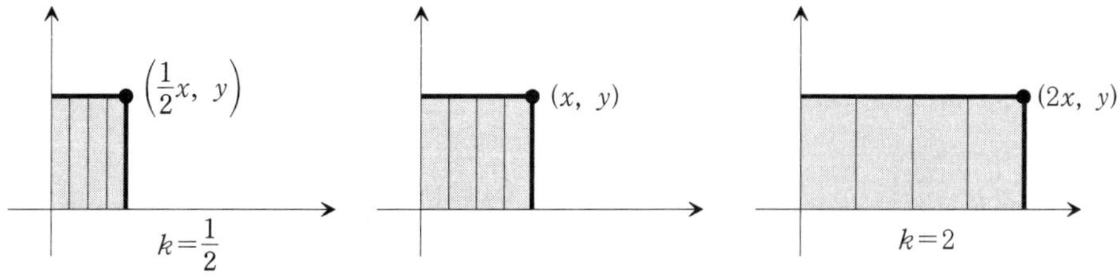

(2)

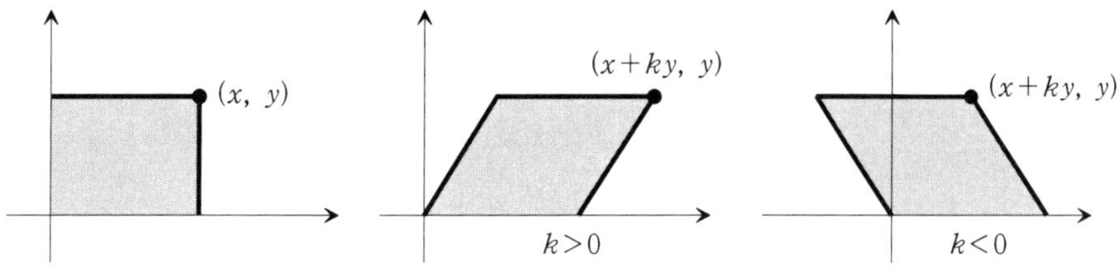

예제 4.2.6 행렬 $A=\begin{bmatrix}-1 & 2\\ 2 & -1\end{bmatrix}$에 의한 선형사상 $T_A:\mathbb{R}^2\to\mathbb{R}^2$에 의하여 정사각형 $ABCD$, $A=(0,\ 0)$, $B=(1,\ 0)$, $C=(0,\ 1)$, $D=(1,\ 1)$은 어떤 도형으로 변환되는가?

[풀이] $\begin{bmatrix}-1 & 2\\ 2 & -1\end{bmatrix}\begin{bmatrix}0\\ 0\end{bmatrix}=\begin{bmatrix}0\\ 0\end{bmatrix}$, $\begin{bmatrix}-1 & 2\\ 2 & -1\end{bmatrix}\begin{bmatrix}1\\ 0\end{bmatrix}=\begin{bmatrix}-1\\ 2\end{bmatrix}$,

$\begin{bmatrix}-1 & 2\\ 2 & -1\end{bmatrix}\begin{bmatrix}0\\ 1\end{bmatrix}=\begin{bmatrix}2\\ -1\end{bmatrix}$, $\begin{bmatrix}-1 & 2\\ 2 & -1\end{bmatrix}\begin{bmatrix}1\\ 1\end{bmatrix}=\begin{bmatrix}1\\ 1\end{bmatrix}$

에 의하여 $\square ABCD$는 평행사변형 $A'B'C'D'$로 변환된다.

$$A'=(0,\ 0),\quad B'=(-1,\ 2),\quad C'=(2,\ -1),\quad D'=(1,\ 1).$$

정리 4.2.1 n차원 벡터공간 V에서 m차원 벡터공간 W로의 선형사상 전체의 집합 $L(V,\ W)$와 $M_{m\times n}$은 동형이다. 또한

$$\dim L(V,\ W)=\dim M_{m\times n}=mn=(\dim V)(\dim W)$$

[증명] V, W의 기저 $E=\{v_1,\ \cdots,\ v_n\}$, $F=\{w_1,\ \cdots,\ w_m\}$에 대하여 $\phi(T)=[T]_E^F$로 정의된 사상 $\phi:L(V,\ W)\to M_{m\times n}$이 일대일이고 위로의 선형사상임을 보이자. 임의의 $T\in L(V,\ W)$, $S\in L(V,\ W)$에 대하여 $m\times n$행렬을

$$[T]_E^F=[a_{ij}], \qquad [S]_E^F=[b_{ij}]$$

라 놓으면

$$T(v_j)=\sum_{i=1}^{m} a_{ij}w_i, \qquad S(v_j)=\sum_{i=1}^{m} b_{ij}w_i$$

이므로 $j=1, \cdots, n$에 대하여

$$\begin{aligned}(T+S)(v_j)&=T(v_j)+S(v_j)=\sum_{i=1}^{m} a_{ij}w_i+\sum_{i=1}^{m} b_{ij}w_i\\&=\sum_{i=1}^{m}(a_{ij}+b_{ij})w_i,\\(\alpha T)(v_j)&=\alpha T(v_j)=\alpha\left(\sum_{i=1}^{m} a_{ij}w_i\right)\\&=\sum_{i=1}^{m}\alpha a_{ij}w_i\end{aligned}$$

정의에 의하여

$$\begin{aligned}[T+S]_E^F&=[a_{ij}+b_{ij}]=[a_{ij}]+[b_{ij}]\\&=[T]_E^F+[S]_E^F\\ [\alpha T]_E^F&=[\alpha a_{ij}]=\alpha[T]_E^F\end{aligned}$$

따라서

$$\phi(T+S)=\phi(T)+\phi(S), \quad \phi(\alpha T)=\alpha\phi(T)$$

이므로 ϕ는 선형사상이다. 다음으로 $T\in\ker\phi$, $\phi(T)=[T]_E^F=O$이라고 가정하자.

$$T(v_j)=\sum_{i=1}^{m} a_{ij}w_i=0w_1+\cdots+0w_m=\mathbf{0}$$

이므로 $T=O$이다. 이는 ϕ가 일대일사상임을 뜻한다. 또한 임의의 $C=[c_{ij}]\in M_{m\times n}$에 대하여 $\phi(T)=[T]_E^F=C$인 선형사상 $T: V\to W$가 존재함을 보이자.

$$T(v_j)=\sum_{i=1}^{n} c_{ij}w_i, \ j=1, \cdots, n$$

인 선형사상 $T: V\to W$는 존재하고 $[T]_E^F=[c_{ij}]=C$. 그러므로 ϕ는 전사이다. 이로써 ϕ는 전단사인 선형사상임이 증명되었다. $\dim M_{m\times n}=mn$, $\dim V=n$, $\dim W$

$=m$이므로 $L(V, W) \cong M_{m \times n}$에서 다음을 얻는다.

$$\dim L(V, W) = \dim M_{m \times n} = (\dim V)(\dim W).$$

예제 4.2.7 표준기저 $E=\{(1, 0, 0), (0, 1, 0), (0, 0, 1)\}$, $F=\{(1, 0), (0, 1)\}$에 대하여 다음에 답하여라.

(1) 이들 기저와 행렬 $A=[a_{ij}] \in M_{2\times 3}(\mathbb{R})$에 관한 선형사상 T_A를 구하여라.

(2) $T(X)=AX$, $T: \mathbb{R}^3 \to \mathbb{R}^2$으로 정의된 이들 기저에 관한 행렬을 구하여라.

(3) $[T_A]_E^F = A$인가?

[풀이] (1) $e_1=(1, 0, 0)$, $e_2=(0, 1, 0)$, $e_3=(0, 0, 1)$,
$f_1=(1, 0)$, $f_2=(0, 1)$

이라 하면

$$T_A(e_1)=T(1, 0, 0)=a_{11}f_1+a_{21}f_2=(a_{11}, a_{21})$$
$$T_A(e_2)=T(0, 1, 0)=a_{12}f_1+a_{22}f_2=(a_{12}, a_{22})$$
$$T_A(e_3)=T(0, 0, 1)=a_{13}f_1+a_{23}f_2=(a_{13}, a_{23})$$

이므로

$$\begin{aligned} T_A(x, y, z) &= T_A(xe_1+ye_2+ze_3) \\ &= xT_A(e_1)+yT_A(e_2)+zT_A(e_3) \\ &= x(a_{11}, a_{21})+y(a_{12}, a_{22})+z(a_{13}, a_{23}) \\ &= (a_{11}x+a_{12}y+a_{13}z, a_{21}x+a_{22}y+a_{23}z) \\ &= \begin{bmatrix} a_{11} & a_{12} & a_{13} \\ a_{21} & a_{22} & a_{23} \end{bmatrix} \begin{bmatrix} x \\ y \\ z \end{bmatrix} = AX \end{aligned}$$

(2) $T_A(X)=\begin{bmatrix} a_{11} & a_{12} & a_{13} \\ a_{21} & a_{22} & a_{23} \end{bmatrix} \begin{bmatrix} x \\ y \\ z \end{bmatrix} = \begin{bmatrix} a_{11}x+a_{12}y+a_{13}z \\ a_{21}x+a_{22}y+a_{23}z \end{bmatrix}$에서

$$T_A(e_1)=\begin{bmatrix} a_{11} & a_{12} & a_{13} \\ a_{21} & a_{22} & a_{23} \end{bmatrix} \begin{bmatrix} 1 \\ 0 \\ 0 \end{bmatrix} = \begin{bmatrix} a_{11} \\ a_{21} \end{bmatrix}$$

$$T_A(e_2)=\begin{bmatrix} a_{11} & a_{12} & a_{13} \\ a_{21} & a_{22} & a_{23} \end{bmatrix}\begin{bmatrix} 0 \\ 1 \\ 0 \end{bmatrix}=\begin{bmatrix} a_{12} \\ a_{22} \end{bmatrix}$$

$$T_A(e_3)=\begin{bmatrix} a_{11} & a_{12} & a_{13} \\ a_{21} & a_{22} & a_{23} \end{bmatrix}\begin{bmatrix} 0 \\ 0 \\ 1 \end{bmatrix}=\begin{bmatrix} a_{13} \\ a_{23} \end{bmatrix}$$

따라서

$$[T_A]_E^F=\begin{bmatrix} a_{11} & a_{12} & a_{13} \\ a_{21} & a_{22} & a_{23} \end{bmatrix}$$

(3) $A=[T_A]_E^F=[a_{ij}]$

예제 4.2.8 미분연산자 $D: P_3 \to P_2$, $D(f)=f'$의 기저 $E=\{1, x, x^2\}$, $F=\{1, x\}$에 관한 행렬을 구하여라. 또한 다음 행렬 A에 관한 선형사상을 구하여라.

$$A=\begin{bmatrix} 0 & -1 & 0 \\ 1 & 1 & 1 \end{bmatrix}$$

[풀이] $D(1)=0$, $D(x)=1$, $D(x^2)=2x$이므로

$$D(1)=0\cdot 1+0\cdot x,\ D(x)=1\cdot 1+0\cdot x,\ D(x^2)=0\cdot 1+2\cdot x$$

따라서

$$[D]_E^F=\begin{bmatrix} 0 & 1 & 0 \\ 0 & 0 & 2 \end{bmatrix}$$

선형사상 $T_A: P_3 \to P_2$, $[T]_E^F=\begin{bmatrix} 0 & -1 & 0 \\ 1 & 1 & 1 \end{bmatrix}$에서

$$T_A(1)=0\cdot 1+1\cdot x,\ T_A(x)=-1\cdot 1+1\cdot x,\ T_A(x^2)=0\cdot 1+1\cdot x$$

이므로 $T_A(1)=x$, $T_A(x)=-1+x$, $T_A(x^2)=x$. 따라서

$$\begin{aligned} T(a_0+a_1x+a_2x^2) &= a_0T(1)+a_1T(x)+a_2T(x^2) \\ &= a_0(x)+a_1(-1+x)+a_2(x)=a_0x-a_1+a_1x+a_2x \\ &= -a_1+(a_0+a_1+a_2)x \end{aligned}$$

정리 4.2.2 유한차원 벡터공간 U, V, W의 기저를 각각 D, E, F라 하고 $T: U \to V$, $S: V \to W$가 선형사상이면 다음이 성립한다.

$$[S \circ T]_D^F = [S]_E^F [T]_D^E$$

[증명] $D = \{u_1, \cdots, u_n\}$, $E = \{v_1, \cdots, v_m\}$, $F = \{w_1, \cdots, w_r\}$에 대하여

$$T(u_j) = \sum_{i=1}^{m} a_{ij} v_i, \ S(v_i) = \sum_{k=1}^{r} b_{ki} w_k \quad (1 \le j \le n, \ 1 \le i \le m)$$
$$[T]_D^E = [a_{ij}] \in M_{m \times n}, \ [S]_E^F = [b_{jk}] \in M_{r \times m}$$

이라 하면

$$\begin{aligned}(S \circ T)(u_j) &= S(T(u_j)) = S\left(\sum_{i=1}^{m} a_{ij} v_i\right) \\ &= \sum_{i=1}^{m} a_{ij} S(v_i) = \sum_{i=1}^{m} a_{ij} \sum_{k=1}^{r} b_{ki} w_k \\ &= \sum_{k=1}^{r} \left(\sum_{i=1}^{m} b_{ki} a_{ij}\right) w_k\end{aligned}$$

$\sum_{i=1}^{m} b_{ki} a_{ij} = c_{kj} (1 \le j \le n, \ 1 \le k \le r)$라 놓으면

$$(S \circ T)(u_j) = \sum_{k=1}^{r} c_{kj} w_k = c_{1j} w_1 + c_{2j} w_2 + \cdots + c_{rj} w_r$$

정의에 의하여

$$[S \circ T]_D^F = [c_{kj}] \in M_{r \times n}$$

그런데 $c_{kj} = \sum_{i=1}^{m} b_{ki} a_{ij}$는 행렬 $[S]_E^F$와 $[T]_D^E$의 곱인 행렬 $[S]_E^F [T]_D^E$의 제kj-성분이므로 다음이 성립한다.

$$[S \circ T]_D^F = [S]_E^F [T]_D^E$$

예제 4.2.9 선형사상 $T: \mathbb{R}^3 \to \mathbb{R}^2$, $T(x, y, z) = (x, y)$, $S: \mathbb{R}^2 \to \mathbb{R}$, $S(x, y) = x + y$의 기저 $E = \{(1, 1, 1), (1, 1, 0), (1, 0, 0)\}$, $F = \{(1, 0), (0, 1)\}$, $G = \{1\}$에 관한 행렬 $[T]_E^F$, $[S]_F^G$, $[S \circ T]_E^G$를 구하고 $[S \circ T]_E^G = [S]_F^G [T]_E^F$임을 밝혀라.

[풀이] $T(1, 1, 1) = (1, 1) = 1 \cdot (1, 0) + 1 \cdot (0, 1)$,

$$T(1, 1, 0)=(1, 1)=1\cdot(1, 0)+1\cdot(0, 1),$$
$$T(1, 0, 0)=(1, 0)=1\cdot(1, 0)+0\cdot(0, 1)$$

이므로

$$[T]_E^F=\begin{bmatrix}1 & 1 & 1\\ 1 & 1 & 0\end{bmatrix}$$
$$S=(1, 0)=1+0=1\cdot1,\ S(0, 1)=0+1=1\cdot1$$
$$[S]_F^G=[1\ \ 1]$$
$$(S\circ T)(1, 1, 1)=S(1, 1)=2=2\cdot1$$
$$(S\circ T)(1, 1, 0)=S(1, 1)=2=2\cdot1$$
$$(S\circ T)(1, 0, 0)=S(1, 0)=1=1\cdot1$$

이므로

$$[S\circ T]_E^G=[2\ \ 2\ \ 1]$$

또한

$$\begin{aligned}[S]_F^G[T]_E^F&=[1\ \ 1]\begin{bmatrix}1 & 1 & 1\\ 1 & 1 & 0\end{bmatrix}\\ &=[2\ \ 2\ \ 1]=[S\circ T]_E^G\end{aligned}$$

정리 4.2.3 체 $\mathbb{K}$ 위의 벡터공간 V에서 W로의 선형사상 T와 각각의 기저 $\{v_1, \cdots, v_n\}$, $\{w_1, \cdots, w_m\}$에서 $[T]_E^F=A=[a_{ij}]=M_{m\times n}$이라 하자. 벡터 $v\in V$의 기저 E에 관한 좌표를 $(x_1, \cdots, x_n)$, $w=T(v)$의 기저 F에 관한 좌표를 $(y_1, \cdots, y_m)$이라 하면 다음이 성립한다.

$$\begin{bmatrix}y_1\\ y_2\\ \vdots\\ y_m\end{bmatrix}=\begin{bmatrix}a_{11} & a_{12} & \cdots & a_{1n}\\ a_{21} & a_{22} & \cdots & a_{2n}\\ \vdots & \vdots & & \vdots\\ a_{m1} & a_{m2} & \cdots & a_{mn}\end{bmatrix}\begin{bmatrix}x_1\\ x_2\\ \vdots\\ x_n\end{bmatrix}=A\begin{bmatrix}x_1\\ x_2\\ \vdots\\ x_n\end{bmatrix}$$

[증명] 임의의 벡터 $v=x_1v_1+\cdots+x_nv_n$, $x_i\in\mathbb{K}$, $i=1, \cdots, n$에서

$$\begin{aligned}T(v)&=x_1T(v_1)+\cdots+x_nT(v_n)\\ &=\sum_{j=1}^{n}x_jT(v_j)=\sum_{j=1}^{n}x_j\left(\sum_{i=1}^{m}a_{ij}w_i\right)\end{aligned}$$

$$=\sum_{i=1}^{m}\left(\sum_{j=1}^{n}a_{ij}x_j\right)w_i=\sum_{i=1}^{m}y_iw_i$$

따라서

$$\begin{bmatrix} y_1 \\ y_2 \\ \vdots \\ y_n \end{bmatrix}=\begin{bmatrix} a_{11} & a_{12} & \cdots & a_{1n} \\ a_{21} & a_{22} & \cdots & a_{2n} \\ \vdots & \vdots & & \vdots \\ a_{m1} & a_{m2} & \cdots & a_{mn} \end{bmatrix}\begin{bmatrix} x_1 \\ x_2 \\ \vdots \\ x_n \end{bmatrix}.$$

예제 4.2.10 $\mathbb{R}^3$ 위의 선형작용소 $T:\mathbb{R}^3\to\mathbb{R}^3$ $T(x, y, z)=(2y+z, x-4y, 3x)$에 대하여 다음에 답하여라.

(1) 기저 $E=\{(1, 1, 1), (1, 1, 0), (1, 0, 0)\}$에 관한 T의 행렬을 구하여라.

(2) $[T]_E^E[v]_E=[T(v)]_E$임을 보여라.

[풀이] (1) $e_1=(1, 1, 1)$, $e_2=(1, 1, 0)$, $e_3=(1, 0, 0)$이라 하면

$$T(e_1)=(3, -3, 3),\ T(e_2)=(2, -3, 3),\ T(e_3)=(0, 1, 3)$$

이를 e_1, e_2, e_3의 일차결합으로 나타내면

$$\begin{aligned} T(e_1)&=3e_1-6e_2+6e_3 \\ T(e_2)&=3e_1-6e_2+5e_3 \\ T(e_3)&=3e_1-2e_2-e_3 \end{aligned}$$

따라서

$$[T]_E^E=\begin{bmatrix} 3 & 3 & 3 \\ -6 & -6 & -2 \\ 6 & 5 & -1 \end{bmatrix}$$

(2) 임의의 $v=(a, b, c)\in\mathbb{R}^3$을

$$xe_1+ye_2+ze_3=(a, b, c)$$

라 놓으면

$$(x+y+z, x+y, x)=(a, b, c)$$

연립방정식

$$\begin{aligned} x+y+z&=a \\ x+y\quad&=b \\ x\qquad&=c \end{aligned}$$

에서 $x=c$, $y=b-c$, $z=a-b$. 그러므로

$$\begin{aligned} (a,\ b,\ c)&=ce_1+(b-c)e_2+(a-b)e_3 \\ T(a,\ b,\ c)&=(2b+c,\ a-4b,\ 3a) \\ &=3ae_1+(-2a-4b)e_2+(-a+6b+c)e_3 \end{aligned}$$

그러므로

$$[v]_E=\begin{bmatrix} c \\ b-c \\ a-b \end{bmatrix}, \qquad [T(v)]_E=\begin{bmatrix} 3a \\ -2a-4b \\ -a+6b+c \end{bmatrix}$$

기저 E에 관한 v의 좌표를 $[v]_E$, E에 관한 $T(v)$의 좌표를 $[T(v)]_E$라 하면

$$[T]_E^E[v]_E=\begin{bmatrix} 3 & 3 & 3 \\ -6 & -6 & -2 \\ 6 & 5 & -1 \end{bmatrix}\begin{bmatrix} c \\ b-c \\ a-b \end{bmatrix}=\begin{bmatrix} 3a \\ -2a-4b \\ -a+6b+c \end{bmatrix}=[T(v)]_E$$

예제 4.2.11 $S:\mathbb{R}^3\to\mathbb{R}^4$, $T:\mathbb{R}^4\to\mathbb{R}^2$을 표준기저에 관한 행렬이 다음과 같은 선형사상이라 하자.

$$[S]=\begin{bmatrix} 1 & 0 & -1 \\ -2 & -1 & -2 \\ 0 & 2 & 3 \\ 4 & 3 & 0 \end{bmatrix}, \qquad [T]=\begin{bmatrix} -1 & 0 & 3 & -1 \\ 2 & 4 & 1 & 2 \end{bmatrix}$$

이때 표준기저에 관한 선형사상 $T\circ S$의 행렬을 구하여라.

[풀이] 정리 4.2.2에 의하여

$$[T\circ S]=[T][S]=\begin{bmatrix} -1 & 0 & 3 & -1 \\ 2 & 4 & 1 & 2 \end{bmatrix}\begin{bmatrix} 1 & 0 & -1 \\ -2 & -1 & -2 \\ 0 & 2 & 3 \\ 4 & 3 & 0 \end{bmatrix}$$

$$=\begin{bmatrix} -5 & 3 & 10 \\ 2 & 4 & -7 \end{bmatrix}$$

정리 4.2.4 체 $\mathbb{K}$ 위의 벡터공간 V의 기저 $E=\{e_1, \cdots, e_n\}$, $F=\{f_1, \cdots, f_n\}$에 대하여

$$f_j=\sum_{i=1}^{n} p_{ij}e_i, \qquad e_j=\sum_{i=1}^{n} q_{ij}f_i$$

인 행렬 P, Q는 정칙행렬이고 다음을 만족한다.

(1) $P[v]_F=[v]_E$, $[v]_F=P^{-1}[v]_E$

(2) 모든 선형사상 $T : V\rightarrow V$에 대하여 $P^{-1}[T]_E^E P=[T]_F^F$

[증명] 항등사상 $I_V : V\rightarrow V$에 대하여

$$I_V(f_j)=f_j=\sum_{i=1}^{n} p_{ij}e_i, \qquad I_V(e_j)=\sum_{i=1}^{n} q_{ij}f_i$$

이므로

$$[I_V]_F^E=P=[p_{ij}], \qquad [I_V]_E^F=Q=[q_{ij}]$$

그리고

$$I_V\circ I_V=I_V$$

정리 4.2.2를 적용한다.

$$[I_V]_F^E[I_V]_E^F=[I_V]_E^E, \quad PQ=I$$

그러므로 P, Q는 가역행렬이고 $P=Q^{-1}$, $Q=P^{-1}$이다.

(1) 임의의 $v\in V$를

$$v=x_1e_1+\cdots+x_ne_n=y_1f_1+\cdots+y_nf_n$$

이라 놓자.

$$\sum_{i=1}^{n} x_ie_i=\sum_{j=1}^{n} y_jf_j=\sum_{j=1}^{n} y_i\left(\sum_{i=1}^{n} p_{ij}e_i\right)$$
$$=\sum_{i=1}^{n}\left(\sum_{j=1}^{n} y_jp_{ij}\right)e_i$$

$$x_i = \sum_{j=1}^{n} p_{ij} y_j$$

따라서

$$[v]_E = P[v]_F$$

(2) 모든 선형작용소에 대하여

$$I_V \circ T = T = T \circ I_V$$

이므로

$$[I_V]_F^E [T]_F^F = [T]_E^E [I_V]_F^E = [T]_F^F$$

$[I_V]_F^E = P$, $[T]_F^F = [T]_F$, $[T]_E^E = [T]_E$라 놓으면

$$P[T]_F = [T]_E P$$

따라서

$$[T]_F = P^{-1}[T]_E P$$

예제 4.2.12 $\mathbb{R}^3$의 기저 $E = \{(1, 0, 0), (0, 1, 0), (0, 0, 1)\}$, $F = \{(1, 1, 1), (1, -1, 0), (1, 1, -2)\}$가 있다. 선형사상 $T : \mathbb{R}^3 \to \mathbb{R}^3$, $T(x, y, z) = (y+z, x+z, y+x)$에 대하여 위 정리가 성립함을 밝혀라.

[풀이] $(1, 1, 1) = 1 \cdot (1, 0, 0) + 1 \cdot (0, 1, 0) + 1 \cdot (0, 0, 1)$
$(1, -1, 0) = 1 \cdot (1, 0, 0) + (-1) \cdot (0, 1, 0) + 0 \cdot (0, 0, 1)$
$(1, 1, -2) = 1 \cdot (1, 0, 0) + 1 \cdot (0, 1, 0) + (-2) \cdot (0, 0, 1)$

이므로

$$[I_V]_F^E = \begin{bmatrix} 1 & 1 & 1 \\ 1 & -1 & 1 \\ 1 & 0 & -2 \end{bmatrix} = P$$

$$(1, 0, 0) = \frac{1}{3} \cdot (1, 1, 1) + \frac{1}{2} \cdot (1, -1, 0) + \frac{1}{6}(1, 1, -2)$$

$$(0, 1, 0) = \frac{1}{3} \cdot (1, 1, 1) + \left(-\frac{1}{2}\right) \cdot (1, -1, 0) + \frac{1}{6}(1, 1, -2)$$

$$(0, 0, 1) = \frac{1}{3} \cdot (1, 1, 1) + 0 \cdot (1, -1, 0) + \left(-\frac{1}{3}\right)(1, 1, -2)$$

이므로

$$[I_V]_E^F=\begin{bmatrix} \frac{1}{3} & \frac{1}{3} & \frac{1}{3} \\ \frac{1}{2} & -\frac{1}{2} & 0 \\ \frac{1}{6} & \frac{1}{6} & -\frac{1}{3} \end{bmatrix}=P^{-1}$$

$$T(1,\ 0,\ 0)=(0,\ 1,\ 1)=0\cdot(1,\ 0,\ 0)+1\cdot(0,\ 1,\ 0)+1\cdot(0,\ 0,\ 1),$$
$$T(0,\ 1,\ 0)=(1,\ 0,\ 1)=1\cdot(1,\ 0,\ 0)+0\cdot(0,\ 1,\ 0)+1\cdot(0,\ 0,\ 1),$$
$$T(0,\ 0,\ 1)=(1,\ 1,\ 0)=1\cdot(1,\ 0,\ 0)+1\cdot(0,\ 1,\ 0)+0\cdot(0,\ 0,\ 1)$$

이므로

$$[T]_E=\begin{bmatrix} 0 & 1 & 1 \\ 1 & 0 & 1 \\ 1 & 1 & 0 \end{bmatrix}$$

$$T(1,\ 1,\ 1)=(2,\ 2,\ 2)=2\cdot(1,\ 1,\ 1)+0\cdot(1,\ -1,\ 0)+0\cdot(1,\ 1,\ -2),$$
$$T(1,\ -1,\ 0)=(-1,\ 1,\ 0)=0\cdot(1,\ 1,\ 1)+(-1)\cdot(1,\ -1,\ 0)+0\cdot(1,\ 1,\ -2),$$
$$T(1,\ 1,\ -2)=(-1,\ -1,\ 2)=0\cdot(1,\ 1,\ 1)+0\cdot(1,\ -1,\ 0)+(-1)\cdot(1,\ 1,\ -2)$$

이므로

$$[T]_F=\begin{bmatrix} 2 & 0 & 0 \\ 0 & -1 & 0 \\ 0 & 0 & -1 \end{bmatrix}$$

그런데

$$P[T]_F=\begin{bmatrix} 1 & 1 & 1 \\ 1 & -1 & 1 \\ 1 & 0 & -2 \end{bmatrix}\begin{bmatrix} 2 & 0 & 0 \\ 0 & -1 & 0 \\ 0 & 0 & -1 \end{bmatrix}=\begin{bmatrix} 2 & -1 & -1 \\ 2 & 1 & -1 \\ 2 & 0 & 2 \end{bmatrix}$$

$$[T]_EP=\begin{bmatrix} 0 & 1 & 1 \\ 1 & 0 & 1 \\ 1 & 1 & 0 \end{bmatrix}\begin{bmatrix} 1 & 1 & 1 \\ 1 & -1 & 1 \\ 1 & 0 & -2 \end{bmatrix}=\begin{bmatrix} 2 & -1 & -1 \\ 2 & 1 & -1 \\ 2 & 0 & 2 \end{bmatrix}$$

따라서

$$P[T]_F=[T]_EP$$

예제 4.2.13 벡터공간 V의 기저 $E=\{e_1, e_2, e_3, e_4\}$, $F=\{f_1, f_2, f_3, f_4\}$에 $f_1=e_1-2e_2+e_3+e_4$, $f_2=e_1+e_3-3e_4$, $f_3=e_3+5e_4$, $f_4=e_4$의 관계가 있다. 벡터공간 V 위에서

$$\begin{aligned} T(e_1)&=2e_1-3e_2+e_3,\\ T(e_2)&=4e_1-5e_4,\\ T(e_3)&=e_1+4e_3,\\ T(e_4)&=5e_1+e_2-e_4 \end{aligned}$$

로 정의된 선형사상 T에 대하여, 다음에 답하여라.

(1) 행렬 $[T]_E^E$, $[T]_F^F$를 구하여라.

(2) $P[T]_F=[T]_E$인 행렬 P를 구하여라.

(3) $T(f_i)$를 f_i의 일차결합으로 나타내어라.

[풀이] (i) $[T]_E^E=\begin{bmatrix} 2 & 4 & 1 & 5 \\ -3 & 0 & 0 & 1 \\ 1 & 0 & 4 & 0 \\ 0 & -5 & 0 & -1 \end{bmatrix}$

(ii) $P=[I_V]_F^E=\begin{bmatrix} 1 & 1 & 0 & 0 \\ -2 & 0 & 0 & 0 \\ 1 & 1 & 1 & 0 \\ 1 & -3 & 5 & 1 \end{bmatrix}$

(iii) $[T]_F^F=[T]_F=P^{-1}[T]_E^E$

$$=\begin{bmatrix} 1 & 1 & 0 & 0 \\ -2 & 0 & 0 & 0 \\ 1 & 1 & 1 & 0 \\ 1 & -3 & 5 & 1 \end{bmatrix}^{-1}\begin{bmatrix} 2 & 4 & 1 & 5 \\ -3 & 0 & 0 & 1 \\ 1 & 0 & 4 & 0 \\ 0 & -5 & 0 & -1 \end{bmatrix}\begin{bmatrix} 1 & 1 & 0 & 0 \\ -2 & 0 & 0 & 0 \\ 1 & 1 & 1 & 0 \\ 1 & -3 & 5 & 1 \end{bmatrix}$$

$$=\begin{bmatrix} 0 & -10 & 26 & 5 \\ -2 & -23 & 57 & 11 \\ 7 & 37 & -79 & -16 \\ -32 & -246 & 535 & 107 \end{bmatrix}$$

(iv) $T(f_1)=-2f_2+7f_3-32f_4$, $T(f_2)=-10f_1-23f_2+37f_3-246f_4$,
$T(f_3)=26f_1+57f_2-79f_3+535f_4$, $T(f_4)=5f_1+11f_2-16f_3+107f_4$

행렬 A, $B \in M_{n\times n}$이 $B=P^{-1}AP$인 정칙행렬 P가 존재할 때 A와 B는 서로 **닮은 행렬**(simillar matrix)이라 한다.

예제 4.2.14 다음 행렬 A, B는 닮은 행렬임을 보여라.

$$A=\begin{bmatrix}0 & 2 & 1\\ 1 & -4 & 0\\ 3 & 0 & 0\end{bmatrix} \qquad B=\begin{bmatrix}3 & 3 & 3\\ -6 & -6 & -2\\ 6 & 5 & -1\end{bmatrix}$$

[풀이] 행렬 P, P^{-1}

$$P=\begin{bmatrix}1 & 1 & 1\\ 1 & 1 & 0\\ 1 & 0 & 0\end{bmatrix}, \qquad P^{-1}=\begin{bmatrix}0 & 0 & 1\\ 0 & 1 & -1\\ 1 & -1 & 0\end{bmatrix}$$

에 대하여

$$\begin{aligned}B=\begin{bmatrix}3 & 3 & 3\\ -6 & -6 & -2\\ 6 & 5 & -1\end{bmatrix}&=\begin{bmatrix}0 & 0 & 1\\ 0 & 1 & -1\\ 1 & -1 & 0\end{bmatrix}\begin{bmatrix}0 & 2 & 1\\ 1 & -4 & 0\\ 3 & 0 & 0\end{bmatrix}\begin{bmatrix}1 & 1 & 1\\ 1 & 1 & 0\\ 1 & 0 & 0\end{bmatrix}\\ &=P^{-1}AP\end{aligned}$$

따라서 A와 B는 닮은 행렬이다.

정리 4.2.5 체 $\mathbb{K}$ 위의 행렬 $A=[a_{ij}]\in M_{n\times n}(\mathbb{K})$와 $V=\mathbb{K}^n$의 기저 E, F에서 선형사상 $T_A:\mathbb{K}^n\to\mathbb{K}^n$, $T_A(X)=AX$, $T\in\mathbb{K}^n$, $P=[T]_F^E=[p_{ij}]\in M_{n\times n}(\mathbb{K})$라 하면 다음이 성립한다.

$$[T_A]_F^F=P^{-1}[T_A]_E^EP$$

즉 임의의 행렬 $A\in M_{n\times n}(\mathbb{K})$

$$[T_A]_F^F=P^{-1}AP$$

[증명] $T(X)=AX$, $X\in\mathbb{K}^n$으로 정의된 선형사상 $T:\mathbb{K}^n\to\mathbb{K}^n$에 관한 행렬은 A이고

$$T_A=I_V\circ T_A\circ I_V$$

$\mathbb{K}^n$의 표준기저 F에 대하여

$$[T_A]_F^F=[I_V]_E^F[T_A]_E^E[I_V]_F^E$$

$[I_V]_F^E=P$라 놓으면 $I_V \circ I_V=I_V$, $[I_V]_E^F[I_V]_F^E=[I_V]_F^F=I$ 이므로 $[I_V]_E^F=P^{-1}$이다. 따라서

$$B=[T_A]_F^F=P^{-1}AP$$

즉 B는 A와 닮은 행렬이다.

예제 4.2.15 행렬 A와 기저 $\{(1,\ 1)^t,\ (2,\ 1)_t\}$에 대하여 A와 닮은 행렬 $B \in M_{2\times 2}(\mathbb{R})$를 구하여라.

$$A=\begin{bmatrix} 1 & 1 \\ -1 & 1 \end{bmatrix}$$

[풀이] $T_A : \mathbb{R}^2 \to \mathbb{R}^2$, $T_A(X)=AX$, $X \in \mathbb{R}^2$

$$T_A\left(\begin{bmatrix} x \\ y \end{bmatrix}\right)=\begin{bmatrix} 1 & 1 \\ -1 & 1 \end{bmatrix}\begin{bmatrix} x \\ y \end{bmatrix}=\begin{bmatrix} x+y \\ -x+y \end{bmatrix}$$

의 표준기저 $E=\{(1,\ 0)^t,\ (0,\ 1)^t\}$에 관한 값을 구하자.

$$T_A\left(\begin{bmatrix} 1 \\ 0 \end{bmatrix}\right)=\begin{bmatrix} 1 & 1 \\ -1 & 1 \end{bmatrix}\begin{bmatrix} 1 \\ 0 \end{bmatrix}=\begin{bmatrix} 1 \\ -1 \end{bmatrix}$$
$$T_A\left(\begin{bmatrix} 0 \\ 1 \end{bmatrix}\right)=\begin{bmatrix} 1 & 1 \\ -1 & 1 \end{bmatrix}\begin{bmatrix} 0 \\ 1 \end{bmatrix}=\begin{bmatrix} 1 \\ 1 \end{bmatrix}$$

그러므로

$$[T_A]_E^E=\begin{bmatrix} 1 & 1 \\ -1 & 1 \end{bmatrix}$$

한편으로 $F=\{(1,\ 1)^t,\ (2,\ 1)^t\}$에 대하여

$$T_A\left(\begin{bmatrix} 1 \\ 1 \end{bmatrix}\right)=\begin{bmatrix} 2 \\ 0 \end{bmatrix}=-2\begin{bmatrix} 1 \\ 1 \end{bmatrix}+2\begin{bmatrix} 2 \\ 1 \end{bmatrix}$$

$$T_A\left(\begin{bmatrix}2\\1\end{bmatrix}\right)=\begin{bmatrix}3\\-1\end{bmatrix}=-5\begin{bmatrix}1\\1\end{bmatrix}+4\begin{bmatrix}2\\1\end{bmatrix}$$

이므로

$$[T_A]_F^F=\begin{bmatrix}-2 & -5\\2 & 4\end{bmatrix}$$

또한

$$\begin{bmatrix}1\\1\end{bmatrix}=\begin{bmatrix}1\\0\end{bmatrix}+\begin{bmatrix}0\\1\end{bmatrix}$$
$$\begin{bmatrix}2\\1\end{bmatrix}=2\begin{bmatrix}1\\0\end{bmatrix}+\begin{bmatrix}0\\1\end{bmatrix}$$

이므로

$$P=[I]_F^E=\begin{bmatrix}1 & 2\\1 & 1\end{bmatrix}$$
$$P^{-1}=-\begin{bmatrix}1 & -2\\-1 & 1\end{bmatrix}=\begin{bmatrix}-1 & 2\\1 & -1\end{bmatrix}$$
$$PAP^{-1}=\begin{bmatrix}-1 & 2\\1 & -1\end{bmatrix}\begin{bmatrix}1 & 1\\-1 & 1\end{bmatrix}\begin{bmatrix}1 & 2\\1 & 1\end{bmatrix}$$
$$=\begin{bmatrix}-3 & 1\\2 & 0\end{bmatrix}\begin{bmatrix}1 & 2\\1 & 1\end{bmatrix}=\begin{bmatrix}-2 & -5\\2 & 4\end{bmatrix}$$

따라서 $B=[T_A]_F^F=\begin{bmatrix}-2 & -5\\2 & 4\end{bmatrix}$라 놓으면 A와 B는 닮은 행렬이다.

정리 4.2.6 체 $\mathbb{K}$ 위의 벡터공간 V의 기저 $E=\{v_1, \cdots, v_n\}$에 대하여 $B\in M_{n\times n}(\mathbb{K})$가 선형사상 $T: V\to V$의 E에 대한 행렬과 닮은 행렬이면 V의 적당한 기저 F가 존재하여 $B=[T]_F^F$이다.

[증명] $B=P^{-1}[T]_E^E P$인 정칙행렬 $P=[p_{ij}]\in M_{n\times n}(\mathbb{K})$가 존재할 때 $w_j=\sum_{i=1}^{n} p_{ij}v_i$라 놓으면 $F=\{w_1, \cdots, w_n\}$은 V의 기저이고

$$[T]_F^F=P^{-1}[T]_E^E P.$$

정리 4.2.7 n차원 벡터공간 V와 m차원 벡터공간 W가 있다. 행렬 A, $B \in M_{m \times n}$이 같은 선형사상 $T : V \to W$에 관한 행렬일 필요충분조건은 $A = Q^{-1}BP$인 정칙행렬 $P \in M_{n \times n}$, $Q \in M_{m \times m}$이 존재하는 것이다.

[증명] E, G를 V의 기저, F, H를 W의 기저라 하자. $[T]_E^F = A$, $[T]_G^H = B$, $[I_V]_E^G = P$, $[I_W]_F^H = Q$라 놓으면 P, Q는 정칙행렬이고 $[I_W]_H^F = Q^{-1}$이다. $T = I_W \circ T \circ I_V$에 기저변환을 하면

$$[T]_E^F = [I_W]_H^F [T]_G^H [I_V]_E^G$$

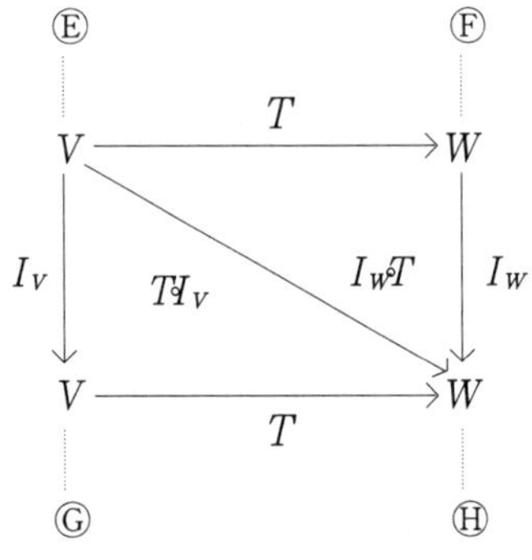

따라서

$$A = Q^{-1}BP$$

역으로 $[T]_E^F = A$인 선형사상을 $T : V \to W$라 하자. 행렬 P에 관한 기저 E의 항등변환 I_V의 상을 L, 행렬 Q에 관한 기저 F의 항등변환 I_W의 상을 M이라 하면 P, Q가 정칙이므로 이들은 각각 V, W의 기저이다. $[T]_E^F = A$이면 $B = QAP^{-1}$에서 $[M]_L^M = B$이다. 즉 A와 B는 선형사상 T의 행렬이다.

예제 4.2.16 다음 두 행렬 A, B는 닮음임을 정리 4.2.7의 증명과정을 따라서 보여라.

$$A = \begin{bmatrix} 0 & 1 & 1 \\ 1 & 0 & 1 \\ 1 & 1 & 0 \end{bmatrix} \qquad B = \begin{bmatrix} 2 & 0 & 0 \\ 0 & -1 & 0 \\ 0 & 0 & -1 \end{bmatrix}$$

[풀이] 표준기저 $E = \{(1,\ 0,\ 0)^t,\ (0\ 1,\ 0)^t,\ (0,\ 0,\ 1)^t\}$, $F = \{(1,\ 1,\ 1)^t,\ (1,$

$-1, 0)^t$, $(1, 1, -2)^t\}$를 이용하자.

$$T_A(X)=\begin{bmatrix}0&1&1\\1&0&1\\1&1&0\end{bmatrix}\begin{bmatrix}x\\y\\z\end{bmatrix}=\begin{bmatrix}y+z\\x+z\\x+y\end{bmatrix}$$

항등사상 $I:\mathbb{R}^3\to\mathbb{R}^3$의 E에서 F로의 행렬을 Q^{-1}, F에서 E로의 행렬을 P라 하면

$$[I]_E^F=Q^{-1}=\begin{bmatrix}\frac{1}{3}&\frac{1}{3}&\frac{1}{3}\\\frac{1}{2}&-\frac{1}{2}&0\\\frac{1}{6}&\frac{1}{6}&-\frac{1}{3}\end{bmatrix},\qquad [I]_F^E=P=\begin{bmatrix}1&1&1\\1&-1&1\\1&0&-2\end{bmatrix}$$

$$[I]_E^F[T_A]_E^E[I]_F^E=Q^{-1}AP$$

$$=\begin{bmatrix}\frac{1}{3}&\frac{1}{3}&\frac{1}{3}\\\frac{1}{2}&-\frac{1}{2}&0\\\frac{1}{6}&\frac{1}{6}&-\frac{1}{3}\end{bmatrix}\begin{bmatrix}0&1&1\\1&0&1\\1&1&0\end{bmatrix}\begin{bmatrix}1&1&1\\1&-1&1\\1&0&-2\end{bmatrix}$$

$$=\begin{bmatrix}\frac{2}{3}&\frac{2}{3}&\frac{2}{3}\\-\frac{1}{2}&\frac{1}{2}&0\\-\frac{1}{6}&-\frac{1}{6}&\frac{1}{3}\end{bmatrix}\begin{bmatrix}1&1&1\\1&-1&1\\1&0&-2\end{bmatrix}=\begin{bmatrix}2&0&0\\0&-1&0\\0&0&-1\end{bmatrix}$$

따라서 $B=Q^{-1}AP$, $QBP^{-1}=A$. 즉 $A\sim B$

연습문제 4.2

1. 표준기저에 대한 다음 선형사상의 행렬을 구하여라.

   ① $T(x, y, z)=(x, y, 0)$

   ② $T(x, y, z)=(x, y+z, x+y+z)$

2. 행렬 $M=\begin{bmatrix} 1 & 0 \\ -1 & 2 \end{bmatrix}$에 대한 다음 선형사상의 표준기저에 대한 행렬을 구하여라. (단, $A \in M_{2\times 2}(\mathbb{R})$)
   ① $T(A)=MA$ ② $T(A)=AM$
   ③ $T(A)=MA-AM$

3. $\mathbb{R}^2$의 기저 $E=\{(1, 0), (0, 1)\}$, $F=\{(1, 2), (2, 3)\}$에 대하여 다음에 답하여라.
   ① E에서 F로의 행렬 P, F에서 E로의 행렬 Q를 구하고 $P^{-1}=Q$임을 확인하여라.
   ② 벡터 $v \in \mathbb{R}^2$에 대하여 $[v]_F=P[v]_E$임을 보여라.

4. 문제 (3)과 선형사상 $T: \mathbb{R}^2 \to \mathbb{R}^2$, $T(x, y)=(2x-3y, x+y)$에 대하여 $[T]_F^F=P^{-1}[T]_E^E P$가 성립함을 보여라.

5. $\mathbb{R}$ 위의 벡터공간 $\mathbb{C}$의 기저 $E=\{1, i\}$, $F=\{1+i, 1+2i\}$에 대하여 다음에 답하여라.
   ① E에서 F로의 행렬 P, F에서 E로의 행렬 Q를 구하여라.
   ② 선형사상 $T: \mathbb{C} \to \mathbb{C}$, $T(z)=\bar{z}$, $z \in \mathbb{C}$에 대하여 $[T]_F^F=P^{-1}[T]_E^E P$인 정칙행렬 P를 구하여라.

6. 정칙행렬 $A, B, C \in M_{n\times n}(\mathbb{K})$에 대하여 다음이 성립함을 보여라.
   ① $B=P^{-1}AP \Rightarrow A=(P^{-1})^{-1}BP^{-1}$
   ② $B=P^{-1}AP$, $C=Q^{-1}BQ \Rightarrow C=(PQ)^{-1}A(PQ)$
   ③ $(P^{-1}AP)(P^{-1}BP)=P^{-1}ABP$
   ④ $(P^{-1}AP)^m=P^{-1}A^mP$, $m>0$

7. 선형사상 $T: \mathbb{R}^3 \to \mathbb{R}^2$, $T(x, y, z)=(3x+2y-4z, x-5y+3z)$에 대하여 다음 행렬을 구하여라.
   ① 표준기저
   ② R^3의 표준기저와 $\mathbb{R}^2$의 기저 $\{(1, 3), (2, 5)\}$
   ③ $\mathbb{R}^3$의 기저 $\{(2, -1, 1), (1, -1, 0), (1, 1, 2)\}$와 $\mathbb{R}^2$의 표준기저

8. 선형사상 $T: \mathbb{R}^2 \to \mathbb{R}^3$의 기저 $E=\{(1, 2), (2, 5)\}$에서 $F=\{(1, 2, 3),$

$(2,\ -1,\ 0),\ (0,\ 1,\ 1)\}$에 관한 행렬이 $\begin{bmatrix} -1 & 1 \\ 2 & 0 \\ 0 & 1 \end{bmatrix}$일 때, 표준기저에 대한 T의 행렬을 구하여라.

9. 다음 각 기저변환 행렬 P를 구하여라.
   ① $\{(1,\ 2),\ (3,\ 4)\} \to \{(5,\ 8),\ (3,\ 2)\}$
   ② $\{1,\ i\} \to \{a+bi,\ c+di\},\ a,\ b \in \mathbb{R}$

10. $\mathbb{R}^3$공간에서 다음 각 기저변환 행렬을 구하여라.
   ① $\{v_1,\ v_2,\ v_3\} \to \{v_1,\ v_2,\ \alpha v_3\}$　　② $\{v_1,\ v_2,\ v_3\} \to \{v_1+v_3,\ v_2,\ v_3\}$
   ③ $\{v_1,\ v_2,\ v_3\} \to \{v_2,\ v_1,\ v_3\}$

11. 행렬의 닮음은 동치관계임을 보여라.
   ① $A \sim A$　　② $A \sim B \Longrightarrow B \sim A$
   ③ $A \sim B,\ B \sim C \Longrightarrow A \sim C$

12. 행렬 $A=[a_{ij}] \in M_{n \times n}$의 주대각선의 합 $\sum_{i=1}^{n} a_{ij} = \mathrm{tr}(A)$로 나타낼 때, 다음이 성립함을 보여라.
   ① $\mathrm{tr}(AB)=\mathrm{tr}(BA),\ B \in M_{n \times n}$
   ② $A \sim B$이면 $\mathrm{tr}(A)=\mathrm{tr}(B)$

13. 행렬 $A=\begin{bmatrix} 1 & 1 \\ 0 & 1 \end{bmatrix}$은 대각행렬과 닮음이 아님을 보여라.

14. $B \sim A,\ P^{-1}AP=B,\ Q^{-1}AQ=B$일 때 $AR=RA$인 정칙행렬 R에서 $P=RQ$임을 보여라.

15. $P_3(\mathbb{R})$의 기저 $E=\{1,\ x,\ x^2,\ x^3\},\ F=\{1,\ x-a,\ (x-a)^2,\ (x-a)^3\}$에 관한 기저변환 $E \to F$의 행렬 P를 구하여라.

16. 선형사상 $T: P_2 \to P_1,\ T(a_0+a_1x+a_2x^2)=(a_0+a_1)-(2a_1+3a_2)x$의 표준기저에 관한 행렬은?

   ① $\begin{bmatrix} 1 & 1 & 0 \\ 0 & -2 & 3 \end{bmatrix}$　　② $\begin{bmatrix} 1 & 0 \\ 1 & -2 \\ 0 & 3 \end{bmatrix}$

③ $\begin{bmatrix} 0 & -2 & 3 \\ 1 & 1 & 0 \end{bmatrix}$ ④ $\begin{bmatrix} 0 & 1 \\ -2 & 1 \\ 3 & 0 \end{bmatrix}$

17. $T(x, y)=(x+2y, -x, 0)$으로 정의된 선형사상 $T: \mathbb{R}^2 \to \mathbb{R}^3$의 기저 $E=\{(1, 3), (-2, 4)\}$, $F=\{(1, 1, 1), (2, 2, 0), (3, 0, 0)\}$에 관한 행렬을 이용하여 $T(8, 3)$의 값을 구하여라.

18. 체 $\mathbb{K}$ 위의 벡터공간 V, $\alpha \in \mathbb{K}$에 대하여 다음이 성립함을 보여라.
① 영사상 $O: V \to V$의 임의의 기저에 관한 행렬은 영행렬이다.
② 선형사상 $T: V \to V$, $T(v)=\alpha v$, $v \in V$의 임의의 기저에 관한 행렬은 대각행렬이다.

19. $T(x, y)=(x+y, -2x+4y)$로 정의된 선형사상 $T: \mathbb{R}^2 \to \mathbb{R}^2$과 기저 $E=\{(1, 1), (1, 2)\}$에 대하여 $[T(1, 1)]_E$, $[T(1, 2)]_E$를 구하여라.

20. 표준기저에 관한 행렬이 A인 선형사상 $T: \mathbb{R}^2 \to \mathbb{R}^3$의 기저 $F=\{(1, 1, 1), (1, 1, 0), (1, 0, 0)\}$에 관한 행렬을 구하여라.

$$A=\begin{bmatrix} 1 & 1 & 1 \\ -1 & 0 & 0 \\ 1 & 1 & 0 \end{bmatrix}$$

21. 다음 행렬 M_1, N_1, L_1은 닮은 행렬이고 M_2, N_2, L_2도 닮은 행렬임을 보여라.

$$M_1=\begin{bmatrix} 1 & 0 & 0 \\ 0 & 1 & 0 \\ 0 & 0 & -1 \end{bmatrix} \quad N_1=\begin{bmatrix} 1 & 0 & 0 \\ 0 & -1 & 0 \\ 0 & 0 & 1 \end{bmatrix} \quad L_1=\begin{bmatrix} -1 & 0 & 0 \\ 0 & 1 & 0 \\ 0 & 0 & 1 \end{bmatrix}$$

$$M_2=\begin{bmatrix} 1 & 0 & 0 \\ 0 & -1 & 0 \\ 0 & 0 & -1 \end{bmatrix} \quad N_2=\begin{bmatrix} -1 & 0 & 0 \\ 0 & -1 & 0 \\ 0 & 0 & -1 \end{bmatrix} \quad L_2=\begin{bmatrix} -1 & 0 & 0 \\ 0 & 1 & 0 \\ 0 & 0 & -1 \end{bmatrix}$$

22. 다음 행렬 A에 대하여 $A^4=0$임을 선형사상으로 증명하여라.

$$A=\begin{bmatrix} 0 & 0 & 0 & 0 \\ a & 0 & 0 & 0 \\ b & c & 0 & 0 \\ d & e & f & 0 \end{bmatrix}$$

23. 닮은 행렬 A, B에 대하여 다음이 성립함을 보여라.

① $A^t \sim B^t$ ② A : 정칙$\Longleftrightarrow B$: 정칙

③ A, B가 정칙이면 $A^{-1} \sim B^{-1}$

24. 유한차원 벡터공간 V, W에 대한 선형사상 $T : V \rightarrow W$에서 T의 행렬이 M인 V, W의 기저 E, F가 존재함을 보여라.

$$M = \begin{bmatrix} 1 & & & & & \\ & \ddots & & & O & \\ & & 1 & & & \\ & & & 0 & & \\ & O & & & \ddots & \\ & & & & & 0 \end{bmatrix}$$

25. 단위행렬을 I라 하면 모든 행렬은 다음과 같은 형태의 행렬과 닮은꼴임을 보여라.

$$\begin{bmatrix} I & O \\ O & O \end{bmatrix}$$

제 5 장

행렬의 대각화

제 5 장

행렬의 대각화

5.1 고유값과 고유벡터

체 $\mathbb{K}$ 위의 $n\times n$행렬 $A=[a_{ij}]$에 대한 연립방정식 $AX=\lambda X$, $X\in\mathbb{K}^n$, $\lambda\in\mathbb{K}$

$$\begin{cases} a_{11}x_1+a_{12}x_2+\cdots+a_{1n}x_n=\lambda x_1 \\ a_{21}x_1+a_{22}x_2+\cdots+a_{2n}x_n=\lambda x_2 \\ \quad\vdots \qquad\quad \vdots \qquad\qquad\quad \vdots \qquad\quad \vdots \\ a_{n1}x_1+a_{n2}x_2+\cdots+a_{nn}x_n=\lambda x_n \end{cases}$$

의 해를 구할 필요가 자주 생긴다. n차행렬에 관한 연립방정식 $AX=\lambda X$의 해를 구하여 보자.

예제 5.1.1 다음 연립방정식을 만족하는 $\lambda\in\mathbb{R}$와 이 때의 해를 구하여라.

$$\begin{cases} x+2y=\lambda x \\ 3x+2y=\lambda y \end{cases}$$

[풀이] $\lambda_1=-1$이라 놓으면

$$\begin{cases} x+2y=-x \\ 3x+2y=-y \end{cases} \qquad \begin{cases} 2x+2y=0 \\ 3x+3y=0 \end{cases}$$

두 일차식은 $x+y=0$. $x=-y$이므로 x를 임의의 수 α라 놓으면 해는 $(\alpha,\ -\alpha)=\alpha(1,\ -1)$. 따라서 해집합은 $\{\alpha(1,\ -1)\,|\,\alpha\in\mathbb{R}\}=\langle(1,\ -1)\rangle$. $\lambda_2=4$이면

$$\begin{cases} x+2y=4x \\ 3x+2y=4y \end{cases} \qquad \begin{cases} 3x-2y=0 \\ 3x-2y=0 \end{cases}$$

두 식은 $3x-2y=0$. $y=\frac{3}{2}x$에서 $x=\alpha$라 놓으면 해집합은 $\left\{\alpha\left(1, \frac{3}{2}\right) \middle| \alpha \in \mathbb{R}\right\}=$ $\{\alpha(2, 3) \mid \alpha \in \mathbb{R}\}=\langle(2, 3)\rangle$.

정의 (1) 체 $\mathbb{K}$ 위의 유한차원 벡터공간 V 위의 선형변환 $T \in L(V, V)$에서 영이 아닌 벡터 v가 존재하여

$$T(v)=\lambda v, \qquad \lambda \in \mathbb{K}$$

일 때 λ를 T에 관한 **고유값**(eigenvalue) 또는 **특성값**(characteristic value)이라 하고 v를 고유값 λ에 대응하는 T의 **고유벡터**(eigenvector) 또는 **특성벡터**(characteristic vector)라 한다.

(2) 행렬 $A \in M_{n \times n}(\mathbb{K})$에 관한 선형사상 $T_A : \mathbb{K}^n \to \mathbb{K}^n$의 고유값, 고유벡터를 행렬 A의 고유값, 고유벡터라 한다. $AX=\lambda X$, $X \in \mathbb{K}^n$, $X \neq O$인 X가 A의 고유벡터, λ가 T의 고유값이다.

예제 5.1.2 다음 행렬의 고유값과 고유벡터를 구하여라.

(1) $A=\begin{bmatrix} 0 & 1 \\ -1 & 0 \end{bmatrix}$ (2) $A=\begin{bmatrix} 1 & 2 & 2 \\ 0 & 2 & 1 \\ -1 & 2 & 2 \end{bmatrix}$

[풀이] (1) $AX=\begin{bmatrix} 0 & 1 \\ -1 & 0 \end{bmatrix}\begin{bmatrix} x \\ y \end{bmatrix}=\lambda\begin{bmatrix} x \\ y \end{bmatrix}$, $\begin{bmatrix} x \\ y \end{bmatrix} \neq \begin{bmatrix} 0 \\ 0 \end{bmatrix}$

에서

$$\begin{bmatrix} y \\ -x \end{bmatrix}=\lambda\begin{bmatrix} x \\ y \end{bmatrix}=\begin{bmatrix} \lambda x \\ \lambda y \end{bmatrix}$$

연립방정식

$$\begin{cases} \lambda x - y=0 & \cdots ① \\ x+\lambda y=0 & \cdots ② \end{cases}$$

①×λ+②에서 $\lambda^2x+x=(\lambda^2+1)x=0$. $x=0$이면 $y=0$이므로 모순이다. 그러므로 $\lambda^2+1=0$. 체 $\mathbb{K}=\mathbb{R}$이면 $\lambda^2+1=0$인 실수 λ는 존재하지 않는다. $\mathbb{K}=\mathbb{C}$이면 $\lambda^2+1=0$인 $\lambda=i$, $-i$이다. $\lambda=i$이면

$$\begin{cases} xi-y=0 \\ x+iy=0 \end{cases}$$

에서 $y=ix$. 따라서 고유벡터 $X=\alpha(1, i)$, $\alpha\in\mathbb{R}$, $\lambda=-i$이면 $y=-ix$에서 $X=\beta(1, -i)$, $\beta\in\mathbb{R}$.

(2) $AX=\begin{bmatrix} 1 & 2 & 2 \\ 0 & 2 & 1 \\ -1 & 2 & 2 \end{bmatrix}\begin{bmatrix} x \\ y \\ z \end{bmatrix}=\lambda\begin{bmatrix} x \\ y \\ z \end{bmatrix}=\lambda X,\ X=\begin{bmatrix} x \\ y \\ z \end{bmatrix}\neq\begin{bmatrix} 0 \\ 0 \\ 0 \end{bmatrix}$

에서

$$\begin{cases} x+2y+2z=\lambda x \\ \qquad 2y+\ z=\lambda y \\ -x+2y+2z=\lambda z \end{cases} \qquad \begin{cases} (1-\lambda)x+\quad 2y+\quad 2z=0 \\ \qquad (2-\lambda)y+\quad z=0 \\ -x+\quad 2y+(2-\lambda)z=0 \end{cases}$$

이 연립방정식이 영이 아닌 해를 가지려면

$$\begin{vmatrix} 1-\lambda & 2 & 2 \\ 0 & 2-\lambda & 1 \\ -1 & 2 & 2-\lambda \end{vmatrix}=(1-\lambda)(2-\lambda)^2$$

이 0이어야 하므로

$$(1-\lambda)(2-\lambda)^2=0$$

고유값은 $\lambda_1=1$, $\lambda_2=2$. $\lambda_1=1$일 때 동차식의 해는 $\{\alpha(1, 1, -1)\,|\,\alpha\in\mathbb{R}\}=\langle(1, 1, -1)\rangle$, $\lambda_2=2$일 때 동차식의 해는 $\{\alpha(2, 1, 0)\,|\,\alpha\in\mathbb{R}\}=\langle(2, 1, 0)\rangle$이다.

선형사상 $T: V\to V$와 부분공간 $W\subset V$에서 $T(W)\subseteq W\subset V$일 때 W를 T에 의한 **불변공간**(invariant space)이라 한다. 고유벡터와 불변공간 사이에는 밀접한 관계가 있다.

예제 5.1.3 체 $\mathbb{K}$ 위의 벡터공간 V 위의 선형변환 $T: V \to V$에서 W가 V의 일차원 부분공간이면 $w \in W$에 대하여 $T(w) = \lambda w$인 $\lambda \in \mathbb{K}$가 존재한다.

[풀이] $W = \langle v_1 \rangle$이면 $T(v_1) \in W$이므로 $T(v_1) = \lambda v_1$인 $\lambda \in \mathbb{K}$가 존재한다. 임의의 $w \in W$에서 $w = \alpha v_1$인 $\alpha \in \mathbb{K}$가 존재하여

$$T(w) = T(\alpha v_1) = \alpha T(v_1) = \alpha(\lambda v_1) = \lambda(\alpha v_1) = \lambda w$$

그러므로 $T(w) = \lambda w$인 $\alpha \in \mathbb{K}$가 존재하고, λ는 w의 선택에 관계없이 일정하다.

예제 5.1.4 $\mathbb{R}^2$공간의 기저 $E = \{v_1, v_2\}$에 대하여 $T(v_1) = v_2$, $T(v_2) = -v_1$으로 정의된 선형사상 $T: \mathbb{R}^2 \to \mathbb{R}^2$은 고유값을 갖지 않는다. 다음 행렬 A의 고유값, 고유벡터도 존재하지 않는다.

$$A = \begin{bmatrix} 0 & -1 \\ 1 & 0 \end{bmatrix}$$

[풀이] $v \neq \mathbf{0}$이 고유벡터이면

$$\begin{aligned} T(v) &= T(x_1 v_1 + x_2 v_2) = x_1 T(v_1) + x_2 T(v_2) \\ &= x_1 v_2 - x_2 v_1 = \lambda v \end{aligned}$$

인 $\lambda \in \mathbb{R}$가 존재한다.

$$x_1 v_2 - x_2 v_1 = \lambda(x_1 v_1 + x_2 v_2)$$
$$(\lambda x_1 + x_2) v_1 + (\lambda x_2 - x_1) v_2 = \mathbf{0}$$

에서 v_1, v_2가 일차독립이므로

$$\begin{cases} \lambda x_1 + x_2 = 0 \\ \lambda x_2 - x_1 = 0 \end{cases}$$

$x_1 = \lambda x_2$를 첫째 식에 대입하면

$$\lambda(\lambda x_2) + x_2 = (\lambda^2 + 1) x_2 = 0$$

$x_1 \neq 0$, $x_2 \neq 0$이므로

$$\lambda_2+1=0$$

어떤 실수 λ에 대하여 $\lambda^2+1\neq 0$이므로 모순이다. 따라서 고유벡터, 고유값은 존재하지 않는다. 한편 $AX=\lambda X$, $X\neq 0$인 λ가 존재한다고 가정하자.

$$\left(\begin{bmatrix} 0 & -1 \\ 1 & 0 \end{bmatrix}\begin{bmatrix} x \\ y \end{bmatrix}\right)=\lambda\begin{bmatrix} x \\ y \end{bmatrix}$$

에서

$$\begin{cases} -y=\lambda x \\ \ \ x=\lambda y \end{cases}$$

$-y=\lambda x=\lambda(\lambda y)=\lambda^2 y$, $\lambda^2 y+y=(\lambda^2+1)y=0$. $\lambda^2+1\neq 0$이므로 $y=0$. 따라서 $AX=\lambda X$인 $X=(0, 0)$뿐이다. 이는 분명한 모순이다.

선형변환 $T: V\to V$의 고유값 λ에서 $E_\lambda=\{w\in V \mid T(w)=\lambda w\}$를 생각하여 보자. 임의의 w_1, w_2, $w\in W$, $\alpha\in\mathbb{K}$에 대하여 다음 식이 성립하므로 E_λ는 V의 부분공간이다.

$$\begin{aligned} T(w_1+w_2)&=T(w_1)+T(w_2) \\ &=\lambda w_1+\lambda w_2=\lambda(w_1+w_2), \\ T(\alpha w)&=\alpha T(w)=\alpha(\lambda w) \\ &=\lambda(\alpha w) \end{aligned}$$

부분공간 E_λ를 λ에 대응하는 T의 **고유공간**(eigenspace) 또는 **특성공간**(characteristic space)이라 한다. n차행렬 A에 의한 선형변환 $T_A: \mathbb{K}^n\to\mathbb{K}^n$의 고유값 λ에 관한 공간 $E_\lambda=\{X\in\mathbb{K}^n \mid AX=\lambda X\}$를 행렬 A에 대응하는 고유공간이라 한다. n차원 벡터공간 V^n은 좌표사상에 의하여 $\mathbb{K}^n$과 동형이므로 $T_A: V\to V$의 λ에 관한 집합 $\{v\in V \mid T_A(v)=\lambda v\}$가 행렬 A의 고유공간이다.

예제 5.1.5 다음 각 행렬의 고유값과 고유공간을 구하여라.

(1) $\begin{bmatrix} 1 & 2 \\ -2 & 1 \end{bmatrix}$ (2) $\begin{bmatrix} 1 & 0 & -1 \\ 1 & 2 & 1 \\ 2 & 2 & 3 \end{bmatrix}$

[풀이] (1) $AX=\begin{bmatrix} 1 & 2 \\ -2 & 1 \end{bmatrix}\begin{bmatrix} x \\ y \end{bmatrix}=\lambda\begin{bmatrix} x \\ y \end{bmatrix}$, $\begin{bmatrix} x \\ y \end{bmatrix}\neq\begin{bmatrix} 0 \\ 0 \end{bmatrix}$

에서

$$\begin{cases} x+2y=\lambda x \\ -2x+y=\lambda y \end{cases} \qquad \begin{cases} (1-\lambda)x+2y=0 \\ -2x+(1-\lambda)y=0 \end{cases}$$

이 연립방정식이 0이 아닌 해를 가지려면

$$\begin{vmatrix} 1-\lambda & 2 \\ -2 & 1-\lambda \end{vmatrix}=(1-\lambda)^2+4=\lambda^2-2\lambda+5=0$$

이차방정식 $\lambda^2-2\lambda+5=0$의 두 근은 $\lambda_1=1+2i$, $\lambda_2=1-2i$이다. $\lambda_1=1+2i$이면 연립방정식

$$\begin{cases} -2ix+2y=0 \\ -2x-2iy=0 \end{cases}$$

에서 $x=\alpha$라 놓으면 $y=\alpha i$이므로 고유벡터는 $(\alpha, \alpha i)=\alpha(1, i)$이다. 따라서 고유공간은 $E_1=\{\alpha(1, i)|\alpha\in\mathbb{C}\}$이다. $x_2=1+2i$라 놓으면 연립방정식

$$\begin{cases} 2ix+2y=0 \\ -2x+2iy=0 \end{cases}$$

에서 $x=\alpha$, $y=-i\alpha$이므로 고유벡터는 $(\alpha, -\alpha i)=\alpha(1, -i)$이다. 따라서 고유공간 $E_2=\{\alpha(1, -i)|\alpha\in\mathbb{C}\}=\langle(1, -i)\rangle$

(2) $AX=\begin{bmatrix} 1 & 0 & -1 \\ 1 & 2 & 1 \\ 2 & 2 & 3 \end{bmatrix}\begin{bmatrix} x \\ y \\ z \end{bmatrix}=\lambda\begin{bmatrix} x \\ y \\ z \end{bmatrix}$

에서

$$\begin{cases} x-z=\lambda x \\ x+2y+z=\lambda y \\ 2x+2y+2z=\lambda z \end{cases} \qquad \begin{cases} (1-\lambda)x-z=0 \\ x+(2-\lambda)y+z=0 \\ 2x+2y+(2-\lambda)z=0 \end{cases}$$

이 연립방정식이 자명하지 않는 해를 가지려면 $\lambda_1=1$, $\lambda_2=2$, $\lambda_3=3$이어야 한다.

$\lambda_1=1$일 때 $E_1=\langle(1,\ -1,\ 0)\rangle$. $\lambda_2=2$일 때 $E_2=\langle(2,\ -1,\ -2)\rangle$. $\lambda_1=3$일 때 $E_3=\langle(1,\ -1,\ -2)\rangle$이다.

행렬 $A=[a_{ij}]\in M_{n\times n}(\mathbb{K})$에서 $X\neq O$인 벡터가 존재하여 $AX=\lambda X$, $\lambda\in\mathbb{K}$일 때 λ는 고유값, X는 고유벡터로 정의하였다. 즉

$$\begin{bmatrix} a_{11} & a_{12} & \cdots & a_{1n} \\ a_{21} & a_{22} & \cdots & a_{2n} \\ \vdots & \vdots & & \vdots \\ a_{n1} & a_{n2} & \cdots & a_{nn} \end{bmatrix}\begin{bmatrix} x_1 \\ x_2 \\ \vdots \\ x_n \end{bmatrix}=\lambda\begin{bmatrix} x_1 \\ x_2 \\ \vdots \\ x_n \end{bmatrix}$$

행렬의 곱에 의하면

$$\begin{cases} a_{11}x_1+a_{12}x_2+\cdots+a_{1n}x_n=\lambda x_1 \\ a_{21}x_1+a_{22}x_2+\cdots+a_{2n}x_n=\lambda x_2 \\ \quad\vdots \qquad\quad \vdots \qquad\qquad \vdots \qquad \vdots \\ a_{n1}x_1+a_{n2}x_2+\cdots+a_{nn}x_n=\lambda x_n \end{cases}$$

즉

$$\begin{cases} (\lambda-a_{11})x_1 \quad -a_{12}x_2-\cdots \quad -a_{1n}x_n=0 \\ \quad -a_{21}x_1+(\lambda-a_{22})x_2-\cdots \quad -a_{2n}x_n=0 \\ \qquad \vdots \qquad\qquad \vdots \qquad\qquad\qquad \vdots \quad \vdots \\ \quad -a_{n1}x_1 \quad -a_{n2}x_2-\cdots-(\lambda-a_{nn})x_n=0 \end{cases}$$

이 연립방정식이 자명하지 않은 해를 가지려면 계수행렬의 행렬식의 값이 0이어야 하므로

$$|\lambda I-A|=\begin{vmatrix} \lambda-a_{11} & -a_{12} & \cdots & -a_{1n} \\ -a_{21} & \lambda-a_{22} & \cdots & -a_{2n} \\ \vdots & \vdots & & \vdots \\ -a_{n1} & -a_{n2} & \cdots & \lambda-a_{nn} \end{vmatrix}=0$$

이로써 λ가 행렬 A의 고유값이기 위한 필요충분조건은 λ에 관한 다항식 $|\lambda I-\mathrm{A}|=0$임을 알았다.

행렬 $A=[a_{ij}]\in M_{n\times n}(\mathbb{K})$에서 행렬식

$$|tI-A|=\begin{vmatrix} t-a_{11} & -a_{12} & \cdots & -a_{1n} \\ -a_{21} & t-a_{22} & \cdots & -a_{2n} \\ \vdots & \vdots & & \vdots \\ -a_{n1} & -a_{n2} & \cdots & t-a_{nn} \end{vmatrix}$$

을 행렬 A의 **고유다항식** 또는 **특성다항식**(characteristic polynomial)이라 한다. n차원 벡터공간의 선형변환 $T: V\to V$의 임의의 기저 E에 관한 행렬 $[T]_E^E=[T]_E$의 특성다항식을 선형사상 T의 고유다항식 또는 특성다항식이라 한다. 고유다항식 $|tI-A|=t^n-(a_{11}+a_{22}+\cdots+a_{nn})t^{n-1}+\cdots+c$를 행렬 A의 **고유방정식** 또는 **특성방정식**(characteristic equation)이라 한다. 행렬 A의 고유다항식을 $p(t)$, 고유방정식을 $p(t)=0$으로 나타낸다.

고유다항식과 고유방정식에 대하여 다음 정리가 성립함을 알 수 있다.

정리 5.1.1 (1) 행렬 $A\in M_{n\times n}(\mathbb{K})$의 고유다항식을 $p(t)$라 할 때 $\lambda\in\mathbb{K}$가 A의 고유값일 필요충분조건은 $p(\lambda)=0$이다.

(2) 행렬 A의 고유값은 중복을 허락하여 n개 이하이다.

[증명] 행렬 A의 고유벡터는 $AX=\lambda X$인 영이 아닌 X이므로

$$AX-\lambda X=(A-\lambda I)X=O$$

벡터공간 V 위의 선형변환 $T: V\to V$의 고유벡터는 $T(v)=\lambda v$인 영이 아닌 벡터이므로

$$T(v)-\lambda v=(T-\lambda I)v=\mathbf{0}$$

λ에 관한 모든 고유벡터는 $\ker(T-\lambda I)$의 원소이고 $\ker(T-\lambda I)$의 영이 아닌 모든 벡터는 λ의 고유벡터이다. λ의 고유벡터 전체의 집합과 영벡터의 합집합은 $\ker(T-\lambda I)$이다. 따라서 λ에 관한 고유공간은 $\ker(T-\lambda I)$이다. 행렬 A에서 집합 $\{X\in\mathbb{K}^n|(A-\lambda I)X=O,\ X\neq O\}\cup\{O\}$이 λ에 관한 A의 고유공간이다.

예제 5.1.6 다음 각 행렬의 고유다항식, 고유방정식, 고유공간을 구하여라.

(1) $\begin{bmatrix} 3 & 0 \\ 8 & -1 \end{bmatrix}$　　(2) $\begin{bmatrix} -3 & 1 & -1 \\ -7 & 5 & -1 \\ -6 & 6 & -2 \end{bmatrix}$

[풀이] (1) $\begin{vmatrix} t-3 & 0 \\ -8 & t+1 \end{vmatrix} = (t-3)(t+1) = t^2-2t-3$

이므로 고유다항식 $p(t)=t^2-2t-3$, 고유방정식은 $t^2-2t-3=0$. $t^2-2t-3=(t-3)(t+1)=0$의 근을 $\lambda_1=3$, $\lambda_2=-1$이라 하면 고유공간은 $E_3=\left\langle\left(\frac{1}{2}, 1\right)\right\rangle$, $E_{-1}=\langle(0, 1)\rangle$이다.

(2) $\begin{vmatrix} t+3 & -1 & 1 \\ 7 & t-5 & 1 \\ 6 & -6 & t+2 \end{vmatrix} = (t+2)^2(t-4)$

이므로 $p(t)=(t+2)^2(t-4)$, $p(t)=(t+2)^2(t-4)=0$. 고유값 $\lambda_1=-2$, $\lambda_2=4$에 관한 고유공간은 $E_{-2}=\langle(1, 1, 0)\rangle$, $E_4=\langle(0, 1, 1)\rangle$이다.

예제 5.1.7 다음으로 정의된 선형사상 $T: M_{2\times2}\to M_{2\times2}$의 고유값과 고유공간을 구하여라.

$$T\left(\begin{bmatrix} a & b \\ c & d \end{bmatrix}\right) = \begin{bmatrix} 2c & a+c \\ b-2c & d \end{bmatrix}$$

[풀이] $M_{2\times2}$의 표준기저 $E=\{E_{11}, E_{12}, E_{21}, E_{22}\}$

$$E_{11}=\begin{bmatrix} 1 & 0 \\ 0 & 0 \end{bmatrix},\quad E_{12}=\begin{bmatrix} 0 & 1 \\ 0 & 0 \end{bmatrix},\quad E_{21}=\begin{bmatrix} 0 & 0 \\ 1 & 0 \end{bmatrix},\quad E_{22}=\begin{bmatrix} 0 & 0 \\ 0 & 1 \end{bmatrix}$$

이며

$$T(E_{11})=\begin{bmatrix} 0 & 1 \\ 0 & 0 \end{bmatrix},\qquad T(E_{12})=\begin{bmatrix} 0 & 0 \\ 1 & 0 \end{bmatrix},$$
$$T(E_{21})=\begin{bmatrix} 2 & 1 \\ -2 & 0 \end{bmatrix},\qquad T(E_{22})=\begin{bmatrix} 0 & 0 \\ 0 & 1 \end{bmatrix}$$

기저 E에 관한 T의 행렬은 $([T]_E^E)^t=A$이고

$$A=\begin{bmatrix}0&1&0&0\\0&0&1&0\\2&1&-2&0\\0&0&0&1\end{bmatrix}$$

이므로 고유다항식 $p(t)$는

$$\begin{aligned}p(t)&=\begin{vmatrix}t&-1&0&0\\0&t&-1&0\\-2&-1&t+2&0\\0&0&0&t-1\end{vmatrix}\\&=(t-1)\begin{vmatrix}t&-1&0\\0&t&-1\\-2&-1&t+2\end{vmatrix}\\&=(t-1)\left\{t\begin{vmatrix}t&-1\\-1&t+2\end{vmatrix}-2\begin{vmatrix}-1&0\\t&-1\end{vmatrix}\right\}\\&=(t-1)\{t(t^2+2t-1)-2\}=(t-2)(t^3+2t^2-t-2)\\&=(t-1)\{t^2(t+2)-(t+2)\}\\&=(t-1)(t+2)(t^2-1)=(t-1)^2(t+1)(t+2)\end{aligned}$$

고유다항식

$$(t-1)^2(t+1)(t+2)=0$$

의 근은 $\lambda=1,\ -1,\ -2$이다. 고유값과 고유벡터의 정의에 의하면

$$T\left(\begin{bmatrix}a&b\\c&d\end{bmatrix}\right)=\lambda\begin{bmatrix}a&b\\c&d\end{bmatrix},\ \begin{bmatrix}2c&a+c\\b-2c&d\end{bmatrix}=\begin{bmatrix}\lambda a&\lambda b\\\lambda c&\lambda d\end{bmatrix}$$

에서

$$2c=\lambda a,\quad a+c=\lambda b,\quad b-2c=\lambda c,\quad d=\lambda d$$

$\lambda=1,\ -2,\ -1$에 따라서 $a,\ b,\ c,\ d$의 값을 구하면 각각 다음과 같다.

$$\begin{bmatrix}0&0\\0&1\end{bmatrix},\ \begin{bmatrix}2&3\\1&0\end{bmatrix},\ \begin{bmatrix}-1&0\\1&0\end{bmatrix},\ \begin{bmatrix}-2&1\\1&0\end{bmatrix}$$

정리 5.1.2 서로 닮은행렬의 고유방정식과 고유값은 같다.

[증명] A, $B \in M_{n\times n}(\mathbb{K})$가 닮은 행렬이면 정칙행렬 P가 존재하여

$$B = P^{-1}AP$$

고유다항식의 정의에 의하여 행렬 B의 고유다항식 $p_B(t)$는

$$\begin{aligned} p_B(t) &= |tI-B| = |tI-P^{-1}AP| \\ &= |tP^{-1}IP-P^{-1}AP| = |P^{-1}(tI-A)P| \\ &= |P^{-1}||tI-A||P| \\ &= |P^{-1}||P||tI-A| = |P^{-1}P||tI-A| \\ &= |tI-A| = p_B(t) \end{aligned}$$

따라서 $p_A(t) = p_B(t) = p(t)$이다.

정리 5.1.3 선형변환의 고유다항식은 벡터공간의 기저의 선택에 관계없이 일의적으로 결정된다.

[증명] 체 $\mathbb{K}$ 위의 벡터공간 V 위의 선형변환 $T : V \to V$의 고유값을 λ라 하면 영이 아닌 벡터 $v \in V$가 존재하여

$$T(v) = \lambda v, \qquad (\lambda I - T)(v) = \mathbf{0}$$

그러면 $v \in \ker(\lambda I - T)$, $v \neq \mathbf{0}$이므로 $\ker(\lambda I - T) \neq \{\mathbf{0}\}$. 정리 4.1.2에 의하여 $\lambda I - T$는 정칙사상이 아니다. 기저 $E = \{v_1, \cdots, v_n\}$에 관한 T의 행렬을 A라 하면 $\lambda I - T$의 행렬은 $\lambda I - A$이다. $\lambda I - A$가 정칙이 아니므로 행렬식 $|\lambda I - A| = 0$. $F = \{w_1, \cdots, w_n\}$을 V의 어떤 기저라 하면 정리 4.2.5에 의하여 A와 B는 닮은 행렬이다. 정리 5.1.1에 의하면 $p_A(t) = p_B(t) = p(t)$이다. 따라서 선형변환 T의 고유다항식은 벡터공간 V의 기저의 선택에 관계없이 일정하다.

정리 5.1.3에서와 같이 고유다항식은 벡터공간의 기저에 독립적으로 결정되므로 $p_A(t)$에서 A는 의미를 갖지 않는다. 선형변환 T의 고유값을 얻으려면 먼저 V의 적당한 기저를 찾은 다음에 이 기저에 관한 행렬을 구하여 행렬방정식 $p(t) = |tI - A| = 0$의 근을 구하면 고유값을 얻을 수 있다.

예제 5.1.8 $T(x, y, z)=(x, y, 0)$으로 정의된 선형변환 $T: \mathbb{R}^3 \to \mathbb{R}^3$의 고유값을 기저를 이용하여 구하여라.

(1) $E=\{(1, 0, 0), (0, 1, 0), (0, 0, 1)\}$

(2) $F=\{(1, 0, 0), (1, 1, 0), (2, 1, 1)\}$

[풀이] (1) 기저 E에서

$$T(1, 0, 0)=(1, 0, 0),\ T(0, 1, 0)=(0, 1, 0),\ T(0, 0, 1)=(0, 0, 0)$$

이므로

$$A=[T]_E^E=\begin{bmatrix}1 & 0 & 0\\ 0 & 1 & 0\\ 0 & 0 & 0\end{bmatrix}$$

고유다항식은

$$p_A(t)=\begin{vmatrix}t-1 & 0 & 0\\ 0 & t-1 & 0\\ 0 & 0 & t\end{vmatrix}=t(t-1)^2$$

$p_A(t)=t(t-1)^2=0$에서 근 $\lambda=0, -1$를 얻는다.

(2) 기저 F에서

$$T(1, 0, 0)=(1, 0, 0),\ T(1, 1, 0)=(1, 1, 0),\ T(2, 1, 1)=(2, 1, 0)$$

이므로

$$B=[T]_F^F=\begin{bmatrix}1 & 0 & 1\\ 0 & 1 & 1\\ 0 & 0 & 0\end{bmatrix}$$

고유다항식은

$$p_B(t)=\begin{vmatrix}t-1 & 0 & -1\\ 0 & t-1 & -1\\ 0 & 0 & t\end{vmatrix}=(t-1)\begin{vmatrix}t-1 & -1\\ 0 & t\end{vmatrix}$$
$$=(t-1)t(t-1)=t(t-1)^2$$

이므로 $p_B(t)=p_A(t)=t(t-1)^2=0$의 근은 $\lambda=0,\ -1$이다.

예제 5.1.9 행렬 A의 고유값을 기저 $E=\{(1,\ 0),\ (0,\ 1)\}$, $F=\{(-2,\ 1),\ (2,\ 1)\}$로 구하여라.

$$A=\begin{bmatrix}1 & 4\\ 1 & 1\end{bmatrix}$$

[풀이] $T_A:\mathbb{R}^2\to\mathbb{R}^2,\ T_A(X)=AX,\ X\in\mathbb{R}^2$

$$\begin{bmatrix}1 & 4\\ 1 & 1\end{bmatrix}\begin{bmatrix}x\\ y\end{bmatrix}=\begin{bmatrix}x+4y\\ x+\ y\end{bmatrix}$$

에서

$$T_A\left(\begin{bmatrix}1\\ 0\end{bmatrix}\right)=\begin{bmatrix}1\\ 1\end{bmatrix},\qquad T_A\left(\begin{bmatrix}0\\ 1\end{bmatrix}\right)=\begin{bmatrix}4\\ 1\end{bmatrix}$$

이므로

$$A=[T_A]_E^E=\begin{bmatrix}1 & 4\\ 1 & 1\end{bmatrix},\qquad p_A(t)=\begin{vmatrix}t-1 & -4\\ -1 & t-1\end{vmatrix}=(t+1)(t-3)$$

고유다항식은 $p_A(t)=(t+1)(t-3)$이다. 기저 F에서

$$T_A\left(\begin{bmatrix}-2\\ 1\end{bmatrix}\right)=\begin{bmatrix}2\\ -1\end{bmatrix}=-\begin{bmatrix}-2\\ 1\end{bmatrix},\qquad T_A\left(\begin{bmatrix}2\\ 1\end{bmatrix}\right)=\begin{bmatrix}6\\ 3\end{bmatrix}=3\begin{bmatrix}2\\ 1\end{bmatrix}$$

이므로

$$B=[T_A]_F^F=\begin{bmatrix}-1 & 0\\ 0 & 3\end{bmatrix},\qquad p_B(t)=\begin{vmatrix}t+1 & 0\\ 0 & t-3\end{vmatrix}=(t+1)(t-3)$$

$p_A(t)=p_B(t)=(t+1)(t-3)=0$이므로 $\lambda=-1,\ 3$이다.

체 $\mathbb{K}$ 위의 다항식 $f(t)=a_nt^n+\cdots+a_1t+a_0$과 n차행렬 A에 대하여

$$f(A)=a_nA^n+\cdots+a_1A+a_0I$$

를 **행렬다항식**(polynomial of matrix)이라 한다. $f(A)=O$일 때 행렬 A를 다항식 $f(t)=0$의 근 또는 해라 한다. 선형변환 $T:V\to V$와 다항식 $f(t)$에서

$$f(T)=a_nT^n+\cdots+a_1T+a_0I$$

를 **선형변환다항식**(polynomial of linear transformation)이라 하고, $f(T)=O$일 때 T를 $f(t)=0$의 근 또는 해라 한다.

예제 5. 1. 10 행렬 A의 고유다항식을 $f(t)$라 할 때 행렬 A는 $f(A)=O$을 만족한다.

$$A=\begin{bmatrix}1&1&1\\0&2&1\\0&0&1\end{bmatrix}$$

[풀이] $f(t)=p_A(t)=\begin{vmatrix}t-1&-1&-1\\0&t-2&-1\\0&0&t-1\end{vmatrix}=(t-1)^2(t-2)$

$$(A-I)^2=\left(\begin{bmatrix}0&1&1\\0&1&1\\0&0&0\end{bmatrix}\right)^2=\begin{bmatrix}0&1&1\\0&1&1\\0&0&0\end{bmatrix},\qquad A-2I=\begin{bmatrix}-1&1&1\\0&0&1\\0&0&-1\end{bmatrix}$$

이므로

$$\begin{aligned}f(A)&=(A-I)^2(A-2I)\\&=\begin{bmatrix}0&1&1\\0&1&1\\0&0&0\end{bmatrix}\begin{bmatrix}-1&1&0\\0&0&1\\0&0&-1\end{bmatrix}=\begin{bmatrix}0&0&0\\0&0&0\\0&0&0\end{bmatrix}\end{aligned}$$

따라서 $f(A)=0$.

예제 5. 1. 11 다항식 $f(t)=t^2+1$과 미분연산자 $D:V\to V$, $V=\langle\sin\theta,\ \cos\theta\rangle$에서 $f(D)=O$이다.

[풀이] $f(D)(\sin\theta)=(D^2+I)(\sin\theta)=-\sin\theta+\sin\theta=0$

$f(D)(\cos\theta)=(D^2+I)(\cos\theta)=-\cos\theta+\cos\theta=0$

이므로 임의의 $v=\alpha\sin\theta+\beta\cos\theta$에 대하여

$$\begin{aligned}f(D)(v)&=(D^2+I)(\alpha\sin\theta+\beta\cos\theta)\\&=\alpha(D^2+I)(\sin\theta)+\beta(D^2+I)(\cos\theta)\\&=0\end{aligned}$$

따라서 $f(D)$는 V에서 V로의 영사상이다. 즉 $f(D)=O$.

정리 5.1.4 (Hamilton-Cayley의 정리) 행렬 $A\in M_{n\times n}(\mathbb{K})$의 특성다항식을 $p(t)$라 하면 $p(A)=O$. 즉 모든 행렬은 그의 고유다항식의 근이다.

[증명] 행렬 A의 특성다항식을 $p(t)=|tI-A|=t^n+a_{n-1}t^{n-1}+\cdots+a_1t+a_0$라 놓자. 행렬 $tI-A$의 수반행렬을 B라 놓으면 B의 성분은 $tI-A$의 여인수로 $(n-1)$차 이하의 t에 관한 다항식이다. 따라서 B가 t에 관한 $(n-1)$차 이하의 다항식

$$B=B_{n-1}t^{n-1}+\cdots+B_1t+B_0,\ B_0,\ \cdots,\ B_{n-1}\in M_{n\times n}$$

으로 표시된다. 정리 2.4.2에 의하여

$$\begin{aligned}&(tI-A)\mathrm{adj}(tI-A)=(tI-A)B=|tI-A|I\\&(tI-A)(B_{n-1}t^{n-1}+\cdots+B_1t+B_0)=(t^n+a_{n-1}t^{n-1}+\cdots+a_0)I\end{aligned}$$

이 식을 전개하여 t에 관한 다항식을 만들고 계수를 비교하면

$$B_{n-1}=I,\ B_{n-2}-AB_{n-1}=a_{n-1}I,\ \cdots,\ B_0-AB_1=a_1I,\ -AB_0=a_0I$$

오른쪽에 각각 A^n, A^{n-1}, $\cdots$, A, I를 곱하여 더하면

$$\begin{aligned}O&=A^nB_{n-1}+(A^{n-1}B_{n-2}-A^nB_{n-1})+\cdots+(AB_0-A^2B_1)-AB_0\\&=A^n+a_{n-1}A^{n-1}+\cdots+a_1A+a_0I=P(A)\end{aligned}$$

따라서 A는 특성다항식 $p(t)=0$의 해이다.

선형변환 또는 정방행렬의 고유값 λ의 고유다항식

$$f(t)=(t-\lambda)^m g(t),\qquad m\geq 1,\ g(\lambda)\neq 0$$

일 때 m을 λ의 **대수적 중복도**(algebraic multiplicity)라 한다. 또 고유공간 E_λ의

차원을 λ의 **기하학적 중복도**(geometric multiplicity)라 한다.

정리 5.1.5 체 $\mathbb{K}$ 위의 벡터공간 V 위의 선형변환 $T: V \to V$의 고유값 λ의 대수적 중복도는 기하적 중복도 이상이다.

[증명] $\lambda \in \mathbb{K}$가 고유값이면 $T(v)=\lambda v$, $v \neq \mathbf{0}$인 $v \in V$가 존재하므로 $E_\lambda \supsetneqq \{\mathbf{0}\}$이다. 그러므로 $\dim E_\lambda \geq 1$이다. $\dim E_\lambda = r$, $\{v_1, \cdots, v_r\}$를 E_λ의 기저라 하면 $E = \{v_1, \cdots, v_r, u_1, \cdots, u_s\}$가 V의 기저가 되는 벡터 $u_1, \cdots, u_s (s=n-r)$가 존재한다. $v_1, \cdots, v_r \in E_\lambda$이므로 $T(v_1)=\lambda v_1, \cdots, T(v_r)=\lambda v_r$이다. $T(u_1), \cdots, T(u_s)$를

$$\begin{aligned} T(u_1) &= b_{11}v_1 + b_{21}v_2 + \cdots + b_{r1}v_r + c_{11}u_1 + \cdots + c_{s1}u_s \\ T(u_2) &= b_{12}v_1 + b_{22}v_2 + \cdots + b_{r2}v_r + c_{12}u_1 + \cdots + c_{s2}u_s \\ &\vdots \\ T(u_s) &= b_{1s}v_1 + b_{2s}v_2 + \cdots + b_{rs}v_r + c_{1s}u_1 + \cdots + c_{ss}u_s \end{aligned}$$

라 놓으면 기저 E에 관한 T의 행렬은

$$[T]_E = \begin{bmatrix} \lambda I_r & B \\ O & C \end{bmatrix}, \qquad B=[b_{ij}] \in M_{r\times s}, \qquad C=[c_{ij}] \in M_{s\times s}$$

로 표시된다. 예제 2.4.5에 의하여

$$\begin{aligned} g(t) = |tI - [T]_E| &= \begin{vmatrix} (t-\lambda)I_r & -B \\ O & tI_s - C \end{vmatrix} \\ &= |(t-\lambda)I_r|\,|tI_s - C| \\ &= (t-\lambda)^r |tI_s - C| \end{aligned}$$

λ의 대수적 중복도가 m이면 $g(t)=(t-\lambda)^m l(t)$, $l(\lambda) \neq 0$이므로

$$(t-\lambda)^m l(t) = (t-\lambda)^r h(t), \qquad h(t) = |tI_s - C|$$

따라서 $r \leq m$. 즉 고유공간 E_λ의 차원은 λ의 고유다항식의 근으로서의 중복도 이하인 자연수이다.

예제 5.1.12 다음 행렬의 고유값의 대수적 중복도와 기하적 중복도를 구하여라.

$$A=\begin{bmatrix}-1 & 0 & 0\\ 0 & 0 & -1\\ 1 & 1 & 0\end{bmatrix}$$

[풀이] $p_A(t)=\begin{vmatrix}t+1 & 0 & 0\\ 0 & t & 1\\ -1 & -1 & t\end{vmatrix}=(t+1)\begin{vmatrix}t & 1\\ -1 & t\end{vmatrix}$

$=(t+1)(t^2+1)$

$p_A(t)=0$의 근은 $\lambda_1=-1$, $\lambda_2=i$, $\lambda_3=-i$이다. $\lambda_1=-1$일 때 연립방정식

$$\begin{cases} -y+z=0 \\ -x-y-z=0 \end{cases}$$

의 해공간은 $E_{\lambda_1}=E_{-1}=\langle(-2,\ 1,\ 1)\rangle$이다. $\lambda_2=i$일 때 연립방정식

$$\begin{cases} (i+1)x \qquad\qquad =0 \\ \qquad\quad iy+\ z=0 \\ -x-\ y+iz=0 \end{cases}$$

의 해공간은 $E_{\lambda_2}=E_i=\langle(0,\ 1,\ -i)\rangle$이다. $\lambda_3=-i$일 때 연립방정식

$$\begin{cases} (-i+1)x \qquad\qquad =0 \\ \qquad\quad -iy+\ z=0 \\ -x-\ y-iz=0 \end{cases}$$

의 해공간은 $E_{\lambda_3}=E_{-i}=\langle(0,\ 1,\ i)\rangle$이다. 따라서 $\lambda=-1,\ i,\ -i$의 대수적 중복도는 각각 1, 1, 1이고 기하적 중복도는 각각 1, 1, 1이다.

고유다항식의 성질을 살펴보기로 하자.

정리 5.1.6 행렬 $A\in M_{n\times n}(\mathbb{K})$의 고유다항식이

$$p(t)=t^n+a_{n-1}t^{n-1}+\cdots+a_1t+a_0$$

일 때 다음이 성립한다.

(1) $|A|=(-1)^n a_0$

(2) $\text{tr}\, A = -a_{n-1}$

[증명] (1) $p(t) = \begin{vmatrix} t-a_{11} & -a_{12} & \cdots & -a_{1n} \\ -a_{21} & t-a_{22} & \cdots & -a_{2n} \\ \vdots & & & \\ -a_{n1} & -a_{n2} & \cdots & t-a_{nn} \end{vmatrix} = |tI-A|$

에서 $t=0$ 이면 $p(0)=|-A|=(-1)^n|A|$ 이다. $p(0)=a_0$ 이므로 $a_0=(-1)^n|A|$.

(2) $p(t)=|tI-A|$ 의 t^{n-1} 항은

$$(t-a_{11})(t-a_{22})\cdots(t-a_{nn})$$

의 전개식에서만 얻을 수 있으므로

$$a_{n-1} = -(a_{11}+a_{22}+\cdots+a_{nn})$$

$\text{tr}\, A = a_{11}+\cdots+a_{nn}$ 이므로 $\text{tr}\, A = -a_{n-1}$ 이다.

예제 5. 1. 13 n차행렬 A가 중복을 허락하여 n개의 고유값 λ_n을 가지면 $|A| = \lambda_1\cdots\lambda_n$, $\text{tr}\, A = \lambda_1+\cdots+\lambda_n$ 이다.

[풀이] 행렬 A의 고유다항식은 $p(t)=(t-\lambda_1)(t-\lambda_2)\cdots(t-\lambda_n)$ 이므로 $a_0 = (-1)^n\lambda_1\cdots\lambda_n$, $a_{n-1} = -(\lambda_1+\cdots+\lambda_n)$ 이다. 따라서

$$|A| = (-1)^n a_0 = (-1)^{2n}\lambda_1\cdots\lambda_n = \lambda_1\cdots\lambda_n,$$
$$\text{tr}\, A = -a_{n-1} = \lambda_1+\cdots+\lambda_n$$

예제 5. 1. 14 고유다항식을 써서 다음 행렬식의 값을 구하여라.

(1) $A = \begin{bmatrix} 1 & 1 & 2 \\ 1 & 1 & -1 \\ 3 & -3 & 0 \end{bmatrix}$ (2) $B = \begin{bmatrix} 3 & 1 & 0 & 0 & 0 \\ 0 & 3 & 0 & 0 & 0 \\ 0 & 0 & 3 & 1 & 0 \\ 0 & 0 & 0 & 3 & 1 \\ 0 & 0 & 0 & 0 & 3 \end{bmatrix}$

[풀이] (1) $p_A(t) = \begin{vmatrix} t-1 & -1 & -2 \\ -1 & t-1 & 1 \\ -3 & 3 & t \end{vmatrix} = (t-2)(t^2-9)$

$$=t^3-2t^2-9t+18$$

이므로

$$|A|=(-1)^3\cdot 18=-18$$

실제로

$$|A|=\begin{vmatrix}1&1&2\\1&1&-1\\3&-3&0\end{vmatrix}=\begin{vmatrix}1&1&2\\0&0&-3\\0&-6&-6\end{vmatrix}=\begin{vmatrix}0&-3\\-6&-6\end{vmatrix}=-18$$

(2) $$p_B(t)=\begin{vmatrix}t-3&-1&0&0&0\\0&t-3&0&0&0\\0&0&t-3&-1&0\\0&0&0&t-3&-1\\0&0&0&0&t-3\end{vmatrix}=(t-3)^5$$

이므로 $|A|=(-1)^5a_0=(-1)^5\cdot(-3)^5=243$이다.

정리 5.1.7 선형변환 $T: V\to V$에서 다음이 성립한다.

(1) λ가 T의 고유값이면 자연수 m에 대하여 λ^m은 T^m의 고유값이다.

(2) T가 가역사상이면 고유값 $\lambda\neq 0$이고 λ^{-1}은 T^{-1}의 고유값이다.

[증명] (1) $v\neq\mathbf{0}$, $T(v)=\lambda v$이면 자연수 m에 대하여

$$\begin{aligned}T^m(v)&=(T^{m-1}\circ T)(v)=T^{m-1}(T(v))\\&=T^{m-1}(\lambda v)=\cdots=T(\lambda^{m-1}v)\\&=\lambda^{m-1}T(v)=\lambda^m v\end{aligned}$$

이므로 λ^m은 T^m의 고유값, $v\neq\mathbf{0}$는 λ^m에 대응하는 T^m의 고유벡터이다.

(2) $v\neq\mathbf{0}$, $T(v)=\lambda v$의 양변에 T^{-1}을 시행하면

$$v=T^{-1}(T(v))=T^{-1}(\lambda v)=\lambda T^{-1}(v)$$

에서

$$T^{-1}(v)=\lambda^{-1}v,\qquad v\neq\mathbf{0}$$

따라서 λ^{-1}는 T^{-1}의 고유값, λ^{-1}에 대응하는 T^{-1}이 고유벡터는 v이다.

예제 5. 1. 15 다음 각 행렬은 정칙행렬임을 보이고, 그 역행렬의 고유값을 구하여라.

(1) $A=\begin{bmatrix} 1 & 1 & 1 \\ 0 & 0 & 1 \\ 0 & -1 & 0 \end{bmatrix}$ (2) $B=\begin{bmatrix} 1 & 4 & -3 \\ 0 & 3 & 1 \\ 0 & 2 & -1 \end{bmatrix}$

[풀이] (1) $p_A(t)=\begin{vmatrix} t-1 & -1 & -1 \\ 0 & t & -1 \\ 0 & 1 & t \end{vmatrix}=(t-1)=\begin{vmatrix} t & -1 \\ 1 & t \end{vmatrix}=(t-1)(t^2+1)$

$=t^3-t^2+t-1$

이므로

$$|A|=(-1)^3\cdot(-1)=1$$

$|A|\neq 0$이므로 A의 역행렬은 존재한다. A의 고유값은 1, i, $-i$이므로 A^{-1}의 고유값은 1^{-1}, $(i)^{-1}$, $(i)^{-1}$, 즉 1, i, $-i$이다.

(2) $p_B(t)=\begin{vmatrix} t-1 & -4 & 3 \\ 0 & t-3 & -1 \\ 0 & -2 & t+1 \end{vmatrix}=(t-1)\begin{vmatrix} t-3 & -1 \\ -2 & t+1 \end{vmatrix}$

$=(t-1)=(t^2-2t-3-2)=(t-1)(t^2-2t-5)$

이므로

$$|A|=(-1)^3\cdot(-5)=5$$

$|A|\neq 0$이므로 A의 역행렬은 존재한다. A의 고유값은 1, $1+\sqrt{6}$, $1-\sqrt{6}$이므로 A^{-1}의 고유값은 1, $\dfrac{1}{1+\sqrt{6}}$, $\dfrac{1}{1-\sqrt{6}}$ 이다.

예제 5. 1. 16 선형변환 $T: V\to V$에서 $T^m=O$, $T^{m-1}\neq O$, $m\geq 2$인 자연수 m이 존재하면 T의 고유값은 0뿐이다.

[풀이] $T^{m-1}(v)\neq \mathbf{0}$인 벡터를 $w=T^{m-1}(v)$라 놓으면 $w\neq \mathbf{0}$이다.

$$T(w)=T(T^{m-1}(v))=T^m(v)=\mathbf{0},$$
$$T(w)=0w, \quad w\neq\mathbf{0}$$

이므로 0은 T의 고유값이다. λ가 임의의 고유값이면 $v\neq\mathbf{0}$인 벡터 v가 존재하여

$$T(v)=\lambda v$$

양변에 T^m을 시행하면

$$\mathbf{0}=T^m(\lambda v)=\lambda^m T(v)=\lambda^{m+1}v$$

$v\neq\mathbf{0}$ 이므로 $\lambda=0$ 이다.

예제 5.1.17 x가 영이 선형변환 $T: V\to V$의 고유값일 필요충분조건은 T가 특이사상인 것이다.

[풀이] 고유값 $\lambda=0$ 이면 $T(v)=\lambda v=0v$인 $v\neq\mathbf{0}$가 존재한다. 그러므로 $v\in\ker T$ 이다. $\ker T\neq\{\mathbf{0}\}$이므로 T는 일대일사상이 아니다. 이의 역도 성립한다.

다항식 $f(t)=t^n+a_{n-1}t^{n-1}+\cdots+a_1t+a_0$에서 다음 행렬

$$A=\begin{bmatrix} 0 & 0 & \cdots & 0 & -a_0 \\ 1 & 0 & \cdots & 0 & -a_1 \\ 0 & 1 & \cdots & 0 & -a_2 \\ \vdots & \vdots & & \vdots & \vdots \\ 0 & 0 & \cdots & 1 & -a_{n-1} \end{bmatrix}$$

를 $f(x)$의 **동반행렬**(companion matrix of $f(x)$)이라 한다. 이 행렬 A의 고유다항식을 구하여 보자. $|tI-A|$의 제$(i+1)$행에 t^i을 곱하여 모두 제1행에 더한 다음 제1행에 관하여 전개하면

$$|tI-A|=(-1)^{n+1}f(t)(-1)^{n-1}=f(t)$$

정리 5.1.4에 의하여 행렬 A는 다항식 $f(t)$의 해이다. 즉 $f(A)=O$.

예제 5.1.18 다음 다항식의 동반행렬을 구하여라.

(1) $f(t)=t^3-5t^2+6t+8$

(2) $g(t)=t^4-5t^3-2t^2+7t+4$

[풀이] $M_{f(t)}=\begin{bmatrix}0&0&-8\\1&0&-6\\0&1&5\end{bmatrix}$, $M_{g(t)}=\begin{bmatrix}0&0&0&-4\\1&0&0&-7\\0&1&0&2\\0&0&1&5\end{bmatrix}$

예제 5. 1. 19 다음 행렬의 고유다항식에 관한 동반행렬을 구하여라.

(1) $A=\begin{bmatrix}0&0&0&-4\\1&0&0&3\\0&1&0&-1\\0&0&1&2\end{bmatrix}$ (2) $B=\begin{bmatrix}1&-3&3\\3&-5&3\\6&-6&4\end{bmatrix}$

[풀이] (1) $p_A(t)=|tI-A|=\begin{vmatrix}t&0&0&4\\-1&t&0&-3\\0&-1&t&1\\0&0&-1&t-2\end{vmatrix}=\begin{vmatrix}0&t^2&0&4-3t\\-1&t&0&-3\\0&-1&t&1\\0&0&-1&t-2\end{vmatrix}$

$$=\begin{vmatrix}0&0&t^3&4-3t+t^2\\-1&t&0&-3\\0&-1&t&1\\0&0&-1&t-2\end{vmatrix}=\begin{vmatrix}0&0&0&4-3t+t^2-2t^3+t^4\\-1&t&0&-3\\0&-1&t&1\\0&0&-1&t-2\end{vmatrix}$$

$$=-(4-3t+t^2-2t^3+t^4)\begin{vmatrix}-1&t&0\\0&-1&t\\0&0&-1\end{vmatrix}$$

$$=-(4-3t+t^2+t^3)(-1)^3$$

$$=t^4-2t^3+t^2-3t+4$$

이므로 $p_A(t)=t^4-2t^3+t^2-3t+4$의 동반행렬은

$$M_{p(t)}=\begin{bmatrix}0&0&0&-4\\1&0&0&3\\0&1&0&-1\\0&0&1&2\end{bmatrix}=A$$

$$(2)\ p_B(t)=\begin{vmatrix} t-1 & 3 & -3 \\ -3 & t+5 & -3 \\ -6 & 6 & t-4 \end{vmatrix}=\begin{vmatrix} t-1 & t+2 & -3 \\ -3 & t+2 & -3 \\ -6 & 0 & t-4 \end{vmatrix}$$

$$=(t+2)\begin{vmatrix} t-1 & 1 & -3 \\ -3 & 1 & -3 \\ -6 & 0 & t-4 \end{vmatrix}=(t+2)\begin{vmatrix} t+2 & 0 & 0 \\ -3 & 1 & -3 \\ -6 & 0 & t-4 \end{vmatrix}$$

$$=(t+2)^2\begin{vmatrix} 1 & -3 \\ 0 & t-4 \end{vmatrix}=(t+2)^2(t-4)=t^3-12t-16$$

이므로 $p_B(t)=t^3-12t-16$ 의 동반행렬은

$$M_{p(t)}=\begin{bmatrix} 0 & 0 & -16 \\ 1 & 0 & -12 \\ 0 & 1 & 0 \end{bmatrix}$$

연습문제 5.1

1. 다음 행렬의 고유다항식, 고유값을 구하여라.

① $\begin{bmatrix} 0 & 1 & 0 \\ 0 & 0 & 1 \\ 2 & 1 & -2 \end{bmatrix}$ ② $\begin{bmatrix} 2 & 0 & 0 & 0 \\ 1 & 2 & 0 & 0 \\ 0 & 0 & 0 & 1 \\ 0 & 0 & -6 & 5 \end{bmatrix}$

2. 다음 행렬의 고유값과 고유벡터를 구하여라.

① $\begin{bmatrix} 1 & 1 & 2 \\ 1 & 1 & -1 \\ 3 & -3 & 0 \end{bmatrix}$ ② $\begin{bmatrix} 5 & 0 & -2 \\ 0 & -1 & -8 \\ 1 & 0 & 2 \end{bmatrix}$

3. 다음 행렬의 고유다항식 $f(t)$를 구하고 $f(A)=O$임을 보여라.

$$A=\begin{bmatrix} 2 & 1 \\ 3 & -1 \end{bmatrix} \quad B=\begin{bmatrix} 2 & 0 & 0 \\ 0 & 2 & 2 \\ 0 & 0 & 1 \end{bmatrix}$$

4. $\lambda=0$ 이 행렬 A의 고유값일 필요충분조건은 A가 특이행렬임을 보여라.

5. v가 선형변환 S, T의 고유벡터이면 v는 aS, $S+T$의 고유벡터임을 보여라.

6. $(n-1)$ 차 이하의 다항식공간 P_n에서 미분연산자 $D: P_n \to P_n$의 고유다항식을 구하여라.

7. 삼각행렬의 고유다항식과 고유값을 구하여라.

8. n차행렬 A, B에서 AB, BA는 같은 고유벡터를 가짐을 보여라.

9. 다음 행렬 A에 대하여 A는 고유다항식 $p(t)$의 근이 됨을 보여라. 또 A^{-1}, A^3, A^4을 A의 다항식으로 나타내어라.

$$\begin{bmatrix} 2 & -1 & 1 \\ -1 & 2 & -1 \\ 1 & -1 & 2 \end{bmatrix}$$

10. n차행렬 A와 A^t의 고유다항식은 같음을 보여라.

11. 다음 다항식의 동반행렬을 구하여라.
① $f(t)=t^3-2t^2+t+4$
② $f(t)=(t+1)(t-1)(t+2)$

12. 기저 $E=\{v_1, \cdots, v_n\}$에 관한 선형변환 T의 값이 $T(v_i)=v_{i+1}$, $T(v_n)=\mathbf{0}$ 일 때 T의 고유다항식 $\ker T$, T^{n-1}을 구하여라.

13. $\mathbb{R}^3$ 위의 선형변환 $T: \mathbb{R}^3 \to \mathbb{R}^3$의 고유값은 적어도 하나 존재함을 보여라.

14. 선형변환 $T: \mathbb{R}^n \to \mathbb{R}^n$이 서로 다른 고유값 $\lambda_1, \cdots, \lambda_n$을 가지면 T에 관한 행렬식의 값은 $\lambda_1 \cdots \lambda_n$임을 보여라.

15. 다음 행렬의 고유벡터는 일차독립임을 보여라.

$$A=\begin{bmatrix} 3 & 2 \\ -2 & 3 \end{bmatrix} \qquad B=\begin{bmatrix} 2 & -i & 0 \\ i & 2 & 0 \\ 0 & 0 & 3 \end{bmatrix}$$

16. A, A^t가 서로 다른 고유벡터를 갖는 예를 들어라.

5.2 행렬의 대각화

정의 n차원 벡터공간 V 위의 선형변환 T에서 기저 E가 존재하여 E에 관한 T의 행렬이 대각행렬일 때 T는 **대각화가능**(diagonalizalle)하다고 한다. 행렬 $A \in M_{n \times n}$에 관한 선형사상 T_A가 대각화가능할 때 A를 대각화가능한 행렬이라 한다. $\mathbb{K}$ 위의 벡터공간 V와 $\mathbb{K}^n$은 동형이므로 행렬의 대각화가능과 일차변환의 대각화가능은 같은 의미를 갖는다.

예제 5.2.1 λI와 닮은 행렬은 λI뿐이고 O과 닮은 행렬은 O뿐이다.

[풀이] $P^{-1}(\lambda I)P = \lambda P^{-1}IP = \lambda I$이므로 λI와 닮은 행렬은 λI뿐이고, λI는 대각행렬이다. $P^{-1}OP = O$이므로 O과 닮은 행렬은 O뿐이다.

정리 5.2.1 선형변환 $T : V \to V$가 대각화가능한 필요충분조건은 T의 고유벡터로 이루어진 기저 $E = \{v_1, \cdots, v_n\}$이 존재하는 것이다.

[증명] T가 대각화가능하면 한 기저 $\{v_1, \cdots, v_n\}$이 존재하여

$$[T]_F^F = \begin{bmatrix} \lambda_1 & & & O \\ & \ddots & & \\ & & \lambda_2 & \\ & & & \ddots & \\ O & & & & \lambda_n \end{bmatrix} = D(\lambda_1, \cdots, \lambda_n)$$

$[T]_F^F$의 정의에 의하여 $\lambda_j \in \mathbb{K}$, $v_j \neq \mathbf{0}$에 대하여

$$T(v_j) = \lambda_j v_j, \quad j = 1, \cdots, n$$

따라서 $\lambda_1, \cdots, \lambda_n$은 T의 고유값이고 고유벡터는 $v_1, \cdots, v_n$이다. 즉 $E = \{v_1, \cdots, v_n\}$은 고유벡터로 이루어진 V의 기저이다. 역으로 고유벡터로 이루어진 기저 $E = \{v_1, \cdots, v_n\}$이 존재하면

$$T(v_j) = \lambda_j v_j, \quad \lambda_j \in \mathbb{K}, \quad v_j \neq \mathbf{0}$$

T에 관한 행렬

$$[T]_E^E = \begin{bmatrix} \lambda_1 & & O \\ & \ddots & \\ O & & \lambda_n \end{bmatrix} = D$$

이므로 T는 대각화가능하다.

예제 5.2.2 행렬 A가 대각화가능하면 A의 고유다항식은

$$p(t) = (t-\lambda_1)\cdots(t-\lambda_n)$$

으로 인수분해된다.

[풀이] 행렬 A와 대각행렬 D가 닮은 행렬이면 두 행렬의 고유다항식은 정리 5.1.2에 의하여 서로 같다. 주대각성분이 λ_1, $\cdots$, λ_n인 행렬 D의 고유다항식은 $p(t) = (t-\lambda_1)\cdots(t-\lambda_n)$이다.

예제 5.2.3 다음 행렬은 대각화가능한가?

$$A = \begin{bmatrix} 1 & 2 \\ 3 & 2 \end{bmatrix} \qquad B = \begin{bmatrix} 3 & -1 & -2 \\ 2 & 0 & -2 \\ 2 & -1 & -1 \end{bmatrix}$$

[풀이] (i) $T_A : \mathbb{R}^2 \to \mathbb{R}^2$, $T_A(X) = AX$

$$T_A(X) = \begin{bmatrix} 1 & 2 \\ 3 & 2 \end{bmatrix}\begin{bmatrix} x \\ y \end{bmatrix} = \begin{bmatrix} x+2y \\ 3x+2y \end{bmatrix}$$

기저 $F = \{(1,\ -1)^t,\ (2,\ 3)^t\}$에 관한 T_A의 행렬을 구한다.

$$T_A\left(\begin{bmatrix} 1 \\ -1 \end{bmatrix}\right) = \begin{bmatrix} 1 & 2 \\ 3 & 2 \end{bmatrix}\begin{bmatrix} 1 \\ -1 \end{bmatrix} = \begin{bmatrix} -1 \\ 1 \end{bmatrix} = -1\begin{bmatrix} 1 \\ -1 \end{bmatrix}$$

$$T_A\left(\begin{bmatrix} 2 \\ 3 \end{bmatrix}\right) = \begin{bmatrix} 1 & 2 \\ 3 & 2 \end{bmatrix}\begin{bmatrix} 2 \\ 3 \end{bmatrix} = \begin{bmatrix} 8 \\ 12 \end{bmatrix} = 4\begin{bmatrix} 2 \\ 3 \end{bmatrix}$$

이므로

$$D = [T_A]_F^F = \begin{bmatrix} -1 & 0 \\ 0 & 4 \end{bmatrix}$$

즉 $\begin{bmatrix} 1 & 2 \\ 3 & 2 \end{bmatrix}$는 대각행렬 $\begin{bmatrix} -1 & 0 \\ 0 & 4 \end{bmatrix}$와 닮은 행렬이다. 따라서 A는 대각화가능하다.

(ii) $T_B : \mathbb{R}^3 \to \mathbb{R}^3$, $T_B(X) = BX$

$$T_B(X) = \begin{bmatrix} 3 & -1 & -2 \\ 2 & 0 & -2 \\ 2 & -1 & -1 \end{bmatrix} \begin{bmatrix} x \\ y \\ z \end{bmatrix} = \begin{bmatrix} 3x-y-2z \\ 2x \quad -2z \\ 2x-y-\ z \end{bmatrix}$$

기저 $F = \{(1, 1, 1), (1, 2, 0), (0, -2, 1)\}$에 관한 T_A의 행렬은

$$D = \begin{bmatrix} 0 & 0 & 0 \\ 0 & 1 & 0 \\ 0 & 0 & 1 \end{bmatrix}$$

따라서 A는 대각화가능한 행렬이다.

정리 5.2.2 선형변환 T가 대각화가능할 필요충분조건은 T에 관한 행렬 M에서 $P^{-1}MP$가 대각행렬인 정칙행렬 P가 존재하는 것이다.

[증명] 임의의 기저 F에 대하여 $[T]_F^F = M$이라 하자. T가 대각화가능하면 적당한 기저 E가 존재하여

$$[I]_F^E [T]_F^F [I]_E^F = [T]_E^E$$

행렬 $[I]_E^F = P$라 놓으면 $[I]_F^E = P^{-1}$이므로

$$P^{-1}MP = D$$

역으로 $P^{-1}MP$가 대각행렬이면 M도 대각행렬이다. 즉 $[T]_E^E = D$인 기저 E가 존재하므로 T는 대각화가능하다.

정리 5.2.3 벡터공간 V 위의 선형변환 T에서 행렬 $[T]_F^E$가 대각행렬이 되는 기저 E, F가 존재한다.

[증명] $\ker T$의 기저를 $v_1, \cdots, v_r$라 하면 $G = \{v_1, \cdots, v_r, v_{r+1}, \cdots, v_n\}$이 V의 기저인 벡터 $v_{r+1}, \cdots, v_n$이 존재한다. $T(v_{r+1}), \cdots, T(v_n)$은 일차독립이므로 $H = \{w_1, \cdots, w_r, T(v_{r+1}), \cdots, T(v_n)\}$이 기저가 되는 벡터 $w_1, \cdots, w_r$를 생각할

수 있다. 기저 G, H의 원소를 다음으로 재배열하자.

$$\begin{array}{ll} u_1 = v_{r+1}, & u_1' = T(v_{r+1}) \\ u_2 = v_{r+2}, & u_2' = T(v_{r+2}) \\ \vdots \quad \vdots & \vdots \quad \vdots \\ u_{n-r} = v_n, & u_{n-r}' = T(v_n) \\ u_{n-r+1} = v_1, & u_{n-r+1}' = w_1 \\ \vdots \quad \vdots & \vdots \quad \vdots \\ u_n = v_r, & u_n' = w_n \end{array}$$

순서기저 $E = \{u_1, \cdots, u_n\}$, $F = \{u_1', \cdots, u_n'\}$에 관한 T의 행렬은

$$[T]_E^F = \left[\begin{array}{cccc|ccc} 1 & 0 & \cdots & 0 & 0 & \cdots & 0 \\ 0 & 1 & \cdots & 0 & 0 & \cdots & 0 \\ 0 & 0 & \cdots & 0 & 0 & \cdots & 0 \\ \vdots & \vdots & & \vdots & \vdots & & \vdots \\ 0 & 0 & \cdots & 1 & 0 & \cdots & 0 \\ \hline 0 & 0 & \cdots & 0 & 0 & \cdots & 0 \\ \vdots & \vdots & & \vdots & \vdots & & \vdots \\ 0 & 0 & \cdots & 0 & 0 & \cdots & 0 \end{array}\right] = \begin{bmatrix} I_{n-r} & O \\ O & O \end{bmatrix}$$

따라서 선형변환 T의 행렬이 대각행렬이 되는 기저 E, F는 존재한다.

정리 5.2.4 $\lambda_1, \cdots, \lambda_r (r \leq n)$가 n차원 벡터공간 V 위의 선형변환 T의 서로 다른 고유값이고, $v_1, \cdots, v_r$가 각각 $\lambda_1, \cdots, \lambda_r$에 대응하는 고유벡터일 때 $v_1, \cdots, v_r$는 일차독립이다.

[증명] r에 관한 수학적 귀납법으로 증명하자. λ_1에 대한 고유벡터 v_1은 영벡터가 아니므로 v_1은 일차독립이다. $v_1, \cdots, v_{r-1}$의 일차독립이라고 가정하자.

$$\alpha_1 v_1 + \cdots + \alpha_{r-1} v_{r-1} + \alpha_r v_r = \mathbf{0} \quad \cdots \text{①}$$

이라 가정하면

$$\begin{aligned} \mathbf{0} &= T(\alpha_1 v_1 + \cdots + \alpha_{r-1} v_{r-1} + \alpha_r v_r) \\ &= \alpha_1 \lambda_1 v_1 + \cdots + \alpha_{r-1} \lambda_{r-1} v_{r-1} + \alpha_r \lambda_r v_r \quad \cdots \text{②} \end{aligned}$$

①$\times\lambda_r-$②를 계산하면

$$\alpha_1(\lambda_r-\lambda_1)v_1+\cdots+\alpha_{r-1}(\lambda_r-\lambda_{r-1})v_{r-1}=\mathbf{0}$$

$v_1,\ \cdots,\ v_{r-1}$이 일차독립이므로

$$\alpha_1(\lambda_r-\lambda_1)=\cdots=\alpha_{r-1}(\lambda_r-\lambda_1)=0$$

그런데 $\lambda_r\neq\lambda_1,\ \cdots,\ \lambda_r\neq\lambda_{r-1}$이므로

$$\alpha_1=\cdots=\alpha_{r-1}=0$$

$\alpha_1,\ \cdots,\ \alpha_{r-1}=0$이면 $\alpha_r v_r=\mathbf{0}$, $v_r\neq\mathbf{0}$이므로 $\alpha_r=0$이다. 따라서 $v_1,\ \cdots,\ v_r$는 일차독립이다.

정리 5.2.5 n차행렬 A가 대각화가능할 필요충분조건은 A의 고유값 $\lambda_1,\ \cdots,\ \lambda_n$에 대응하는 일차독립인 고유벡터 $P_1,\ \cdots,\ P_n$이 존재하는 것이다.

[증명] 정칙행렬 P가 존재하여 $P^{-1}AP=D$라 하자.

$$P^{-1}AP=\begin{bmatrix}\lambda_1 & & O\\ & \ddots & \\ O & & \lambda_n\end{bmatrix}$$

A와 D는 닮은 행렬이므로

$$\begin{aligned}p(t)&=|\lambda I-A|=|\lambda I-D|\\&=\begin{vmatrix}\lambda_1-\lambda & & O\\ & \ddots & \\ O & & \lambda_n-\lambda\end{vmatrix}=(\lambda_1-\lambda)\cdots(\lambda_n-\lambda)\end{aligned}$$

그러므로 A의 고유값은 행렬 D의 대각선과 같다.

$$AP=PD$$

에서 열벡터를 비교하면

$$AP_i=\lambda_i P_i,\ i=1,\ \cdots,\ n$$

따라서 P_i는 λ_i에 대응하는 A의 고유벡터이다. P가 정칙이므로 $\{P_i|i=1,\ \cdots,$

$n\}$은 일차독립이다. 즉 $P_1, \cdots, P_n$은 $\lambda_1, \cdots, \lambda_n$에 대응하는 A의 고유벡터로 이루어진 기저이다. 역으로 A의 고유값 $\lambda_1, \cdots, \lambda_n$에 대응하는 고유열벡터를 $P_1, \cdots, P_n$이 일차독립이면 $\mathbb{K}^n$의 차원은 n이므로 $\{P_1, \cdots, P_n\}$은 기저이다.

$$AP_i = \lambda_i P_i, \ i=1, \cdots, n$$

이므로 기저 $\{P_1, \cdots, P_n\}$에 관한 행렬은 주대각성분이 $\lambda_1, \cdots, \lambda_n$인 대각행렬이다.

정리 2.5.6 (1) n차원 벡터공간 V 위의 선형변환 T의 서로 다른 고유값 $\lambda_1, \cdots, \lambda_n$에 대응하는 고유벡터를 $v_1, \cdots, v_n$이라 하면 T는 기저 $E=\{v_1, \cdots, v_n\}$에 의하여 대각화된다. T의 대각화행렬은 $\lambda_1, \cdots, \lambda_n$을 주대각성분으로 갖는 행렬이다.

(2) n차 행렬 A의 서로 다른 고유값 $\lambda_1, \cdots, \lambda_n$에 대응하는 고유열벡터를 $P_1, \cdots, P_n$이라 하면 A는 행렬 $[P_1, \cdots, P_n]$에 의하여 대각화되고 $P^{-1}\mathrm{A}P=D$이다. 즉

$$P^{-1}AP=\begin{bmatrix} \lambda_1 & & O \\ & \ddots & \\ O & & \lambda_n \end{bmatrix}=D$$

[증명] $\lambda_1, \cdots, \lambda_n$이 T의 서로 다른 고유값이면 정리 5.2.4에 의하여 고유벡터 $v_1, \cdots, v_n$은 일차독립이다. 정리 5.2.5에 의하여 T는 대각화가능하다.

예제 5.2.4 다음 행렬을 대각화하여라.

$$A=\begin{bmatrix} 0 & 1 \\ -1 & 0 \end{bmatrix} \qquad B=\begin{bmatrix} 1 & 0 & 0 & 0 \\ 2 & 5 & 6 & 7 \\ 3 & 0 & 8 & 9 \\ 4 & 0 & 0 & 10 \end{bmatrix}$$

[풀이] $p_A(t)=\begin{vmatrix} t & -1 \\ 1 & t \end{vmatrix}=t^2+1$

에서 $t^2+1=0$을 얻는다. 체 $\mathbb{K}=\mathbb{R}$면 고유값은 존재하지 않는다. 따라서 A는

실행렬로서는 대각화불가능하다. $\mathbb{K}=\mathbb{C}$이면 $\lambda=\pm i$이므로 A는 대각화가능하다. 실제로 $\lambda=i$이면

$$\begin{bmatrix} 0 & 1 \\ -1 & 0 \end{bmatrix}\begin{bmatrix} x \\ y \end{bmatrix}=i\begin{bmatrix} x \\ y \end{bmatrix}, \qquad \begin{cases} y=ix \\ -x=iy \end{cases}$$

이므로 고유벡터는 $(1,\ i)^t$이다. $\lambda=-i$이면

$$\begin{bmatrix} 0 & 1 \\ -1 & 0 \end{bmatrix}\begin{bmatrix} x \\ y \end{bmatrix}=-i\begin{bmatrix} x \\ y \end{bmatrix}, \qquad \begin{cases} y=-ix \\ -x=-iy \end{cases}$$

이므로 고유벡터는 $(1,\ -i)^t$이다. 정칙행렬 P

$$P=\begin{bmatrix} 1 & 1 \\ i & -i \end{bmatrix}, \qquad P^{-1}=\begin{bmatrix} \frac{1}{2} & -\frac{i}{2} \\ \frac{1}{2} & \frac{i}{2} \end{bmatrix}$$

에 대하여

$$\begin{aligned} P^{-1}AP &= \begin{bmatrix} \frac{1}{2} & -\frac{i}{2} \\ \frac{1}{2} & \frac{i}{2} \end{bmatrix}\begin{bmatrix} 0 & 1 \\ -1 & 0 \end{bmatrix}\begin{bmatrix} 1 & 1 \\ i & -i \end{bmatrix} \\ &= \begin{bmatrix} \frac{i}{2} & \frac{1}{2} \\ -\frac{i}{2} & \frac{1}{2} \end{bmatrix}\begin{bmatrix} 1 & 1 \\ i & -i \end{bmatrix} \\ &= \begin{bmatrix} i & 0 \\ 0 & -i \end{bmatrix} \end{aligned}$$

따라서 행렬 A는 정칙행렬 $P=\begin{bmatrix} 1 & 1 \\ i & -i \end{bmatrix}$에 의하여 $D=\begin{bmatrix} i & 0 \\ 0 & -i \end{bmatrix}$로 대각화된다.

예제 5.2.5 다음 행렬은 대각화가능한가?

(1) $\begin{bmatrix} 5 & 0 & 0 \\ 1 & 5 & 0 \\ 0 & 1 & 5 \end{bmatrix}$ (2) $\begin{bmatrix} 0 & 0 & 0 \\ 0 & 0 & 0 \\ 3 & 0 & 1 \end{bmatrix}$

(3) $\begin{bmatrix} -2 & 0 & 0 & 0 \\ 0 & -2 & 0 & 0 \\ 0 & 0 & 3 & 0 \\ 0 & 0 & 1 & 3 \end{bmatrix}$ (4) $\begin{bmatrix} -2 & 0 & 0 & 0 \\ 0 & -2 & 5 & -5 \\ 0 & 0 & 3 & 0 \\ 0 & 0 & 0 & 3 \end{bmatrix}$

[풀이] (1) $p(t)=\begin{vmatrix} t-5 & 0 & 0 \\ -1 & t-5 & 0 \\ 0 & -1 & t-5 \end{vmatrix}=(t-5)^3$이므로 고유값은 $\lambda=5$로 3중근이다.

$$\begin{bmatrix} 5 & 0 & 0 \\ 1 & 5 & 0 \\ 0 & 1 & 5 \end{bmatrix}\begin{bmatrix} x \\ y \\ z \end{bmatrix}=5\begin{bmatrix} x \\ y \\ z \end{bmatrix}, \quad \begin{bmatrix} 0 & 0 & 0 \\ -1 & 0 & 0 \\ 0 & -1 & 0 \end{bmatrix}\begin{bmatrix} x \\ y \\ z \end{bmatrix}=\begin{bmatrix} 0 \\ 0 \\ 0 \end{bmatrix}, \quad \begin{cases} x=0 \\ y=0 \end{cases}$$

에서 고유벡터는 $(0, 0, \alpha)^t$, $\alpha\in\mathbb{R}$, 고유공간 $E_5=\langle(0, 0, 1)^t\rangle$이다. 정리 5.2.5에 의하여 대각화불가능하다.

(2) $p(t)=\begin{vmatrix} t & 0 & 0 \\ 0 & t & 0 \\ -3 & 0 & t-1 \end{vmatrix}=t^2(t-1)$이므로 고유값 $\lambda=0, 1$이고 $\lambda=0$은 중복근이다. $\lambda=0$이면

$$\begin{bmatrix} 0 & 0 & 0 \\ 0 & 0 & 0 \\ 3 & 0 & 1 \end{bmatrix}\begin{bmatrix} x \\ y \\ z \end{bmatrix}=\begin{bmatrix} 0 \\ 0 \\ 0 \end{bmatrix}, \quad 3x+z=0$$

$z=1$이면 $x=-\frac{1}{3}$, $z=0$이면 $x=0$, $y=1$이다. 따라서 고유벡터는 $\left(-\frac{1}{3}, 0, 1\right)^t$, $(0, 1, 0)^t$이다. $\lambda=1$이면

$$\begin{bmatrix} 1 & 0 & 0 \\ 0 & 1 & 0 \\ 3 & 0 & 0 \end{bmatrix}\begin{bmatrix} x \\ y \\ z \end{bmatrix}=\begin{bmatrix} 0 \\ 0 \\ 0 \end{bmatrix}, \quad \begin{cases} x=0 \\ y=0 \\ 3x=0 \end{cases}$$

에서 고유벡터는 $(0, 0, 1)^t$이다. 따라서 정칙행렬

$$P=\begin{bmatrix} -\frac{1}{3} & 0 & 0 \\ 0 & 1 & 0 \\ 1 & 0 & 1 \end{bmatrix}$$

에 의하여 대각화되고 대각행렬은 D이다.

$$D=\begin{bmatrix} 0 & 0 & 0 \\ 0 & 0 & 0 \\ 0 & 0 & 1 \end{bmatrix}$$

(3) 대각화불가능하다.

(4) $P=\begin{bmatrix} 1 & 1 & 0 & 0 \\ 0 & 1 & 1 & 0 \\ 0 & 0 & 1 & 1 \\ 0 & 0 & 0 & 1 \end{bmatrix}$, $P^{-1}AP=\begin{bmatrix} -2 & 0 & 0 & 0 \\ 0 & -2 & 0 & 0 \\ 0 & 0 & 3 & 0 \\ 0 & 0 & 0 & 3 \end{bmatrix}$

예제 5.2.6 2차행렬 A에서 $(a-d)^2+4bc>0$이면 A는 대각화가능하고 $(a-d)^2+4bc<0$이면 대각화불가능하다.

$$A=\begin{bmatrix} a & b \\ c & d \end{bmatrix}$$

[풀이] $p(t)=\begin{vmatrix} t-a & -b \\ -c & t-d \end{vmatrix}=(t-a)(t-d)-bc$

$$=t^2-(a+d)t+(ad-bc)=0$$

의 판별식을 D라 하면

$$D=(a+d)^2-4(ad-bc)$$

$D>0$이면 A는 서로 다른 고유값을 가지므로 정리 2.5.6에 의하여 대각화가능하고, $D<0$이면 실고유값을 갖지 않으므로 실수 $\mathbb{R}$ 위에서는 대각화가능하지 않다. A가 대칭행렬이면 항상 대각화가능하다.

예제 5.2.7 다음 선형사상은 대각화가능하다.

$$T:\mathbb{R}^3\to\mathbb{R}^3,\quad T\left(\begin{bmatrix} x \\ y \\ z \end{bmatrix}\right)=\begin{bmatrix} 3x+2y+4z \\ 2x \quad\quad +2z \\ 4x+2y+3z \end{bmatrix}$$

[풀이] 표준기저에 관한 T의 행렬을 A라 하면

$$A=\begin{bmatrix}3&2&4\\2&0&2\\4&2&3\end{bmatrix}$$

A의 특성방정식은

$$p(t)=\begin{vmatrix}t-3&-2&-4\\-2&t&-2\\-4&-2&t-3\end{vmatrix}=(t+1)^2(t-8)=0$$

고유값 $\lambda_1=-1$, $\lambda_2=8$에 대응하는 고유공간은

$$E_1=\langle(1,\ -2,\ 0)^t,\ (0,\ -2,\ 1)^t\rangle,\qquad E_2=\langle(2,\ 1,\ 2)^t\rangle$$

고유벡터 $(1,\ -2,\ 0)^t$, $(0,\ -2,\ 1)^t$, $(2,\ 1,\ 2)^t$에 관한 정칙행렬은

$$P=\begin{bmatrix}1&0&2\\-2&-2&1\\0&1&2\end{bmatrix},\qquad P^{-1}AP=\begin{bmatrix}-1&0&0\\0&-1&0\\0&0&8\end{bmatrix}$$

따라서 T는 대각화가능한 선형변환이다.

예제 5.2.8 다음 행렬을 대각화하는 기저를 구하여라.

(1) $T:\mathbb{R}^3\to\mathbb{R}^3$, $T(x,\ y,\ z)=(2x-y-z,\ x-z,\ -x+y+2z)$

(2) $T:P_1\to P_1$, $T(a_0+a_1x)=a_0+(6a_0-a_1)x$

[풀이] (1) 표준기저에 관한 행렬

$$A=\begin{bmatrix}2&1&-1\\-1&0&1\\-1&-1&2\end{bmatrix}$$

의 고유방정식은

$$p(t)=\begin{vmatrix}t-2&-1&1\\1&t&-1\\1&1&t-2\end{vmatrix}=\begin{vmatrix}t-2&-1&0\\1&t&t-1\\1&1&t-1\end{vmatrix}$$

$$=\begin{vmatrix} t-2 & -1 & 0 \\ 1 & t & t-1 \\ 0 & 1-t & 0 \end{vmatrix} = -(t-1)\begin{vmatrix} t-2 & -1 \\ 0 & 1-t \end{vmatrix}$$
$$=(t-1)^2(t-2)=0$$

이므로 고유값은 $\lambda=1,\ 2$ 이다. $\lambda=1$ 이면

$$\begin{bmatrix} -1 & -1 & 1 \\ 1 & 1 & -1 \\ 1 & 1 & -1 \end{bmatrix}\begin{bmatrix} x \\ y \\ z \end{bmatrix}=\begin{bmatrix} 0 \\ 0 \\ 0 \end{bmatrix}, \qquad \begin{cases} -x-y+z=0 \\ x+y-z=0 \\ x+y-z=0 \end{cases}$$

고유공간 $E_1=\langle(1,\ 0,\ 1)^t,\ (0,\ 1,\ 1)^t\rangle$, $\lambda=2$ 이면

$$\begin{bmatrix} 0 & -1 & 1 \\ 1 & 2 & -1 \\ 1 & 1 & 0 \end{bmatrix}\begin{bmatrix} x \\ y \\ z \end{bmatrix}=\begin{bmatrix} 0 \\ 0 \\ 0 \end{bmatrix}, \qquad \begin{cases} -y+z=0 \\ x+2y-z=0 \\ x+y=0 \end{cases}$$

고유공간 $E_2=\langle(1,\ -1,\ -1)^t\rangle$이다. 정칙행렬 P를 구하면

$$P=\begin{bmatrix} 1 & 0 & 1 \\ 0 & 1 & -1 \\ 1 & 1 & -1 \end{bmatrix}, \qquad P^{-1}=\begin{bmatrix} 0 & -1 & 1 \\ 1 & 2 & -1 \\ 1 & 1 & -1 \end{bmatrix}$$

$$P^{-1}AP=\begin{bmatrix} 0 & -1 & 1 \\ 1 & 2 & -1 \\ 1 & 1 & -1 \end{bmatrix}\begin{bmatrix} 2 & 1 & -1 \\ -1 & 0 & 1 \\ -1 & -1 & 2 \end{bmatrix}\begin{bmatrix} 1 & 0 & 1 \\ 0 & 1 & -1 \\ 1 & 1 & -1 \end{bmatrix}$$
$$=\begin{bmatrix} 0 & -1 & 1 \\ 1 & 2 & -1 \\ 2 & 2 & -2 \end{bmatrix}\begin{bmatrix} 1 & 0 & 1 \\ 0 & 1 & -1 \\ 1 & 1 & -1 \end{bmatrix}=\begin{bmatrix} 1 & 0 & 0 \\ 0 & 1 & 0 \\ 0 & 0 & 2 \end{bmatrix}$$

따라서 T를 대각화하는 기저는 $\{(1,\ 0,\ 1)^t,\ (0,\ 1,\ 1)^t,\ (1,\ -1,\ -1)^t\}$이다.

(2) T를 대각화하는 기저는 $\left\{\frac{1}{3}+x,\ x\right\}$이다.

정리 2.5.7 유한차원 벡터공간 V 위의 선형변환 T가 대각화가능하면 고유값의 기하적 중복도와 대수적 중복도는 같다.

[증명] T가 대각화가능하면 적당한 V의 기저

$$E=\{v_1,\ \cdots,\ v_{n_1},\ \cdots,\ w_1,\ \cdots,\ w_{n_k}\},\qquad n_1+\cdots+n_k=\dim V=n$$

이 존재하여

$$[T]_E^E=\begin{bmatrix}\lambda_1 & & & & & & \\ & \ddots & & & & O & \\ & & \lambda_1 & & & & \\ & & & \ddots & & & \\ & & & & \lambda_k & & \\ & O & & & & \ddots & \\ & & & & & & \lambda_k\end{bmatrix}\begin{matrix}\left.\right\} n_1 \\ \vdots \\ \left.\right\} n_k\end{matrix}$$

으로 표시된다. 이 행렬의 고유다항식은

$$p(t)=(t-\lambda_1)^{n_1}\cdots(t-\lambda_k)^{n_k},\qquad \lambda_i\neq\lambda_j,\ i\neq j$$

여기서 $n_1,\ \cdots,\ n_k$는 $\lambda_1,\ \cdots,\ \lambda_k$의 고유공간 $E_{\lambda_1},\ \cdots,\ E_{\lambda_k}$의 차원을 나타내므로 $n_1,\ \cdots,\ n_k$는 $\lambda_1,\ \cdots,\ \lambda_k$의 기하적 중복도이다. 방정식 $p(t)=0$에서 $\lambda_1,\ \cdots,\ \lambda_k$의 근으로서의 중복도는 $n_1,\ \cdots,\ n_k$를 넘지 못하므로

$$\dim E_{\lambda_i}\leq n_i,\qquad i=1,\ \cdots,\ k$$

즉 고유값의 기하적 중복도는 대수적 중복도 이하이다. 정리 5.1.5에 의하면 고유값의 대수적 중복도는 기하적 중복도 이하이므로

$$\dim E_{\lambda_i}\geq n_i,\qquad i=1,\ \cdots,\ k$$

따라서

$$\dim E_{\lambda_i}=n_i,\qquad i=1,\ \cdots,\ k$$

즉 고유값의 대수적 중복도와 기하적 중복도는 같다.

예제 5.2.9 다음 행렬의 고유값의 대수적 중복도와 기하적 중복도를 구하여 대각화가능성을 판정하여라.

$$A=\begin{bmatrix}1 & 1 & 2\\ 1 & 1 & -1\\ 3 & -3 & 0\end{bmatrix}\qquad B=\begin{bmatrix}2 & 0 & -2\\ 0 & 3 & 0\\ 0 & 0 & 3\end{bmatrix}$$

[풀이] $p_A(t)=\begin{vmatrix} t-1 & -1 & -2 \\ -1 & t-1 & 1 \\ -3 & 3 & t \end{vmatrix}=(t-2)(t-3)(t+3)=0$

에서 고유값은 $\lambda=2,\ 3,\ -3$ 이다. 각각의 고유벡터는

$$\begin{bmatrix} 1 \\ 1 \\ 0 \end{bmatrix} \quad \begin{bmatrix} 1 \\ 0 \\ 1 \end{bmatrix} \quad \begin{bmatrix} -3 \\ 2 \\ 5 \end{bmatrix}$$

이므로 고유공간의 차원은 각각 1, 1, 1 이다. 따라서 각 고유값의 대수적 중복도와 기하적 중복도는 모두 1로 같다. 정칙행렬

$$P=\begin{bmatrix} 1 & 1 & -3 \\ 1 & 0 & 2 \\ 0 & 1 & 5 \end{bmatrix}, \qquad P^{-1}=\begin{bmatrix} \frac{1}{5} & \frac{4}{5} & -\frac{1}{5} \\ \frac{1}{2} & -\frac{1}{2} & \frac{1}{2} \\ -\frac{1}{10} & \frac{1}{10} & \frac{1}{10} \end{bmatrix}$$

에 의하여 다음으로 대각화된다.

$$\begin{aligned} P^{-1}AP &= \begin{bmatrix} \frac{1}{5} & \frac{4}{5} & -\frac{1}{5} \\ \frac{1}{2} & -\frac{1}{2} & \frac{1}{2} \\ -\frac{1}{10} & \frac{1}{10} & \frac{1}{10} \end{bmatrix} \begin{bmatrix} 1 & 1 & 2 \\ 1 & 1 & -1 \\ 3 & -3 & 0 \end{bmatrix} \begin{bmatrix} 1 & 1 & -3 \\ 1 & 0 & 2 \\ 0 & 1 & 5 \end{bmatrix} \\ &= \begin{bmatrix} 2 & 0 & 0 \\ 0 & 3 & 0 \\ 0 & 0 & -3 \end{bmatrix} \end{aligned}$$

한편

$$p_B(t)=\begin{vmatrix} t-2 & 0 & 2 \\ 0 & t-3 & 0 \\ 0 & 0 & t-3 \end{vmatrix}=(t-2)(t-3)^2=0$$

에서 B의 고유값은 $\lambda=2,\ \lambda=3$ 이다.

$$E_2=\langle (1,\ 0,\ 0)^t \rangle, \qquad E_3=\langle (-2,\ 0\ 1)^t,\ (0,\ 1,\ 0)^t \rangle$$

이므로 $\lambda=2$의 대수적 중복도와 기하적 중복도는 1, $\lambda=3$의 대수적 중복도와 기하적 중복도는 2이다. 정칙행렬

$$P=\begin{bmatrix}1 & -2 & 0\\ 1 & 0 & 1\\ 0 & 1 & 0\end{bmatrix}$$

에 의하여 대각화되고

$$P^{-1}AP=\begin{bmatrix}2 & 0 & 0\\ 0 & 3 & 0\\ 0 & 0 & 3\end{bmatrix}$$

정리 2.5.8 n차원 벡터공간 V 위의 선형변환 T의 고유다항식과 고유공간의 차원이 다음을 만족할 때 T는 대각화가능하다.

$$p(t)=(t-\lambda_1)^{n_1}\cdots(t-\lambda_k)^{n_k}, \qquad n_1+\cdots+n_k=n$$
$$\dim E_{\lambda_i}=n_i, \qquad i=1,\ \cdots,\ k$$

[풀이] 고유공간 $E_{\lambda_1},\ \cdots,\ E_{\lambda_k}$의 기저를 각각

$$E_1=\{v_1,\ \cdots,\ v_{n_1}\},\ \cdots,\ E_{k-1}=\{u_1,\ \cdots,\ u_{n_{k-1}}\},\ E_k=\{w_1,\ \cdots,\ w_{n_k}\}$$

라 하면

$$E=\{v_1,\ \cdots,\ v_{n_1},\ \cdots,\ u_1,\ \cdots,\ u_{n_{k-1}},\ w_1,\ \cdots,\ w_{n_k}\}$$

는 V의 기저인 것을 k에 대한 귀납법으로 증명하자. $k=1$일 때는 분명하다. $k-1$일 때 성립한다고 가정하자.

$$a_1v_1+\cdots+a_{n_1}v_{n_1}+\cdots+c_1w_1+\cdots+c_{n_k}w_{n_k}=\mathbf{0} \quad \cdots \text{①}$$

에 T를 시행하면

$$a_1\lambda_1v_1+\cdots+a_{n_1}\lambda_1v_{n_1}+\cdots+c_1\lambda_kw_1+\cdots+c_{n_k}\lambda_kw_{n_k}=\mathbf{0} \quad \cdots \text{②}$$

①$\times\lambda_k-$②를 계산하면

$$a_1(\lambda_k-\lambda_1)v_1+\cdots+a_{n_1}(\lambda_k-\lambda_1)v_{n_1}+\cdots+b_1(\lambda_k-\lambda_{k-1})u_1+\cdots$$
$$+b_{n_{k-1}}(\lambda_k-\lambda_{k-1})u_{n_{k-1}}=\mathbf{0}$$

그런데 $v_1, \cdots, v_{n_1}, \cdots, u_1, \cdots, u_{n_{k-1}}$은 일차독립이므로

$$a_1(\lambda_k-\lambda_1)=\cdots=a_{n_1}(\lambda_k-\lambda_1)=\cdots=b_1(\lambda_k-\lambda_{k-1})+b_{n_{k-1}}(\lambda_k-\lambda_{k-1})=0$$

모든 $\lambda_i \neq \lambda_j$, $i \neq j$에서

$$a_1=\cdots=a_{n_1}=\cdots=b_1=\cdots=b_{n_{k-1}}=0$$

①에서

$$c_1w_1+\cdots+c_{n_k}w_{n_k}=\mathbf{0}$$

$\{w_1, \cdots, w_{n_k}\}$는 E_{λ_k}의 기저이므로

$$c_1=\cdots=c_{n_k}=0$$

그러므로 E는 일차독립이다. $n_1+\cdots+n_k=n=\dim V$이므로 E는 V의 기저이다. 기저 E에 관한 행렬 $T(v_1)=\lambda_1v_1, \cdots, T(v_{n_1})=\lambda_1v_{n_1}, \cdots, T(w_1)=\lambda_kw_1, \cdots, T(w_{n_k})=\lambda_kw_{n_k}$이므로 다음과 같다.

$$[T]_E^E=\begin{bmatrix} \left.\begin{matrix}\lambda_1 & & \\ & \ddots & \\ & & \lambda_1\end{matrix}\right\} n_1 & & & O \\ & \ddots & & \\ & & \left.\begin{matrix}\lambda_2 & & \\ & \ddots & \\ & & \lambda_2\end{matrix}\right\} n_2 & \\ O & & \ddots & \\ & & & \left.\begin{matrix}\lambda_k & & \\ & \ddots & \\ & & \lambda_k\end{matrix}\right\} n_k \end{bmatrix}$$

정리 5.2.9 n차원 벡터공간 V 위의 선형변환 T의 고유값 $\lambda_1, \cdots, \lambda_k(\lambda_i \neq \lambda_j, i \neq j)$에 대응하는 T의 고유공간을 E_i, $\dim E_i=n_i$, $i=1, \cdots, k$라 하면 다음은 동치이다.

(1) T는 대각화가능하다.

(2) $V=E_1 \oplus \cdots \oplus E_k$

(3) 각 E_i의 기저를 F_i라 하면 $\bigcup_{i=1}^{k} F_i$는 V의 기저이다.

(4) $\sum_{i=1}^{k} \dim F_i=n$

(5) 고유다항식은 $p(t)=(t-\lambda_1)^{n_1}\cdots(t-\lambda_k)^{n_k}$이다.

[증명] 정리 2.5.7과 정리 2.5.8에서 쉽게 증명할 수 있다.

예제 5.2.10 다음 행렬의 대각화가능성을 판정하여라.

$$A=\begin{bmatrix}0&0&0\\0&1&0\\0&1&0\end{bmatrix},\qquad B=\begin{bmatrix}4&1&0\\0&4&0\\0&0&5\end{bmatrix}$$

[풀이] $p_A(t)=\begin{vmatrix}t&0&0\\0&t-1&0\\0&-1&t\end{vmatrix}=t^2(t-1)$

의 근은 $\lambda=0, 1$이다. $\lambda=0$이면

$$\begin{bmatrix}0&0&0\\0&-1&0\\0&-1&0\end{bmatrix}\begin{bmatrix}x\\y\\z\end{bmatrix}=0$$

$-y=0$에서 $\lambda=0$의 고유벡터는 $(1, 0, 0)^t$, $(0, 0, 1)^t$이므로 $\lambda=0$의 기하적 중복도는 2이다. $\lambda=1$이면

$$\begin{bmatrix}1&0&0\\0&0&0\\0&-1&0\end{bmatrix}\begin{bmatrix}x\\y\\z\end{bmatrix}=\begin{bmatrix}0\\0\\0\end{bmatrix}$$

$x=0$, $y=0$에서 고유벡터는 $(0, 0, 1)$이므로 $\lambda=1$의 기하적 중복도는 1이다. 모든 고유값의 기하적 중복도와 대수적 중복도가 같으므로 대각화가능하다.

$$p_B(t)=\begin{vmatrix}t-4&-1&0\\0&t-4&0\\0&0&t-5\end{vmatrix}=(t-4)^2(t-5)$$

에서 $\lambda=4$의 대수적 중복도는 2, $\lambda=5$의 대수적 중복도는 1이다. $\lambda=4$이면

$$\begin{bmatrix}0&-1&0\\0&0&0\\0&0&-1\end{bmatrix}\begin{bmatrix}x\\y\\z\end{bmatrix}=\begin{bmatrix}0\\0\\0\end{bmatrix},\qquad -y=0,\ -z=0$$

에서 고유공간 $E_4=\langle(1,\ 0,\ 0)\rangle$이다. 즉 $\dim E_4=1$이다. 고유값 4의 대수적 중복도와 기하적 중복도는 같지 않으므로 대각화불가능하다.

예제 5.5.11 다음 행렬 A에 대하여 물음에 답하여라.

$$A=\begin{bmatrix}2&1&1\\1&2&1\\1&1&2\end{bmatrix}$$

(1) 고유다항식을 구하여라.

(2) 고유값과 대수적 중복도를 구하여라.

(3) 각 고유값의 고유벡터를 구하여라.

(4) A를 대각화하는 $\mathbb{R}^3$의 기저를 구하여라.

(5) A를 대각화하는 정칙행렬과 대각화한 행렬을 구하여라.

[풀이] (1) $p(t)=\begin{vmatrix}t-2&-1&-1\\-1&t-2&-1\\-1&-1&t-2\end{vmatrix}=\begin{vmatrix}t-2&-1&0\\-1&t-2&-t+1\\-1&-1&t-1\end{vmatrix}$

$$=\begin{vmatrix}t-2&-1&0\\-2&t-3&0\\-1&-1&t-1\end{vmatrix}=(t-1)\begin{vmatrix}t-2&-1\\-2&t-3\end{vmatrix}$$

$$=(t-1)\{(t-2)(t-3)-2\}=(t-1)(t^2-5t+4)$$

$$=(t-1)^2(t-4)$$

(2) $\lambda=1$, $\lambda=4$의 대수적 중복도는 각각 2, 1이다.

(3) $\lambda=1$의 고유벡터는 $(-1,\ 1,\ 0)^t$, $(-1,\ 0,\ 1)^t$이고 $\lambda=4$의 고유벡터는 $(1,\ 1,\ 1)^t$이다.

(4) 대각화 기저는 $E=\{(-1,\ 1,\ 0)^t,\ (-1,\ 0,\ 1)^t,\ (1,\ 1,\ 1)^t\}$이다.

(5) 정칙행렬

$$P=\begin{bmatrix}-1&-1&1\\1&0&1\\0&1&1\end{bmatrix}$$

에 의하여 대각행렬 D로 대각화된다.

$$P^{-1}AP=\begin{bmatrix}1&0&0\\0&1&0\\0&0&4\end{bmatrix}$$

연습문제 5.2

1. $T(x,\ y)=(3x+4y,\ 2x+y)$로 정의된 선형사상 $T:\mathbb{R}^2\to\mathbb{R}^2$을 대각화하는 $\mathbb{R}^2$의 기저를 구하여라.

2. 행렬 $A=\begin{bmatrix}1&0\\-1&2\end{bmatrix}$를 대각화한 행렬 D를 이용하여 A^{10}을 구하여라.

3. 다음 행렬을 대각화하여라.

① $\begin{bmatrix}2&1&0\\3&2&0\\0&0&4\end{bmatrix}$ ② $\begin{bmatrix}-2&0&0&0\\0&-2&5&-5\\0&0&3&0\\0&0&0&3\end{bmatrix}$

4. 다음 행렬을 대각화하는 과정을 상세히 써라.

① $\begin{bmatrix}1&i\\i&-2\end{bmatrix}$ ② $\begin{bmatrix}1&0&0\\0&1&0\\1&-1&2\end{bmatrix}$

5. 다음 행렬을 대각화하는 정칙행렬을 구하여라.

① $\begin{bmatrix}1&1&-2\\0&2&4\\0&0&3\end{bmatrix}$ ② $\begin{bmatrix}1&1&-1\\0&1&0\\1&0&1\end{bmatrix}$

6. 다음 각 행렬은 정칙행렬에 의하여 대각화가능함을 보여라.

① $\begin{bmatrix}1&2&2\\1&-1&1\\4&-12&1\end{bmatrix}$ ② $\begin{bmatrix}1&2&1\\-1&4&1\\2&-4&0\end{bmatrix}$

7. 다음 행렬은 대각화불가능한 이유를 밝혀라.

$$\begin{bmatrix} 2 & 0 & 0 \\ -1 & 1 & 1 \\ 1 & 1 & 1 \end{bmatrix}$$

8. 다음 행렬을 근으로 갖는 다항식을 구하여라.

① $A=\begin{bmatrix} 1 & 4 & -3 \\ 0 & 3 & 1 \\ 0 & 2 & -1 \end{bmatrix}$ ② $\begin{bmatrix} \lambda & a & 0 & 0 \\ 0 & \lambda & a & 0 \\ 0 & 0 & \lambda & a \\ 0 & 0 & 0 & \lambda \end{bmatrix}$

제 6 장

내적공간

제 6 장

내적공간

6.1 내적공간

이 장에서 체 $\mathbb{K}$는 실수체 $\mathbb{R}$ 또는 복소수체 $\mathbb{C}$를 말한다. $\mathbb{R}^2$, $\mathbb{R}^3$, $\cdots$, $\mathbb{R}^n$ 공간의 내적(dot product)의 개념을 추상적인 벡터공간으로 확장하고자 한다.

체 $\mathbb{K}$ 위의 벡터공간 V 위의 사상 $\langle\ ,\ \rangle : V\times V\to\mathbb{K}$가 다음의 조건 (axiom)을 만족할 때 $\langle\ ,\ \rangle$을 V의 **내적**(inner product)이라 한다. 모든 $u,\ v,\ w\in V$, $\alpha\in\mathbb{K}$에 대하여

(1) $\langle u,\ v\rangle=\overline{\langle v,\ u\rangle}$　　(2) $\langle u+v,\ w\rangle=\langle u,\ w\rangle+\langle v,\ w\rangle$

(3) $\langle \alpha u,\ v\rangle=\alpha\langle u,\ v\rangle$　　(4) $\langle u,\ u\rangle\geq 0$, $u=\mathbf{0}\Longleftrightarrow\langle u,\ u\rangle=0$

어떤 내적을 갖고 있는 벡터공간을 **내적공간**(inner space), 실수체 $\mathbb{R}$ 위의 내적공간을 **실내적공간**(real inner space)이라 한다. 유한차원 실내적공간을 **Euclid 공간**(Euclidean space), 복소수체 $\mathbb{C}$ 위의 내적공간을 **복소내적공간**(complex inner space)이라 한다.

벡터공간의 내적으로부터 (i) $\langle \alpha u+\beta v,\ w\rangle=\alpha\langle u,\ w\rangle+\beta\langle v,\ w\rangle$, (ii) $\langle u,\ \alpha v+\beta w\rangle=\bar{\alpha}\langle u,\ v\rangle+\bar{\beta}\langle u,\ w\rangle=\langle u,\ \alpha v\rangle+\langle u,\ \beta w\rangle$가 성립한다. V가 실내적공간이면 모든 $u,\ v,\ w\in V$, $\alpha\in\mathbb{R}$에 대하여

(1) $\langle u,\ v\rangle=\langle v,\ u\rangle$

(2) $\langle u+v,\ w\rangle=\langle u,\ w\rangle+\langle v,\ w\rangle$, $\langle u,\ v+w\rangle=\langle u,\ v\rangle+\langle u,\ w\rangle$

(3) $\langle \alpha u,\ v\rangle=\alpha\langle u,\ v\rangle=\langle u,\ \alpha v\rangle$

(4) $\langle u,\ u\rangle\geq 0$. $u=\mathbf{0}\Longleftrightarrow\langle u,\ u\rangle=0$

예제 6.1.1 $\mathbb{R}^n$공간의 벡터 $X=(x_1, \cdots, x_n)^t$, $Y=(y_1, \cdots, y_n)^t$에 대하여 $X^tY=\sum_{i=1}^{n} x_iy_i$는 내적을 이룬다.

[풀이] 내적의 조건 (1), (2), (3)은 분명히 만족한다. 조건 (4)를 만족함을 보이자. $X=(x_1, \cdots, x_2)^t$에 대하여 $X^tX=x_1^2+\cdots+x_n^2\geq 0$ 이므로 $X^tX\geq 0$ 이다. $X=\mathbf{0}$ 이면 $X^tX=\mathbf{0}$ 이고 $X^tX=\sum_{i=1}^{n} x_i^2=0$이면 모든 $x_i=0$ 이므로 $X=\mathbf{0}$ 이다.

위의 내적을 **스칼라적**(scalar product) 또는 **도트적**(dot product)이라 하고 $X\cdot Y$로 나타낸다. 도트적을 **표준내적**(standard product)이라 하고, 표준내적에 관한 내적공간을 **표준내적공간**(standard inner space)이라 한다.

예제 6.1.2 벡터공간 $\mathbb{C}^n$의 임의의 벡터 $\alpha=(x_1, \cdots, x_n)$, $\beta=(y_1, \cdots, y_n)$의 곱을

$$\langle \alpha, \beta \rangle = \sum_{i=1}^{n} x_i\bar{y}_i$$

로 정의하면 $\langle , \rangle$은 내적이다. 이 때 $\langle \alpha, \beta \rangle=\alpha\cdot\beta$로 나타내고 $\mathbb{C}$ 위의 표준내적이라 한다.

[풀이] 조건 (4)를 확인하자. 모든 복소수 x에 대하여 $x\bar{x}\geq 0$ 이므로

$$\langle \alpha, \alpha \rangle = \alpha\cdot\alpha = x_1\bar{x}_1+\cdots+x_n\bar{x}_n \geq 0$$

즉 $\langle \alpha, \alpha \rangle \geq 0$. $\alpha=\mathbf{0}$ 이면 $\langle \alpha, \alpha \rangle=0$ 이고, $\langle \alpha, \alpha \rangle=0$ 이면 모든 $x_i\bar{x}_i=0$, $x_i=0$ 이므로 $\alpha=\mathbf{0}$ 이다.

예제 6.1.3 행렬공간 $M_{n\times n}(\mathbb{R})$에서 행렬 $E_{rs}=(a_{ij})$

$$E_{rs}=(a_{ij}), \qquad a_{ij}=\begin{cases} 1, & i=r,\ j=s \\ 0, & \text{그밖에} \end{cases}$$

의 집합 $\{E_{rs} \mid r, s=1, \cdots, n\}$은 기저를 이룬다.

$$\langle E_{ij}, E_{lm} \rangle = \begin{cases} 1, & i=l,\ j=m \\ 0, & \text{그밖에} \end{cases}$$

으로 정의된 사상 $\langle , \rangle : M_{n\times n}(\mathbb{R})\times M_{n\times n}(\mathbb{R})\to\mathbb{R}$는 내적이다.

[풀이] $A=[a_{ij}]$, $B=[b_{kl}]\in M_{n\times n}(\mathbb{R})$는 $A=\sum_{i,j=1}^{n} a_{ij}E_{ij}$, $B=\sum_{k,l=1}^{n} b_{kl}E_{kl}$로 표시된다.

$$\begin{aligned}\langle A,\ B\rangle &= \langle \sum a_{ij}E_{ij},\ \sum b_{kl}E_{kl}\rangle = \sum_{i,j=1}^{n}\sum_{k,l=1}^{n} a_{ij}b_{kl}\langle E_{ij},\ E_{kl}\rangle \\ &= \sum_{i,j=1}^{n} a_{ij}b_{ij} = \mathrm{tr}(AB^t)\end{aligned}$$

행렬의 trace의 성질에 의하여 조건 (1), (2), (3)은 쉽게 증명된다. $A=[a_{ij}]$에 대하여 $\langle A,\ A\rangle=\mathrm{tr}(AA^t)\geq 0$. $A=O \Longleftrightarrow \mathrm{tr}(AA^t)=0$, $\langle A,\ A\rangle=0$.

예제 6.1.4 2×2 행렬 $A=\begin{bmatrix} a_1 & a_2 \\ a_3 & a_4 \end{bmatrix}$, $B=\begin{bmatrix} b_1 & b_2 \\ b_3 & b_4 \end{bmatrix}$의 곱을 $\langle A, B\rangle=a_1b_1+a_2b_3+a_3b_2+a_4b_4$로 정의할 때 $\langle , \rangle$은 $M_{2\times 2}$의 내적인가?

[풀이] 내적의 조건 (4)를 확인하자. $\langle A,\ A\rangle=a_1a_1+a_2a_3+a_3a_2+a_4a_4=a_1^2+a_4^2+2a_2a_3\geq 0$라는 조건이 항상 성립하지는 않는다. 따라서 $\langle , \rangle$은 내적이 아니다.

예제 6.1.5 행렬공간 $M_{2\times 2}$의 원소 $A=\begin{bmatrix} a_1 & a_2 \\ a_3 & a_4 \end{bmatrix}$, $B=\begin{bmatrix} b_1 & b_2 \\ b_3 & b_4 \end{bmatrix}$의 내적 $\langle A, B\rangle=a_1b_1+a_2b_2+a_3b_3+a_4b_4$에 관한 다음을 계산하여라.

(1) $\left\langle \begin{bmatrix} 1 & 2 \\ 3 & 4 \end{bmatrix}, \begin{bmatrix} -1 & 0 \\ 3 & 2 \end{bmatrix} \right\rangle$ (2) $\left\langle \begin{bmatrix} 0 & 1 \\ 1 & 0 \end{bmatrix}, \begin{bmatrix} 1 & 1 \\ 1 & 0 \end{bmatrix} \right\rangle$

[풀이] (1) $1\cdot(-1)+2\cdot 0+3\cdot 3+4\cdot 2=16$

(2) $0\cdot 1+1\cdot 1+1\cdot 1+0\cdot 0=2$.

예제 6.1.6 다항식공간 P_n의 원소 $f(x)=a_0+a_1x+\cdots+a_nx^n$, $g(x)=b_0+b_1x+\cdots+b_nx^n$에 대하여 다음 사상은 내적임을 보여라.

(1) $\langle f,\ g\rangle=a_0b_0+\cdots+a_nb_n$

(2) $\langle f,\ g\rangle=\int_a^b f(x)g(x)dx,\ a<b$

[풀이] (1) $\langle f,\ f\rangle={a_0}^2+\cdots+{a_n}^2\geq 0$

(2) $\langle f,\ f\rangle=\int_a^b f(x)^2dx\geq 0$

한 벡터공간은 여러 개의 내적을 가질 수 있다. 내적공간의 내적이 어떤 것이든 그들에게 공통으로 적용되는 특성을 찾는 것이 우리의 관심이다. 내적을 갖는 벡터공간을 내적공간이라 한다. 벡터 $v=\mathbf{0}$ 이면 $\langle v, v\rangle=0$, $v\neq\mathbf{0}$ 이면 $\langle v, v\rangle>0$ 이므로 $\sqrt{\langle v, v\rangle}$를 생각할 수 있다. 실수 $\sqrt{\langle v, v\rangle}$를 v의 **길이**(length) 또는 **노름**(norm)이라 하고

$$\|v\|=\sqrt{\langle v, v\rangle}, \qquad \|v\|^2=\langle v, v\rangle$$

로 나타낸다. $\|v\|=1$일 때 v를 **단위벡터**(unit vector)라 한다. $v\neq\mathbf{0}$ 일 때 $\dfrac{v}{\|v\|}$ 는 단위벡터이다.

정리 6.1.1 내적공간 V의 임의의 벡터 u, v와 $\alpha\in\mathbb{K}$에서 다음이 성립한다.

(1) $\|\alpha u\|=|\alpha|\|u\|$

(2) $\|u\|\geq 0$, $\|u\|\neq\mathbf{0}\Longleftrightarrow\|u\|>0$

(3) $|\langle u, v\rangle|\leq\|u\|\|v\|$ [Cauchy-Schwarz inequality]

(4) $\|u+v\|\leq\|u\|+\|v\|$ [Triangle inequality]

[증명] (1) $\|\alpha u\|=\sqrt{\langle\alpha u, \alpha u\rangle}=\sqrt{\alpha\bar{\alpha}\langle u, u\rangle}=|\alpha|\|u\|$

(2) $\langle u, u\rangle\geq 0$ 이므로 $\|u\|=\sqrt{\langle u, u\rangle}\geq 0$. $u=\mathbf{0}\Longleftrightarrow\langle u, u\rangle=0$, $\|u\|=0$

(3) $u=\mathbf{0}$ 이면 등식이 성립한다. $u\neq\mathbf{0}$ 일 때

$$w=v-\frac{\langle v, u\rangle}{\|u\|^2}u$$

라 놓으면

$$\begin{aligned}\langle w, u\rangle&=\left\langle v-\frac{\langle v, u\rangle}{\|u\|^2}u, u\right\rangle\\&=\langle v, u\rangle-\frac{\langle v, u\rangle}{\|u\|^2}\langle u, u\rangle\\&=\langle v, u\rangle-\langle v, u\rangle=0\\0\leq\|w\|^2&=\left\langle v-\frac{\langle v, u\rangle}{\|u\|^2}u,\ v-\frac{\langle v, u\rangle}{\|u\|^2}u\right\rangle\\&=\langle v, v\rangle-\frac{\langle v, u\rangle\langle u, v\rangle}{\|u\|^2}\\&=\|v\|^2-\frac{|\langle u, v\rangle|^2}{\|u\|^2}\end{aligned}$$

따라서

$$|\langle u,\ v\rangle|^2 \le \|u\|^2\|v\|^2,\quad |\langle u,\ v\rangle| = \|u\|\|v\|$$

$$\begin{aligned}(4)\ \|u+v\|^2 &= \|u\|^2 + \langle u,\ v\rangle + \langle v,\ u\rangle + \|v\|^2 \\ &= \|u\|^2 + 2|\langle u,\ v\rangle| + \|v\|^2 \\ &\le \|u\|^2 + 2\|u\|\|v\| + \|v\|^2 \\ &= (\|u\| + \|v\|)^2\end{aligned}$$

따라서

$$\|u+v\| \le \|u\| + \|v\|.$$

예제 6.1.7 표준내적공간 $\mathbb{R}^n$의 벡터 $X=(x_1,\ \cdots,\ x_n)$, $Y=(y_1,\ \cdots,\ y_n)$에 대하여 정리 6.1.1의 (3), (4)의 부등식을 말하여라.

[풀이] 표준내적의 정의에 의하여

$$X \cdot Y = \sum_{i=1}^{n} x_i y_i,\quad X \cdot X = \sum_{i=1}^{n} x_i^2,\quad Y \cdot Y = \sum_{i=1}^{n} y_i^2,$$

$$|X \cdot Y| = \left|\sum_{i=1}^{n} x_i y_i\right|,\quad \|X\| = \left(\sum_{i=1}^{n} x_i^2\right)^{\frac{1}{2}},\quad \|Y\| = \left(\sum_{i=1}^{n} y_i^2\right)^{\frac{1}{2}}$$

이므로

$$\left|\sum_{i=1}^{n} x_i y_i\right| \le \left(\sum_{i=1}^{n} x_i^2\right)^{\frac{1}{2}}\left(\sum_{i=1}^{n} y_i^2\right)^{\frac{1}{2}}$$

한편

$$X+Y = \sum_{i=1}^{n} (x_i + y_i),\qquad \|X+Y\| = \left(\sum_{i=1}^{n} (x_i + y_i)^2\right)^{\frac{1}{2}}$$

이므로

$$\left(\sum_{i=1}^{n} (x_i + y_i)^2\right)^{\frac{1}{2}} \le \left(\sum_{i=1}^{n} x_i^2\right)^{\frac{1}{2}} + \left(\sum_{i=1}^{n} y_i^2\right)^{\frac{1}{2}}.$$

내적공간 V의 벡터 u, v에서 $d(u,\ v) = \|u-v\|$를 $u-v$의 **거리**(distence), d를 **거리함수**(metric function)라 한다.

정리 6.1.2 내적공간 V에서 $d(u, v)=\|u-v\|$로 정의된 함수 $d: V\times V\to\mathbb{R}$는 다음 성질을 갖는다. 임의의 $u, v, w\in V$, $\alpha\in\mathbb{K}$에 대하여

(1) $d(u, v)\geq 0$, $u=v\Leftrightarrow d(u, v)=0$

(2) $d(u, v)=d(v, u)$

(3) $d(u, v)\leq d(u, w)+d(w, u)$

[증명] 정리 6.1.1의 (4)에 의하여

$$\begin{aligned}\|u-v\|&=\|u-w+w-v\|=\|(u-w)+(w-v)\|\\&\leq\|u-w\|+\|w-v\|\end{aligned}$$

따라서

$$d(u, v)\leq d(u, w)+d(w, v)$$

예제 6.1.8 벡터 $u=(a_1, a_2, a_3)$, $v=(b_1, b_2, b_3)$의 내적 $\langle u, v\rangle=2a_1b_1+a_2b_2+4a_3b_3$에 대하여 다음에 답하여라.

(1) $u=(1, -1, 0)$, $v=(1, -1, 1)$의 거리 $d(u, v)$를 구하여라.

(2) $A=(0, 1, 1)$, $B=(1, -1, -1)$, $C=(-2, 0, 2)$로 된 $\triangle ABC$의 변의 길이를 구하여라.

[풀이] (1) $d(u, v)=\|u-v\|=\|(1, -1, 0)-(1, -1, 1)\|$

$=\|(0, 0, -1)\|=\sqrt{4(-1)(-1)}=\sqrt{4}=2$

(2) $d(A, B)=\|(-1, 2, 2)\|=\sqrt{2+4+16}=\sqrt{22}$

$d(B, C)=\|(3, -1, -3)\|=\sqrt{18+1+36}=\sqrt{55}$

$d(C, A)=\|(-2, -1, 1)\|=\sqrt{8+1+4}=\sqrt{13}$

내적공간 V의 벡터 u, v에서 $\langle u, v\rangle=0$일 때 이들 벡터는 서로 **수직**(perpendicular) 또는 서로 **직교**(orthogonal)한다고 한다. 실벡터공간 V의 벡터 u, v가 모두 영이 아니면 Schwarz의 부등식에서

$$-1\leq\frac{\langle u, v\rangle}{\|u\|\|v\|}\leq 1$$

$\dfrac{\langle u, v\rangle}{\|u\|\|v\|}=\cos\theta$라 하고 $\theta(0\leq\theta\leq\pi)$를 두 벡터가 이루는 **각**(angle)이라 한다.

$\langle u, v\rangle=0$ 일 때 $\cos\theta=0$, $\theta=\dfrac{\pi}{2}$ 라 한다. 모든 벡터 u에 대하여 $\langle u, \mathbf{0}\rangle=\langle \mathbf{0}, u\rangle=0$ 이므로 영벡터는 모든 벡터와 직교한다.

예제 6.1.9 유클리드 내적공간에서 다음 벡터가 이루는 각의 크기를 구하여라.

$$u=(1, -1, 0, 2),\ v=(0, 0, 1, 3)$$

[풀이] $\|u\|=\sqrt{6}$, $\|v\|=\sqrt{10}$, $\langle u, v\rangle=6$ 이므로

$$\cos\theta=\frac{6}{\sqrt{6}\sqrt{10}}=\frac{6}{\sqrt{60}}=\frac{3}{\sqrt{15}}$$

예제 6.1.10 예제 6.1.5의 내적에 대하여 다음을 구하여라.

$$A=\begin{bmatrix}1 & -1\\ 0 & 1\end{bmatrix},\qquad B=\begin{bmatrix}1 & 2\\ 0 & 1\end{bmatrix}$$

(1) $\langle A, B\rangle$ (2) $\|A\|$, $\|B\|$

(3) $\cos(A, B)$ (4) $d(A, B)$

[풀이] (1) $\langle A, B\rangle=1\cdot1+(-1)\cdot2+0\cdot0+1\cdot1=0$ 이므로 A와 B는 수직이다.

(2) $\|A\|=\sqrt{\langle A, A\rangle}=\sqrt{1+1+0+1}=\sqrt{3}$

$\|B\|=\sqrt{\langle B, B\rangle}=\sqrt{1+4+1}=\sqrt{6}$

(3) $\cos\theta=\dfrac{0}{\sqrt{3}\sqrt{6}}=0$

(4) $d(A, B)=\|A-B\|=\left\|\begin{bmatrix}0 & -3\\ 0 & 0\end{bmatrix}\right\|=\sqrt{9}=3$

예제 6.1.11 실내적공간 V의 직교하는 두 벡터 u, v에 대하여 Pythagoras정리가 성립한다. 즉

$$\|u+v\|^2=\|u\|^2+\|v\|^2$$

[풀이] $\|u+v\|^2=\langle (u+v), (u+v)\rangle=\langle u, u\rangle+\langle u, v\rangle+\langle v, u\rangle+\langle v, v\rangle$

$=\|u\|^2+2\langle u, v\rangle+\|v\|^2$

에서 $\langle u, v\rangle=0$ 이므로

$$\|u+v\|^2=\|u\|^2+\|v\|^2$$

연습문제 6.1

1. 유클리드 내적공간 $\mathbb{R}^4$에서 다음 벡터가 이루는 각의 크기를 구하여라.

$$X=(1, 1, 1, -1), \qquad Y=(2, 2, 3, 1)$$

2. $\langle f, g\rangle=\int_{-1}^{1} f(x)g(x)dx$로 정의된 P_2의 내적 $\langle , \rangle$과 다항식 $f(x)=x$, $g(x)=x^2$, $h(x)=2-x+x^2$, $l(x)=1+5x_2$에 대하여 다음에 답하여라.
   ① $\|f\|$, $\|g\|$를 구하여라.
   ② $\langle f, g\rangle$, $\langle h, l\rangle$을 구하여라.

3. $M_{2\times 2}(\mathbb{R})$ 위의 내적 $\langle A, B\rangle=\mathrm{tr}(AB^t)$에 대하여 다음에 답하여라.
   ① $A=\begin{bmatrix} a_1 & a_2 \\ a_3 & a_4 \end{bmatrix}$, $B=\begin{bmatrix} b_1 & b_2 \\ b_3 & b_4 \end{bmatrix}$의 내적을 구하여라.
   ② $P=\begin{bmatrix} \cos\alpha & -\sin\alpha \\ \sin\alpha & \cos\alpha \end{bmatrix}$, $Q=\begin{bmatrix} \cos\beta & -\sin\beta \\ \sin\beta & \cos\beta \end{bmatrix}$의 내적을 구하여라.
   ③ $\|P\|$, $\|Q\|$를 구하여라.

4. $\{v_1, \cdots, v_n\}$이 내적공간 V의 기저일 때 모든 v_i와 서로 수직인 벡터는 영벡터뿐임을 보여라.

5. 내적공간 V의 원소 u, v에 대하여 다음이 성립함을 보여라.
   ① $\|u+v\|^2+\|u-v\|^2=2\|u\|^2+2\|v\|^2$
   ② $\langle u, v\rangle=\frac{1}{4}(\|u+v\|^2-\|u-v\|^2)$

6. P_2의 다항식 $f(x)=a_0+a_1x+a_2x^2$, $g(x)=b_0+b_1x+b_2x^2$의 내적 $\langle f, g\rangle=a_0b_0+a_1b_1+a_2b_2$로 정의할 때 다음 다항식의 내적을 구하여라.
   ① $f(x)=-1+2x+x^2$, $g(x)=1-2x^2$
   ② $f(x)=1+2x$, $g(x)=-1+3x^2$

7. 내적공간 V의 임의의 v에 대하여 $\langle v, \mathbf{0}\rangle = \langle \mathbf{0}, v\rangle = 0$임을 보여라.

8. 다음 벡터는 $\mathbb{C}^3$내적공간에서 서로 수직임을 보여라.
$$(1, i, 2), (1, -i, -1), (1, -i, 0)$$

9. 실내적공간에서 $\|u\| = \|v\|$이면 $u-v$, $u+v$는 서로 수직임을 보여라.

10. 내적공간 V의 벡터 u, v가 $u=v$일 필요충분조건은 모든 벡터 w에 대하여 $\langle u, w\rangle = \langle v, w\rangle$인 것임을 보여라.

11. $\mathbb{R}^2$공간의 벡터 $X=(x_1, x_2)$, $Y=(y_1, y_2)$에 대하여 $\langle X, Y\rangle = x_1y_1 - x_2y_1 - x_1y_2 + 4x_2y_2$인 사상 $\langle , \rangle$에 대하여 다음에 답하여라.
   ① $\langle , \rangle : \mathbb{R} \times \mathbb{R} \to \mathbb{R}$는 내적임을 보여라.
   ② (x, y), $(-y, x)$가 수직일 필요충분조건을 구하여라.

12. 내적공간 V에서 $\|v\| = \sqrt{\langle v, v\rangle}$의 값을 벡터 v의 노름이라 한다. 다음 물음에 답하여라.
   ① $\mathbb{C}^2$공간 위의 내적 $\langle (z_1, z_2), (w_1, w_2)\rangle = z_1\bar{w}_1 + (1+i)z_1\bar{w}_2 + (1-i)z_2\bar{w}_1 + 3z_2\bar{w}_2$에 대한 벡터 $v=(1-2i, 2+3i)$의 노름 $\|v\|$를 구하여라.
   ② 실수 $\mathbb{R}$ 위의 다항식공간 V에서 $\langle f, g\rangle = \int_0^1 f(x)g(x)dx$로 정의된 내적에 관한 다항식 $f(x) = x^2 - 2x + 3$의 노름을 구하여라.

6.2 정규직교기저

내적공간 V의 부분집합 S의 임의의 두 원소가 서로 직교할 때 S를 **직교집합**(orthogonal set)이라 한다. 직교집합 S의 모든 원소가 단위벡터, 즉 $\langle v_i, v_j\rangle = \delta_{ij}$일 때 S를 **정규직교집합**(orthonarmal set)이라 한다.

예제 6.2.1 표준내적공간 $\mathbb{R}^n$, $\mathbb{C}^n$의 표준기저는 정규직교집합이다.

[풀이] $e_1 = (1, 0, \cdots, 0)$, $\cdots$, $e_n = (0, 1, \cdots, 0)$에서

$$e_i \cdot e_j = \begin{cases} 1, & i=j \\ 0, & i \neq j \end{cases}$$

이므로 $\{e_1, \cdots, e_n\}$은 정규직교집합이다.

예제 6.2.2 다항식공간 P_2 위의 내적 $\langle f, g\rangle=\int_{-1}^{1} f(x)g(x)dx$에서 집합 $\left\{1, x, \frac{3}{2}x^2-\frac{1}{2}\right\}$은 직교집합이다.

[풀이] $\langle 1, x\rangle=\int_{-1}^{1} x\,dx=\left[\frac{1}{2}x^2\right]_{-1}^{1}=0$

$$\left\langle 1, \frac{3}{2}x^2-\frac{1}{2}\right\rangle=\int_{-1}^{1}\left(\frac{3}{2}x^2-\frac{1}{2}\right)dx=\left[\frac{1}{2}x^3-\frac{1}{2}x\right]_{-1}^{1}=0$$

$$\int_{-1}^{1} x\left(\frac{3}{2}x^2-\frac{1}{2}\right)dx=\int_{-1}^{1}\left(\frac{3}{2}x^3-\frac{1}{2}x\right)dx=\left[\frac{3}{8}x^4-\frac{1}{4}x^2\right]_{1}^{-1}=0$$

따라서 주어진 집합의 서로 다른 다항식은 서로 직교한다.

정리 6.2.1 내적공간의 영이 아닌 벡터로 이루어진 직교집합은 일차독립이다.

[증명] 영이 아닌 벡터로 이루어진 직교집합 S의 서로 다른 벡터 $v_1, \cdots, v_m$이

$$\alpha_1 v_1+\cdots+\alpha_m v_m=\mathbf{0}$$

이라 하자. 임의의 v_k, $k=1, \cdots, m$에 대하여

$$\begin{aligned}0=\langle v_k, \mathbf{0}\rangle&=\langle v_k, \alpha_1 v_1+\cdots+\alpha_m v_m\rangle\\&=\alpha_1\langle v_k, v_1\rangle+\cdots+\alpha_k\langle v_k, v_k\rangle+\cdots+\alpha_m\langle v_k, v_m\rangle\end{aligned}$$

$\langle v_k, v_i\rangle=0$. $i\neq k$이므로

$$0=\alpha_k\langle v_k, v_k\rangle$$

$\langle v_k, v_k\rangle\neq 0$이므로 $\alpha_k=0$, $k=1, \cdots, m$이다. 따라서 $v_1, \cdots, v_m$은 일차독립이다. 이는 직교집합 S가 일차독립임을 뜻한다.

예제 6.2.3 유클리드공간 $\mathbb{R}^n$의 서로 수직인 벡터 $X_1, \cdots, X_m (X_i\neq O, m\leq n)$은 일차독립이다.

[풀이] 행벡터 X_j, $j=1, \cdots, m$에 대하여

$$a_1X_1+\cdots+a_mX_m=O$$

이라 하자. 임의의 X_j, $j=1, \cdots, m$에 관한 표준내적을 시행하면

$$\begin{aligned}0&=X_j\cdot O=X_j\cdot(a_1X_1+\cdots+a_mX_m)\\&=X_j(a_1X_1+\cdots+a_mX_m)^t\\&=X_j(a_1X_1^t+\cdots+a_mX_m^t)=a_1X_jX_1^t+\cdots+a_mX_jX_m^t\\&=a_jX_jX_j^t=a_jX_j\cdot X_j\end{aligned}$$

$X_jX_j^t\neq 0$ 이므로 $a_j=0$, $j=1, \cdots, m$이다. 따라서 $X_1, \cdots, X_m$은 일차독립이다.

예제 6.2.4 내적공간 $\mathbb{R}^2$의 원소 $\{(\cos\theta, \sin\theta), (-\sin\theta, \cos\theta)\}$, $\{(\cos\theta, \sin\theta), (\sin\theta, -\cos\theta)\}$는 정규직교 집합이다.(단 $0\leq\theta<2\pi$)

[풀이] $\cos^2\theta+\sin^2\theta=1$ 이므로 $(\cos\theta, \sin\theta)$, $(-\sin\theta, \cos\theta)$, $(\sin\theta, -\cos\theta)$의 크기는 모두 1이다.

$$\begin{aligned}(\cos\theta, \sin\theta)\cdot(-\sin\theta, \cos\theta)&=[\cos\theta, \sin\theta]\begin{bmatrix}-\sin\theta\\ \cos\theta\end{bmatrix}\\&=-\sin\theta\cos\theta+\sin\theta\cos\theta=0\\(\cos\theta, \sin\theta)\cdot(\sin\theta, -\cos\theta)&=[\cos\theta, \sin\theta]\begin{bmatrix}\sin\theta\\ -\cos\theta\end{bmatrix}\\&=\cos\theta\sin\theta-\sin\theta\cos\theta=0\end{aligned}$$

이므로 모두 직교집합이다.

내적공간 V의 기저 $\{v_1, \cdots, v_n\}$이 직교집합일 때 $\{v_1, \cdots, v_n\}$을 **직교기저**(orthogonal basis)라 한다. 단위벡터로 이루어진 직교기저를 **정규직교기저**(orthonormal basis)라 한다.

예제 6.2.5 $A, B\in M_{2\times2}$, $\langle A, B\rangle=\mathrm{tr}(AB^t)$로 정의된 내적에 대하여 다음 집합은 정규직교기저이다.

$$\left\{\begin{bmatrix}1&0\\0&0\end{bmatrix}, \begin{bmatrix}0&\frac{2}{3}\\ \frac{1}{3}&-\frac{2}{3}\end{bmatrix}, \begin{bmatrix}0&\frac{2}{3}\\ -\frac{2}{3}&\frac{1}{3}\end{bmatrix}, \begin{bmatrix}0&\frac{1}{3}\\ \frac{2}{3}&\frac{2}{3}\end{bmatrix}\right\}$$

[풀이] $M_{2\times2}$공간의 차원은 4이므로 주어진 네 개의 행렬이 정규직교집합이면 정리 6.2.1에 의하여 일차독립이므로 주어진 집합은 기저를 이룬다. 즉 정규직교기저이다. 다음 계산에서 정규직교집합임을 알 수 있다.

$$\left\langle \begin{bmatrix} 1 & 0 \\ 0 & 0 \end{bmatrix}, \begin{bmatrix} 0 & \frac{2}{3} \\ \frac{1}{3} & -\frac{2}{3} \end{bmatrix} \right\rangle = 1\cdot 0 + 0\cdot\frac{2}{3} + 0\cdot\frac{1}{3} + 0\cdot\left(-\frac{2}{3}\right) = 0$$

$$\left\langle \begin{bmatrix} 0 & \frac{2}{3} \\ \frac{1}{3} & -\frac{2}{3} \end{bmatrix}, \begin{bmatrix} 0 & \frac{2}{3} \\ -\frac{2}{3} & \frac{1}{3} \end{bmatrix} \right\rangle = 0\cdot 0 + \frac{2}{3}\cdot\frac{2}{3} + \frac{1}{3}\cdot\left(-\frac{2}{3}\right) + \left(-\frac{2}{3}\right)\cdot\frac{1}{3} = 0$$

$$\left\langle \begin{bmatrix} 0 & \frac{2}{3} \\ -\frac{2}{3} & \frac{1}{3} \end{bmatrix}, \begin{bmatrix} 0 & \frac{1}{3} \\ \frac{2}{3} & \frac{2}{3} \end{bmatrix} \right\rangle = 0\cdot 0 + \frac{2}{3}\cdot\frac{1}{3} + \left(-\frac{2}{3}\right)\cdot\frac{2}{3} + \frac{1}{3}\cdot\frac{2}{3} = 0$$

$$\left\langle \begin{bmatrix} 0 & \frac{2}{3} \\ \frac{1}{3} & -\frac{2}{3} \end{bmatrix}, \begin{bmatrix} 0 & \frac{1}{3} \\ \frac{2}{3} & \frac{2}{3} \end{bmatrix} \right\rangle = 0\cdot 0 + \frac{2}{3}\cdot\frac{1}{3} + \frac{1}{3}\cdot\frac{2}{3} + \left(-\frac{2}{3}\right)\cdot\frac{2}{3} = 0$$

$$\left\| \begin{bmatrix} 1 & 0 \\ 0 & 0 \end{bmatrix} \right\|^2 = \left\| \begin{bmatrix} 0 & \frac{2}{3} \\ \frac{1}{3} & -\frac{2}{3} \end{bmatrix} \right\|^2 = \left\| \begin{bmatrix} 0 & \frac{2}{3} \\ -\frac{2}{3} & \frac{1}{3} \end{bmatrix} \right\|^2 = \left\| \begin{bmatrix} 0 & \frac{1}{3} \\ \frac{2}{3} & \frac{2}{3} \end{bmatrix} \right\| = \frac{9}{9} = 1$$

예제 6.2.6 예제 6.1.5(1)에 의한 내적공간 P_2에서 다음 집합은 정규직교기저인가?

$$\left\{1,\ \frac{1}{\sqrt{2}}x + \frac{1}{\sqrt{2}}x^2,\ x^2\right\}$$

[풀이] $\left\langle 1,\ \frac{1}{\sqrt{2}}x + \frac{1}{\sqrt{2}}x^2 \right\rangle = 1\cdot 0 + 0\cdot\frac{1}{\sqrt{2}} + 0\cdot\frac{1}{\sqrt{2}} = 0$

$\langle 1\ x^2 \rangle = 1\cdot 0 + 0\cdot 0 + 0\cdot 1 = 0,$

$\left\langle \frac{1}{\sqrt{2}}x + \frac{1}{\sqrt{2}}x^2,\ x^2 \right\rangle = 0\cdot 0 + \frac{1}{\sqrt{2}}\cdot 0 + \frac{1}{\sqrt{2}}\cdot 1 = \frac{1}{\sqrt{2}} \neq 0$

이므로 직교집합이 아니다.

정리 6.2.2 n차원 내적공간 V의 정규직교집합 $\{v_1, \cdots, v_n\}$은 정규직교기저를 이룬다.

[증명] 정리 6.2.1에 의하여 직교집합 $\{v_1, \cdots, v_n\}$은 일차독립이다. V의 차원이 n이므로 $\{v_1, \cdots, v_n\}$은 기저이다. 즉 $\{v_1, \cdots, v_n\}$은 정규직교기저이다.

정리 6.2.3 집합 $E=\{v_1, \cdots, v_n\}$이 내적공간 V의 정규직교기저 일 때 임의의 벡터 v, w에 대하여 다음 등식이 성립한다.

(1) $v=\langle v_1, v_1\rangle v_1+\langle v_1, v_2\rangle v_2+\cdots+\langle v_1, v_n\rangle v_n$

(2) $\langle v, w\rangle=\langle v, v_1\rangle\overline{\langle w, v_1\rangle}+\langle v, v_2\rangle\overline{\langle w, v_2\rangle}+\cdots+\langle v, v_n\rangle\overline{\langle w, v_n\rangle}$

[증명] $v=\alpha_1v_1+\cdots+\alpha_nv_n$, $w=\beta_1v_1+\cdots+\beta_nv_n$이라 하자.

(1) 임의의 v_k, $k=1, \cdots, n$에 대하여

$$\begin{aligned}\langle v, v_k\rangle&=\langle \alpha_1v_1+\cdots+\alpha_nv_n, v_k\rangle\\&=\alpha_1\langle v_1, v_k\rangle+\cdots+\alpha_k\langle v_k, v_k\rangle+\cdots+\alpha_n\langle v_n, v_k\rangle\\&=\alpha_1\cdot 0+\cdots+\alpha_k\cdot 1+\cdots+\alpha_n\cdot 0\end{aligned}$$

모든 k에 대하여 $\alpha_k=\langle v, v_k\rangle$이므로

$$v=\sum_{k=1}^{n}\alpha_kv_k=\sum_{k=1}^{n}\langle v, v_k\rangle v_k$$

(2) $$\begin{aligned}\langle v, w\rangle&=\left\langle\sum_{k=1}^{n}\alpha_kv_k, \sum_{k=1}^{n}\beta_kv_k\right\rangle=\sum_{i=1}^{n}\sum_{j=1}^{n}\alpha_i\bar{\beta}_j\langle v_i, v_j\rangle\\&=\sum_{i=1}^{n}\sum_{j=1}^{n}\alpha_i\bar{\beta}_j\delta_{ij}=\sum_{i=1}^{n}\alpha_i\bar{\beta}_i\\&=\sum_{i=1}^{n}\langle v, v_i\rangle\overline{\langle w, w_i\rangle}\end{aligned}$$

예제 6.2.7 유클리드공간 $\mathbb{R}^3$의 정규직교기저 $\left\{(0, 1, 0), \left(\frac{1}{\sqrt{2}}, 0, \frac{1}{\sqrt{2}}\right), \left(\frac{1}{\sqrt{2}}, 0, -\frac{1}{\sqrt{2}}\right)\right\}$에서 벡터 (1, 2, 3)을 이들 벡터의 일차결합으로 나타내어라.

[풀이] $v=(1, 2, 3)$, $v_1=(0, 1, 0)$, $v_2=\left(\frac{1}{\sqrt{2}}, 0, \frac{1}{\sqrt{2}}\right)$, $v_3=\left(\frac{1}{\sqrt{2}}, 0, -\frac{1}{\sqrt{2}}\right)$이라 놓으면

$$\langle v,\ v_1\rangle=2,\ \langle v,\ v_2\rangle=\frac{1}{\sqrt{2}}+\frac{3}{\sqrt{2}}=\frac{4}{\sqrt{2}}=2\sqrt{2},\ \langle v,\ v_3\rangle=\frac{1}{\sqrt{2}}-\frac{3}{\sqrt{2}}=-\sqrt{2}$$

따라서

$$(1,\ 2,\ 3)=2(0,\ 1,\ 0)+2\sqrt{2}\left(\frac{1}{\sqrt{2}},\ 0,\ \frac{1}{\sqrt{2}}\right)-\sqrt{2}\left(\frac{1}{\sqrt{2}},\ 0,\ -\frac{1}{\sqrt{2}}\right).$$

정리 6.2.4 내적공간 V의 영이 아닌 벡터로 이루어진 정규직교 집합 $S=\{v_1,\ \cdots,\ v_m\}$에 의하여 생성된 V의 부분공간을 W라 하자. 임의의 벡터 $u\in V$는 다음 꼴로 표시된다.

$$u=w_1+w_2$$

여기서 $w_1=\langle u,\ v_1\rangle v_1+\langle u,\ v_2\rangle v_2+\cdots+\langle u,\ v_m\rangle v_m$, $w_2=u-\langle u,\ v_1\rangle v_1-\langle u,\ v_2\rangle v_2-\cdots-\langle u,\ v_m\rangle v_m$이고 w_2와 W는 직교한다.

[증명] $u=w_1+w_2$는 분명하다. 모든 $k=1,\ \cdots,\ n$에 대하여

$$\begin{aligned}\langle w_2,\ v_k\rangle&=\langle u,\ v_k\rangle-\langle u,\ v_1\rangle\langle v_1,\ v_k\rangle-\cdots-\langle u,\ v_m\rangle\langle v_m,\ v_k\rangle\\&=\langle u,\ v_k\rangle-\langle u,\ v_k\rangle\langle v_k,\ v_k\rangle\\&=\langle u,\ v_k\rangle-\langle u,\ v_k\rangle=0\end{aligned}$$

임의의 $w\in W$, $w=\alpha_1v_1+\cdots+\alpha_mv_m$에 대하여

$$\begin{aligned}\langle w_2,\ w\rangle&=\langle w_2,\ \alpha_1v_1+\cdots+\alpha_mv_m\rangle\\&=\alpha_1\langle w_2,\ v_1\rangle+\cdots+\alpha_m\langle w_2,\ v_m\rangle\\&=0\end{aligned}$$

따라서 w는 W의 모든 원소와 수직이다.

정리 6.2.5 n차원 내적공간 V의 영이 아닌 벡터로 이루어진 직교집합 $S=\{v_1,\ \cdots,\ v_m\}$에서 $W=\langle v_1,\ \cdots,\ v_m\rangle$, $w_1=\sum_{i=1}^{m}\frac{\langle v,\ v_i\rangle}{\langle v_i,\ v_i\rangle}v_i=\sum_{i=1}^{m}\frac{\langle v,\ v_i\rangle}{\|v_i\|^2}v_i$라 하면 $w_2=v-w_1$인 벡터 w_2는 W의 모든 벡터와 직교한다. 즉 임의의 $v\in V$에서 $v=w_1+w_2$, $w_2\perp W$인 벡터 w_1, w_2가 존재한다.

[증명] 모든 $i=1,\ \cdots,\ m$에 대하여

$$u_i = \frac{v_i}{\|v_i\|} = \frac{1}{\sqrt{\langle v_i, v_i \rangle}} v_i$$

라 놓으면 집합 $\{u_1, \cdots, u_m\}$은 정규직교집합이다. 모든 $i=1, \cdots, m$에 대하여

$$\langle v, u_i \rangle = \left\langle v, \frac{v_i}{\|v_i\|} \right\rangle = \frac{1}{\|v_i\|} \langle v, v_i \rangle$$

$$\langle v, u_i \rangle u_i = \frac{\langle v, v_i \rangle}{\|v_i\|} \frac{v_i}{\|v_i\|} = \frac{\langle v, v_i \rangle}{\|v_i\|^2} v_i$$

$$= \frac{\langle v, v_i \rangle}{\langle v_i, v_i \rangle} v_i$$

이므로

$$w_1 = \sum_{i=1}^{m} \langle v, u_i \rangle u_i = \sum_{i=1}^{m} \frac{\langle v, v_i \rangle}{\langle v_i, v_i \rangle} v_i$$

$$w_2 = v - \sum_{i=1}^{m} \frac{\langle v, v_i \rangle}{\langle v_i, v_i \rangle} v_i$$

위의 정리에서 $w_1 = \sum_{i=1}^{m} \frac{\langle v, v_i \rangle}{\langle v_i, v_i \rangle} v_i$를 W 위의 v의 **직교사영**(orthogonal projection), $w_2 = v - w_1$을 u의 **직교사영의 성분**(component of v orthogonal to w_1)이라 한다. 실수 $\frac{\langle v, v_i \rangle}{\langle v_i, v_i \rangle}$를 v_i에 대한 v의 **Fourier계수**(Fourier coefficient)라 한다.

예제 6.2.8 유클리드 내적공간 $\mathbb{R}^3$의 벡터 $v_1=(1, 1, ,1)$, $v_2=(0, 1, -1)$에 의하여 생성된 부분공간에 대하여 벡터 $v=(1, -1, 1)$의 직교사영과 그 성분을 구하여라.

[풀이] $\langle v, v_1 \rangle = 1$, $\langle v, v_2 \rangle = -2$, $\langle v_1, v_1 \rangle = 3$, $\langle v_2, v_2 \rangle = 2$ 이므로

$$w_1 = \frac{\langle v, v_1 \rangle}{\langle v_1, v_1 \rangle} v_1 + \frac{\langle v, v_2 \rangle}{\langle v_2, v_2 \rangle} v_2 = \frac{1}{3} v_1 + \frac{-2}{2} v_2$$

$$= \frac{1}{3}(1, 1, 1) - (0, 1, -1) = \left(\frac{1}{3}, -\frac{2}{3}, \frac{4}{3}\right)$$

$$w_2 = v - w_1 = (1, -1, 1) - \left(\frac{1}{3}, -\frac{2}{3}, \frac{4}{3}\right)$$

$$= \left(\frac{2}{3}, -\frac{1}{3}, -\frac{1}{3}\right)$$

예제 6.2.9 벡터 $X=(x_1, x_2, x_3)$, $Y=(y_1, y_2, y_3)$에 대하여 $\langle X, Y \rangle = x_1 y_1$

$+2x_2y_2+3x_3y_3$으로 정의된 내적 $\langle , \rangle$가 있다. 벡터 $X_1=(1, 1, 1)$, $X_2=(1, 1, 0)$, $X_3=(1, 0, 0)$에 대한 벡터 $X=(1, 2, 3)$의 Fourier 계수를 구하여라.

[풀이] $\langle X_1, X_1\rangle=6$, $\langle X_2, X_2\rangle=3$, $\langle X_3, X_3\rangle=1$,
$\langle X, X_1\rangle=14$, $\langle X, X_2\rangle=5$, $\langle X, X_3\rangle=1$

이므로

$$\frac{\langle X, X_1\rangle}{\langle X_1, X_1\rangle}=\frac{7}{3}, \quad \frac{\langle X, X_2\rangle}{\langle X_2, X_2\rangle}=\frac{5}{3}, \quad \frac{\langle X, X_3\rangle}{\langle X_3, X_3\rangle}=1$$

예제 6.2.10 유클리드 내적공간 $\mathbb{R}^4$의 부분집합 $\{v_1, v_2, v_3, v_4\}$

$$v_1=(1, 0, 0, 1), \quad v_2=(-1, 2, -1, 1)$$
$$v_3=(2, 3, 2, -2), \quad v_4=(-1, 0, 2, 1)$$

에 대하여 다음에 답하여라.

(1) $\{v_1, v_2, v_3, v_4\}$는 직교집합이다.

(2) 정규직교화한 집합 $\{u_1, u_2, u_3, u_4\}$는 정규직교기저이다.

(3) $\{v_1, v_2, v_3, v_4\}$는 직교기저, $\{u_1, u_2, u_3, u_4\}$는 정규직교기저이다.

(4) 벡터 $(0, 1, 1, 0)$를 v_1, v_2, v_3, v_4의 일차결합으로 나타내어라.

[풀이] (1) $\langle v_1, v_2\rangle=1\cdot(-1)+1\cdot 1=0$, $\langle v_1, v_3\rangle=1\cdot 2+1\cdot(-2)=0$
$\langle v_1, v_4\rangle=1\cdot(-1)+1\cdot 1=0$
$\langle v_2, v_3\rangle=(-1)\cdot 2+2\cdot 3+(-1)\cdot 2+1\cdot(-2)=0$
$\langle v_2, v_4\rangle=(-1)\cdot(-1)+2\cdot 0+(-1)\cdot 2+1\cdot 1=0$
$\langle v_3, v_4\rangle=2\cdot(-1)+3\cdot 0+2\cdot 2+(-2)\cdot 1=0$

이므로 $\{v_1, v_2, v_3, v_4\}$는 직교집합이다.

(2) $\|v_1\|=\sqrt{2}$, $\|v_2\|=\sqrt{7}$, $\|v_3\|=\sqrt{21}$, $\|v_4\|=\sqrt{6}$ 이므로

$$u_1=\frac{1}{\sqrt{2}}v_1, \quad u_2=\frac{1}{\sqrt{7}}v_2, \quad u_3=\frac{1}{\sqrt{21}}v_3, \quad u_4=\frac{1}{\sqrt{6}}v_4$$

라 놓으면 $\{u_1, u_2, u_3, u_4\}$는 정규직교집합이다.

(3) $\{v_1, v_2, v_3, v_4\}$는 직교집합이므로 정리 6.2.2에 의하여 $\mathbb{R}^4$공간의 직교기저이다.

(4) $v=(0, 1, 1, 0)$이라 하면

$$\langle v, v_1\rangle=0, \quad \langle v, v_2\rangle=1, \quad \langle v, v_3\rangle=5, \quad \langle v, v_4\rangle=2$$

이므로

$$\begin{aligned} v&=\frac{\langle v, v_1\rangle}{\langle v_1, v_1\rangle}v_1+\frac{\langle v, v_2\rangle}{\langle v_2, v_2\rangle}v_2+\frac{\langle v, v_3\rangle}{\langle v_3, v_3\rangle}v_3+\frac{\langle v, v_4\rangle}{\langle v_4, v_4\rangle}v_4 \\ &=\frac{1}{7}v_2+\frac{5}{21}v_3+\frac{2}{6}v_4 \end{aligned}$$

실제로

$$\begin{aligned} &\frac{1}{7}(-1, 2, -1, 1)+\frac{5}{21}(2, 3, 2, -2)+\frac{2}{6}(-1, 0, 2, 1) \\ &=\left(-\frac{1}{7}+\frac{10}{21}-\frac{2}{6}, \frac{2}{7}+\frac{15}{21}, -\frac{1}{7}+\frac{10}{21}+\frac{4}{6}, \frac{1}{7}-\frac{10}{21}+\frac{2}{6}\right) \\ &=(0, 1, 1, 0) \end{aligned}$$

$\|u_1\|=\|u_2\|=\|u_3\|=\|u_4\|=1$ 이므로

$$\langle v, u_1\rangle=\left\langle v, \frac{1}{\sqrt{2}}v_1\right\rangle=\frac{1}{\sqrt{2}}\langle v, v_1\rangle=0, \ \langle v, u_2\rangle=\frac{1}{\sqrt{7}}\langle v, u_2\rangle=\frac{1}{\sqrt{7}},$$

$$\langle v, u_3\rangle=\left\langle v, \frac{1}{\sqrt{21}}v_3\right\rangle=\frac{5}{\sqrt{21}}, \ \langle v, u_4\rangle=\left\langle v, \frac{1}{\sqrt{6}}v_4\right\rangle=\frac{2}{\sqrt{6}}$$

즉

$$v=\frac{1}{\sqrt{7}}u_2+\frac{5}{\sqrt{21}}u_3+\frac{2}{\sqrt{6}}u_3$$

n차원 내적공간의 기저 $\{v_1, \cdots, v_n\}$을 적당한 방법으로 변형하여 정규직교기저 $\{u_1, \cdots, u_n\}$을 얻을 수 없을까 하는 의문을 갖게 된다. 실제로 이러한 변형은 가능하다. 가장 널리 알려진 Gram-Schmidt의 직교화과정을 소개하기로 한다.

정리 6.2.6 내적공간 V의 정규직교집합 $\{u_1, \cdots, u_m\}$에서 $m<n$, $n=\dim V$이면 $\{u_1, \cdots, u_m, u_{m+1}\}$이 정규직교집합이 되는 벡터 u_{m+1}이 존재한다.

[증명] 정리 6.2.1에 의하여 $u_1, \cdots, u_m$은 일차독립이다. 정리 3.3.6에 의하여 집합 $\{u_1, \cdots, u_m, w_{m+1}, \cdots, w_n\}$이 V의 기저가 되는 벡터 $w_{m+1}, \cdots, w_n$

이 존재한다.

$$v_{m+1}=a_1u_1+\cdots+a_mu_m+w_{m+1},\ a_i\in\mathbb{K},\ i=1,\ \cdots,\ m$$

이 모든 u_j와 수직이 되도록 하자. 식의 양변에 내적을 시행하면

$$\begin{aligned}\langle v_{m+1},\ u_j\rangle&=\sum_{i=1}^{m}a_i\langle u_i,\ u_j\rangle+\langle w_{m+1},\ u_j\rangle\\&=a_j\langle u_j,\ u_j\rangle+\langle w_{m+1},\ u_j\rangle\\&=a_j+\langle w_{m+1},\ u_j\rangle\end{aligned}$$

$a_j=-\langle w_{m+1},\ u_j\rangle$라 놓으면 모든 $j=1,\ \cdots,\ m$에 대하여

$$\langle v_{m+1},\ u_j\rangle=0$$

모든 $j=1,\ \cdots,\ m$에 대하여

$$u_{m+1}=\frac{v_{m+1}}{\|v_{m+1}\|}$$

이라 놓으면 $\{u_1,\ \cdots,\ u_m,\ u_{m+1}\}$은 정규직교집합이다.

정리 6.2.7 유한차원 내적공간은 정규직교기저를 갖는다.

[증명] V의 차원을 n이라 하자. $m+1=n$이면 $\{u_1,\ \cdots,\ u_n\}$은 정규직교기저이다. $m+1<n$일 때 정규직교집합 $\{u_1,\ \cdots,\ u_{m+1}\}$에 위 정리의 증명과정을 다시 시행하면 정규직교집합 $\{u_1,\ \cdots,\ u_{m+2}\}$를 얻는다. 이러한 과정을 $n-m$번 시행하면 정규직교집합 $\{u_1,\ \cdots,\ u_n\}$을 얻을 수 있다. 정리 6.2.2에 의하여 $\{u_1,\ \cdots,\ u_n\}$은 V의 정규직교기저이다.

정리 6.2.6에서와 같이 어떤 기저로부터 정규직교기저를 구하는 과정을 Gram-Schmidt의 **직교화과정**(Gram-Schmidt orthothgonal process)이라 한다.

예제 6.2.11 벡터 (1, 0, 1)에 Gram-Schmidt의 과정을 써서 표준내적공간 $\mathbb{R}^3$의 정규직교기저를 구하여라.

[풀이] 벡터 $v_1=(1,\ 0,\ 1)$, $e_1=(1,\ 0,\ 0)$, $e_2=(0,\ 1,\ 0)$, $e_3=(0,\ 0,\ 1)$은 $\mathbb{R}^3$ 공간을 생성하므로 v_1과 다른 두 벡터가 일차독립이면 이들은 $\mathbb{R}^3$의 기저이다.

$\alpha v_1+\beta e_1+\gamma e_2=\mathbf{0}$ 이면

$$(\alpha+\beta,\ \gamma,\ \alpha)=(0,\ 0,\ 0)$$

에서 $\alpha=\beta=\gamma=0$. 그러므로 $\{v_1, e_1, e_2\}$는 $\mathbb{R}^3$의 기저이다. $u_1=\frac{1}{\sqrt{2}}v_1=\frac{1}{\sqrt{2}}(1, 0, 1)$ 에 대하여

$$w_2=\alpha_1 u_1+e_1$$

이 u_1과 수직이 되도록 하자.

$$\begin{aligned}0&=\langle w_2,\ u_1\rangle=\langle \alpha_1 u_1+e_1,\ u_1\rangle\\&=\alpha_1\langle u_1,\ u_1\rangle+\langle e_1,\ u_1\rangle=\alpha_1+\frac{1}{\sqrt{2}}\end{aligned}$$

이므로

$$\alpha_1=-\frac{1}{\sqrt{2}}$$

그러므로

$$w_2=-\frac{1}{\sqrt{2}}u_1+e_1=\left(\frac{1}{2},\ 0,\ -\frac{1}{2}\right)$$

$\|w_2\|=\frac{1}{\sqrt{2}}$ 이므로

$$u_2=\frac{1}{\sqrt{2}}(1,\ 0,\ -1)$$

이라 놓으면 $\{u_1,\ u_2\}$는 정규직교집합이다.

$$w_3=\alpha_1 u_1+\alpha_2 u_2+e_2$$

가 u_1, u_2와 수직이 되도록 α_1, α_2를 정하자.

$$0=\langle w_3,\ u_1\rangle=\alpha_1\langle u_1,\ u_1\rangle+\alpha_2\langle u_2,\ u_1\rangle+\langle e_2,\ u_1\rangle=\alpha_1$$
$$0=\langle u_3,\ u_2\rangle=\alpha_1\langle u_1,\ u_2\rangle+\alpha_2\langle u_2,\ u_2\rangle+\langle e_2,\ u_2\rangle=\alpha_2$$

$\alpha_1=\alpha_2=0$ 이므로 $w_3=e_2$, $\|w_3\|=1$ 이다. 따라서 $\{u_1,\ u_2,\ u_3\}=\left\{\frac{1}{\sqrt{2}}(1,\ 0,\ 1),\ \frac{1}{\sqrt{2}}(1,\ 0,\ -1),\ (0,\ 1,\ 0)\right\}$은 정규직교기저이다.

정리 6.2.8 n차원 내적공간 V의 기저 $\{w_1, \cdots, w_n\}$에 대하여

$$\begin{aligned}
v_1 &= w_1 \\
v_2 &= w_2 - \frac{\langle w_2, v_1\rangle}{\|v_1\|^2} v_1 \\
v_3 &= w_3 - \frac{\langle w_3, v_2\rangle}{\|v_2\|^2} v_2 - \frac{\langle w_3, v_1\rangle}{\|v_1\|^2} v_1 \\
&\vdots \\
v_n &= w_n - \frac{\langle w_n, v_{n-1}\rangle}{\|v_{n-1}\|^2} v_{n-1} - \cdots - \frac{\langle w_n, v_1\rangle}{\|v_1\|^2} v_1
\end{aligned}$$

이 되는 벡터집합 $\{v_1, \cdots, v_n\}$은 직교기저이다. 모든 $u_i = \dfrac{v_i}{\|v_i\|}$ 라 놓으면 $\{u_1, \cdots, u_n\}$은 정규직교기저이다.

[증명] 정리 6.2.6에서 $m=1$인 경우를 생각하자.

$$v_1 = w_1, \quad u_1 = \frac{w_1}{\|w_1\|} = \frac{v_1}{\|v_1\|}$$

에 대하여 $v_2 = \alpha_1 u_1 + w_2$가 v_1과 수직이 되도록 하려면

$$\begin{aligned}
0 = \langle v_2, v_1\rangle &= \alpha_1 \cdot \langle u_1, v_1\rangle + \langle w_2, v_1\rangle \\
&= \alpha_1 \cdot \frac{\langle w_1, w_1\rangle}{\|w_1\|} + \langle w_2, v_1\rangle \\
&= \alpha_1 \cdot \frac{\|w_1\|^2}{\|w_1\|} + \langle w_2, v_1\rangle \\
&= \alpha_1 \|w_1\| + \langle w_2, v_1\rangle
\end{aligned}$$

에서

$$\alpha_1 = -\frac{\langle w_2, v_1\rangle}{\|w_1\|}$$

그러므로

$$\begin{aligned}
v_2 &= -\frac{\langle w_2, v_1\rangle}{\|w_1\|} u_1 + w_2 = w_2 - \frac{\langle w_2, v_1\rangle}{\|w_1\|} \frac{w_1}{\|w_1\|} \\
&= w_2 - \frac{\langle w_2, v_1\rangle}{\|w_1\|^2} v_1
\end{aligned}$$

다음으로

$$u_2 = \frac{v_2}{\|v_2\|}$$

라 놓고 $v_3 = \beta_1 u_1 + \beta_2 u_2 + w_3$가 u_1, u_2와 수직이 되도록 하려면

$$\beta_1 = -\langle w_3, u_1 \rangle, \qquad \beta_2 = -\langle w_3, u_2 \rangle$$

이다. 그러므로

$$\begin{aligned} v_3 &= w_3 - \langle w_3, u_2 \rangle u_2 - \langle w_3, u_1 \rangle u_1 \\ &= w_3 - \frac{\langle w_3, v_2 \rangle}{v_2} \frac{v_2}{\|v_2\|} - \frac{\langle w_3, v_1 \rangle}{\|v_1\|} \frac{v_1}{\|v_1\|} \\ &= w_3 - \frac{\langle w_3, v_2 \rangle}{\|v_2\|^2} v_2 - \frac{\langle w_3, v_1 \rangle}{\|v_1\|^2} v_1 \end{aligned}$$

이러한 과정을 계속하면

$$v_m = w_m - \sum_{j=1}^{m-1} \frac{\langle w_m, v_j \rangle}{\|v_j\|^2} v_j, \quad m = 1, \cdots, n$$

그러면 집합 $\{v_1, \cdots, v_n\}$은 직교집합으로 V의 기저이다. 또 $\frac{v_i}{\|v_i\|} = u_i$라 놓으면 $\{u_1, \cdots, u_n\}$은 정규직교기저이다.

예제 6.2.12 유클리드 내적공간 $\mathbb{R}^3$의 기저 $\{w_1, w_2, w_3, w_4\}$로부터 정규직교기저를 구하여라.

$$w_1 = (0, 2, 1, 0),\ w_2 = (1, -1, 0, 0),\ w_3 = (1, 2, 0, -1),\ w_4 = (1, 0, 0, 1)$$

[풀이] 다음의 $\{v_1, v_2, v_3, v_4\}$는 직교기저이다.

$$v_1 = w_1 = (0, 2, 1, 0)$$

$$v_2 = w_2 - \frac{\langle w_2, v_1 \rangle}{\|v_1\|^2} v_1 = \frac{1}{5}(5, -1, 2, 0)$$

$$v_3 = w_3 - \frac{\langle w_3, v_2 \rangle}{\|v_2\|^2} v_2 - \frac{\langle w_3, v_1 \rangle}{\|v_1\|^2} v_1 = \frac{1}{2}(1, 1, -2, -2)$$

$$v_4 = w_4 - \frac{\langle w_4, v_3 \rangle}{\|v_3\|^2} v_3 - \frac{\langle w_4, v_2 \rangle}{\|v_2\|^2} v_2 - \frac{\langle w_4, v_1 \rangle}{\|v_1\|^2} v_1 = \frac{4}{15}(1, 1, -2, 3)$$

$$u_1 = \frac{v_1}{\|v_1\|} = \left(0, \frac{2}{\sqrt{5}}, \frac{1}{\sqrt{5}}, 0\right),\ u_2 = \frac{v_2}{\|v_2\|} = \left(\frac{5}{\sqrt{30}}, \frac{-1}{\sqrt{30}}, \frac{2}{\sqrt{30}}, 0\right)$$

$$u_3=\frac{v_3}{\|v_3\|}=\left(\frac{1}{\sqrt{10}},\ \frac{1}{\sqrt{10}},\ \frac{-2}{\sqrt{10}},\ \frac{-2}{\sqrt{10}}\right),\ u_4=\frac{v_4}{\|v_4\|}=\left(\frac{1}{\sqrt{15}},\ \frac{1}{\sqrt{15}},\ \frac{-2}{\sqrt{15}},\ \frac{3}{\sqrt{15}}\right).$$

예제 6.2.13 $\langle f,\ g\rangle=\int_{-1}^{1} f(x)g(x)dx$로 정의된 내적공간 P_2에서 표준기저 $S=\{1,\ x,\ x^2\}$으로부터 정규직교기저를 구하여라.

[풀이] $p_1=1,\ p_2=x,\ p_3=x^2$이라 하자.

$$\begin{aligned}
q_1&=p_1=1\\
q_2&=p_2-\frac{\langle p_1,\ q_1\rangle}{\|p_1\|^2}q_1=x-\frac{0}{2}\cdot 1=x\\
q_3&=p_3-\frac{\langle p_3,\ q_2\rangle}{\|q_2\|^2}q_2-\frac{\langle p_3,\ q_1\rangle}{\|q_1\|^2}q_1\\
&=x^2-\frac{3}{2}\cdot 0\cdot x-\frac{1}{2}\cdot\frac{2}{3}\cdot 1=x^2-\frac{1}{3}
\end{aligned}$$

이므로 $\left\{1,\ x,\ x^2-\frac{1}{3}\right\}$은 직교기저이다.

$$\|1\|=\left(\int_{-1}^{1}1\,dx\right)^{\frac{1}{2}}=\sqrt{2},\quad \|x\|=\left(\int_{-1}^{1}x^2dx\right)^{\frac{1}{2}}=\sqrt{\frac{2}{3}},$$

$$\begin{aligned}
\left\|x^2-\frac{1}{3}\right\|&=\left(\int_{-1}^{1}\left(x^2-\frac{1}{3}\right)^2dx\right)^{\frac{1}{2}}=\left(\int_{-1}^{1}\left(x^4-\frac{2}{3}x^2+\frac{1}{9}\right)dx\right)^{\frac{1}{2}}\\
&=\frac{2\sqrt{10}}{15}
\end{aligned}$$

이므로 정규직교기저는

$$\left\{\frac{1}{\sqrt{2}},\ \sqrt{\frac{3}{2}}x,\ \frac{15}{2\sqrt{10}}\left(x^2-\frac{1}{3}\right)\right\}$$

정리 6.2.9 내적공간 V의 정규직교집합 $S=\{v_1,\ \cdots,\ v_n\}$과 임의의 벡터 v에 대하여 다음이 성립한다.

(1) $\left\|v-\sum_{i=1}^{n}\langle v,\ v_i\rangle v_i\right\|^2=\|v\|^2-\sum_{i=1}^{n}|\langle v,\ v_i\rangle|^2$

(2) $\sum_{i=1}^{n}|\langle v,\ v_i\rangle|^2\le\|v\|^2$ [Bessel의 inequality]

(3) $\|v^2\|=\sum_{i=1}^{n}|\langle v,\ v_i\rangle|^2 \Longleftrightarrow v=\sum_{i=1}^{n}\langle v,\ v_i\rangle v_i$

[증명] (1) $\left\| v-\sum_{i=1}^{n}\langle v,\ v_i\rangle v_i \right\|^2 = \left(v-\sum_{i=1}^{n}\langle v,\ v_i\rangle v_i,\ v-\sum_{i=1}^{n}\langle v,\ v_i\rangle v_i \right)$

$$\begin{aligned} &=\langle v,\ v\rangle-\sum_{i=1}^{n}\overline{\langle v,\ v_i\rangle}\langle v,\ v_i\rangle-\sum_{i=1}^{n}\langle v,\ v_i\rangle\langle v_i,\ v\rangle \\ &\quad+\sum_{i=1}^{n}\langle v,\ v_i\rangle\sum_{i=1}^{n}\overline{\langle v,\ v_i\rangle}\langle v_i,\ v_i\rangle \\ &=\langle v,\ v\rangle-\sum_{i=1}^{n}|\langle v,\ v_i\rangle|^2-\sum_{i=1}^{n}|\langle v,\ v_i\rangle|^2+\sum_{i=1}^{n}|\langle v,\ v_i\rangle|^2 \\ &=\langle v,\ v\rangle-\sum_{i=1}^{n}|\langle v,\ v_i\rangle|^2 \end{aligned}$$

(2) $\left\| v-\sum_{i=1}^{n}\langle v,\ v_i\rangle v_i \right\|^2 \geq 0$ 이므로 $\sum_{i=1}^{n}|\langle v,\ v_i\rangle|^2 \leq \|v\|^2$

(3) $v=\sum_{i=1}^{n}\langle v,\ v_i\rangle v_i \Longleftrightarrow \langle v,\ v\rangle-\sum_{i=1}^{n}|v,\ v_i|^2=0$

$$\Longleftrightarrow \|v\|^2=\sum_{i=1}^{n}|\langle v,\ v_i\rangle|^2$$

정리 6.2.10 정규직교집합 $S=\{v_1,\ \cdots,\ v_n\}$에서 다음은 동치관계에 있다.

(1) $\langle v,\ w\rangle=\sum_{i=1}^{n}\overline{\langle v_i,\ v\rangle}\langle v_i,\ w\rangle$

(2) $\|v\|^2=\sum_{i=1}^{n}|\langle v_i,\ v\rangle|^2$

(3) 정규직교집합 T가 $S\subseteq T$이면 $S=T$이다.

[증명] (1)$\Longrightarrow$(2). (1)에서 $v=w$라 놓으면

$$\begin{aligned} \|v\|^2=\langle v,\ v\rangle &=\sum_{i=1}^{n}\overline{\langle v_i,\ v\rangle}\langle v_i,\ v\rangle \\ &=\sum_{i=1}^{n}|\langle v_i,\ v\rangle|^2 \end{aligned}$$

(2)$\Longrightarrow$(3) $S\neq T$라 하면 $v_0\in T,\ v_0\notin S$인 벡터 v_0가 존재하여

$$1=\|v_0\|^2=\sum_{i=1}^{n}|\langle v_i,\ v_0\rangle|=0$$

이므로 모순이다. 따라서 $S=T$, 즉 S는 최대정규직교집합이다.

(3)$\Longrightarrow$(1) 임의의 벡터 w에 대하여

$$w'=w-\sum_{i=1}^{n}\overline{\langle v_i,\ w\rangle}v_i$$

라 놓으면

$$\begin{aligned}\langle v_j,\ w'\rangle &= \langle v_j,\ w\rangle - \left\langle v_j,\ \sum_{i=1}^{n}\overline{\langle v_i,\ w\rangle} v_i\right\rangle \\ &= \langle v_j,\ w\rangle - \sum_{i=1}^{n}\langle v_i,\ w\rangle\langle v_j,\ v_i\rangle \\ &= \langle v_j,\ w\rangle - \langle v_j,\ w\rangle = 0\end{aligned}$$

그러므로 w'는 모든 $v_i \in S$와 수직이다. $\|w'\| \neq 0$라면 정규직교 집합 $T = S \cup \left\{\frac{w'}{\|w'\|}\right\}$는 S를 진부분집합으로 갖는다. 이는 모순이므로 $\|w'\|=0$이다. 즉 $w'=\mathbf{0}$이다. 임의의 $v \in V$에 대하여

$$\begin{aligned}0 = \langle v,\ w'\rangle &= \langle v,\ w\rangle - \left\langle v,\ \sum_{i=1}^{n}\overline{\langle v_i,\ w\rangle} v_i\right\rangle \\ &= \langle v,\ w\rangle - \sum_{i=1}^{n}\langle v_i,\ w\rangle\langle v,\ v_i\rangle \\ &= \langle v,\ w\rangle - \sum_{i=1}^{n}\overline{\langle v_i,\ v\rangle}\langle v_i,\ w\rangle\end{aligned}$$

이므로

$$\langle v,\ w\rangle = \sum_{i=1}^{n}\overline{\langle v_i,\ v\rangle}\langle v_i,\ w\rangle$$

정리 6.2.11 정규직교집합 $S=\{v_1,\ \cdots,\ v_n\}$의 모든 벡터와 수직인 벡터가 영벡터뿐일 필요충분조건은 임의의 $v \in V$가 $v = \sum_{i=1}^{n}\overline{\langle v_i,\ v\rangle} v_i$로 표시되는 것이다.

[증명] 임의의 벡터 v에 대하여 $v' = v - \sum_{i=1}^{n}\overline{\langle v_i,\ v\rangle} v_i$라 놓으면

$$\begin{aligned}\langle v_j,\ v'\rangle &= \left\langle v_j,\ v - \sum_{i=1}^{n}\overline{\langle v_i,\ v\rangle} v_i\right\rangle \\ &= \langle v_j,\ v\rangle - \sum_{i=1}^{n}\langle v_i,\ v\rangle\langle v_j,\ v_i\rangle \\ &= \langle v_j,\ v\rangle - \langle v_j,\ v\rangle = 0\end{aligned}$$

이므로 v'는 모든 v_j와 수직이다. 그러므로 $v'=\mathbf{0}$, $v = \sum_{i=1}^{n}\overline{\langle v_i,\ v\rangle} v_i$. 역으로 v가 모든 v_j와 수직이라면

$$v = \sum_{i=1}^{n}\overline{\langle v_j,\ v\rangle} v_j = \mathbf{0}$$

내적공간 V의 부분집합 S에서 S의 모든 원소와 수직인 벡터 전체 집합 $S^{-1}=\{v\in V\mid\langle v,\ s\rangle=0,\ s\in S\}$를 생각하자. 임의의 $u,\ v\in S^{-1}$에서 $\langle u+v,\ s\rangle=\langle u,\ s\rangle+\langle v,\ s\rangle=0$, $\langle\alpha u,\ s\rangle=\alpha\langle u,\ s\rangle=0$, $\langle 0,\ s\rangle=0$이므로 S^{-1}은 V의 부분공간이다. S^{-1}을 S의 **직교보공간**(orthogonal complement space)이라 한다.

예제 6.2.14 표준내적공간 $\mathbb{R}^2$에서 벡터 $X_0=(2,\ 1)$의 직교보공간 $X_0^{\perp}$을 구하여라.

[풀이] 임의의 $X=(x,\ y)\in\mathbb{R}^2$에 대하여

$$X_0\cdot X=2x+y=0$$

인 $(x,\ y)=(\alpha,\ -2\alpha)=\alpha(1,\ -2)=\langle(1,\ -2)\rangle$이다. 따라서 $X_0^{\perp}=\{(x,\ y)\mid x+2y=0\}=\langle(1,\ -2)\rangle$이다.

정리 6.2.12 내적공간 V의 부분공간 W에서 $V=W\oplus W^{\perp}$이 성립한다.

$$\dim V=\dim W+\dim W^{\perp}$$

[증명] $\{\mathbf{0}\}^{\perp}=V$, $V^{\perp}=\{\mathbf{0}\}$이므로 $W=\{\mathbf{0}\}$인 경우는 분명하다. $\dim W=m\geq 1$이라고 하자. 정리 6.2.7에 의하여 부분공간 W의 정규직교기저 $\{w_1,\ \cdots,\ w_m\}$이 존재한다. 정리 3.3.6에 의하여 $w_1,\ \cdots,\ w_m$이 일차독립이므로

$$\{w_1,\ \cdots,\ w_m,\ v_{m+1},\ \cdots,\ v_n\}$$

이 V의 기저가 되는 벡터 $v_{n+1},\ \cdots,\ v_n$이 존재한다. 이 기저에 Gram-Schmidt의 직교화과정을 시행하여 다음 정규직교기저를 얻는다.

$$\{w_1,\ w_m,\ w_{m+1},\ \cdots,\ w_n\}$$

이때 $\{w_{m+1},\ \cdots,\ w_n\}$이 $W^{\perp}$의 기저임을 밝히자. 임의의 $v\in W^{\perp}$은 또한 V의 원소이므로

$$v=\alpha_1w_1+\cdots+\alpha_mw_m+\alpha_{m+1}w_{m+1}+\cdots+\alpha_nw_n,\ \alpha_i\in\mathbb{K}$$

모든 $i=1,\ 2,\ \cdots,\ m$에 대하여

$$0=\langle v,\ w_i\rangle=\alpha_i\langle w_i,\ w_i\rangle=\alpha_i$$

이므로

$$v=\alpha_{m+1}w_{m+1}+\cdots+\alpha_n w_n$$

그러므로 $W^{\perp}$은 $w_{m+1}, \cdots, w_n$에 의하여 생성된다. 즉

$$W^{\perp}\subset\langle w_{m+1}, \cdots, w_n\rangle$$

역으로 $u\in\langle w_{m+1}, \cdots, w_n\rangle$이면 $i=1, \cdots, m$에 대하여

$$\begin{aligned}\langle u, w_i\rangle&=\langle\beta_{m+1}w_{m+1}+\cdots+\beta_n w_n, w_i\rangle\\&=\beta_{m+1}\langle w_{m+1}, w_i\rangle+\cdots+\beta_n\langle w_n, w_i\rangle\\&=0\end{aligned}$$

그러므로 $u\in W^{\perp}$이다. 이로써 $W^{\perp}=\langle w_{m+1}, \cdots, w_n\rangle$임을 알았다. 일차독립인 집합의 부분집합은 역시 일차독립이므로 $w_{m+1}, \cdots, w_n$은 일차독립이다. 그러므로 $\{w_{m+1}, \cdots, w_n\}$은 부분공간 $w^{\perp}$의 기저이다.

$W\cap W^{\perp}$의 임의의 원소를 w라 하면 $w\in W$, $w\in W^{\perp}$이므로 $\langle w, w\rangle=0$, 즉 $w=\mathbf{0}$이다. 따라서 $V=W+W^{\perp}$, $W\cap W^{\perp}=\{\mathbf{0}\}$이므로 $V=W\oplus W^{\perp}$이다. 또한 V가 유한차원 내적공간이면

$$\dim V=\dim W+\dim W^{\perp}$$

예제 6.2.15 $\mathbb{R}^3$의 부분공간 $W\{(a, 0, 0)|a\in\mathbb{R}\}$의 직교보공간 $W^{\perp}$을 구하고 $\mathbb{R}^3=W\oplus W^{\perp}$임을 보여라.

[풀이] $W^{\perp}=\{(0, b, c)|b, c\in\mathbb{R}\}$이고 $W=\langle(1, 0, 0)\rangle$, $W^{\perp}=\langle(0, 1, 0), (0, 0, 1)\rangle$이다. $\mathbb{R}^3=W\oplus W^{\perp}$이므로 $\dim W^{\perp}=3-1=2$.

예제 6.2.16 W가 내적공간 V의 부분공간이면 $W\subset(W^{\perp})^{\perp}$이다. V가 유한차원이면 $W=(W^{\perp})^{\perp}$이다.

[풀이] 임의의 $w\in W$에서 $\langle w, v\rangle=0$, $v\in W^{\perp}$이므로 $w\in(W^{\perp})^{\perp}$이다. 따라서 $W\subset(W^{\perp})^{\perp}$이다. V가 유한차원이면 정리 6.2.11에 의하여

$$V=W\oplus W^{\perp},\ V=W^{\perp}\oplus(W^{\perp})^{\perp}$$

차원을 생각하면

$$\dim V = \dim W + \dim W^{\perp} = \dim W^{\perp} + \dim (W^{\perp})^{\perp}$$

에서 $\dim W = \dim (W^{\perp})^{\perp}$이다. 그런데 $W \subset (W^{\perp})^{\perp}$이므로 $W = (W^{\perp})^{\perp}$이다.

정리 6.2.13 내적공간 V의 유한차원 부분공간 W에서 임의의 $v \in V$에 대하여 $v = w_1 + w_2$, $w_1 \in W$, $w_2 \in W^{\perp}$이라 하자. 모든 $w \in W$, $w \neq w_1$에 대하여 $\|v - w_1\| < \|v - w\|$가 성립한다.

[증명] 정리 6.2.12에 의하여 $v = w_1 + w_2$, $w_1 \in W$, $w_2 \in W^{\perp}$인 w_1, w_2는 오직 한 쌍만이 존재한다. 임의의 $w \in W$, $w \neq w_1$에서

$$v - w = (v - w_1) + (w_1 - w) = w_2 + (w_1 - w)$$

라 놓으면 $\langle w_1 - w, w_2 \rangle = 0$ 이므로

$$\|v - w\|^2 = \|w_2\|^2 + \|w_1 - w\|^2$$

$w \neq w_1$이므로 $\|w_1 - w\|^2 > 0$, $\|v - w\|^2 \geq \|w_2\|^2$이다. 따라서

$$\|v - w_1\|^2 \leq \|v - w\|^2$$

연습문제 6.2

1. $\mathbb{R}^2$공간의 벡터 $X_1 = (1, -1)$, $X_2 = (2, 3)$에 대하여 다음에 답하여라.
   ① X_1, X_2는 표준내적에 대하여 수직인가?
   ② $X = (x_1, x_2)$, $Y = (y_1, y_2)$, $\langle X, Y \rangle = 3x_1y_1 + 2x_2y_2$로 정의된 내적 $\langle , \rangle$에 대하여 X_1, X_2는 수직인가?

2. 유클리드 내적공간 $\mathbb{R}^4$의 직교집합 u_1, u_2, u_3, u_4로부터 정규직교집합을 구하여라.

   $u_1 = (1, 0, 0, 1)$, $u_2 = (-1, 0, 2, 1)$, $u_3 = (2, 3, 2, -2)$, $u_4 = (-1, 2, -1, 1)$

3. $\langle A, B\rangle = \mathrm{tr}(AB^t)$로 정의된 내적공간 $M_{2\times2}$에서, 다음에 답하여라.

$$\begin{bmatrix}1 & 0\\0 & 0\end{bmatrix},\ \begin{bmatrix}0 & 1\\0 & 0\end{bmatrix},\ \begin{bmatrix}0 & 0\\1 & 1\end{bmatrix},\ \begin{bmatrix}0 & 0\\1 & -1\end{bmatrix}$$

① 각 행렬의 크기(length)를 구하여라.

② 직교집합임을 보여라.

③ $M_{2\times2}$의 기저가 됨을 보여라.

4. 집합 $\{(1, -3), (2, 2)\}$로부터 유클리드 내적공간 $\mathbb{R}^2$의 정규직교기저를 구하여라.

5. 다음 기저에서 Gram-Schmidt 과정으로 표준내적공간 $\mathbb{R}^3$의 정규직교기저를 구하여라.

$$u_1=(1, 1, 1),\quad u_2=(0, 1, 1),\quad u_3=(0, 0, 1)$$

6. Gram-Schmidt 과정으로 표준내적공간 $\mathbb{R}^3$의 기저 $\{(1, 1, 1), (-1, 1, 0), (1, 2, 1)\}$을 정규직교기저로 변환하여라.

7. 유클리드 내적공간 $\mathbb{R}^4$의 부분공간 $W=\langle(-1, 0, 1, 2), (0, 1, 0, 1)\rangle$과 벡터 $w=(-1, 2, 6, 0)$에 대하여 다음에 답하여라.

① W의 직교기저, 정규직교기저를 구하여라.

② $w=w_1+w_2$, $w_1\in W$, $w_2\in W^\perp$인 벡터 w_1, w_2를 구하여라.

8. $\{v_1, \cdots, v_n\}$이 내적공간 V의 정규직교기저일 때 임의의 $w\in V$에 대하여 다음 등식이 성립함을 보여라.

$$\|w\|^2=\langle w, v_1\rangle^2+\langle w, v_2\rangle^2+\cdots+\langle w, v_n\rangle^2$$

9. $\langle f, g\rangle$가 다음으로 정의된 P_2공간의 표준기저 $E=\{1, x, x^2\}$으로부터 하나의 정규직교기저를 구하여라.

$$\langle f, g\rangle=\int_0^1 f(x)g(x)dx$$

10. 구간 $[-\pi, \pi]$ 위의 연속인 실함수 전체의 집합으로 이루어진 벡터공간 $C[-\pi, \pi]$에서 다음과 같이 정의된 내적에 대하여 다음 물음에 답하여라.

$$\langle f, g\rangle=\int_{-\pi}^{\pi} f(x)g(x)dx$$

① $\{1,\ \cos x,\ \sin x,\ \cos 2x,\ \sin 2x,\ \cdots,\ \cos kx,\ \sin kx\}$는 직교집합인가?

② ①의 직교집합을 정규화하여라.

11. 표준내적공간 $\mathbb{R}^3$의 기저 $\{(-3,\ 0,\ 1),\ (-2,\ 1,\ 0)\}$에 Gram-Schmidt의 과정을 써서 하나의 정규직교기저를 구하여라.

12. $v_1=(1,\ 2,\ 0,\ -13,\ 17)$, $v_2=(0,\ 0,\ 1,\ 4,\ -5)$에 의하여 생성된 $\mathbb{R}^5$의 부분공간 W의 직교보공간 $W^\perp$의 하나의 기저를 구하여라.

13. $v_1=(1,\ i,\ 0)$, $v_2=(1,\ 2,\ 1-i)$에 의하여 생성된 $\mathbb{C}^3$공간의 부분공간 W의 정규직교기저를 구하여라.

14. 체 $\mathbb{K}$ 위의 벡터공간 V에서 사상 $\|\ \|: V \to \mathbb{K}$가 다음 조건을 만족할 때 $\|\ \|$을 노름(norm), V를 **노름공간**(normed space)이라 한다.

(i) $v \in V$, $\|v\| \geq 0$, $\|v\|=0 \Longleftrightarrow v=\mathbf{0}$

(ii) $v \in V$, $\alpha \in \mathbb{K}$, $\|\alpha v\|=|\alpha|\|v\|$

(iii) $u,\ v \in V$, $\|u+v\| \leq \|u\|+\|v\|$

이때 다음에 답하여라.

① 내적공간의 거리함수 d는 norm 함수이다.

② $\mathbb{R}^n$공간에서 $\|\ \|: \mathbb{R}^n \to \mathbb{R}$, $\|X\|_p=\left(\sum_{i=1}^{n} |x_i|^p\right)^{\frac{1}{p}}$, $\|X\|_\infty=\max_{1 \leq i \leq n}\{|x_i|\}$은 $\mathbb{R}^n$ 위의 norm이다.

③ 벡터 $X=(1,\ 0,\ -2)$에 대한 $\|X\|_1$, $\|X\|_2$, $\|X\|_\infty$의 값을 구하여라.

15. 집합 U, W가 유한차원 벡터공간 V의 부분공간 일 때 다음 성질이 성립함을 보여라.

① $(U+W)^\perp=U^\perp \cap W^\perp$ ② $(U \cap W)^\perp=U^\perp+W^\perp$

16. $\mathbb{R}$ 위의 행렬공간 $M_{n\times n}(\mathbb{R})$ 위의 내적 $\langle A,\ B\rangle=\mathrm{tr}(AB^t)$에서 벡터 $w=\begin{bmatrix} 0 & -1 \\ 1 & 2 \end{bmatrix}$에 대한 벡터 $v=\begin{bmatrix} 1 & 2 \\ 1 & -3 \end{bmatrix}$의 정사영을 구하여라.

17. ① 벡터 $X_1=(1,\ -2,\ 3,\ 4)$, $X_2=(3,\ -5,\ 7,\ 8)$에 수직인 $\mathbb{R}^4$공간의 부분공간 W의 기저를 구하여라.

② 벡터 $z_1=(1,\ i,\ 1)$, $z_2=(1+i,\ 0,\ 2)$에 의하여 생성된 $\mathbb{C}^3$공간의 부분공간 W의 정규직교기저를 구하여라.

18. n차원 내적공간 V의 부분공간 W의 기저가 $\{u_1, u_2, \cdots, u_m\}$일 때 모든 $\langle u_i, v_j \rangle = 0$인 벡터집합 $\{v_{m+1}, \cdots, v_{n-m}\}$은 직교보공간 $W^{\perp}$의 기저임을 보여라.

19. 표준내적공간 $\mathbb{R}^3$의 벡터 X, Y에 대하여 $|X \cdot Y| \leq |X||Y|$, $|X+Y| \leq |X| + |Y|$가 성립함을 보여라.

20. 벡터 $v_1 = (1, -1, 3)$, $v_2 = (3, 0, -1)$에 동시에 수직인 $\mathbb{R}^3$의 벡터를 구하여라.

21. 벡터 $v_1 = (1, 2, 1, 1)$, $v_2 = (-1, 0, 2, -1)$을 포함하고 있는 $\mathbb{R}^4$공간의 직교기저를 구하여라.

22. 벡터 $(1, 2, 1, 1)$, $(1, -1, 0, 2)$, $(2, 0, 1, 1)$에 의하여 생성된 $\mathbb{R}^4$의 부분공간의 정규직교기저를 구하여라.

23. 내적공간 V 위의 내적 $\langle , \rangle$에 대하여 다음 등식이 성립함을 보여라.

① $\langle u, v \rangle = \frac{1}{4}\|u+v\|^2 - \frac{1}{4}\|u-v\|^2$ (실벡터공간)

② $\langle u, v \rangle = \frac{1}{4}\|u+v\|^2 - \frac{1}{4}\|u-v\|^2 + \frac{1}{4}\|u+iv\|^2 - \frac{1}{4}\|u-iv\|^2$
(복소벡터공간)

6.3 수반사상과 수반행렬

체 $\mathbb{K}$ 위의 벡터공간 V에서 $\mathbb{K}$로의 선형사상 전체의 집합 V^* 위의 덧셈과 스칼라곱을 다음으로 정의한다.

(1) ϕ, $\phi' \in V^*$에 대하여 $(\phi + \phi')(v) = \phi(v) + \phi'(v)$, $v \in V$

(2) $\phi \in V^*$, $\alpha \in \mathbb{K}$에 대하여 $(\alpha\phi)(v) = \alpha\phi(v)$, $v \in V$

그러면 V^*는 이 곱셈과 스칼라곱에 의하여 $\mathbb{K}$ 위의 벡터공간이다. V^*를 벡터공간 V의 **쌍대공간**(dual space)이라 하고, V^*의 원소를 **선형범함수**(linear functional) 또는 **범함수**라 한다.

예제 6.3.1 체 $\mathbb{K}$ 위의 벡터공간 V와 $\phi \in V^*$에서

$$\phi(v) = \langle \phi, v \rangle, \ v \in V$$

로 나타내면

(1) $\langle \phi, u+v \rangle = \langle \phi, u \rangle + \langle \phi, v \rangle$ (2) $\langle \alpha\phi, u \rangle = \alpha \langle \phi, u \rangle$

[풀이] (1) $\langle \phi, u+v \rangle = \phi(u+v) = \phi(u) + \phi(v) = \langle \phi, u \rangle + \langle \phi, v \rangle$

(2) $\langle \alpha\phi, u \rangle = (\alpha\phi)(u) = \alpha(\phi(u)) = \alpha \langle \phi, u \rangle$.

예제 6.3.2 복소내적공간 V 위의 고정된 벡터 v_0에 대하여

$$\phi(v) = \langle v, v_0 \rangle, \quad \phi'(v) = \langle v_0, v \rangle, \ v \in V$$

로 정의된 사상 $\phi : V \to \mathbb{R}$, $\phi' : V \to \mathbb{C}$는 범함수인가?

[풀이] 임의의 u, $v \in V$, $\alpha \in \mathbb{C}$에 대하여

$$\phi(u+v) = \langle u+v, v_0 \rangle = \langle v, v_0 \rangle + \langle v, v_0 \rangle = \phi(u) + \phi(v)$$
$$\phi(\alpha u) = \langle \alpha u, v_0 \rangle = \alpha \langle u, v_0 \rangle = \alpha\phi(u)$$

이므로 ϕ는 선형사상이다. 한편으로

$$\phi'(u+v) = \langle v_0, u+v \rangle = \langle v_0, u \rangle + \langle v_0, v \rangle = \phi'(u) + \phi'(v)$$
$$\phi'(\alpha u) = \langle v_0, \alpha u \rangle = \bar{\alpha} \langle v_0, u \rangle = \bar{\alpha}\phi'(u)$$

이므로 ϕ'는 선형이 아니다. 실벡터공간 V 위에서 ϕ, ϕ'는 모두 선형사상이다.

예제 6.3.3 체 $\mathbb{K}$ 위의 유클리드공간 $\mathbb{K}^n$의 벡터 $X = (x_1, \cdots, x_n)$에 대하여 $\phi : \mathbb{K}^n \to \mathbb{K}$, $\phi(X) = x_i$, $i = 1, \cdots, n$으로 정의된 사상 ϕ는 $\mathbb{K}^n$ 위의 선형범함수이다.

[풀이] 임의의 $X = (x_1, \cdots, x_n)$, $Y = (y_1, \cdots, y_n)$에 대하여

$$\phi(X+Y) = \phi(x_1+y_1, \cdots, x_n+y_n) = x_i + y_i = \phi(X) + \phi(Y)$$
$$\phi(\alpha X) = \phi(\alpha x_1, \cdots, \alpha x_n) = \alpha x_i = \alpha\phi(X)$$

유한차원 벡터공간 V의 임의의 벡터 v는

$$v=\alpha_1v_1+\cdots+\alpha_nv_n,\ \alpha_i\in\mathbb{K},\ i=1,\ \cdots,\ n$$

으로 일의적으로 표시된다. 이때 v를 α_i로 대응하는 함수 ϕ_i를 **좌표함수** (coordinate fanction)라 한다. 즉

$$\phi_i : V\to\mathbb{K},\ \phi_i(v)=\alpha_i,\ i=1,\ \cdots,\ n.$$

정리 6.3.1 유한차원 벡터공간 V와 쌍대공간 V^*의 차원은 같다. 즉 $\dim V=\dim V^*$.

[증명] V의 기저 $\{v_1,\ \cdots,\ v_n\}$과 임의의 벡터 v, w에 대하여

$$v=\sum_{i=1}^{n}\alpha_iv_i,\qquad w=\sum_{i=1}^{n}\beta_iv_i$$

라 놓으면

$$\begin{aligned}\phi_i(v+w)&=\phi_i\Big(\sum_{i=1}^{n}\alpha_iv_i+\sum_{i=1}^{n}\beta_iv_i\Big)=\phi_i\Big(\sum_{i=1}^{n}(\alpha_i+\beta_i)v_i\Big)\\&=(\alpha_i+\beta_i)v_i=\alpha_iv_i+\beta_iv_i=\phi_i(v)+\phi_i(w),\\\phi_i(\alpha v)&=\phi_i\Big(\sum_{i=1}^{n}\alpha\alpha_iv_i\Big)=\alpha\alpha_i=\alpha\phi_i(v)\end{aligned}$$

이므로 $\phi_i\in V^*$이다. $\{\phi_1,\ \cdots,\ \phi_n\}$는 V^*의 기저임을 보이자. $\{\phi_1,\ \cdots,\ \phi_n\}$이 V^*를 생성함을 보이기 위하여

$$\phi\in V^*,\qquad v=\sum_{i=1}^{n}\alpha_iv_i$$

에서

$$\begin{aligned}\Big(\sum_{i=1}^{n}\phi(v_i)\phi_i\Big)(v)&=\sum_{i=1}^{n}\phi(v_i)\phi_i(v)=\sum_{i=1}^{n}\phi(v_i)\alpha_i\\&=\sum_{i=1}^{n}\alpha_i\phi(v_i)=\sum_{i=1}^{n}\phi(\alpha_iv_i)\\&=\phi\Big(\sum_{i=1}^{n}\alpha_iv_i\Big)=\phi(v)\end{aligned}$$

모든 $v \in V$에 대하여 상이 같으므로

$$\begin{aligned}\phi &= \sum_{i=1}^{n} \phi(v_i)\phi_i \\ &= \sum_{i=1}^{n} z_i\phi_i, \quad z_i = \phi(v_i),\ i=1,\ \cdots,\ n\end{aligned}$$

그러므로 $\phi_1, \cdots, \phi_n$은 V^*를 생성한다. 한편으로 $\phi_1, \cdots, \phi_n$이 일차독립임을 보이기 위하여

$$\sum_{i=1}^{n} x_i\phi_i = 0, \quad x_i \in \mathbb{K}$$

라 놓자. 임의의 $v \in V$에 대하여

$$\left(\sum_{i=1}^{n} x_i\phi_i\right)(v) = 0, \qquad \sum_{i=1}^{n} x_i\phi_i(v) = 0$$

$v = v_1, \cdots, v_n$인 경우에 $\phi_i(v_i) = 1$ 이므로

$$x_1 = x_2 = \cdots = x_n = 0$$

이로써 집합 $\{\phi_1, \cdots, \phi_n\}$이 $\mathbb{K}$ 위의 벡터공간 V^*의 기저임이 확인되었다. 따라서 V와 V^*의 차원은 같다.

정리 6.3.1에서의 V^*의 기저 $\{\phi_1, \cdots, \phi_n\}$을 V^*의 **쌍대기저**(dual basis)라 한다. 이 때 $\phi_j(v_j) = \delta_{ij}$가 된다.

예제 6.3.4 $\mathbb{R}^3$공간의 기저 $\{(1, 0, -1), (-1, 1, 0), (0, 1, 1)\}$에 관한 $(\mathbb{R}^2)^*$의 기저를 구하여라.

[풀이] 임의의 $X = (a, b, c) \in \mathbb{R}^2$에 대하여

$$(a, b, c) = \alpha(1, 0, -1) + \beta(-1, 1, 0) + \gamma(0, 1, 1)$$

이라 놓자.

$$\alpha - \beta = a,\ \beta + \gamma = b,\ -\alpha + \gamma = c$$

에서

$$\alpha=\frac{a+b-c}{2},\quad \beta=\frac{-a+b-c}{2},\quad \gamma=\frac{a+b+c}{2}$$

따라서 V^*의 기저는 $\{\phi_1,\ \phi_2,\ \phi_3\}$으로

$$\phi_1(a,\ b,\ c)=\alpha=\frac{a+b-c}{2},\quad \phi_2(a,\ b,\ c)=\beta=\frac{-a+b-c}{2},\quad \phi_3(a,\ b,\ c)=\gamma=\frac{a+b+c}{2}$$

를 만족한다.

정리 6.3.2 선형범함수 $\phi\in V^*$에 대하여 $\phi(v)=\langle v,\ w\rangle$, $v\in V$인 벡터 $w\in V$는 오직 하나만이 존재한다.

[증명] $E=\{v_1,\ \cdots,\ v_n\}$을 벡터공간 V의 정규직교기저, $E^*=\{\phi_1,\ \cdots,\ \phi_n\}$을 V^*의 쌍대기저라 하자. 임의의 벡터 $v=\sum_{i=1}^{n}x_iv_i$, $\phi=\sum_{i=1}^{n}x_i\phi_i$에 대하여 $w=\sum_{i=1}^{n}\bar{x}_iv_i$라 놓으면 모든 v_i에 대하여

$$\begin{aligned}\langle v_i,\ w\rangle&=\left(v_i,\ \sum_{j=1}^{n}\bar{x}_jv_j\right)=\sum_{i=1}^{n}x_j\langle v_i,\ v_j\rangle\\&=\sum_{i=1}^{n}x_j\delta_{ij}=x_i\end{aligned}$$

그런데 $\phi_i(v)=x_i$이므로 $\phi_i(v)=\langle v_i,\ w\rangle$이다. 즉

$$\phi(v)=\phi\left(\sum_{i=1}^{n}x_iv_i\right)=\sum_{i=1}^{n}x_i\phi(v_i)=\sum_{i=1}^{n}x_i\cdot x_i=\sum_{i=1}^{n}x_i^2$$

$$\langle v,\ w\rangle=\left\langle\sum_{i=1}^{n}x_iv_i,\ w\right\rangle=\sum_{i=1}^{n}x_i\langle v_i,\ w\rangle=\sum_{i=1}^{n}x_i^2$$

이므로 $\phi(v)=\langle v,\ w\rangle$이다. $\phi(v)=\langle v,\ w\rangle=\langle v,\ w'\rangle$인 벡터 $w,\ w'$가 존재한다면

$$\langle v,\ w\rangle-\langle v,\ w'\rangle=\langle v,\ w-w'\rangle=0$$

이다. 임의의 벡터 v에 대하여 위 식이 성립하므로

$$\langle w-w',\ w-w'\rangle=0$$

그러므로 $w-w'=\mathbb{O}$, $w=w'$이다. 이로써 $\phi(v)=\langle v,\ w\rangle$인 w는 존재하고 단 하나 뿐임이 증명되었다.

위 정리에서 $\phi : V \to \mathbb{K}$, $\phi(v) = \langle v, w \rangle$, $v \in V$인 유일한 벡터 w를 $\alpha(\phi)$라 하면 $\alpha(\phi)$는 v에 관련이 없고 오직 ϕ에만 관계하는 고정된 벡터이다.

정리 6.3.3 내적공간 V의 쌍대공간 V^*에서 $\phi \to \alpha(\phi)$로 정의된 사상 $\alpha : V^* \to V$는 전단사이다. 또한 V가 대칭내적공간이면 $\alpha : V^* \to V$는 동형사상이다.

[증명] $\phi, \phi' \in V^*$에 대하여 $\alpha(\phi), \alpha(\phi')$는 하나만 존재하므로 α는 함수이다. 임의의 벡터 $w \in V$와 모든 $v \in V$에 대하여 $\phi_w(v) = \langle v, w \rangle$인 선형범함수 ϕ_w를 생각하자. 그러면 $\alpha(\phi_w) = w$이므로 α는 전사이다. $\alpha(\phi) = w$인 $\phi \in V^*$가 존재하면 $\phi(v) = \langle v, \alpha(\phi) \rangle = \langle v, w \rangle$이므로 $\phi = \phi_w$이다. 따라서 $\alpha : V^* \to V$는 전단사이다.

V의 내적이 대칭이면 $\phi = \sum_{i=1}^{n} a_i \phi_i$, $w = \sum_{i=1}^{n} a_i \alpha(\phi_i)$에 대하여

$$\begin{aligned}\langle v, w \rangle &= \left\langle v, \sum_{i=1}^{n} a_i \alpha(\phi_i) \right\rangle = \sum_{i=1}^{n} a_i \langle v, \alpha(\phi_i) \rangle \\ &= \sum_{i=1}^{n} a_i \phi_i = \phi\end{aligned}$$

이므로 $\alpha(\phi) = w = \sum_{i=1}^{n} a_i \alpha(\phi_i)$이다. $\phi, \phi' \in V^*$, $k \in \mathbb{K}$에 대하여

$$\begin{aligned}\alpha(\phi + \phi') &= \sum_{i=1}^{n} a_i \alpha(\phi_i + \phi_i') = \sum_{i=1}^{n} a_i \alpha(\phi_i) + \sum_{i=1}^{n} a_i \alpha(\phi_i') \\ &= \alpha(\phi) + \alpha(\phi'), \\ \alpha(k\phi) &= \sum_{i=1}^{n} a_i \alpha(k\phi_i) = \sum_{i=1}^{n} a_i k(\alpha(\phi_i)) \\ &= k\left(\sum_{i=1}^{n} a_i \alpha(\phi_i)\right) = k\alpha(\phi)\end{aligned}$$

따라서 $\alpha : V^* \to V$는 동형인 선형사상이다.

정리 6.3.3에서 체 $\mathbb{K}$가 복소수이고 내적이 복소내적(Hermitian product)이면 $\alpha : V^* \to V$는 선형이 아님을 알았다. 그러나 실수체 $\mathbb{R}$ 위의 벡터공간 V에서는 항상 선형이고 전단사이다. 그러므로 V^*와 V는 동형관계에 있다.

정리 6.3.4 유한차원 내적공간 V에서 V와 $(V^*)^* = V^{**}$은 동형관계에 있다.

[증명] V의 고정된 하나의 벡터를 v_0라 하자. 임의의 $\phi \in V^*$에 대하여 $\bar{\alpha}(\phi) = \phi(v_0)$로 정의된 사상 $\bar{\alpha} : V^* \to \mathbb{K}$는 선형범함수이다. 실제로 ϕ, $\phi' \in V^*$, $k \in \mathbb{K}$에 대하여

$$\bar{\alpha}(\phi+\phi') = (\phi+\phi')(v_0) = \phi(v_0) + \phi'(v_0) = \bar{\alpha}(\phi) + \bar{\alpha}(\phi'),$$
$$\bar{\alpha}(k\phi) = (k\phi)(v_0) = k\phi(v_0) = k\bar{\alpha}(\phi)$$

v_0에 관한 사상 $\bar{\alpha}$를 $\bar{\alpha}_{v_0}$라 놓고, v_0를 V의 임의의 원소로 택하면 v를 $\bar{\alpha}_v$로 대응시키는 사상 $T : V \to V^{**}$가 존재한다. v_1, $v_2 \in V$이고 $v_1 = v_2$이면 모든 $\phi \in V^*$에 대하여

$$T(v_1) \in V^{**},\ T(v_1) : V^* \to \mathbb{K},\ (T(v_1))(\phi) = \phi(v_1),$$
$$T(v_2) \in V^{**},\ T(v_2) : V^* \to \mathbb{K},\ (T(v_2))(\phi) = \phi(v_2),$$

이므로 $T(v_1) = T(v_2)$, 즉 $\bar{\alpha}_{v_1} = \bar{\alpha}_{v_2}$이다. 임의의 u, $v \in V$, x, $y \in \mathbb{K}$에 대하여

$$\begin{aligned} T(xu+yv) &= (\phi)(xu+yv) = x\phi(u) + y\phi(v) \\ &= xT(u)(\phi) + yT(v)(\phi) \\ &= (xT(u) + yT(v))(\phi) \end{aligned}$$

이므로 T는 선형사상이다. T가 일대일임을 보이기 위하여 $v \in \ker T$라 하면 모든 $\phi \in V^*$에 대하여

$$(T(v))(\phi) = 0$$

특히 $i = 1, \cdots, n$, $(T(v))(\phi_i) = 0$ 이면, $v = \sum_{i=1}^{n} x_i v_i$에서

$$(T(v))(\phi_i) = \phi_i'(v) = x_i = 0$$

모든 $x_i = 0$ 이므로 $v = \sum_{i=1}^{n} x_i v_i = 0$이다. 그러므로 $\ker T = \{\mathbf{0}\}$이다. 정리 6.3.2에 의하여 $\dim V = \dim V^*$, $\dim V^* = \dim(V^*)^*$이므로 $\dim V = \dim V^{**}$이다. 따라서 $T : V \to V^{**}$은 전사이다. 이로써 T는 전단사인 선형사상임이 증명되었다.

내적공간 V의 부분공간 W에서 모든 $w \in W$에 대하여 $\phi(w) = 0$인 $\phi \in V^*$ 전체의 집합 $(W^*)^{\perp} = \{\phi \in V^* \mid \phi(w) = 0,\ w \in W\}$를 W의 **영화군**(annihilator)이라 한다.

정리 6.3.5 유한차원 벡터공간 V의 부분공간 W에서 다음이 성립한다.

$$V^* = W^* \oplus (W^*)^{\perp}$$

즉 $\dim V = \dim W + \dim(W^*)^{\perp}$.

[증명] W의 기저 $\{w_1, \cdots, w_m\}$에 대해 V의 기저 $E = \{w_1, \cdots, w_m, w_{m+1}, \cdots, w_n\}$이 존재한다. 기저 E의 쌍대기저를 $E^* = \{\phi_1, \cdots, \phi_n\}$이라 하면 $\{\phi_1, \cdots, \phi_m\}$은 W^*의 쌍대기저이므로 $\{\phi_{m+1}, \cdots, \phi_n\}$이 $(W^*)^{\perp}$의 기저임을 보이면 정리의 증명은 완성된다. 임의의 $\phi \in (W^*)^{\perp}$, $\phi = \sum_{i=1}^{n} x_i \phi_i$, $x_i \in \mathbb{K}$에 대하여

$$\begin{aligned} 0 = \phi(w_j) &= \left(\sum_{i=1}^{n} x_i \phi_i\right)(w_j) = \sum_{i=1}^{n} x_i \phi_i(w_j) \\ &= \sum_{i=1}^{n} x_i \delta_{ij} = x_j, \quad j = 1, 2, \cdots, m \end{aligned}$$

이므로 $\phi = x_{m+1}\phi_{m+1} + \cdots + x_n \phi_n$이다. 역으로 $\phi = y_{m+1}\phi_{m+1} + \cdots + y_n \phi_n$이라 하면 $j = 1, \cdots, m$에 대하여 $\phi(w_j) = 0$. 즉 $\phi \in (W^*)^{\perp}$이다. 이로써 $\phi_{m+1}, \cdots, \phi_n$은 $(W^*)^{\perp}$를 생성하는 것을 알았다. E^*가 V^*의 기저이므로 $\phi_{m+1}, \cdots, \phi_n$은 일차독립이다. 따라서 $\{\phi_{m+1}, \cdots, \phi_m\}$은 $(W^*)^{\perp}$의 기저이고 $\dim V^* = W^* \oplus (W^*)^{\perp}$이다. 또한 $\dim V = \dim V^*$, $\dim W = \dim W^*$이므로 $\dim(W^*)^{\perp} = n - m = \dim V - \dim W = \dim W^{\perp}$이다. 즉 $\dim W^{\perp} = \dim(W^*)^{\perp}$.

정리 6.3.6 유한차원 내적공간 V 위의 선형변환 T에서 다음 조건을 만족하는 선형변환 $T^* : V \to V$가 오직 하나 존재한다.

$$\langle T(v), u \rangle = \langle v, T^*(u) \rangle, \quad u, \quad v \in V$$

[증명] 고정된 벡터 $u \in V$에 대하여 $T_u : V \to \mathbb{K}$는 선형범함수이다. 정리 6.3.2에 의하면

$$\langle T(v), u \rangle = T_u(v) = \langle v, w \rangle, \quad v \in V$$

인 벡터 w는 오직 하나 존재한다. 임의의 $u \in V$에 대하여 $T^*(u) = w = \alpha(T_u)$로 정의된 사상 $T^* : V \to V$는 선형사상이다. 실제로 u_1, $u_2 \in V$, x_1, $x_2 \in \mathbb{K}$에 대하여

$$\begin{aligned}\langle v,\ T^*(x_1u_1+x_2u_2)\rangle &= \langle T(v),\ x_1u_1+x_2u_2\rangle = \bar{x}_1\langle T(v),\ u_1\rangle + \bar{x}_2\langle T(v),\ u_2\rangle \\ &= \bar{x}_1\langle v,\ T^*(u_1)\rangle + \bar{x}_2\langle v,\ T^*(u_2)\rangle \\ &= \langle v,\ x_1T^*(u_1)\rangle + \langle v,\ x_2T^*(u_2)\rangle \\ &= \langle v,\ x_1T^*(u_1)+x_2T^*(u_2)\rangle\end{aligned}$$

모든 $v\in V$에 대하여 위 식이 성립하므로 $T^*(x_1u_1+x_2u_2)=x_1T^*(u_1)+x_2T^*(u_2)$. 즉 T^*는 선형사상이다. 유일성을 보이기 위하여 모든 $v\in V$에 대하여

$$\langle T(v),\ u\rangle = \langle v,\ L(u)\rangle$$

인 선형변환 $L : V\to V$가 존재한다고 가정하자.

$$\langle T(v),\ u\rangle = \langle v,\ L(u)\rangle,\quad u,\quad v\in V$$

이면 $\langle v,\ L(u)\rangle = \langle v,\ T^*(u)\rangle = \langle T(v),\ u\rangle$이다. $\langle v,\ L(u)-T^*(u)\rangle = 0$이 모든 v에 대하여 성립하므로 $L(u)=T^*(u)$, $u\in U$이다. 따라서 $L=T^*$이다. 이로써 $\langle T(v),\ u\rangle = \langle v,\ w\rangle = \langle v,\ T^*(u)\rangle$, u, $v\in V$인 선형변환 T^*는 존재하고 오직 하나뿐임이 증명되었다. $T=T^*$인 T를 **자기수반변환**이라 한다.

정리 6.3.6의 선형변환 T^*을 선형변환 T의 **수반변환**(adjoint linear transformation)이라 한다.

정리 6.3.7 선형변환 T와 수반변환 T^*은 대칭이다. 즉 $(T^*)^*=T^{**}=T$이다.

[증명] 고정된 벡터 u에 대하여 $\langle v,\ T(u)\rangle = \langle T^*(v),\ u\rangle$, $v\in V$인 유일한 선형변환이 T^*이므로

$$\begin{aligned}\langle v,\ T^{**}(u)\rangle &= \langle v,\ (T^*)^*(u)\rangle = \langle T^*(v),\ u\rangle \\ &= \overline{\langle u,\ T^*(v)\rangle} = \overline{\langle T(u),\ v\rangle} \\ &= \langle v,\ T(u)\rangle\end{aligned}$$

모든 $v\in V$에 대하여 위 식이 성립하므로 $T^{**}(u)=(T^*)^*u=T(u)$, $u\in V$이다. 따라서 $T^{**}=T$이다.

예제 6.3.5 다음 선형변환의 수반사상을 구하여라.

(1) $T : \mathbb{R}^3 \to \mathbb{R}^3$, $T(x, y, z) = (x+y+z, 0, 0)$, $x, y, z \in \mathbb{R}$

(2) $T : \mathbb{R}^2 \to \mathbb{R}^2$, $T(x, y) = (2x+y, 2y+x)$, $x, y \in \mathbb{R}$

[풀이] (1) $X=(x, y, z)$, $Y=(x', y', z') \in \mathbb{R}^3$에 대하여

$$\begin{aligned}\langle (x, y, z), T^*(x', y', z') \rangle &= \langle T(x, y, z), (x', y', z') \rangle \\ &= (x+y+z, 0, 0)\cdot(x', y', z') \\ &= (x+y+z)x' = xx' + yx' + zx' \\ &= \langle (x, y, z), (x', x', x') \rangle\end{aligned}$$

그러므로 $T^* : V \to V$는 $T^*(x, y, z) = (x, x, x)$인 선형변환이다.

(2) $X=(x, y)$, $Y=(x', y')$에 대하여

$$\begin{aligned}\langle (x, y), T^*(x', y') \rangle &= \langle T(x, y), (x', y') \rangle = \langle (2x+y, 2y+x), (x', y') \rangle \\ &= (2x+y)x' + (2y+x)y' = 2xx' + x'y + xy' + 2yy' \\ &= x(2x'+y') + y(2y'+x') = \langle (x, y), (2x'+y', 2y'+x') \rangle\end{aligned}$$

그러므로 $T^*(x, y) = (2x+y, 2y+x)$이다. 이때 $T=T^*$이므로 T는 자기수반변환이다.

예제 6.3.6 벡터공간 V에서 다음에 주어진 선형범함수가 모든 $v \in V$에 대하여 $\phi(v) = \langle v, w \rangle$인 벡터 w를 구하여라.

(1) $V=\mathbb{R}^3$, $\phi(x, y, z) = x - 2y + 4z$, $x, y, z \in \mathbb{R}$

(2) $V=\mathbb{C}^2$, $\phi(x, y) = x - 2y$, $x, y \in \mathbb{R}$

[풀이] (1) $X=(x, y, z)$라 놓으면 $\phi(X) = x-2y+4z = \langle (x, y, z), (x', y', z') \rangle = xx' + yy' + zz'$. x', y', z'를 상수로 보면 모든 $x, y, z \in \mathbb{R}$에 대하여

$$(1-x')x - (2+y')y + (4-z')z = 0$$

$1-x' = -2-y' = 4-z' = 0$에서 $x'=1$, $y'=-2$, $z'=4$이므로 $w=(1, -2, 4)$이다.

(2) $X=(x, y)$, $\phi(X) = x-2y = \langle (x, y), (x', y') \rangle = xx' + yy'$에서

$$(1-x')x - (2+y')y = 0$$

모든 x, y에 대하여 위 식이 성립하려면 $1-x'=0$, $2+y'=0$이다. 따라서 $x'=1$, $y'=-2$, $w=(1, -2)$이다.

정리 6.3.8 유한차원 내적공간 V 위의 선형변환 S, T와 $\alpha \in \mathbb{K}$에 대하여 다음이 성립한다.

(1) $(S+T)^* = S^* + T^*$ (2) $(ST)^* = T^* S^*$

(3) $(\alpha T)^* = \bar{\alpha} T^*$

[증명] (1) 임의의 u, $v \in V$에 대하여

$$\begin{aligned}\langle (S+T)(u),\ v\rangle &= \langle S(u)+T(u),\ v\rangle = \langle S(u),\ v\rangle + \langle T(u),\ v\rangle \\ &= \langle u,\ S^*(v)\rangle + \langle u,\ T^*(v)\rangle = \langle u,\ S^*(v)+T^*(v)\rangle \\ &= \langle u,\ (S^*+T^*)(v)\rangle\end{aligned}$$

수반사상의 유일성에 의하여 $(S+T)^* = S^* + T^*$

(2) 임의의 u, $v \in V$에 대하여

$$\begin{aligned}\langle (ST)(u),\ v\rangle &= \langle S(T(u)),\ v\rangle = \langle T(u),\ S^*(v)\rangle \\ &= \langle u,\ T^*(S^*(v)\rangle = \langle u,\ (T^*S^*)(v)\rangle\end{aligned}$$

수반사상의 유일성에 의하여 $(ST)^* = T^* S^*$

(3) 임의의 u, $v \in V$에 대하여

$$\begin{aligned}\langle (\alpha T)(u),\ v\rangle &= \langle \alpha T(u),\ v\rangle = \alpha \langle T(u),\ v\rangle \\ &= \alpha \langle u,\ T^*(v)\rangle = \langle u,\ \bar{\alpha} T^*(v)\rangle\end{aligned}$$

따라서 $(\alpha T)^* = \bar{\alpha} T^*$

체 $\mathbb{C}$ 또는 $\mathbb{R}$ 위의 행렬 $A = [a_{ij}] \in M_{n\times n}$에서 a_{ij}의 공액복소수 $\overline{a_{ij}}$를 제ij-성분으로 갖는 행렬 $\bar{A}$의 전치행렬 $(\bar{A})^t$을 A의 **수반행렬**(adjoint matrix)이라 하고 A^*으로 나타낸다. 즉 $(\bar{A})^t = A^*$이다.

정리 6.3.9 선형변환 T와 수반변환 T^*의 행렬을 각각 M, M^*이라 하면 $(\bar{M})^t = M^*$이다.

[증명] V의 정규직교기저 $E = \{v_1, \cdots, v_n\}$에 대하여 임의의 $v \in V$는

$$v = \langle v,\ v_1\rangle v_1 + \cdots + \langle v,\ v_n\rangle v_n$$

으로 표시된다. $v = T(v_j)$, $j = 1, \cdots, n$일 때

$$T(v_j)=\langle T(v_j),\ v_1\rangle v_1+\cdots+\langle T(v_j),\ v_n\rangle v_n$$

$V=T^*(v_j)$, $j=1, \cdots, n$일 때

$$T^*\langle v_j\rangle=\langle T^*\langle v_j\rangle,\ v_1\rangle v_1+\cdots+\langle T^*(v_j),\ v_n\rangle v_n$$

그러므로 $[T]_E^E=M=[m_{ij}]$, $m_{ij}=\langle T(v_j), v_i\rangle$, $[T^*]_E^E=M^*=[m_{ij}^*]$, $m_{ij}^*=\langle T^*(v_j), v_i\rangle$이다. 모든 i, j에 대하여

$$\begin{aligned} m_{ij}&=\langle T(v_j),\ v_i\rangle=\langle v_j,\ T^*(v_i)\rangle \\ &=\overline{\langle T^*(v_i),\ v_j\rangle}=\overline{m_{ji}^*} \end{aligned}$$

즉 $m_{ij}^*=\overline{m_{ji}}$이다. 따라서 $(\overline{M})^t=M^*$이다.

예제 6.3.7 다음 행렬의 수반행렬을 구하여라.

$$A=\begin{bmatrix} i & -5 \\ 2+i & 3 \end{bmatrix} \qquad B=\begin{bmatrix} 1 & 2+i & -2+i \\ 1-i & i & 1 \\ 1 & 2 & -i \end{bmatrix}$$

[풀이] $\overline{A}=\begin{bmatrix} -i & -5 \\ 2-i & 3 \end{bmatrix}$, $(\overline{A})^t=\begin{bmatrix} -i & 2-i \\ -5 & 3 \end{bmatrix}$이므로 $A^*=\begin{bmatrix} -i & 2-i \\ -5 & 3 \end{bmatrix}$

$\overline{B}=\begin{bmatrix} 1 & 2-i & -2-i \\ 1+i & -i & 1 \\ 1 & 2 & i \end{bmatrix}$, $(\overline{B})^t=\begin{bmatrix} 1 & 1+i & 1 \\ 2-i & -i & 2 \\ -2-i & 1 & i \end{bmatrix}$이므로

$B^*=\begin{bmatrix} 1 & 1+i & 1 \\ 2-i & -i & 2 \\ -2-i & 1 & i \end{bmatrix}$

예제 6.3.8 표준기저에 관한 다음 선형변환의 행렬과 수반변환의 행렬을 구하여라.

(1) $T:\mathbb{R}^3\to\mathbb{R}^3$, $T(x, y, z)=(y+z, x+z, y+x)$

(2) $T:\mathbb{R}^3\to\mathbb{R}^3$, $T(x, y, z)=(x+y-z, -x+2y+2z, x+2y+3z)$

[풀이] (1) $\langle T(x, y, z), (x', y', z')\rangle$

$=\langle (y+z, x+z, y+x), (x', y', z')\rangle$

$$=(y+z)x'+(x+z)y'+(y+x)z'$$
$$=x(y'+z')+y(x'+z')+z(x'+y')$$
$$=\langle (x,\ y,\ z),\ (y'+z',\ x'+z',\ x'+y')\rangle$$
$$=\langle (x,\ y,\ z),\ T^*(x',\ y',\ z')\rangle$$

이므로 $T^*(x,\ y,\ z)=(y+z,\ x+z,\ y+x)=T(x,\ y,\ z)$이다. 따라서

$$[T]=\begin{bmatrix}0&1&1\\1&0&1\\1&1&0\end{bmatrix},\qquad [T^*]=\begin{bmatrix}0&1&1\\1&0&1\\1&1&0\end{bmatrix}$$

(2) $\langle T(x,\ y,\ z),\ (x',\ y',\ z')\rangle$

$$=\langle (x+y-z,\ -x+2y+2z,\ x+2y+3z),\ (x',\ y',\ z')\rangle$$
$$=(x+y-z)x'+(-x+2y+2z)y'+(x+2y+3z)z'$$
$$=x(x'-y'+z')+y(x'+2y'+2z')+z(-x'+2y'+3z')$$
$$=\langle (x,\ y,\ z),\ (x'-y'+z',\ x'+2y'+2z',\ -x'+2y'+3z')\rangle$$

이므로 $T^*(x,\ y,\ z)=(x-y+z,\ x+2y+2z,\ -x+2y+3)$이다. 따라서

$$[T]=\begin{bmatrix}1&1&-1\\-1&2&2\\1&2&3\end{bmatrix},\qquad [T^*]=\begin{bmatrix}1&-1&1\\1&2&2\\-1&2&3\end{bmatrix}$$

예제 6.3.9 행렬 A에 관한 선형변환 $T:\mathbb{C}^3\to\mathbb{C}^3$, $T(X)=AX$, $X\in\mathbb{C}^3$의 수반변환 T^*와 그의 행렬을 구하여라.

$$A=\begin{bmatrix}2&0&1\\0&1-i&-i\\1&2i&3\end{bmatrix}$$

[풀이] $X=(x,\ y,\ z)$, $T(X)=AX=(2x+z,\ (1-i)y+2iz,\ x-iy+3z)$이므로

$$\langle T(x,\ y,\ z),\ (x',\ y',\ z')\rangle=(2x+z)\overline{x'}+\{(1-i)y+2iz\}\overline{y'}+(x-iy+3z)\overline{z'}$$
$$=x(2\overline{x'}+\overline{z'})+y\{(1-i)\overline{y'}-i\overline{z'}\}+z(\overline{x'}+2i\overline{y'}+3\overline{z'})$$
$$=x(\overline{2x'+z'})+y(\overline{(1+i)y'+iz'})+z(\overline{x'-2iy'+3z'})$$
$$=\langle (x,\ y,\ z),\ (2x'+z',\ (1+i)y'+iz',\ x'-2iy'+3z')\rangle$$

그러므로 $T^*(x, y, z)=(2x+z, (1+i)y+iz, x-2iy+3z)$이다. 따라서

$$[T^*]=\begin{bmatrix}2 & 0 & 1\\0 & 1+i & -2i\\1 & i & 3\end{bmatrix}=(\overline{A})^t$$

정리 6.3.10 행렬 $A=[a_{ij}]\in M_{n\times n}$에 의한 선형변환 T의 수반행렬 T^*의 행렬은 $A^*=(\overline{A})^t$이다.

[증명] 선형변환 T의 $\mathbb{K}^n$의 표준기저에 관한 행렬은 A이므로 정리 6.3.7에 의하여 표준기저에 대한 T^*의 행렬 $M^*=(\overline{A})^t$이다.

예제 6.3.10 다음 선형변환의 수반사상을 구하여라.

(1) $T:\mathbb{R}^3\to\mathbb{R}^3$, $T(x, y, z)=(-y+z, -x+2z, x+2y+2z)$, $x, y, z\in\mathbb{R}$

(2) $T:\mathbb{C}^3\to\mathbb{C}^3$, $T(x, y, z)=(x-iz, ix(1+i)y+z, 2iy)$, $x, y, z\in\mathbb{C}$

[풀이] (1) 표준기저에 관한 T의 행렬은

$$M=[T]=\begin{bmatrix}0 & -1 & 1\\-1 & 0 & 2\\1 & 2 & 2\end{bmatrix}$$

이므로

$$M^*=[T^*]=\begin{bmatrix}0 & -1 & 1\\-1 & 0 & 2\\1 & 2 & 2\end{bmatrix}$$

따라서 $T^*(x, y, z)=M^*X=(-y+z, -x+2z, x+2y+2z)$

(2) 표준기저에 관한 T의 행렬은

$$M=[T]=\begin{bmatrix}1 & 0 & -i\\i & 1+i & 1\\0 & 2i & 0\end{bmatrix}$$

이므로 T^*에 관한 행렬은

$$M^*=[T^*]=\begin{bmatrix}1 & -i & 0\\0 & 1-i & -2i\\i & 1 & 0\end{bmatrix}$$

따라서 $T^*(x, y, z)=(x-iy, (1-i)y-2iz, ix+y)$

연습문제 6.3

1. 선형변환 $T: \mathbb{R}^3 \to \mathbb{R}^3$, $T(x, y)=(2x+y, x-3y)$의 수반변환을 T^*이라 할 때 $T^*(1, 2)$의 값을 구하여라.

2. 유클리드 내적공간 $\mathbb{C}^2$ 위의 선형범함수 $\phi: \mathbb{C}^2 \to \mathbb{C}$, $\phi(x, y)=x-2y$가 있다. 모든 $v \in \mathbb{C}^2$에 대하여 $\phi(v)=\langle v, w\rangle$가 되는 w를 구하여라.

3. 다음 행렬의 수반행렬을 구하여라.

   ① $A=\begin{bmatrix} i & i & 1+2i \\ -1 & 0 & i \\ 2i & 1 & -2i \end{bmatrix}$　　② $A=\begin{bmatrix} 1+i & 1-i & i \\ 1+i & i & i \\ -i & -i & 1 \end{bmatrix}$

4. 체 $\mathbb{K}$ 위의 유한차원 벡터공간 V 위의 고정된 벡터 u, w가 있다. 사상 $T: V \to V$, $T(v)=\langle v, w\rangle u$, $v \in V$는 일차변환임을 보이고 그의 수반사상을 구하여라.

5. 표준내적공간 $\mathbb{C}^2$의 표준기저에 대하여 다음으로 정의된 선형변환 T의 수반사상 T^*을 구하여라.

   ① $T(e_1)=(1, -2i)$, $T(e_2)=(-1, i)$

   ② $T(e_1)=(1, -i, 0)$, $T(e_2)=(-1, 0, i)$, $T(e_3)=(1+i, i, 2-i)$

6. 유한차원 내적공간 V 위의 선형변환에서 $I^*=I$, $O^*=O$, T가 가역이면 $(T^{-1})^*=(T^*)^{-1}$임을 보여라.

7. T가 내적공간 V 위의 선형변환, W가 T-불변부분공간일 때 $W^{\perp}$은 T^*에 의하여 불변인 부분공간임을 보여라.

8. 다음의 어느 경우이든 선형변환 $T=O$임을 보여라.

   ① 모든 u, v에 대하여 $\langle T(u), v\rangle=0$

   ② 복소내적공간 V에서 $\langle T(u), u\rangle=0$, $u \in V$

③ $\langle T(u),\ u\rangle=0,\ u\in V$인 자기수반변환 T

9. 모든 $u\in V$에 대하여 $\langle T(u),\ u\rangle=0$ 이지만 $T\neq O$인 실벡터공간 V 위의 선형변환을 구하여라.

10. 표준내적공간 $\mathbb{R}^3$의 벡터 $(3,\ 12,\ -1)$에 의하여 생성된 부분공간 W와 벡터 $(-10,\ 2,\ 8)$에 대하여 다음 물음에 답하여라.
① 정규직교사영 $T:\mathbb{R}^3\to W$와 $T(-10,\ 2,\ 8)$을 구하여라.
② 정규직교사영 $S:\mathbb{R}^3\to W^{\perp}$를 구하여라.
③ 정규직교사영 $T:\mathbb{R}^3\to W$의 수반사상을 구하여라.

11. 다음 선형변환의 수반사상과 수반행렬을 구하여라.
① $T:\mathbb{R}^2\to\mathbb{R}^2,\ T\left(\begin{bmatrix} x_1 \\ x_2 \end{bmatrix}\right)=\begin{bmatrix} 3x_1+4x_2 \\ 2x_1+\ x_2 \end{bmatrix}$
② $T:\mathbb{R}^3\to\mathbb{R}^3,\ T\left(\begin{bmatrix} x_1 \\ x_2 \\ x_3 \end{bmatrix}\right)=\begin{bmatrix} 2x_1-x_2-\ x_3 \\ x_1\qquad -\ x_3 \\ -x_1+x_2+2x_3 \end{bmatrix}$

12. 다음 내적 $\langle,\ \rangle$에 관한 복소수체 $\mathbb{C}$ 위의 다항식공간 P에서 선형변환 M_f : $P\to P,\ M_f(g)=fg,\ g\in P$의 수반변환을 구하여라.
$$\langle f,\ g\rangle=\int_0^1 f(t)\overline{g(t)}dt,\ \bar{f}(t)=\overline{f(t)},\quad t\in\mathbb{R}$$

13. 내적이 다음으로 정의된 다항식공간 $P(\mathbb{C})$에 대하여 다음을 증명하여라.
$$\langle f,\ g\rangle=\int_0^1 f(t)\overline{g(t)}dt,\quad \bar{g}(t)=\overline{g(t)}$$
① 고정된 복소수 $z_0\in\mathbb{C}$에서 $L:P\to\mathbb{C},\ L(f)=f(z_0)$로 정의된 사상 L은 $L\neq O$인 선형범함수이다.
② 모든 $f\in P$에 대하여 $L(f)=\langle f,\ g\rangle$가 되는 g는 존재하지 않는다.
③ 미분작용소 $D:P\to P,\ D(f)=\dfrac{df}{dt},\ f\in P$의 수반작용소 D^*은 존재하지 않는다.

14. 내적 $\langle A,\ B\rangle=\mathrm{tr}(AB^*)$을 갖는 복소벡터공간 $M_{n\times n}(\mathbb{C})$의 고정된 정칙행렬 P에 대하여 선형변환 $T_p:M_{n\times n}(\mathbb{C})\to M_{n\times n}(\mathbb{C}),\ T_p(A)=P^{-1}AP$의 수반사상을 구하여라.

6.4 Unitary 변환과 Unitary 행렬

체 $\mathbb{K}$ 위의 내적공간 V 위의 선형변환 T가 내적을 보존시킬 때, 즉 모든 $v \in V$에 대하여 $\|T(v)\|=\|v\|$이 성립할 때 T를 **등장변환**(isometry transformation)이라 한다. 복소수체 $\mathbb{C}$ 위의 등장사상을 **Unitary 변환**(unitary transformation), 실수체 $\mathbb{R}$ 위의 등장변환을 **직교변환**(orthogonal transformation)이라 한다.

예제 6.4.1 다음 각 선형사상에서 $\langle T(u), T(v)\rangle=\langle u, v\rangle$, $u, v \in V$가 성립한다.

(1) $T : \mathbb{R}^2 \to \mathbb{R}^3$, $T(x, y)=(x, 0, y)$

(2) $T : \mathbb{R}^3 \to M_{3\times3}(\mathbb{R})$, $T(x, y, z)=\begin{bmatrix} x & 0 & 0 \\ 0 & y & 0 \\ 0 & 0 & z \end{bmatrix}$

[풀이] (1) $X=(x, y)$, $Y=(x', y')$에 대하여

$$\langle X, Y\rangle=xx'+yy',\ \langle T(X), T(Y)\rangle=(x, 0, y)\cdot(x', 0, y')=xx'+yy'$$

따라서 $\langle X, Y\rangle=\langle T(X), T(Y)\rangle$이다.

(2) $X=(x, y, z)$, $Y=(x', y', z')$에 대하여

$$\begin{aligned}\langle T(X), T(Y)\rangle &= \left\langle \begin{bmatrix} x & 0 & 0 \\ 0 & y & 0 \\ 0 & 0 & z \end{bmatrix}, \begin{bmatrix} x' & 0 & 0 \\ 0 & y' & 0 \\ 0 & 0 & z' \end{bmatrix} \right\rangle \\ &= xx'+yy'+zz' \end{aligned}$$

$$\langle X, Y\rangle=\langle (x, y, z), (x', y', z')\rangle=xx'+yy'+zz'$$

따라서 $\langle T(X), T(Y)\rangle=\langle X, Y\rangle$이다.

예제 6.4.2 다음 각 선형변환은 Unitary 인가?

(1) $T : \mathbb{R}^2 \to \mathbb{R}^2$, $T(x, y)=\left(\frac{1}{2}x+\frac{\sqrt{3}}{2}y,\ -\frac{\sqrt{3}}{2}x+\frac{1}{2}y\right)$

(2) $T:\mathbb{R}^3\to\mathbb{R}^3,\ T(x,\ y,\ z)=\left(\frac{1}{\sqrt{2}}x-\frac{1}{\sqrt{2}}y,\ y,\ \frac{1}{\sqrt{2}}x+z\right)$

[풀이] (1) $X=(x,\ y)$, $Y=(x',\ y')$에 대하여

$$\begin{aligned}\langle T(X),\ T(Y)\rangle&=\left(\frac{1}{2}x+\frac{\sqrt{3}}{2}y\right)\left(\frac{1}{2}x'+\frac{\sqrt{3}}{2}y'\right)+\left(-\frac{\sqrt{3}}{2}x+\frac{1}{2}y\right)\left(-\frac{\sqrt{3}}{2}x'+\frac{1}{2}y'\right)\\&=\left(\frac{1}{4}xx'+\frac{\sqrt{3}}{4}xy'+\frac{\sqrt{3}}{4}x'y+\frac{3}{4}yy'\right)+\left(\frac{3}{4}xx'-\frac{\sqrt{3}}{4}xy'-\frac{\sqrt{3}}{4}x'y+\frac{1}{4}yy'\right)\\&=\left(\frac{1}{4}xx'+\frac{3}{4}yy'\right)+\left(\frac{3}{4}xx'+\frac{1}{4}yy'\right)=xx'+yy'\\&=(x,\ y)\cdot(x',\ y')=\langle X,\ Y\rangle\end{aligned}$$

즉 $\langle T(X),\ T(Y)\rangle=\langle X,\ Y\rangle$, $\langle T(X),\ T(X)\rangle=\langle X,\ X\rangle$, $\|T(X)\|=\|X\|$이므로 Unitary 변환이다.

(2) $X=(x,\ y,\ z)$, $Y=(x',\ y',\ z')$에 대하여

$$\begin{aligned}\langle T(X),\ T(Y)\rangle&=\left(\frac{1}{\sqrt{2}}x-\frac{1}{\sqrt{2}}y\right)\left(\frac{1}{\sqrt{2}}x'-\frac{1}{\sqrt{2}}y'\right)+yy'+\left(\frac{1}{\sqrt{2}}x+z\right)\left(\frac{1}{\sqrt{2}}x'+z'\right)\\&=\frac{1}{2}xx'-\frac{1}{2}xy'-\frac{1}{2}x'y+\frac{1}{2}yy'+yy'+\frac{1}{2}xx'+\frac{1}{\sqrt{2}}xz'+\frac{1}{\sqrt{2}}x'z+zz'\\&\neq xx'+yy'+zz'=(x,\ y,\ z)\cdot(x',\ y',\ z')=X\cdot Y\end{aligned}$$

따라서 T는 Unitary 변환이 아니다.

선형변환 $T:V\to V$가 Unitary이면 모든 $v\in V$에 대하여 $\|T(v)\|^2=\|v\|^2$, $\langle T(v),\ T(v)\rangle=\langle v,\ v\rangle$이다. 임의의 $u,\ v\in V$에서

$$\|T(u+v)\|=\|u+v\|,\qquad \|T(u-iv)\|=\|u-iv\|$$

가 성립하므로

$$\begin{aligned}&\langle T(u),\ T(v)\rangle+\langle T(v),\ T(u)\rangle=\langle u,\ v\rangle+\langle v,\ u\rangle,\\&-i\langle T(u),\ T(v)\rangle+i\langle T(v),\ T(u)\rangle=-i\langle u,\ v\rangle+i\langle v,\ u\rangle\end{aligned}$$

이 두 식으로부터 $\langle T(u),\ T(v)\rangle=\langle u,\ v\rangle$를 얻는다. 따라서 선형변환 T가 unitary일 필요충분조건은 모든 $u,\ v\in V$에 대하여 $\langle T(u),\ T(v)\rangle=\langle u,\ v\rangle$가 되는 것임을 알 수 있다.

정리 6.4.1 T를 체 $\mathbb{K}$ 위의 내적공간 V 위의 선형변환이라 한다. T가 Unitary 이기 위한 필요충분조건은 T의 수반사상 T^*가 존재하여 $TT^*=T^*T=I$가 되는 것이다. 즉 $T^*=T^{-1}$이다.

[증명] $T(v)=\mathbf{0}$인 벡터 $v\in V$가 있으면 $\langle u, v\rangle=\langle T(u), T(v)\rangle=0$이므로 $v=\mathbf{0}$이다. 그러므로 Unitary 변환은 일대일 변환이다. T의 역사상을 T^{-1}이라 하면 모든 $u, v\in V$에 대하여

$$\langle T(u), v\rangle=\langle T(u), (T\circ T^{-1})(v)\rangle=\langle T(u), T(T^{-1}(v))\rangle=\langle u, T^{-1}(v)\rangle$$

그러므로 $T^{-1}=T^*$이다. 역으로 T^*이 존재하여 $T^*T=TT^*=I$라고 하자. 그러면 T는 가역이고 $T^{-1}=T^*$이다. 모든 $u, v\in V$에 대하여

$$\langle T(u), T(v)\rangle=\langle u, T^*(T(v))\rangle=\langle u, I(v)\rangle=\langle u, v\rangle$$

이므로 T는 Unitary 변환이다.

정리 6.4.2 유한차원 내적공간 V 위의 선형변환 T가 Unitary 변환이기 위한 필요충분조건은 임의의 정규직교기저 $E=\{v_1, \cdots, v_n\}$에서 $\{T(v_1), \cdots, T(v_n)\}$이 정규직교기저가 되는 것이다.

[증명] $T: V\to V$가 Unitary 변환이고 $E=\{v_1, \cdots, v_n\}$이 V의 정규직교기저라 하자. 모든 v_i, v_j에 대하여 $\langle T(v_i), T(v_j)\rangle=\langle v_i, v_j\rangle=0$, $\|T(v_i)\|=\|v_i\|=1$이므로 $\{T(v_1), \cdots, T(v_n)\}$은 V의 정규직교기저이다. 역으로 $E=\{v_1, \cdots, v_n\}$, $F=\{T(v_1), \cdots, T(v_n)\}$이 V의 정규직교기저라 하면 $\langle v_i, v_j\rangle=\delta_{ij}$, $\langle T(v_i), T(v_j)\rangle=\delta_{ij}$이다. 임의의 $v=\sum_{i=1}^{n}\alpha_i v_i$, $\alpha_i\in\mathbb{K}$에서

$$\begin{aligned}\|T(v)\|^2&=\langle T(v), T(v)\rangle=\left\langle T\left(\sum_{i=1}^{n}\alpha_i v_i\right), T\left(\sum_{j=1}^{n}\alpha_j v_j\right)\right\rangle\\&=\sum_{i=1}^{n}\sum_{j=1}^{n}\alpha_i\bar{\alpha}_j\cdot\langle T(v_i), T(v_j)\rangle=\sum_{i=1}^{n}\alpha_i\bar{\alpha}_i,\end{aligned}$$

$$\begin{aligned}\|v\|^2&=\langle v, v\rangle=\left\langle\sum_{i=1}^{n}\alpha_i v_i, \sum_{i=1}^{n}\alpha_i v_i\right\rangle\\&=\sum_{i=1}^{n}\sum_{j=1}^{n}\alpha_i\bar{\alpha}_j\cdot\langle v_i, v_j\rangle=\sum_{i=1}^{n}\alpha_i\bar{\alpha}_i\end{aligned}$$

그러므로 $\|T(v)\|=\|v\|$, $v\in V$이다. 즉 T는 Unitary 변환이다.

행렬 $A \in M_{n\times n}$이 $AA^*=A^*A=I$, 즉 $A^*=A^{-1}$일 때 A를 **Unitary행렬**(unitary matrix)이라 한다. A가 실행렬인 Unitary행렬을 **실 Unitary행렬**(real unitary matrix) 또는 **직교행렬**(orthogonal matrix)이라 한다.

예제 6.4.3 다음 각 행렬은 Unitary행렬이다.

(1) $\begin{bmatrix} i & 0 \\ 0 & i \end{bmatrix}$ (2) $\begin{bmatrix} \cos\theta & -\sin\theta \\ \sin\theta & \cos\theta \end{bmatrix}$

[풀이] (1) $A=\begin{bmatrix} i & 0 \\ 0 & i \end{bmatrix}$, $\overline{A}=\begin{bmatrix} -i & 0 \\ 0 & -i \end{bmatrix}$, $A^*=(\overline{A})^t=\begin{bmatrix} -i & 0 \\ 0 & -i \end{bmatrix}$

$$AA^*=\begin{bmatrix} i & 0 \\ 0 & i \end{bmatrix}\begin{bmatrix} -i & 0 \\ 0 & -i \end{bmatrix}=\begin{bmatrix} 1 & 0 \\ 0 & 1 \end{bmatrix}$$

$$A^*A=\begin{bmatrix} -i & 0 \\ 0 & -i \end{bmatrix}\begin{bmatrix} i & 0 \\ 0 & i \end{bmatrix}=\begin{bmatrix} 1 & 0 \\ 0 & 1 \end{bmatrix}$$

에서 $AA^*=A^*A=I$. 따라서 A는 Unitary행렬이다.

(2) θ가 실수이면

$$A=\begin{bmatrix} \cos\theta & -\sin\theta \\ \sin\theta & \cos\theta \end{bmatrix},\ A^*=A^t=\begin{bmatrix} \cos\theta & \sin\theta \\ -\sin\theta & \cos\theta \end{bmatrix}$$

$$AA^*=\begin{bmatrix} \cos\theta & -\sin\theta \\ \sin\theta & \cos\theta \end{bmatrix}\begin{bmatrix} \cos\theta & \sin\theta \\ -\sin\theta & \cos\theta \end{bmatrix}=\begin{bmatrix} 1 & 0 \\ 0 & 1 \end{bmatrix}$$

$$A^*A=\begin{bmatrix} \cos\theta & \sin\theta \\ -\sin\theta & \cos\theta \end{bmatrix}\begin{bmatrix} \cos\theta & -\sin\theta \\ \sin\theta & \cos\theta \end{bmatrix}=\begin{bmatrix} 1 & 0 \\ 0 & 1 \end{bmatrix}$$

에서 $AA^*=A^*A=I$. 따라서 A는 Unitary행렬이다.

예제 6.4.4 다음 행렬이 직교 Unitary행렬일 필요충분조건을 구하여라.

(1) $[c]$ (2) $\begin{bmatrix} a & b \\ c & d \end{bmatrix}$

[풀이] (1) 1×1행렬 $[c]$가 직교일 필요충분조건은 $cc=1$, $c^2=1$, $c=\pm1$이다. 또 1×1복소행렬 $[c]$가 Unitary행렬이기 위한 필요충분조건은 $c\bar{c}=1$, $|c|=1$이다.

(2) $A=\begin{bmatrix} a & b \\ c & d \end{bmatrix}$, $A^{-1}=\dfrac{1}{ad-bc}\begin{bmatrix} d & -b \\ -c & a \end{bmatrix}$, $A^*=A^t=\begin{bmatrix} a & c \\ b & d \end{bmatrix}$,

에서 $ad-bc=\pm 1$ 이므로

$$\begin{bmatrix} a & c \\ b & d \end{bmatrix} = \begin{bmatrix} d & -b \\ -c & a \end{bmatrix} \quad \text{또는} \quad \begin{bmatrix} a & c \\ b & d \end{bmatrix} = -\begin{bmatrix} d & -b \\ -c & a \end{bmatrix}$$

$a=d$, $c=-b$, $b=-c$, $d=a$ 또는 $a=-d$, $c=b$, $b=c$, $d=-a$이므로

$$A=\begin{bmatrix} a & b \\ -b & a \end{bmatrix} \quad \text{또는} \quad A=\begin{bmatrix} a & b \\ b & -a \end{bmatrix}$$

따라서 $A=\begin{bmatrix} a & b \\ c & d \end{bmatrix}$가 직교행렬일 필요충분조건은

$$A=\begin{bmatrix} a & b \\ -b & a \end{bmatrix} \quad \text{또는} \quad A=\begin{bmatrix} a & b \\ b & -a \end{bmatrix}$$

이다. 한편으로

$$A=\begin{bmatrix} a & b \\ c & d \end{bmatrix},\ \bar{A}=\begin{bmatrix} \bar{a} & \bar{b} \\ \bar{c} & \bar{d} \end{bmatrix},\ (\bar{A})^t=A^*=\begin{bmatrix} \bar{a} & \bar{c} \\ \bar{b} & \bar{d} \end{bmatrix},\ A^{-1}=\frac{1}{ad-bc}\begin{bmatrix} d & -b \\ -c & a \end{bmatrix}$$

에서

$$\begin{bmatrix} \bar{a} & \bar{c} \\ \bar{b} & \bar{d} \end{bmatrix}=\frac{1}{ad-bc}\begin{bmatrix} d & -b \\ -c & a \end{bmatrix}$$

$|ad-bc|=1$ 이므로 $ad-bc=e^{i\theta}$이라 놓으면

$$\begin{bmatrix} \bar{a} & \bar{c} \\ \bar{b} & \bar{d} \end{bmatrix}=e^{-i\theta}\begin{bmatrix} d & -b \\ -c & a \end{bmatrix}$$

에서 $\bar{a}=e^{-i\theta}d$, $\bar{c}=-e^{-i\theta}b$, $\bar{b}=-e^{-i\theta}c$, $\bar{d}=e^{-i\theta}a$이다. 따라서 A가 Unitary 행렬이기 위한 필요충분조건은 $A=\begin{bmatrix} a & b \\ -e^{-i\theta}\bar{b} & e^{-i\theta}\bar{a} \end{bmatrix}$

Unitary 행렬(직교행렬)과 Unitary 변환(직교변환)의 관계를 살펴보자.

정리 6.4.3 유한차원 내적공간 V 위의 선형변환 T가 Unitary 변환(직교변환)일 필요충분조건은 정규직교기저에 관한 T의 행렬이 Unitary(직교)가 되는 것이다.

[증명] $E=\{v_1, \cdots, v_n\}$을 V의 정규직교기저에 관한 T의 행렬을 A라 하면 정

리 6.3.9에 의하여 $[T^*]_E^E = A^*$이다. $T \circ T^* = T^* \circ T = I$에서

$$[T]_E^E[T^*]_E^E = [T^*]_E^E[T]_E^E = [I]_E^E = I$$

가 성립하므로

$$AA^* = A^*A = I$$

역으로 $AA^* = A^*A = I$이면 $T_A \circ T_{A^*} = T_{A^*} \circ T_A = I$. $T_{A^*} = T^*$이다. 즉 $TT^* = T^*T = I$, $T_A = T$이므로 T_A는 Unitary 변환(직교변환)이다.

정리 6.4.4 유한차원 내적공간 V 위의 Unitary 변환의 고유값의 절대값은 1이다. 또 실수 위의 유한차원 내적공간 V 위의 직교변환의 고유값이 존재하면 고유값은 ± 1 이다.

[증명] λ를 Unitary(직교)변환 T의 고유값, $v \in V$, $v \neq \mathbf{0}$을 λ에 대응하는 고유벡터라 하면

$$\|v\| = \|T(v)\| = \|\lambda v\| = |\lambda| \|v\|$$

$\|v\| \neq 0$ 이므로 $|\lambda| = 1$ 이다. $\lambda \in \mathbb{R}$ 이면 $\lambda = \pm 1$ 이다.

예제 6.4.5 다음 행렬의 고유값의 절대값을 구하여라.

(1) $\begin{bmatrix} \frac{1+i}{2} & \frac{1-i}{2} \\ \frac{1-i}{2} & \frac{1+i}{2} \end{bmatrix}$ (2) $\begin{bmatrix} 1 & 0 & 0 \\ 0 & 1 & 0 \\ 0 & 0 & -1 \end{bmatrix}$

[풀이] (1) $A = \begin{bmatrix} \frac{1+i}{2} & \frac{1-i}{2} \\ \frac{1-i}{2} & \frac{1+i}{2} \end{bmatrix}$, $A^* = (\overline{A})^t = \begin{bmatrix} \frac{1-i}{2} & \frac{1+i}{2} \\ \frac{1+i}{2} & \frac{1-i}{2} \end{bmatrix}$

$$\begin{bmatrix} \frac{1+i}{2} & \frac{1-i}{2} \\ \frac{1-i}{2} & \frac{1+i}{2} \end{bmatrix}\begin{bmatrix} \frac{1-i}{2} & \frac{1+i}{2} \\ \frac{1+i}{2} & \frac{1-i}{2} \end{bmatrix} = \begin{bmatrix} \frac{1-i}{2} & \frac{1+i}{2} \\ \frac{1+i}{2} & \frac{1-i}{2} \end{bmatrix}\begin{bmatrix} \frac{1+i}{2} & \frac{1-i}{2} \\ \frac{1-i}{2} & \frac{1+i}{2} \end{bmatrix}$$

$$= \begin{bmatrix} 1 & 0 \\ 0 & 1 \end{bmatrix}$$

이므로 $AA^*=A^*A=I$이다. 따라서 A는 Unitary 행렬이므로 고유값의 절대값은 1이다.

$$(2)\ A=\begin{bmatrix}1&0&0\\0&1&0\\0&0&-1\end{bmatrix},\ A^*=A^t=\begin{bmatrix}1&0&0\\0&1&0\\0&0&-1\end{bmatrix}$$

에서 $AA^*=A^*A=I$. 따라서 A는 직교행렬이고, 고유값은 1, -1이다.

예제 6.4.6 유한차원 내적공간 V 위의 항등변환 $I:V\to V$에서 정규직교기저 E, F에 관한 행렬 $[I]_F^E=P$는 Unitary 행렬이다. V가 실벡터공간이면 P는 직교행렬이다.

[풀이] $E=\{v_1, \cdots, v_n\}$, $F=\{w_1, \cdots, w_n\}$을 V의 정규직교기저라 하자. 행렬 $[T]_F^E=P=[p_{ij}]$의 정의에 의하면 $w_i=\sum_{i=1}^{n} p_{ji}v_j$, $i=1, \cdots, n$이므로

$$\begin{aligned}\delta_{jk}&=\langle w_j,\ w_k\rangle=\left\langle \sum_{l=1}^{n} p_{lj}v_l,\ \sum_{m=1}^{n} p_{mk}v_m\right\rangle\\&=\sum_{l=1}^{m}\sum_{m=1}^{n} p_{lj}\bar{p}_{mk}\langle v_l,\ v_m\rangle=\sum_{i=1}^{n} p_{ij}\bar{p}_{ik}=\sum_{i=1}^{n}\bar{p}_{ik}p_{ij}\end{aligned}$$

따라서 $PP^*=P^*P=I$. 즉 P는 Unitary 행렬이다. P가 실행렬이면

$$\sum_{i=1}^{n} p_{ij}p_{ik}=\delta_{jk}=\sum_{i=1}^{n} p_{ik}p_{ij}$$

이므로 $PP^t=P^tP=I$. 즉 P는 직교행렬이다.

예제 6.4.7 다음 행렬의 역행렬을 구하여라.

$$(1)\ \begin{bmatrix}\frac{1}{2}&\frac{\sqrt{3}}{2}\\-\frac{\sqrt{3}}{2}&\frac{1}{2}\end{bmatrix}\qquad (2)\ \begin{bmatrix}\cos\theta&-\sin\theta&0\\\sin\theta&\cos\theta&0\\0&0&1\end{bmatrix}$$

[풀이] (1) $AA^*=$

$$\begin{bmatrix}\frac{1}{2}&\frac{\sqrt{3}}{2}\\-\frac{\sqrt{3}}{2}&\frac{1}{2}\end{bmatrix}\begin{bmatrix}\frac{1}{2}&-\frac{\sqrt{3}}{2}\\\frac{\sqrt{3}}{2}&\frac{1}{2}\end{bmatrix}=\begin{bmatrix}\frac{1}{2}&-\frac{\sqrt{3}}{2}\\\frac{\sqrt{3}}{2}&\frac{1}{2}\end{bmatrix}\begin{bmatrix}\frac{1}{2}&\frac{\sqrt{3}}{2}\\-\frac{\sqrt{3}}{2}&\frac{1}{2}\end{bmatrix}=\begin{bmatrix}1&0\\0&1\end{bmatrix}$$

이므로 A는 직교행렬이고 $A^{-1}=A^t$이다. 즉

$$A^{-1}=\begin{bmatrix} \frac{1}{2} & -\frac{\sqrt{3}}{2} \\ \frac{\sqrt{3}}{2} & \frac{1}{2} \end{bmatrix}$$

(2) $$AA^*=\begin{bmatrix} \cos\theta & -\sin\theta & 0 \\ \sin\theta & \cos\theta & 0 \\ 0 & 0 & 1 \end{bmatrix}\begin{bmatrix} \cos\theta & \sin\theta & 0 \\ -\sin\theta & \cos\theta & 0 \\ 0 & 0 & 1 \end{bmatrix}=\begin{bmatrix} 1 & 0 & 0 \\ 0 & 1 & 0 \\ 0 & 0 & 1 \end{bmatrix},$$

$$A^*A=\begin{bmatrix} \cos\theta & \sin\theta & 0 \\ -\sin\theta & \cos\theta & 0 \\ 0 & 0 & 1 \end{bmatrix}\begin{bmatrix} \cos\theta & -\sin\theta & 0 \\ \sin\theta & \cos\theta & 0 \\ 0 & 0 & 1 \end{bmatrix}=\begin{bmatrix} 1 & 0 & 0 \\ 0 & 1 & 0 \\ 0 & 0 & 1 \end{bmatrix}$$

이므로 A는 직교행렬이고 $A^{-1}=A^t$이다. 즉

$$A^{-1}=\begin{bmatrix} \cos\theta & \sin\theta & 0 \\ -\sin\theta & \cos\theta & 0 \\ 0 & 0 & 1 \end{bmatrix}$$

정리 6.4.5 Unitary행렬 전체의 집합 $U(n)=\{A\in M_{n\times n}(\mathbb{C})\,|\,A^*=A^{-1}\}$은 하나의 군(group)을 이룬다.

[증명] 임의의 $A,\ B\in G(n)$에서 $(AB)^*=B^*A^*=B^{-1}A^{-1}=(AB)^{-1}$, $(A^*)^{-1}=(A^{-1})^*$, $I^*=I$가 성립한다. 따라서 $U(n)$은 $M_{n\times n}(\mathbb{C})$의 부분군이다.

연습문제 6.4

1. 다음 선형사상은 등장사상인가?

① $T:P_2(\mathbb{R})\to P_2(\mathbb{R}),\ T(p(x))=xp(x)$

② $T:\mathbb{R}^3\to\mathbb{R}^4,\ T(x,\ y,\ z)=(x+y,\ y+z,\ z+x,\ x+y+z)$

③ $T:\mathbb{R}^3\to M_{3\times3},\ T(x,\ y,\ z)=\begin{bmatrix} x & 0 & 0 \\ y & 0 & 0 \\ z & 0 & 0 \end{bmatrix}$

2. 다음 행렬 중에서 직교행렬을 찾아라.

① $\begin{bmatrix} 1 & 2 & 3 \\ 0 & 1 & 2 \\ 0 & 0 & 1 \end{bmatrix}$ ② $\begin{bmatrix} -1 & 0 & 0 \\ 0 & -1 & 0 \\ 0 & 0 & 1 \end{bmatrix}$

③ $\begin{bmatrix} \cos\theta & -\sin\theta & 0 \\ \sin\theta & \cos\theta & 0 \\ 0 & 0 & -1 \end{bmatrix}$ ④ $\begin{bmatrix} \frac{1}{2} & \frac{\sqrt{3}}{2} \\ \frac{\sqrt{3}}{2} & \frac{1}{2} \end{bmatrix}$

3. 등장사상의 고유값의 절대값은 1임을 보여라.

4. 체 $\mathbb{K}$ 위의 내적공간 V에서 다음 등식이 성립함을 보여라.

① $\langle u, v\rangle = \frac{1}{2}\{\|u+v\|^2 - \|u\|^2 - \|v\|^2\}$, $\mathbb{K}=\mathbb{R}$

② $\langle u, v\rangle = \frac{1}{4}\{\|u+v\|^2 - \|u-v\|^2 - i\|u+iv\|^2 + i\|u-iv\|^2\}$, $\mathbb{K}=\mathbb{C}$

5. 문제 4의 ①, ②를 이용하여 $T: V\to V$가 등장사상이기 위한 필요충분조건은 모든 $u, v\in V$에 대하여 $\langle u, v\rangle = \langle T(u), T(v)\rangle$임을 보여라.

6. 벡터공간 V의 정규직교기저 E에서 다음 조건을 만족하는 등장사상을 구하여라.

① $E=\{v_1, v_2\}$, $T(v_1)=\frac{1}{\sqrt{2}}(v_1+v_2)$

② $E=\{v_1, v_2, v_3\}$, $T(v_1)=\frac{1}{3}(v_1+2v_2+2v_3)$

6.5 자기수반변환, Hermite 행렬

유한차원 내적공간 V 위의 선형변환 T의 행렬 M과 수반변환 T^*의 행렬 M^*이 같은 행렬, 즉 $M=M^*=(\overline{M})^t$일 때 T를 **Hermite 변환**(Hermitian linear transformatian) 또는 **Hermite 작용소**(Hermitian operator)라 하고, 행렬 M을 **Hermite 행렬**(Hermitian matrix)이라 한다. $M=M^t$일 때 T를 **대칭변환**(symmetric transformation) 또는 **대칭작용소**(symmetric operator)라 하고, M을 **대칭행렬**(symmetric matrix)라 한다. 대칭행렬에는 **실대칭행렬**(real symmetric matrix), 복

소대칭행렬(complex symmetric matrix)이 있다.

정리 6.5.1 유한차원 내적공간 V 위의 자기수반변환의 정규직교기저에 관한 행렬은 Hermite이다. 이의 역도 성립한다.

[증명] 선형변환 $T: V \to V$가 자기수반사상이면 $T=T^*$이므로 V의 정규직교기저 $E=\{v_1, \cdots, v_n\}$에서

$$m_{ij}^* = \langle T^*(v_j), v_i \rangle = \langle T(v_j), v_i \rangle = m_{ij}$$

따라서 $M^*=M$, 즉 M은 Hermite행렬이다. 역으로 정규직교기저 $E=\{v_1, \cdots, v_n\}$에 관한 행렬이 Hermite인 선형변환을 T라 하면 모든 $m_{ji}=\overline{m_{ij}}$이므로

$$\langle T(v_i), v_j \rangle = m_{ji} = \overline{m_{ij}} = \overline{\langle T(v_j), v_i \rangle} = \overline{\langle v_j, T^*(v_i) \rangle} = \langle T^*(v_i), v_j \rangle$$

따라서 $T^*(v_i)=T^*(v_i)$, $i=1, \cdots, n$. 즉 $T^*=T$이다.

예제 6.5.1 다음 선형변환의 자기수반변환과 수반행렬을 구하여라.

(1) $T: \mathbb{R}^3 \to \mathbb{R}^3$, $T(x, y, z)=(2x+y+z, x+2y+z, x+y+2z)$

(2) $T: M_{3\times3} \to M_{3\times3}$, $T(A)=A-A^t$, $A \in M_{3\times3}$

[풀이] 표준내적공간 $\mathbb{R}^3$에서

$$\begin{aligned}\langle T(x, y, z), (x', y', z') \rangle &= (2x+y+z)x'+(x+2y+z)y'+(x+y+2z)z' \\ &= x(2x'+y'+z')+y(x'+2y'+z')+z(x'+y'+2z') \\ &= (x, y, z)\cdot(2x'+y'+z', x'+2y'+z', x'+y'+2z') \\ &= \langle (x, y, z), T^*(x', y', z') \rangle\end{aligned}$$

그러므로 $T^*(x, y, z)=(2x+y+z, x+2y+z, x+y+2z)$. 즉 $T^*=T$이다. 따라서

$$M=[T]=[T^*]=\begin{bmatrix} 2 & 1 & 1 \\ 1 & 2 & 1 \\ 1 & 1 & 2 \end{bmatrix}=M^*$$

(2) $\langle A, B \rangle = \mathrm{tr}(AB^t)$, $\mathrm{tr}(AB)=\mathrm{tr}(A^tB^t)$이므로

$$\begin{aligned}\langle T(A), B \rangle &= \mathrm{tr}(T(A)B^t) = \mathrm{tr}\{(A-A^t)B^t\} \\ &= \mathrm{tr}(AB^t - A^tB^t) = \mathrm{tr}(AB^t - AB) = \mathrm{tr}\, A(B-B^t)^t\end{aligned}$$

$$=\langle A,\ T^*(B)\rangle$$

T^*의 유일성에 의하여 $T^*(B)=B-B^t$, $B\in M_{n\times n}$. 즉 $T^*=T$이다. $M_{2\times 2}$의 기저

$$E_{11}=\begin{bmatrix}1&0&0\\0&0&0\\0&0&0\end{bmatrix},\quad E_{12}=\begin{bmatrix}0&1&0\\0&0&0\\0&0&0\end{bmatrix},\quad E_{13}=\begin{bmatrix}0&0&1\\0&0&0\\0&0&0\end{bmatrix}$$

$$E_{21}=\begin{bmatrix}0&0&0\\1&0&0\\0&0&0\end{bmatrix},\quad E_{22}=\begin{bmatrix}0&0&0\\0&1&0\\0&0&0\end{bmatrix},\quad E_{23}=\begin{bmatrix}0&0&0\\0&0&1\\0&0&0\end{bmatrix}$$

$$E_{31}=\begin{bmatrix}0&0&0\\0&0&0\\1&0&0\end{bmatrix},\quad E_{32}=\begin{bmatrix}0&0&0\\0&0&0\\0&1&0\end{bmatrix},\quad E_{33}=\begin{bmatrix}0&0&0\\0&0&0\\0&0&1\end{bmatrix}$$

에 대하여

$$T(E_{11})=E_{11}-E_{11}^t=\begin{bmatrix}0&0&0\\0&0&0\\0&0&0\end{bmatrix},\ T(E_{12})=\begin{bmatrix}0&1&0\\-1&0&0\\0&0&0\end{bmatrix},\ T(E_{13})=\begin{bmatrix}0&0&1\\0&0&0\\-1&0&0\end{bmatrix}$$

$$T(E_{21})=\begin{bmatrix}0&-1&0\\1&0&0\\0&0&0\end{bmatrix},\ T(E_{22})=\begin{bmatrix}0&0&0\\0&0&0\\0&0&0\end{bmatrix},\ T(E_{23})=\begin{bmatrix}0&0&0\\0&0&1\\0&-1&0\end{bmatrix}$$

$$T(E_{31})=\begin{bmatrix}0&0&-1\\0&0&0\\1&0&0\end{bmatrix},\ T(E_{32})=\begin{bmatrix}0&0&0\\0&0&-1\\0&1&0\end{bmatrix},\ T(E_{33})=\begin{bmatrix}0&0&0\\0&0&0\\0&0&0\end{bmatrix}$$

따라서 T의 표준기저 $\{E_{11},\ \cdots,\ E_{33}\}$에 관한 행렬은 아래와 같다.

$$M=M^*=\begin{bmatrix}0&0&0&0&0&0&0&0&0\\0&1&0&-1&0&0&0&0&0\\0&0&1&0&0&0&-1&0&0\\0&-1&0&1&0&0&0&0&0\\0&0&0&0&0&0&0&0&0\\0&0&0&0&0&1&0&-1&0\\0&0&-1&0&0&0&1&0&0\\0&0&0&0&0&-1&0&1&0\\0&0&0&0&0&0&0&0&0\end{bmatrix}$$

정리 6.5.2 유한차원 내적공간 V 위의 자기수반변환 T는 n개의 실수인 고유값을 갖는다.

[증명] 임의의 고유값 $\lambda \in \mathbb{K}$에 대응하는 고유벡터를 w, $w \neq \mathbf{0}$이라 하면

$$\langle T(w),\ w\rangle = \langle w,\ T(w)\rangle = \overline{\langle T(w),\ w\rangle},$$
$$\langle T(w),\ w\rangle = \langle \lambda w,\ w\rangle = \lambda\langle w,\ w\rangle = \lambda\|w\|^2,\ \|w\|>0$$

$\langle T(w),\ w\rangle$, $\|w\|^2$은 실수이므로 $\lambda = \dfrac{\langle T(w),\ w\rangle}{\|w\|^2}$는 실수이다.

T가 n개의 고유값을 가짐을 보이자. V의 정규직교기저 E에서 행렬 $[T]_E^E$는 정리 6.3.9에 의하여 자기수반행렬(Hermite행렬)이다. 이 행렬을 A라 놓으면 $A=A^*$이다. 내적공간 $\mathbb{C}^n$ 위의 선형변환 $T_A : \mathbb{C}^n \to \mathbb{C}^n$, $T_A(X)=AX$의 고유다항식은 $f(t)=|tI-A|$이다. $f(t)$는 n차복소계수다항식이므로 중복을 허락하여 n개의 근 $\lambda_1, \cdots, \lambda_n$을 갖는다. 정리 6.3.9에 의하여 Hermite행렬 A에 관한 선형변환 T_A는 자기수반변환이고, T_A의 고유값은 모두 실수이므로 T_A의 고유값 $\lambda_1, \cdots, \lambda_n$은 모두 실수이다. 따라서 자기수반변환 T는 n개의 실수인 고유값을 갖는다.

예제 6.5.2 다음 행렬의 고유값은 모두 실수임을 보여라.

(1) $\begin{bmatrix} 1 & 1+2i \\ 1-2i & 3 \end{bmatrix}$ (2) $\begin{bmatrix} 2 & i & 0 \\ -i & 1 & 1-i \\ 0 & 1+i & -1 \end{bmatrix}$

[풀이] (1) $\overline{A}=\begin{bmatrix} 1 & 1-2i \\ 1+2i & 3 \end{bmatrix}$, $(\overline{A})^t=\begin{bmatrix} 1 & 1+2i \\ 1-2i & 3 \end{bmatrix}=A$에서 $A=A^*$

(2) $\overline{A}=\begin{bmatrix} 2 & -i & 0 \\ i & 1 & 1+i \\ 0 & 1-i & -1 \end{bmatrix}$, $(\overline{A})^t=\begin{bmatrix} 2 & i & 0 \\ -i & 1 & 1-i \\ 0 & 1+i & -1 \end{bmatrix}=A$에서 $A=A^*$

정리 6.5.3 Hermite행렬 A의 서로 다른 고유값 λ_1, λ_2에 대응하는 각각의 고유벡터는 서로 수직이다.

[증명] $A=A^*$, $T_A : \mathbb{C}^n \to \mathbb{C}^n$, $T_A(X)=AX$로 주어진 선형변환 T_A는 자기수반

사상이다. 고유값 λ_1, λ_2에 대응하는 고유벡터를 X_1, X_2라 하면

$$\begin{aligned}\lambda_1\langle X_1, X_2\rangle &= \langle \lambda X_1, X_2\rangle = \langle T_A(X_1), X_2\rangle = \langle X_1, T_A(X_2)\rangle \\ &= \langle X_1, \lambda_2 X_2\rangle = \bar{\lambda}_2\langle X_1, X_2\rangle, \\ (\lambda_1 - \bar{\lambda}_2)\langle X_1, X_2\rangle &= 0\end{aligned}$$

λ_1, λ_2는 실수이므로 $\lambda_1 - \lambda_2 \neq 0$, $\lambda_1 \neq \lambda_2$이면 $\langle X_1, X_2\rangle = 0$이다. 따라서 고유벡터 X_1, X_2는 서로수직이다.

예제 6.5.3 다음 행렬을 이용하여 유클리드공간의 정규직교기저를 구하여라.

(1) $\begin{bmatrix} 3 & 1 \\ 1 & 3 \end{bmatrix}$ (2) $\begin{bmatrix} 1 & 1 & 0 \\ 1 & 1 & 0 \\ 0 & 0 & 0 \end{bmatrix}$

[풀이] (1) $p(t) = \begin{vmatrix} 3-t & -1 \\ -1 & 3-t \end{vmatrix} = (3-t)^2 - 1 = (t-2)(t-4)$

이므로 고유값은 $\lambda = 2, 4$이다. $\lambda_1 = 2$, $\lambda_2 = 4$에 대응하는 고유벡터는

$$v_1 = \begin{bmatrix} \frac{1}{\sqrt{2}} \\ \frac{1}{\sqrt{2}} \end{bmatrix} \qquad v_2 = \begin{bmatrix} -\frac{1}{\sqrt{2}} \\ \frac{1}{\sqrt{2}} \end{bmatrix}$$

따라서 $\left\{\begin{bmatrix} \frac{1}{\sqrt{2}} \\ \frac{1}{\sqrt{2}} \end{bmatrix}, \begin{bmatrix} -\frac{1}{\sqrt{2}} \\ \frac{1}{\sqrt{2}} \end{bmatrix}\right\}$은 $\mathbb{R}^2$공간의 정규직교기저이다.

(2) $p(t) = \begin{vmatrix} 1-t & -1 & 0 \\ -1 & 1-t & 0 \\ 0 & 0 & -t \end{vmatrix} = t^2(2-t)$

이므로 고유값은 $\lambda = 0, 2$이다. $\lambda_1 = 2$의 고유벡터 v_1, $\lambda_2 = 0$의 고유벡터 v_2, v_3는

$$v_1 = \begin{bmatrix} 0 \\ 0 \\ 1 \end{bmatrix}, \quad v_2 = \begin{bmatrix} 1 \\ 1 \\ 0 \end{bmatrix}, \quad v_3 = \begin{bmatrix} 1 \\ -1 \\ 0 \end{bmatrix}$$

따라서 정규직교기저 $\{u_1, u_2, u_3\}$은

$$u_1=\begin{bmatrix}0\\0\\1\end{bmatrix},\quad u_2=\begin{bmatrix}\frac{1}{\sqrt{2}}\\\frac{1}{\sqrt{2}}\\0\end{bmatrix},\quad u_3=\begin{bmatrix}\frac{1}{\sqrt{2}}\\-\frac{1}{\sqrt{2}}\\0\end{bmatrix}$$

체 $\mathbb{K}$ 위의 벡터공간 V 위의 선형변환 T에서 $T(W)\subset W$인 V의 부분공간 W를 T-**불변부분공간**(T-invariant subspace)이라 한다.

정리 6.5.4 체 $\mathbb{K}$ 위의 유한차원 내적공간 V 위의 자기수반변환 T에서 다음 성질이 성립한다.

(1) T-불변부분공간 W의 직교보공간 $W^{\perp}$는 T-불변부분공간이다.

(2) T-불변부분공간 W 위의 선형변환 $T_W : W\to W$, $T_W(w)=T(w)$는 W 위의 자기수반변환이다.

[증명] (1) 임의의 $w\in W$, $v\in W^{\perp}$에서 $T(w)\in W$, $v\in W^{\perp}$이므로

$$\langle T(v),\ w\rangle=\langle v,\ T(w)\rangle=0$$

$\langle T(v),\ w\rangle=0$이므로 $T(v)\in W^{\perp}$. 따라서 $T(W^{\perp})\subset W^{\perp}$. 즉 $W^{\perp}$는 T-불변부분공간이다.

(2) 임의의 $w_1,\ w_2\in W$에서

$$\langle T_W(w_1),\ w_2\rangle=\langle T(w_1),\ w_2\rangle=\langle w_1,\ T(w_2)\rangle=\langle w_1,\ T_W(w_2)\rangle$$

이므로 $(T_W)^*=T_W$이다. 따라서 $T_W : W\to W$는 자기수반변환이다.

정리 6.5.5 (Spectral Theorem) 유한차원 내적공간 V 위의 자기수반변환 T에서 T의 고유벡터로 이루어진 V의 정규직교기저가 존재한다.

[증명] $T : V\to V$가 자기수반변환이라 하자. $n=1$이면 $V=\{v\}$, $v\neq 0$이면 $T(v)=\lambda v$, $\lambda\in\mathbb{R}$이 존재한다. $w=\dfrac{v}{\|v\|}$라 놓으면 $\{w\}$는 V의 정규직교기저이다. $\dim V=n>1$일 때 n에 관한 수학적 귀납법으로 증명하자. $n-1$차원의 모든 내적공간에 대하여 T의 고유벡터로 이루어진 정규직교기저가 존재한다고 가정하자. 정리 6.5.2에 의하여 실수인 T의 고유값 λ_1과 고유벡터 v_1이 존재한다. w_1

$=\frac{v_1}{\|v_1\|}$, $W=\langle w_1\rangle$이라 놓으면 $T(w_1)=\lambda_1 w_1\in\langle w_1\rangle$이므로 W는 T-불변부분공간이다. 정리 6.5.4에 의하여 직교보공간 $W^\perp$도 V의 T-불변부분공간이다. 정리 6.2.12에 의하여 $V=W\oplus W^\perp$, $\dim W^\perp=n-1$이고 정리 6.5.4에 의하여 $T_{W^\perp}$: $W^\perp\to W^\perp$는 자기수반변환이다. 가정에 의하여 $T_{W^\perp}$의 고유벡터로 이루어진 $W^\perp$의 정규직교기저 $\{w_2, \cdots, w_n\}$이 존재한다. 이들 모든 벡터는 $W^\perp$의 원소이므로 w_1과 서로 수직이다. 따라서 $\{w_1, \cdots, w_n\}$은 V의 정규직교집합이다. 정리 6.2.2에 의하여 $\{w_1, \cdots, w_n\}$은 V의 정규직교기저이다.

행렬 A, $B\in M_{n\times n}$에서 $B=P^*AP$인 Unitary 행렬 P가 존재할 때 A, B는 서로 **Unitary 닮음**(unitary similar)이라 한다. 실대칭행렬 A, B에서 $B=P^tAP$인 직교행렬 P가 존재하면 A와 B는 **직교닮음**(orthogonal similar)이라 한다.

정리 6.5.6 n차행렬 A가 Hermite이면 $P^{-1}AP$가 대각행렬이 되는 Unitary 행렬 P가 존재한다. 즉 Hermite 행렬은 대각행렬과 Unitary 닮음이다. A가 실대칭행렬이면 대각행렬과 직교닮음이다.

[증명] 표준 내적공간 $\mathbb{C}^n$에서 표준기저에 관한 행렬 A의 선행사상을 T라 하면, 정리 6.5.1에 의하여 T는 자기수반변환이다. 정리 6.5.5에 의하여 T의 고유벡터로 이루어진 정규직교기저 $F=\{w_1, \cdots, w_n\}$이 존재한다. 표준기저를 E라 하면 $T=I\cdot T\cdot I$

$$[T]_F^F=[I]_E^F[T]_E^E[I]_F^E,\quad [T]_F^F=P^*AP$$

$T(w_i)=\lambda_i w_i$, $i=1, \cdots, n$이라 놓으면

$$D=[T]_F^F=\mathrm{diag}(\lambda_1, \cdots, \lambda_n),\quad D=P^*AP$$

예제 6.4.6에 의하여 $[I]_F^E=P$는 Unitary 행렬이다. 따라서 $D=P^{-1}AP$가 되는 Unitary 행렬 P가 존재한다. 또 A가 실대칭행렬인 경우에는 표준내적공간 $\mathbb{R}^n$에 대하여 생각하면 P는 직교행렬이다.

정리 6.5.7 실수체 $\mathbb{R}$ 위의 유한차원 내적공간 V 위의 선형변환 T에 대하여 다음은 동치관계에 있다.

(1) T가 자기수반변환이다. 즉 $T=T^*$

(2) T의 교유벡터로 이루어진 V의 정규직교기저가 존재한다.

[증명] 정리 6.5.5에 의하여 (1)이면 (2)가 성립한다. 역으로 $E=\{v_1, \cdots, v_n\}$이 T의 고유벡터로 이루어진 V의 정규직교기저라 하자.

$$T(w_j)=\lambda_j w_j, \quad a_{ij}=\lambda_j \delta_{ij}, \quad i, j=1, \cdots, n$$

에 대하여 $T^*: V \to V$를 다음으로 정의하자.

$$T^*(w_j)=\sum_{i=1}^{n} a_{ij} w_i, \quad i=1, \cdots, n$$

그러면

$$\langle w_i, T^*(w_j)\rangle = \left(w_i, \sum_{i=1}^{n} a_{kj} w_k\right) = \sum_{k=1}^{n} a_{kj}\langle w_i, w_k\rangle = a_{ij},$$

$$\langle T(w_i), w_j\rangle = \left(\sum_{k=1}^{n} a_{ki}, w_k, w_j\right) = \sum_{k=1}^{n} a_{ki}\langle w_k, w_j\rangle = a_{ji}$$

$a_{ij}=\lambda_j\delta_{ij}=\lambda_i\delta_{ji}=a_{ji}$이므로 $\langle w_i, T^*(w_j)\rangle = \langle T(w_i), w_j\rangle$. 따라서 $T=T^*$. 즉 T는 자기수반사상이다.

예제 6.5.4 다음 행렬에서 $P^{-1}AP$가 되는 직교행렬 P를 구하여라.

(1) $\begin{bmatrix} \cos\theta & \sin\theta \\ \sin\theta & -\cos\theta \end{bmatrix}$ (2) $\begin{bmatrix} 2 & 1 & 1 \\ 1 & 2 & 1 \\ 1 & 1 & 2 \end{bmatrix}$

[풀이] (1) 행렬 A의 고유값은 1, -1이므로 다음 등식을 만족하는 직교행렬 P가 존재한다.

$$P^{-1}AP=\begin{bmatrix} 1 & 0 \\ 0 & -1 \end{bmatrix}, \quad P=\begin{bmatrix} \cos\frac{\theta}{2} & \sin\frac{\theta}{2} \\ \sin\frac{\theta}{2} & -\cos\frac{\theta}{2} \end{bmatrix}$$

(2) 행렬 B는 대칭행렬이므로 다음 등식을 만족하는 정직교행렬 P가 존재한다.

$$P^{-1}AP=\begin{bmatrix}1&0&0\\0&1&0\\0&0&4\end{bmatrix},\quad P=\begin{bmatrix}\frac{1}{\sqrt{2}}&\frac{1}{\sqrt{6}}&\frac{1}{\sqrt{3}}\\-\frac{1}{\sqrt{2}}&\frac{1}{\sqrt{6}}&\frac{1}{\sqrt{3}}\\0&-\frac{2}{\sqrt{6}}&\frac{1}{\sqrt{3}}\end{bmatrix}$$

예제 6.5.5 다음 행렬을 대각화하여라.

(1) $A=\begin{bmatrix}2&-1&-1\\-1&2&-1\\-1&-1&2\end{bmatrix}$ (2) $B=\begin{bmatrix}5&-2&0&0\\-2&2&0&0\\0&0&5&-3\\0&0&-2&2\end{bmatrix}$

[풀이] (1) 행렬 A의 고유다항식 $p(t)=(t-1)^2(t-4)$의 근 $\lambda=1,\ 4$이다. $\lambda_1=1$에 대응하는 고유벡터 $w_1=\left(\frac{1}{\sqrt{2}},\ -\frac{1}{\sqrt{2}},\ 0\right)$, $w_2=\left(\frac{1}{\sqrt{6}},\ \frac{1}{\sqrt{6}},\ -\frac{2}{\sqrt{6}}\right)$, $\lambda=4$에 대응하는 고유벡터 $w_3=\left(\frac{1}{\sqrt{3}},\ \frac{1}{\sqrt{3}},\ \frac{1}{\sqrt{3}}\right)$로 이루어진 정규직교기저 $\{w_1,\ w_2,\ w_3\}$에 의하여 A는 대각화된다. 즉

$$P^{-1}AP=\begin{bmatrix}1&0&0\\0&1&0\\0&0&4\end{bmatrix},\quad P=\begin{bmatrix}\frac{1}{\sqrt{2}}&\frac{1}{\sqrt{6}}&\frac{1}{\sqrt{3}}\\-\frac{1}{\sqrt{2}}&\frac{1}{\sqrt{6}}&\frac{1}{\sqrt{3}}\\0&-\frac{2}{\sqrt{6}}&\frac{1}{\sqrt{3}}\end{bmatrix}$$

(2) 행렬 B의 고유다항식 $p(t)=t^2(t-2)(t-4)$의 해는 $\lambda=0,\ 2,\ 4$이다. $\lambda_1=0$, $\lambda_2=2$, $\lambda_3=4$에 대응하는 단위고유벡터는 $u_1=(0, 0, 1, 0)$, $u_2=(0, 0, 0, 1)$, $u_3=\left(\frac{1}{\sqrt{2}},\ \frac{1}{\sqrt{2}},\ 0,\ 0\right)$, $u_4=\left(\frac{1}{\sqrt{2}},\ -\frac{1}{\sqrt{2}},\ 0,\ 0\right)$이다. 따라서

$$P^{-1}BP=\begin{bmatrix}0&0&0&0\\0&0&0&0\\0&0&1&0\\0&0&0&2\end{bmatrix},\ P=\begin{bmatrix}0&0&\frac{1}{\sqrt{2}}&\frac{1}{\sqrt{2}}\\0&0&\frac{1}{\sqrt{2}}&-\frac{1}{\sqrt{2}}\\1&0&0&0\\0&1&0&0\end{bmatrix}$$

정리 6.5.8 유한차원 복소 내적공간 V 위의 선형변환 T에 관한 행렬이 상삼각행렬이 되는 V의 정규직교기저가 존재한다. 즉 모든 복소행렬은 상삼각행렬과 Unitary 닮음이다.

[증명] n차원 내적공간 V에서 $T(v_k)=\sum_{i=1}^{k} a_{ik}v_i$가 되는 정규직교기저 $E=\{v_1, \cdots, v_n\}$이 존재함을 보이자. V의 차원 $\dim V=n$에 관한 수학적 귀납법으로 위의 사실을 증명한다. 차원이 n미만인 모든 복소내적공간에 대하여 이 사실이 성립한다고 가정하자. V가 복소내적공간이므로 적어도 하나의 T의 고유값 λ_1이 존재한다. λ_1에 대응하는 고유벡터 v_1', $v_1'\neq\mathbf{0}$, $\|v_1'\|=1$이라 하면 Gram-Schmidt의 직교화과정으로 정규직교기저 $F=\{v_1', v_2', \cdots, v_n'\}$를 얻는다. $v_2', \cdots, v_n'$에 의하여 생성된 부분공간을 W라 하면 W의 모든 벡터는 v_1'와 서로 수직이다. 임의의 벡터 $v=\sum_{i=1}^{k} a_i v_i'$에 대하여 $S(v)=\sum_{i=2}^{n} a_i v_i'$로 정의된 사상 $S: V\to W$에서 $S\circ T: W\to W$는 선형변환이다. $\dim W=n-1$이므로 가정에 의하여 $(S\circ T)(w_k)=\sum_{i=2}^{k} b_{ik}w_i$가 되는 W의 정규직교기저 $\{w_2, \cdots, w_n\}$이 존재한다. 여기서 $w_1=v_1'$라 놓으면 기저 $\{w_1, \cdots, w_n\}$은 T를 상삼각화하는 V의 정규직교기저이다. 따라서 모든 n에 대하여 주어진 정리가 성립함이 증명되었다.

정리 6.5.9 실행렬 A가 실수인 고유값만을 가지면 A는 상삼각행렬과 직교닮음이다. 즉 실수인 고유값만을 갖는 실행렬은 상삼각행렬화 가능하다.

[증명] 행렬 A의 차수 n에 관한 귀납법으로 증명하자. $n=1$일 때는 자명하므로 $n-1$차행렬 모두에 대하여 이 정리가 성립한다고 가정하자. A의 실고유값 λ에 대응하는 고유단위벡터를 X_1이라 하면

$$AX_1=\lambda_1 X_1,\quad \|X_1\|=1,\quad X_1\in\mathbb{R}^n$$

Gram-Schmidt의 직교화과정으로 정칙행렬 $P_1=[X_1, X_2, \cdots, X_n]$을 만들자. 그러면 $P_1^t AP_1$은 다음 형으로 표시된다.

$$P_1^t\, AP_1=\begin{bmatrix}\lambda_1 & * \\ O & A_1\end{bmatrix}$$

행렬 A_1의 고유값은 A의 고유값이고 모두 실수이므로 가정에 의하여 $n-1$차정칙행렬 P_2가 존재하여

$$P_2^t A_1 P_2 = \begin{bmatrix} \lambda_2 & & & * \\ 0 & \lambda_3 & & \\ \vdots & \vdots & \ddots & \\ 0 & 0 & \cdots & \lambda_{n-1} \end{bmatrix}$$

이때 다음 행렬

$$\begin{bmatrix} 1 & O \\ O & P_2 \end{bmatrix}$$

는 n차정칙행렬이고

$$\begin{bmatrix} 1 & O \\ O & P_2 \end{bmatrix}^{-1} P_1^t\ AP_1 \begin{bmatrix} 1 & O \\ O & P_2 \end{bmatrix} = \begin{bmatrix} 1 & O \\ O & P_2^{-1} \end{bmatrix} \begin{bmatrix} \lambda_1 & * \\ O & A_1 \end{bmatrix} \begin{bmatrix} 1 & O \\ O & P_2 \end{bmatrix}$$

$$= \begin{bmatrix} \lambda_1 & * \\ O & P_2^{-1} A_1 P_2 \end{bmatrix} = \begin{bmatrix} \lambda_1 & * & * & \cdots & * \\ 0 & \lambda_2 & * & \cdots & * \\ \vdots & \vdots & \vdots & & \vdots \\ 0 & 0 & 0 & & \lambda_n \end{bmatrix} = T$$

따라서

$$P = P_1 \begin{bmatrix} 1 & O \\ O & P_2 \end{bmatrix}$$

라 놓으면 $=P^{-1}AP=T$. 즉 행렬 A는 상삼각행렬과 직교닮음이다.

예제 6.5.6 다음 행렬을 삼각행렬화하여라.

$$A = \begin{bmatrix} 2 & 1 & 0 \\ 0 & 1 & -1 \\ 0 & 2 & 4 \end{bmatrix}$$

[풀이] 행렬 A의 고유다항식은

$$p(t) = -(t-2)^2(t-3)$$

고유값 $\lambda_1=2$, $\lambda_2=3$에 대응하는 고유공간은 $V_1=\langle(1, 0, 0)\rangle$, $V_2=\langle(1, 1, -2)\rangle$이다. $\mathbb{R}^3$의 정규직교기저 $\{v_1, v_2, v_3\}$, $v_1=(1, 0, 0)$을 구하여 보자. 다음 행렬

$$A_2=\begin{bmatrix}1 & -1\\ 2 & 4\end{bmatrix}$$

의 고유다항식 $P'(t)=(t-2)(t-3)$이므로 고유값은 $\lambda_2=2$, $\lambda_3=3$이다. 이들에 대응하는 고유공간은 $U_1=\langle(1,\ -1)\rangle$, $U_2=\langle(1,\ -2)\rangle$이다. $\mathbb{R}^2$의 기저 $\{w_2=(1,\ -1),\ w_3=(1,\ 0)\}$을 열벡터로 갖는 행렬을 P_2라 하면

$$P_2=\begin{bmatrix}1 & 1\\ -1 & 0\end{bmatrix},\qquad P_2^{\text{ㅏ}}=\begin{bmatrix}0 & -1\\ 1 & 1\end{bmatrix}$$

$$P_2^{\text{ㅏ}}A_1P_2=\begin{bmatrix}0 & -1\\ 1 & 1\end{bmatrix}\begin{bmatrix}1 & -1\\ 2 & 4\end{bmatrix}\begin{bmatrix}1 & 1\\ -1 & 0\end{bmatrix}=\begin{bmatrix}2 & -2\\ 0 & 3\end{bmatrix}$$

정칙행렬 P를 다음과 같이 놓자.

$$P=\begin{bmatrix}1 & 0 & 0\\ 0 & 1 & 1\\ 0 & -1 & 0\end{bmatrix},\qquad P^{-1}=\begin{bmatrix}1 & 0 & 0\\ 0 & 0 & -1\\ 0 & 1 & 1\end{bmatrix}$$

그러면 A는 삼각화가능하고

$$P^{-1}AP=\begin{bmatrix}1 & 0 & 0\\ 0 & 0 & -1\\ 0 & 1 & 1\end{bmatrix}\begin{bmatrix}2 & 1 & 0\\ 0 & 1 & -1\\ 0 & 2 & 4\end{bmatrix}\begin{bmatrix}1 & 0 & 0\\ 0 & 1 & 1\\ 0 & -1 & 0\end{bmatrix}=\begin{bmatrix}2 & 1 & 1\\ 0 & 2 & -2\\ 0 & 0 & 3\end{bmatrix}$$

따라서 A를 삼각화하는 $\mathbb{R}^2$의 기저는 $\{(1,\ 0,\ 0),\ (0,\ 1,\ -1),\ (0,\ 1,\ 0)\}$이다.

정리 6.5.10 상삼각행렬 A가 대각행렬이 될 필요충분조건은 $A^*A=AA^*$이다.

[증명] $A=[a_{ij}]$, $a_{ij}=0$, $i>j$이고 $A^*A=AA^*$라 하자. 행렬의 곱의 정의에 의하면 이 행렬의 제 ii-성분은

$$\sum_{j=1}^{n}\bar{a}_{ji}a_{ji}=\sum_{k=1}^{n}a_{ik}\bar{a}_{ik}$$

즉

$$\sum_{j=1}^{n}|a_{ji}|^2=\sum_{k=i}^{n}|a_{ik}|^2$$

A가 대각행렬이 아니라고 가정하고, $a_{ik}\neq 0$, $k>i$인 k가 존재하는 최소 첨자를

i라 하자.

$$\begin{bmatrix} 0 & \cdots & 0 & & O & & \\ \vdots & & \vdots & & & & \\ 0 & \cdots & a_{ii} & \cdots & a_{ik} & \cdots & a_{in} \\ \vdots & & \vdots & & \vdots & & \vdots \\ 0 & & 0 & \cdots & a_{nk} & \cdots & a_{nn} \end{bmatrix}$$

그러면

$$\sum_{j=1}^{i} |a_{ji}|^2 = |a_{ii}|^2 + \sum_{k=i+1}^{n} |a_{ik}|^2$$

$$|a_{ii}|^2 = |a_{ii}|^2 + \sum_{k=i+1}^{n} |a_{ik}|^2$$

이므로 $\sum_{k=i+1}^{n} |a_{ik}|^2 = 0$. 따라서 $|a_{ik}|^2 = 0$, $a_{ik} = 0$이다. 이는 a_{ik}의 선택에 모순이다. 그러므로 A는 대각행렬이어야 한다. 역으로 A가 대각행렬이면 $A^*A = AA^*$가 분명히 성립한다.

정리 6.5.8에 의하면 복소행렬 A는 상삼각행렬화가능하다. U^*AU가 상삼각행렬인 Unitary 행렬 U가 존재한다. 즉 모든 복소행렬은 상삼각행렬과 Unitary 닮음이다. 선형변환 T의 상삼각화행렬의 대각성분은 T의 고유값으로 이루어져 있다. 행렬 $A = [a_{ij}]$가 상삼각행렬이면 A의 고유다항식은 $P(t) = (t - a_{11})(t - a_{22})\cdots(t - a_{nn})$이기 때문이다. $A^*A = AA^*$를 만족하는 정방행렬을 **정규행렬**(normal matrix)이라 한다.

정리 6.5.11 A가 대각행렬 D와 Unitary 닮음일 필요충분조건은 A가 정규행렬인 것이다.

[증명] A가 정규행렬일 때 A와 Unitary 닮음인 행렬 U^*AU도 정규행렬이다. 실제로 정규행렬 U에 대하여

$$\begin{aligned}(U^*AU)^*(U^*AU) &= (U^*A^*U)(U^*AU) = U^*A^*(UU^*)AU \\ &= U^*A^*AU = U^*AA^*U = U^*AUU^*A^*U \\ &= (U^*AU)(U^*AU)^*\end{aligned}$$

A가 대각행렬 D와 Unitary 닮음이면 $A = U^*DU$인 Unitary 행렬 U^*가 존재

하고, D는 정규행렬이므로 U^*DU도 정규행렬이다. 따라서 A는 정규행렬이다. 역으로 A가 정규행렬이면 Unitary행렬 U가 존재하여 U^*AU가 상삼각행렬이 된다. A가 정규행렬이므로 U^*AU도 정규행렬이다. 정리 6.5.10에 의하여 U^*AU는 대각행렬이므로 행렬 A는 대각화가능하다. 즉 A는 대각행렬과 Unitary닮음이다.

정리 6.5.12 Unitary행렬과 Hermite행렬은 정규행렬이다.

[증명] U가 Unitary행렬이면 $U^*U=U^{-1}U=UU^{-1}=UU^*$, H가 Hermite이면 $H^*H=HH=HH^*$이므로 U, H는 정규행렬이다.

예제 6.5.7 다음 각 행렬을 직교행렬, Unitary행렬, 대칭행렬, Hermite행렬, 교대칭행렬(skew-symmetric), 교대 Hermite행렬, 정규행렬로 분류하여라.

(1) $\begin{bmatrix} 1 & -2 \\ 2 & 1 \end{bmatrix}$ (2) $\begin{bmatrix} 1 & i \\ i & 2 \end{bmatrix}$ (3) $\begin{bmatrix} 1 & 1-i \\ 1+i & 3 \end{bmatrix}$

(4) $\begin{bmatrix} 0 & -1 & -2 \\ 1 & 0 & -3 \\ 2 & 3 & 0 \end{bmatrix}$ (5) $\begin{bmatrix} 0 & -1 & -1 \\ 1 & 0 & -1 \\ 1 & 1 & 0 \end{bmatrix}$ (6) $\begin{bmatrix} 1 & i \\ i & 1 \end{bmatrix}$

[풀이] (1) 정규행렬 (2) 정규행렬 (3) Hermite행렬 (4) 교대칭행렬 (5) 교대칭행렬, 정규행렬 (6) 정규행렬.

예제 6.5.8 다음 중에서 Unitary 또는 Hermite가 아니면서 정규인 행렬은 어느 것인가?

(1) $\begin{bmatrix} 0 & 1 \\ 1 & 0 \end{bmatrix}$ (2) $\begin{bmatrix} 0 & -1 \\ 1 & 0 \end{bmatrix}$

(3) $\begin{bmatrix} 1 & 1 \\ 0 & 1 \end{bmatrix}$ (4) $\begin{bmatrix} 1 & i \\ i & 2 \end{bmatrix}$

[풀이] (1) 대칭행렬, 직교행렬 (2) 교대칭행렬, 정규행렬 (3) 비정규행렬 (4) 정규행렬, 비Unitary행렬, 비Hermite행렬

내적공간 V 위의 선형변환 T가 $T^*T=TT^*$이면 T를 **정규변환**(normal linear transformation)이라 한다.

정리 6.5.13 정규변환 T의 서로 다른 고유값에 대응하는 고유벡터는 서로 수직이다.

[증명] 먼저 w가 고유값 λ에 대응하는 T의 고유벡터이면 w는 고유값 $\bar{\lambda}$에 대응하는 T^*의 고유벡터임을 보이자. T가 정규변환이면

$$\langle T(w),\ T(w)\rangle=\langle T^*T(w),\ w\rangle=\langle TT^*(w),\ w\rangle=\langle T^*(w),\ T^*(w)\rangle$$

$T(w)=\lambda w,\ w\neq\mathbf{0}$ 이므로

$$\begin{aligned}0&=\|T(w)-\lambda w\|^2=\langle T(w)-\lambda w,\ T(w)-\lambda w\rangle\\&=\langle T(w),\ T(w)\rangle-\bar{\lambda}\langle T(w),\ w\rangle-\lambda\langle w,\ T(w)\rangle+\bar{\lambda}\lambda\langle w,\ w\rangle\\&=\langle T^*(w),\ T^*(w)\rangle-\bar{\lambda}\langle w,\ T^*(w)\rangle-\lambda\langle T^*(w),\ w\rangle+\bar{\lambda}\lambda\langle w,\ w\rangle\\&=\langle T^*(w)-\bar{\lambda}w,\ T^*(w)-\bar{\lambda}w\rangle\\&=\|T^*(w)-\bar{\lambda}w\|^2\end{aligned}$$

그러므로 $T^*(w)-\bar{\lambda}w=\mathbf{0}$, $T^*(w)=\bar{\lambda}w$이다. 즉 w는 T^*의 고유값 $\bar{\lambda}$에 대응하는 고유벡터이다. 다음으로 $T(w_1)=\lambda_1w_1$, $T(w_2)=\lambda_2w_2$, $\lambda_1\neq\lambda_2$라고 하자. 그러면 다음 등식이 성립한다.

$$\begin{aligned}\bar{\lambda}_2\langle w_1,\ w_2\rangle&=\langle w_1,\ \lambda_2w_2\rangle=\langle w_1,\ T(w_2)\rangle=\langle T^*(w_1),\ w_2\rangle\\&=\langle\bar{\lambda}_1w_1,\ w_2\rangle=\bar{\lambda}_1\langle w_1,\ w_2\rangle\end{aligned}$$

$\lambda_1\neq\lambda_2$이므로

$$(\bar{\lambda}_1-\bar{\lambda}_2)(w_1,\ w_2)=0$$

에서 $\langle w_1,\ w_2\rangle=0$이다. 즉 w_1와 w_2는 서로 수직이다.

정리 6.5.14 복소내적공간 V 위의 선형변환 T의 고유벡터의 집합 $\{v_1,\ \cdots,\ v_n\}$이 정규직교기저를 이루면 T는 정규변환이다.

[증명] v_j에 대응하는 T의 고유값을 λ_j라 하면 $\bar{\lambda}_j$는 v_j에 대응하는 T^*의 고유값이다. 즉 $T(v_j)=\lambda_jv_j$, $T^*(v_j)=\bar{\lambda}_jv_j$, $j=1,\ \cdots,\ n$이다. 그러므로 모든 j, $j=1,\ \cdots,\ n$에 대하여

$$(T^*T)(v_j)=T^*(T(v_j))=T^*(\lambda_jv_j)=\lambda_jT^*(v_j)=\lambda_j\bar{\lambda}_jv_j,$$

$$(TT^*)(v_j) = T(T^*(v_j)) = T(\bar{\lambda}_j v_j) = \bar{\lambda}_j T(v_j) = \bar{\lambda}_j \lambda_j v_j$$

따라서 $(T^*T)(v_j) = (TT^*)(v_j)$, $j=1, \cdots, n$. 즉 $T^*T = TT^*$.

정리 6.5.15 유한차원 복소내적공간 V 위의 정규변환 T에서 T의 고유벡터로 이루어진 V의 정규직교기저가 존재한다.

[증명] T의 고유벡터로 이루어진 집합을 W라 하면 $W^{\perp}$는 T-불변공간이다. $v \in W^{\perp}$, $w \in W$에 대하여

$$\langle T(v), w \rangle = \langle v, T^*(w) \rangle = \langle v, \bar{\lambda} w \rangle = \lambda \langle v, w \rangle = 0$$

그러므로 $T(v) \in W^{\perp}$이다. 즉 $W^{\perp}$는 T-불변공간이다.

위 사실을 이용하여 차원 n에 관한 귀납법으로 이 정리를 증명하자. $n=1$이면 $V = \langle v_1 \rangle$이므로 $T(v_1) \in V$, $T(v_1) = \lambda_1 v_1$이다. 즉 $\{v_1\}$은 고유벡터로 이루어진 V의 기저, $\left\{ \dfrac{v_1}{\|v_1\|} \right\}$은 V의 정규직교기저이다. 차원이 n미만인 모든 경우에 이 정리가 성립한다고 가정하자. 복소내적공간 V에서 적어도 하나의 T의 고유값 λ_1이 존재하므로 영이 아닌 단위고유벡터 v_1을 택할 수 있다. $\{v_1\}^{\perp}$은 T-불변부분공간이므로 $T : \{v_1\}^{\perp} \rightarrow \{v_1\}^{\perp}$도 정규변환이다. 가정에 의하여 $n-1$차원 벡터공간 $\{v_1\}^{\perp}$에 T의 고유벡터로 이루어진 정규직교기저 $\{v_2, \cdots, v_n\}$이 존재한다. 그러면 $\{v_1, v_2, \cdots, v_n\}$은 정규직교집합이므로 일차독립이다. 따라서 $\{v_1, \cdots, v_n\}$은 T의 고유벡터로 이루어진 V의 정규직교기저이다.

정리 6.5.16 유한차원 복소내적공간 V 위의 정규변환이 자기수반변환이기 위한 필요충분조건은 T의 모든 고유값이 실수가 되는 것이다.

[증명] $T : V \rightarrow V$가 자기수반변환이라 하고, T의 고유값 λ에 대응하는 고유벡터를 v라 하면

$$\begin{aligned} \|T(v)\|^2 &= \langle T(v), T(v) \rangle = \langle T(v), T^*(v) \rangle \\ &= \langle \lambda v, \bar{\lambda} v \rangle = \lambda^2 \langle v, v \rangle = \lambda^2 \|v\|^2 \end{aligned}$$

그런데 $v \neq \mathbf{0}$, $\|v\| \neq 0$이므로 λ^2은 음이 아닌 실수이다. 그러므로 λ는 실수이다. 역으로 T가 정규변환이고 그의 모든 고유값이 실수라고 하자. 정리 6.5.13에 의하여 T의 고유벡터로 이루어진 V의 정규직교기저 $E = \{v_1, \cdots, v_n\}$이 존재한다.

$T(v_j)=\lambda_j v_j$, $j=1, \cdots, n$이라 하면

$$T^*(v_j)=\bar{\lambda}_j v_j=\lambda_j v_j=T(v_j)$$

따라서 $T=T^*$. 즉 T는 자기수반변환이다.

정리 6.5.17 유한차원 복소내적공간 V 위의 정규변환이 등장사상이기 위한 필요충분조건은 그의 모든 고유값의 절대값이 1이 되는 것이다.

[증명] $T: V \to V$가 등장사상이면 T의 고유값 λ, 고유벡터 v에서

$$\|v\|^2=\langle v, v\rangle=\langle T(v), T(v)\rangle=(\lambda v, \lambda v)=\lambda\bar{\lambda}\|v\|^2=|\lambda|^2\|v\|^2$$

$\|v\|\neq 0$이므로 $|\lambda|^2=1$이다. 역으로 T의 모든 고유값의 절대값이 1이라 하자. 고유벡터로 이루어진 V의 정규직교기저 $\{v_1, \cdots, v_n\}$에 대하여 다음 등식이 성립한다.

$$\langle T(v_i), T(v_j)\rangle=\langle \lambda_i v_i, \lambda_j v_j\rangle=\lambda_i\bar{\lambda}_j\langle v_i, v_j\rangle=\lambda_i\bar{\lambda}_j\delta_{ij}$$

그러므로 $\{T(v_i), \cdots, T(v_j)\}$는 V의 정규직교기저이다. 정리 6.4.2에 의하여 T는 등장사상이다.

유한차원 내적공간 위의 자기수반변환, Unitary 변환, 직교변환에 관한 정리를 Hermite, Unitary, 직교 행렬에 적용하면 다음 정리를 얻는다.

정리 6.5.18 (1) H가 Hermite 행렬이면 (i) H는 대각행렬 D와 Unitary 닮음이다. (ii) D의 주대각성분은 H의 고유값이다. (iii) H의 고유값은 실수이다.

(2) A가 Unitary 행렬이면 (i) A는 대각행렬 D와 Unitary 닮음이다. (ii) D의 주대각성분은 A의 고유값이다. (iii) A의 고유값의 절대값은 1이다.

(3) A가 직교행렬이면 (i) A는 대각행렬 D와 Unitary 닮음이다. (ii) D의 주대각성분은 A의 고유값이다. (iii) A의 고유값의 절대값은 1이다. 즉 고유값은 ± 1이다.

예제 6.5.9 다음 행렬을 대각화하여라.

(1) $A=\begin{bmatrix} 5 & -3 \\ -3 & 5 \end{bmatrix}$ (2) $B=\begin{bmatrix} 3 & 0 & -1 \\ 0 & 2 & 0 \\ -1 & 0 & 3 \end{bmatrix}$

[풀이] 행렬 A, B는 모두 실대칭행렬이므로 대각화 가능하다.

(1) A의 고유다항식은

$$p(t)=\begin{vmatrix} t-5 & 3 \\ 3 & t-5 \end{vmatrix}=(t-5)^2-9=(t-2)(t-8)$$

이므로 A의 고유값은 $\lambda_1=2$, $\lambda_2=8$ 이다. $\lambda_1=2$ 이면

$$\begin{bmatrix} -3 & 3 \\ 3 & -3 \end{bmatrix}\begin{bmatrix} x \\ y \end{bmatrix}=\begin{bmatrix} 0 \\ 0 \end{bmatrix}, \qquad \begin{cases} -3x+3y=0 \\ 3x-3y=0 \end{cases}$$

의 해는 $v_1=(1, 1)$이다. $\lambda_2=8$ 이면

$$\begin{bmatrix} 3 & 3 \\ 3 & 3 \end{bmatrix}\begin{bmatrix} x \\ y \end{bmatrix}=\begin{bmatrix} 0 \\ 0 \end{bmatrix}, \qquad 3x+3y=0$$

의 해는 $v_2=(1, -1)$이다. 그러므로 고유벡터로 이루어진 $\mathbb{R}^2$공간의 정규직교기저는 $\left\{\left(\frac{1}{\sqrt{2}}, \frac{1}{\sqrt{2}}\right), \left(\frac{1}{\sqrt{2}}, -\frac{1}{\sqrt{2}}\right)\right\}$이다. 직교행렬

$$P=\begin{bmatrix} \frac{1}{\sqrt{2}} & \frac{1}{\sqrt{2}} \\ \frac{1}{\sqrt{2}} & -\frac{1}{\sqrt{2}} \end{bmatrix}, \qquad P^t=\begin{bmatrix} \frac{1}{\sqrt{2}} & \frac{1}{\sqrt{2}} \\ \frac{1}{\sqrt{2}} & -\frac{1}{\sqrt{2}} \end{bmatrix}$$

에서

$$P^tAP=\begin{bmatrix} \frac{1}{\sqrt{2}} & \frac{1}{\sqrt{2}} \\ \frac{1}{\sqrt{2}} & -\frac{1}{\sqrt{2}} \end{bmatrix}\begin{bmatrix} 5 & -3 \\ -3 & 5 \end{bmatrix}\begin{bmatrix} \frac{1}{\sqrt{2}} & \frac{1}{\sqrt{2}} \\ \frac{1}{\sqrt{2}} & -\frac{1}{\sqrt{2}} \end{bmatrix}=\begin{bmatrix} 2 & 0 \\ 0 & 8 \end{bmatrix}$$

(2) 행렬 B의 고유다항식은

$$p(t)=\begin{vmatrix} t-3 & 0 & 1 \\ 0 & t-2 & 0 \\ 1 & 0 & t-3 \end{vmatrix}=(t-4)(t-2)^2$$

이므로 고유값은 $\lambda_1=2$, $\lambda_2=4$ 이다. $\lambda_1=2$ 이면

$$\begin{bmatrix} -1 & 0 & 1 \\ 0 & 0 & 0 \\ 1 & 0 & -1 \end{bmatrix}\begin{bmatrix} x \\ y \\ z \end{bmatrix}=\begin{bmatrix} 0 \\ 0 \\ 0 \end{bmatrix}, \qquad \begin{cases} -x+z=0 \\ x-z=0 \end{cases}$$

의 해집합은 $V_1=\langle(1,\ 0,\ 1),\ (0,\ 1,\ 0)\rangle$이다. $\lambda_2=4$ 이면

$$\begin{bmatrix} 1 & 0 & 1 \\ 0 & 2 & 0 \\ 1 & 0 & 1 \end{bmatrix}\begin{bmatrix} x \\ y \\ z \end{bmatrix}=\begin{bmatrix} 0 \\ 0 \\ 0 \end{bmatrix}, \qquad \begin{cases} x+z=0 \\ 2y=0 \\ x+z=0 \end{cases}$$

의 해집합은 $V_2=\langle(-1,\ 0,\ 1)\rangle$이다. V의 직교기저 $\{(1,\ 0,\ 1),\ (0,\ 1,\ 0),\ (-1,\ 0,\ 1)\}$에 관한 정규직교기저는 $\left\{\left(\frac{1}{\sqrt{2}},\ 0,\ \frac{1}{\sqrt{2}}\right),\ (0,1,0),\ \left(-\frac{1}{\sqrt{2}},\ 0,\ \frac{1}{\sqrt{2}}\right)\right\}$이다. 직교행렬

$$Q=\begin{bmatrix} \frac{1}{\sqrt{2}} & 0 & -\frac{1}{\sqrt{2}} \\ 0 & 1 & 0 \\ \frac{1}{\sqrt{2}} & 0 & \frac{1}{\sqrt{2}} \end{bmatrix}, \qquad Q^t=\begin{bmatrix} \frac{1}{\sqrt{2}} & 0 & \frac{1}{\sqrt{2}} \\ 0 & 1 & 0 \\ -\frac{1}{\sqrt{2}} & 0 & \frac{1}{\sqrt{2}} \end{bmatrix}$$

에서

$$Q^tBQ=\begin{bmatrix} \frac{1}{\sqrt{2}} & 0 & \frac{1}{\sqrt{2}} \\ 0 & 1 & 0 \\ -\frac{1}{\sqrt{2}} & 0 & \frac{1}{\sqrt{2}} \end{bmatrix}\begin{bmatrix} 3 & 0 & -1 \\ 0 & 2 & 0 \\ -1 & 0 & 3 \end{bmatrix}\begin{bmatrix} \frac{1}{\sqrt{2}} & 0 & -\frac{1}{\sqrt{2}} \\ 0 & 1 & 0 \\ \frac{1}{\sqrt{2}} & 0 & \frac{1}{\sqrt{2}} \end{bmatrix}=\begin{bmatrix} 2 & 0 & 0 \\ 0 & 2 & 0 \\ 0 & 0 & 8 \end{bmatrix}.$$

예제 6.5.10 다음 Hermite 행렬을 대각화하여라.

(1) $A=\begin{bmatrix} 2 & 1-i \\ 1+i & 3 \end{bmatrix}$ (2) $\begin{bmatrix} 1 & i & 0 \\ -i & 1 & i \\ 0 & -i & 1 \end{bmatrix}$

[풀이] (1) 행렬 A의 고유다항식은

$$p(t)=\begin{vmatrix} t-2 & -1+i \\ -1-i & t-3 \end{vmatrix}=t^2-5t+4=(t-1)(t-4)$$

의 근은 $\lambda_1=1$, $\lambda_2=4$ 이다. $\lambda_1=1$에 대응하는 고유단위벡터는 $\left(\frac{-1+i}{\sqrt{3}}, \frac{1}{\sqrt{3}}\right)$, $\lambda_2=4$에 대응하는 고유단위벡터는 $\left(\frac{1}{\sqrt{3}}, \frac{1+i}{\sqrt{3}}\right)$이다.

$$P=\frac{1}{\sqrt{3}}\begin{bmatrix} -1+i & 1 \\ 1 & 1+i \end{bmatrix}$$

에 의하여 A는 대각화된다. 즉

$$P^*AP=\begin{bmatrix} \frac{-1-i}{\sqrt{3}} & \frac{1}{\sqrt{3}} \\ \frac{1}{\sqrt{3}} & \frac{1-i}{\sqrt{3}} \end{bmatrix}\begin{bmatrix} 2 & 1-i \\ 1+i & 3 \end{bmatrix}\begin{bmatrix} \frac{-1+i}{\sqrt{3}} & \frac{1}{\sqrt{3}} \\ \frac{1}{\sqrt{3}} & \frac{1+i}{\sqrt{3}} \end{bmatrix}=\begin{bmatrix} 1 & 0 \\ 0 & 4 \end{bmatrix}$$

(2) B의 고유다항식은

$$p(t)=\begin{vmatrix} t-1 & -i & 0 \\ i & t-1 & -i \\ 0 & i & t-1 \end{vmatrix}=(t-1)(t^2-2t-1)$$

이므로 고유값은 $\lambda_1=1$, $\lambda_2=1+\sqrt{2}$, $\lambda_3=1-\sqrt{2}$. $\lambda_1=1$ 이면

$$\begin{bmatrix} 0 & -i & 0 \\ i & 0 & -i \\ 0 & i & 0 \end{bmatrix}\begin{bmatrix} x \\ y \\ z \end{bmatrix}=\begin{bmatrix} 0 \\ 0 \\ 0 \end{bmatrix}, \quad \begin{cases} -iy=0 \\ ix-iz=0 \\ iy=0 \end{cases}$$

의 해집합은 $\langle(1, 0, 1)\rangle$이다. $\lambda_2=1+\sqrt{2}$ 이면

$$\begin{bmatrix} \sqrt{2} & -i & 0 \\ i & \sqrt{2} & -i \\ 0 & i & \sqrt{2} \end{bmatrix}\begin{bmatrix} x \\ y \\ z \end{bmatrix}=\begin{bmatrix} 0 \\ 0 \\ 0 \end{bmatrix}, \quad \begin{cases} \sqrt{2}x-iy=0 \\ ix+\sqrt{2}y-iz=0 \\ iy+\sqrt{2}z=0 \end{cases}$$

의 해집합은 $\langle(1, -\sqrt{2}i, -1)\rangle$이다. $\lambda_3=1-\sqrt{2}$ 이면

$$\begin{bmatrix} -\sqrt{2} & -i & 0 \\ i & -\sqrt{2} & -i \\ 0 & i & -\sqrt{2} \end{bmatrix}\begin{bmatrix} x \\ y \\ z \end{bmatrix}=\begin{bmatrix} 0 \\ 0 \\ 0 \end{bmatrix}, \quad \begin{cases} -\sqrt{2}x-iy=0 \\ ix-\sqrt{2}y-iz=0 \\ iy-\sqrt{2}z=0 \end{cases}$$

의 해집합은 $\langle(1, \sqrt{2}i, -1)\rangle$이다.

$$Q=\begin{bmatrix} \frac{1}{\sqrt{2}} & \frac{1}{2} & \frac{1}{2} \\ 0 & -\frac{\sqrt{2}}{2}i & i \\ \frac{1}{\sqrt{2}} & -\frac{1}{2} & -\frac{1}{2} \end{bmatrix}, \quad Q^*\begin{bmatrix} \frac{1}{\sqrt{2}} & 0 & \frac{1}{\sqrt{2}} \\ \frac{1}{2} & \frac{\sqrt{2}}{2}i & -\frac{1}{2} \\ \frac{1}{2} & -\frac{\sqrt{2}}{2}i & -\frac{1}{2} \end{bmatrix}$$

에서

$$Q^*BQ=\begin{bmatrix} \frac{1}{\sqrt{2}} & 0 & \frac{1}{\sqrt{2}} \\ \frac{1}{2} & \frac{\sqrt{2}}{2}i & -\frac{1}{2} \\ \frac{1}{2} & -\frac{\sqrt{2}}{2}i & \frac{1}{2} \end{bmatrix}\begin{bmatrix} 1 & i & 0 \\ -i & 1 & i \\ 0 & -i & 1 \end{bmatrix}\begin{bmatrix} \frac{1}{\sqrt{2}} & \frac{1}{2} & \frac{1}{2} \\ 0 & -\frac{\sqrt{2}}{2}i & \frac{\sqrt{2}}{2}i \\ \frac{1}{\sqrt{2}} & -\frac{1}{2} & -\frac{1}{2} \end{bmatrix}$$

$$=\begin{bmatrix} 1 & 0 & 0 \\ 0 & 1+\sqrt{2} & 0 \\ 0 & 0 & 1-\sqrt{2} \end{bmatrix}$$

예제 6.5.11 다음 직교행렬을 대각화하여라.

$$A=\frac{1}{3}\begin{bmatrix} 1 & -2 & 2 \\ -2 & 1 & 2 \\ -2 & -2 & -1 \end{bmatrix}$$

[풀이] A의 고유다항식은

$$p(t)=\begin{vmatrix} t-\frac{1}{3} & \frac{2}{3} & -\frac{2}{3} \\ \frac{2}{3} & t-\frac{1}{3} & -\frac{2}{3} \\ \frac{2}{3} & \frac{2}{3} & t-\frac{1}{3} \end{vmatrix}=(t-1)\left(t^2+\frac{2}{3}t+1\right)$$

이므로 고유값은 $\lambda_1=1$, $\lambda_2=\frac{-1+2\sqrt{2}i}{3}$, $\lambda_3=\frac{-1-2\sqrt{3}i}{3}$이다. λ_1, λ_2, λ_3에 대응하는 단위고유벡터는 각각 $\frac{1}{2}(1,\ -1,\ 0)$, $\frac{1}{2}(1,\ 1,\ \sqrt{2}i)$, $\frac{1}{2}(1,\ 1,\ -\sqrt{2}i)$이다. B는 다음의 Unitary행렬 U에 의하여 대각화된다.

$$U=\begin{bmatrix} \frac{1}{\sqrt{2}} & \frac{1}{2} & \frac{1}{2} \\ -\frac{1}{\sqrt{2}} & \frac{1}{2} & \frac{1}{2} \\ 0 & \frac{i}{\sqrt{2}} & -\frac{i}{\sqrt{2}} \end{bmatrix}$$

$$U^tAU=\begin{bmatrix} 1 & 0 & 0 \\ 0 & \frac{-1+2\sqrt{2}i}{3} & 0 \\ 0 & 0 & \frac{-1-2\sqrt{2}i}{3} \end{bmatrix}$$

연습문제 6.5

1. 다음 행렬을 대각화하여라.

① $\begin{bmatrix} 1 & 2 & 2 \\ 2 & 1 & -2 \\ 2 & -2 & 1 \end{bmatrix}$ ② $\begin{bmatrix} 1 & -1 & 0 \\ -1 & 1 & 0 \\ 0 & 0 & 1 \end{bmatrix}$

③ $\begin{bmatrix} 0 & 1 & 2 \\ 1 & -\frac{4}{3} & -1 \\ 2 & -1 & -\frac{15}{4} \end{bmatrix}$ ④ $\begin{bmatrix} 5 & 2 & 2 \\ 2 & 2 & -4 \\ 2 & -4 & 2 \end{bmatrix}$

2. 다음 대칭행렬을 대각화하는 직교행렬을 구하여라.

① $\begin{bmatrix} 0 & 3+4i \\ -3+4i & 0 \end{bmatrix}$ ② $\begin{bmatrix} \frac{2}{3} & -\frac{2}{3} & \frac{1}{3} \\ \frac{2}{3} & \frac{1}{3} & -\frac{2}{3} \\ \frac{1}{3} & \frac{2}{3} & \frac{2}{3} \end{bmatrix}$

③ $\begin{bmatrix} 3 & 2 & 2 \\ 1 & 4 & 1 \\ -2 & -4 & -1 \end{bmatrix}$ ④ $\begin{bmatrix} 0 & 1 & 0 & 0 \\ 0 & 0 & 1 & 0 \\ 0 & 0 & 0 & 1 \\ 1 & 0 & 0 & 0 \end{bmatrix}$

3. 다음 행렬 A에 대하여 물음에 답하여라.

$$A=\begin{bmatrix} 2-i & 0 & i \\ 0 & 1+i & 0 \\ i & 0 & 2-i \end{bmatrix}$$

① A가 정규행렬임을 보여라.

② Unitary 행렬 U로 대각화하여라.

4. 다음 대칭행렬을 대각화하는 직교행렬을 구하여라.

① $\begin{bmatrix} 1 & 1 & 1 \\ 1 & 1 & 1 \\ 1 & 1 & 1 \end{bmatrix}$ ② $\begin{bmatrix} 0 & 0 & 0 & 1 \\ 0 & 0 & 1 & 0 \\ 0 & 1 & 0 & 0 \\ 0 & 0 & 0 & 0 \end{bmatrix}$

5. 정방행렬 A에서 $|A|=1$이면 양의 직교행렬, $|A|=-1$이면 음의 직교행렬이라 한다. 다음 물음에 답하여라.

① 기수차의 양의 직교행렬의 고유값은 1이고 A의 고유값 -1의 개수는 짝수이다.

② 음의 직교행렬의 고유값은 -1이다.

6. 정방행렬 A, B가 정칙행렬 P에 의하여 닮음일 때 다음을 증명하여라.

① $A^t \sim B^t$

② $A^2 \sim B^2$

③ A, B가 정칙일 때 $A^{-1} \sim B^{-1}$

7. 복소내적공간 V 위의 정규변환 T에 대하여 다음에 답하여라.

① $T(v)=\mathbf{0} \Leftrightarrow T^*(v)=\mathbf{0}$

② $T-\lambda I$는 정규변환이다.

8. 임의의 선형변환은 자기수반변환과 교대자기수반 선형변환의 합으로 표시됨을 보여라.

9. 2×2 행렬 A에 대하여 다음에 답하여라.

$$A=\begin{bmatrix} a & b \\ c & d \end{bmatrix}$$

① A가 정규행렬일 필요충분 조건을 구하여라.

② A의 성분 중에 적어도 하나가 영일 때 A가 대칭, 교대칭인 경우를 구하여라.

10. 실벡터공간 V 위의 정규변환 T에 대하여 다음에 답하여라.
   ① 고유값은 ± 1 이다.
   ② v가 1에 대응하는 T의 고유벡터이면 v에 대응하는 $T+T^*$의 고유값은 ± 2 이다.

11. 선형변환 T의 고유벡터인 동시에 선형변환 S의 고유벡터로 이루어진 기저가 존재하면 $T\circ S=S\circ T$임을 보여라.

12. 내적공간 V 위의 선형변환 T에 대하여 다음이 성립함을 보여라.
   ① T가 정규변환이기 위한 필요충분조건은 모든 v, $w\in V$에 대하여 $\langle T(v), T(w)\rangle=\langle T^*(v), T^*(w)\rangle$가 되는 것이다.
   ② T가 정규변환이기 위한 필요충분조건은 모든 $v\in V$에 대하여 $\|T(v)\|=\|T^*(v)\|$가 되는 것이다.

13. 정규변환 T에서 다음 등식이 성립함을 보여라.
   ① $\ker T=\ker T^*$　　② $\ker T=(\operatorname{Im} T)^{\perp}$
   ③ $\operatorname{Im} T=\operatorname{Im} T^*$

제 7 장

행렬의 표준형

제 7 장

행렬의 표준형

7.1 행렬다항식

Cayley-Hamilton 정리에 의하여 행렬 $A\in M_{n\times n}$의 고유다항식 $p(t)=|tI-A|$에서 $p(A)=O$이 성립한다. $p(t)=t^n+a_{n-1}t^{n-1}+\cdots+a_2x^2+a_1x+a_0$이면

$$\begin{aligned}&A^n+a_{n-1}A^{n-1}+\cdots+a_2A^2+a_1A+a_0I\\&\quad=(A^{n-1}+a_{n-1}A^{n-2}+\cdots+a_2A+a_1I)A+a_0I=O\end{aligned}$$

또는

$$-\frac{1}{a_0}(A^{n-1}+a_{n-1}A^{n-2}+\cdots+a_2A+a_1I)=A^{-1},\quad a_1\neq 0$$

따라서 A가 정칙행렬이면 역행렬 A^{-1}은 $n-1$ 이하의 차수를 갖는 A의 다항식이다.

예제 7.1.1 다음 행렬 A의 역행렬 A^{-1}을 A의 다항식으로 나타내어라.

$$A=\begin{bmatrix}1&-2&0\\1&1&1\\1&0&1\end{bmatrix}$$

[풀이] $p(t)=\begin{vmatrix}t-1&2&0\\-1&t-1&-1\\-1&0&t-1\end{vmatrix}=t^3-3t^2+5t-1$

에서

$$p(A)=A^3-3A^2+5A-I=O$$

A는 가역행렬이므로 $(A^2-3A+5I)A=I$, $A^{-1}=A^2-3A+5I$

정리 7.1.1 임의의 다항식 $f(t)\in\mathbb{F}[t]$, $\deg f(t)\geq n$에서 $f(A)=r(A)$가 되는 다항식 $r(t)\in\mathbb{F}[t]$, $\deg r(t)<n$가 존재한다.

[증명] 고유다항식 $p(t)=|tI-A|$로 $f(t)$를 나눈 몫을 $q(t)$, 나머지를 $r(t)$라 하면

$$f(t)=q(t)p(t)+r(t), \quad 0\leq\deg r(t)<n$$

그런데 $p(A)=O$이므로 $f(A)=r(A)$이다. 즉 $f(A)=r(A)$가 되는 영 또는 n차 미만의 다항식 $r(A)$가 존재한다.

행렬 A를 근으로 갖는 최고차 항의 계수가 1인 **최저차다항식**(monic polynomial)을 n차행렬 A의 **최소다항식**(minimum polynomial)이라 한다. 행렬 A의 최소다항식은 오직 하나뿐이다. 실제로 $m(t)$, $m'(t)$가 A의 최소다항식이면 두 다항식의 차수는 같다. $l(t)=m(t)-m'(t)$는 A를 근으로 갖고 차수가 $m(t)$, $m'(t)$보다 작은 다항식이므로 $l(A)=O$이다. 그러므로 $m(t)=m'(t)$이다.

정리 7.1.2 $f(t)\in\mathbb{F}[t]$가 A를 근으로 갖는 다항식이면 A의 최소다항식 $m(t)$는 $f(t)$의 인수이다. 즉 $m(t)|f(t)$.

[증명] $m(t)$가 A를 근으로 갖는 최소다항식이므로 A를 근으로 갖는 다항식 $f(t)$의 차수는 $m(t)$의 차수 이상이다. 다항식의 나눗셈 정리에 의하여

$$f(t)=q(t)m(t)+r(t), \quad 0\leq\deg r(t)<\deg m(t)$$

인 다항식 $q(t)$, $r(t)\in\mathbb{F}[t]$가 존재한다. $f(A)=m(A)=O$이므로 $r(A)=O$. 다항식 $r(t)$의 차수는 $m(t)$의 차수보다 작으므로 $r(t)=0$이다. 따라서 $f(t)=q(t)m(t)$. 즉 $m(t)$는 $f(t)$의 인수이다.

행렬 A의 고유다항식 $p(t)$는 A를 근으로 가지므로 최소다항식 $m(t)$는

$p(t)$의 인수이다. 그러므로 최소다항식의 모든 근은 고유다항식의 근이다.

정리 7. 1. 3 닮은 행렬은 같은 최소다항식을 갖는다.

[증명] $B=P^{-1}AP$인 정칙행렬 P가 존재한다고 하자. $m_A(t)$, $m_B(t)$가 각각 A, B의 최소다항식이면 $B^k=P^{-1}A^kP$이므로

$$m_A(B)=m_A(P^{-1}AP)=m_A(A)=O,\quad m_B(A)=m_B(PBP^{-1})=m_B(B)=O$$

정리 7. 1. 2에 의하여

$$m_A(t)\,|\,m_B(t),\ m_B(t)\,|\,m_A(t)$$

그런데 $m_A(t)$, $m_B(t)$의 최고차항의 계수는 1이므로 $m_A(t)=m_B(t)$이다.

정리 7. 1. 4 n차행렬 A에서 기약다항식 $q(t)$가 고유다항식 $p(t)$의 인수이면 $q(t)$는 최소다항식 $m(t)$의 인수이다.

[증명] 최소다항식을 $m(t)=t^l+a_1t^{l-1}+\cdots+a_{l-1}t+a_l$이라 하자. 다음과 같이 정의된 행렬 B_0, $\cdots$, B_n에 관한 t의 다항식 $B(t)$를 생각하여 보자.

$$B(t)=t^{l-1}B_0+t^{l-2}B_1+\cdots+tB_{l-2}+B_{l-1}$$
$$B_0=I,\ B_1=A+a_1I,\ B^2=A^2+a_1A+a_2I,\ \cdots,\ B_{l-1}=A^{l-1}+a_1A^{l-2}+\cdots+a_{l-1}I$$

그러면

$$\begin{aligned}(tI-A)\cdot B(t)&=tB(t)-A\cdot B(t)\\&=(t^lB_0+t^{l-1}B_1+\cdots+t^2B_{l-2}+tB_{l-1})-(t^{l-1}AB_0+t^{l-2}AB_1+\cdots+AB_{l-1})\\&=t^lB_0+t^{l-1}(B_1-AB_0)+\cdots+t(B_{l-1}-AB_{l-2})-AB_{l-1}\\&=t^lI+a_1t^{l-1}I+\cdots+a_{l-1}tI+a_lI\\&=m(t)I\end{aligned}$$

행렬식의 값을 구하면

$$|tI-A|\,|B(t)|=(m(t))^n$$

그러므로 $p(t)$는 $(m(t))^n$의 인수이다. $q(t)$가 $p(t)$의 인수이면 $q(t)$는 $(m(t))^n$

의 인수이다. $q(t)$는 기약다항식이므로 $q(t)$는 $m(t)$의 인수가 된다. 따라서 $p(t)$의 모든 기약인수는 $m(t)$의 인수이다.

정리 7.1.5 고유다항식과 최소다항식은 같은 기약인수를 갖는다. 또한 고유다항식과 최소다항식은 같은 근을 갖는다.

[증명] 정리 7.1.2에 의하면 $m(t)$의 기약인수는 $p(t)$의 기약인수이다. 역으로 $p(t)$의 기약인수는 정리 7.2.4에 의하여 $m(t)$의 기약인수이다. 따라서 $m(t)$, $p(t)$는 같은 기약인수를 갖는다. $p(t)$의 일차인수는 기약인수이므로 $m(t)$의 인수이고 $m(t)$의 기약인수는 $p(t)$의 인수이므로 $p(t)$의 근은 $m(t)$의 근이고 $m(t)$의 근은 $p(t)$의 근이다. 따라서 고유다항식의 근과 최소다항식의 근은 같다.

예제 7.1.2 다음 다항식의 고유다항식과 최소다항식을 구하여라.

$$\begin{bmatrix} 4 & -1 & 1 \\ -1 & 4 & -1 \\ 1 & -1 & 4 \end{bmatrix}$$

[풀이] $p(t)=\begin{vmatrix} t-4 & 1 & -1 \\ 1 & t-4 & 1 \\ -1 & 1 & t-4 \end{vmatrix}=(t-6)(t-3)^2$

최소다항식이 될 수 있는 것은 $m_1(t)$, $m_2(t)$뿐이다.

$$m_1(t)=(t-6)(t-3),\ m_2(t)=(t-6)(t-3)^2=p(t)$$

실제로 $m_1(t)=m_1(A)=O$, $\deg m_1(t)<\deg m_2(t)$이므로 $m_1(t)$가 최소다항식이다.

예제 7.1.3 다음 행렬의 최소다항식을 구하여라.

(1) $\begin{bmatrix} 1 & 0 & 0 & 0 \\ 1 & 1 & 0 & 0 \\ 0 & 0 & 1 & 0 \\ 0 & 0 & 0 & 1 \end{bmatrix}$ (2) $\begin{bmatrix} 0 & 1 & 0 \\ 0 & 0 & 1 \\ 2 & 1 & -2 \end{bmatrix}$

[풀이] (1) $p(t)=(t-1)^4$이므로 최소다항식이 될 수 있는 것은

$$m_1(t)=t-1,\ m_2(t)=(t-1)^2,\ m_3(t)=(t-1)^3,\ m_4(t)=(t-1)^4$$

그런데 $m_1(A)\neq O$, $m_2(A)=O$이므로 최소다항식은 $m(t)=(t-1)^2$이다.

(2) $p(t)=(x-1)(x+1)(x+2)$이므로 최소다항식이 될 수 있는 것은 $m(t)=(x-1)(x+1)(x+2)$뿐이다. 따라서 최소다항식은 $p(t)$와 같다.

예제 7.1.4 다음 행렬의 역행렬을 그 행렬의 행렬다항식으로 나타내어라.

(1) $\begin{bmatrix} 1 & 0 & 1 \\ 0 & 1 & 2 \\ 1 & 2 & 5 \end{bmatrix}$ (2) $A=\begin{bmatrix} 4 & -1 & 1 \\ -1 & 4 & -1 \\ 1 & 1 & 4 \end{bmatrix}$

[풀이] (1) $p(t)=\begin{vmatrix} t-1 & 0 & -1 \\ 0 & t-1 & -2 \\ -1 & -2 & t-5 \end{vmatrix}=t^3-7t^2+6t=t(t-1)(t-6)$

이므로 A의 최소다항식이 될 수 있는 것은 $p(t)$뿐이다.

$$p(A)=A(A-1)(A-6)=O,\ A^3-7A^2+6A=O$$

에서

$$A^2-7A+6I=O,\ A-7I+6A^{-1}=O$$

따라서

$$A^{-1}=-\frac{1}{6}(A-7I)=-\frac{1}{6}A+\frac{7}{6}I$$

(2) $p(t)=(t-6)(t-3)^2$, $m(t)=(t-6)(t-3)$이므로

$$A^2-9A+18I=O,\ A-9I+18A^{-1}=O$$

따라서

$$A^{-1}=-\frac{1}{18}A+\frac{1}{2}I.$$

체 $\mathbb{K}$ 위의 유한차원 벡터공간 V 위의 선형변환 T에서 $f[T]=O$인 다항식 $f(t)\in\mathbb{F}[t]$를 생각할 수 있다. 선형변환 T에 관한 다항식 $a_0+a_1T+\cdots+a_nT^n$을 **변환다항식**(polynomial of linear transformation)이라 한다. $T_A:\mathbb{K}^n\to\mathbb{K}^n$, $T_A(X)=AX$, $X\in\mathbb{K}^n$의 표준기저에 관한 행렬은 A이고, $\mathbb{K}^n$의 기저의 선택에 관계 없이 T_A의 고유다항식은 일의적으로 결정된다. 그러므로 행렬의 고유다항식, 최소다항식에 관한 모든 성질은 T_A에 대해서도 성립한다. 최소다항식의 성질을 밝히는 데 행렬 A를 직접 사용하는 것보다 $[T]=A$인 n차원 벡터공간 V 위의 선형변환 $T:V\to V$를 활용하는 것이 편리한 경우가 있다.

정리 7.1.5로부터 다음의 중요한 정리를 얻는다.

정리 7.1.6 체 $\mathbb{K}$ 위의 유한차원 벡터공간 V 위의 선형변환 T(행렬 $A\in M_{n\times n}(\mathbb{F})$)가 $\mathbb{F}$ 위의 일차다항식의 곱

$$p(t)=(t-\lambda_1)^{n_1}\cdots(t-\lambda_t)^{n_t},\quad 1\le n_1,\ \cdots,\ n_t$$

로 인수분해되면 최소다항식은 다음으로 인수분해된다.

$$m(t)=(t-\lambda_1)^{m_1}\cdots(t-\lambda_t)^{m_t},\quad 1\le m_i\le n_i,\ i=1,\ \cdots,\ t$$

예제 7.1.5 n차원 벡터공간 V 위의 선형변환 T에서 $f(T)=O$인 다항식이 존재한다.

[풀이] $\mathbb{K}$ 위의 벡터공간 $L(V,\ V)$의 차원은 행렬공간 $M_{n\times n}$의 차원과 같으므로 n^2이다. n^2+1개의 선형변환 $I,\ T\ \cdots,\ T^{n^2}$은 일차종속이므로 적어도 하나는 영이 아닌 $a_0,\ \cdots,\ a_{n^2}\in\mathbb{K}$가 존재하여

$$a_0I+a_1T+\cdots+a_{n^2}T^{n^2}=O$$

다항식 $f(t)=a_{n^2}t^{n^2}+\cdots+a_1t+a_0$의 0이 아닌 최초의 계수를 a_m이라 놓으면 $f(t)=a_mt^m+\cdots+a_1t+a_0$이고 $f(T)=O$이다. $f(T)=O$이면 $\frac{1}{a_m}f(T)=O$이므로

$g(t)=\frac{1}{a_m}f(t)$라 놓으면 $g(t)$는 T를 근으로 갖는 최고차항의 계수가 1인 다항식이다. 최고차항의 계수가 1인 다항식을 **모닉다항식**(monic polynomial)이라 한다.

예제 7.1.6 $T(x, y, z)=(3x, x+3y, y+3z)$로 정의된 선형변환 $T:\mathbb{R}^3\to\mathbb{R}^3$에 대하여 다음에 답하여라.

(1) 고유다항식을 구하여라.

(2) 최소다항식을 구하여라.

(3) A의 역행렬 A^{-1}를 구하여라.

[풀이] (1) $p(t)=\begin{vmatrix} t-3 & 0 & 0 \\ -1 & t-3 & 0 \\ 0 & -1 & t-3 \end{vmatrix}=(t-3)^3$

(2) 최소다항식은 $t-3$, $(t-3)^2$, $(t-3)^3$ 중의 어느 하나이다. 그런데

$$A-3I=\begin{bmatrix} 0 & 0 & 0 \\ 1 & 0 & 0 \\ 0 & 1 & 0 \end{bmatrix}, \qquad (A-3I)^2=\begin{bmatrix} 0 & 0 & 0 \\ 0 & 0 & 0 \\ 1 & 0 & 0 \end{bmatrix}$$

이므로 A의 최소다항식은 $p(t)=(t-3)^3$이다.

(3) 최소다항식 $m(t)=(t-3)^3=t^3-9t^2+27t-27$이므로 $A^3-9A^2+27A-27I=0$이고 $A^2-9A+27I-27A^{-1}=O$. 따라서

$$A^{-1}=\frac{1}{27}(A^2-9A+27I)=\frac{1}{27}A^2-\frac{1}{3}A+I$$

연습문제 7.1

1. 다음 행렬의 최소다항식을 구하여라.

① $\begin{bmatrix} 0 & 1 & 0 \\ 0 & 0 & 1 \\ 2 & 1 & -2 \end{bmatrix}$ ② $\begin{bmatrix} 3 & -1 & 0 \\ 0 & 2 & 0 \\ -1 & 1 & 2 \end{bmatrix}$

2. 다음 행렬의 최소다항식을 구하여라.

① $\begin{bmatrix} 1 & 0 & 0 & 0 \\ 1 & 1 & 0 & 0 \\ 0 & 0 & 1 & 0 \\ 0 & 0 & 1 & 1 \end{bmatrix}$ ② $\begin{bmatrix} 1 & 0 & 0 & 0 \\ 1 & 1 & 0 & 0 \\ 0 & 1 & 1 & 0 \\ 0 & 0 & 0 & 1 \end{bmatrix}$

3. 다항식 $f(t)=t^n+a_{n-1}t^{n-1}+\cdots+a_1t+a_0$을 최소다항식으로 갖는 행렬은 존재한다.

① $f(t)$는 다음 동반행렬의 최소다항식임을 보여라.

$$A=\begin{bmatrix} 0 & 0 & \cdots & 0 & -a_0 \\ 1 & 0 & \cdots & 0 & -a_1 \\ 0 & 1 & \cdots & 0 & -a_2 \\ \vdots & \vdots & & & \\ 0 & 0 & \cdots & 1 & -a_{n-1} \end{bmatrix}$$

② 다항식 $m(t)=t^4-3t^3-t^2+t-6$을 최소다항식으로 갖는 행렬을 구하여라.

4. 다음 행렬의 고유다항식과 최소다항식은 같은가?

① $\begin{bmatrix} 7 & 4 & -4 \\ 4 & -8 & -1 \\ -4 & -1 & -8 \end{bmatrix}$ ② $\begin{bmatrix} 1 & 1 & 0 & 0 \\ -1 & -1 & 0 & 0 \\ -2 & -2 & 2 & 1 \\ 1 & 1 & -1 & 0 \end{bmatrix}$

5. 다음 행렬의 고유다항식과 최소다항식은 같음을 보여라.

$$A=\begin{bmatrix} 0 & 0 & c \\ 1 & 0 & b \\ 0 & 1 & a \end{bmatrix}$$

6. 다항식 $f(t)=t^2+t+1$의 근이 되는 행렬 $A\in M_{2\times2}$는 정칙행렬이다. 역행렬 A^{-1}을 A의 다항식으로 나타내어라.

7. 다항식 t^3-1의 근이지만 $t-1$의 근이 아닌 2×2행렬을 구하여라.

8. 고정된 행렬 $A\in M_{n\times n}$에서 $T: M_{n\times n}\to M_{n\times n}$, $T(B)=AB$, $B\in M_{n\times n}$으로 정의된 선형사상 T와 행렬 A의 최소다항식은 같음을 보여라.

9. 행렬 $A \in M_{3\times3}(\mathbb{R})$의 최소다항식은 $p(t)=t^2+1$이 될 수 없음을 보여라.

10. 정방행렬 A의 최소다항식은 존재하고 오직 하나뿐임을 보여라.

11. 다음 n차행렬 A, B의 고유다항식과 최소다항식을 구하여라.

$$A=\begin{bmatrix} \lambda & 0 & \cdots & 0 & 0 \\ 1 & \lambda & \cdots & 0 & 0 \\ \vdots & \vdots & & \vdots & \vdots \\ 0 & 0 & \cdots & \lambda & 0 \\ 0 & 0 & \cdots & 1 & \lambda \end{bmatrix} \qquad B=\begin{bmatrix} \lambda & 0 & \cdots & 0 & 0 \\ 0 & \lambda & \cdots & 0 & 0 \\ \vdots & \vdots & & \vdots & \vdots \\ 0 & 0 & \cdots & O & 0 \\ 0 & 0 & \cdots & 0 & \lambda \end{bmatrix}$$

12. n차행렬 A, B에서 A와 B가 서로 닮음일 필요충분조건은 같은 고유다항식과 같은 최소다항식을 갖는 것인가?

13. n차행렬 A와 A^t의 최소다항식은 같음을 보여라.

14. 대각블럭행렬(block matrix) $A=\begin{bmatrix} A_{11} & O \\ O & A_{22} \end{bmatrix}$의 최소다항식은 A_{11}, A_{22}의 최소다항식의 최소공배수이다. 다음 블럭행렬의 최소다항식을 구하여라.

① $\text{Dia}\left[\begin{bmatrix} 2 & 0 \\ 1 & 2 \end{bmatrix}, 2, \begin{bmatrix} 3 & 0 \\ 1 & 3 \end{bmatrix}, \begin{bmatrix} 3 & 0 & 0 \\ 0 & 3 & 0 \\ 0 & 1 & 3 \end{bmatrix}\right]$

② $\text{Dia}\left[\begin{bmatrix} 1 & 0 & 0 & 0 \\ 1 & 1 & 0 & 0 \\ 0 & 0 & 1 & 0 \\ 0 & 0 & 0 & 1 \end{bmatrix}, \begin{bmatrix} 1 & 0 & 0 & 0 \\ 1 & 1 & 0 & 0 \\ 0 & 0 & 1 & 0 \\ 0 & 0 & 1 & 1 \end{bmatrix}, \begin{bmatrix} 1 & 0 & 0 & 0 \\ 1 & 1 & 0 & 0 \\ 0 & 1 & 1 & 0 \\ 0 & 0 & 0 & 1 \end{bmatrix}\right]$

15. 다음 행렬의 고유다항식과 최소다항식을 구하여라.

$$A=\begin{bmatrix} 3 & 1 & 0 & 0 & 0 \\ 0 & 3 & 0 & 0 & 0 \\ 0 & 0 & 3 & 1 & 0 \\ 0 & 0 & 0 & 3 & 1 \\ 0 & 0 & 0 & 0 & 3 \end{bmatrix} \qquad B=\begin{bmatrix} 2 & 5 & 0 & 0 & 0 \\ 0 & 2 & 0 & 0 & 0 \\ 0 & 0 & 4 & 2 & 0 \\ 0 & 0 & 3 & 5 & 0 \\ 0 & 0 & 0 & 0 & 7 \end{bmatrix}$$

7.2 불변공간

벡터공간 V 위의 선형변환 T가 있다. V의 부분공간 W가 모든 $w\in W$에 대하여 $T(w)\in W$일 때 W를 **T-불변부분공간**이라 한다. 즉 $T(W)\subset W$일 때 W는 T-불변부분공간이다.

예제 7.2.1 다음으로 정의된 선형사상 T에서 W는 불변부분공간이다.

(1) $T : \mathbb{R}^3\to\mathbb{R}^3$, $T(x, y, z)=(x\cos\theta-y\sin\theta,\ x\sin\theta+y\cos\theta,\ z)$,
$W=\{(x, y, 0)\mid x, y\in\mathbb{R}\}\subset\mathbb{R}^3$

(2) $D : \mathbb{F}[x]\to\mathbb{F}[x]$, $D(f)=\dfrac{df}{dx}$, $W=P_n=\{f(x)\in\mathbb{F}[x],\ \deg f(x)\le n\}$

[풀이] (1) $(a, b, 0)\in W$에서 $T(a, b, 0)=(a\cos\theta-b\sin\theta,\ a\sin\theta+b\cos\theta,\ 0)$. 따라서 $T(W)\subset W$.

(2) $\deg f(x)\le n$인 다항식 $f(x)$에서 $D(f)=\dfrac{df(x)}{dx}$의 차수는 n미만이다. 따라서 $D(P_n)\subset P_n$, $D(W)\subset W$.

부분공간 W가 선형변환 T의 불변부분공간이면 T를 W에 축소한 사상 $T_W : W\to W$는 $T_W(v)=T(v)$, $v\in W$가 되는 선형사상이다. T와 T_W는 공역이 V, W로 같지 않다. 그러나 W 위에서는 $T=T_W$이다.

유한차원 벡터공간 V의 기저 $E=\{v_1, \cdots, v_n\}$에서 $E'=\{v_1, \cdots, v_m\}$, $m\le n$이 불변부분공간 W의 기저라 하자. 기저 E에 관한 T의 행렬 $A=[a_{ij}]$의 정의에서

$$T(v_j)=\sum_{i=1}^{n}a_{ij}v_i,\quad j=1, \cdots, n$$

W가 T에 관한 불변부분공간이므로

$$T(v_j)=\sum_{j=1}^{m}a_{ij}v_i,\quad j=1, \cdots, m$$

그러므로 행렬 $[T]_E^E=A$는 다음 형이 된다.

$$A=\begin{bmatrix} B & C \\ O & D \end{bmatrix}$$

여기서 B는 $m\times m$행렬, C는 $m\times(n-m)$행렬, D는 $(n-m)\times(n-m)$행렬이다.

정리 7.2.1 W가 유한차원 벡터공간 V 위의 선형변환 T의 불변부분공간일 때 T의 고유다항식은 T_W의 고유다항식의 배수이다. 또 T의 최소다항식은 T_W의 최소다항식의 배수이다.

[증명] 행렬 $A=[T]_E^E$, $B=[T_W]_{E'}^{E'}$ 라 놓으면

$$A=\begin{bmatrix} B & C \\ O & D \end{bmatrix}$$

고유다항식의 정의에 의하여 T의 고유다항식 $|tI-A|$는 T_W의 고유다항식 $|tI-B|$의 배수이다. 즉

$$|tI-A|=\begin{vmatrix} tI-B & C \\ O & tI-D \end{vmatrix}=|tI-B||tI-D|$$

한편으로 자연수 n에 대하여

$$A^n=\begin{bmatrix} B^n & C^n \\ O & D^n \end{bmatrix}$$

다항식 $f(x)$에서 $f(A)=O \Longleftrightarrow f(B)=O$이다. 따라서 B의 최소다항식은 A의 최소다항식의 인수이다.

예제 7.2.2 표준기저에 관한 행렬이 A인 선형변환 $T:\mathbb{R}^2\rightarrow\mathbb{R}^2$에 대하여 다음 물음에 답하여라.

$$A=\begin{bmatrix} 1 & -1 \\ 2 & 2 \end{bmatrix}$$

(1) T-불변부분공간을 모두 구하여라.

(2) $T:\mathbb{C}^2\rightarrow\mathbb{C}^2$일 때 1차원 불변부분공간 W를 구하여라.

(3) T, T_W의 고유다항식을 구하여 비교하여라.

[풀이] (1) $\mathbb{R}^2$의 부분공간은 $\{\mathbf{0}\}$, $\mathbb{R}^2$, $\{(x, y)\,|\,y=kx,\ k\neq 0\}$뿐이다. 원점을 지

나는 직선 $y=kx$, $k\neq 0$ 위의 임의의 점 (a, ka)에서

$$\begin{bmatrix} 1 & -1 \\ 2 & 2 \end{bmatrix}\begin{bmatrix} a \\ ka \end{bmatrix}=\begin{bmatrix} a-ak \\ 2a+2ak \end{bmatrix}$$

$(a-ak, 2a+2ak)$가 이 직선 위의 점이라면

$$2a+2ak=k(a-ak),\ ak^2+ak+2a=0$$

모든 $a\in\mathbb{R}$에 대한 항등식이므로

$$k^2+k+2=0$$

판별식 $D=-7<0$이므로 조건을 만족하는 실수 k는 존재하지 않는다. 그러므로 원점을 지나는 어떤 직선도 T-불변부분공간이 아니다. 따라서 T-불변부분공간은 $\{0\}$, $\mathbb{R}^2$뿐이다.

(2) 복소수체 $\mathbb{C}$ 위에서는

$$k=\frac{-1\pm\sqrt{7}i}{2}$$

이므로 1차원 T-불변부분공간은 두 개 존재한다.

(3) $p(t)=t^2+3t+4$, $p_W(t)=t-\dfrac{3\pm\sqrt{7}i}{2}$

위에서 본 바와 같이 불변부분공간은 고유다항식과 최소다항식의 관계를 밝히는 데 중요한 역할을 한다. 불변공간의 성질에 대하여 몇 가지 중요한 성질을 살펴보자.

정리 7.2.2 체 $\mathbb{K}$ 위의 벡터공간 V 위의 선형변환 T, T-불변부분공간 W, 다항식 $f(x)\in\mathbb{K}[x]$에서 다음 성질이 성립한다.

(1) W가 T-불변부분공간이면 W는 $f(T)$-불변부분공간이다.

(2) $\ker T$, $\operatorname{Im} T$, $\ker(\lambda I-T)$는 T-불변부분공간이다.

(3) $v_1, T(v_1), T^2(v_2), \cdots$에 의하여 생성된 부분공간은 T-불변부분공간이다.

[증명] (1) 임의의 $w\in W$에서 $T(w)\in W$, $T^2(w)=T(T(w))$. $T(w)=w_1\in W$이라 놓으면 $T(w_1)\in W$이므로 $T^2(w)\in W$. 모든 양의 정수 n에 대하여 $T^n(w)\in$

W. 즉 $T^n(W) \subset W$. 따라서 $f(T)(W) \subseteqq W$가 성립한다.

(2) 임의의 $w \in \ker(\lambda I - T)$에서 $(\lambda I - T)(w) = \mathbf{0}$, $\lambda w - T(w) = \mathbf{0}$, $T(w) = \lambda w$. W가 부분공간이므로 $\lambda w \in W$. 즉 $T(w) \in W$.

(3) v_1, $T(v_1)$, $\cdots$, $T^n(v_1)$, $\cdots$ 중 어느 유한 개를 잡아서 $\mathbb{F}$ 위의 수로 일차 결합시킨 벡터를 T로 대응시킨 것은 이들 벡터 중 어느 유한개를 택하여 결합시킨 것이 된다. 따라서 $W = \langle v_1, T(v_1), \cdots \rangle$, $T(W) \subset W$이다.

벡터공간 V의 부분공간 W_1, $\cdots$, W_k에서

$$V = W_1 + W_2 + \cdots + W_k, \quad W_j \cap (W_1 + \cdots + W_{j-1} + W_{j+1} + \cdots + W_k) = \{\mathbf{0}\}, \quad 2 \le j \le k$$

가 성립할 때, V는 W_1, $\cdots$, W_k의 **직합**(direct sum)이라 하고 $V = W_1 \oplus \cdots \oplus W_k$로 나타낸다. $\dim W_i = n_i$, $E_i = \{w_{i_1}, \cdots, w_{i_{n_i}}\}$가 W_i의 기저라 하면 집합 $E = \bigcup_{i=1}^{k} E_i$는 V의 기저이다. V 위의 선형변환 T에서 모든 W_i가 T-불변부분공간일 때 다음 정리가 성립한다.

정리 7.2.3 체 $\mathbb{K}$ 위의 벡터공간 V가 선형변환 T에 관한 불변부분공간 W_1, $\cdots$, W_k의 직합일 때 다음 성질이 성립한다.

(1) 각 W_i의 기저 E_i, V의 기저 $E = \bigcup_{i=1}^{k} E_i$에 관한 T_{W_i}, T_{W_i}의 행렬을 각각 A, A_1, $\cdots$, A_k라 하면 $A = \mathrm{Dia}[A_1, \cdots, A_k]$이다.

(2) A, A_1, $\cdots$, A_k의 고유다항식을 각각 $p(t)$, $p_1(t)$, $\cdots$, $p_k(t)$라 하면

$$p(t) = p_1(t) \cdots p_k(t)$$

(3) A, A_1, $\cdots$, A_k의 최소다항식을 $m(t)$, $m_1(t)$, $\cdots$, $m_k(t)$라 하면 $m(t)$는 $m_1(t)$, $\cdots$, $m_2(t)$의 최소공배수이다.

[증명] (1) 각 W_i는 T-불변부분공간이므로 기저 E_i에 관한 T_{W_i}의 행렬은 $A_i \in M_{n_i \times n_i}$, $n_i = \dim W_i$이다. 기저 E에 관한 T의 행렬의 정의에서

$$A = \begin{bmatrix} A_1 & O & \cdots & O \\ O & A_2 & \cdots & O \\ \vdots & \vdots & & \vdots \\ O & O & \cdots & A_k \end{bmatrix}$$

즉 $A=\mathrm{Dia}[A_1, \cdots, A_k]$로 표시된다.

(2) $p(t)=|tI-A|=|tI-A_1|\cdots|tI-A_k|$에서 $p(t)=p_1(t)\cdots p_k(t)$이다.

(3) 정리 7.2.1에 의하여 $m_1(t), \cdots, m_k(t)$는 $m(t)$의 약수이다. $f(t)$가 $m_1(t), \cdots, m_k(t)$의 공배수라 하면

$$m_i(T_{W_i})(W_i)=\mathbf{0}, \quad i=1, \cdots, k$$

이므로 $f(T_{W_i})(W_i)=\mathbf{0}$. 임의의 $v\in V$, $v=w_1+\cdots+w_k$, $w_i\in W_i$, $i=1, \cdots, k$에서

$$\begin{aligned} f(T)(v)&=f(T)(w_1+\cdots+w_k)=f(T)(w_1)+\cdots+f(T)(w_k) \\ &=f(T_{W1})(w_1)+\cdots+f(T_{Wk})(w_k)=\mathbf{0} \end{aligned}$$

T는 $f(t)$의 근이다. 최소다항식 $m(t)$는 $f(t)$의 약수이다. 따라서 $m(t)$는 $m_1(t), \cdots, m_k(t)$의 최소공배수이다.

예제 7.2.3 유한차원 벡터공간 V 위의 선형변환 T의 모든 고유벡터에 의하여 생성된 부분공간을 W라 하자. 서로 다른 고유값 $\lambda_1, \cdots, \lambda_k$에 관한 고유공간 $W_1, \cdots, W_k$에서 다음 성질이 성립한다.

(1) $W=W_1\oplus\cdots\oplus W_k$, $T(W_i)\subset W_i$, $i=1, \cdots, k$

(2) $\dim W_i=n_i$이면 T의 고유다항식은 $p(t)=(t-\lambda_1)^{n_1}\cdots(t-\lambda_k)^{n_k}$이다.

[풀이] (1) $W_i=\{w\in V\,|\,T(w)=\lambda_i w\}$이므로 임의의 $w\in W_i$에 대하여 $T(w)=\lambda_i w\in W$. 즉 $T(W)\subset W$. 영이 아닌 $w\in W_i\cap W_j$에서 $T(w)=\lambda_i w$, $T(w)=\lambda_j w$, $\lambda_i w=\lambda_j w$, $(\lambda_i-\lambda_j)w=\mathbf{0}$. $w\neq\mathbf{0}$이므로 $\lambda_i=\lambda_j$이다. 그러므로 $i\neq j$이면 $W_i\cap W_j=\{\mathbf{0}\}$. 따라서 T-불변부분공간 $W_1, \cdots, W_k$의 직합 W는 존재한다.

(2) W_i의 차원을 n_i, 기저를 E_i라 하면 $E=\bigcup_{i=1}^{k} E_i$는 W의 기저이다. 그런데 T_W의 기저 E_i에 관한 행렬은

$$B_i=\begin{bmatrix} \lambda_i & 0 & \cdots & 0 \\ 0 & \lambda_i & \cdots & 0 \\ \vdots & \vdots & & \vdots \\ 0 & 0 & \cdots & \lambda_i \end{bmatrix}$$

그러므로 T의 기저 E에 관한 행렬은

$$B=\begin{bmatrix} B_1 & O & \cdots & O \\ O & B_2 & \cdots & O \\ \vdots & \vdots & & \vdots \\ O & O & \cdots & B_k \end{bmatrix}$$

따라서 T의 고유다항식은 $p(t)=|tI-B_1||tI-B_2|\cdots|tI-B_k|=p_1(t)\cdots p_k(t)$ 이다.

예제 7.2.4 유한차원 벡터공간 V 위의 선형변환 T가 대각화가능하면 $V=W_1\oplus\cdots\oplus W_k$가 되는 T-불변부분공간 W_i $i=1, \cdots, k$가 존재한다.

[풀이] T의 서로 다른 고유값 $\lambda_1, \cdots, \lambda_k$에 관한 고유공간을 $W_1, \cdots, W_k$라 하면 모든 W_i는 T-불변부분공간이다. T가 대각화가능하면 고유벡터로 이루어진 V의 기저가 존재한다. 그러므로 $V=W_1\oplus\cdots\oplus W_k$이다.

예제 7.2.5 $T^2=T$가 되는 벡터공간 V 위의 선형변환 T를 V의 정사영이라 한다. $R=\mathrm{Im}\,T$, $K=\ker T$라 하면 $V=R\oplus K$이고 다음 행렬로 대각화된다.

$$\begin{bmatrix} I & O \\ O & O \end{bmatrix}$$

[풀이] 임의의 $w\in\mathrm{Im}\,T$에서 $w=T(v)$인 $v\in V$가 존재하여 $T(w)=T^2(v)=T(v)=w$가 된다. 그러므로 T는 항등사상이다. 임의의 $v\in V$는 $v=T(v)+(v-T(v))$, $T(v)\in\mathrm{Im}\,T$, $v-T(v)\in\ker T$로 표시되므로 $V=R+K$이다. $v\in R\cap K$이면 $v\in R$, $v\in K$, $T(v)=v$, $T(v)=\mathbf{0}$이다. 즉 $v=\mathbf{0}$. $R\cap\mathbb{K}=\{\mathbf{0}\}$이므로 V는 R와 $\mathbb{K}$의 집합이다.

R의 기저 $\{w_1, \cdots, w_r\}$, K의 기저 $\{w_{r+1}, \cdots, v_n\}$에 대하여 $\{w_1, \cdots, w_k, w_{r+1}, \cdots, w_n\}$은 V의 기저이고 이에 대한 T의 행렬은 다음과 같다.

$$\begin{bmatrix} I & O \\ O & O \end{bmatrix}, \quad I=I_r\in M_{r\times r}$$

정리 7.2.4 벡터공간 V 위의 선형변환 T와 $f(T)=O$인 다항식 $f(t)$가 서로 소인 다항식 $g(t)$, $h(t)$의 곱이면 V는 T-불변부분공간 $U=\ker g(T)$, $W=$

$\ker h(T)$의 직합이다. $f(t)$가 T의 최소다항식이면 $g(t)$, $h(t)$는 각각 T_U, T_W의 최소다항식이다.

[증명] 정리 7.2.2에 의하여 U, W는 T-불변부분공간이다. $g(t)$, $h(t)$가 서로 소인 다항식이면 다항식의 기본성질에 의하여 적당한 다항식 $r(t)$, $s(t)$가 존재하여

$$r(t)g(t)+s(t)h(t)=1$$

선형변환 T에서

$$r(T)g(T)+s(T)h(T)=I$$

임의의 $v\in V$에서

$$r(T)g(T)(v)+s(T)h(T)(v)=v$$

그런데

$$h(T)((r(T)g(T))(v))=r(T)g(T)h(T)(v)=r(T)f(T)(v)=\mathbf{0}$$

이므로 $r(T)g(T)(v)\in\ker h(T)=W$. 마찬가지로 $s(T)h(T)(v)\in U$이다. 그러므로 $V=U+W$가 성립한다. 직합임을 보이기 위하여 $v=u+w$, $u\in U$, $w\in W$인 (u, w)가 오직 한 쌍뿐임을 보이자.

$$(r(T)g(T))(v)=r(T)g(T)(u)+r(T)g(T)(w)=r(T)g(T)(w)$$
$$w=(r(T)g(T))(w)+s(T)h(T)(w)=r(T)g(T)(w)$$

에 의하여

$$w=(r(T)g(T))(v)$$

위 식은 w는 v에 의하여 결정됨을 뜻한다. w가 고정되면 $u=v-w$도 고정되므로 (u, w)는 $g(t)$, $h(t)$에 의하여 결정되는 v에 대응하는 단 한 쌍의 벡터이다. 이로써 임의의 $v\in V$는 U, W의 원소의 합으로 표시되고 그 표시방법은 유일함을 보였다. $m_1(t)$, $m_2(t)$가 T_U, T_W의 최소다항식이면 $U=\ker g(T)$, $W=\ker h(T)$이므로 $g(T_U)=O$, $h(T_W)=O$. 정리 7.1.2에 의하여 $m_1(t)|g(t)$, $m_2(t)|h(t)$. $g(t)$, $h(t)$가 서로 소이므로 $m_1(t)$, $m_2(t)$는 서로 소이다. 정리 7.2.3에 의하여

최소다항식 $f(t)$는 $m_1(t)$, $m_2(t)$의 최소공배수이므로 $f(t)=m_1(t)m_2(t)$. $f(t)=g(t)h(t)=m_1(t)m_2(t)$에서 $g(t)=m_1(t)$, $h(t)=m_2(t)$. 따라서 $f(t)$가 T의 최소다항식이면 $g(t)$는 T_U의 최소다항식, $h(t)$는 T_W의 최소다항식이다.

정리 7.2.5 (Primary Decomposition Theorem: 주분해정리) 체 $\mathbb{K}$ 위의 유한차원 내적공간 V 위의 선형변환 T의 최소다항식 $m(t)$가 최고차 항의 계수가 1인 서로 소인 기약다항식 $p_1(t)$, …, $p_k(t)$에서 다음으로 표시된다고 하자.

$$m(t)=p_1(t)^{m_1}\cdots\ p_k(t)^{m_k},\quad 1\le m_1,\ \cdots,\ m_k$$

각 $W_i=\ker p_i(T)^{m_i}$, T에 의하여 유도된 W_i 위의 선형변환 T_{W_i}에 대하여 다음 성질이 성립한다.

(1) $V=W_1\oplus\cdots\oplus W_k$, 각 W_i는 V의 T-불변부분공간이다.

(2) T_{W_i}의 최소다항식은 $p_i(t)^{m_i}$이다.

[증명] 정리 7.2.2에 의하여 각 $W_i=\ker(p_i(T)^{n_i})$는 V의 T-불변부분공간이다. $p_i(t)$가 기약다항식이므로 $W_i\neq\{\mathbf{0}\}$이다. k에 관한 수학적 귀납법으로 (1)을 증명하자.

$k=1$이면 분명하므로 $k-1$일 때 이 정리가 증명되었다고 가정하자. $p_1(t)$, …, $p_k(t)$가 서로 소인 기약다항식이므로 $p_1(t)^{m_1}$, $p_2(t)^{m_2}$, …, $p_k(t)^{m_k}$도 서로 다른 기약다항식이다. $p_1(t)^{m_1}=g(t)$, $p_2(t)^{m_2}\cdots p_k(t)^{m_k}=h(t)$라 놓으면 $m(t)=g(t)h(t)$, $m(T)=O$. 정리 7.2.4에 의하여

$$V=W_1\oplus V_1,\ W_1=\ker p_1(T)^{m_1},\quad V_1=\ker p_2(T)^{m_2}\cdots p_k(T)^{m_k}$$

이고 $p_1(t)^{m_1}p_2(t)^{m_2}\cdots p_k(t)^{m_k}$는 T_{W_1}, T_{V_1}의 최소다항식이다. T_{V_1}과 최소다항식 $p_1(t)^{m_1}$, …, $p_k(t)^{m_k}$에 수학적 귀납법의 가정을 적용하면

$$V_1=W_2\oplus\cdots\oplus W_k,\quad W_i=\ker p_i(T)^{m_i},\quad i=2,\ \cdots,\ k$$

이고 $p_i(t)^{m_i}$이 T_{W_i}의 최소다항식인 W_2, …, W_k가 존재한다. 따라서 모든 $i=1$, …, k에 대하여

$$V=W_1\oplus\cdots\oplus W_k,\quad W_i=\ker p_i(T)^{m_i},\quad i=1,\ \cdots,\ k$$

이고 $p_i(t)^{m_i}$이 T_{W_i}의 최소다항식인 $W_1, \cdots, W_k$가 존재함을 알 수 있다.

정리 7.2.6 체 $\mathbb{K}$ 위의 유한차원 벡터공간 V 위의 선형변환 T가 대각화가능할 필요충분조건은 T의 최소다항식이 서로 다른 일차식의 곱으로 표시되는 것이다.

[증명] T의 최소다항식이 서로 다른 일차식으로 인수분해된다고 하자. 즉

$$m(t)=(t-\lambda_1)\cdots(t-\lambda_k), \quad \lambda_i\neq\lambda_j,\ i\neq j$$

정리 7.2.5에 의하여

$$V=W_1\oplus\cdots\oplus W_k, \quad W_i=\ker(T-\lambda_i I), \quad i=1, \cdots, k$$

임의의 $v\in W_i$에서

$$(T-\lambda_i I)(v)=\mathbf{0}, \quad T(v)=\lambda_i v$$

이므로 v는 λ_i에 대응하는 T의 고유벡터이다. 즉 W_i는 λ_i에 대응하는 T의 고유공간이다. 각 W_i의 기저를 E_i라 하면 $E=\bigcup_{i=1}^{k} E_i$는 V의 기저이고 이 기저에 관한 T의 행렬은 고유값을 주대각성분으로 갖는 대각행렬이다. 즉 T는 대각화가능하다. 역으로 T가 대각화가능하다고 하자. 즉 T의 고유벡터로 이루어진 기저 E가 존재한다. T의 서로 다른 고유값 $\lambda_1, \cdots, \lambda_k$에 대하여

$$f(T)=(T-\lambda_1 I)\cdots(T-\lambda_k I)$$

라 놓으면 $f(T)=O$. 정리 7.1.2에 의하여 $m(t)$는 $f(t)$의 약수이다. 그러므로 $m(t)=(t-\lambda_1)\cdots(t-\lambda_k)$이다. 따라서 $m(t)$는 서로 다른 고유값에 관한 일차식의 곱으로 표시된다.

예제 7.2.6 다음 행렬의 대각화가능 여부를 판정하여라.

(1) $\begin{bmatrix} 1 & -1 & -1 \\ 0 & 3 & 2 \\ 0 & -1 & 0 \end{bmatrix}$ (2) $\begin{bmatrix} 1 & 0 & 0 \\ 0 & 1 & 1 \\ 0 & 0 & 2 \end{bmatrix}$

[풀이] (1) $p(t)=\begin{vmatrix} t-1 & 1 & 1 \\ 0 & t-3 & -2 \\ 0 & 1 & t \end{vmatrix}=(t-1)^2(t-2)$

이므로 최소다항식은 $t-1$, $t-2$, $(t-1)(t-2)$, $(t-1)^2$, $(t-1)^2(t-2)$ 중의 어느 하나이다. $(t-1)(t-2)$, $p(t)$를 제외한 어느 것도 주어진 행렬을 근으로 갖지 않는다. 그러므로 최소다항식 $m(t)=(t-1)(t-2)$이다. 정리 7.2.6에 의하여 대각화가능하다.

(2) $p(t)=(t-1)^2(t-2)$, $m(t)=(t-1)(t-2)$이므로 대각화가능하다.

예제 7.2.7 다음 행렬의 대각화가능성을 판정하여라.

(1) $\begin{bmatrix} 0 & 0 & -1 \\ 0 & 0 & 0 \\ 0 & 0 & 0 \end{bmatrix}$ (2) $\begin{bmatrix} 1 & 1 & 0 & 0 \\ 0 & 1 & 0 & 0 \\ 0 & 0 & 2 & 0 \\ 0 & 0 & 0 & 2 \end{bmatrix}$

[풀이] (1) $p(t)=t^3$, $m(t)=t^2$이므로 대각화불가능하다.

(2) $p(t)=(t-1)^2(t-2)^2$, $m(t)=(t-1)^2(t-2)$이므로 대각화불가능하다.

연습문제 7.2

1. 선형변환 $T: V \to V$에서 다음이 성립함을 보여라.
   ① $\operatorname{Im} T$, $\ker T$는 T-불변부분공간이다.
   ② 다항식 $f(t)$에서 $\ker f(T)$는 T-불변부분공간이다.

2. $\{W_i \subset V \mid W_i : T\text{-불변부분공간}\}$에서 $W=\cap W_i$도 T-불변부분공간임을 보여라.

3. 다음 행렬 A, B에 관한 선형변환 T_A, $T_B: \mathbb{R}^2 \to \mathbb{R}^2$에서 $\mathbb{R}^2$공간의 T_A, T_B-불변부분공간을 모두 구하여라.

$$A=\begin{bmatrix} 0 & -1 \\ 1 & 0 \end{bmatrix} \qquad B=\begin{bmatrix} 2 & -5 \\ 1 & -2 \end{bmatrix}$$

4. W가 선형변환 $T: V \to V$의 불변부분공간이고 $T_W: W \to W$에 관한 행렬이 A이면 T에 관한 행렬은 다음으로 표시됨을 보여라.

$$\begin{bmatrix} A & B \\ O & C \end{bmatrix}$$

5. 체 $\mathbb{K}$ 위의 벡터공간 V의 T-불변부분공간 W에서 $v \in V$에 대하여 $g(T)(v) \in W$가 되는 다항식 $g(t) \in \mathbb{K}[t]$ 전체의 집합을 $S_T(v; W)$라 할 때 다음 물음에 답하여라.
   ① $f(t), g(t) \in S_T(v; W)$, $\alpha, \beta \in \mathbb{K}$이면 $\alpha f + \beta g \in S_T(v; W)$이다.
   ② $f(t) \in \mathbb{K}[t]$, $g(t) \in S_T(v; W)$이면 $fg \in S_T(v; W)$이다.

6. 체 $\mathbb{K}$ 위의 유한차원 벡터공간 V 위의 선형변환 T가 삼각행렬화가능할 필요충분조건은 T의 최소다항식이 $\mathbb{K}$ 위의 일차다항식의 곱으로 인수분해되는 것임을 보여라.

7. 선형변환 $T: V \to V$에서 $U = \ker T^i$, $W = \ker T^{i+1}$이라 하면 $U \subset W$, $T(W) \subset U$임을 보여라.

8. 선형변환 $T: V \to V$에서 $\ker T^{i-2} \subset \ker T^{i-1} \subset \ker T^i$이 성립함을 보여라.

9. 다음 조건을 만족하는 선형변환 $T_i: V \to V$, $V = W_1 \oplus \cdots \oplus W_r$, $i = 1, \cdots, r$가 존재함을 보여라.
   ① $T_i^2 = T_i$ ② $T_i T_j = O$, $i \neq j$
   ③ $I = T_1 + \cdots + T_r$ ④ $\operatorname{Im} T_i = W_i$

10. $V = W_1 \oplus \cdots \oplus W_k$, $T_1, \cdots, T_k$가 정사영이라 하자. 선형변환 $T: V \to V$가 $TT_i = T_i T$, $i = 1, \cdots, k$가 될 필요충분조건은 각 W_i가 T-불변부분공간이 되는 것임을 보여라.

7.3 순환변환과 유리표준형

체 $\mathbb{K}$ 위의 벡터공간 V, $v \in V$에서 $\{g(T)(v) \mid g(t) \in \mathbb{F}[t]\}$를 v에 의하여 생성된 **T-순환부분공간**(T-cyclic subspace)이라 하고 $Z(v; T)$로 나타낸다. $Z(v; T)$는 v를 포함하고 있는 T-불변부분공간 중에서 최소인 것이다. 특히 $Z(v; T) = V$일

때 v를 **순환벡터**(cyclic vector)라 한다.

예제 7.3.1 $T(x, y)=(0, x)$로 정의된 선형변환 $T: \mathbb{R}^2 \to \mathbb{R}^2$에서 벡터 $v_1=(1, 0)$은 순환벡터이다.

[풀이] 임의 벡터 $X=(a, b)$에서 $g(t)=a+bt$라 놓으면

$$g(T)(v_1)=(aI+bT)(v_1)=a(1, 0)+b(0, 1)=(a, b)$$

따라서 $\mathbb{R}^2=\langle v_1, (aI+bT)(v_1)\rangle=\langle(aI+bT)(v_1)\rangle$. $v_2=(0, 1)$, $T(v_2)=(0, 0)=0\cdot v_2$이므로 v_2는 T의 고유벡터이다. $\langle v_2, T\rangle=\langle(0, 1)\rangle$은 1차원 부분공간이다.

체 $\mathbb{K}$ 위의 벡터공간 V와 벡터 v에서 $g(T)(v)=\mathbf{0}$인 $g(t)\in\mathbb{F}[t]$ 전체의 집합을 v의 **영화집합**(T-anihilator set)이라 한다. 영화집합의 최저차 모닉다항식을 v의 **T-영화다항식**(T-anihilator polynomial)이라 하고 $p_v(t)$로 나타낸다.

정리 7.3.1 체 $\mathbb{K}$ 위의 유한차원 벡터공간 V의 벡터 v의 T-영화다항식 $p_v(t)$에서 다음 성질이 성립한다.

(1) $p_v(t)$의 차수는 순환 부분공간 $Z(v; T)$의 차원과 같다.

(2) $\deg p_v(t)=k$이면 $\{v, T(v), \cdots, T^{k-1}(v)\}$는 $Z(v; T)$기저이다.

(3) $Z(v; T)$ 위의 선형변환의 최소다항식은 $p_v(t)$이다.

[증명] (1) 임의의 $g(t)\in\mathbb{F}[t]$에서 $q(t)$, $r(t)\in\mathbb{F}[t]$가 존재하여

$$g(t)=q(t)p_v(t)+r(t), \quad r=0, \quad \deg r(t)<\deg p_v(t)$$

$q(T)p_v(T)(v)=\mathbf{0}$이므로

$$g(T)(v)=r(T)(v)$$

$r=0$, $\deg r(t)<k$이므로 $g(T)(v)$는 v, $T(v)$, $\cdots$, $T^{k-1}(v)$에 의하여 생성된다. v, $T(v)$, $\cdots$, $T^{k-1}(v)$가 일차종속이면 적어도 하나는 영이 아닌 a_1, $\cdots$, a_{k-1}이 존재하여

$$a_1v+a_2T(v)+\cdots+a_{k-1}T^{k-1}(v)=\mathbf{0}$$
$$(a_1+a_2T+\cdots+a_{k-1}T^{k-1})(v)=\mathbf{0}$$

$h(t)=a_1+a_2t+\cdots+a_{k-1}t^{k-1}$이라 놓으면 $h(t)=0$, $h(T)=O$이다. $1\leq\deg h(t)\leq k-1<\deg p_v(t)$이므로 $p_v(t)$의 선택에 어긋난다. 그러므로 $\{v, T(v), \cdots, T^{k-1}(v)\}$는 순환부분공간 $Z(v; T)$의 기저이다. 이로써 (1), (2)는 증명되었다. T에 의하여 유도된 $Z(v; T)$위의 선형변환을 T_C라 하자. 임의의 $g(t)\in\mathbb{K}[t]$에서

$$p_v(T_c)g(T)(v)=p_v(T)g(T)(v)=g(T)p_v(T)(v)=g(T)(\mathbf{0})=\mathbf{0}$$

그러므로 $p_v(T_c):Z(v; T)\rightarrow Z(v, T)$는 영사상이다. 즉 $p_v(T_c)=O$. $h(T_c)=O$, $\deg h(t)<k$인 다항식 $h(t)\in\mathbb{K}[t]$에 대하여

$$h(T_c)(v)=h(T)(v)=\mathbf{0}$$

이는 $p_v(t)$의 정의에 어긋난다. 그러므로 $p_v(t)$는 T_c의 최소다항식이다.

위 정리의 결과로 다음 사실을 알 수 있다. v가 T의 순환벡터이면 $V=Z(v; T)$이므로 T의 최소다항식의 차수는 V의 차원과 같다. Cayley-Hamilton 정리에 의하면 T의 고유다항식의 차원은 n이므로 T의 고유다항식과 최소다항식은 같다. 순환벡터 v를 갖는 k차원 벡터공간 W에서 $\{v, T(v), \cdots, T^{k-1}(v)\}$는 W의 기저이고 v의 영화다항식 $p_v(t)$는 T의 최소다항식으로 T의 고유다항식과 같다. $p_v(t)=a_0+a_1t+\cdots+a_{n-1}t^{k-1}+t^k$, $v_i=T^{i-1}(v)$, $i=1, \cdots, k-1$이라 놓으면

$$T(v_i)=v_{i+1},\ i=1, \cdots, k-1$$
$$T(v_k)=-a_0v_1-a_1v_2+\cdots-a_{k-1}v_k$$

의 관계를 갖는 기저 $E=\{v_1, \cdots, v_k\}$를 얻는다. $p_v(T)(v)=\mathbf{0}$이고 $(T^k+a_{k-1}T^{k-1}+\cdots+a_1T+a_0I)(v)=T^k(v)+a_{k-1}T^{k-1}(v)+\cdots+a_1T(v)+a_0v=\mathbf{0}$에서 $T(v_k)=-a_0v_1-a_1v_2-\cdots-a_{k-1}v_k$를 얻었다. 그리고 기저 E에 관한 T의 행렬은 다음과 같다. 이 행렬을 최소다항식 $p_v(t)$의 기저 E에 관한 T의 행렬이라 한다.

$$\begin{bmatrix} 0 & 0 & 0 & \cdots & 0 & -a_0 \\ 1 & 0 & 0 & \cdots & 0 & -a_1 \\ 0 & 1 & 0 & \cdots & 0 & -a_2 \\ \vdots & \vdots & \vdots & & \vdots & \vdots \\ 0 & 0 & 0 & \cdots & 1 & -a_{k-1} \end{bmatrix}$$

정리 7.3.2 유한차원 벡터공간 V 위의 선형변환 T에서 T가 순환벡터를 가질 필요충분조건은 T의 최소다항식의 동반행렬로 표시되는 V의 기저가 존재하는 것이다.

[증명] 이 정리의 역을 증명하자. 최소다항식 $p_v(t)$에 관한 동반행렬을 나타내는 기저를 생각하면 v_1은 T의 순환벡터이다.

정리 7.3.3 모닉다항식 $p(t)$의 동반행렬을 A라 하면 $p(t)$는 A의 최소다항식이고 동시에 고유다항식이다.

[증명] 표준기저에 관한 행렬이 A인 선형변환 $T : \mathbb{K}^n \to \mathbb{K}^n$에 정리 7.3.2를 적용하면 $p(t)$는 A의 최소다항식이다. 행렬 A의 고유다항식을 실제로 계산하면 $p(t)$이다.

예제 7.3.2 선형변환 $T : \mathbb{R}^3 \to \mathbb{R}^3$, $T(x, y, z) = (2x, 2y, -z)$에 대하여 다음 물음에 답하여라.

(1) $v_0 = (1, -1, 3)$에 의하여 생성된 $\mathbb{R}^3$의 부분공간을 구하여라.

(2) T의 순환벡터는 존재하지 않는다.

[풀이] (1) $T(v_0) = (2, -2, -3)$, $T^2(v_0) = (4, -4, 3)$, $\cdots$에서 $\{v_0, T(v_0)\} = \{(1, -1, 3), (2, -2, -3)\}$은 $Z(v_0; T)$의 기저이다. 즉 $Z(v_0; T) = \langle (1, -1, 3), (2, -2, -3) \rangle$

(2) 모든 $v \in \mathbb{R}^3$에서 $Z(v; T) \neq \mathbb{R}^3$이다. 즉 순환벡터는 존재하지 않는다.

예제 7.3.3 $T(x, y, z) = (0, x, y)$로 주어진 선형변환 T에 대하여 다음에 답하여라.

(1) $e_1 = (1, 0, 0)$의 T-영화다항식을 구하여라.

(2) $e_3 = (0, 0, 1)$에 관한 T-순환부분공간을 구하여라.

(3) 위 순환부분공간의 최소다항식을 구하여라.

[풀이] (1) $e_1 = (1, 0, 0)$, $T(e_1) = (0, 1, 0)$, $T^2(e_1) = (0, 0, 1)$이므로 $Z(e_1; T) = \langle (1, 0, 0), (0, 1, 0), (0, 0, 1) \rangle = \mathbb{R}^3$. $T^3(e_1) = (0, 0, 0)$이므로 $f(t) = t^3$이

e_1의 T-영화다항식이다.

(2) $e_3=(0, 0, 1)$, $T(e_3)=(0, 0, 0)$, $T^2(e_3)=(0, 0, 0)$, ⋯이므로 $Z(e_3; T)=\langle(0, 0, 1)\rangle$

(3) T_Z의 최소다항식은 $p(t)=t$이다.

벡터공간 V의 T-불변부분공간 W에서 $V=W\oplus W'$가되는 T-불변부분공간 W'가 존재하는 경우를 생각하여 보자. 다음 정리는 선형대수학의 어느 분야보다도 활용성이 큰 것으로 증명과정이 난해하다. 저자에 따라 여러 가지의 증명방법이 있을 수 있다. 이 책에서는 행렬의 성질을 밝히는 데 직접적으로 활용할 수 있도록 구체적인 방법을 사용하였다.

정리 7.3.4 체 $\mathbb{K}$ 위의 유한차원 벡터공간 V 위의 선형변환 T의 최소다항식 $p(t)$가 모닉기약다항식 $q(t)\in\mathbb{F}[t]$에 대하여

$$p(t)=q(t)^m, \quad m\geq 1$$

의 꼴이라 하자. 이때 영이 아닌 벡터 $w\in V$에 의하여 생성된 T-순환부분공간 $Z_0=Z(w; T)$에서 $V=Z_0\oplus V_0$가 되는 T-불변 부분공간 V_0가 존재한다.

[증명] 벡터공간의 차원에 관한 귀납법으로 증명한다. 차원이 $n=\dim V$보다 작은 모든 $\mathbb{K}$ 위의 벡터공간에서 이 정리가 성립한다고 가정하자. $g(T)^{m-1}(w)\neq\mathbf{0}$, $g(T)^m(w)=\mathbf{0}$인 영이 아닌 벡터 w에 관한 T-순환부분공간 $Z_0(w; T)=\langle w, T(w), \cdots, T^{m-1}(w)\rangle$는 w를 포함하고 있는 최소 T-불변부분공간이다. $V=Z_0\oplus V_0$인 T-불변부분공간 V_0를 구하고자 한다. $T(V)=Z_1\oplus V_1$, $Z_1(T(w); T)=\langle T(w), T^2(w), \cdots, T^{m-1}(w)\rangle$, $\dim T(V)<\dim V$가 되는 T-불변부분공간 V_1이 존재한다고 가정하자.

(1) 집합 $W_1=\{v\in V\,|\,T(v)\in V_1\}$은 V_1을 포함하고 있는 T-불변부분공간이다.

$v_1, v_2\in W_1$, $\alpha, \beta\in\mathbb{F}$에서

$$T(v_1),\ T(v_2)\in V_1,\ \alpha T(v_1)+\beta T(v_2)=T(\alpha v_1+\beta v_2)\in V_1$$

이므로 $\alpha_1v_1+\beta_2v_2\in W_1$. 즉 W_1은 V의 부분공간이다. V_1이 T-불변부분공간이므

로 $V_1 \subset W_1$이다. 즉

$$v \in V_1 \Rightarrow T(v) \in V_1 \Rightarrow v \in W_1$$

또한 $v \in W_1$, $T(v) \in V_1 \subset W_1$이므로 W_1은 T-불변부분공간이다.

(2) V는 Z_0와 W_1의 합이다. 즉 $V = Z_0 + W_1$.

임의의 $v \in V$에서 $T(V) = Z_1 \oplus V_1$이므로

$$T(v) = z_1 + v_1, \quad z_1 \in Z_1, \quad v_1 \in V_1$$

$z_1 \in Z_1$이므로 $a_0, \cdots, a_{m-2} \in \mathbb{F}$가 존재하여

$$\begin{aligned} z_1 &= a_0 T(w) + a_1 T^2(w) + \cdots + a_{m-2} T^{m-1}(w) \\ &= T(a_0 w + a_1 T(w) + \cdots + a_{m-2} T^{m-2}(w)) \\ &= T(z_0), \ z_0 = a_0 w + a_1 T(w) + \cdots + a_{m-2} T^{m-2}(w), \ z_0 \in Z_0 \end{aligned}$$

또한 $T(w - z_0) = T(w) - T(z_0) = z_1 + v_1 - z_1 = v_1 \in V_1$이므로 $w - z_0 \in W_1$. 따라서

$$v = z_0 + (w - z_0), \quad z_0 \in Z_0, \quad w - z_0 \in W_1$$

이므로 $V = Z_0 + W_1$이다.

(3) $Z_0 \cap W_1 \subset Z_1$, $(Z_0 \cap W_1) \cap V_1 = \{\mathbf{0}\}$.

$v \in Z_0 \cap W_1$이면 $v \in Z_0$, $v \in W_1$이므로 $T(v) \in Z_1$, $T(v) \in V_1$, $T(v) \in Z_1 \cap V_1 = \{\mathbf{0}\}$, $T(v) = \mathbf{0}$. $v \in Z_0$이므로 $a_0, \cdots, a_{m-1} \in \mathbb{K}$가 존재하여

$$v = a_0 w + a_1 T(w) + \cdots + a_{m-2} T^{m-2}(w) + a_{m-1} T^{m-1}(w)$$

양변에 T를 시행하면

$$\mathbf{0} = T(v) = a_0 T(w) + a_1 T^2(w) + \cdots + a_{m-2} T^{m-1}(w)$$

정리 7.3.1에 의하여 $T(w), \cdots, T^{m-1}(w)$는 일차독립이므로 $a_0 = \cdots = a_{m-2} = 0$이다. $v = a_{m-1} T^{m-1}(w) \in Z_1$이므로 $Z_0 \cap W_1 \subseteqq Z_1$이다. $Z_0 \cap W_1 \subset Z_1$이면 $(Z_0 \cap W_1) \cap V_1 \subset Z_1 \cap V_1 = \{\mathbf{0}\}$이므로 $(Z_0 \cap W_1) \cap V_1 = \{\mathbf{0}\}$

(4) $U = (Z_0 \cap W_1) \oplus V_1$이라 하고 $U \oplus W_0 = W_1$이 되는 V의 부분공간을 W_0라 하면 $V_0 = W_0 \oplus V_1$은 T-불변부분공간이다.

$V_1 \subseteqq U$이므로 $W_0 \cap V_1 \subset W_0 \cap U = \{\mathbf{0}\}$, $W_0 \cap V_1 = \{\mathbf{0}\}$이다. $V_1 \subset V_0$, $V_1 \subset U$이

므로 $V_1 \subset V_0 \subset W_1$, $T(V_1) \subset T(V_0) \subset T(W_1) \subset V_0$. 따라서 V_0는 T-불변부분공간이다.

(5) $Z_0 \cap V_0 = \{\mathbf{0}\}$, $V = Z_0 + V_0$이므로 $V = Z_0 \oplus V_0$이다.

$W_1 = U \oplus W_0 = (Z_0 \cap W_1) \oplus V_1 \oplus W_0 = (Z_0 \cap W_1) \oplus V_0$이므로 $(Z_0 \cap W_1) \cap V_0 = \{\mathbf{0}\}$. $V_0 \subset W_1$이므로 $\{\mathbf{0}\} = (Z_0 \cap W_1) \cap V_0 = Z_0 \cap V_0$이다. 임의의 $v \in V$, $V = Z_0 + W_1$에서 $v = w_0 + w_1$, $w_0 \in Z_0$, $w_1 \in W_1$. $W_1 = (Z_0 \cap W_1) \oplus V_1 \oplus W_0$이므로 w_1은 다음으로 표시된다.

$$w_1 = w_1' + v_1 + v_0, \quad w_1' \in Z_0 \cap W_1, \quad v_1 \in V_1, \quad w_0 \in W_0$$

그러므로 $V = Z_0 + V_0$이다. 즉

$$v = (w_0 + w_1') + (v_1 + v_0), \quad w_0 + w_1' \in Z_0, \quad v_1 + v_0 \in V_0$$

정리 7.3.5 (Cyclic Decomposition Theorem; 순환분해정리) 체 $\mathbb{K}$ 위의 유한차원 벡터공간 V 위의 선형변환 T의 최소다항식이 모닉기약다항식 $g(t) \in \mathbb{F}[t]$에서

$$p(t) = q^m(t), \ m \geq 1$$

의 꼴이라 하자. 각각의 영화다항식이

$$q(t)^{m_1}, \ q(t)^{m_2}, \ \cdots, \ q(t)^{m_r}, \quad m = m_1 \geq m_2 \geq \cdots \geq m_r \geq 1$$

이 되는 영이 아닌 벡터 $v_1, \cdots, v_r$가 존재하여

$$V = Z(v_1;\ T) \oplus \cdots \oplus Z(v_r;\ T)$$

이는 벡터공간 V가 몇 개의 순환부분공간의 직합임을 뜻한다. V를 T-순환부분공간의 직합으로 표시하는 다른 방법이 있다면 $m_1, \cdots, m_r$와 r는 한 가지로 정해진다. 그러나 $v_1, \cdots, v_r$는 일정하게 정해지지는 않는다.

[증명] 벡터공간 V의 차원 n에 관한 귀납법으로 증명하자. $n=1$이면 V자신이 T-순환공간이므로 이 정리는 자명하다. $n>1$이고 차원이 n미만인 모든 벡터공간에서 이 정리가 성립한다고 가정하자. $p(t)$가 최소다항식이므로 $p(T)^m(v) = \mathbf{0}$, $p(T)^{m-1}(v) \neq \mathbf{0}$인 벡터 $v_1 \neq \mathbf{0}$가 존재한다. v_1에 의하여 생성된 T-순환부분공간을 $Z_1 = Z_1(v_1;\ T)$라 하면 v_1의 영화다항식은 $p(t)$이고 Z_1은 정리 7.3.1에 의

하여 T-불변부분공간이다. 즉 T_{z_0}의 최소다항식은 $p(t)=q(t)^m$이다. $Z_1=V$이면 $r=1$, $m_1=m$으로 정리는 증명된다. $V\neq Z_1$이면 정리 7.3.4에 의하여 T-불변부분공간 W가 존재하여

$$V=Z_1\oplus W,\quad 1\leq \dim W<n$$

$T_W : W\to W$를 T에 의하여 유도된 W 위의 선형변이라 하자. 벡터 $w\in W$에서 $p(T_W)(w)=p(T)(w)=0$, $p(T_W)=O$이다. T_W의 최소다항식은 정리 7.1.2에 의하여 $p(t)$의 약수이므로

$$g(t)^{m_2},\quad 1\leq m_2\leq m=m_1$$

의 꼴이 된다. 벡터공간 W에 대하여 이 정리를 만족하는 양의 정수 $m_2\geq m_3\geq\cdots\geq m_r\geq 1$가 존재하여

$$W=Z_2(v_2;\ T)\oplus Z_3(v_3;\ T)\oplus\cdots\oplus Z_r(v_r;\ T)$$

이고 각각의 영화다항식이 $q(t)^{m_2}$, $\cdots$ $q(t)^{m_r}$이라 가정하자. 그러면

$$V=Z_1(v_1;\ T)\oplus Z_2(v_2;\ T)\oplus\cdots\oplus Z_r(v_r;\ T)$$

이고 $Z_i(v_i;\ T)$의 영화다항식은 $q(t)^{m_1}$, $\cdots$, $q(t)^{m_r}$, $m=m_1\geq\cdots\geq m_r\geq 1$. 또한 $\dim Z_i=\deg g(t)^{m_i}=m_i\deg g(t)=m_i d$, $d=\deg g(t)$이므로 $(m_1+\cdots+m_r)d=n$이다.

정리 7.3.6 체 $\mathbb{K}$ 위의 유한차원 벡터공간 V 위의 선형변환 T의 고유다항식과 최소다항식이 다음과 같다고 하자.

$$p(t)=p_1(t)^{n_1}\cdots p_r(t)^{n_r},\quad m(t)=p_1(t)^{m_1}\cdots p_r(t)^{m_r},\quad 1\leq m_i\leq n_i$$

다음 조건을 만족하는 T-불변부분공간 W_1, $\cdots$, W_r와 T-순환부분공간 Z_{ij}, $i=1$, $\cdots$, r, $j=1$, $\cdots$, $k(i)$가 존재한다.

(1) $V=W_1\oplus\cdots\oplus W_r$, $W_i=\ker p_i(t)^{m_i}$, $\dim W_i=m_i d_i$, $d_i=\deg p_i(t)$

(2) $T_{W_i} : W_i\to W_i$의 고유다항식은 $p_i(t)^{n_i}$, 최소다항식은 $p_i(t)^{m_i}$이다.

(3) 각 i, $i=1$, $\cdots$, r에서

(i) $W_i=Z_{i_1}\oplus\cdots\oplus Z_{i_{k(i)}}$, $Z_{ij}=Z(w_{ij},\ T)$

(ii) w_{ij}의 영화 다항식은 $p_i(t)^{m_{ij}}$,
$\dim Z_{ij} = m_{ij} \deg p_i(t)$, $j=1, \cdots, k(i)$

(iii) $m_i = m_{i_1} \geq \cdots \geq m_{i_{k(i)}} \geq 1$, $m_{i_1} + \cdots + m_{ik(i)} = n_i$

[증명] 주분해정리, 순환분해정리에 의하여 이 정리의 성립은 분명하다.

선형변환 $T : V \to V$에서 $T^{n-1} \neq O$, $T^n = O$인 양의 정수 n이 존재하면 T를 **지수**(index)가 n인 **멱영변환**(nilpotent linear transformation)이라 한다. 행렬 $A \in M_{n\times n}(\mathbb{K})$에서 $A^n = O$, $A^{n-1} \neq O$인 양의 정수 n이 존재할 때 A를 **멱영행렬**(nilpotent matrix)이라 한다.

예제 7.3.4 벡터공간 V의 기저 $E = \{v_1, \cdots, v_n\}$에서

$$T(v_1) = \mathbf{0}$$
$$T(v_2) = a_{21}v_1$$
$$\vdots$$
$$T(v_3) = a_{31}v_1 + a_{32}v_2$$
$$\vdots$$
$$T(v_n) = a_{n1}v_1 + a_{n2}v_2 + \cdots + a_{n,n-1}v_{n-1}$$

로 정의된 선형변환 $T : V \to V$는 지수가 n인 멱영변환이다. E에 관한 T의 행렬을 구하여라.

[풀이] $T^n(v_j) = T^{n-j}(T^j(v_j)) = T^{n-j}(\mathbf{0}) = \mathbf{0}$, $j=1, \cdots, n$이므로 $T^n = O$, $T^{n-1} \neq O$이다. 즉 T는 지수가 n인 멱영변환이다. 기저 E에 관한 T의 행렬은 주대각성분이 모두 0인 상삼각행렬이다.

지수가 m인 선형변환 $T : V \to V$에서 $T^{m-1}(v) \neq \mathbf{0}$, $T^m(v) \neq \mathbf{0}$인 벡터를 v $(\neq \mathbf{0})$라 하면 v, $T(v)$, $\cdots$, $T^{m-1}(v)$는 일차독립이고 $Z(v;\ T) = \langle v, T(v), \cdots, T^{m-1}(v) \rangle$는 T-불변부분공간이다. 정리 7.3.5에 T-불변부분공간 V_1이 존재하여 $V = Z(v;\ T) \oplus V_1$이 된다. 이 때 T에 의하여 유도된 선형변환 $T_Z : Z \to Z$의 기저 $\{v, T(v), \cdots, T^{m-1}(v)\}$에 관한 행렬은 $T(v) = T(v)$, $T(T(v)) = T^2(v)$, $\cdots$, $T(T^{m-2}(v)) = T^{m-1}(v)$, $T(T^{m-1}(v)) = \mathbf{0}$ 이므로 다음의 꼴로 표시된다.

$$\begin{bmatrix} 0 & 0 & \cdots & 0 & 0 \\ 1 & 0 & \cdots & 0 & 0 \\ 0 & 1 & \cdots & 0 & 0 \\ \vdots & \vdots & & \vdots & \vdots \\ 0 & 0 & \cdots & 1 & 0 \end{bmatrix}$$

다음의 꼴로 된 $m \times n$행렬을 **단순 Jordan 행렬**(simple Jordan matrix)이라 하고 $J_m(\lambda)$로 나타낸다.

$$J_m(\lambda) = \begin{bmatrix} \lambda & 0 & 0 & \cdots & 0 & 0 \\ 1 & \lambda & 0 & \cdots & 0 & 0 \\ 0 & 1 & \lambda & \cdots & 0 & 0 \\ \vdots & \vdots & \vdots & & \vdots & \vdots \\ 0 & 0 & 0 & \cdots & 0 & 0 \\ 0 & 0 & 0 & \cdots & 1 & \lambda \end{bmatrix}$$

$V = Z_1(v_1;\ T) \oplus V_1$이고 Z_1, V_1의 기저를 각각 $E_1 = \{v_1, \cdots, T^{m-1}(v_1)\}$, $E_2 = \{w_{m+1}, \cdots, w_n\}$이라 하면 기저 $E = E_1 \cup E_2$에 관한 T의 행렬은 $\mathrm{Dia}[J_{m_1}(0), B_1]$, $m_1 = m$, $B_1 \in M_{(n-m)\times(n-m)}(\mathbb{K})$이다. 즉

$$\begin{bmatrix} J_{m_1}(0) & O \\ O & B_1 \end{bmatrix}$$

$T_{V_1} : V_1 \to V_1$도 멱영변환이므로 $V_1 = Z_2(v_2;\ T) \oplus V_2$, $T^{m_2}(v_2) = \mathbf{0}$, $T^{m_2-1}(v_2) \neq \mathbf{0}$인 벡터 v_2가 존재한다. 그러면 $\{v_2, T(v_2)\cdots, T^{m_2-1}(v_2)\}$는 $Z_2(v_2, T)$의 기저이므로

$$V = Z_1(v_1, T) \oplus Z_2(v_2, T) \oplus V_3$$

이고 이에 대응하는 행렬은 $\mathrm{Dia}[J_{m_1}(0), J_{m_2}(0), B_2]$. 즉

$$\begin{bmatrix} J_{m_1}(0) & O & O \\ O & J_{m_2}(0) & O \\ O & O & B_2 \end{bmatrix}$$

이러한 과정을 몇 번인가 반복하여 $V = Z_1 \oplus Z_2 \oplus \cdots \oplus Z_r$, $Z_i = Z_i(v_i, T)$이고 기저 $E = E_1 \cup \cdots \cup E_r$에 관한 T의 행렬은

$$\begin{bmatrix} J_{m_1}(0) & O & O \\ O & J_{m_2}(0) & O \\ \vdots & \vdots & \vdots \\ O & O & J_{m_r}(0) \end{bmatrix}$$

이러한 사실을 종합하여 다음 정리를 얻는다.

정리 7.3.7 유한차원 벡터공간 V 위의 지수가 m인 멱영변환 T에서 서로 다른 r개의 벡터 $v_1, \cdots, v_r$와 양의 정수 $m=m_1, \cdots, m_r$의 존재하여 $V=Z_1\oplus\cdots\oplus Z_r$, $Z_i=Z_i(v_i;\ T)$, $i=1, \cdots, r$로 표시되고 기저 $E=\{v_1, \cdots, T^{m-1}(v_1), \cdots, v_r, T(v_r), \cdots, T^{m_r-1}(v_r)\}$에 관한 T의 행렬이 $\mathrm{Dia}[J_{m_1}(0), \cdots, J_{m_r}(0)]$이다.

정리 7.3.8 n차원 벡터공간 V 위의 멱영변환 T의 고유다항식은 $p(t)=t^n$, 최소다항식은 $m(t)=t^n(1\leq m\leq n)$이다.

[증명] $T^m=O$, $T^{m-1}\neq O$이므로 최소다항식의 정의에 의하여 $m(t)=t^m$이다. 정리 7.1.6에 의하여 T의 고유다항식은 $p(t)=t^n$이다.

예제 7.3.5 표준기저 $E=\{e_1,\ e_2,\ e_3,\ e_4,\ e_5\}$에 관한 행렬이 다음과 같은 선형변환 $T:\mathbb{R}^4\to\mathbb{R}^4$에 대하여 다음 물음에 답하여라.

$$A=\begin{bmatrix} 0 & 0 & 0 & 0 & 0 \\ 2 & 0 & 0 & 0 & 0 \\ 1 & 3 & 0 & 0 & 0 \\ 0 & 0 & 0 & 0 & 4 \\ 0 & 0 & 0 & 0 & 0 \end{bmatrix}$$

(1) 멱영행렬 A의 지수를 구하여라.

(2) 정리 7.3.7에서 v_1, v_2와 r를 구하여라.

(3) Jordan표준형을 구하여라.

[풀이] (1) $$A^2=\begin{bmatrix} 0 & 0 & 0 & 0 & 0 \\ 2 & 0 & 0 & 0 & 0 \\ 1 & 3 & 0 & 0 & 0 \\ 0 & 0 & 0 & 0 & 4 \\ 0 & 0 & 0 & 0 & 0 \end{bmatrix}\begin{bmatrix} 0 & 0 & 0 & 0 & 0 \\ 2 & 0 & 0 & 0 & 0 \\ 1 & 3 & 0 & 0 & 0 \\ 0 & 0 & 0 & 0 & 4 \\ 0 & 0 & 0 & 0 & 0 \end{bmatrix}=\begin{bmatrix} 0 & 0 & 0 & 0 & 0 \\ 0 & 0 & 0 & 0 & 0 \\ 6 & 0 & 0 & 0 & 0 \\ 0 & 0 & 0 & 0 & 0 \\ 0 & 0 & 0 & 0 & 0 \end{bmatrix}$$

$$A^3=\begin{bmatrix}0&0&0&0&0\\2&0&0&0&0\\1&3&0&0&0\\0&0&0&0&4\\0&0&0&0&0\end{bmatrix}\begin{bmatrix}0&0&0&0&0\\0&0&0&0&0\\6&0&0&0&0\\0&0&0&0&0\\0&0&0&0&0\end{bmatrix}=\begin{bmatrix}0&0&0&0&0\\0&0&0&0&0\\0&0&0&0&0\\0&0&0&0&0\\0&0&0&0&0\end{bmatrix}$$

이므로 A는 지수가 3인 멱영행렬이다.

(2) 벡터 $e_1=(1, 0, 0, 0, 0)$에서

$$T(e_1)=Ae_1=\begin{bmatrix}0&0&0&0&0\\2&0&0&0&0\\1&3&0&0&0\\0&0&0&0&4\\0&0&0&0&0\end{bmatrix}\begin{bmatrix}1\\0\\0\\0\\0\end{bmatrix}=\begin{bmatrix}0\\2\\1\\0\\0\end{bmatrix}$$

$$T^2(e_1)=\begin{bmatrix}0&0&0&0&0\\2&0&0&0&0\\1&3&0&0&0\\0&0&0&0&4\\0&0&0&0&0\end{bmatrix}\begin{bmatrix}0\\2\\1\\0\\0\end{bmatrix}=\begin{bmatrix}0\\0\\6\\0\\0\end{bmatrix}$$

$$T^3(e_1)=Ae_3=\begin{bmatrix}0&0&0&0&0\\2&0&0&0&0\\1&3&0&0&0\\0&0&0&0&4\\0&0&0&0&0\end{bmatrix}\begin{bmatrix}0\\0\\6\\0\\0\end{bmatrix}=\begin{bmatrix}0\\0\\0\\0\\0\end{bmatrix}$$

이므로

$$W_1=\langle(1, 0, 0, 0, 0), (0, 2, 1, 0, 0), (0, 0, 6, 0, 0)\rangle$$

$e_5=(0, 0, 0, 0, 1)$에서

$$T(e_5)=\begin{bmatrix}0&0&0&0&0\\2&0&0&0&0\\1&3&0&0&0\\0&0&0&0&4\\0&0&0&0&0\end{bmatrix}\begin{bmatrix}0\\0\\0\\0\\1\end{bmatrix}=\begin{bmatrix}0\\0\\0\\4\\0\end{bmatrix}$$

$$T^2(e_5)=\begin{bmatrix}0&0&0&0&0\\2&0&0&0&0\\1&3&0&0&0\\0&0&0&0&4\\0&0&0&0&0\end{bmatrix}\begin{bmatrix}0\\0\\0\\4\\0\end{bmatrix}=\begin{bmatrix}0\\0\\0\\0\\0\end{bmatrix}$$

이므로 $W_2=\langle(0,\ 0,\ 0,\ 0,\ 1),\ (0,\ 0,\ 0,\ 4,\ 0)\rangle$. 따라서 정리 7.3.7의 $r=2$이고, $v_1=e_1$, $v_2=e_5$이다.

$$(3)\ J=\left[\begin{array}{ccc|cc}0&0&0&0&0\\1&0&0&0&0\\0&1&0&0&0\\\hline 0&0&0&0&0\\0&0&0&1&0\end{array}\right]=\text{Dia}[J_3(0),\ J_2(0)]$$

정리 7.3.6의 부분공간의 직합과 그에 관한 행렬의 관계를 살펴보자. 선형변환 T의 최소다항식이 $p(t)=g(t)^m$, $m\geq 1$이면

$$V=Z_1\oplus Z_2\oplus\cdots\oplus Z_r$$

이고 T에 의하여 유도된 선형변환 $T_{Z_i}: Z_i\to Z_i$의 최소다항식의 차수는 Z_i의 차원과 같다. $\dim Z_i=\deg g^{m_i}(t)=m_i\deg g(t)$

$$Z_i=\{v_1,\ T(v_1),\ \cdots,\ T^{dm_i-1}(v_i)\},\quad d=\deg g(t)$$

가 Z_i의 기저이므로 E_i에 관한 T_{W_i}의 행렬은 다항식 $g^{m_i}(t)$의 동반행렬 A_i이다. V의 기저 $E=\bigcup_{i=1}^{r}E_i$에 관한 T의 행렬은 $\text{Dia}[A_1,\ \cdots,\ A_r]$. 즉

$$A=\begin{bmatrix}A_1&O&\cdots&O\\O&A_2&\cdots&O\\\vdots&\vdots&&\vdots\\O&O&\cdots&A_r\end{bmatrix}$$

고유다항식이 $p(t)=p_1^{n_1}(t)\cdots p_r^{n_r}(t)$, $n_i\geq 1$, 최소다항식이 $m(t)=p_1^{m_1}(t)\cdots p_r^{m_r}(t)$, $n_i\geq m_i\geq 1$라 하면 정리 7.3.6에 의하여 V는 T-불변부분공간 W의 직합

$$V=W_1\oplus\cdots\oplus W_r,\quad W_i=\ker p_i^{m_i}(T),\quad i=1,\ \cdots,\ r$$

로 표시된다. 각 W_i는 T-순환부분공간 $Z_{i_1}, \cdots, Z_{i_{t_i}}$의 직합으로 표시되므로 V는 Z_{ij}, $i=1, \cdots, r$, $j=1, \cdots, t_i$의 직합이다. 이들 부분공간의 기저 E_{ij}에 관한 합집합 $E=\cup E_{ij}$는 V의 기저이다. 이 기저 E에 관한 T의 행렬은 주대각성분을 동반행렬로 갖는 대각행렬 $\text{Dia}[A_{11}, \cdots, A_{rt_r}]$이다. 이 행렬을 T의 **유리표준형**(rational canonical form)이라 한다. $\mathbb{K}$ 위의 행렬 $A \in M_{n\times n}(\mathbb{K})$에서 선형변환 $T_A : \mathbb{K}^n \to \mathbb{K}^n$의 유리표준형 $\text{Dia}[A_{11}, \cdots, A_{rt_r}]$를 A의 유리표준형이라 한다.

이상의 사실에서 행렬과 유리표준형 사이에 다음 정리가 성립함을 알 수 있다.

정리 7.3.9 체 $\mathbb{K}$ 위의 n차행렬 A에서 A와 닮음인 유리표준형은 오직 하나만 존재한다. 즉 B가 A의 유리표준형이면 $P^{-1}AP=B$가 되는 정칙행렬 P가 존재한다.

[증명] $\mathbb{K}^n$의 표준기저 E에 관한 선형변환을 $T_A : \mathbb{K}^n \to \mathbb{K}^n$이라 하자. 위에 언급한 사실에 따르면 T_A에 관한 행렬이 유리표준형이 되는 기저 F가 존재한다. 기저 E, F에서 $B=P^{-1}AP$, $[I]_E^F=P$가 성립한다. 한편으로 A가 또 하나의 유리표준형 C와 닮음이라면 C는 $g_{i+1}(t)|g_i(t)$, $i=1, \cdots, s-1$인 모닉다항식 $g_1(t)$, $\cdots$, $g_s(t)$에 관한 동반행렬 C의 직합으로 표시된다. 그러면 T-영화다항식이 $g_1(t), \cdots, g_s(t)$인 영이 아닌 벡터 $w_1, \cdots, w_s$가 존재하여 $\mathbb{K}^n=Z(w_1; T)\oplus\cdots\oplus Z(w_s; T)$이다. 그런데 $V=\mathbb{K}^n$의 이러한 표현은 유일하므로 모든 $p_i(t)=g_i(t)$이다. 따라서 $C=B$이다.

예제 7.3.6 체 $\mathbb{R}$ 위의 2×2행렬의 유리표준형은 다음의 두 가지 꼴뿐이다.

$$\begin{bmatrix} \lambda & 0 \\ 0 & \lambda \end{bmatrix}, \quad \begin{bmatrix} 0 & -a_0 \\ 1 & -a_1 \end{bmatrix}$$

[풀이] 2×2행렬의 고유다항식은 $f(t)=t^2+a_1t+a_0$이고 최소다항식은 일차식 또는 이차식이다.

(i) $f(t)$가 기약다항식이면 $f(t)=m(t)$이고

$$\begin{bmatrix} 0 & -a_0 \\ 1 & -a_1 \end{bmatrix}$$

(ii) $f(t)=(t-\lambda_1)(t-\lambda_2)$, $\lambda_1 \neq \lambda_2$이면 $f(t)=m(t)$이고 유리표준형은

$$\begin{bmatrix} \lambda_1 & 0 \\ 0 & \lambda_2 \end{bmatrix}$$

(iii) $f(t)=(t-\lambda)^2$이면 $m(t)=t-\lambda$ 또는 $m(t)=(t-\lambda)^2$에 따라서 유리표준형은

$$\begin{bmatrix} 0 & 0 \\ 1 & 0 \end{bmatrix}, \quad \begin{bmatrix} \lambda & 0 \\ 0 & \lambda \end{bmatrix}$$

예제 7.3.7 다음 행렬의 유리표준형을 구하여라.

(1) $\begin{bmatrix} 0 & -1 & -1 \\ 1 & 0 & 0 \\ -1 & 0 & 0 \end{bmatrix}$ (2) $\begin{bmatrix} 0 & 1 & 1 & 0 & 1 \\ 0 & 0 & 1 & 1 & 1 \\ 0 & 0 & 0 & 0 & 0 \\ 0 & 0 & 0 & 0 & 0 \\ 0 & 0 & 0 & 0 & 0 \end{bmatrix}$

[풀이] (1) $\mathbb{R}^3$의 표준기저 $\{e_1, e_2, e_3\}$에 관한 선형변환 $T : \mathbb{R}^3 \to \mathbb{R}^3$, $T(X)=AX$, $X \in \mathbb{R}^3$을 생각하자.

$$e_3=(0, 0, 1),\quad T(e_3)=(-1, 0, 0),\ T^2(e_3)=(0, -1, 1),\ T^3(e_3)=(0, 0, 0)$$

이므로 $\mathbb{R}^3=\langle e_3, T(e_3), T^2(e_3)\rangle$이다. 이 기저 $\{e_3, T(e_3), T^2(e_3)\}$에 관한 행렬은 Jordan표준형이다.

$$J_3(0)=\begin{bmatrix} 0 & 0 & 0 \\ 1 & 0 & 0 \\ 0 & 1 & 0 \end{bmatrix}$$

(2) $\mathbb{R}^5$의 표준기저 $\{e_1, e_2, e_3, e_4, e_5\}$에 관한 선형변환을 $T : \mathbb{R}^5 \to \mathbb{R}^5$이라 하자. $T(x_1, x_2, x_3, x_4, x_5)=(x_2+x_3+x_5, x_3+x_4+x_5, 0, 0, 0)$에서

$$e_1=(1, 0, 0, 0, 0),\ T(e_1)=(0, 0, 0, 0, 0)$$
$$e_2=(0, 1, 0, 0, 0),\ T(e_2)=(1, 0, 0, 0, 0),\ T^2(e_2)=(0, 0, 0, 0, 0)$$
$$e_3=(0, 0, 1, 0, 0),\ T(e_3)=(1, 1, 0, 0, 0),\ T^2(e_3)=(1, 0, 0, 0, 0)$$
$$e_4=(0, 0, 0, 1, 0),\ T(e_4)=(0, 1, 0, 0, 0),\ T^2(e_4)=(1, 0, 0, 0, 0)$$

$$e_5=(0,\ 0,\ 0,\ 0,\ 1),\ T(e_5)=(1,\ 1,\ 0,\ 0,\ 0),\ T^2(e_5)=(1,\ 0,\ 0,\ 0,\ 0)$$

이므로 각각의 영화다항식은 t, t^2, t^3, t^3, t^3이다. T의 최소다항식은 이들의 최소공배수이므로 $m(t)=t^3$이다. $Z_1=\langle e_3,\ T(e_3),\ T^2(e_3)\rangle$, $Z_2=\langle(0,\ 1,\ 0,\ -1,\ 0)\rangle$, $Z_3=\langle(0,\ 1,\ 0,\ 0,\ -1)\rangle$이라 놓으면 $Z_1 \oplus Z_2 \oplus Z_3=\mathbb{R}^5$, $E=\{(0,\ 0,\ 1,\ 0,\ 0),\ (1,\ 1,\ 0,\ 0,\ 0),\ (1,\ 0,\ 0,\ 0,\ 0),\ (0,\ 0,\ 1,\ 0,\ -1),\ (0,\ 0,\ -1,\ 0,\ 1)\}$은 $\mathbb{R}^5$의 기저이다. 이 기저에 대한 T의 행렬 J는

$$J=\begin{bmatrix} 0 & 0 & 0 & 0 & 0 \\ 1 & 0 & 0 & 0 & 0 \\ 0 & 1 & 0 & 0 & 0 \\ 0 & 0 & 0 & 0 & 0 \\ 0 & 0 & 0 & 0 & 0 \end{bmatrix}$$

예제 7.3.8 고유다항식 $f(t)$와 최소다항식 $m(t)$가 다음과 같은 행렬의 유리표준형을 구하여라.

(1) $f(t)=(t-1)(t-2)^2$, $m(t)=(t-1)(t-2)$

(2) $f(t)=(t^2+1)^2$, $m(t)=t^2+1$

[풀이] (1) 고유다항식 $f(t)$가 3차다항식이므로 구하는 행렬은 3×3행렬이다. v_1, $T(v_1)$, $T^2(v_1)=-3T(v_1)+2v_1$인 벡터 v에서 $\{v_1,\ T(v_2),\ T^2(v_1)\}$은 일차독립이므로 $Z_1(v_1;\ T)$에 관한 동반행렬은 다음과 같다.

$$\begin{bmatrix} 0 & -2 \\ 1 & 3 \end{bmatrix}$$

그런데 $f(t)$는 최소다항식들의 최소공배수이므로 $f(t)=p(t)g(t)$인 최소다항식 $g(t)$가 존재하여 $g(t)=t-2$이다. $g(T)(v_2)=(T-2I)(v_2)=\mathbf{0}$, $T(v_2)=2v_2$인 영이 아닌 벡터 v_2가 존재하여 $Z_2(v_2;\ T)=\langle v_2\rangle$이므로 유리표준형은 $[2]$이다. 따라서 구하는 유리표준형은

$$\begin{bmatrix} 0 & -2 & 0 \\ 1 & 3 & 0 \\ 0 & 0 & 2 \end{bmatrix}$$

(2) 고유다항식이 4차다항식이므로 4×4행렬의 유리표준형을 구하자. 영이

아닌 벡터 v_1이 존재하여 $m(T)(v_1)=(T^2-I)(v_1)=T^2(v_1)-v_1=\mathbf{0}$, $T^2(v_1)=v_1$. $m(t)$에 관한 유리표준형은

$$\begin{bmatrix} 0 & 0 & 1 \\ 1 & 0 & 0 \\ 0 & 1 & 0 \end{bmatrix}$$

또 하나의 영화다항식은 $t-2$이므로 $(T-2)(v_2)=T(v_2)-2v_2=\mathbf{0}$, $T(v_2)=2v_2$인 영이 아닌 벡터 v_2가 존재하여 $Z(v_2;\ T)=\langle v_2\rangle$이므로 유리표준형은 [2]이다. 따라서 구하는 유리표준형은 다음과 같다.

$$\begin{bmatrix} 0 & 0 & 1 & 0 \\ 1 & 0 & 0 & 0 \\ 0 & 1 & 0 & 0 \\ 0 & 0 & 0 & 2 \end{bmatrix}.$$

예제 7.3.9 다음 행렬에 대하여 물음에 답하여라.

$$\begin{bmatrix} 0 & -1 & 5 & -3 \\ 1 & 0 & 0 & -1 \\ 0 & 0 & 3 & -2 \\ 0 & 0 & 5 & -3 \end{bmatrix}$$

(1) A의 고유다항식, 최소다항식을 구하여라.

(2) A와 닮은 유리표준형을 구하여라.

(3) $B=P^{-1}AP$가 되는 정칙행렬 P를 구하여라.

[풀이] (1) $p(t)=\begin{vmatrix} t & 1 & -5 & 3 \\ -1 & t & 0 & 1 \\ 0 & 0 & t-3 & 2 \\ 0 & 0 & 5 & -3 \end{vmatrix}=(t^2+1)^2$

(2) $m(t)$는 t^2+1, $(t^2+1)^2$ 중의 어느 하나이다.

$$A^2+I=\begin{bmatrix} 0 & -1 & 5 & -3 \\ 1 & 0 & 0 & -1 \\ 0 & 0 & 3 & -2 \\ 0 & 0 & 5 & -3 \end{bmatrix}\begin{bmatrix} 0 & -1 & 5 & -3 \\ 1 & 0 & 0 & -1 \\ 0 & 0 & 3 & -2 \\ 0 & 0 & 5 & -3 \end{bmatrix}+\begin{bmatrix} 1 & 0 & 0 & 0 \\ 0 & 1 & 0 & 0 \\ 0 & 0 & 1 & 0 \\ 0 & 0 & 0 & 1 \end{bmatrix}$$

$$=\begin{bmatrix} -1 & 0 & 0 & 0 \\ 0 & -1 & 0 & 0 \\ 0 & 0 & -1 & 0 \\ 0 & 0 & 0 & -1 \end{bmatrix}+\begin{bmatrix} 1 & 0 & 0 & 0 \\ 0 & 1 & 0 & 0 \\ 0 & 0 & 1 & 0 \\ 0 & 0 & 0 & 1 \end{bmatrix}=\begin{bmatrix} 0 & 0 & 0 & 0 \\ 0 & 0 & 0 & 0 \\ 0 & 0 & 0 & 0 \\ 0 & 0 & 0 & 0 \end{bmatrix}$$

이므로 최소다항식은 $m(t)=t^2+1$ 이다.

(3) $e_1=(1,\ 0,\ 0,\ 0)$에서

$$T_A(e_1)=\begin{bmatrix} 0 & -1 & 5 & -3 \\ 1 & 0 & 0 & -1 \\ 0 & 0 & 3 & -2 \\ 0 & 0 & 5 & -3 \end{bmatrix}\begin{bmatrix} 1 \\ 0 \\ 0 \\ 0 \end{bmatrix}=\begin{bmatrix} 0 \\ 1 \\ 0 \\ 0 \end{bmatrix}$$

$$T_A^2(e_1)=\begin{bmatrix} 0 & -1 & 5 & -3 \\ 1 & 0 & 0 & -1 \\ 0 & 0 & 3 & -2 \\ 0 & 0 & 5 & -3 \end{bmatrix}\begin{bmatrix} 0 \\ 1 \\ 0 \\ 0 \end{bmatrix}=\begin{bmatrix} -1 \\ 0 \\ 0 \\ 0 \end{bmatrix}$$

에서 $T_A^2(e_1)=-e_1$이다. 기저 $E_1=\{(1,\ 0,\ 0,\ 0),\ (0,\ 1,\ 0,\ 0)\}$에 관한 유리표준형은

$$\begin{bmatrix} 0 & -1 \\ 1 & 0 \end{bmatrix}$$

$$T_A(e_2)=\begin{bmatrix} 0 & -1 & 5 & -3 \\ 1 & 0 & 0 & -1 \\ 0 & 0 & 3 & -2 \\ 0 & 0 & 5 & -3 \end{bmatrix}\begin{bmatrix} 0 \\ 0 \\ 1 \\ 0 \end{bmatrix}=\begin{bmatrix} 5 \\ 0 \\ 3 \\ 5 \end{bmatrix}$$

$$T_A^2(e_2)=\begin{bmatrix} 0 & -1 & 5 & -3 \\ 1 & 0 & 0 & -1 \\ 0 & 0 & 3 & -2 \\ 0 & 0 & 5 & -3 \end{bmatrix}\begin{bmatrix} 5 \\ 0 \\ 3 \\ 5 \end{bmatrix}=\begin{bmatrix} 0 \\ 0 \\ -1 \\ 0 \end{bmatrix}$$

에서 $T_A^2(e_2)=-e_2$이다. 기저 $E_2=\{(0,\ 0,\ 1,\ 0),\ (5,\ 0,\ 3,\ 5)\}$에 관한 유리표준형은

$$\begin{bmatrix} 0 & -1 \\ 1 & 0 \end{bmatrix}$$

따라서 T_A의 유리표준형은

$$\begin{bmatrix} 0 & -1 & 0 & 0 \\ 1 & 0 & 0 & 0 \\ 0 & 0 & 0 & -1 \\ 0 & 0 & 1 & 0 \end{bmatrix}$$

(4) $E=\{(1, 0, 0, 0), (0, 1, 0, 0), (0, 0, 1, 0), (5, 0, 3, 5)\}$와 표준기저 $F=\{e_1, e_2, e_3, e_4\}$에서

$$I(1, 0, 0, 0)=e_1, \quad I(0, 1, 0, 0)=e_2, \quad I(0, 0, 1, 0)=e_3$$
$$I(5, 0, 3, 5)=5e_1+0\cdot e_2+3e_3+5e_4$$

그러면

$$P=[I]_E^F=\begin{bmatrix} 1 & 0 & 0 & 5 \\ 0 & 1 & 0 & 0 \\ 0 & 0 & 1 & 3 \\ 0 & 0 & 0 & 5 \end{bmatrix}, \qquad P^{-1}=[I]_F^E=\begin{bmatrix} 1 & 0 & 0 & -1 \\ 0 & 1 & 0 & 0 \\ 0 & 0 & 1 & -\frac{3}{5} \\ 0 & 0 & 0 & \frac{1}{5} \end{bmatrix}$$

실제로

$$\begin{bmatrix} 1 & 0 & 0 & -1 \\ 0 & 1 & 0 & 0 \\ 0 & 0 & 1 & -\frac{3}{5} \\ 0 & 0 & 0 & \frac{1}{5} \end{bmatrix}\begin{bmatrix} 0 & -1 & 5 & -3 \\ 1 & 0 & 0 & -1 \\ 0 & 0 & 3 & -2 \\ 0 & 0 & 5 & -3 \end{bmatrix}\begin{bmatrix} 1 & 0 & 0 & 5 \\ 0 & 1 & 0 & 0 \\ 0 & 0 & 1 & 3 \\ 0 & 0 & 0 & 5 \end{bmatrix}=\begin{bmatrix} 0 & -1 & 0 & 0 \\ 1 & 0 & 0 & 0 \\ 0 & 0 & 0 & -1 \\ 0 & 0 & 1 & 0 \end{bmatrix}$$

정리 7.3.10 체 $\mathbb{K}$ 위의 유한차원 벡터공간 V 위의 선형변환 T의 고유다항식과 최소다항식이 다음과 같다고 하자.

$$p(t)=(t-\lambda)^n, \quad m(t)=(t-\lambda)^m, \quad 1\le m\le n$$

이 때 다음 조건을 만족하는 r개의 정수 $m_1, \cdots, m_r$와 서로 다른 영이 나닌 벡터 $w_1, \cdots, w_r$가 존재한다.

(i) $V = Z_1(w_1;\ T-\lambda I) \oplus \cdots \oplus Z_r(w_r;\ T\text{-}\lambda I)$

(ii) $T_{Z_i} : Z_i \to Z_i$의 영화다항식은 $(t\text{-}\lambda)^{m_i}$, $\dim Z_i = m_i$이다.

(iii) $m = m_1 \geq \cdots \geq m_r \geq 1$, $m_1 + \cdots + m_r = n$, $r = \dim E_\lambda$

(iv) $T_{Z_i} = S_{Z_i} + \lambda I_{Z_i}$가 되는 멱영변환 $S_{Z_i} : Z_i \to Z_i$가 존재한다.

[증명] $S = T - \lambda I$라 놓으면 $S : V \to V$는 멱영변환으로 정리 7.3.8에 의하여 고유다항식은 $p(t) = t^n$, 최소다항식은 $m(t) = t^m$, $1 \leq m \leq n$이다. 선형변환 T에 대하여 순환분해정리를 적용하면 (i), (ii), (iii)의 조건을 만족하는 양의 정수 $m_1, \cdots, m_r$와 영이 아닌 벡터 $w_1, \cdots, w_r$의 존재를 알 수 있다. 특히 $S(v) = \mathbf{0}$일 필요충분조건은 $v \in \langle S^{m-1}(w_1), \cdots, S^{m_r-1}(w_r) \rangle$이므로 $\ker S = \langle S^{m_1-1}(w_1), \cdots, S^{m_r-1}(w_r) \rangle$, $\ker T = \ker(T-\lambda I)$이고 $\dim(T-\lambda I) = r$이다. (iv)를 증명하기 위하여 Z_i에 관한 T, S의 축소변환을 생각하자.

$$T = S + \lambda I, \quad T_i = S_i + \lambda I_i, \quad T_i = T_{Z_i}, \quad S_i = S_{Z_i}$$

라 놓으면 T_i는 멱영변환 S_i와 항등변환 I_i의 합으로 표시된다.

이 정리에서 J_i는 $m_i \times m_i$행렬로 주대각성분은 모두 λ이고 주대각성분 바로 밑에 있는 대각성분은 모두 1인 행렬이다. 즉

$$J_i = \begin{bmatrix} \lambda & 0 & \cdots & 0 & 0 \\ 1 & \lambda & \cdots & 0 & 0 \\ 0 & 1 & \cdots & 0 & 0 \\ \vdots & \vdots & & \vdots & \vdots \\ 0 & 0 & \cdots & 1 & \lambda \end{bmatrix}$$

이러한 꼴의 행렬 J_i를 고유값이 λ인 **기본 Jordan 행렬**(elementary Jordan matrix)이라 한다. 행렬 $\mathrm{Dia}[J_1, \cdots, J_r]$를 **Jordan 표준행렬**(Jordan canonical matrix)라 한다. 즉

$$J = \begin{bmatrix} J_1 & O & \cdots & O \\ O & J_2 & \cdots & O \\ \vdots & \vdots & & \vdots \\ O & O & \cdots & J_r \end{bmatrix}$$

예제 7.3.10 고유다항식 $p(t)=(t-2)^4$, 최소다항식 $m(t)=(t-2)^2$이 되는 행렬 $A\in M_{4\times4}$에 대응하는 Jordan표준형을 구하여라.

[풀이] $\ker(T-2I)$의 차원이 2이면 $2=m_1\geq m_2\geq 1$, $m_1+m_2=4$이므로 $J=\text{Dia}[J_2(2),\ T_2(2)]$가 된다. 즉 $m_1=2$, $m_2=2$이므로

$$J=\begin{bmatrix}2&0&0&0\\1&2&0&0\\0&0&2&0\\0&0&1&2\end{bmatrix}$$

또한 $\ker(T-2I)$의 차원이 3이면 $2=m_1\geq m_2\geq m_3\geq 1$, $m_1+m_2+m_3=4$, $m_1=2$, $m_2=1$, $m_3=1$이므로 $J=\text{Dia}[J_2,\ J_1,\ T_1]$이다. 즉

$$J=\begin{bmatrix}2&0&0&0\\1&2&0&0\\0&0&2&0\\0&0&0&2\end{bmatrix}$$

그러나 $\ker(T-3I)$의 차원이 1 또는 4일 경우에는 조건을 만족하는 $m_1,\ \cdots,\ m_r$가 존재하지 않는다.

정리 7.3.11 체 $\mathbb{K}$ 위의 n차원 벡터공간 V 위의 선형변환 T의 고유다항식과 최소다항식이 다음과 같다.

$$p(t)=(t-\lambda_1)^{n_1}\cdots(t-\lambda_r)^{n_r},\quad m(t)=(t-\lambda_1)^{m_1}\cdots(t-\lambda_r)^{m_r},\quad 1\leq m_i\leq n_i$$

이 때 다음 조건을 만족하는 T-불변부분공간 $W_1,\ \cdots,\ W_r$와 $(T-\lambda_iI)$-순환부분공간 w_{ij}, $i=1,\ \cdots,\ r$, $j=1,\ \cdots,\ k(i)$가 존재한다.

(1) $V=W_1\oplus\cdots\oplus W_r$, $W_i=\ker(T-\lambda_iI)^{m_i}$, $\dim W_i=n_i$

(2) $T_{W_i}: W_i\to W_i$의 고유다항식은 $(t-\lambda_i)^{m_i}$, 최소다항식은 $(t-\lambda_i)^{m_i}$이다.

(3) 모든 i, $i=1,\ \cdots,\ r$에서 $k(i)$개의 정수 $m_{i_1},\ \cdots,\ m_{i_{k(i)}}$와 $k(i)$개의 영이 아닌 벡터 $w_{i_1},\ \cdots,\ w_{i_{k(i)}}$가 존재하여

(i) $W_i=Z_{i_1}\oplus\cdots\oplus Z_{i_{k(i)}}$, $Z_{ij}=Z(w_{ij};\ T-\lambda I)$

(ii) Z_{ij}의 영화다항식은 $(t-\lambda_i)^{m_{ij}}$이다.

(iii) 모든 i, $i=1, \cdots, r$와 i에 의하여 결정되는 양의 정수 $k(i)$에서

$$m_i = m_{i_1} \geq \cdots \geq m_{i_{k(i)}} \geq 1, \ m_{i_1} + \cdots + m_{i_{k(i)}} = n_i.$$

[증명] 조건 (1), (2)는 주분해정리 (i), (ii)는 순환분해정리 (iii)은 정리 7.3.10에 의하여 존재성을 알 수 있다.

고유다항식이 $(t-\lambda_i)^{n_i}$, 최소다항식이 $(t-\lambda_i)^{n_i}$인 T에 의하여 유도된 W_i 위의 선형변환 T_{W_i}에 관한 정리 7.3.10에서의 기본 Jordan행렬을 $J_{i_1}, \cdots, J_{i_{k(i)}}$라 하고, $J_i = \mathrm{Dia}[J_{i_1}, \cdots, J_{i_{k(i)}}]$라 하면 위 정리의 T에 관한 행렬은 $J=\mathrm{Dia}[J_1, \cdots, J_r]$이다. 즉

$$J = \mathrm{Dia}[J_{11}, J_{12}, \cdots, J_{1_{k(1)}}, \cdots, J_{r_1}, J_{r_2}, \cdots, J_{r_{k(r)}}]$$

T의 고유다항식의 기약인수의 차수를 n_i, 최소다항식의 같은 기약인수의 차수 m_i, 고유다항 고유값 λ_i에서 다음을 **Segre고유값계**라 한다.

$$\begin{array}{llllllll}
\lambda_1, & n_1, & m_1, & m_{11}, & \cdots, & m_{1_{k(1)}}, & m_1 = m_{11} \geq \cdots \geq m_{1_{k(1)}} \geq 1, & k(1) = \dim E_{\lambda_1} \\
\lambda_2, & n_2, & m_2, & m_{21}, & \cdots, & m_{2_{k(2)}}, & m_2 = m_{21} \geq \cdots \geq m_{2_{k(2)}} \geq 1, & k(2) = \dim E_{\lambda_2} \\
\vdots & \vdots & \vdots & \vdots & & \vdots & \vdots \quad \vdots \quad\quad \vdots & \vdots \\
\lambda_r, & n_r, & m_r, & m_{r1}, & \cdots, & m_{r_{k(r)}}, & m_r = m_{r1} \geq \cdots \geq m_{1_{k(r)}} \geq 1, & k(r) = \dim E_{\lambda_r}
\end{array}$$

이상의 관찰에서 행렬 $A \in M_{n\times n}$에 있어서 다음 정리가 성립함을 알 수 있다. 이때, 행렬 J를 A의 **Jordan표준형**(Jordan canonical form)이라 한다.

정리 7.3.12 행렬 $A \in M_{n\times n}$의 고유다항식이 $p(t) = |tI - A| = \prod_{i=1}^{r} (t - \lambda_i)^{n_i}$ 일 때 A는 다음 행렬 J와 닮음이다.

$$J = \mathrm{Dia}[J_1, \cdots, J_r], \ J_i = \mathrm{Dia}[J_{i_1}, \cdots, J_{i_{k(i)}}], \ i=1, \cdots, r$$

예제 7.3.11 Segre고유값계가 다음과 같은 행렬 A의 Jordan표준형과 최소다항식을 구하여라.

$$\lambda_1 = 0, \ n_1 = 4, \ m_{11} = 2, \ m_{12} = 2$$

$$\lambda_2 = 3, \ n_2 = 5, \ m_{21} = 3, \ m_{22} = 1, \ m_{23} = 1$$

[풀이] 고유다항식은 $p(t)=t^4(t-3)^5$이다.

$$J_{11}=\begin{bmatrix}0&0\\1&0\end{bmatrix},\quad J_{12}=\begin{bmatrix}0&0\\1&0\end{bmatrix}$$

$$J_{21}=\begin{bmatrix}3&0&0\\1&3&0\\0&1&3\end{bmatrix},\quad J_{22}=[3],\quad J_{23}=[1]$$

이므로

$$J_1=\begin{bmatrix}0&0&0&0\\1&0&0&0\\0&0&0&0\\0&0&1&0\end{bmatrix},\qquad J_2=\begin{bmatrix}3&0&0&0&0\\1&3&0&0&0\\0&1&3&0&0\\0&0&0&3&0\\0&0&0&0&3\end{bmatrix}$$

따라서 A의 Jordan 형은 $J=\text{Dia}[J_1, J_2]$이다. 또한 A의 최소다항식은 $m(t)=t^2(t-3)^2$이다.

예제 7.3.12 고유다항식 $p(t)=(x-4)^{10}$, 최소다항식이 $m(t)=(t-4)^4$인 행렬 A의 고유값 $\lambda_1=4$에서 $k(1)=3$일 때 A의 Jordan표준형을 구하여라.

[풀이] $\lambda_1=4$, $n_1=10$, $m_1=4$, $m_{11}=4$, $m_{12}=\square$, $m_{13}=\square$이 되는 양의 정수 m_{11}, m_{12}, m_{13}의 합은 10이고, $m=m_{11}\geq m_{12}\geq m_{13}\geq 1$이다. m_{12}, m_{13}이 가질 수 있는 값은 $m_{12}=4$, $m_{13}=2$ 또는 $m_{12}=3$, $m_{13}=3$이다. 따라서 A의 Jordan표준형은

$$J_1=\text{Dig}[J_4(4),\ J_2(4)] \quad \text{또는} \quad J=\text{Dig}[J_3(4),\ J_3(4)].$$

예제 7.3.13 실수체 $\mathbb{R}$ 위의 다음 행렬 A에 대하여 물음에 답하여라.

$$A=\begin{bmatrix}2&1&-2&0\\0&0&1&0\\0&0&0&1\\1&0&0&0\end{bmatrix}$$

(1) 고유다항식 $p(t)$를 구하여라.

(2) 최소다항식 $m(t)$를 구하여라.

(3) Jordan표준형 J를 구하여라.

(4) $P^{-1}AP=J$인 정칙행렬 P를 구하여라.

[풀이] (1) $p(t)=|tI-A|=(t-1)^3(t+1)$

(2) $(A-I)(A+I)\neq O$, $(A-I)^2(A+I)\neq O$, $(A-I)^3(A+I)=O$이므로 최소다항식은 $m(t)=p(t)=(t-1)^3(t+1)$

(3) 최소다항식과 고유다항식이 같으므로 $J_1(-1)$, $J_3(1)$, $J=\text{Dia}[J_1(-1), J_2(1)]$. 즉

$$J=\begin{bmatrix} -1 & 0 & 0 & 0 \\ 0 & 1 & 0 & 0 \\ 0 & 1 & 1 & 0 \\ 0 & 0 & 1 & 1 \end{bmatrix}$$

(4) $P=(X_1, X_2, X_3)$이라 놓으면 $P^{-1}AP=J$, $AP=PJ$에서

$$AX_1=PX_1,\ AX_2=X_2+X_3,\ AX_3=X_3+X_4,\ AX_4=X_4$$

즉

$$(A-P)X_1=0,\ (A-I)X_2=X_3,\ (A-X)^2X_2=X_4,\ (A-X)^3X$$
$$(A-P)X_1=0,\ X_3=(A-I)X_2,\ X_4=(A-I)^2X_2$$

이들을 만족하는 X_1, X_2, X_3, X_4를 구하면

$$X_1=(-1, 1, -1, 1)^t,\ X_2=(1, 1, 0, 0)^t,\ X_3=(2, -1, 0, 0)^t,\ X_4=(1, 1, 1, 1)^t$$

따라서

$$P=\begin{bmatrix} -1 & 1 & 2 & 1 \\ 1 & 1 & -1 & 1 \\ -1 & 0 & 0 & 1 \\ 1 & 0 & 0 & 1 \end{bmatrix},\quad P^{-1}AP=\begin{bmatrix} -1 & 0 & 0 & 0 \\ 0 & 1 & 0 & 0 \\ 0 & 1 & 1 & 0 \\ 0 & 0 & 1 & 1 \end{bmatrix}$$

연습문제 7.3

1. 행렬 $J=\mathrm{Dia}\left[\begin{bmatrix}5 & 0\\1 & 5\end{bmatrix}, 3, \begin{bmatrix}3 & 0 & 0\\1 & 3 & 0\\0 & 1 & 3\end{bmatrix}\right]$에 대하여 다음 물음에 답하여라.

   ① 고유다항식과 최소다항식을 구하여라.

   ② 일차독립인 고유벡터의 개수를 구하여라.

2. 멱영행렬 A와 닮은 행렬 B도 멱영행렬임을 보여라. 모든 삼각행렬은 멱영행렬인가?

3. 다음 두 행렬은 서로 닮음의 관계에 있음을 보여라.

$$J=\begin{bmatrix}0 & 1 & 0 & \cdots & 0\\0 & 0 & 1 & \cdots & 0\\\vdots & \vdots & \vdots & & \vdots\\0 & 0 & 0 & \cdots & 1\\0 & 0 & 0 & \cdots & 0\end{bmatrix}, \qquad J'=\begin{bmatrix}0 & 0 & \cdots & 0 & 0\\1 & 0 & \cdots & 0 & 0\\0 & 0 & \cdots & 0 & 0\\0 & 0 & \cdots & 1 & 0\end{bmatrix}$$

4. 다음의 블록행렬(block matrix) J에 대하여 J^2, J^3, J^4을 계산하여라.

   ① $J=\begin{bmatrix}-1 & 0 & 0\\1 & -1 & 0\\0 & 1 & -1\end{bmatrix}$　　② $J=\mathrm{Dia}\left[\begin{bmatrix}1 & 0\\1 & 1\end{bmatrix}, 2, \begin{bmatrix}1 & 0 & 0\\-1 & 1 & 0\\0 & -1 & 1\end{bmatrix}\right]$

5. 행렬 $A=[a_{ij}]$, $J_n(0)$에 대하여 다음 물음에 답하여라.

   ① $AJ_n(0)=J_n(0)A$인 행렬 A를 구하여라.

   ② $a_0I+a_1J_n(0)+\cdots+a_{n-1}J_n(0)^{n-1}$을 구하여라.

   ③ $\mathrm{Dia}[J_{m_1}(0), J_{m_2}(0), \cdots, J_{m_r}(0)]$의 계수를 구하여라.

6. 고유다항식 $p(t)$, 최소다항식이 다음과 같은 행렬의 Jordan표준형을 구하여라.

   ① $p(t)=(t-2)^5$, $m(t)=(t-2)^3$

   ② $p(t)=t^2(t-2)^4(t-3)^2$, $m(t)=t^2(t-2)^3(t-3)$

7. 다음 행렬 A에 대하여 물음에 답하여라.

$$A=\begin{bmatrix} 0 & 1 & 0 & 0 \\ 0 & 0 & 1 & 0 \\ 0 & 0 & 0 & 1 \\ -16 & 32 & -24 & 8 \end{bmatrix}$$

① 고유다항식과 최소다항식이 같음을 보여라.

② Jordan표준형 J를 구하여라.

③ $P^{-1}AP=J$인 정칙행렬 P를 구하여라.

8. 다음 행렬 A에 대하여 물음에 답하여라.

$$A=\begin{bmatrix} 5 & -6 & -6 \\ -1 & 4 & 2 \\ 3 & -6 & -4 \end{bmatrix}$$

① 유리표준형을 구하여라.

② 유리표준형에 관한 $\mathbb{R}^3$의 기저를 구하여라.

9. 행렬 $A\in M_{n\times n}$의 고유다항식이 $p(t)=\prod_{i=1}^{r}(t-\lambda_i)^{n_i}$일 때, $p(A)=O$임을 증명하여라.(정리 7.3.11을 이용하여라)

10. 다음과 같은 Segre고유값계를 갖는 행렬에 대하여 물음에 답하여라.

$$\lambda_1=3,\ n_1=4,\ m_{11}=2,\ m_{12}=1,\ m_{13}=1$$
$$\lambda_2=4,\ n_2=a,\ m_{21}=3,\ m_{22}=2$$
$$\lambda_3=-2,\ n_3=3,\ m_{31}=2,\ m_{32}=b$$

① a, b의 값을 구하여라.

② 고유다항식과 최소다항식을 구하여라.

③ Jordan표준형을 구하여라.

11. 고유다항식과 최소다항식이 각각 다음과 같은 7×7행렬 A의 실수 $\mathbb{R}$ 위에서의 유리표준형을 구하여라.

① $p(t)=(t^2+t+2)^2(t-3)^3$, $m(t)=(t^2+t+2)^2(t-3)^2$

② $p(t)=(t-1)^3(t^2+4)$, $m(t)=(t-1)^2(t^2+4)$

12. 고유다항식이 $p(t)=(t-3)^4(t-5)^4$, 최소다항식이 $m(t)=(t-3)^2(t-5)^2$인 행렬 $A\in M_{8\times 8}(\mathbb{R})$의 Jordan표준형은 몇 가지인가?

13. 행렬 $A \in M_{n\times n}(\mathbb{C})$와 A^t은 항상 닮음의 관계에 있음을 보여라.

14. 3차 이하의 다항식공간 $P_3(\mathbb{R})$ 위의 미분작용소 D의 표준기저 $\{1, x, x^2, x^3\}$에 관한 D의 행렬과 Jordan표준형을 구하여라.
구하여라.

제 8 장

쌍선형식과 이차형식

제 8 장

쌍선형식과 이차형식

8.1 쌍선형식

체 $\mathbb{K}$ 위의 벡터공간 V에서 다음 조건을 만족하는 사상 $f : V\times V\to\mathbb{K}$를 V 위의 **쌍선형식** 또는 **쌍 1 차형식**(bilinear form)이라 한다.

(1) $f(u+v,\ w)=f(u,\ w)+f(v,\ w),\ u,\ v,\ w\in V$

(2) $f(u,\ v+w)=f(u,\ v)+f(u,\ w),\ u,\ v,\ w\in V$

(3) $f(\alpha u,\ v)=\alpha f(u,\ v)=f(u,\ \alpha v),\ u,\ v\in V,\ \alpha\in\mathbb{K}$

예제 8. 1. 1 행렬공간 $M_{n\times n}(\mathbb{K})$ 위의 사상 $f : M_{n\times n}(\mathbb{K})\times M_{n\times n}(\mathbb{K})\to\mathbb{K}$, $f(X,\ Y)=\mathrm{tr}(X^tAY),\ A\in M_{n\times n}(\mathbb{K})$는 쌍일차형식이다.

[풀이] $\alpha\in\mathbb{K},\ X,\ Y,\ Z\in M_{n\times n}(\mathbb{K})$에서

$$\begin{aligned}f(\alpha X+Z,\ Y)&=\mathrm{tr}[(\alpha X+Z)^tAY]=\mathrm{tr}(\alpha X^tAY+Z^tAY)\\&=\mathrm{tr}(\alpha X^tAY)+\mathrm{tr}(Z^tAY)=\alpha\,\mathrm{tr}(X^tAY)+\mathrm{tr}(Z^tAY)\\&=\alpha f(X,\ Y)+f(Z,\ Y)\end{aligned}$$

따라서 f는 쌍일차형식이다.

체 $\mathbb{K}$ 위의 벡터공간 V의 기저 $E=\{v_1,\ \cdots,\ v_n\}$, $F=\{w_1,\ \cdots,\ w_n\}$에서 임의의 벡터 $v\in V,\ w\in V$

$$v=\sum_{i=1}^{n} x_i v_i, \qquad w=\sum_{j=1}^{n} y_j w_j$$

로 표시된다. 쌍일차형식 $f: V\times V\to\mathbb{K}$에서

$$\begin{aligned} f(v,\ w) &= f\left(\sum_{i=1}^{n} x_i v_i,\ \sum_{j=1}^{n} y_j w_j\right) \\ &= \sum_{i=1}^{n}\sum_{j=1}^{n} x_i y_j f(v_i,\ w_j) \end{aligned}$$

이므로 $f(v, w)$는 $m\times n$개의 수 $f(v_i, w_j)$의 일차결합으로 표시된다.

$f(v_i,\ w_j)$를 제 ij-성분으로 갖는 행렬 $C=(c_{ij})\in M_{n\times n}(\mathbb{K})$를 **쌍일차형식 f를 표현하는 행렬**(matrix representating of f)이라 한다. 벡터 v, w의 좌표를 X^t, Y^t이라 하면

$$f(v,\ w)=\sum_{i=1}^{n}\sum_{j=1}^{n} x_i y_j c_{ij}=\sum_{j=1}^{n}\left(\sum_{i=1}^{n} x_i c_{ij}\right)y_i = X^t CY$$

기저 $E=F$에 관한 f의 행렬 $[f]_E^E$를 기저 E에 관한 f의 행렬이라 한다.

예제 8.1.2 $\mathbb{R}^2$공간 위의 쌍일차형식 $f:\mathbb{R}^2\times\mathbb{R}^2\to\mathbb{R}$, $f(X,\ Y)=x_1y_1+x_2y_2$, $X=(x_1,\ x_2)$, $Y=(y_1,\ y_2)$의 기저 $E=\{(1,\ 0),\ (0,\ 1)\}$, $F=\{(1,\ 1),\ (1,\ 0)\}$에 관한 행렬을 구하여라.

[풀이] $e_1=(1,\ 0)$, $e_2(0,\ 1)$, $f_1=(1,\ 1)$, $f_2=(1,\ 0)$이라 하면

$$f(e_1,\ e_1)=1,\ f(e_1,\ e_2)=0,\ f(e_2,\ e_1)=0,\ f(e_2,\ e_2)=1$$
$$f(f_1,\ f_1)=2,\ f(f_1,\ f_2)=1,\ f(f_2,\ f_1)=1,\ f(f_2,\ f_2)=1$$

따라서

$$[f]_E^E=\begin{bmatrix}1 & 0\\ 0 & 1\end{bmatrix}, \qquad [f]_F^F=\begin{bmatrix}2 & 1\\ 1 & 1\end{bmatrix}$$
$$f(e_1,\ f_1)=1,\ f(e_2,\ f_1)=1,\ f(e_1,\ f_2)=1,\ f(e_2,\ f_2)=0$$
$$f(f_1,\ e_1)=1,\ f(f_1,\ e_2)=1,\ f(f_2,\ e_1)=1,\ f(f_2,\ e_2)=0$$

따라서

$$[f]_E^F=\begin{bmatrix}1 & 1\\ 1 & 0\end{bmatrix}, \qquad [f]_F^E=\begin{bmatrix}1 & 1\\ 1 & 0\end{bmatrix}$$

정리 8.1.1 체 $\mathbb{K}$ 위의 n차원 벡터공간 V 위의 쌍일차형식 전체의 집합과 행렬공간 $M_{n\times n}(\mathbb{K})$는 동형관계에 있다.

[증명] 쌍일차형식 f를 $[f]_E^E$로 대응한 사상은 선형사상이다. 실제로 쌍선형식 f, g, α, $\beta\in\mathbb{K}$에서

$$(\alpha f+\beta g)(v_i,\ v_j)=\alpha f(v_i,\ v_j)+\beta g(v_i,\ v_j)$$

이므로

$$[\alpha f+\beta g]_E^E=\alpha[f]_E^E+\beta[g]_E^E$$

임의의 $A=[a_{ij}]\in M_{n\times n}(\mathbb{K})$에서 $f_A(v,\ w)=\sum_{i=1}^{n}\sum_{j=1}^{n}a_{ij}x_ix_j=X^tAY$로 정의된 사상 f_A는 V 위의 쌍일차형식이다. 또한 기저 E에 관한 f_A의 행렬은 A이다. 즉 $[f_A]_E^E=A$.

정리 8.1.2 체 $\mathbb{K}$ 위의 n차원 벡터공간 V 위의 쌍일차형식 $f: V\times V\to\mathbb{K}$와 기저 $E=\{v_1,\ \cdots,\ v_n\}$, $F=\{w_1,\ \cdots,\ w_n\}$에서 행렬 $[f]_E^E$, $[f]_F^F$는 서로 합동이다. 즉 $[f]_F^F=P^t[f]_E^EP$가 되는 정칙행렬 P가 존재한다.

[증명] 각 $w_j=\sum_{i=1}^{n}p_{ij}v_i$가 되는 행렬 $P=[p_{ij}]$는 정칙행렬이다. $P^t=[q_{ij}]$, $q_{ij}=p_{ji}$, $1\leq i,\ j\leq n$이라 놓으면

$$\begin{aligned}f(w_i,\ w_j)&=f\left(\sum_{k=1}^{n}p_{ki}v_k,\ \sum_{i=1}^{n}p_{ij}v_i\right)=\sum_{k=1}^{n}\sum_{i=1}^{n}p_{ki}p_{ij}f(v_k,\ v_i)\\&=\sum_{i=1}^{n}\left(\sum_{k=1}^{n}q_{ik}f(v_k,\ v_i)\right)p_{ij}\end{aligned}$$

따라서

$$[f]_F^F=P^t[f]_E^EP$$

예제 8.1.3 $f((x_1,\ y_1),\ (x_2,\ y_2))=x_1x_2+y_1y_2$로 주어진 쌍일차형식 f와 기저 $E=\{(1,\ -1),\ (1,\ 1)\}$, $F=\{(1,\ 2),\ (3,\ 4)\}$에서 $[f]_F^F=P^t[f]_E^EP$가 되는 정칙행렬 P를 구하여라.

[풀이] $e_1=(1,\ -1)$, $e_2=(1,\ 1)$, $g_1=(1,\ 2)$, $g_2=(3,\ 4)$라 놓으면

$$f(e_1, e_1)=2,\ f(e_1, e_2)=0,\ f(e_2, e_1)=0,\ f(e_2, e_2)=2,$$
$$f(g_1, g_1)=5,\ f(g_1, g_2)=11,\ f(g_2, g_1)=11,\ f(g_2, g_2)=25,$$
$$g_1=-\frac{1}{2}e_1+\frac{3}{2}e_2,\ g_2=-\frac{1}{2}e_1+\frac{7}{2}e_2$$

이므로

$$[f]_E^E=\begin{bmatrix}2 & 0\\0 & 2\end{bmatrix},\qquad [f]_F^F=\begin{bmatrix}5 & 11\\11 & 25\end{bmatrix},\qquad P=\begin{bmatrix}-\frac{1}{2} & -\frac{1}{2}\\ \frac{3}{2} & \frac{7}{2}\end{bmatrix}$$

$$P^t[f]_E^EP=\begin{bmatrix}-\frac{1}{2} & \frac{3}{2}\\ -\frac{1}{2} & \frac{7}{2}\end{bmatrix}\begin{bmatrix}2 & 0\\0 & 2\end{bmatrix}\begin{bmatrix}-\frac{1}{2} & -\frac{1}{2}\\ \frac{3}{2} & \frac{7}{2}\end{bmatrix}=[f]_F^F$$

정리 8.1.3 체 $\mathbb{K}$ 위의 n차원 벡터공간 V의 기저 $E=\{v_1, \cdots, v_n\}$에 관한 V^*의 쌍대기저를 $E^*=\{\phi_1, \cdots, \phi_n\}$이라 하자. 이 때 n^2개의 쌍일차형식

$$f_{ij}(v, w)=\phi_i(v)\phi_j(w),\quad 1\le i,\ j\le n$$

은 쌍일차형식공간의 기저를 이룬다. 또한 쌍일차형식공간의 차원은 n^2이다.

[증명] $\phi_i : V\to\mathbb{K}$, $v=\sum_{i=1}^{n}\alpha_i v_i$, $\phi_i(v)=\alpha_i$, $i=1, \cdots, n$에서

$$f_{ij}(v, w)=\phi_i(v)\phi_j(w)$$

로 정의된 사상 $f_{ij} : V\times V\to\mathbb{K}$는 쌍일차형식이다. $v=\sum_{i=1}^{n}\alpha_i v_i$, $w=\sum_{i=1}^{n}\beta_i v_i$이면 $f_{ij}(v, w)=\alpha_i\beta_j$이다. 임의의 쌍일차형식 $f : V\times V\to\mathbb{K}$와 행렬 $[f]_E^E=A$에서 $f(v, w)=\sum_{i,j=1}^{n}a_{ij}\alpha_i\beta_j=\sum_{i,j=1}^{n}a_{ij}f_{ij}(v, w)$. 즉 $f(v, w)=\left(\sum_{i,j=1}^{n}a_{ij}f_{ij}\right)(v, w)$이므로 $f=\sum_{i,j=1}^{n}a_{ij}f_{ij}$이다. 따라서 n^2개의 쌍일차형식 $\{f_{ij}\}$는 쌍일차형식공간의 기저를 이룬다.

벡터공간 V 위의 쌍일차형식 f의 계수에 대하여 생각해 보자. 고정된 벡터 $w\in V$에서 임의의 $v\in V$를 $f(v, w)$로 대응시킨 사상 $R_f(w) : V\to\mathbb{K}$는 선형범함수이다. $R_f : V\to V^*$, $R_f(w)\in V^*$, $(R_f(w))(v)=f(v, w)$로 정의된 사상 R_f

는 선형사상이다. 실제로 v, w_1, $w_2 \in V$, $a \in \mathbb{K}$에서 $f(v, w_1+w_2)=f(v, w_1)+f(v, w_2)$, $f(v, aw)=af(v, w)$이므로

$$R_f(w_1+w_2)=R_f(w_1)+R_f(w_2), \qquad R_f(aw)=aR_f(w)$$

선형사상 $R_f : V \to V^*$의 핵 $\ker R_f$의 차원, 상공간 $\operatorname{Im} R_f$의 차원에서 $\dim V = \dim V^* = \dim(\ker R_f)+\dim(\operatorname{Im} R_f)$의 관계가 있다. $\operatorname{Im} R_f$의 차원을 쌍일차형식 f의 **계수**(rank)라 한다. $f(v, w)$에서 w를 고정시키는 대신에 v를 고정시켜서 얻은 성형사상을 $L_f : V \to V^*$, $L_f(v) \in V^*$, $(L_f(v))(w)=f(v, w)$라 하면 R_f, L_f의 계수는 같다. n차원 벡터공간 V 위의 쌍일차형식 f의 계수가 n인 경우를 생각하여 보자.

정리 8.1.4 n차원 벡터공간 V 위의 쌍일차형식 f에서 다음은 동치관계에 있다.

(1) $\operatorname{rank}(f)=n$

(2) 모든 $v \in V$, $v \neq \mathbf{0}$에서, $f(v, w) \neq \mathbf{0}$인 w가 존재한다.

(3) 모든 $w \in V$, $w \neq \mathbf{0}$에서, $f(v, w) \neq \mathbf{0}$인 v가 존재한다.

[증명] (2)이면 $\ker L_f=\{\mathbf{0}\}$ (3)이면 $\ker R_f=\{\mathbf{0}\}$이다. 그런데 L_f, R_f의 퇴화차원은 같으므로 (1), (2), (3)은 동치이다.

예제 8.1.4 $f(X, Y)=X \cdot Y$로 주어진 쌍일차형식 $f : \mathbb{R}^n \times \mathbb{R}^n \to R$의 계수는 n이다.

[풀이] $\ker R_f = \ker L_f = \{\mathbf{0}\}$이므로 $\operatorname{rank}(f)=n$이다.

실수체 $\mathbb{R}$ 또는 복소수체 $\mathbb{C}$ 위의 벡터공간 V에서 $f(v, w)=f(w, v)$, v, $w \in V$인 쌍일차형식 f를 **대칭형식**(symmetric form)이라 한다. 또한 임의의 v, $w \in V$에서 $f(v, w)=-f(w, v)$인 쌍일차형식을 **왜대칭형식**(skewsymmetric form) 또는 **반대칭형식**(antisymmetric form)이라 한다.

정리 8.1.5 쌍일차형식 f가 대칭(반대칭)이기 위한 필요충분조건은 f의 행렬

이 대칭(반대칭)이 되는 것이다.

[증명] 기저 E에 관한 v, w의 좌표를 X, Y라 하면 $f(X, Y)=f(Y, X)$, $X^tAY=Y^tAX$이다. 이들은 모두 1×1 행렬이므로 $Y^tA^tX=X^tAY$, $Y^tA^tX=Y^tAX$, $X, Y\in\mathbb{K}^n$이 성립한다. 그러므로 $A=A^t$이다. 역으로 $A=A^t$이면 $f(X, Y)=X^tAY=(X^tAY)^t=Y^tA^tX=Y^tAX=f(Y, X)$이다. 따라서 f는 대칭형식이다.

정리 8.1.6 임의의 쌍일차형식은 대칭형식과 반대칭형식의 합으로 일의적으로 표시된다.

[증명] 임의의 $u, v\in V$에서

$$f_s(u, v)=\frac{1}{2}\{f(u, v)+f(v, u)\}, \qquad f_{-s}(u, v)=\frac{1}{2}\{f(u, v)-f(v, u)\}$$

로 주어진 쌍일차형식 f_s, f_{-s}는 각각 대칭, 반대칭이고 $f=f_s+f_{-s}$이다. 한편으로 $f=f_1+f_2$가 되는 대칭형식 f_1, 반대칭형식 f_2가 있다고 가정하자. 모든 $u, v\in V$에서

$$f(u, v)+f(v, u)=f_1(u, v)+f_1(v, u)+f_2(u, v)+f_2(v, u)=2f_1(u, v),$$
$$f(u, v)-f(v, u)=f_1(u, v)-f_1(v, u)+f_2(u, v)-f_2(v, u)=2f_2(u, v)$$

에서

$$f_1(u, v)=\frac{1}{2}\{f(u, v)+f(v, u)\}, \qquad f_2(u, v)=\frac{1}{2}\{f(u, v)-f(v, u)\}$$

따라서 $f_s=f_1$, $f_{-s}=f_2$

예제 8.1.5 다음 행렬을 대칭행렬과 반대칭행렬의 합으로 나타내어라.

$$A=\begin{bmatrix} 1 & 0 & 1 \\ -1 & 1 & 1 \\ 0 & -1 & -1 \end{bmatrix}$$

[풀이] $f:\mathbb{R}^n\times\mathbb{R}^n\to\mathbb{R}$, $f(X, Y)=X^tAY$, $X, Y\in\mathbb{R}^n$으로 주어진 쌍일차형식 f에서

$$f(X,\ Y)=X^tAY=[x_1\ \ x_2\ \ x_3]\begin{bmatrix} 1 & 0 & 1 \\ -1 & 1 & 1 \\ 0 & -1 & -1 \end{bmatrix}\begin{bmatrix} y_1 \\ y_2 \\ y_3 \end{bmatrix}$$

$$=x_1y_1+x_1y_3-x_2y_1+x_2y_2+x_2y_3-x_3y_2-x_3y_3$$

$$f(Y,\ X)=Y^tAX=[y_1\ \ y_2\ \ y_3]\begin{bmatrix} 1 & 0 & 1 \\ -1 & 1 & 1 \\ 0 & -1 & -1 \end{bmatrix}\begin{bmatrix} x_1 \\ x_2 \\ x_3 \end{bmatrix}$$

$$=x_1y_1-x_1y_2+x_2y_2-x_2y_3+x_3y_1+x_3y_2-x_3y_3$$

표준기저 $E=\{e_1,\ e_2,\ e_3\}$에 관한 f의 값을 구하여 보자.

$$\begin{aligned} &f(e_1,\ e_1)=1, && f(e_1,\ e_2)=0, && f(e_1,\ e_3)=1 \\ &f(e_2,\ e_1)=-1, && f(e_2,\ e_2)=1, && f(e_2,\ e_3)=1 \\ &f(e_3,\ e_1)=0, && f(e_3,\ e_2)=-1, && f(e_3,\ e_3)=-1 \end{aligned}$$

여기에서 $f_s(u,\ v)=\frac{1}{2}\{f(u,\ v)+f(v,\ u)\}$, $f_{-s}(u,\ v)=\frac{1}{2}\{f(u,\ v)-f(v,\ u)\}$를 구하면

$$[f_s]_E^E=\begin{bmatrix} 1 & -\frac{1}{2} & \frac{1}{2} \\ -\frac{1}{2} & 1 & 0 \\ \frac{1}{2} & 0 & -1 \end{bmatrix},\qquad [f_{-s}]_E^E=\begin{bmatrix} 0 & \frac{1}{2} & \frac{1}{2} \\ -\frac{1}{2} & 0 & 1 \\ -\frac{1}{2} & -1 & 0 \end{bmatrix}$$

대칭쌍일차형식 $f: V\times V\to\mathbb{K}$에서 $q(v)=f(v,\ v)$로 주어진 사상 $q: V\to\mathbb{K}$를 f에 관한 V 위의 **이차형식**(quadratic form)이라 한다. 모든 $u,\ v\in V$에서

$$f(u,\ v)=\frac{1}{4}\{q(u+v)-q(u-v)\}$$

가 성립한다. 그러므로 f의 값은 q의 값에 의하여 완전히 결정된다.

예제 8.1.6 대칭형식 f의 2차형식을 q라 하면 다음 등식이 성립한다.

(1) $f(u,\ v)=\frac{1}{2}\{q(u+v)-q(u)-q(v)\}$

(2) $f(u,\ v)=\frac{1}{4}\{q(u+v)-q(u-v)\}$

[풀이] (1) $u,\ v \in V$에서

$$f(u,\ v)=\frac{1}{2}\{f(u,\ v)+f(v,\ u)\}$$
$$=\frac{1}{2}\{f(u,\ v)+f(v,\ u)+f(u,\ u)+f(v,\ v)-f(u,\ u)-f(v,\ v)\}$$
$$=\frac{1}{2}\{f(u+v,\ u+v)-f(u,\ u)-f(v,\ v)\}$$
$$=\frac{1}{2}\{q(u+v)-q(u)-q(v)\}$$

예제 8.1.7 2차형식이 $q(X)=2x^2+3xy+y^2$, $X=(x,\ y)$인 쌍일차형식 $f:\mathbb{R}^2\times\mathbb{R}^2\to\mathbb{R}$를 구하여라.

[풀이] $X=(x,\ y)$, $Y=(x',\ y')$에서 $X+Y=(x+x',\ y+y')$이므로

$$q(X+Y)=q(x+x',\ y+y')=2(x+x')^2+3(x+x')(y+y')+(y+y')^2$$
$$q(X-Y)=q(x-x',\ y-y')=2(x-x')^2+3(x-x')(y-y')+(y-y')^2$$

이므로

$$f(X,\ Y)=\frac{1}{4}\{q(X+Y)-q(X-Y)\}$$
$$=\frac{1}{4}\{(4xx'+3xy'+3x'y+2yy')-(-4xx'-3xy'-3x'y-2yy')\}$$
$$=\frac{1}{4}\{8xx'+6(xy'+x'y)+4yy'\}$$
$$=2xx'+\frac{3}{2}(xy'+x'y)+yy'$$

따라서

$$f(X,\ Y)=[x\ \ y]\begin{bmatrix} 2 & \frac{3}{2} \\ \frac{3}{2} & 1 \end{bmatrix}\begin{bmatrix} x' \\ y' \end{bmatrix}$$

일반적으로 쌍일차형식 f의 대칭형식 f_s를 f의 **극형식**(polar form)이라 하고 $q(u)=f(u,\ u)$를 f의 2차형식이라 한다.

예제 8.1.8 행렬 $A=[a_{ij}]\in M_{n\times n}$에 관한 쌍일차형식 $f:\mathbb{K}^n\times\mathbb{K}^n\to\mathbb{K}$의 2차형식과 극형식을 구하여라.

[풀이] $X, Y\in\mathbb{K}$, $f(X, Y)=X^tAY$에서

$$q(X)=f(X, X)=X^tAX$$

$$f_s(X, Y)=\frac{1}{2}\{f(X, Y)+f(Y, X)\}=\frac{1}{2}(X^tAY+Y^tAX)$$

행렬 $A=[a_{ij}]\in M_{n\times n}(\mathbb{K})$에서 $f_A(X, Y)=X^tAY$이므로 2차형식은

$$q_A(X)=X^tAX=\sum_{i,j=1}^{n}a_{ij}x_ix_j$$

특히 $A=I$이면 $q_I(X)=x_1^2+\cdots+x_n^2\geq 0$이다. 실내적공간 V 위의 내적은 대칭형식이면 $v\neq\mathbf{0}$이면 $\langle v, v\rangle>0$이다. 모든 $v\neq\mathbf{0}$에서 $f(v, v)=q(v)>0$인 대칭형식 f를 **양의 정부호**(positive definite) 2차형식이라 한다. 실벡터공간의 내적은 양의 정부호, 대칭인 쌍일차형식이다.

정리 8.1.7 실수체 $\mathbb{R}$ 또는 복소수체 $\mathbb{C}$ 위의 유한차원 벡터공간 V 위의 대칭 쌍일차형식 f에서 f의 행렬이 대각행렬이 되는 V의 기저가 존재한다.

[증명] $i\neq j$인 모든 $i, j=1, \cdots, n$에 대하여 $f(v_i, v_j)=\mathbf{0}$인 V의 기저 $E=\{v_1, \cdots, v_n\}$이 존재함을 보아야 한다. $f=O$, $n=1$이면 이 정리의 성립은 분명하므로 $f\neq\mathbf{0}$, $n>1$인 경우를 생각하자. 모든 $v\in V$에서 $q(v)=f(v, v)=\mathbf{0}$이면 $f(u, v)=\frac{1}{4}\{q(u+v)-q(u-v)\}=0$이므로 $q(v_1)\neq\mathbf{0}$인 적어도 하나의 벡터 v_1이 존재한다. v_1에 의하여 생성된 부분공간을 W, $W^\perp=\{v\in V\,|\,f(v, w)=0,\ w\in W\}$라 놓으면 $V=W\oplus W^\perp$이 성립한다. W의 임의의 벡터 $\alpha v_1\in W^\perp$이면 $f(\alpha v_1, v_1)=\alpha f(v_1, v_1)=0$. $f(v_1, v_1)\neq 0$이므로 $\alpha=0$. $W=\{\mathbf{0}\}$이 되어 v_1의 선택에 모순이다. 그러므로 $W\cap W^\perp=\{\mathbf{0}\}$. $V=W+W^\perp$인 것을 보이기 위하여 임의의 벡터 $v\in V$에서

$$w=v-\frac{f(v, v_1)}{f(v_1, v_1)}v_1$$

인 벡터 w를 생각하자.

$$f(v_1,\ w)=f\left(v_1,\ v-\frac{f(v,\ v_1)}{f(v_1,\ v_1)}v_1\right)=f(v_1,\ v)-\frac{f(v,\ v_1)}{f(v_1,\ v_1)}f(v_1,\ v_1)$$
$$=f(v_1,\ v)-f(v,\ v_1)=0$$

그러므로 $w\in W^{\perp}$이다. 적당한 $w'\in W^{\perp}$이 존재하여

$$v-\frac{f(v,\ v_1)}{f(v_1,\ v_1)}v_1=w',\qquad v=\frac{f(v,\ v_1)}{f(v_1,\ v_1)}v_1+w'$$

이고 $\frac{f(v,\ v_1)}{f(v_1,\ v_1)}v_1\in W,\ w'\in W^{\perp}$. 그러므로 $V=W+W^{\perp}$이다. 이로써 $V=W\oplus W^{\perp}$이 증명되었다. $W^{\perp}$에 관한 f의 축소사상 $f_{W^{\perp}}: W^{\perp}\times W^{\perp}\to\mathbb{K}$는 $W^{\perp}$ 위의 대칭쌍일차형식이다. 귀납법에 의하여 $W^{\perp}$의 기저 $\{v_2,\ \cdots,\ v_n\}$이 존재하여

$$f_{W^{\perp}}(v_i,\ v_j)=f(v_i,\ v_j)=0,\quad i\neq j,\quad i,\ j=2,\ \cdots,\ n$$

그러면 $\{v_1,\ v_2,\ \cdots,\ v_n\}$은 $f(v_i,\ v_j)=0,\ i\neq j,\ i,\ j=1,\ \cdots,\ n$인 V의 기저이다. 따라서 모든 $n=\dim V$에 대하여 주어진 조건을 만족하는 V의 기저 E가 존재한다.

정리 8.1.8 체 $\mathbb{K}$ 위의 대칭행렬 $A\in M_{n\times n}(\mathbb{K})$에서 P^tAP가 대각행렬이 되는 정칙행렬 P가 존재한다.

[증명] 대칭행렬 A에 관한 대칭쌍일차형식 $f_A: \mathbb{K}^n\times\mathbb{K}^n\to\mathbb{K}$, $f(X,\ Y)=X^tAY$는 대칭형식이다. 정리 8.1.7에 의하여 기저가 존재하여 행렬 $[f_A]_F^F=D$이다. 정리 8.1.2에 의하여 $D=P^tAP$인 정칙행렬 P가 존재한다. $\mathbb{K}=\mathbb{R}$이면 $P^t=P^{-1}$이므로 P는 직교행렬이다.

연습문제 8.1

1. 다음 행렬에 관한 쌍일차형식을 구하여라.

① $A=\begin{bmatrix} 1 & 0 & 1 \\ 1 & 1 & 1 \\ -1 & -1 & 0 \end{bmatrix}$ ② $\begin{bmatrix} 1 & 2 & 0 & 1 \\ -1 & 2 & 0 & 1 \\ -1 & -1 & 1 & 0 \\ 0 & 1 & -1 & 1 \end{bmatrix}$

2. $A=P^tBP$인 정칙행렬 P가 존재할 때 A와 B를 합동이라 한다.
   ① B가 대칭이면 A도 대칭임을 보여라.
   ② B가 반대칭이면 A도 반대칭임을 보여라.

3. 다음 쌍일차형식은 대칭임을 보여라.
   ① $f((x_1,\ x_2),\ (y_1,\ y_2))=3x_1y_1+2x_1y_1+2x_2y_1-5x_2y_2$
   ② $f((x_1,\ x_2,\ x_3),\ (y_1,\ y_2,\ y_3))=x_1y_1-2x_1y_2+3x_1y_3-2x_2y_1+4x_2y_2+5x_2y_3+3x_3y_1+5x_3y_2+6x_3y_3$

4. 사상 $f: M_{n\times n}(\mathbb{K})\times M_{n\times n}(\mathbb{K})\to\mathbb{K}$, $f(A,\ B)=n\,\mathrm{tr}(AB)-\mathrm{tr}(A)\mathrm{tr}(B)$, $A,\ B\in M_{n\times n}(\mathbb{K})$는 쌍일차형식임을 보여라. 또 $f(A,\ B)=f(B,\ A)$인가?

5. 선형사상 $f:\mathbb{R}^n\times\mathbb{R}^n\to\mathbb{R}$에 대하여 다음 물음에 답하여라.
   ① 모든 $X,\ Y\in\mathbb{R}^n$에서 $g(X,\ Y)=g(Y,\ X)$인 쌍일차형식 $g:\mathbb{R}^n\times\mathbb{R}^n\to\mathbb{R}$를 구하여라.
   ② 모든 $X,\ Y\in\mathbb{R}^n$에서 $g(X,\ Y)=-g(Y,\ X)$인 쌍일차형식 $g:\mathbb{R}^n\times\mathbb{R}^n\to\mathbb{R}$를 구하여라.

6. $\mathbb{R}^3$ 위의 대칭형식 $f(X,\ Y)=X^tAY$, $A=[a_{ij}]\in M_{3\times3}(\mathbb{K})$에서 다음 물음에 답하여라.
   ① f의 2차형식 $q(X)$를 구하여라.
   ② 2차형식이 $q(x_1,\ x_2,\ x_3)=3x_1^2+3x_2^2+3x_3^2-2x_1x_3$이 되는 대칭형식을 구하여라.

7. $\alpha(f,\ g)=\int_0^1 f(x)g(x)dx$로 주어진 사상 $\alpha: P_n(\mathbb{R})\times P_n(\mathbb{R})\to\mathbb{R}$는 대칭쌍일차형식임을 보여라. 또 기저 $\{1,\ x,\ \cdots,\ x^n\}$에 관한 α의 행렬을 구하여라.

8. 쌍일차형식 $f(X,\ Y)=X^tAY$, $X,\ Y\in\mathbb{K}^n$, $A\in M_{n\times n}(\mathbb{K})$에서 집합 $S=\{Y\in\mathbb{K}^n\mid X^tAY=0,\ X\in\mathbb{K}^n\}$, $T=\{X\in\mathbb{K}^n\mid X^tAY=0,\ Y\in\mathbb{K}^n\}$에 대하여 다음이 성립함을 보여라.
   ① S, T는 $\mathbb{K}^n$의 부분공간이다.
   ② S의 차원과 T의 차원은 같다.
   ③ $R_f:\mathbb{K}^n\to(\mathbb{K}^n)^*$, $R_f(X)\in(\mathbb{K}^n)^*$, $R_f(X):\mathbb{K}^n\to\mathbb{K}$, $(R_f(X))(Y)=f(X,\ Y)Y\in\mathbb{K}^n$과 $L_f:\mathbb{K}^n\to(\mathbb{K}^n)^*$, $L_f(X)\in(\mathbb{K}^n)^*$, $(L_f(X))(Y)=$

$f(X, Y)$로 정의된 선형사상 R_f, L_f에서 $\text{rank}(R_f)=\text{rank}(L_f)$이다.

④ $\text{rank}(f)=\text{rank}(R_f)=n$이면 $X(\neq\mathbf{0})$에 대하여 $X^tAY\neq\mathbf{0}$인 벡터 $Y(=\mathbf{0})$가 존재한다.

9. 2차형식이 다음과 같은 대칭쌍일차형식을 구하여라.

① $3x_1x_2-x_2^2$　　② $4x_1^2+6x_1x_2-3x_2^2$

10. 2차형식이 다음과 같은 대칭쌍일차형식 f의 계수를 구하여라.

① $x_1^2+9x_2^2$　　② $3x_1x_2-x_2^2$

11. 유한차원 벡터공간 V 위의 쌍일차형식 전체 집합 $L(V, V, \mathbb{K})$와 대칭쌍일차형식 전체의 집합 $S(V, V, \mathbb{K})$에 대하여 다음에 답하여라.

① $\mathbb{K}=\mathbb{C}$일 때 S는 L의 부분공간이다.

② S의 차원을 구하여라.

12. 벡터공간 V 위의 2차형식 전체 집합을 Q라 할 때 다음이 성립함을 보여라.

① Q는 $\mathbb{K}$ 위의 모든 범함수 전체 집합이므로 이루어진 벡터공간의 부분공간이다.

② V 위의 선형변환 T, $q\in Q$에서 $v\mapsto q(T(v))$로 정의된 사상 T^*q는 V 위의 2차형식이다.

③ $T^*: Q\to Q$, $(T^*q)(v)=q(T(v))$, $v\in V$는 선형변환이다.

④ T가 가역적이면 T^*도 가역적이다.

13. 2차형식이 다음과 같을 때 문제 12의 가역사상, T의 역사상을 구하여라.

① $q(x_1, x_2)=2x_1x_2$, $(T^*q)(x_1, x_2)=2x_1^2-2x_2^2$

② $q(x_1, x_2, x_3)=x_1x_2-2x_1x_3+x_3^2$, $(T^*q)(x_1, x_2, x_3)=x_1^2-x_2^2+x_3^2$

14. 유한차원 벡터공간 V 위의 대칭일차형식 f에서 임의의 부분공간 W에 대하여 $W^\perp=\{w\in W\,|\,f(v, w)\}$라 할 때 다음이 성립함을 보여라.

① $V=\{\mathbf{0}\}^\perp$

② $V^\perp=\{\mathbf{0}\}\Longleftrightarrow\text{rank}(f)=n$, $\dim V=n$

③ $\text{rank}(f)=\dim V-\dim V^\perp$

④ $\dim W=m$이면 $\dim W^\perp\geq n-m$

8.2 이차곡선과 이차곡면

$\mathbb{R}^n$공간 위의 이차형식 $q(x_1, \cdots, x_n)=\sum_{i=1}^{n}\sum_{j=1}^{n}a_{ij}x_ix_j=\sum_{i=1}^{n}a_{ij}x_i^2+2\sum_{i<j}^{n}a_{ij}x_ix_j$에서 $q(X)=0$이 이루는 도형를 살펴보자. $q(x_1, \cdots, x_n)=\sum_{i=1}^{n}\alpha_ix_i^2+\sum_{i=1}^{n}\beta_ix_i+r=0$을 $q(X)=0$의 표준형이라 한다. $n=2$일 때 $q(X)=0$이 이루는 곡선을 **이차곡선**(quadratic curve), $n=3$일 때 $q(X)=0$이 이루는 곡면을 **이차곡면**(quadrati surface)이라 한다.

예제 8.2.1 2변수 2차형방정식의 표준형을 구하여라.

[풀이] 2차형방정식

$$ax^2+bxy+cy^2+dx+ey+f=0$$

에서 $bxy=0$, $b=0$이면

$$ax^2+cy^2+dx+ey+f=0$$

이 방정식은 $x^2+y^2=1$(원), $\frac{x^2}{p^2}+\frac{y^2}{q^2}=1$(타원), $\frac{x^2}{p^2}-\frac{y^2}{q^2}=1$(쌍곡선), $x^2=py$, $y^2=qx$(포물선)로 구분된다.

정리 8.2.1 체 $\mathbb{K}$ 위의 대칭행렬 A에 관한 원추곡선 $X^tAX+BX+\alpha=0$, $B\in\mathbb{K}^n$, $\alpha\in\mathbb{K}$는 표준형으로 나타낼 수 있다.

[증명] 정리 8.1.8에 의하여 $P^tAP=D$가 대각행렬인 정칙행렬 P가 존재한다. $X=PX'$라 놓으면

$$(PX')^tA(PX')+B(PX')+\alpha=0$$

전치행렬의 성질에 의하여

$$X'^tP^tA^tPX'+B(PX')+\alpha=0$$
$$X'^t(P^tAP)X'+(BP)X'+\alpha=0$$

행렬 D의 주대각성분을 $d_1, \cdots, d_n$, $BP=(e_1, \cdots, e_n)$이라 하면

$$X'^t DX' + (BP)X' + \alpha = 0,$$

$$[x_1' \cdots x_n']\begin{bmatrix} d_1 & 0 & \cdots & 0 \\ 0 & d_2 & \cdots & 0 \\ \vdots & \vdots & & \\ 0 & 0 & \cdots & d_n \end{bmatrix}\begin{bmatrix} x_1' \\ \vdots \\ x_n' \end{bmatrix} + [e_1 \cdots e_n]\begin{bmatrix} x_1' \\ \vdots \\ x_n' \end{bmatrix} + \alpha = 0$$

따라서

$$\sum_{i=1}^{n} d_i x_i'^2 + \sum_{i=1}^{n} e_i x_i' + \alpha = 0.$$

예제 8.2.2 다음 원추곡선의 표준형을 구하여라.

(1) $ax^2 + 2bxy + cy^2 + dx + ey + f = 0$

(2) $3x^2 + 2y^2 + 3z^2 - 2xz = 0$

[풀이] (1) 대칭행렬

$$A = \begin{bmatrix} a & b \\ b & c \end{bmatrix}$$

의 고유값을 λ_1, λ_2라 하면 정칙행렬 P가 존재하여 $P^{-1} = P^t$이고

$$P^{-1}AP = D = \begin{bmatrix} \lambda_1 & 0 \\ 0 & \lambda_2 \end{bmatrix}$$

$X = PX'$라 놓으면

$$X^t AX + [d \ \ e]\begin{bmatrix} x \\ y \end{bmatrix} + f = 0,$$

$$(PX')^t A(PX') + [d \ \ e]P\begin{bmatrix} x' \\ y' \end{bmatrix} + f = 0,$$

$$(X')^t (P^t AP)X' + [d \ \ e]P\begin{bmatrix} x' \\ y' \end{bmatrix} + f = 0,$$

$$(X')^t DX' + [d \ \ e]P\begin{bmatrix} x' \\ y' \end{bmatrix} + f = 0$$

따라서

$$\lambda_1 x'^2 + \lambda_2 y'^2 + [d \quad e]P\begin{bmatrix} x' \\ y' \end{bmatrix} + f = 0$$

(2) 대칭행렬

$$A = \begin{bmatrix} 3 & 0 & -1 \\ 0 & 2 & 0 \\ -1 & 0 & 3 \end{bmatrix}$$

에서 준식은 다음으로 표시된다.

$$X^tAX = [x \quad y \quad z]\begin{bmatrix} 3 & 0 & -1 \\ 0 & 2 & 0 \\ -1 & 0 & 3 \end{bmatrix}\begin{bmatrix} x \\ y \\ z \end{bmatrix} = 0$$

그런데 A의 대각화행렬 P와 대각행렬 D는

$$P = \begin{bmatrix} \frac{1}{\sqrt{2}} & 0 & -\frac{1}{\sqrt{2}} \\ 0 & 1 & 0 \\ \frac{1}{\sqrt{2}} & 0 & \frac{1}{\sqrt{2}} \end{bmatrix}, \qquad D = \begin{bmatrix} 2 & 0 & 0 \\ 0 & 2 & 0 \\ 0 & 0 & 4 \end{bmatrix}$$

이므로

$$(X')^tDX' = 0,\ [x \quad y \quad z]\begin{bmatrix} 2 & 0 & 0 \\ 0 & 2 & 0 \\ 0 & 0 & 4 \end{bmatrix}\begin{bmatrix} x \\ y \\ z \end{bmatrix} = 2x^2 + 2y^2 + 4z^2 = 0.$$

위 정리의 정칙행렬 P를 구하는 것은 쉬운 일이 아니다. 그러나 대칭행렬의 대각화에 관한 정리 6.5.6에 의하면 행렬 $A \in M_{n\times n}(\mathbb{R})$가 대칭이면 n개의 고유값 $\lambda_1, \cdots, \lambda_n$이 존재한다. 표준내적공간 $\mathbb{R}^n$의 고유벡터로 이루어진 정규직교기저 $E = \{v_1, \cdots, v_n\}$에 관한 선형변환 $T_A : \mathbb{R}^n \to \mathbb{R}^n$의 행렬을 P라 하면 $P^{-1}AP = P^tAP = D$, $D = \mathrm{Dia}[\lambda_1, \cdots, \lambda_n]$이 성립한다. 그러므로 이차곡선의 표준형을 구하려면 정칙행렬 P, 대각행렬 D를 얻는 것이 매우 중요하다.

예제 8.2.3 다음 원추곡선의 표준형을 구하여라.

(1) $5x^2-6xy+5y^2+x+y-1=0$

(2) $5x^2+4xy+2y^2-6x-33=0$

[풀이] (1) 주어진 방정식을 행렬로 나타내면

$$[x\ y]\begin{bmatrix} 5 & -3 \\ -3 & 5 \end{bmatrix}\begin{bmatrix} x \\ y \end{bmatrix}+[1\ \ 1]\begin{bmatrix} x \\ y \end{bmatrix}-1=0$$

행렬 $A=\begin{bmatrix} 5 & -3 \\ -3 & 5 \end{bmatrix}$의 고유값은 $\lambda_1=2$, $\lambda_2=8$이다. λ_1에 관한 단위고유벡터는 $\left(\frac{1}{\sqrt{2}}, \frac{1}{\sqrt{2}}\right)$, λ_2에 관한 단위고유벡터는 $\left(\frac{1}{\sqrt{2}}, -\frac{1}{\sqrt{2}}\right)$이므로

$$P=\frac{1}{\sqrt{2}}\begin{bmatrix} 1 & 1 \\ 1 & -1 \end{bmatrix}, \qquad D=\begin{bmatrix} 2 & 0 \\ 0 & 8 \end{bmatrix}$$

정리 8.2.1에 의하여

$$[x'\ \ y']\begin{bmatrix} 2 & 0 \\ 0 & 8 \end{bmatrix}\begin{bmatrix} x' \\ y' \end{bmatrix}+[1\ \ 1]\begin{bmatrix} \frac{1}{\sqrt{2}} & \frac{1}{\sqrt{2}} \\ \frac{1}{\sqrt{2}} & -\frac{1}{\sqrt{2}} \end{bmatrix}\begin{bmatrix} x' \\ y' \end{bmatrix}-1=0$$

그러면

$$2x'^2+8y'^2+\sqrt{2}x'-1=0,$$
$$2\left(x'+\frac{\sqrt{2}}{4}\right)^2+8y'^2-\frac{5}{4}=0$$

$x=x'+\frac{\sqrt{2}}{4}$, $y=y'$, $a^2=\frac{5}{8}$, $b^2=\frac{5}{32}$라 놓으면 $\frac{x^2}{a^2}+\frac{y^2}{b^2}=1$로 타원을 이룬다.

(2) $A=\begin{bmatrix} 5 & 2 \\ 2 & 2 \end{bmatrix}$, $P=\begin{bmatrix} \frac{1}{\sqrt{5}} & \frac{2}{\sqrt{5}} \\ \frac{-2}{\sqrt{5}} & \frac{1}{\sqrt{5}} \end{bmatrix}$, $D=\begin{bmatrix} 1 & 0 \\ 0 & 6 \end{bmatrix}$

이므로 $\left(x'-\frac{3}{\sqrt{5}}\right)^2+6\left(y'-\frac{1}{\sqrt{5}}\right)^2=6^2$. $x=x'-\frac{3}{\sqrt{5}}$, $y=y'-\frac{1}{\sqrt{5}}$이라 놓으면

$$\frac{x^2}{6^2}+\frac{y^2}{(\sqrt{6})^2}=1.$$

연습문제 8.2

1. 2차방정식 $x^2+2y^2-z^2+4xy-5yz-7x+2y+7=0$에 대하여 다음에 답하여라.
   ① 2차형식을 구하여라.
   ② 2차형식을 이루는 행렬을 구하여라.
   ③ $X^tAX+BX+a=0$의 형으로 나타내어라.

2. 다음 2차방정식을 행렬로 나타내어라.
   ① $xy+yz+zx=0$
   ② $3x^2+7z^2+2xy-3xz=0$

3. 다음 2차방정식의 표준형을 구하여라.
   ① $y^2-8x+14y+49=9$
   ② $9x^2-4xy+6y^2-10x-20y-5=0$

4. 2차곡선 $X^tAX=3$, $A=\begin{bmatrix}4&2&2\\2&4&2\\2&2&4\end{bmatrix}$에 대하여 다음에 답하여라.
   ① A의 고유값을 구하여라.
   ② A를 대각화하는 정칙행렬을 구하여라.
   ③ 표준형을 구하여라.
   ④ 이 도형의 이름을 말하여라.

5. 다음 2차곡선에 대하여 물음에 답하여라.

$$5x^2-4xy+8y^2+\frac{20}{\sqrt{5}}x-\frac{80}{\sqrt{5}}y+4=0$$

   ① 행렬방정식으로 나타내어라.
   ② 대칭행렬 A를 대각화하는 정칙행렬을 구하여라.
   ③ $X=PX'$로 치환한 식을 구하여라.
   ④ 이 곡선이 이루는 도형의 이름을 말하여라.

6. 다음 2차방정식을 xy항이 없는 식으로 바꾸어라.

① $3x^2+2y^2+3z^2-2xy-2yz=0$

② $2x^2+3xy-2y^2=10$

③ $2x^2+3y^2+z^2+2\sqrt{2}xz+2\sqrt{2}x+2z-2=0$

연습문제 해답

연습문제 1.1

1. ①

2. ③

3. $x \in \phi^C$이면 $x \notin \phi$, $\phi = \{x | x \neq x\}$이므로 $x = x$이다. $U = \{x | x = x\}$이므로 $x \in U$이다. 그러므로 $\phi^C \subseteq U$이다. 역으로 $x \in U$이면 $x = x$이므로 $x \notin \phi$, $x \in \phi^C$이다. 즉 $U \subseteq \phi^C$

4. ②

5. ①

6. $A - B = A \cap B^C = B^C \cap A = B^C \cap (A^C)^C = B^C - A^C$

7. $x \in \left(\bigcup_{i=1}^{n} A_i\right)^C$이면 $x \notin \bigcup_{i=1}^{n} A_i$이므로 모든 i에 대하여 $x \notin A_i$이다. 모든 i에 대하여 $x \in A_i^C$이므로 $x \in \bigcap_{i=1}^{n} A_i^C$이다. 이는 $\left(\bigcup_{i=1}^{n} A_i\right)^C \subseteq \bigcap_{i=1}^{n} A_i^C$임을 뜻한다. 같은 방법으로 $\bigcap_{i=1}^{n} A_i^C \subseteq \left(\bigcup_{i=1}^{n} A_i\right)^C$임을 알 수 있다.

8. ④

9. $\{a, b\} = \{x | x = a$ 또는 $x = b\} = \{x | x = b$ 또는 $x = a\} = \{b, a\}$

10. $(a, b) = \{\{a\}, \{a, b\}\} \neq \{\{b\}, \{a, b\}\} = (b, a)$

11. $(a, b) = (c, d)$이면 $\{\{a\}, \{a, b\}\} = \{\{c\}, \{c, d\}\}$이므로 $a = c$, $b = d$이다.

12. $(x, y) \in (A \times B) \cap (C \times D) \Longleftrightarrow x \in A \cap C$ 그리고 $y \in B \cap D \Longleftrightarrow (x, y) \in (A \cap C) \times (B \cap D)$

연습문제 1.2

1. $P(A) \approx 2^A$에서 $|P(A)| = |2^A| = 2^n$

2. ③

3. ① $x \in f^{-1}(\cap D_i) \Longleftrightarrow f(x) \in \cap D_i \Longleftrightarrow \forall_i \in I,\ \ f(x) \in D_i \Longleftrightarrow \forall_i \in I,\ \ x \in f^{-1}(D_i) \Longleftrightarrow x \in \cap f^{-1}(D_i)$

② 사상 $f : A \to B$, $A = \{a, b, c, d\}$, $B = \{1, 2, 3\}$, $f(a) = f(c) = 1$, $f(b) = 2$, $f(d) = 3$에서 $A_1 = \{a, b\}$, $A_2 = \{b, c\}$라 하자. $f(A_1 \cap A_2) = f(b) = \{2\}$, $f(A_1) \cap f(A_2) = \{1, 2\} \cap \{1, 2\} = \{1, 2\}$. 따라서 $f(A_1 \cap A_2) \subsetneq f(A_1) \cap f(A_2)$.

4. $|B^A| = 8$, $|A^B| = 9$

A	B
1	$a\ a\ a\ a\ b\ b\ b\ b$
2	$a\ a\ b\ b\ b\ b\ a\ a$
3	$a\ b\ a\ b\ b\ a\ b\ a$

B	A
a	1 1 1 2 2 2 3 3 3
b	1 2 3 1 2 3 1 2 3

5. $I=\{1, 2\}$, $A_1=\{a, b\}$, $A_2=\{c, d\}$, $A=\{a, b, c, d\}$에서 $A_1\times A_2=\{(a, c), (a, d), (b, c), (b, d)\}$, $A_2\times A_1=\{(c, a), (c, b), (d, a), (d, b)\}$이다. $(a, c)\neq(c, a)$이므로 $A_1\times A_2\neq A_2\times A_1$

6. ②

8. $y\in f(D^C)\Longleftrightarrow x=f^{-1}(y)\in D^C\Longleftrightarrow x\notin D\Longleftrightarrow y=f(x)\notin f(D)\Longleftrightarrow y\in[f(D)]^C$
역을 증명하기 위하여 $y\notin f(A)$인 $y\in B$가 있다고 가정하자. $y\in[f(A)]^C$이고 $[f(A)]^C=f(A^C)$이므로 $y\in f(A^C)$이다. $A^C=\phi$, $f(\phi)=\phi$이므로 원소 $y\in\phi$가 있다는 것은 모순이다. 따라서 $B=f(A)$, 즉 f는 전사이다. 집합 $D=A-\{a\}$에서 $a\in D^C$, $f(a)\in f(D^C)=[f(D)]^C$, $f(a)\notin f(D)$이다. 이는 $f(x)=f(a)$인 $x\in D$가 존재하지 않음을 뜻한다. $f(x)=f(a)$, $x\neq a$인 $x\in A$는 있지 않으므로 f는 단사이다.

9. $f(x)=e^x$, $f(y)=e^y$이라 하자. $f(x)=f(y)$, $e^x=e^y$의 양변에 log를 시행하면 $x=y$이다. 이는 f가 일대일임을 의미한다. 양의 실수 r에 대하여 $\log r=x$, $r=e^x$이므로 $f(x)=r$이다. 따라서 f는 전사이다. $g(x)=\log x$로 주어진 사상 $g:\mathbb{R}^+\to\mathbb{R}$에서 $(g\circ f)(x)=g(f(x))=g(e^x)=\log x^x=x=I_{\mathbb{R}}(x)$가 성립한다. 또한 $(f\circ g)(x)=f(g(x))=f(\log x)=e^{\log x}=x=I_{\mathbb{R}^+}(x)$이다.

10. f가 전사이면 모든 $b\in B$에 대하여, $f(a)=b$인 $a\in A$가 존재한다. 양변에 f^{-1}를 시행하면 $f^{-1}(b)=f^{-1}(f(a))=I_A(a)=a$이다. 따라서 f^{-1}는 전사이다. 단사임을 보이기 위하여 $f^{-1}(b)=f^{-1}(c)$, b, $c\in B$라 하자. 그러면 $I_B(b)=f(f^{-1}(b))=(f\circ f^{-1})(c)=I_B(c)$이므로 $b=c$이다. 이는 f^{-1}가 단사임을 뜻한다.

연습문제 1.3

1. ③

2. ①

3. ①

4. ④

5. 없다.

6. ②

7. ③

8. $\{f, g\}$

9. ϕ

10. $x \not\leq y$인 $y \in \phi$은 존재하지 않으므로 모든 $x \in A$에 대하여 $x \leq y$, $y \in \phi$은 참인 명제이다. $A = \{x \in A \mid x \leq y,\ y \in \phi\}$의 최대원이 하한이므로 $\inf \phi$는 A의 최대원이다. 같은 이유에서 $\sup \phi$는 A의 최소원이다. 따라서 ϕ의 하한은 존재하지 않는다.

11. $G^{-1} = \{(a, 1), (b, 1), (a, 3)\}$

12. ①

13. $R = \{(0, 0), (1, 1), (2, 2), (0, 1), (1, 0), (0, 2), (2, 0), (1, 2), (2, 1), (3, 3), (4, 4)\}$

14. $z \in G_x$이면 $z \sim x$이므로 $G_z = G_x$

15. $\{(0, x), (1, x)\}$

16. ②

17. $\{(a, a), (b, b), (c, c), (b, c), (c, b)\}$

18. ④

19. ③

20. ③

21. ③ $(x \wedge y) \vee x = x$

22. $f = \{(0, e), (1, d), (2, c), (6, b), (8, a)\}$

연습문제 1.4

1. a의 역원은 a^{-1}, a^{-1}의 역원은 $(a^{-1})^{-1}$이고 $aa^{-1} = a^{-1}a = e$, $a^{-1}(a^{-1})^{-1} = (a^{-1})^{-1}a^{-1} = 1$이다. $a^{-1}a = a^{-1}(a^{-1})^{-1}$의 양변에서 a^{-1}를 소거하면 $a = (a^{-1})^{-1}$

2. $a^2 = aa = a$의 양변에 a^{-1}를 곱하면 $a^{-1}a^2 = a^{-1}(aa) = (a^{-1}a)a = a$, $a^{-1}a = e$. 따라서 $a = e$

3. $(ab)(b^{-1}a^{-1}) = a(bb^{-1})a^{-1} = aea^{-1} = aa^{-1} = e$이므로 $(ab)^{-1} = b^{-1}a^{-1}$

4.

	e	a	b
e	e	a	b
a	a	b	e
b	b	e	a

5. $f: \mathbb{Z} \to \{-1, 1\}$, $f(n)=(-1)^n$이면 $f(m+n)=(-1)^{m+n}=(-1)^m(-1)^n=f(m)f(n)$

6. ① $ab \in HH$이면 $a \in H$, $b \in H$. H가 부분군이므로 $ab \in H$. $HH \subseteq H$이다. $a \in H$이면 $a=ea \in HH$이므로 $H \subseteq HH$. 따라서 $HH=H$
② $a \in H$이면 $a^{-1} \in H$이므로 $a=(a^{-1})^{-1} \in H^{-1}$. 즉 $H \subseteq H^{-1}$. $a \in H^{-1}$이면 $a \in H$이므로 $H^{-1} \subseteq H$. 따라서 $H=H^{-1}$
③ $H=H^{-1}$이므로 $HH=H$에서 $HH^{-1}=H$

7. $a, b \in G$, $(g \circ f)(ab)=g(f(ab))=g(f(a)f(b))=g(f(a))g(f(b))=(g \circ f)(a)(g \circ f)(b)$

8. $a, b \in \bigcap_{\alpha \in I} H_\alpha$이면 모든 α에 대하여 $a \in H_\alpha$, $b \in H_\alpha$이므로 $ab \in H_\alpha$이다. 이는 $ab \in \cap H_\alpha$임의 의미한다. $a \in \cap H_\alpha$이면 모든 α에 대하여 $a^{-1} \in H_\alpha$이므로 $a^{-1} \in \cap H_\alpha$이다. 따라서 $\cap H_\alpha$는 G의 부분군이다.

9. $A, B \in P(A)$에서 $(A \triangle B) \triangle C = A \triangle (B \triangle C)$이다. $A=\phi$이면 $A \triangle B = \phi \cup B - \phi \cap B = B$. ϕ는 항등원이다. $A \triangle B = \phi$이면 $B=A$이므로 $A^{-1}=A$이다. $A \triangle B = B \triangle A$이므로 $P(A)$는 가환이다.

10. ①, ④

11. a의 위수가 n이면 $f(a)^n=f(a)\cdots f(a)=f(a^n)=f(e)=e'$. $f(a)^n=e'$이면 $e'=f(a)^n=f(a^n)$. f가 일대일이므로 $f(a^n)=f(e)$이면 $a^n=e$. $a^n=e$일 필요충분조건은 $f(a)^n=e'$이다. 따라서 a, $f(a)$의 위수는 같다.

12. $f: \{e, a, a^2\} \to \{e, a, a^2\}$, $f(e)=e$, $f(a)=a$, $f(a^2)=a^2$은 자기동형사상이다.

13. $\ker f = \{i \in \mathbb{Z} \mid a^i = e\} = n\mathbb{Z}$, $\operatorname{Im} f = \{a^i \mid i \in \mathbb{Z}\} = G$

14. $f(a)=f(b)$이면 $e'=f(aa^{-1})=f(a)f(a^{-1})=f(b)f(a^{-1})=f(ba^{-1})$이므로 $ba^{-1} \in K$, $b \in Ka$이다. 역으로 $b \in Ka$이면 $ba^{-1} \in K$, $f(ba^{-1})=e'$, $f(b)f(a)^{-1}=e'$, $f(a)=f(b)$

15. 영원은 $0+0i$, 항등원 $1+i$이다.

16. 영원은 0, 항등원은 존재하지 않는다.

17. ① $a0=a(0+0)=a0+a0$. 양변에 $-a0$을 더하면 $0=a0-a0=(a0+a0)-a0=a0$. 즉 $a0=0=0a$이다.
② $ab+a(-b)=a(b-b)=a0=0$이므로 $a(-b)=-ab$
③ $(-a)(-b)=-(-a)b=-(-(ab))=ab$

18. $n \neq 0$의 역원은 $\frac{1}{n}$이다. $\frac{1}{n} \in \mathbb{Z}$이면 $n=1, -1$. 단원은 $1, -1$뿐이다.

19. $a \oplus b = a$인 b를 구하자. $a+b+1=a$, $b=a-a-1=-1$이므로 -1이 영원이다. $a \oplus b = -1$이면 $a+b+1=-1$. $b=-a-2$가 a의 음원이다. $a \odot 0 = a+0+a0 = a$이므

로 항등원은 0이다. $a\neq 0$, $a\odot b=0$이면 $a+b+ab=0$, $b=-\dfrac{a}{1+a}$가 a의 역원이다.

20. $(a, r)\oplus(b, s)=(a, r)$이면 $(a+b, r+s)=(a, r)$, $a+b=a$, $r+s=r$이므로 $(b, s)=(0, 0)$이 영원이다. $(a, r)\oplus(-a, -r)=(0, 0)$이므로 $(-a, -r)$는 (a, r)의 음원이다. $(a, r)\odot(b, s)=(a, r)$이면 $(ab+rb+sa, rs)=(a, r)$, $ab+rb+sa=a$, $rs=r$이다. $s=1$이므로 $ab+rb+a=a$, $ab+rb=0$, $(a+r)b=0$. 모든 a, r에서 $(a+r)b=0$이므로 $b=0$이다. 따라서 $(0, 1)$은 항등원이다.

21. $(a, n)=1$이면 a는 단원, $(a, n)\neq 1$이면 영인자이다. $(a, n)\neq 1$인 $a=2, 3, 4, 6, 8, 9, 10$이다. $2\cdot 6=0$, $3\cdot 4=0$, $8\cdot 3=0$, $9\cdot 4=0$. $10\cdot 6=0$이므로 영인자는 2, 3, 4, 6, 8, 9, 10이다.

22. ① $(rr', ss')=(0, 0)$이면 $rr'=0$, $ss'=0$. $rr'=0$이면 $r=0$ 또는 $r'=0$, $ss'=0$이면 $s=0$ 또는 $s'=0$. $r=0$, $r'\neq 0$, $s\neq 0$, $s'=0$이면 $(r, s)\neq(0, 0)$, $(r', s')\neq(0, 0)$. $R\oplus S$가 항상 정역은 아니다.
② $(r, s)\cdot(r', s')=(1, 1)$이면 $(rr', ss')=(1, 1)$, $rr'=1$, $ss'=1$, $r'=r^{-1}$, $s'=s^{-1}$이므로 $(r, s)^{-1}=(r^{-1}, s^{-1})$. 즉 $R\oplus S$는 체이다.

23. $f: R\oplus S\to R\oplus S$, $f(r, s)=(s, r)$는 동형사상이다.

24. $I\neq\{0\}$이면 $a\in I$, $a\neq 0$가 존재한다. $a\in\mathbb{R}$, $a^{-1}\in\mathbb{R}$에서 $1=aa^{-1}\in I$이므로 $1\in I$이다. 모든 $a\in\mathbb{R}$에서 $a=a1\in I$이므로 $R\subseteq I$이다. 따라서 $R=I$가 된다.

연습문제 2.1

1. $$(AB)C=\left(\begin{bmatrix}1&1\\-1&2\\0&3\end{bmatrix}\begin{bmatrix}3&-1\\0&1\end{bmatrix}\right)\begin{bmatrix}1&0&2\\1&1&0\end{bmatrix}=\begin{bmatrix}3&0\\-3&3\\0&3\end{bmatrix}\begin{bmatrix}1&0&2\\1&1&0\end{bmatrix}=\begin{bmatrix}3&0&6\\0&3&-6\\3&3&0\end{bmatrix}$$

$$A(BC)=\begin{bmatrix}1&1\\-1&2\\0&3\end{bmatrix}\left(\begin{bmatrix}3&-1\\0&1\end{bmatrix}\begin{bmatrix}1&0&2\\1&1&0\end{bmatrix}\right)=\begin{bmatrix}1&1\\-1&2\\0&3\end{bmatrix}\begin{bmatrix}2&-1&6\\1&1&0\end{bmatrix}=\begin{bmatrix}3&0&6\\0&3&-6\\3&3&0\end{bmatrix}$$

이므로 $(AB)C=A(BC)$

2. $$A^2=\begin{bmatrix}\alpha&a\\0&\alpha\end{bmatrix}\begin{bmatrix}\alpha&a\\0&\alpha\end{bmatrix}=\begin{bmatrix}\alpha^2&2a\alpha\\0&\alpha^2\end{bmatrix},\ A^3=A^2A=\begin{bmatrix}\alpha^2&2a\alpha\\0&\alpha^2\end{bmatrix}\begin{bmatrix}\alpha&a\\0&\alpha\end{bmatrix}$$

$$=\begin{bmatrix}\alpha^3&3a\alpha^2\\0&\alpha^3\end{bmatrix},\ \cdots,\ A^n=\begin{bmatrix}\alpha^n&na\alpha^{n-1}\\0&\alpha^n\end{bmatrix}$$

$$B=\begin{bmatrix}\alpha&1&0\\0&\alpha&1\\0&0&\alpha\end{bmatrix}=\alpha\begin{bmatrix}1&0&0\\0&1&0\\0&0&1\end{bmatrix}+\begin{bmatrix}0&1&0\\0&0&1\\0&0&0\end{bmatrix}=\alpha I+D$$라 놓으면

$B^n=(\alpha I+D)^n=\alpha^n I^n+{}_nC_1\alpha^{n-1}I^{n-1}D+{}_nC_2\alpha^{n-2}I^{n-2}D^2+{}_nC_3\alpha^{n-3}I^{n-3}D^3+\cdots+D^n.$

$$D^2=\begin{bmatrix}0&1&0\\0&1&0\\0&0&0\end{bmatrix}\begin{bmatrix}0&1&0\\0&1&0\\0&0&0\end{bmatrix}=\begin{bmatrix}0&0&1\\0&0&0\\0&0&0\end{bmatrix},\quad D^3=\begin{bmatrix}0&0&1\\0&0&0\\0&0&0\end{bmatrix}\begin{bmatrix}0&1&0\\0&0&1\\0&0&0\end{bmatrix}=O$$

에서 $D^n=0,\ n\geq 3$이므로

$$\begin{aligned}B^n&=\alpha^n I+{}_nC_1\alpha^{n-1}D+{}_nC_2\alpha^{n-2}D^2\\&=\begin{bmatrix}\alpha^n&0&0\\0&\alpha^n&0\\0&0&\alpha^n\end{bmatrix}+\begin{bmatrix}0&{}_nC_1\alpha^{n-1}&0\\0&0&{}_nC_1\alpha^{n-1}\\0&0&0\end{bmatrix}+\begin{bmatrix}0&0&{}_nC_2\alpha^{n-2}\\0&0&0\\0&0&0\end{bmatrix}\\&=\begin{bmatrix}\alpha^n&{}_nC_1\alpha^{n-1}&{}_nC_2\alpha^{n-2}\\0&\alpha^n&{}_nC_1\alpha^{n-1}\\0&0&\alpha^n\end{bmatrix}\end{aligned}$$

3. $$A^2=\begin{bmatrix}\cos\theta&-\sin\theta\\\sin\theta&\cos\theta\end{bmatrix}\begin{bmatrix}\cos\theta&-\sin\theta\\\sin\theta&\cos\theta\end{bmatrix}=\begin{bmatrix}\cos^2\theta-\sin^2\theta&-2\sin\theta\cos\theta\\2\sin\theta\cos\theta&\cos^2\theta-\sin^2\theta\end{bmatrix}$$
$$=\begin{bmatrix}\cos2\theta&-\sin2\theta\\\sin2\theta&\cos2\theta\end{bmatrix},\ \cdots,\ A^n=\begin{bmatrix}\cos n\theta&-\sin n\theta\\\sin n\theta&\cos n\theta\end{bmatrix}$$

4. ① 역행렬 A^{-1}를 양변에 곱하면 $A^{-1}(AB)=A^{-1}(AC)$, $(A^{-1}A)B=(A^{-1}A)C$, $IB=IC$, $B=C$

② $A^{-1}A=A^{-1}(\lambda B)=\lambda A^{-1}B$, $I=\lambda A^{-1}B$. 양변에 B^{-1}를 곱하면 $IB^{-1}=(\lambda A^{-1}B)B^{-1}=\lambda A^{-1}(BB^{-1})=\lambda A^{-1}I$, $B^{-1}=\lambda A^{-1}$, $A^{-1}=\dfrac{1}{\lambda}B^{-1}$

③ $(AB)^t=B^tA^t$이므로 $(B^tA^t)^{-1}=(A^t)^{-1}(B^t)^{-1}=A^{-1}B^{-1}$

5. $(AB+BA)^t=(AB)^t+(BA)^t=B^tA^t+A^tB^t=BA+AB=AB+BA$이므로 $AB+BA$도 대칭행렬이다. $(P^tAP)^t=(AP)^t(P^t)^t=(AP)^tP=(P^tA^t)P=P^tAP$이므로 P^tAP도 대칭행렬이다.

6. ① $X^tA=[x_1\ x_2\ \cdots\ x_n][a_{ij}]=\left(\sum_{i=1}^n x_ia_{i1},\ \sum_{i=1}^n x_ia_{i2},\ \cdots,\ \sum_{i=1}^n x_ia_{in}\right)$

$$X^tAX=[x_1\ x_2\ \cdots\ x_n]\begin{bmatrix}a_{11}&a_{12}&\cdots&a_{1n}\\a_{21}&a_{22}&\cdots&a_{2n}\\\vdots&\vdots&&\vdots\\a_{n1}&a_{n2}&\cdots&a_{nn}\end{bmatrix}\begin{bmatrix}x_1\\x_2\\\vdots\\x_n\end{bmatrix}$$
$$=\sum_{i=1}^n\sum_{j=1}^n a_{ij}x_ix_j=a_{11}x_1^2+\cdots+a_{nn}x_n^2+(a_{12}+a_{21})x_1x_2$$
$$+(a_{13}+a_{31})x_1x_3+\cdots+(a_{n-1,\,1}+a_{n,\,n-1})x_{n-1}x_n=0$$

모든 X^t에 대하여 성립하면 $X_i=(0,\ \cdots,\ 1,\ \cdots,\ 0)$에 대하여도 성립하므로 $X_i^tAX_i=0$에서 모든 $a_{ii}=0,\ i=1,\ \cdots,\ n$. 그러므로 $X^tAX=(a_{12}+a_{21})x_1x_2+\cdots+(a_{n-1,\,n}+a_{n,\,n-1})x_{n-1}x_n=0$.

$X_i=(0,\ \cdots,\ 0,\ i,\ 0,\ \cdots,\ 0)$, $X_{ij}=(0,\ \cdots,\ 0,\ i,\ 0,\ \cdots,\ 0,\ j,\ 0,\ \cdots,\ 0)$에서 $X_{ij}^tAX_{ij}=0$

을 구하면

$$X_i=(0, \cdots, 0, \underset{\substack{\uparrow \\ i}}{1}, 0, \cdots, 0),\ X_{ij}=(0, \cdots, 0, \underset{\substack{\uparrow \\ i}}{1}, 0, \cdots, 0, \underset{\substack{\uparrow \\ j}}{1}, 0, \cdots, 0)$$

$$X_i^t A X=[0 \cdots 1 \cdots 0]\begin{bmatrix} a_{11} & a_{12} & \cdots & a_{1n} \\ a_{21} & a_{22} & \cdots & a_{2n} \\ \vdots & \vdots & & \vdots \\ a_{n1} & a_{n2} & \cdots & a_{nn} \end{bmatrix}\begin{bmatrix} 0 \\ \vdots \\ 1 \\ \vdots \\ 0 \end{bmatrix}=[a_{i1}\ a_{i2}\ \cdots\ a_{in}]\begin{bmatrix} 0 \\ \vdots \\ 1 \\ \vdots \\ 0 \end{bmatrix}=a_{ii}=0$$

$$X_{ij}^t A X_{ij}=[0\ \cdots\ 1\ \cdots\ 1\ \cdots\ 0]\begin{bmatrix} a_{11} & a_{12} & \cdots & a_{1n} \\ a_{21} & a_{22} & \cdots & a_{2n} \\ \vdots & \vdots & & \vdots \\ a_{n1} & a_{n2} & \cdots & a_{nn} \end{bmatrix}\begin{bmatrix} 0 \\ \vdots \\ 1 \\ \vdots \\ 1 \\ \vdots \\ 0 \end{bmatrix}$$

$$=[a_{i1}+a_{j1},\ a_{i2}+a_{j2},\ \cdots,\ a_{in}+b_{jn}]\begin{bmatrix} 0 \\ \vdots \\ 1 \\ \vdots \\ 1 \\ \vdots \\ 0 \end{bmatrix}$$

$$=a_{ii}+a_{jj}+a_{ij}+a_{ji}=0$$

모든 $a_{ij}=-a_{ji}$이므로 A는 교대행렬이다. 역으로 A가 교대행렬이면 $a_{ij}=-a_{ji}$이므로 $X^tAX=0$

② A가 대칭행렬이면 $a_{ij}=a_{ji}$이다. $a_{ij}=-a_{ji}$이므로 $a_{ij}=0$, $A=O$. 역으로 $A=O$이면 $X^tAX=0$은 분명하다.

7. $\mathrm{tr}(B^{-1}AB)=\mathrm{tr}(B^{-1}(AB))=\mathrm{tr}((AB)B^{-1})=\mathrm{tr}(A(BB^{-1}))=\mathrm{tr}\,A$

8. ① $A^t=A^{-1}$, $B^t=B^{-1}$이므로 $(AB)^t=B^{-1}A^{-1}=(AB)^{-1}$. 따라서 AB는 직교행렬이다.

② $I^t=I=I^{-1}$이므로 I는 직교행렬이다.

③ $|A|^2=|A||A|=|{}^tA||A|=|{}^tAA|=|I|=1$이므로 $|A|=\pm 1$

9. ① $\overline{\overline{P^t}}=P^t$, $\overline{PQ}=\overline{P}\overline{Q}$, $\overline{A}=A^t$이므로 $\overline{PA\overline{P^t}}=\overline{P}\overline{A}P^t=\overline{P}A^t\overline{\overline{P^t}}=(PA\overline{P^t})^t$. 따라서 $PA\overline{P^t}$는 Hermite행렬이다.

② $(AB)^t=B^tA^t=BA$에서 $(AB)^t=AB \Longleftrightarrow AB=BA$

10. ① $A^t=(AA^t)^t=AA^t=A$, $A=AA^t=AA=A^2$이므로 $A^t=A$, $A^2=A$

② $C^2=\{X(X^tX)^{-1}X^t\}\{X(X^tX)^{-1}X^t\}=X(X^tX)^{-1}X^tX(X^tX)^{-1}X^t=X(X^tX)^{-1}X^t=C$, $C^t=(X(X^tX)^{-1}X^t)^t=X[(X^tX)^{-1}]^tX^t=X(X^tX)^{-1}X^t=C$. 따라서 $C^2=C=C^t$

11. ① $(A+B)^*=\overline{(A+B)^t}=\overline{A^t+B^t}=\overline{A^t}+\overline{B^t}=A^*+B^*$. $(AB)^*=\overline{(AB)^t}=\overline{B^tA^t}=\overline{B^t}\,\overline{A^t}=B^*A^*$. $(\lambda A)^*=\overline{(\lambda A)^t}=\overline{\lambda A^t}=\bar{\lambda}\,\overline{A^t}=\bar{\lambda}A^*$. $(A^{-1})^*=\overline{(A^{-1})^t}=\overline{(A^t)^{-1}}=(\overline{A^t})^{-1}=(A^*)^{-1}$

② $(A+A^*)^*=A^*+(A^*)^*=A^*+A=A+A^*$, $(A-A^*)^*=A^*-(A^*)^*=A^*-A=-(A-A^*)$이므로 $A+A^*$는 Hermite행렬, $A-A^*$는 Hermite교대행렬이다.

12. $A=\dfrac{A+A^*}{2}+\dfrac{A-A^*}{2}$, $\dfrac{A+A^*}{2}$는 Hermite행렬, $\dfrac{A-A^*}{2}$는 Hermite교대행렬이다. $A=B_1+C_1=B_2+C_2$인 Hermite행렬 B_1, B_2와 Hermite교대행렬 C_1, C_2가 있다면 $B_1-B_2=C_2-C_1=D$. $D^*=(B_1-B_2)^*=B_1^*-B_2^*=B_1-B_2=D$, $D^*=(C_2-C_1)^*=C_2^*-C_1^*=-C_2+C_1=-D$. $D^*=D=-D$, $2D=0$, $D=0$이므로 $B_1=B_2$, $C_1=C_2$이다.

13. ① $A=[a_{ij}]$, $a_{ij}=0$, $i>j$, $B=[b_{jk}]$, $b_{jk}=0$, $j>k$라 놓으면 $AB=[c_{ik}]$, $i>k$일 때, $C_{ik}=a_{i1}b_{1k}+a_{i2}b_{2k}+\cdots+a_{ik}b_{kk}+\cdots+a_{in}b_{nk}=a_{ii}b_{ik}+\cdots+a_{in}b_{nk}$. 그런데 $i>j>k$이므로 $b_{ik}=\cdots=b_{nk}=0$. $i>k$이면 $c_{ik}=0$이므로 AB는 상 3 각행렬이다.

② $(P^{-1}AP)^2=(P^{-1}AP)(P^{-1}AP)=P^{-1}A(PP^{-1})AP=P^{-1}AIAP=P^{-1}A^2P$. $n-1$일 때 성립한다면 $(P^{-1}AP)^n=(P^{-1}AP)^{n-1}(P^{-1}AP)=(P^{-1}A^{n-1}P)(P^{-1}AP)=P^{-1}A^{n-1}(PP^{-1})AP=P^{-1}A^{n-1}AP=P^{-1}A^nP$. 따라서 모든 n에 대하여 $(P^{-1}AP)^n=P^{-1}A^nP$

14. ① $A(I+A)=AI+A^2=A+O=A$, $A(I+A)^2=A(I+2A+A^2)=A(I+2A)=A+2A^2=A$. $n-1$일 때 성립한다면 $A(I+A)^n=A(I+A)^{n-1}(I+A)=A(I+A)=A$. 따라서 모든 n에 대하여 $A(I+A)^n=A$

15. ① $B(I+A)=(I-A)(I+A)^{-1}(I+A)=I-A$의 양변에 $I+A$를 더하면 $B(I+A)+(I+A)=(I-A)+(I+A)$, $(I+B)(I+A)=I$. $(I+B)^{-1}=(I+A)^{-1}$이므로 $I+B$는 정칙행렬이다.

② $B(I+A)=I-A$에서 $(I+B)A=A+BA=A+I-A-B=I-B$. $I+B$가 정칙이므로 $A=(I+B)^{-1}(I-B)$. $AA^t=A^tA=I$, $B^t=[(I-A)(I+A)^{-1}]^t=[(I+A)^{-1}]^t(I-A)^t=(I+A^t)^{-1}(I-A)^t=(I+A^t)^{-1}(I-A^t)$. $(I+A^t)B^t=I-A^t$, $A(I+A^t)B^t=A(I-A^t)=A-AA^t=A-I$, $(A+AA^t)B^t=A-AA^t$, $(A+I)B^t=A-I$이므로 $B^t=(A+I)^{-1}(A-I)=-(I-A)(I+A)^{-1}=-B$. 따라서 $A^t=A^{-1}$이면 $B^t=-B$. 다음으로 $A^t=-A$이면 $B^t=(I+A^t)^{-1}(I-A^t)=(I-A)^{-1}(I+A)$. $B^tB=(I-A)^{-1}(I+A)(I-A)(I+A)^{-1}=(I-A)^{-1}(I-A)(I+A)(I+A)^{-1}=II=I$이므로 $B^t=B^{-1}$. 따라서 B는 직교행렬이다.

16. ① A^{-1}가 존재하므로 $A^{-1}(AB)=(A^{-1}A)B=IB=B=0$. 따라서 B는 정칙이 아니다.

② A가 정칙이면 $A^n=A^{n-1}A=I$에서 $A^{-1}=A^{n-1}$

③ A가 정칙행렬이면 $A^{-1}A^n=A^{-1}O=O$, $A^{n-1}=O$. $A^{-1}A^{n-1}=A^{n-2}=O$, $\cdots$, $A^{-1}A^{n-(n-2)}=A=O$. $A\neq O$이었으므로 모순이다. 따라서 A는 비정칙행렬이다. $A^n=O$이면 $(I-A)(I+A+\cdots+A^{n-1})=I$이므로 $I-A$는 정칙이다. $(I+A)^{-1}=I-A+\cdots+(-1)^{n-1}A^{n-1}$이므로 $I+A$도 정칙이다.

④ A가 정칙이면 $A^{-1}A^2=A=I$이므로 모순이다.

17. $\frac{1}{2}(A+A^t)=\begin{bmatrix}6&0&3\\0&8&2\\3&2&2\end{bmatrix}$, $\frac{1}{2}(A-A^t)=\begin{bmatrix}0&3&-2\\-3&0&-2\\2&2&0\end{bmatrix}$

$$A=\begin{bmatrix}6&0&3\\0&8&2\\3&2&2\end{bmatrix}+\begin{bmatrix}0&3&-2\\-3&0&-2\\2&2&0\end{bmatrix}$$

$\frac{1}{2}(B+B^*)=\begin{bmatrix}1&6&5+i\\6&5&2+i\\5-i&2-i&9\end{bmatrix}$, $\frac{1}{2}(B-B^*)=\begin{bmatrix}3i&-2+2i&1+7i\\2+2i&7i&7i\\-1+7i&7i&i\end{bmatrix}$

$$B=\begin{bmatrix}1&6&5+i\\6&5&2+i\\5-i&2-i&9\end{bmatrix}+\begin{bmatrix}3i&-2+2i&1+7i\\2+2i&7i&7i\\-1+7i&7i&i\end{bmatrix}$$

18. $A^2=AA=\begin{bmatrix}1&2\\4&-3\end{bmatrix}\begin{bmatrix}1&2\\4&-3\end{bmatrix}=\begin{bmatrix}9&-4\\-8&17\end{bmatrix}$, $A^3=AA^2=\begin{bmatrix}-7&30\\60&-67\end{bmatrix}$

$$f(A)=2\begin{bmatrix}-7&30\\60&-67\end{bmatrix}-4\begin{bmatrix}1&2\\4&-3\end{bmatrix}+\begin{bmatrix}5&0\\0&5\end{bmatrix}=\begin{bmatrix}-13&52\\104&-117\end{bmatrix}$$

연습문제 2.2

1. ① $\begin{bmatrix}a_{11}&a_{12}&a_{13}\\a_{31}&a_{32}&a_{33}\\a_{21}&a_{22}&a_{23}\end{bmatrix}=A_{(R_2\leftrightarrow R_3)}$ ② $\begin{bmatrix}a_{11}&a_{12}&a_{13}\\ka_{21}&ka_{22}&ka_{23}\\a_{31}&a_{32}&a_{33}\end{bmatrix}=A_{(R_2\to kR_2)}$

③ $\begin{bmatrix}a_{11}&a_{12}&a_{13}\\a_{21}&a_{22}&a_{23}\\a_{31}+ka_{11}&a_{32}+ka_{12}&a_{33}+ka_{13}\end{bmatrix}=A_{(R_3\to R_3+kR_1)}$

④ $\begin{bmatrix}a_{11}&a_{13}&a_{12}\\a_{21}&a_{23}&a_{22}\\a_{31}&a_{33}&a_{32}\end{bmatrix}=A_{(C_2\leftrightarrow C_3)}$ ⑤ $\begin{bmatrix}a_{11}&ka_{12}&a_{13}\\a_{21}&ka_{22}&a_{23}\\a_{31}&ka_{32}&a_{33}\end{bmatrix}=A_{(C_2\to kC_2)}$

⑥ $\begin{bmatrix}a_{11}+ka_{13}&a_{12}&a_{13}\\a_{21}+ka_{23}&a_{22}&a_{23}\\a_{31}+ka_{33}&a_{32}&a_{33}\end{bmatrix}=A_{(C_1\to C_1+kC_3)}$

2. $A^{-1}=\frac{1}{18}\begin{bmatrix} 2 & 5 & -7 & 1 \\ 5 & -1 & 5 & -2 \\ -7 & 5 & 11 & 10 \\ 1 & -2 & 10 & 5 \end{bmatrix}$ $\quad B^{-1}=\frac{1}{5}\begin{bmatrix} -115 & 145 & -64 & -18 \\ 50 & -60 & 26 & 7 \\ 5 & -10 & 6 & 2 \\ 10 & -10 & 3 & 1 \end{bmatrix}$

3. ① $x_1=-2x_3+x_4,\ x_2=-5x_3-4x_4,\ x_3,\ x_4$는 임의의 수

② $x_1=\frac{7}{5},\ x_2=\frac{14}{5},\ x_3=-\frac{3}{5}$

4. (i) $A=I^{-1}AI=IAI$이므로 $A\approx A$

(ii) $A\approx B$이면 $B=P^{-1}AP$. $A=PBP^{-1}=(P^{-1})^{-1}B(P^{-1})$이므로 $B\approx A$

(iii) $A\approx B,\ B\approx C$이면 $B=P^{-1}AP,\ C=Q^{-1}BQ$. $C=Q^{-1}(P^{-1}AP)Q=(PQ)^{-1}A(PQ)$이므로 $A\approx C$

5. $P=\frac{1}{5}\begin{bmatrix} 25 & -5 & -25 \\ 15 & -6 & -11 \\ -40 & 13 & 38 \end{bmatrix}$

6. ① $[A \mid B]=\left[\begin{array}{cc|cc} 1 & 2 & 2 & 5 \\ 3 & 4 & 3 & -2 \end{array}\right]\xrightarrow[-3R_1+R_3]{}\left[\begin{array}{cc|cc} 1 & 2 & 2 & 5 \\ 0 & -2 & -3 & -17 \end{array}\right]$

$\xrightarrow[R_2+R_1]{}\left[\begin{array}{cc|cc} 1 & 0 & -1 & -12 \\ 0 & -2 & -3 & -17 \end{array}\right]\xrightarrow{\quad}\left[\begin{array}{cc|cc} 1 & 0 & -1 & -12 \\ 0 & 1 & \frac{3}{2} & \frac{17}{2} \end{array}\right]$

$=[I \mid C],\ C=\begin{bmatrix} -1 & -12 \\ \frac{3}{2} & \frac{17}{2} \end{bmatrix}$

7. $(I_{(R_i\leftrightarrow R_j)})^{-1}=I_{(R_i\leftrightarrow R_j)},\ (I_{(aR_i)})^{-1}=(I_{(\frac{1}{a}R_i)})^{-1},\ (I_{(aR_i+R_j)})^{-1}=I_{(-aR_i+R_j)}$를 이용한다.

$A=\begin{bmatrix} 2 & 1 \\ 1 & 2 \end{bmatrix},\ \begin{bmatrix} 0 & 1 \\ 1 & 0 \end{bmatrix}\begin{bmatrix} 2 & 1 \\ 1 & 2 \end{bmatrix}=\begin{bmatrix} 1 & 2 \\ 2 & 1 \end{bmatrix},$

$\begin{bmatrix} 1 & 0 \\ -2 & 1 \end{bmatrix}\begin{bmatrix} 1 & 2 \\ 2 & 1 \end{bmatrix}=\begin{bmatrix} 1 & 2 \\ 0 & -3 \end{bmatrix},\ \begin{bmatrix} 1 & 0 \\ 0 & \frac{2}{3} \end{bmatrix}\begin{bmatrix} 1 & 2 \\ 0 & -3 \end{bmatrix}=\begin{bmatrix} 1 & 2 \\ 0 & -2 \end{bmatrix},$

$\begin{bmatrix} 1 & 1 \\ 0 & 1 \end{bmatrix}\begin{bmatrix} 1 & 2 \\ 0 & -2 \end{bmatrix}=\begin{bmatrix} 1 & 0 \\ 0 & -2 \end{bmatrix},\ \begin{bmatrix} 1 & 0 \\ 0 & -\frac{1}{2} \end{bmatrix}\begin{bmatrix} 1 & 0 \\ 0 & -2 \end{bmatrix}=\begin{bmatrix} 1 & 0 \\ 0 & 1 \end{bmatrix},$

$\begin{bmatrix} 1 & 0 \\ 0 & -\frac{1}{2} \end{bmatrix}\begin{bmatrix} 1 & 1 \\ 0 & 1 \end{bmatrix}\begin{bmatrix} 1 & 0 \\ 0 & \frac{2}{3} \end{bmatrix}\begin{bmatrix} 1 & 0 \\ -2 & 1 \end{bmatrix}\begin{bmatrix} 0 & 1 \\ 1 & 0 \end{bmatrix}\begin{bmatrix} 2 & 1 \\ 1 & 2 \end{bmatrix}=\begin{bmatrix} 1 & 0 \\ 0 & 1 \end{bmatrix},$

$\begin{bmatrix} 1 & 0 \\ 0 & -\frac{1}{2} \end{bmatrix}^{-1}=\begin{bmatrix} 1 & 0 \\ 0 & -2 \end{bmatrix},\ \begin{bmatrix} 1 & 1 \\ 0 & 1 \end{bmatrix}^{-1}=\begin{bmatrix} 1 & -1 \\ 0 & 1 \end{bmatrix},\ \begin{bmatrix} 1 & 0 \\ 0 & \frac{2}{3} \end{bmatrix}^{-1}=\begin{bmatrix} 1 & 0 \\ 0 & \frac{3}{2} \end{bmatrix},$

$$\begin{bmatrix} 1 & 0 \\ -2 & 1 \end{bmatrix}^{-1} = \begin{bmatrix} 1 & 0 \\ 2 & 1 \end{bmatrix}, \begin{bmatrix} 0 & 1 \\ 1 & 0 \end{bmatrix}^{-1} = \begin{bmatrix} 0 & 1 \\ 1 & 0 \end{bmatrix}$$

따라서 $A = \begin{bmatrix} 0 & 1 \\ 1 & 0 \end{bmatrix} \begin{bmatrix} 1 & 0 \\ 2 & 1 \end{bmatrix} \begin{bmatrix} 1 & 0 \\ 0 & \frac{3}{2} \end{bmatrix} \begin{bmatrix} 1 & -1 \\ 0 & 1 \end{bmatrix} \begin{bmatrix} 1 & 0 \\ 0 & -2 \end{bmatrix} \begin{bmatrix} 1 & 0 \\ 0 & 1 \end{bmatrix}$

8. A가 정칙행렬이면 기본행렬의 곱 P가 존재하여 $PA=I$. $PA=PBC=I$, $(PB)C=I$이므로 PB는 C의 역행렬이다. $PA=I$의 양변에 P^{-1}, P를 곱하면 $P^{-1}(PA)P=P^{-1}IP$, $AP^{-1}=I$. $AP^{-1}=(BC)P^{-1}=B(CP^{-1})=I$이므로 CP^{-1}은 C의 역행렬이다. 따라서 B와 C는 모두 정칙행렬이다.

9. $A^{-1} = \begin{bmatrix} -1 & 1 & 0 & 0 \\ 1 & -2 & 1 & 0 \\ 0 & 1 & -2 & 1 \\ 0 & 0 & 0 & -1 \end{bmatrix}$ $\quad B^{-1} = \frac{1}{18} \begin{bmatrix} 2 & 5 & -7 & 1 \\ 5 & -1 & 5 & -2 \\ -7 & 5 & 11 & 10 \\ 1 & -2 & 10 & 5 \end{bmatrix}$

10. $A \sim \begin{bmatrix} 1 & 0 & 0 & 0 & 0 \\ 0 & 1 & 0 & 0 & 0 \\ 0 & 0 & 0 & 0 & 0 \\ 0 & 0 & 0 & 0 & 0 \end{bmatrix}$, $B \sim I_4$

연습문제 2.3

1. $|A|=(t+2)(t-2)(t+4)=0$, $t=-4, -2, 2$
$|B|=2t(t-2)=0$, $t=0, 2$

2. $|E_2|=k|I|=k$, $|E_1|=-|I|=-1$, $|E_3|=|I|=1$. $|E_2A|=k|A|=|E_2||A|$, $|E_1A|=-|A|=|E_1||A|$, $|E_3A|=|A|=|I||A|=|E_3||A|$

3. $A \underset{R}{\sim} B$이면 $B=E_s \cdots E_1A$인 기본행렬 $E_1, \cdots, E_s$가 존재한다. $|B|=|E_s|\cdots|E_1||A|$이므로 $|A|=0 \Longleftrightarrow |B|=0$

4. A가 특이행렬이면 AB도 특이행렬이므로 $|AB|=0=|A||B|$. A가 정칙행렬이면 $A=E_s \cdots E_2E_1$이므로 $|A|=|E_s \cdots E_1I|=|E_s|\cdots|E_1||I|=|E_s|\cdots|E_1|$. $|AB|=|E_n \cdots E_1B|=|E_n|\cdots|E_1||B|=|A||B|$

5. $AA^{-1}=I$. $|I|=|A||A^{-1}|=1$에서 $|A^{-1}|=|A|^{-1}$

6. σ, δ는 I_n에서 I_n 위로의 일대일 사상이므로 $(\delta^{-1}\sigma^{-1})(\sigma\delta)=\delta^{-1}(\sigma^{-1}\sigma)\delta=\delta^{-1}\delta=1$, $\sigma\sigma^{-1}=1$. 따라서 $\delta^{-1}\sigma^{-1}=(\sigma\delta)^{-1}$, $(\sigma^{-1})^{-1}=\sigma$

7. ① $\sigma^{-1} = \begin{pmatrix} 1 & 2 & 3 \\ 2 & 3 & 1 \end{pmatrix}$, $\delta^{-1} = \begin{pmatrix} 1 & 2 & 3 & 4 & 5 \\ 4 & 1 & 5 & 2 & 3 \end{pmatrix}$

8. ① $\sigma=(1\ 3)(2\ 4\ 5)$, $\delta=(1\ 2\ 3\ 4)$. $\sigma=(1\ 3)(2\ 5)(2\ 4)$, $\delta=(1\ 4)(1\ 3)(1\ 2)$ 이므로 $\text{sgn}(\sigma)=-1$, $\text{sgn}(\delta)=-1$

9. ① $\begin{pmatrix}1&2&3&4\\2&1&3&4\end{pmatrix}\begin{pmatrix}1&2&3&4\\3&2&1&4\end{pmatrix}\begin{pmatrix}1&2&3&4\\4&2&3&1\end{pmatrix}=\begin{pmatrix}1&2&3&4\\4&1&2&3\end{pmatrix}$

② $\begin{pmatrix}1&2&3&4\\4&2&3&1\end{pmatrix}\begin{pmatrix}1&2&3&4\\3&2&1&4\end{pmatrix}\begin{pmatrix}1&2&3&4\\2&1&3&4\end{pmatrix}=\begin{pmatrix}1&2&3&4\\2&3&4&1\end{pmatrix}=(1\ 2\ 3\ 4)$

③ $\begin{pmatrix}1&2&3&4&5\\3&2&5&1&4\end{pmatrix}$ ④ $\begin{pmatrix}1&2&3&4&5\\5&4&3&1&2\end{pmatrix}$

10. ① $Q(x_1, x_2, x_3, x_4)=(x_1-x_2)(x_1-x_3)(x_1-x_4)(x_2-x_3)(x_2-x_4)(x_3-x_4)$

② σ가 일대일이고 위로의 사상이므로 σ가 우치환이면 $\sigma(Q)=Q$, σ가 기치환이면 $\sigma(Q)=-Q$이다. 이때 각각 $\text{sgn}(\sigma)=1$, $\text{sgn}(\sigma)=-1$이므로 $\sigma(Q)=\text{sgn}(\sigma)Q$이다.

11. ① 21

② 100

12. $A=(A_1, A_2, \cdots, A_n)$이라 놓으면 $\alpha A=(\alpha A_1, \alpha A_2, \cdots, \alpha A_n)$. $|\alpha A|=|(\alpha A_1, \alpha A_2, \cdots, \alpha A_n)|=\alpha|(A_1, \alpha A_2, \cdots, \alpha A_n)|=\cdots=\alpha^n|A|$

13. ① $\begin{vmatrix}1&1&1\\0&x-1&1\\0&x^2-1&3\end{vmatrix}=\begin{vmatrix}1&0&0\\0&x-1&1\\0&x^2-1&3\end{vmatrix}=\begin{vmatrix}x-1&1\\x^2-1&3\end{vmatrix}=(x-1)(2-x)=0,\ x=1,\ 2$

② $\begin{vmatrix}0&1&\sin x\\\cos x&0&\sin x\\\cos x&1&0\end{vmatrix}=2\sin x\cos x=\sin 2x=1,\ x=(4n+1)\dfrac{\pi}{4}$

14. $\begin{vmatrix}\sin x_1&\cos x_1&0\\\sin x_2&\cos x_2&0\\\sin x_3&\cos x_3&0\end{vmatrix}\begin{vmatrix}\cos y_1&\cos y_2&\cos y_3\\\sin y_1&\sin y_2&\sin y_3\\0&0&0\end{vmatrix}=0$

기본행렬 $I_{(R_j\to\alpha R_j)}$, $I_{R_i\to R_j}$, $I_{(R_i\to R_i+\alpha R_j)}$의 행렬식의 값을 구하여라.

15. $|A^t|=|A|$이므로 $|AA^t|=|A||A^t|=|A||A|=|A|^2=|I|$, $|A|^2=1$, $|A|=\pm1$

16. $M=\begin{pmatrix}a_{11}&\cdots&a_{1n}&\cdots&b_{11}&\cdots&b_{1n}\\a_{n1}&\cdots&a_{nn}&\cdots&b_{n1}&\cdots&b_{nn}\\0&\cdots&0&\cdots&c_{11}&\cdots&c_{1n}\\\vdots&&\vdots&&\vdots&&\vdots\\0&\cdots&0&\cdots&c_{n1}&\cdots&c_{nn}\end{pmatrix}=\begin{pmatrix}A&B\\O&C\end{pmatrix}$

의 행렬식 $|M|$은 행렬 M의 각 행과 열에서 하나씩의 성분을 택하여 이들 모두를 곱한 값에 부호를 붙여서 더한 것이다. 행렬 O의 행과 열에서 하나씩 택하고 나머지를 행렬 B에서 택하여 곱한 것은 0이다. 행렬 A의 행과 열에서 하나씩 택하면 나머지는 행렬 C의 행과 열에서 하나씩 택하여 곱한 것에 적당한 부호를 붙여서

합한 것이 행렬 M의 행렬식의 값이다. 따라서 $|M|=(\sum_{\sigma\in S_n}\operatorname{sgn}(\sigma)a_{1\sigma(1)}\cdots a_{n\sigma(n)})\times(\sum_{\sigma\in S_n}\operatorname{sgn}(\sigma)c_{1\sigma(1)}\cdots c_{n\sigma(n)})=|A||C|$

17. 17과 같은 방법으로 $|M|=|AD|-|BC|=|A||D|-|B||C|$

18. 주어진 행렬식 V는 $x_1, \cdots, x_n$에 관한 다항식이다. x_i 대신에 $x_j(i<j)$를 대입하면 $V=0$이므로 V는 x_i-x_j의 인수를 갖는다. 그러므로 $V=k\prod_{i<j}(x_i-x_j)$라 놓을 수 있다. 이 등식의 양변에서 $x_2x_3^2\cdots x_n^{n-1}$의 계수를 비교하면 $k=(-1)^{1+2+\cdots+(n-1)}=(-1)^{\frac{n(n-1)}{2}}$이다.

19. ① $\begin{vmatrix}0&c&b\\c&0&a\\b&a&0\end{vmatrix}\begin{vmatrix}0&c&b\\c&0&a\\b&a&0\end{vmatrix}=(2abc)^2=4a^2b^2c^2$

② $\begin{vmatrix}1&0&0\\\cos x&\sin x&0\\\cos(x+y)&\sin(x+y)&0\end{vmatrix}\begin{vmatrix}1&\cos x&\cos(x+y)\\0&\sin x&\sin(x+y)\\0&0&0\end{vmatrix}=0$

20. ① $\begin{vmatrix}1&1&1\\2&-1&1\\3&2&-1\end{vmatrix}\underset{\substack{C_2-C_1\\C_3-C_1}}{=}\begin{vmatrix}1&0&0\\2&-3&-1\\3&-1&-4\end{vmatrix}=\begin{vmatrix}-3&-1\\-1&-4\end{vmatrix}=11$

② $\begin{vmatrix}1&1&1\\a&b&c\\a^2&b^2&c^2\end{vmatrix}\underset{\substack{C_2-C_1\\C_3-C_1}}{=}\begin{vmatrix}1&0&0\\a&b-a&c-a\\a^2&b^2-a^2&c^2-a^2\end{vmatrix}=\begin{vmatrix}b-a&c-a\\b^2-a^2&c^2-a^2\end{vmatrix}$

$$=(b-a)(c-a)\begin{vmatrix}1&1\\b+a&c+a\end{vmatrix}=(a-b)(b-c)(c-a)$$

③ $\begin{vmatrix}1&1&1\\a&b&c\\a^3&b^3&c^3\end{vmatrix}\underset{\substack{C_2-C_1\\C_3-C_1}}{=}\begin{vmatrix}1&0&0\\a&b-a&c-a\\a^3&b^3-a^3&c^3-a^3\end{vmatrix}$

$$=(b-a)(c-a)\begin{vmatrix}1&1\\b^2+ab+a^2&c^2+ac+a^2\end{vmatrix}$$
$$=(b-a)(c-a)(c^2+ac-b^2-ab)$$
$$=(b-a)(c-a)(c-b)(a+b+c)$$

④ $\begin{vmatrix}1&a^2&(b+c)^2\\1&b^2&(c+a)^2\\1&c^2&(a+b)^2\end{vmatrix}\underset{\substack{R_2-R_1\\R_3-R_1}}{=}\begin{vmatrix}1&a^2&(b+c)^2\\0&b^2-a^2&(a-b)(b+a+2c)\\0&c^2-a^2&(a-c)(a+c+2b)\end{vmatrix}$

$$=-(a-b)(a-c)\begin{vmatrix}b+a&b+a+2c\\c+a&a+c+2b\end{vmatrix}$$
$$\underset{C_2-C_1}{=}-(a-b)(a-c)\begin{vmatrix}b+a&2c\\c+a&2b\end{vmatrix}$$
$$=2(a-b)(c-a)(b-c)(a+b+c)$$

연습문제 2.4

1. ① $x=\frac{6}{7},\ y=\frac{10}{7},\ z=\frac{5}{7}$

② $x=-\frac{c}{a},\ y=-\frac{c}{b}$

2. $z=1$이라 놓으면 연립방정식 $ax+by+cz=0$, $cx+ay+bz=0$, $bx+cy+az=0$은 x, y, z에 관한 제차연립방정식이다. $z=1\neq 0$이므로 이 방정식의 자명하지 않는 해가 존재한다. 자명하지 않는 해를 가질 필요충분조건은 $|A|=\begin{vmatrix} a & b & c \\ c & a & b \\ b & c & a \end{vmatrix}=0$이므로 $a^3+b^3+c^3-3abc=0$

3. ① 0

② $$\begin{vmatrix} 1 & 1 & 1 & 1 & 1 \\ -1 & 2 & 0 & 0 & 0 \\ 0 & -1 & 2 & 0 & 0 \\ 0 & 0 & -1 & 2 & 0 \\ 0 & 0 & 0 & -1 & 2 \end{vmatrix} = \begin{vmatrix} 1 & 1 & 1 & 1 & 1+2^4+2^3+2^2+2^2 \\ -1 & 2 & 0 & 0 & 0-2^4+2^4+0+0 \\ 0 & -1 & 2 & 0 & 0+0-2^3+2^3+0 \\ 0 & 0 & -1 & 2 & 0+0+0-2^2+2^2 \\ 0 & 0 & 0 & -1 & 2+0+0+0-2 \end{vmatrix}$$

$$= \begin{vmatrix} 1 & 1 & 1 & 1 & 1+2^4+2^3+2^2+2 \\ -1 & 2 & 0 & 0 & 0 \\ 0 & -1 & 2 & 0 & 0 \\ 0 & 0 & -1 & 2 & 0 \\ 0 & 0 & 0 & -1 & 0 \end{vmatrix}$$

$$=(-1)^{1+5}(1+2+2^2+2^3+2^4)\begin{vmatrix} -1 & 2 & 0 & 0 \\ 0 & -1 & 2 & 0 \\ 0 & 0 & -1 & 2 \\ 0 & 0 & 0 & -1 \end{vmatrix}=(2^5-1)(-1)^4=2^5-1$$

4. ① $$\begin{vmatrix} a & b-c & c+b \\ a+c & b & c-a \\ a-b & b+a & c \end{vmatrix} = \frac{1}{abc}\begin{vmatrix} a^2 & b(b-c) & c(c+b) \\ a(a+c) & b^2 & c(c-a) \\ a(a-b) & b(b+a) & c^2 \end{vmatrix}$$

$$=\frac{1}{abc}\begin{vmatrix} a^2+b^2-bc+c^2+bc & b^2-bc & c^2+bc \\ a^2+ac+b^2+c^2-ac & b^2 & c^2-ac \\ a^2-ab+b^2+ab+c^2 & b^2+ab & c^2 \end{vmatrix}$$

$$=\frac{a^2+b^2+c^2}{abc}\begin{vmatrix} 1 & b^2-bc & c^2+bc \\ 1 & b^2 & c^2-ac \\ 1 & ab+b^2 & c^2 \end{vmatrix} = \frac{a^2+b^2+c^2}{abc}\begin{vmatrix} 1 & b^2-bc & c^2+bc \\ 0 & bc & -ac-bc \\ 0 & ab+bc & -bc \end{vmatrix}$$

$$=\frac{a^2+b^2+c^2}{abc}\{-b^2c^2+(ac+bc)(ab+bc\}=\frac{a^2+b^2+c^2}{abc}(a^2bc+abc^2+ab^2c)$$

$$=(a^2+b^2+c^2)(a+b+c)$$

② $\begin{vmatrix} a+b+c & -c & -b \\ -c & a+b+c & -a \\ -b & -a & a+b+c \end{vmatrix} = \begin{vmatrix} a+b+c & -c & -b \\ a+b & a+b & -a-b \\ a+c & -a-c & a+c \end{vmatrix}$

$$=(a+b)(a+c)=\begin{vmatrix} a+b+c & -c & -b \\ 1 & 1 & -1 \\ 1 & -1 & 1 \end{vmatrix}=(a+b)(a+c)\begin{vmatrix} a+b+c & -c & -b \\ 1 & 1 & -1 \\ 2 & 0 & 0 \end{vmatrix}$$

$$=(-1)^{3+1}2(a+b)(a+c)\begin{vmatrix} -c & -b \\ 1 & -1 \end{vmatrix}=2(a+b)(a+c)(b+c)$$

5. ① $\begin{vmatrix} 1 & 0 & 0 & 0 \\ a & x-a & 0 & 0 \\ b & 0 & x-b & 0 \\ c & 0 & 0 & x-c \end{vmatrix}=(x-a)(x-b)(x-c)$

② $\begin{vmatrix} 1 & 0 & 0 & 0 \\ a & b-a & c-a & d-a \\ a^2 & b^2-a^2 & c^2-a^2 & d^2-a^2 \\ bcd & cd(a-b) & bd(a-c) & bc(a-d) \end{vmatrix}$

$$=(b-a)(c-a)(d-a)\begin{vmatrix} 1 & 0 & 0 \\ b+a & c-b & d-b \\ -cd & d(c-b) & c(d-b) \end{vmatrix}$$

$$=(b-a)(c-a)(d-a)(c-b)(d-b)(c-d)$$

6. $\begin{vmatrix} a+b+c & -c & -b \\ -c & a+b+c & -a \\ -b & -a & a+b+c \end{vmatrix}=2(a+b)(b+c)(c+a)=0$

따라서 $a=-c$, $a=-b$, $c=-b$

7. ① $\begin{vmatrix} a & b & b & \cdots & b \\ b & a & b & \cdots & b \\ \vdots & \vdots & \vdots & & \vdots \\ b & b & b & \cdots & a \end{vmatrix}=\begin{vmatrix} a+b+\cdots+b & b & b & \cdots & b \\ b+a+\cdots+b & a & b & \cdots & b \\ \vdots & & \vdots & \vdots & \\ b+b+\cdots+a & b & b & \cdots & a \end{vmatrix}=(a+nb)\begin{vmatrix} 1 & b & \cdots & b \\ 1 & a & \cdots & b \\ \vdots & \vdots & & \vdots \\ 1 & b & \cdots & a \end{vmatrix}$

$$=(a+nb)\begin{vmatrix} 1 & b & b & \cdots & b \\ 0 & a-b & 0 & \cdots & 0 \\ \vdots & \vdots & \vdots & & \vdots \\ 0 & 0 & 0 & \cdots & a-b \end{vmatrix}=(a+nb)\begin{vmatrix} a-b & 0 & \cdots & 0 \\ \vdots & \vdots & & \vdots \\ 0 & 0 & \cdots & a-b \end{vmatrix}$$

$$=(a+nb)(a-b)^{n-1}$$

② n차행렬식 n에 관한 귀납법으로 증명한다. $n=1$인 경우는 분명하다. $n-1$일

때 성립한다면

$$D_n=\begin{vmatrix} a_1 & & & O \\ & a_2 & & \\ & & \ddots & \\ O & & & a_{n-1} \end{vmatrix}+a_nD_{n-1}=a_1\cdots a_{n-1}+a_n\cdot a_1\cdots a_{n-1}\left(1+\frac{1}{a_1}+\cdots+\frac{1}{a_{n-1}}\right)$$

$$=a_1\cdots a_n\left(1+\frac{1}{a_1}+\cdots+\frac{1}{a_n}\right)$$

8. ① $\begin{vmatrix} 1 & 2 & 3 & 4 & 5 \\ 1^2 & 2^2 & 3^2 & 4^2 & 5^2 \\ 1^3 & 2^3 & 3^3 & 4^3 & 5^3 \\ 1^4 & 2^4 & 3^4 & 4^4 & 5^4 \\ 1^5 & 2^5 & 3^5 & 4^5 & 5^5 \end{vmatrix}=2\cdot3\cdot4\cdot5\begin{vmatrix} 1 & 1 & 1 & 1 & 1 \\ 1 & 2 & 3 & 4 & 5 \\ 1^2 & 2^2 & 3^2 & 4^2 & 5^2 \\ 1^3 & 2^3 & 3^3 & 4^3 & 5^3 \\ 1^4 & 2^4 & 3^4 & 4^4 & 5^4 \end{vmatrix}$

$=5!\prod_{i>j}(j-i)=5!4!3!2!1!$

② $\begin{vmatrix} 0 & 1 & 1 & \cdots & 1 \\ 1 & 0 & 1 & \cdots & 1 \\ 1 & 1 & 0 & \cdots & 1 \\ \vdots & \vdots & \vdots & & \vdots \\ 1 & 1 & 1 & \cdots & 0 \end{vmatrix}=(n-1)\begin{vmatrix} 1 & 1 & 1 & \cdots & 0 \\ 1 & 0 & 1 & \cdots & 0 \\ 1 & 1 & 0 & \cdots & 0 \\ \vdots & \vdots & \vdots & & \vdots \\ 1 & 1 & 1 & \cdots & 0 \end{vmatrix}=(n-1)\begin{vmatrix} 1 & 1 & 1 & \cdots & 1 \\ 0 & -1 & 0 & \cdots & 0 \\ 0 & 0 & -1 & \cdots & 0 \\ \vdots & \vdots & \vdots & & \vdots \\ 0 & 0 & 0 & \cdots & -1 \end{vmatrix}$

$=(-1)^{n-1}(n-1)$

9. ① $\begin{vmatrix} b^2+c^2 & c^2 & b^2 \\ c^2 & c^2+a^2 & a^2 \\ b^2 & a^2 & a^2+b^2 \end{vmatrix}=\frac{1}{a^2b^2c^2}\begin{vmatrix} a^2(b^2+c^2) & b^2c^2 & b^2c^2 \\ a^2c^2 & b^2(c^2+a^2) & a^2c^2 \\ a^2b^2 & b^2a^2 & (a^2+b^2)c^2 \end{vmatrix}$

$$=\frac{1}{a^2b^2c^2}\begin{vmatrix} a^2(b^2+c^2)-a^2c^2-a^2b^2 & b^2c^2-b^2(c^2+a^2)-b^2a^2 & b^2c^2-a^2c^2-(a^2+b^2)c^2 \\ a^2c^2 & b^2(c^2+a^2) & a^2c^2 \\ a^2b^2 & b^2a^2 & (a^2+b^2)c^2 \end{vmatrix}$$

$$=\frac{1}{a^2b^2c^2}\begin{vmatrix} 0 & -2(ab)^2 & -2(ca)^2 \\ (ac)^2 & (ab)^2+(bc)^2 & (ac)^2 \\ (ab)^2 & (ab)^2 & (ac)^2+(bc)^2 \end{vmatrix}$$

$$=\frac{-2}{a^2b^2c^2}\begin{vmatrix} 0 & (ab)^2 & (ca)^2 \\ (ac)^2 & (ab)^2+(bc)^2 & (ac)^2 \\ (ab)^2 & (ab)^2 & (ac)^2+(bc)^2 \end{vmatrix}$$

$$=\frac{1}{a^2b^2c^2}\begin{vmatrix} 0 & (ab)^2 & (ca)^2 \\ (ac)^2 & (bc)^2 & 0 \\ (ab)^2 & 0 & (bc)^2 \end{vmatrix}=4a^2b^2c^3$$

② $2abc(a+b+c^3)$

10. $|A^{-1}BA|=|A^{-1}||B||A|=|A^{-1}||A||B|$, $|A^{-1}A|=|A^{-1}||A|=|I|=1$이므로
$|A^{-1}BA|=|B|$

연습문제 3.1

1. ① $a=b=0$이면 $(0, 0, 0)\in W$. 임의의 $u=(a, b, 0)$, $v=(c, d, 0)$과 실수 α, β에 대하여 $\alpha u+\beta v=\alpha(a, b, 0)+\beta(c, d, 0)=(\alpha a, \alpha b, 0)+(\beta c, \beta d, 0)=(\alpha a+\beta c, \alpha b+\beta d, 0+0)=(e, g, 0)$. $\alpha a+\beta c=e$, $\alpha b+\beta d=f$. 이는 $u, v\in W$이면 $\alpha u+\beta v \in W$임을 뜻한다. 따라서 W는 벡터공간 $\mathbb{R}^3$의 부분공간이다.
② $0+0+0=0$이므로 $(0, 0, 0)\in W$. $u=(a, b, c)\in W$, $v=(d, e, f)\in W$이면 $a+b+c=0$. $d+e+f=0$이다. 임의의 실수 α, β에 대하여, $\alpha u+\beta v=\alpha(a, b, c)+\beta(d, e, f)=(\alpha a, \alpha b, \alpha c)+(\beta d, \beta e, \beta f)=(\alpha a+\beta d, \alpha b+\beta e, \alpha c+\beta f)$이고, $(\alpha a+\beta d)+(\alpha b+\beta e)+(\alpha c+\beta f)=\alpha(a+b+c)+\beta(d+e+f)=\alpha\cdot 0+\beta\cdot 0=0$. 이것은 $\alpha u+\beta v\in W$임을 뜻한다. 따라서 W는 V의 부분공간이다.

2. ① $v=(1, 1, 1)$, $\alpha=-3$이면 $\alpha v=(-3)(1, 1, 1)=(-3, -3, -3)$이고 $-3\not\geq 0$이므로 $\alpha v\notin W$. 따라서 W는 $\mathbb{R}^3$의 부분공간이 아니다.
② $u=(1, 0, 0)$, $v=(0, 1, 0)$은 W의 원소이나 $u+v=(1, 0, 0)+(0, 1, 0)=(1, 1, 0)$은 $1^2+1^2+0^2=2\not\leq 1$이므로 W의 원소가 아니다. 따라서 W는 $\mathbb{R}^3$의 부분공간이 아니다.
③ $u=(1, 2, 3)$, $\alpha=\sqrt{2}$이면 $\alpha u=\sqrt{2}(1, 2, 3)=(\sqrt{2}, 2\sqrt{2}, 3\sqrt{2})$는 W의 원소가 아니다. 즉 $\sqrt{2}, 2\sqrt{2}, 3\sqrt{2}\notin\mathbb{Q}$. 따라서 W는 $\mathbb{R}^3$의 부분공간이 아니다.

3. ① 영행렬 O에서 $OT=TO=T$이므로 $O\in W$. $A, B\in W$이면 $AT=TA$, $BT=TB$. 임의의 스칼라 $\alpha, \beta\in\mathbb{K}$에 대하여 $(\alpha A+\beta B)T=(\alpha A)T+(\beta B)T=\alpha(AT)+\beta(BT)=\alpha(TA)+\beta(TB)=(\alpha T)A+(\beta T)B=T(\alpha A)+T(\beta B)=T(\alpha A+\beta B)$. 그러므로 $\alpha A+\beta B\in W$. 따라서 W는 V의 부분공간이다.
② $O^*=O$이므로 $0\in W$. $A, B\in W$이면 $A^*=A$, $B^*=B$. $(A+B)^*=A^*+B^*=A+B$, 즉 $(A+B)^*=(A+B)$이므로 $A+B\in W$. 따라서 W는 V의 부분공간이다.

4. ① $|A|=\begin{vmatrix} a & b \\ c & d\end{vmatrix}=ad-bc$. $A=\begin{bmatrix}1 & 0\\ 0 & 0\end{bmatrix}$, $B=\begin{bmatrix}0 & 0\\ 0 & 1\end{bmatrix}$이면 $|A|=|B|=0$이므로 $A, B\in W$이다. 그러나 $A+B=\begin{bmatrix}1 & 0\\ 0 & 0\end{bmatrix}+\begin{bmatrix}0 & 0\\ 0 & 1\end{bmatrix}=\begin{bmatrix}1 & 0\\ 0 & 1\end{bmatrix}$, $|A+B|=1\neq 0$이므로 $A+B\in W$. 따라서 W는 부분공간이 아니다.
② $I=\begin{bmatrix}1 & 0\\ 0 & 1\end{bmatrix}$, $I^2=I$이므로 $I\in W$. $2I=2\begin{bmatrix}1 & 0\\ 0 & 1\end{bmatrix}=\begin{bmatrix}2 & 0\\ 0 & 2\end{bmatrix}$는 $(2I)^2=\begin{bmatrix}2 & 0\\ 0 & 2\end{bmatrix}\begin{bmatrix}2 & 0\\ 0 & 2\end{bmatrix}=\begin{bmatrix}4 & 0\\ 0 & 4\end{bmatrix}\neq 2I$이므로 $2I\notin W$. 따라서 W는 부분공간이 아니다.

5. ① $f, g\in U$이면 $f(7)=2+f(1)$, $g(7)=2+g(2)$. $(f+g)(7)=f(7)+g(7)=2+f(1)+2+g(1)=4+(f+g)(1)\neq 2+(f+g)(1)$. $f+g\notin U$이므로 U는 부분공간이 아니다.
② $f\in W$, $f(x)=x^2$, $\alpha=-4$일 때, $(\alpha f)(x)=\alpha f(x)=(-4)\cdot x^2=-4x^2\leq 0$. $-4f$

$\notin W$이므로 W는 부분공간이 아니다.

6. $(1,\ -2,\ 5)=x(1,\ 1,\ 1)+y(1,\ 2,\ 3)+z(2,\ -1,\ 1)$을 만족하는 실수 $x,\ y,\ z$를 구하면 $x=-6,\ y=3,\ z=2$. 따라서 $v=-6e_1+3e_2+2e_3$

7. $W=\{(a,\ b,\ 0)|a,\ b\in\mathbb{R}\}$의 임의의 원소 $(a,\ b,\ 0)$에 대하여 $(a,\ b,\ 0)=xu+yv$인 실수 $x,\ y$가 존재함을 보이자. $(a,\ b,\ 0)=x(1,\ 2,\ 0)+y(0,\ 1,\ 0)=(x,\ 2x,\ 0)+(0,\ y,\ 0)=(x,\ 2x+y,\ 0)$에서 $x=a,\ 2x+y=b$. $x=a$와 $y=b-2a$에서 $(a,\ b,\ 0)=a(1,\ 2,\ 0)+(b-2a)(0,\ 1,\ 0)$. 따라서 W의 임의의 원소는 $u=(1,\ 2,\ 0),\ v=(0,\ 1,\ 0)$에 의하여 생성된다. 마찬가지로 $(a,\ b,\ 0)=x(2,\ -1,\ 0)+y(1,\ 3,\ 0)=(2x+y,\ -x+3y,\ 0)$, $2x+y=a,\ -x+3y=b$에서 $x=\frac{1}{7}(3a-b),\ y=\frac{1}{7}(a+2b)$. 따라서 W는 $u=(2,\ -1,\ 0),\ v=(1,\ 3,\ 0)$에 의하여 생성된다.

8. $v=\mathbf{0}+v=\{(-u)+u\}+v=(-u)+(u+v)=(-u)+(u+w)=\{(-u)+u\}+w=\mathbf{0}+w=w$. 따라서 $v=w$이다.

9. $(u+v)+\{-u+(-v)\}=\{u+v+(-u)\}+(-v)=\{u+(-u)+v\}+(-v)=\{u+(-u)\}+v+(-v)=\mathbf{0}+\mathbf{0}=\mathbf{0}$. 따라서 $-u+(-v)=-(u+v)$

10. ②, ③, ⑤, ⑥

11. $u=3t^2+8t-5=2(2t^2+3t-4)-(t^2-2t-3)=2f(t)+g(t)$. 그러나 $v=4t^2-6t-1$은 $f(t),\ g(t)$의 일차결합으로 표시되지 않는다.

12. $\begin{pmatrix}3 & 1\\ 1 & -1\end{pmatrix}=x\begin{pmatrix}1 & 1\\ 1 & 0\end{pmatrix}+y\begin{pmatrix}0 & 0\\ 1 & 1\end{pmatrix}+z\begin{pmatrix}0 & 2\\ 0 & -1\end{pmatrix}=\begin{pmatrix}x & x\\ x & 0\end{pmatrix}+\begin{pmatrix}0 & 0\\ y & y\end{pmatrix}+\begin{pmatrix}0 & 2z\\ 0 & -z\end{pmatrix}$ $=\begin{pmatrix}x & x+2z\\ x+y & y-z\end{pmatrix}$에서 $x=3,\ x+y=1,\ x+2z=1,\ y-z=-1$. $x=3,\ y=-2,\ z=-1$이므로 $A=3E-2F-G$

13. $V=U+W=\{u+w|u\in U,\ w\in W\}$에서 $v=u+w,\ u\in U,\ w\in W$인 $u,\ w$가 반드시 존재한다. $v=u'+w'$인 $u'\in U,\ w'\in W$가 또 한 쌍이 존재한다면 $v=u+w=u'+w'$, $u-u'=w'-w$가 성립한다. $u-u'\in U,\ w'-w\in W$이고 등식에서 $u-u'=w'-w\in W$이므로 $u-u'\in U\cap W=\{\mathbf{0}\}$. 그러므로 $u-u'=\mathbf{0},\ u=u'$. 같은 이유에서 $w=w'$. 이는 $v=u+w$인 U의 원소 u와 W의 원소 w가 오직 한 쌍만이 존재함을 뜻한다.

14. $V=U+W,\ U\cap W=D$(D는 대각행렬 전체의 집합)

15. ① 실수 α와 $x\in W$에 대하여 $\alpha x\in W$이므로 부분공간이다.
② $x,\ y\in W$에 대하여 $x+y\notin W$이므로 부분공간이 아니다.

16. $f,\ g$가 미분가능하면 $f-g,\ cf$도 미분가능하다.

17. 임의의 벡터 $x=(x_1,\ x_2,\ x_3)\in\mathbb{R}^3$은 $x=x_3u+(x_2-x_3)v+(x_1-x_2)w$로 표시된다.

18. ① $v \in L(S)$이면 $v = \alpha_1 v_1 + \cdots + \alpha_m v_m$, $v_1, \cdots, v_m \in S$. 이때 $v = \alpha_1 v_1 + \cdots + \alpha_m v_m + 0 \cdot v_{m+1} + \cdots + 0 \cdot v_n$, $v_{m+1}, \cdots, v_n \in T$로 나타낼 수 있으므로 $L(S) \subset L(T)$이다.
② $L(S)$가 부분공간이므로 $L(L(S)) = L(S)$

19. ①, ②

20. $8x - 7y + z = 0$

연습문제 3.2

1. ① 일차독립
② 일차종속

2. ②, ③

3. ① $3f(t) - 4g(t) + h(t)$
② $\frac{1}{2}f(t) - \frac{1}{2}g(t) + \frac{1}{2}h(t)$

4. ① $v_3 = -2v_1 + 3v_2$, $v_4 = 3v_1 + 2v_2$
② $v_4 = 3v_1 + 2v_2 - v_3$

5. ① $\alpha e^{at} + \beta e^{bt} = 0$. $\alpha \neq 0$이면 $e^{(a-b)t} = -\frac{\beta}{\alpha}$이고 $a - b \neq 0$이므로 좌변은 변수, 우변은 상수가 되어 모순이다. 따라서 $\alpha = 0$, $\beta = 0$이다. 즉 e^{at}, e^{bt}은 일차독립이다.
② 항등식 $\alpha \sin\theta + \beta \sin 2\theta = 0$에서 $\theta = \frac{\pi}{2}$이면 $\alpha = 0$, $\theta = \frac{\pi}{4}$이면 $\beta = 0$. 따라서 $\sin\theta$, $\sin 2\theta$는 일차독립이다.
③ $\alpha x + \beta e^x + \gamma \sin x = 0$에서 $x = 0$, $x = \pi$, $x = \frac{\pi}{2}$를 대입하면 $\beta = 0$, $\pi\alpha + e^{\pi}\beta = 0$, $\frac{\pi}{2}\alpha + e^{\frac{\pi}{2}}\beta + \gamma = 0$. $\alpha = \beta = 0$이므로 x, e^x, $\sin x$는 일차독립이다.

6. $\alpha_0 + \alpha_1 x + \cdots + \alpha_n x^n = 0$이 항상 성립한다면 $x = 0$을 대입하여 $\alpha_0 = 0$을 얻는다. $\alpha_1 x + \cdots + \alpha_n x^n = 0$, $\alpha_1 + \alpha_2 x + \cdots + \alpha_n x^{n-1} = 0$에 $x = 0$을 대입하면 $\alpha_1 = 0$. 마찬가지 방법으로 $\alpha_2 = \cdots = \alpha_n = 0$이다. 따라서 $1, x, \cdots, x^n$은 일차독립이다.

7. ① $\alpha_1(v_1 + v_2) + \alpha_2(v_2 + v_3) + \alpha_3(v_3 + v_4) = \mathbf{0}$이라 하면 $\alpha_1 v_1 + (\alpha_1 + \alpha_2)v_2 + (\alpha_2 + \alpha_3)v_3 + \alpha_3 v_4 = \mathbf{0}$. v_1, v_2, v_3, v_4가 일차독립이므로 $\alpha_1 = 0$, $\alpha_1 + \alpha_2 = 0$, $\alpha_2 + \alpha_3 = 0$, $\alpha_3 = 0$. $\alpha_1 = \alpha_2 = \alpha_3 = \alpha_4 = 0$이므로 이들 벡터는 일차독립이다.
② $\alpha_1(v_1 + v_2) + \alpha_2(v_2 + v_3) + \alpha_3(v_3 + v_4) + \alpha_4(v_4 + v_1) = \mathbf{0}$이라 놓으면 $(\alpha_1 + \alpha_4)v_1 + (\alpha_1 + \alpha_2)v_2 + (\alpha_2 + \alpha_3)v_3 + (\alpha_3 + \alpha_4)v_4 = \mathbf{0}$. $\alpha_1 + \alpha_4 = \alpha_1 + \alpha_2 = \alpha_2 + \alpha_3 = \alpha_3 + \alpha_4 = 0$에서 $\alpha_1 = t(\neq 0)$, $\alpha_2 = -t$, $\alpha_3 = t$, $\alpha_4 = -t$이다. 따라서 주어진 벡터는 일차종속이다.
③, ④도 같은 방법으로 확인할 수 있다.

8. ① $D=\begin{vmatrix} 3 & 1 & 1 \\ 2 & 5 & -1 \\ 1 & -4 & -1 \end{vmatrix}=-39\neq 0$ ② $D=\begin{vmatrix} 2 & 2 & 3 & 3 \\ 0 & 0 & 1 & 1 \\ 0 & 1 & 0 & 1 \\ 1 & 0 & 1 & 0 \end{vmatrix}=0$

이므로 ①은 일차독립, ②는 일차종속이다.

9. $x(a,\ b)+y(c,\ d)=(0,\ 0)$, $(ax+cy,\ bx+dy)=(0,\ 0)$이면 $ax+cy=0$, $bx+dy=0$. 이 연립방정식이 (0, 0) 이외의 해를 가질 필요충분조건은 $D=\begin{vmatrix} a & b \\ c & d \end{vmatrix}=ad-bc=0$ 이다.

10. $w\in\langle u_1,\ \cdots,\ u_r\rangle\cap\langle v_1,\ \cdots,\ v_s\rangle$이면 $w=\sum_{i=1}^{r}\alpha_i v_i=\sum_{j=1}^{s}\beta_j v_j$이다. $\sum_{i=1}^{r}\alpha_i u_i-\sum_{j=1}^{s}\beta_j v_j=\sum_{i=1}^{r}\alpha_i u_i+\sum_{j=1}^{s}(-\beta_j)v_j=\mathbf{0}$. u_i, v_j가 일차독립이므로 $\alpha_i=0$, $-\beta_j=0$. 그러므로 $w=\mathbf{0}$이다. 따라서 $\langle u_1,\ \cdots,\ u_r\rangle\cap\langle v_1,\ \cdots,\ v_s\rangle=\{\mathbf{0}\}$

11. $\alpha(u+v-2w)+\beta(u-v-w)+\gamma(u+w)=\mathbf{0}$이면 $(\alpha+\beta+\gamma)u+(\alpha-\beta)v+(-2\alpha-\beta+\gamma)=\mathbf{0}$. $\alpha+\beta+\gamma=0$, $\alpha-\beta=0$, $-2\alpha-\beta+\gamma=0$이면 $\alpha=\beta=\gamma=0$. 따라서 주어진 벡터는 일차독립이다.

연습문제 3.3

1. ① 3차원 ② 2차원 ③ 1차원

2. ① $\left\{\left(\frac{2}{3},\ 1,\ 0\right),\ \left(-\frac{5}{3},\ 0,\ 1\right)\right\}$ ② $\{(1,\ 1,\ 0),\ (0,\ 0,\ 1)\}$

③ $\{(2,\ -1,\ 4)\}$ ④ $\{(1,\ 1,\ 0),\ (0,\ 1,\ 1)\}$

3. ① $A=\begin{bmatrix} 2 & 3 \\ 4 & -7 \end{bmatrix}=x\begin{bmatrix} 1 & 1 \\ 1 & 1 \end{bmatrix}+y\begin{bmatrix} 0 & -1 \\ 1 & 0 \end{bmatrix}+z\begin{bmatrix} 1 & -1 \\ 0 & 0 \end{bmatrix}+w\begin{bmatrix} 1 & 0 \\ 0 & 0 \end{bmatrix}$

$=\begin{bmatrix} x & x \\ x & x \end{bmatrix}+\begin{bmatrix} 0 & -y \\ y & 0 \end{bmatrix}+\begin{bmatrix} z & -z \\ 0 & 0 \end{bmatrix}+\begin{bmatrix} w & 0 \\ 0 & 0 \end{bmatrix}$

$=\begin{bmatrix} x+z+w & x-y-z \\ x+y & x \end{bmatrix}$

행렬의 성분을 비교하면 $x+z+w=2$, $x-y-z=3$, $x+y=4$, $x=-7$. 이 연립방정식의 해는 $(x,\ y,\ z,\ w)=(-7,\ 11,\ -21,\ 30)$이다. 따라서 행렬 A의 좌표는 $(-7,\ 11,\ -21,\ 30)$

② $B=\begin{bmatrix} 4 & -11 \\ -11 & -7 \end{bmatrix}=x\begin{bmatrix} 1 & -2 \\ -2 & 1 \end{bmatrix}+y\begin{bmatrix} 2 & 1 \\ 1 & 3 \end{bmatrix}+z\begin{bmatrix} 4 & -1 \\ -1 & -5 \end{bmatrix}$

$=\begin{bmatrix} x+2y+4z & -2x+y-z \\ -2x+y-z & x+3y-5z \end{bmatrix}$

행렬의 각 성분을 비교하면 $x+2y+4z=4$, $-2x+y-z=-11$, $-2x+y-z=-11$,

$x+3y-5z=-7$. 이 연립방정식의 해는 $(4, -2, 1)$이므로 행렬 B의 좌표는 $(4, -2, 1)$

4. $\alpha v_1+\beta(v_1+v_2)+\gamma(v_1+v_2+v_3)=\mathbf{0}$이라 하면 $(\alpha+\beta+\gamma)v_1+(\beta+\gamma)v_2+\gamma v_3=\mathbf{0}$. v_1, v_2, v_3이 일차독립이므로 $\alpha+\beta+\gamma=0$, $\beta+\gamma=0$, $\gamma=0$. 그러므로 $\alpha=\beta=\gamma=0$. v_1, v_1+v_2, $v_1+v_2+v_3$은 일차독립이고 $\dim V=3$이므로 $\{v_1, v_1+v_2, v_1+v_2+v_3\}$은 V의 기저이다.

5. 벡터공간 V가 유한차원이면 기저 $\{v_1, \cdots, v_n\}$이 존재한다. 부분공간 W의 임의의 원소는 $v_1, \cdots, v_n$에 의하여 생성되므로 $W\subseteq\langle v_1, \cdots, v_n\rangle$. W의 원소로 일차독립인 벡터의 개수는 정리 3.3.5에 의하여 n 이하이다. 따라서 W의 기저의 원소의 개수는 n 이하로 $\dim W\leq n$이다. 이는 W의 차원이 유한임을 의미한다.

6. $\dim\mathbb{R}^3=3$이므로 $\mathbb{R}^3$의 부분공간 W의 차원 $\dim W\leq 3$이다. $\dim W$는 양의 정수이므로 $\dim W=0, 1, 2, 3$이다. $\dim W=0$이면 $\{\mathbf{0}\}$, $\dim W=3$이면 $\mathbb{R}^3$, $\dim W=1$이면 원점을 지나는 직선, $\dim W=2$이면 원점을 지는 평면이다.

7. ① (i) $(0, 0)\in U\times W$ (ii) $-(u, w)=(-u, -w)\in U\times W$ (iii) $\alpha(u, w)=(\alpha u, \alpha w)$, $\alpha=1$이면 $(1)\cdot(u, w)=(u, w)$

② $(u, 0)$, $(u', 0)\in\overline{U}$이면 $(u, 0)+(u', 0)=(u+u', 0)\in\overline{U}$, $\alpha(u, 0)=(\alpha u, 0)\in\overline{U}$이므로 $\overline{U}$는 $U\times W$의 부분공간이다. 다음 $U\to\overline{U}$, $u\to(u, 0)$은 일대일 대응으로 $U\simeq\overline{U}$. 마찬가지로 $\overline{W}$도 $U\times W$의 부분공간이고, $W\simeq\overline{W}$. 그러므로 $\dim U=\dim\overline{U}$, $\dim W=\dim\overline{W}$. $V=U\times W$에서 $v\in V$는 $v=(u, w)=(u, 0)+(0, w)=\overline{u}+\overline{w}$, $\overline{u}\in\overline{U}$, $\overline{w}\in\overline{W}$. $v=\overline{u}'+\overline{w}'$이라면 $v=(u', 0)+(0, w')=(u', w')$. $(u', w')=(u, w)$에서 $u'=u$, $w'=w$. 이는 V는 $\overline{U}$, $\overline{W}$의 직합임을 의미한다. 정리 3.3.10에 의하여 $\dim V=\dim\overline{U}+\dim\overline{W}=\dim U+\dim W$

8. ① $(4, -3, 2)=\alpha(1, 1, 1)+\beta(1, 1, 0)+\gamma(1, 0, 0)$이라 놓으면 $(4, -3, 2)=(\alpha+\beta+\gamma, \alpha+\beta, \alpha)$. $\alpha+\beta+\gamma=4$, $\alpha+\beta=-3$, $\alpha=2$에서 $\alpha=-5$, $\beta=7$. 따라서 u의 좌표는 $(2, -5, 7)$

② $\alpha+\beta+\gamma=a$, $\alpha+\beta=b$, $\alpha=c$에서 $\alpha=c$, $\beta=b-c$, $\gamma=a-b$. 따라서 $v=(a, b, c)$의 좌표는 $(c, b-c, a-b)$

9. $\dim V=\dim U+\dim W-\dim(U\cap W)$에서 $8=4+5-\dim(U\cap W)$, $\dim(U\cap W)=(4+5)-8=1$. 따라서 $\dim(U\cap W)=1$

10. ① $[v]_e=(3, -1, 2)$, $[v]_f=(4, -1, -2)$

② $P=\begin{bmatrix}1 & 0 & 1\\ 1 & -1 & 3\\ 1 & -1 & -1\end{bmatrix}$

③ $(3, -1, 2)\begin{bmatrix}1 & 0 & 1\\ 1 & -1 & 3\\ 1 & -1 & -1\end{bmatrix}=(3-1+2, 1-2, 3-3-2)=(4, -1, -2)$

11. $\dim\mathbb{R}^3=3$이 기저이기 위한 필요충분조건은 v_1, v_2, v_3이 일차독립이다.

$$\begin{vmatrix} a & 1 & 0 \\ 1 & a & 1 \\ 0 & 1 & a \end{vmatrix}=a^3-2a\neq 0\text{에서 } a\neq 0,\ \pm\sqrt{2}$$

12. ① $\alpha v_1+\beta v_2=0$이라 놓으면 $\alpha=\beta=0$으로 v_1, v_2는 일차독립이다. $v_3=\alpha v_1+\beta v_2$라 놓으면 $\alpha=\frac{9}{7}$, $\beta=-\frac{1}{7}$. 따라서 $W=\langle v_1, v_2, v_3\rangle=\langle v_1, v_2\rangle$, $\dim W=2$

② $v_4=(1, 0, 0, 0)$, $v_5=(0, 1, 0, 0)$이라 놓으면 $\{v_1, v_2, v_4, v_5\}$는 $\mathbb{R}^4$의 하나의 기저이다.

13. $\dim\mathbb{R}^5=\dim U+\dim W-\dim(U\cap W)$, $5=3+3-\dim(U\cap W)$, $\dim(U\cap W)=(3+3)-5=1$이므로 $U\cap W\neq\{\mathbf{0}\}$

14. $$U=\left\{\begin{bmatrix} a & b \\ b & d\end{bmatrix}\middle|\, a, b, c, d\in\mathbb{R}\right\}=\left\langle\begin{bmatrix} 1 & 0 \\ 0 & 0\end{bmatrix}, \begin{bmatrix} 0 & 1 \\ 1 & 0\end{bmatrix}, \begin{bmatrix} 0 & 0 \\ 0 & 1\end{bmatrix}\right\rangle$$

$$W=\left\{\begin{bmatrix} a & b \\ c & -a\end{bmatrix}\middle|\, a, b, c\in\mathbb{R}\right\}=\left\langle\begin{bmatrix} 1 & 0 \\ 0 & -1\end{bmatrix}, \begin{bmatrix} 0 & 1 \\ 0 & 0\end{bmatrix}, \begin{bmatrix} 0 & 0 \\ 1 & 0\end{bmatrix}\right\rangle$$

$$U\cap W=\left\{\begin{bmatrix} a & b \\ b & -a\end{bmatrix}\middle|\, a, b\in\mathbb{R}\right\}=\left\langle\begin{bmatrix} 1 & 0 \\ 0 & -1\end{bmatrix}, \begin{bmatrix} 0 & 1 \\ 1 & 0\end{bmatrix}\right\rangle$$에서 $\dim U=3$, $\dim W=3$, $\dim U\cap W=2$. $\dim(U+W)=\dim U+\dim W-\dim U\cap W=3+3-2=4$. $\dim M_{2\times 2}(\mathbb{R})=2\times 2=4$ 이고, $\dim(U+W)=4$이므로 $\dim M_{2\times 2}(\mathbb{R})=\dim(U+W)$. 그러므로 $M_{2\times 2}(\mathbb{R})=U+W$. 따라서 $U+W$의 기저는 $M_{2\times 2}(\mathbb{R})$의 기저인 $\left\{\begin{bmatrix} 1 & 0 \\ 0 & 0\end{bmatrix}, \begin{bmatrix} 0 & 1 \\ 0 & 0\end{bmatrix}, \begin{bmatrix} 0 & 0 \\ 1 & 0\end{bmatrix}, \begin{bmatrix} 0 & 0 \\ 0 & 1\end{bmatrix}\right\}$

15. $\alpha_1(\alpha v_1)+\alpha_2 v_2+\cdots+\alpha_n v_n=\mathbf{0}$ 이면 $(\alpha_1\alpha)v_1+\alpha_2 v_2+\cdots+\alpha_n v_n=\mathbf{0}$. v_1, $\cdots$, v_n이 일차독립이므로 $\alpha_1\alpha=\alpha_2=\cdots=\alpha_n=0$. $\alpha_1\alpha=0$에서 $\alpha\neq 0$이므로 $\alpha_1=0$. 따라서 αv_1, v_2, $\cdots$, v_n은 일차독립이다.

16. $U\subset W$ 또는 $W\subset U$

17. $\dim V=3$인 V의 부분공간 U, W가 $U\neq W$라 하자. $(U\cap W)\subset U$, $(U\cap W)\subset W$이므로 $(U\cap W)\neq U$, $(U\cap W)\neq W$. $\dim(U\cap W)<\dim U=2(=\dim W)$로 $\dim(U\cap W)\leq 1$. $3\geq\dim(U+W)=\dim U+\dim W-\dim(U\cap W)\geq 3$에서 $\dim(U+W)=3$. 따라서 $U+W=V$

연습문제 3.4

1. $$A=\begin{bmatrix} 3 & 2 & 1 \\ 0 & 1 & 2 \\ 4 & 3 & 2\end{bmatrix}\Rightarrow\begin{bmatrix} 3 & 2 & 1 \\ 0 & 1 & 2 \\ 0 & \frac{1}{3} & \frac{2}{3}\end{bmatrix}\Rightarrow\begin{bmatrix} 3 & 2 & 1 \\ 0 & 1 & 2 \\ 0 & 0 & 0\end{bmatrix}$$

$$B=\begin{bmatrix}1&1&1+a\\1&1+a&1\\1+a&1&1\end{bmatrix}\Rightarrow\begin{bmatrix}1&1&1+a\\0&a&-a\\0&-a&-a(a+2)\end{bmatrix}\Rightarrow\begin{bmatrix}1&1&1+a\\0&a&-a\\0&0&-a(a+3)\end{bmatrix}$$

이므로 $\operatorname{rank}A=2$, $\operatorname{rank}B=3$

2. $$A=\begin{bmatrix}1&2&-1\\2&4&6\\0&0&-8\end{bmatrix}\Rightarrow\begin{bmatrix}1&2&-1\\0&0&8\\0&0&-8\end{bmatrix}\Rightarrow\begin{bmatrix}1&2&-1\\0&0&8\\0&0&0\end{bmatrix}$$

$$B=\begin{bmatrix}1&-3&2&2&0\\0&3&6&0&-2\\2&-3&-2&4&4\\5&-3&10&10&5\end{bmatrix}\Rightarrow\begin{bmatrix}1&0&5&2&0\\0&1&0&0&0\\0&0&-3&0&1\\0&0&0&0&0\end{bmatrix}$$

이므로 $\operatorname{rank}A=2$, $\operatorname{rank}B=3$

3. $$A=\begin{bmatrix}2&0&2&2\\3&-4&-1&-9\\1&2&3&7\\-3&1&-2&0\end{bmatrix}\Rightarrow\begin{bmatrix}1&2&3&7\\2&0&2&2\\3&-4&-1&-9\\-3&1&-2&0\end{bmatrix}\Rightarrow\begin{bmatrix}1&2&3&7\\0&-4&-4&-12\\0&-10&-10&-30\\0&7&7&21\end{bmatrix}$$

$$\Rightarrow\begin{bmatrix}1&5&3&7\\0&-8&-4&-12\\0&-20&-10&-30\\0&0&-7&21\end{bmatrix}\Rightarrow\begin{bmatrix}1&5&24&7\\0&-8&-40&-12\\0&0&0&0\\0&0&0&21\end{bmatrix}\Rightarrow\begin{bmatrix}1&5&-1&7\\0&-8&0&-12\\0&0&0&0\\0&0&0&21\end{bmatrix}$$

$$\Rightarrow\begin{bmatrix}1&5&-1&7\\0&-8&0&0\\0&0&0&0\\0&0&0&21\end{bmatrix}\Rightarrow\begin{bmatrix}1&5&-1&0\\0&-8&0&0\\0&0&0&0\\0&0&0&21\end{bmatrix}\Rightarrow\begin{bmatrix}1&0&-1&0\\0&-8&0&0\\0&0&0&0\\0&0&0&21\end{bmatrix}$$

$$\Rightarrow\begin{bmatrix}1&0&-1&0\\0&1&0&0\\0&0&0&1\\0&0&0&0\end{bmatrix}\Rightarrow\begin{bmatrix}1&0&1&0\\0&1&0&0\\0&0&0&1\\0&0&0&0\end{bmatrix}$$

에서 $\operatorname{rank}A=2$

4. ① $$\left[\begin{array}{cccc|c}4&8&28&12&24\\2&3&5&2&4\\7&9&4&1&2\end{array}\right]\Rightarrow\left[\begin{array}{cccc|c}1&2&7&3&6\\2&3&5&2&4\\7&9&4&1&2\end{array}\right]\Rightarrow\left[\begin{array}{cccc|c}1&2&7&3&6\\0&-1&-9&-4&-8\\0&-5&-45&-20&-40\end{array}\right]$$

$$\Rightarrow\left[\begin{array}{cccc|c}1&2&7&3&6\\0&1&9&4&8\\0&5&45&20&40\end{array}\right]\Rightarrow\left[\begin{array}{cccc|c}1&0&-11&-5&-10\\0&1&9&4&8\\0&0&0&0&0\end{array}\right]$$

$$\begin{bmatrix}1&0\\0&1\end{bmatrix}\begin{bmatrix}x\\y\end{bmatrix}=\left[\begin{array}{cc|cc}-11&-5&-10&z\\9&4&8&w\\0&0&0&1\end{array}\right]$$

에서 $x_1=-11z-5w-10$, $x_2=9z+4w+8$. $x_3=t_1$, $x_4=t_2$라 놓으면

$$\begin{bmatrix} x \\ y \\ z \end{bmatrix}=\begin{bmatrix} -10 \\ 8 \\ 0 \end{bmatrix}+t_1\begin{bmatrix} -11 \\ 9 \\ 0 \end{bmatrix}+t_2\begin{bmatrix} -5 \\ 4 \\ 0 \end{bmatrix}$$

② $$\left[\begin{array}{ccc|c} 3 & 4 & 9 & 9 \\ 3 & 2 & 5 & 7 \\ 5 & 2 & 8 & 8 \\ 8 & 1 & 7 & 12 \end{array}\right]\Rightarrow\left[\begin{array}{ccc|c} 1 & 0 & 0 & 2 \\ 0 & 1 & 0 & 3 \\ 0 & 0 & 1 & -1 \\ 0 & 0 & 0 & 0 \end{array}\right],\ \begin{bmatrix} x \\ y \\ z \end{bmatrix}=\begin{bmatrix} 2 \\ 3 \\ -1 \end{bmatrix}$$

5. ① $$\left[\begin{array}{ccc|ccc} 2 & 1 & 1 & 1 & 0 & 0 \\ 1 & 1 & 2 & 0 & 1 & 0 \\ 1 & 1 & 1 & 0 & 0 & 1 \end{array}\right]\Longrightarrow\left[\begin{array}{ccc|ccc} 1 & 0 & -1 & 1 & -1 & 0 \\ 1 & 1 & 2 & 0 & 1 & 0 \\ 1 & 1 & 1 & 0 & 0 & 1 \end{array}\right]$$

$$\Rightarrow\left[\begin{array}{ccc|ccc} 1 & 0 & -1 & 1 & -1 & 0 \\ 0 & 1 & 3 & -1 & 2 & 0 \\ 0 & 1 & 2 & -1 & 1 & 1 \end{array}\right]\Longrightarrow\left[\begin{array}{ccc|ccc} 1 & 0 & -1 & 1 & -1 & 0 \\ 0 & 1 & 3 & -1 & 2 & 0 \\ 0 & 0 & -1 & 0 & -1 & 1 \end{array}\right]$$

$$\Rightarrow\left[\begin{array}{ccc|ccc} 1 & 0 & 0 & 1 & 0 & -1 \\ 0 & 1 & 0 & -1 & -1 & 3 \\ 0 & 0 & 1 & 0 & 1 & -1 \end{array}\right],\ A^{-1}=\begin{bmatrix} 1 & 0 & -1 \\ -1 & -1 & 3 \\ 0 & 1 & -1 \end{bmatrix}$$

② $$B=\left[\begin{array}{ccc|ccc} 2 & 5 & 3 & 1 & 0 & 0 \\ 1 & 2 & 1 & 0 & 1 & 0 \\ 1 & 0 & -3 & 0 & 0 & 1 \end{array}\right]\Longrightarrow\left[\begin{array}{ccc|ccc} 1 & 3 & 2 & 1 & -1 & 0 \\ 1 & 2 & 1 & 0 & 1 & 0 \\ 1 & 0 & -3 & 0 & 0 & 1 \end{array}\right]$$

$$\Rightarrow\left[\begin{array}{ccc|ccc} 1 & 3 & 2 & 1 & -1 & 0 \\ 0 & -1 & -1 & -1 & 2 & 0 \\ 0 & -3 & -5 & -1 & 1 & 1 \end{array}\right]\Longrightarrow\left[\begin{array}{ccc|ccc} 1 & 3 & 2 & 1 & -1 & 0 \\ 0 & 1 & 1 & 1 & -2 & 0 \\ 0 & 3 & 5 & 1 & -1 & -1 \end{array}\right]$$

$$\Rightarrow\left[\begin{array}{ccc|ccc} 1 & 3 & 2 & 1 & -1 & 0 \\ 0 & 1 & 1 & 1 & -2 & 0 \\ 0 & 0 & 2 & -2 & 5 & -1 \end{array}\right]\Longrightarrow\left[\begin{array}{ccc|ccc} 1 & 0 & -1 & -2 & 5 & 0 \\ 0 & 1 & 1 & 1 & -2 & 0 \\ 0 & 0 & 2 & -2 & 5 & -1 \end{array}\right]$$

$$\Rightarrow\left[\begin{array}{ccc|ccc} 1 & 0 & -1 & -2 & 5 & 0 \\ 0 & 1 & 1 & 1 & -2 & 0 \\ 0 & 0 & 1 & -1 & \frac{5}{2} & -\frac{1}{2} \end{array}\right]\Longrightarrow\left[\begin{array}{ccc|ccc} 1 & 0 & -1 & -2 & 5 & 0 \\ 0 & 1 & 0 & 2 & -\frac{9}{2} & -\frac{1}{2} \\ 0 & 0 & 1 & -1 & \frac{5}{2} & -\frac{1}{2} \end{array}\right]$$

$$\Rightarrow\left[\begin{array}{ccc|ccc} 1 & 0 & 0 & -3 & \frac{15}{2} & -\frac{1}{2} \\ 0 & 1 & 0 & 2 & -\frac{9}{2} & -\frac{1}{2} \\ 0 & 0 & 1 & -1 & \frac{5}{2} & -\frac{1}{2} \end{array}\right],\ B^{-1}=\begin{bmatrix} -3 & \frac{15}{2} & -\frac{1}{2} \\ 2 & -\frac{9}{2} & -\frac{1}{2} \\ -1 & \frac{5}{2} & -\frac{1}{2} \end{bmatrix}$$

③ $\left[\begin{array}{rrr|rrr} 1 & -2 & 1 & 1 & 0 & 0 \\ -2 & 3 & 1 & 0 & 1 & 0 \\ 3 & -8 & 9 & 0 & 0 & 1 \end{array}\right] \Longrightarrow \left[\begin{array}{rrr|rrr} 1 & -2 & 1 & 1 & 0 & 0 \\ 0 & -1 & 3 & 2 & 1 & 0 \\ 0 & -2 & 6 & -3 & 0 & 1 \end{array}\right]$

$\Rightarrow \left[\begin{array}{rrr|rrr} 1 & -2 & 1 & 1 & 0 & 0 \\ 0 & 1 & -3 & -2 & -1 & 0 \\ 0 & 0 & 0 & -7 & -2 & 1 \end{array}\right] \Longrightarrow \left[\begin{array}{rrr|rrr} 1 & -2 & 1 & 1 & 0 & 0 \\ 0 & 0 & -3 & -2 & -1 & 0 \\ 0 & 0 & 0 & -7 & -2 & 1 \end{array}\right]$

그러므로 C^{-1}는 존재하지 않는다.

④ $\left[\begin{array}{rrr|rrr} 1 & 0 & 1 & 1 & 0 & 0 \\ -1 & 1 & 1 & 0 & 1 & 0 \\ 0 & 1 & 0 & 0 & 0 & 1 \end{array}\right] \Longrightarrow \left[\begin{array}{rrr|rrr} 1 & 0 & 1 & 1 & 0 & 0 \\ 0 & 1 & 2 & 1 & 1 & 0 \\ 0 & 1 & 0 & 0 & 0 & 1 \end{array}\right]$

$\Rightarrow \left[\begin{array}{rrr|rrr} 1 & 0 & 1 & 1 & 0 & 0 \\ 0 & 1 & 2 & 1 & 1 & 0 \\ 0 & 0 & -2 & -1 & -1 & 1 \end{array}\right] \Longrightarrow \left[\begin{array}{rrr|rrr} 1 & 0 & 1 & 1 & 0 & 0 \\ 0 & 1 & 0 & 0 & 0 & 1 \\ 0 & 0 & -2 & -1 & -1 & 1 \end{array}\right]$

$\Rightarrow \left[\begin{array}{rrr|rrr} 1 & 0 & 0 & \frac{1}{2} & -\frac{1}{2} & \frac{1}{2} \\ 0 & 1 & 0 & 0 & 0 & 1 \\ 0 & 0 & -2 & -1 & -1 & 1 \end{array}\right] \Longrightarrow \left[\begin{array}{rrr|rrr} 1 & 0 & 0 & \frac{1}{2} & -\frac{1}{2} & \frac{1}{2} \\ 0 & 1 & 0 & 0 & 0 & 1 \\ 0 & 0 & 1 & \frac{1}{2} & \frac{1}{2} & -\frac{1}{2} \end{array}\right]$

$D^{-1} = \begin{bmatrix} \frac{1}{2} & -\frac{1}{2} & \frac{1}{2} \\ 0 & 0 & 1 \\ \frac{1}{2} & \frac{1}{2} & -\frac{1}{2} \end{bmatrix}$

6. ① $\begin{bmatrix} 0 & -2 & 0 \\ 0 & 1 & 5 \\ -1 & 0 & 1 \end{bmatrix} \Longleftrightarrow \begin{bmatrix} 1 & 0 & 0 \\ 0 & 1 & 0 \\ 0 & 0 & 0 \end{bmatrix}$ ② $\begin{bmatrix} -3 & 1 \\ 2 & 3 \\ 2 & 1 \end{bmatrix} \Longleftrightarrow \begin{bmatrix} 1 & 0 \\ 0 & 1 \\ 0 & 0 \end{bmatrix}$

③ $\begin{bmatrix} 1 & 4 & 0 & 0 \\ 0 & 0 & 1 & 0 \\ 0 & 0 & 0 & 1 \end{bmatrix}$ ④ $\begin{bmatrix} 1 & 0 & 1 \\ -1 & 0 & 1 \\ 0 & 1 & 0 \end{bmatrix} \Longleftrightarrow \begin{bmatrix} 1 & 0 & 0 \\ 0 & 1 & 0 \\ 0 & 0 & 1 \end{bmatrix}$

7. ① $|A| = 0$

② $B^{-1} = \begin{bmatrix} \frac{7}{2} & -1 & -\frac{1}{2} \\ -3 & 1 & 0 \\ -\frac{4}{5} & \frac{1}{2} & \frac{1}{4} \end{bmatrix}$

8. ① $A = \begin{bmatrix} 2 & -1 & 2 & -1 \\ -1 & 2 & -7 & 8 \\ 1 & -1 & 3 & -3 \end{bmatrix} \underset{R_1 \leftrightarrow R_3}{\Longleftrightarrow} \begin{bmatrix} 1 & -1 & 3 & -3 \\ -1 & 2 & -7 & 8 \\ 2 & -1 & 2 & -1 \end{bmatrix}$

$$\underset{1\times R_1+R_2}{\Longleftrightarrow}\begin{bmatrix}1&-1&3&-3\\0&1&-4&5\\2&-1&2&-1\end{bmatrix}\underset{2\times R_1+R_3}{\Longleftrightarrow}\begin{bmatrix}1&-1&3&-3\\0&1&-4&5\\0&1&-4&5\end{bmatrix}$$

$$\underset{1\times R_2+R_1}{\Longleftrightarrow}\begin{bmatrix}1&0&-1&3\\0&1&-4&5\\0&1&-4&5\end{bmatrix}\underset{R_2+R_3}{\Longleftrightarrow}\begin{bmatrix}1&0&-1&2\\0&1&-4&5\\0&0&0&0\end{bmatrix}=R$$

$$RX=\begin{bmatrix}1&0&-1&2\\0&1&-4&5\\0&0&0&0\end{bmatrix}\begin{bmatrix}x\\y\\z\\w\end{bmatrix}=\begin{bmatrix}x-z+2w\\y-4z+5w\\0\\0\end{bmatrix}=\begin{bmatrix}0\\0\\0\\0\end{bmatrix}$$

에서 $z=c_1$, $w=c_2$라 놓으면

$$\begin{cases}x=z-2w\\y=4z-5w\end{cases}\qquad\begin{cases}x=c_1-2c_2\\y=4c_1-5c_2\\z=c_1\\w=c_2\end{cases}$$

② $$A=\left[\begin{array}{cccc|c}1&-2&-1&4&4\\2&-4&-1&1&14\\-1&2&3&-18&8\end{array}\right]\Longleftrightarrow\left[\begin{array}{cccc|c}1&-2&-1&4&4\\0&0&1&-7&6\\0&0&2&-14&12\end{array}\right]$$

$$\Longleftrightarrow\left[\begin{array}{cccc|c}1&-2&0&-3&10\\0&0&1&-7&6\\0&0&0&0&0\end{array}\right]=R$$

$$RX=\begin{bmatrix}1&-2&0&-3&10\\0&0&1&-7&6\\0&0&0&0&0\end{bmatrix}\begin{bmatrix}x\\y\\z\\w\\1\end{bmatrix}=\begin{bmatrix}x-2y-3w+10\\z-7w+6\\0\end{bmatrix}=\begin{bmatrix}0\\0\\0\end{bmatrix},$$

$x=2y+3w+10$, $z=7w-6$. $y=c_1$, $w=c_2$라 놓으면 $x=2c_1+3c_2+10$, $y=c_1$, $z=7c_1-6$, $w=c_2$

9. ① 해가 없다.

② $x_1=-3c-\frac{1}{2}$, $x_2=-2c-\frac{3}{2}$, $x_3=c$

연습문제 4.1

1. ① 선형사상 ② 비선형사상 ③ 선형사상 ④ 비선형사상

2. ① $e_1=(1, 0)$, $e_2=(0, 1)$에 대하여 $T(e_1)=(2, 1, 1)$, $T(e_2)=(1, 0, 3)$. $\text{Im}\,T$의 기저는 $\{(0, 1, -5), (1, 0, 3)\}$. $\ker T$의 차원은 0이므로 $\ker T$의 기저는 $\mathbf{0}$이다.

② $e_1=(1,\ 0,\ 0)$, $e_2=(0,\ 1,\ 0)$, $e_3=(0,\ 0,\ 1)$에서 $T(e_1)=(1,\ 0,\ 1)$, $T(e_2)=(2\ 1,\ 1)$, $T(e_3)=(-1,\ 1,\ -2)$

$$\begin{bmatrix} 1 & 0 & 1 \\ 2 & 1 & 1 \\ -1 & 1 & -2 \end{bmatrix} \to \begin{bmatrix} 1 & 0 & 1 \\ 0 & 1 & -1 \\ 0 & 1 & -1 \end{bmatrix} \to \begin{bmatrix} 1 & 0 & 1 \\ 0 & 1 & -1 \\ 0 & 0 & 0 \end{bmatrix}$$

$\operatorname{Im} T$의 기저는 $\{(1,\ 0,\ 1),\ (0,\ 1,\ -1)\}$. $\dim(\ker T)=3-2=1$. $x+2y-z=0$, $y+z=0$, $x+y-2z=0$에서 $x=3t$, $y=-t$, $z=t$. $X=t(3,\ -1,\ 1)$이므로 $\ker T=\langle(3,\ -1,\ 1)\rangle$. 따라서 $\ker T$의 기저는 $\{(3,\ -1,\ 1)\}$이다.

③ 표준기저 $e_1,\ \cdots,\ e_n$에 대하여 $T(e_1)=1,\ \cdots,\ T(e_n)=n$. $\langle T(e_1),\ \cdots,\ T(e_n)\rangle=\langle 1,\ 2,\ \cdots,\ n\rangle=\langle 1\rangle$이므로 $\operatorname{Im} T$의 기저는 $\{1\}$이다. $\dim(\ker T)=n-1$. $x_1+2x_2+\cdots+nx_n=0$에서 $t_1,\ \cdots,\ t_n$을 임의의 수라 놓으면 $x=t_2\alpha_2+\cdots+t_n\alpha_n$. $\alpha_r=(-r,\ 0,\ \cdots,\ 1,\ 0,\ \cdots,\ 0)$이라 놓으면 $\ker T=\langle \alpha_1,\ \alpha_2,\ \cdots,\ \alpha_n\rangle$

3. ① 선형 ② 비선형 ③ 선형 ④ 비선형

4. 선형사상 $T: X\to AX$의 $\ker T$가 해공간이다. 정리 4.1.10에 의하여 $\dim(\ker T)=n-\dim(\operatorname{Im} T)=n-\operatorname{rank} T$

5. $$A=\begin{bmatrix} 2 & 2 & -1 & 0 & 1 \\ -1 & -1 & 2 & -3 & 1 \\ 1 & 1 & -2 & 0 & -1 \\ 0 & 0 & 1 & 1 & 1 \end{bmatrix} \to \begin{bmatrix} 2 & 2 & -1 & 0 & 1 \\ -1 & -1 & 2 & -3 & 1 \\ 0 & 0 & 0 & -3 & 0 \\ 0 & 0 & 1 & 1 & 1 \end{bmatrix}$$

$$\to \begin{bmatrix} 0 & 0 & 3 & -6 & 3 \\ -1 & -1 & 2 & -3 & 1 \\ 0 & 0 & 0 & -3 & 0 \\ 0 & 0 & 1 & 1 & 1 \end{bmatrix} \to \begin{bmatrix} 0 & 0 & 1 & -2 & 1 \\ -1 & -1 & 2 & -3 & 1 \\ 0 & 0 & 0 & -3 & 0 \\ 0 & 0 & 1 & 1 & 1 \end{bmatrix} \to \begin{bmatrix} 0 & 0 & 1 & -2 & 1 \\ -1 & -1 & 2 & -3 & 1 \\ 0 & 0 & 0 & -3 & 0 \\ 0 & 0 & 0 & 3 & 0 \end{bmatrix}$$

$$\to \begin{bmatrix} 0 & 0 & 1 & -2 & 1 \\ 1 & 1 & 2 & 3 & -1 \\ 0 & 0 & 0 & 1 & 0 \\ 0 & 0 & 0 & 0 & 0 \end{bmatrix} \to \begin{bmatrix} 0 & 0 & 1 & 0 & 1 \\ 1 & 1 & 2 & 0 & -1 \\ 0 & 0 & 0 & 1 & 0 \\ 0 & 0 & 0 & 0 & 0 \end{bmatrix} \to \begin{bmatrix} 0 & 0 & 1 & 0 & 1 \\ 1 & 1 & 3 & 0 & 0 \\ 0 & 0 & 0 & 1 & 0 \\ 0 & 0 & 0 & 0 & 0 \end{bmatrix}$$

$$\to \begin{bmatrix} 1 & 1 & 3 & 0 & 0 \\ 0 & 0 & 1 & 0 & 1 \\ 0 & 0 & 0 & 1 & 0 \\ 0 & 0 & 0 & 0 & 0 \end{bmatrix}$$

에서 $\operatorname{Im} T$의 기저는 $\{(1, 1, 3, 0, 0),\ (0, 0, 1, 0, 1),\ (0, 0, 0, 1, 0)\}$으로 $\dim(\operatorname{Im} T)=3$. $\dim(\ker T)=5-\operatorname{rank} T=5-3=2$

6. 임의의 $v\in V$는 $v=x_1v_1+\cdots+x_nv_n$으로 표시된다. $T(v)=T(x_1v_1+\cdots+x_nv_n)=x_1T(v_1)+\cdots+x_nT(v_n)=x_1w_1+\cdots+x_nw_n$

7. ① $\operatorname{rank} T=1$, $\operatorname{null}(T)=1$

② $\operatorname{rank} T=3$, $\operatorname{null}(T)=0$

8. $\begin{bmatrix}1&-1&3\\5&6&-4\\7&4&2\end{bmatrix}\to\begin{bmatrix}1&-1&0\\5&6&14\\7&4&14\end{bmatrix}\to\begin{bmatrix}1&0&0\\5&11&14\\7&11&14\end{bmatrix}\to\begin{bmatrix}1&0&0\\5&1&1\\7&1&1\end{bmatrix}\to\begin{bmatrix}1&0&0\\5&1&0\\7&1&0\end{bmatrix}$,

$\begin{bmatrix}2&0&-1\\4&0&-2\\0&0&0\end{bmatrix}\to\begin{bmatrix}2&0&0\\4&0&0\\0&0&0\end{bmatrix}\to\begin{bmatrix}1&0&0\\2&0&0\\0&0&0\end{bmatrix}$

① $\operatorname{Im}T=\left\{\begin{bmatrix}1\\5\\7\end{bmatrix},\begin{bmatrix}0\\1\\1\end{bmatrix}\right\}$, $\ker T=\begin{bmatrix}-\frac{14}{11}\\-\frac{19}{11}\\1\end{bmatrix}$

② $\operatorname{Im}T=\left\{\begin{bmatrix}1\\2\\0\end{bmatrix}\right\}$, $\ker T=\begin{bmatrix}\frac{1}{2}\\0\\1\end{bmatrix},\begin{bmatrix}0\\1\\0\end{bmatrix}$

9. $\ker T$의 차원은 $\mathbb{R}^3$공간의 약수이므로 $\dim(\ker T)=\operatorname{null}T=0,\ 1,\ 2,\ 3$. 따라서 원점, 원점을 지나는 직선, 원점을 지나는 평면, 공간 자체가 $\ker T$가 될 수 있다.

10. $\ker D$는 모든 상수다항식의 집합, $\ker I$는 ax꼴의 모든 다항식의 집합이다.

11. ① $\operatorname{rank}T=2$, $\operatorname{null}T=2$
② $\operatorname{rank}T=3$, $\operatorname{null}T=2$

12. $v\in V$, $\pi(v)=v_1$이라 놓으면 $\pi(v_1)=\pi(\pi(v_1))=\pi^2(v)=\pi(v)=v_1$이므로 π는 $\operatorname{Im}\pi$ 위에서 항등사상이다. $v_2=v-v_1$이라 놓으면 $\pi(v_2)=\pi(v)-\pi(v_1)=v_1-v_1=\mathbf{0}$. 그러므로 $v=v_1+v_2$, $v_1\in\operatorname{Im}\pi$, $v_2\in\ker\pi$. 분명히 $\operatorname{Im}\pi\cap\ker\pi=\{\mathbf{0}\}$이므로 $V=\operatorname{Im}\pi\oplus\ker\pi$

13. $(S\circ T)(x,\ y)=S(T(x,\ y))=S(y,\ -x)=(y,\ x)$, $(T\circ S)(x,\ y)=T(S(x,\ y))=T(x,\ -y)=(-y,\ -x)$, $(S+T)(x,y)=S(x,y)+T(x,y)=(x,\ -y)+(y,\ -x)=(x+y,\ -x-y)$

14. 행의 기저: $\{(-4,\ -7,\ 5)\}$, 상공간의 기저: $\{(1,\ 0,\ 1),\ (0,\ 1,\ 2)\}$

15. 문제 13에서 $(S\circ T)(x,\ y)=(y,\ x)$, $(T\circ S)(x,\ y)=(-y,\ -x)$이므로 $S\circ T=-T\circ S$. 즉 $S\circ T\neq T\circ S$

16. $(F\circ D)\left(\sum_{i=0}^{n}a_ix^i\right)=F\left(\sum_{i=1}^{n}ia_ix^{i-1}\right)=\sum_{i=0}^{n}ia_i\cdot\frac{1}{(i-1)+1}x^{(i-1)+1}+c=\sum_{i=0}^{n}a_ix^i+c$,
$(D\circ F)\left(\sum_{i=0}^{n}a_ix^i\right)=D\left(\sum_{i=1}^{n}a_i\cdot\frac{1}{i+1}x^{i+1}+c\right)=\sum_{i=1}^{n}a_i\cdot\frac{1}{i+1}\cdot(i+1)x^{(i+1)-1}=\sum_{i=1}^{n}a_ix^i=f(x)$. 따라서 $F\circ D\neq I$, $D\circ F=I$

17. ① $(1-\pi)^2=(1-\pi)(1-\pi)=1-\pi-\pi+\pi^2=1-\pi-\pi+\pi=1-\pi$이므로 $1-\pi$는 정사영이다.

② $(1-\pi)(v)=\mathbf{0}$, $v-\pi(v)=\mathbf{0}$, $v=\pi(v)$. $\ker(1-\pi)=\{v\in V \mid v=\pi(v)\}$
③ $(\pi(1-\pi))(v)=\pi((1-\pi)(v))=\pi(v-\pi(v))=\pi(v)-\pi^2(v)=\pi(v)-\pi(v)=\mathbf{0}$ 이므로 $\pi(1-\pi)=O$

18. $(a, b)=x(3, 1)+y(1, 1)$인 $x=\frac{1}{2}a-\frac{1}{2}b$, $y=-\frac{1}{2}a+\frac{3}{2}b$. $T(a, b)=xT(3, 1)+yT(1, 1)=(a-b, 5b-3a)$

19. $(x, y, z)\in\ker T$이면 $T(x, y, z)=(2x, 4x-y, 2x+3y-z)=(0, 0, 0)$. $2x=0$, $4x-y=0$, $2x+3y-z=0$에서 $x=y=z=0$. $\ker T=\{\mathbf{0}\}$이고 $\dim(\operatorname{Im} T)=\dim\mathbb{R}^3-\dim(\ker T)=3-0=3$. 그러므로 T는 전단사이고 그 역함수 $T^{-1}:\mathbb{R}^3\to\mathbb{R}^3$가 존재하여 $T^{-1}(r, s, t)=\left(\frac{1}{2}r, 2r-s, 7r-3s-t\right)$

20. ① T가 비정칙이면 $T(v)=\mathbf{0}$, $v\neq\mathbf{0}$인 $v\in V$가 존재한다. $\alpha\neq 0$이면 $(\alpha T)(v)=T(\alpha v)=\mathbf{0}$이고 $\alpha v\neq\mathbf{0}$이므로 $\ker\alpha T\neq\{\mathbf{0}\}$. 그러므로 αT는 비정칙이다. αT가 비정칙이면 $(\alpha T)(v)=\mathbf{0}$, $v\neq\mathbf{0}$이므로 $T(\alpha v)=\mathbf{0}$. $\alpha\neq 0$, $v\neq\mathbf{0}$이므로 $\alpha v=\mathbf{0}$이다. 즉 $\ker T\neq\{\mathbf{0}\}$이므로 T는 비정칙이다.
② $v\neq\mathbf{0}$, $T(v)=\mathbf{0}\Longleftrightarrow -v\neq\mathbf{0}$, $(-T)(v)=-T(v)=\mathbf{0}$

21. $V=U\oplus W$이므로 임의의 $v\in V$는 $v=u+w$, $u\in U$, $w\in W$로 일의적으로 표시된다.
① $S^2(v)=S(S(v))=S(u)=S(u+0)=S(u)$, $S(v)=u$이므로 $S^2=S$. 마찬가지로 $T^2=T$
② $(S+T)(v)=S(v)+T(v)=u+w=v$이므로 $S+T=I$
③ $(T\circ S)(v)=T(S(v))=T(u)=T(u+\mathbf{0})=(\mathbf{0})$, $(S\circ T)(v)=S(T(v))=S(w)=S(\mathbf{0}+w)=\mathbf{0}$이므로 $T\circ S=O$, $S\circ T=O$

22. 모든 $v\in V$에 대하여 $(S+T)(v)=S(v)+T(v)=I(v)=v$이므로 $v\in\operatorname{Im} S+\operatorname{Im} T$. 즉 $V=\operatorname{Im} S+\operatorname{Im} T$. $v\in\operatorname{Im} S\cap\operatorname{Im} T$. v_1, v_2가 존재하여 $S(v_1)=v$, $T(v_2)=S$, $S(v_1)=T(v_2)$. 양변에 S를 시행하면 $S^2(v_1)=(S\circ T)(v_2)$, $S(v_1)=O(v_2)$, $v=\mathbf{0}$. 그러므로 $\operatorname{Im} S\cap\operatorname{Im} T=\{\mathbf{0}\}$이 되어 $V=\operatorname{Im} S\oplus\operatorname{Im} T$

23. $T: V\to W$, $\dim V=\dim(\ker T)+\dim(\operatorname{Im} T)=\dim(\ker T)+\dim W$에서 $\dim V\geq\dim W$

24. ① u_1, $u_2\in U$, $\alpha\in\mathbb{K}$에 대하여 $T_U(u_1+u_2)=T(u_1+u_2)=T(u_1)+T(u_2)=T_U(u_1)+T_U(u_2)$, $T_U(\alpha u)=T(\alpha u)=\alpha T(u)=\alpha T_U(u)$. 따라서 T_U는 선형사상이다.
② $u\in\ker T_U$이면 $T_U(v)=T(v)=\mathbf{0}$이므로 $v\in\ker T$. 즉 $u\in\ker T\cap U$. $u\in\ker T\cap U$이면 $u\in U$, $T(u)=\mathbf{0}$이므로 $T_U(u)=T(u)=\mathbf{0}$, $u\in\ker T_U$. 따라서 $\ker T_U=\ker T\cap U$

25. $T(a+bi)=a-bi$, $a, b\in\mathbb{R}$. $\alpha\in\mathbb{R}$, $z\in\mathbb{C}$에 대하여 $T(\alpha z)=\overline{\alpha z}=\bar{\alpha}\,\bar{z}=\alpha\bar{z}=\alpha z=\alpha T(z)$. $\alpha\in\mathbb{C}$에 대하여는 $T(\alpha z)=\overline{\alpha z}=\bar{\alpha}\,\bar{z}=\bar{\alpha}T(z)$. α가 순허수이면 $T(\alpha z)\neq\alpha T(z)$. 따라서 $\mathbb{C}$ 위에서는 선형이 아니다.

연습문제 4.2

1. ① $T(1, 0, 0)=(1, 0, 0)$, $T(0, 1, 0)=(0, 1, 0)$, $T(0, 0, 1)=(0, 0, 0)$이므로

$$[T]=\begin{bmatrix}1&0&0\\0&1&0\\0&0&0\end{bmatrix}$$

② $T(1, 0, 0)=(1, 0, 1)$, $T(0, 1, 0)=(0, 1, 1)$, $T(0, 0, 1)=(0\ 1, 1)$이므로

$$[T]=\begin{bmatrix}1&0&0\\0&1&1\\1&1&1\end{bmatrix}$$

2. ① $M_{2\times2}(\mathbb{R})$의 표준기저는 $\{E_{11}, E_{12}, E_{13}, E_{14}\}$

$$E_{11}=\begin{bmatrix}1&0\\0&0\end{bmatrix},\ E_{12}=\begin{bmatrix}0&1\\0&0\end{bmatrix},\ E_{21}=\begin{bmatrix}0&0\\1&0\end{bmatrix},\ E_{22}=\begin{bmatrix}0&0\\0&1\end{bmatrix}$$

$$T(E_{11})=ME_{11}=\begin{bmatrix}1&0\\-1&2\end{bmatrix}\begin{bmatrix}1&0\\0&0\end{bmatrix}=\begin{bmatrix}1&0\\-1&0\end{bmatrix}=\begin{bmatrix}1&0\\0&0\end{bmatrix}-\begin{bmatrix}0&0\\1&0\end{bmatrix}$$

$$T(E_{12})=ME_{12}=\begin{bmatrix}1&0\\-1&2\end{bmatrix}\begin{bmatrix}0&1\\0&0\end{bmatrix}=\begin{bmatrix}0&1\\0&-1\end{bmatrix}=\begin{bmatrix}0&1\\0&0\end{bmatrix}-\begin{bmatrix}0&0\\0&1\end{bmatrix}$$

$$T(E_{21})=ME_{21}=\begin{bmatrix}1&0\\-1&2\end{bmatrix}\begin{bmatrix}0&0\\1&0\end{bmatrix}=\begin{bmatrix}0&0\\2&0\end{bmatrix}=2\begin{bmatrix}0&0\\1&0\end{bmatrix}$$

$$T(E_{22})=ME_{22}=\begin{bmatrix}1&0\\-1&2\end{bmatrix}\begin{bmatrix}0&0\\0&1\end{bmatrix}=\begin{bmatrix}0&0\\0&2\end{bmatrix}=2\begin{bmatrix}0&0\\0&1\end{bmatrix}$$

따라서 $[T]_E^E=\begin{bmatrix}1&0&0&0\\0&1&0&0\\-1&0&2&0\\0&-1&0&2\end{bmatrix}$

② $\begin{bmatrix}0&-1&0&0\\0&2&0&0\\0&0&1&-2\\0&0&0&2\end{bmatrix}$ ③ $\begin{bmatrix}0&1&0&0\\0&-1&0&0\\-1&0&1&1\\0&-1&0&0\end{bmatrix}$

3. ① $(1, 0)=-3(1, 2)+2(2, 3)$, $(0, 1)=2(1, 2)+(-1)(2, 3)$, $(1, 2)=(1, 0)+2(0, 1)$, $(2, 3)=2(1, 0)+3(0, 1)$이므로

$$P=[I]_E^F=\begin{bmatrix}-3&2\\2&-1\end{bmatrix},\ [I]_F^E=\begin{bmatrix}1&2\\2&3\end{bmatrix}=Q=P^{-1}$$

② $v=(a, b)\in\mathbb{R}^2$, $(a, b)=a(1, 0)+b(0, 1)$, $(a, b)=(-3a+2b)(1, 2)(2a-b)(2, 3)$이므로

$$[v]_E=\begin{bmatrix}a\\b\end{bmatrix},\ [v]_F=\begin{bmatrix}-3a+2b\\2a-b\end{bmatrix},\ P[v]_F=\begin{bmatrix}-3&2\\2&-1\end{bmatrix}\begin{bmatrix}a\\b\end{bmatrix}=\begin{bmatrix}-3a+2b\\2a-b\end{bmatrix}=[v]_E$$

4. $T(1,\ 0)=(2,\ 1)=2(1,\ 0)+(0,\ 1)$, $T(0,\ 1)=(-3,\ 1)=(-3)\cdot(1,\ 0)+(0,\ 1)$, $T(1,\ 2)=(-4,\ 3)=18\cdot(1,\ 2)+(-11)(2,\ 3)$, $T(2,\ 3)=(-5,\ 5)=25\cdot(1,\ 2)+(-15)\cdot(2,\ 3)$ $[T]_E^E=\begin{bmatrix}2 & -3\\ 1 & 1\end{bmatrix}$, $[T]_F^F=\begin{bmatrix}18 & 25\\ -11 & -15\end{bmatrix}$, $[I]_F^E[T]_F^F[I]_E^F=P^{-1}[T]_F^F$

$P=\begin{bmatrix}1 & 2\\ 2 & 3\end{bmatrix}\begin{bmatrix}18 & 25\\ -11 & -15\end{bmatrix}\begin{bmatrix}-3 & 2\\ 2 & -1\end{bmatrix}=\begin{bmatrix}-4 & -5\\ 3 & 5\end{bmatrix}\begin{bmatrix}-3 & 2\\ 2 & -1\end{bmatrix}=\begin{bmatrix}2 & -3\\ 1 & 1\end{bmatrix}=[T]_E^E$

5. ① $1=2\cdot(1+i)+(-1)\cdot(1+2i)$, $i=(-1)\cdot(1+i)+1\cdot(1+2i)$, $1+i=1\cdot 1+1\cdot i$, $1+2i=1\cdot 1+2\cdot i$이므로 $[I]_E^F=\begin{bmatrix}2 & -1\\ -1 & 1\end{bmatrix}$, $P=[I]_F^E=\begin{bmatrix}1 & 1\\ 1 & 2\end{bmatrix}$.

② $T(1)=1=1\cdot 1+0\cdot i$, $T(i)=-i=0\cdot 1+(-1)\cdot i$, $T(1+i)=1-i=3\cdot(1+i)+(-2)\cdot(1+2i)$, $T(1+2i)=1-2i=4\cdot(1+i)+(-3)\cdot(1+2i)$이므로 $[T]_E^E=\begin{bmatrix}1 & 0\\ 0 & -1\end{bmatrix}$, $[T]_F^F=\begin{bmatrix}3 & 4\\ -2 & -3\end{bmatrix}$. $[I]_E^F[T]_E^E[I]_F^E=P^{-1}[T]_E^E P=\begin{bmatrix}2 & -1\\ -1 & 1\end{bmatrix}\begin{bmatrix}1 & 0\\ 0 & -1\end{bmatrix}\begin{bmatrix}1 & 1\\ 1 & 2\end{bmatrix}=\begin{bmatrix}3 & 4\\ -2 & -3\end{bmatrix}=[T]_F^F$

6. ① $P=(P^{-1})^{-1}$이므로 $(P^{-1})^{-1}BP^{-1}=(P^{-1})^{-1}(P^{-1}AP)P^{-1}=A$

② $C=Q^{-1}(P^{-1}AP)Q=(Q^{-1}P^{-1})A(PQ)=(PQ)^{-1}A(PQ)$

③ $(P^{-1}AP)(P^{-1}BP)=P^{-1}A(PP^{-1})BP=P^{-1}ABP$

④ $(P^{-1}AP)^2=(P^{-1}AP)(P^{-1}AP)=P^{-1}A^2P$, $\cdots$, $(P^{-1}AP)^m=(P^{-1}AP)^{m-1}(P^{-1}AP)=(P^{-1}A^{m-1}P)(P^{-1}AP)=P^{-1}A^{m-1}AP=P^{-1}A^mP$

7. ① $T(1,\ 0,\ 0)=(3,\ 1)$, $T(0,\ 1,\ 0)=(2,\ -5)$, $T(0,\ 0,\ 1)=(-4,\ 3)$이므로

$[T]_E^E=\begin{bmatrix}3 & 2 & -4\\ 1 & -5 & 3\end{bmatrix}$

② $E=\{(1, 0, 0),\ (0, 1, 0),\ (0, 0, 1)\}$, $F=\{(1,\ 3),\ (2,\ 5)\}$,

$[T]_E^F==\begin{bmatrix}-13 & -20 & 26\\ 8 & 11 & -15\end{bmatrix}$

③ $F=\{(2,\ -1,\ 1),\ (1,\ -1,\ 0),\ (1,\ 1,\ 2)\}$, $T(2,\ -1,\ 1)=(0,\ 10)$, $T(1,\ -1,\ 0)=(1,\ 6)$, $T(1,\ -1,\ 2)=(-3,\ 2)$이므로 $[T]_F^E=\begin{bmatrix}0 & 1 & -3\\ 10 & 6 & 2\end{bmatrix}$

8. $T(1,\ 2)=(-1)(1,\ 2,\ 3)+2(2,\ -1,\ 0)+0\cdot(0,\ 1,\ 1)=(3,\ -4,\ -3)$, $T(2,\ 5)=1\cdot(1,\ 2,\ 3)+0\cdot(2,\ -1,\ 0)+1\cdot(0,\ 1,\ 1)=(1,\ 3,\ 4)$,

$[T]=\begin{bmatrix}3 & 1\\ -4 & 3\\ -4 & 4\end{bmatrix}\begin{bmatrix}1 & 2\\ 2 & 5\end{bmatrix}^{-1}=\begin{bmatrix}13 & -5\\ -26 & 11\\ -23 & 10\end{bmatrix}$

9. ① $(5,\ 8)=a(1,\ 2)+b(3,\ 4)$라 하면 $5=a+3b$, $8=2a+4b$에서 $a=2$, $b=1$. $(3,\ 2)=a(1,\ 2)+b(3,\ 4)$라 하면 $a=-3$, $b=2$이므로 $P=\begin{bmatrix}2 & -3\\ 1 & 2\end{bmatrix}$

② $a+bi=a\cdot 1+b\cdot i$, $c+di=c\cdot 1+d\cdot i$이므로 $P=\begin{bmatrix}a & c\\ b & d\end{bmatrix}$

10. ① $v_1=1\cdot v+0\cdot v_2+0\cdot v_3$, $v_2=0\cdot v_1+1\cdot v_2+0\cdot v_3$, $\alpha v_3=0\cdot v_1+0\cdot v_2+\alpha\cdot v_3$

② $v_1+v_3=1\cdot v_1+0\cdot v_2+1\cdot v_3$, $v_2=0\cdot v_1+1\cdot v_2+0\cdot v_3$, $v_3=0\cdot v_1+0\cdot v_2+1\cdot v_3$

③ $v_2=0\cdot v_1+1\cdot v_2+0\cdot v_3$, $v_1=1\cdot v_1+0\cdot v_2+0\cdot v_3$, $v_3=0\cdot v_1+1\cdot v_2+1\cdot v_3$이므로

각각의 행렬은 $\begin{bmatrix}1&0&0\\0&1&0\\0&0&\alpha\end{bmatrix}$, $\begin{bmatrix}1&0&0\\0&1&0\\1&0&1\end{bmatrix}$, $\begin{bmatrix}0&1&0\\1&0&0\\0&0&1\end{bmatrix}$

11. ① $A=I^{-1}AI$이므로 $A\sim A$

② $A=P^{-1}BP$이면 $PAP^{-1}=(P^{-1})^{-1}AP^{-1}=Q^{-1}AQ=B$이므로 $B\sim A$

③ $A=P^{-1}BP$, $C=Q^{-1}BQ$이면 $A=P^{-1}(QCQ^{-1})P=(P^{-1}Q)C(Q^{-1}P)=(Q^{-1}P)^{-1}C(Q^{-1}P)=R^{-1}CR$이므로 $A\sim C$

12. ① $A=[a_{ij}]$, $B=[b_{ik}]$, $AB=C=[c_{ik}]$, $c_{ik}=\sum_{j=1}^{n}a_{ij}b_{jk}$이므로 $\mathrm{tr}(AB)=\sum_{i=1}^{n}c_{ii}=\sum_{i=1}^{n}\left(\sum_{j=1}^{n}a_{ij}b_{ji}\right)$. $BA=D=[d_{jl}]$, $d_{jl}=\sum_{k=1}^{n}b_{jk}a_{kl}$이므로 $\mathrm{tr}(BA)=\sum_{i=1}^{n}d_{ii}=\sum_{i=1}^{n}\sum_{k=1}^{n}b_{ik}a_{ki}=\sum_{i=1}^{n}\sum_{k=1}^{n}a_{ki}b_{ik}=\sum_{i=1}^{n}\sum_{j=1}^{n}a_{ij}b_{ji}$. 따라서 $\mathrm{tr}(AB)=\mathrm{tr}(BA)$

② $A\sim B$이면 $A=P^{-1}BP$인 정칙행렬 P가 존재하여, $\mathrm{tr}(A)=\mathrm{tr}(P^{-1}BP)=\mathrm{tr}(BP^{-1}P)=\mathrm{tr}(BI)=\mathrm{tr}(B)$

13. $A\sim D$인 대각행렬이 존재하지 않는다. 임의의 정칙행렬 $P=\begin{bmatrix}a&b\\c&d\end{bmatrix}$, $P^{-1}=\frac{1}{ad-bc}\begin{bmatrix}d&-b\\-c&a\end{bmatrix}$에 대하여

$$\frac{1}{ad-bc}\begin{bmatrix}d&-b\\-c&a\end{bmatrix}\begin{bmatrix}1&1\\0&1\end{bmatrix}\begin{bmatrix}a&b\\c&d\end{bmatrix}=\frac{1}{ad-bc}\begin{bmatrix}d&d-b\\-c&-c+a\end{bmatrix}\begin{bmatrix}a&b\\c&d\end{bmatrix}$$

$$=\frac{1}{ad-bc}\begin{bmatrix}ad+cd-bc&bd+d^2-bd\\-ac-c^2+ac&-bc-cd+ad\end{bmatrix}$$

$$=\frac{1}{ad-bc}\begin{bmatrix}ad+cd-bc&d^2\\-c^2&ad-bc-cd\end{bmatrix}=D$$

D가 대각행렬이면 $d^2=c^2=0$, $d=c=0$. $ad-bc=0$이 되어 $|A|\neq 0$라는 가정에 모순이다.

14. $P^{-1}AP=Q^{-1}AQ$, $Q(P^{-1}AP)Q^{-1}=Q(Q^{-1}AQ)Q^{-1}=(QQ^{-1})A(QQ^{-1})=A$. $(QP^{-1})A(PQ^{-1})=(PQ^{-1})^{-1}A(PQ^{-1})=A$. $R=PQ^{-1}$이라 놓으면 $R^{-1}AR=A$, $AR=RA$이고 R는 정칙이다.

15. $1=1\cdot 1=0\cdot x+0\cdot x^2+0\cdot x^3$, $x-a=(-a)\cdot 1+1\cdot x+0\cdot x^2+0\cdot x^3$, $(x-a)^2=x^2-2ax+a^2=a^2\cdot 1+(-2a)\cdot x+1\cdot x^2+0\cdot x^3$, $(x-a)^3=x^3-3ax^2+3a^2x-a^3=(-a^3)\cdot 1+3a^2\cdot x+(-3a)\cdot x^2+1\cdot x^3$이므로

$$P=\begin{bmatrix}1&-a&1&-a^3\\0&1&-2a&3a^2\\0&0&1&-3a\\0&0&0&1\end{bmatrix}$$

16. ①

17. $[T]_E^F=\begin{bmatrix} 0 & 0 \\ -\frac{1}{2} & 1 \\ \frac{8}{3} & \frac{4}{3} \end{bmatrix}$, $T(8, 3)=(14, -8, 0)$

18. ① 임의의 기저 $E=\{v_1, \cdots, v_n\}$에 대하여 $O(v_i)=0$, $i=1, \cdots, n$. $[O]_E^E=O$

② $T(v_1)=\alpha v_1$, $T(v_2)=\alpha v_2$, $\cdots$, $T(v_n)=\alpha v_n$. $[T]_E^E=\begin{bmatrix} \alpha & 0 & \cdots & 0 \\ 0 & \alpha & \cdots & 0 \\ \vdots & \vdots & & \vdots \\ 0 & 0 & \cdots & \alpha \end{bmatrix}$

19. $u_1=(1, 1)$, $u_2=(1, 2)$라 놓으면 $T(u_1)=(2, 2)$, $T(u_2)=(3, 6)$이므로 $[T(u_1)]_E=(2, 0)$, $[T(u_2)]_E=(0, 3)$

20. $AX=\begin{bmatrix} 1 & 1 & 1 \\ -1 & 0 & 0 \\ 1 & 1 & 0 \end{bmatrix}\begin{bmatrix} x \\ y \\ z \end{bmatrix}=\begin{bmatrix} x+y+z \\ -x \\ x+y \end{bmatrix}$에서

$T\left(\begin{bmatrix} 1 \\ 1 \\ 1 \end{bmatrix}\right)=\begin{bmatrix} 3 \\ -1 \\ 2 \end{bmatrix}$, $T\left(\begin{bmatrix} 1 \\ 1 \\ 0 \end{bmatrix}\right)=\begin{bmatrix} 2 \\ -1 \\ 2 \end{bmatrix}$, $T\left(\begin{bmatrix} 1 \\ 0 \\ 0 \end{bmatrix}\right)=\begin{bmatrix} 1 \\ -1 \\ 1 \end{bmatrix}$,

$\begin{bmatrix} 3 \\ -1 \\ 2 \end{bmatrix}=a\begin{bmatrix} 1 \\ 1 \\ 1 \end{bmatrix}+b\begin{bmatrix} 1 \\ 1 \\ 0 \end{bmatrix}+c\begin{bmatrix} 1 \\ 0 \\ 0 \end{bmatrix}=\begin{bmatrix} a+b+c \\ a+b \\ a \end{bmatrix}$, $a=2$, $b=-3$, $c=4$.

$\begin{bmatrix} 2 \\ -1 \\ 2 \end{bmatrix}=\begin{bmatrix} a+b+c \\ a+b \\ a \end{bmatrix}$, $a=2$, $b=-3$, $c=3$.

$\begin{bmatrix} 1 \\ -1 \\ 1 \end{bmatrix}=\begin{bmatrix} a+b+c \\ a+b \\ a \end{bmatrix}$, $a=1$, $b=-2$, $c=2$.

따라서 $[T_A]_F^F=\begin{bmatrix} 2 & 2 & 1 \\ -3 & -3 & -2 \\ 4 & 3 & 2 \end{bmatrix}$

21. $\begin{bmatrix} 1 & 0 & 0 \\ 0 & 1 & 0 \\ 0 & 0 & 1 \end{bmatrix}_{(C_i \leftrightarrow C_j)}=C_{ij}$라 놓으면 $C_{ij}^{-1}=C_{ij}$. $C_{23}^{-1}M_2C_{23}=N_1$, $C_{13}^{-1}M_1C_{13}=L_1$, $C_{12}^{-1}N_1C_{12}=L_1$, $C_{13}^{-1}M_2C_{13}=N_2$, $C_{12}^{-1}M_2C_{12}=L_2$, $C_{23}^{-1}N_1C_{23}=L_2$. 따라서 $M_1 \sim N_1 \sim L_1$, $M_2 \sim N_2 \sim L_2$

22. 표준기저에 관한 행렬 A의 선형사상을 T_A라 하면 $T_A(X)=AX$, $X \in \mathbb{R}^4$

$$\begin{bmatrix} 0 & 0 & 0 & 0 \\ a & 0 & 0 & 0 \\ b & c & 0 & 0 \\ d & e & f & 0 \end{bmatrix}\begin{bmatrix} x \\ y \\ z \\ w \end{bmatrix}=\begin{bmatrix} 0 \\ ax \\ bx+cy \\ dx+ey+fz \end{bmatrix}$$

$$\begin{bmatrix} 0 & 0 & 0 & 0 \\ a & 0 & 0 & 0 \\ b & c & 0 & 0 \\ d & e & f & 0 \end{bmatrix}\begin{bmatrix} 0 \\ ax \\ bx+cy \\ dx+ey+fz \end{bmatrix}=\begin{bmatrix} 0 \\ 0 \\ acx \\ aex+fbx+fcy \end{bmatrix}$$

$$\begin{bmatrix} 0 & 0 & 0 & 0 \\ a & 0 & 0 & 0 \\ b & c & 0 & 0 \\ d & e & f & 0 \end{bmatrix}\begin{bmatrix} 0 \\ 0 \\ acx \\ aex+bfx+cfy \end{bmatrix}=\begin{bmatrix} 0 \\ 0 \\ 0 \\ acfx \end{bmatrix}, \quad \begin{bmatrix} 0 & 0 & 0 & 0 \\ a & 0 & 0 & 0 \\ b & c & 0 & 0 \\ d & e & f & 0 \end{bmatrix}\begin{bmatrix} 0 \\ 0 \\ 0 \\ acfx \end{bmatrix}=\begin{bmatrix} 0 \\ 0 \\ 0 \\ 0 \end{bmatrix}$$

그러므로 $T\cdot T\cdot T\cdot T=O$. 표준기저 E에 대해 $[T]^E_E[T]^E_E[T]^E_E[T]^E_E=[O]^E_E$, $A^4=O$

23. ① $B=P^{-1}AP$, $B^t=(P^{-1}AP)^t=P^tA^t(P^{-1})^t=P^tA^t(P^t)^{-1}=((P^t)^{-1})^{-1}A^t(P^t)^{-1}$. $(P^t)^{-1}=Q$라 놓으면 $B^t=Q^{-1}A^tQ$, Q는 정칙이다. 따라서 $A^t\sim B^t$

② $B=P^{-1}AP$, $\det B=\det(P^{-1}AP)=\det(P^{-1})\det(A)\det(P)=$ $\det(P^{-1})\det P\det A=\det(P^{-1}P)\det A=\det A$이므로 $\det A=0 \Longleftrightarrow \det B=0$

③ $B=P^{-1}AP$, $B^{-1}=(P^{-1}AP)^{-1}=P^{-1}A^{-1}P$이므로 $A^{-1}\approx B^{-1}$

24. $\{v_1, \cdots, v_r\}$를 $\ker T$의 기저라 하면 $\{v_1, \cdots, v_r, v_{r+1}, \cdots, v_n\}$이 V의 기저가 되는 벡터 $v_{r+1}, \cdots, v_n$이 존재한다. $T(v_{r+1}), \cdots, T(v_n)$은 W에서 일차독립이므로 $\{w_1=T(v_{r+1}), \cdots, w_{n-r}=T(v_n), w_1, \cdots, w_r\}$가 W의 기저가 되는 벡터 $w_1, \cdots, w_r$가 존재한다. $E=\{v_{r+1}, \cdots, v_n, v_1, \cdots, v_r\}$, $F=\{w_1, \cdots, w_{n-r}, w_1, \cdots, w_r\}$라 놓으면 $T(v_{r+1})=w_1, \cdots, T(v_n)=w_{n-r}$, $T(v_1)=\mathbf{0}, \cdots, T(v_r)=\mathbf{0}$. 기저 E, F에 관한 T의 행렬은 M의 꼴이다.

25. 행렬 A에 관한 선형사상을 T_A라 하면 문제 25에서 $[T_A]^F_E$인 V, W의 기저 E, F가 $M=[T_A]^F_E=\begin{bmatrix} I & O \\ O & O \end{bmatrix}$. $\mathbb{K}^n$, $\mathbb{K}^m$의 표준기저를 B, C라 하면 $A=[T_A]^C_B=[I]^C_F[T_A]^F_E[I]^E_B=P^{-1}MQ$. 따라서 $A\sim M$, $\mathbb{K}^m\simeq W$, $\mathbb{K}^n\simeq V$

연습문제 5.1

1. ① $p(t)=(t-1)(t+1)(t+2)$, $i=1, -1, -2$

② $p(t)=(t-1)(t-2)^2(t+6)$, $i=2, 3$

2. ① $p(t)=\begin{vmatrix} t-1 & -1 & -2 \\ -1 & t-1 & 1 \\ -3 & 3 & t \end{vmatrix}=(t-3)(t+3)(t-2)=0$에서 $\lambda=2, 3, -3$이다.

고유공간 $E_2=\langle(1,\ 1,\ 0)\rangle$, $E_3=\langle(1,\ 0,\ 1)\rangle$, $E_3=\langle(-3,\ 2,\ 5)\rangle$
② $p(t)=(t+1)(t-3)(t-4)=0$에서 $\lambda=-1,\ 3,\ 4$이다. 고유공간은 $E_{-1}=\langle(0,\ 1,\ 0)\rangle$, $E_3=\langle(1,\ -2,\ 1)\rangle$, $E_4=\langle(10,\ -8,\ 5)\rangle$

3. $p_A(t)=\begin{vmatrix} t-2 & -1 \\ -3 & t+1 \end{vmatrix}=(t-2)(t+1)-3=t^2-t-5$

$A^2=\begin{bmatrix} 7 & 1 \\ 3 & 4 \end{bmatrix}$이므로 $P(A)=A^2-A-5I=\begin{bmatrix} 7 & 1 \\ 3 & 4 \end{bmatrix}-\begin{bmatrix} 2 & 1 \\ 3 & -1 \end{bmatrix}-5\begin{bmatrix} 1 & 0 \\ 0 & 1 \end{bmatrix}=\begin{bmatrix} 0 & 0 \\ 0 & 0 \end{bmatrix}$

$$p_B(t)=\begin{vmatrix} t-2 & 0 & 0 \\ 0 & t-2 & -2 \\ 0 & 0 & t-1 \end{vmatrix}=(t-2)\begin{vmatrix} t-2 & -2 \\ 0 & t-1 \end{vmatrix}=(t-2)^2(t-1).$$

$$A-2I=\begin{bmatrix} 2 & 0 & 0 \\ 0 & 2 & 2 \\ 0 & 0 & 1 \end{bmatrix}-2\begin{bmatrix} 1 & 0 & 0 \\ 0 & 1 & 0 \\ 0 & 0 & 1 \end{bmatrix}=\begin{bmatrix} 0 & 0 & 0 \\ 0 & 0 & 2 \\ 0 & 0 & -1 \end{bmatrix},\ (A-2I)^2=\begin{bmatrix} 0 & 0 & 0 \\ 0 & 0 & -2 \\ 0 & 0 & 1 \end{bmatrix}$$

$$(A+2I)^2(A-I)=\begin{bmatrix} 0 & 0 & 0 \\ 0 & 0 & -2 \\ 0 & 0 & 1 \end{bmatrix}\begin{bmatrix} 1 & 0 & 0 \\ 0 & 1 & 2 \\ 0 & 0 & 0 \end{bmatrix}=\begin{bmatrix} 0 & 0 & 0 \\ 0 & 0 & 0 \\ 0 & 0 & 0 \end{bmatrix}$$

4. $AX=0X=O$, $X\neq O$이면 동차연립방정식 $AX=O$이 영이 아닌 해를 가지므로 $|A|\neq 0$. $|A|\neq 0$이면 $AX=O$의 해는 자명한 해뿐이므로 $AX=0X$인 영이 아닌 X는 존재하지 않는다. 따라서 0은 A의 고유값이 아니다.

5. $S(v)=\lambda_1 v$, $T(v)=\lambda_2 v$이면 $(\alpha S)(v)=\alpha S(v)=\alpha(\lambda_1 v)=(\alpha\lambda_1)v$이므로 v는 고유값 $\alpha\lambda_1$에 대응하는 αS의 고유벡터이다. $(S+T)(v)=S(v)+T(v)=\lambda_1 v+\lambda_2 v=(\lambda_1+\lambda_2)(v)$이므로 v는 $\lambda_1+\lambda_2$에 대응하는 $S+T$의 고유벡터이다.

6. $D(x^n)=nx^{n-1}=\lambda x^n$이면 $\lambda=0$. D의 고유값은 0뿐이므로 고유다항식 $f(t)=t^n$이다. $D(p(x))=\alpha P(x)$인 다항식 $P(x)$는 상수다항식뿐이므로 모든 상수는 D의 고유벡터이다.

7. $A=\begin{bmatrix} a_{11} & a_{12} & \cdots & a_{1n} \\ 0 & a_{22} & \cdots & a_{2n} \\ \vdots & \vdots & & \vdots \\ 0 & 0 & \cdots & a_{nn} \end{bmatrix}$, $p_A(t)=(t-a_{11})(t-a_{22})\cdots(t-a_{nn})$. $p_A(t)=0$

이면 $\lambda=a_{11},\ a_{22},\ \cdots,\ a_{nn}$이다. 따라서 삼각행렬의 고유값은 주대각성분 a_{ii}이다.

8. 0이 AB의 고유값이면 AB는 특이행렬이므로 A 또는 B가 특이행렬이다. 그러면 BA도 특이행렬이므로 BA의 고유값은 0이다. λ가 영이 아닌 AB의 고유값이면 $(AB)X=\lambda X$, $X\neq O$인 벡터 X가 존재한다. $BX=Y$라 놓으면 $AY=(AB)X=\lambda X\neq O$. $(BA)Y=B(AY)=B(ABX)=B(\lambda X)=\lambda(BX)=\lambda Y$이므로 λ는 BA의 고유값이다. 마찬가지로 BA의 고유값은 AB의 고유값이다.

9. $p(t)=\begin{vmatrix} t-2 & 1 & -1 \\ 1 & t-2 & 1 \\ -1 & 1 & t-2 \end{vmatrix}=\begin{vmatrix} t-2 & 1 & -1 \\ 1 & t-2 & 1 \\ 0 & t-1 & t-1 \end{vmatrix}=(t-1)\begin{vmatrix} t-2 & 1 & -1 \\ 1 & t-2 & 1 \\ 0 & 1 & 1 \end{vmatrix}$

$=(t-1)\begin{vmatrix} t-2 & 1 & -2 \\ 1 & t-2 & -t+3 \\ 0 & 1 & 0 \end{vmatrix}=-(t-1)\begin{vmatrix} t-2 & -2 \\ 1 & -t+3 \end{vmatrix}$

$=(1-t)\{(t-2)(-t+3)+2\}=(1-t)(-t^2+5t-4)$

$=t^3-6t^2+9t-4$

이므로 $p(A)=A^3-6A^2+9A-4I=O$.

$A^{-1}=\frac{1}{4}(A^2-A+9I)$, $A^3=6A^2-9A+4I$, $A^4=27A^2-50A+24I$

10. $|tI-A|=|(tI-A)^t|=|tI-A^t|$ 이므로 $p_A(t)=p_{A^t}(t)$ 이다.

11. ① $A=\begin{bmatrix} 0 & 0 & -4 \\ 1 & 0 & -1 \\ 0 & 1 & 2 \end{bmatrix}$ ② $\begin{bmatrix} 0 & 0 & 2 \\ 1 & 0 & 1 \\ 0 & 1 & -2 \end{bmatrix}$

12. $T(v_1)=v_2,\ \cdots,\ T(v_{n-2})=v_{n-1},\ T(v_{n-1})=v_n,\ T(v_n)=\mathbf{0}$ 이므로

$$A=[A]_E^E=\begin{bmatrix} 0 & 0 & \cdots & 0 & 0 \\ 1 & 0 & \cdots & 0 & 0 \\ 0 & 1 & \cdots & 0 & 0 \\ \vdots & \vdots & & \vdots & \vdots \\ 0 & 0 & \cdots & 1 & 0 \\ 0 & 0 & \cdots & 0 & 0 \end{bmatrix},$$

$$|tI-A|=\begin{vmatrix} t & 0 & 0 & \cdots & 0 & 0 \\ 1 & t & 0 & \cdots & 0 & 0 \\ 0 & 1 & t & \cdots & 0 & 0 \\ \vdots & \vdots & \vdots & & \vdots & \vdots \\ 0 & 0 & 0 & \cdots & t & 0 \\ 0 & 0 & 0 & \cdots & 0 & t \end{vmatrix}=t\begin{vmatrix} t & 0 & \cdots & 0 & 0 \\ 1 & t & \cdots & 0 & 0 \\ \vdots & \vdots & & \vdots & \vdots \\ 0 & 0 & \cdots & 0 & t \end{vmatrix}=t^2\begin{vmatrix} t & 0 & \cdots & 0 & 0 \\ 1 & t & \cdots & 0 & 0 \\ \vdots & \vdots & & \vdots & \vdots \\ 0 & 0 & \cdots & 0 & t \end{vmatrix}=\cdots=t^n$$

이므로 고유다항식 $p(t)=t^n$. $\ker T=\langle v_n\rangle$, $T^{n-1}\neq O$, $T^n=O$

13. T에 관한 행렬은 3차행렬이고 고유다항식은 3차식이다. 3차식은 적어도 하나의 실수해를 갖는다. 즉 고유다항식 $f(t)=t^3+at^2+bt+c$의 근 $\lambda\in\mathbb{R}$는 적어도 하나 존재한다. 따라서 T의 실고유값은 항상 존재한다.

14. $T(v_1)=\lambda_1v_1,\ T(v_2)=\lambda_2v_2,\ \cdots,\ T(v_n)=\lambda_nv_n$이면 $\{v_1,\ \cdots,\ v_n\}$은 V의 기저이다. 이 기저에 관한 T의 행렬은 대각행렬이므로 T의 행렬식의 값은 $\lambda_1\cdots\lambda_n$이다.

15. ① $p_A(t)=\begin{vmatrix} t-3 & -2 \\ 2 & t-3 \end{vmatrix}=(t-3)^2+4=t^2-6t+13=0$. $\lambda=3\pm 2i$. $v_1=(1,\ i)$, $v_2=(1,\ -i)$는 일차독립이다.

② $p_B(t)=\begin{vmatrix} t-2 & i & 0 \\ -i & t-2 & 0 \\ 0 & 0 & t-3 \end{vmatrix}=(t-3)\begin{vmatrix} t-2 & i \\ -i & t-2 \end{vmatrix}=(t-3)(t^2-4t+4-1)$
$=(t-3)^2(t-1)$, $\lambda=1,\ 3$. $E_1=\langle(i,\ 1,\ 0)\rangle$, $E_3=\langle(1,\ i,\ 0,),\ (0,\ 0,\ 1)\rangle$, $v_1=(i,\ 1,\ 0)$, $v_3=(0,\ 0,\ 1)$은 일차독립이다.

16. $A=\begin{bmatrix} 1 & 1 \\ 0 & 1 \end{bmatrix}$, $A^t=\begin{bmatrix} 1 & 0 \\ 1 & 1 \end{bmatrix}$의 고유값은 $\lambda=1$이다. $\lambda=1$에 관한 A의 고유벡터 $v=(1,\ 0)$, A^t의 고유벡터 $w=(0,\ 1)$

연습문제 5.2

1. $\{(2,\ 1)^t,\ (1,\ -1)^t\}$

2. $\begin{bmatrix} 1 & 0 \\ -1023 & 1024 \end{bmatrix}$

3. ① $\lambda=4,\ 2+\sqrt{3},\ 2-\sqrt{3}$이므로 $P^{-1}AP=\begin{bmatrix} 4 & 0 & 0 \\ 0 & 2+\sqrt{3} & 0 \\ 0 & 0 & 2-\sqrt{3} \end{bmatrix}$

② $\lambda=2,\ 3$이므로 $P^{-1}BP=\begin{bmatrix} 2 & 0 & 0 & 0 \\ 0 & 2 & 0 & 0 \\ 0 & 0 & 3 & 0 \\ 0 & 0 & 0 & 3 \end{bmatrix}$

4. ① 고유방정식 $p(t)=t^2+t-1=0$. 고유값 $\lambda=\dfrac{-1\pm\sqrt{5}}{2}$. $\lambda=\dfrac{-1+\sqrt{5}}{2}$의 고유벡터는 $(2,\ (3-\sqrt{5})i)^t$, $\lambda=\dfrac{-1-\sqrt{5}}{2}$의 고유벡터는 $(2,\ (3+\sqrt{5})i)$이므로 정칙행렬 $P=\begin{bmatrix} 2 & 2 \\ (3-\sqrt{5})i & (3+\sqrt{5})i \end{bmatrix}$, $P^{-1}=\dfrac{-i}{4\sqrt{5}}\begin{bmatrix} (3+\sqrt{5})i & -2 \\ -(3-\sqrt{5})i & 2 \end{bmatrix}$에 의하여

$$P^{-1}AP=\begin{bmatrix} \dfrac{-1+\sqrt{5}}{2} & 0 \\ 0 & \dfrac{-1-\sqrt{5}}{2} \end{bmatrix}$$

② 고유방정식 $p(t)=(t-1)^2(t-2)=0$. 고유값 $\lambda=1$(중근), 2이다. $\lambda=1$의 일차독립인 고유벡터는 $(1,\ 1,\ 0)^t$, $(0,\ 1,\ 1)^t$, $\lambda=2$의 고유벡터는 $(0,\ 0,\ 1)^t$이다.
$P=\begin{bmatrix} 1 & 0 & 0 \\ 1 & 1 & 0 \\ 0 & 1 & 1 \end{bmatrix}$, $P^{-1}=\begin{bmatrix} 1 & 0 & 0 \\ -1 & 1 & 0 \\ 1 & -1 & 1 \end{bmatrix}$에 의하여 $P^{-1}AP=\begin{bmatrix} 1 & 0 & 0 \\ 0 & 1 & 0 \\ 0 & 0 & 2 \end{bmatrix}$

5. ① $\begin{bmatrix} 1 & 1 & 1 \\ 0 & 1 & 4 \\ 0 & 0 & 1 \end{bmatrix}$ ② $\begin{bmatrix} 0 & 1 & 1 \\ 1 & 0 & 0 \\ 1 & -i & i \end{bmatrix}$

6. ① $p(t)=(t-1)(t-i)(t+i)=0$, $\lambda_1=1$, $\lambda_2=i$, $\lambda_3=-i$에 대응하는 고유벡터는 $(2, 1, 1)^t$, $(1, -1, 1)^t$, $(1, 0, 1)^t$이므로

$$P=\begin{bmatrix} 2 & 1 & 1 \\ 1 & -1 & 0 \\ 1 & 1 & 1 \end{bmatrix},\ P^{-1}AP=\begin{bmatrix} 1 & 0 & 0 \\ 0 & i & 0 \\ 0 & 0 & -i \end{bmatrix}$$

② $p(t)=(t-2)^2(t-1)=0$, $\lambda_1=\lambda_2=2$, $\lambda_3=1$이다. 고유벡터 $v_1(1, 1, -1)^t$, $v_2=(-1, -2, 3)^t$, $v_3=(-1, -1, 2)^t$이므로

$$P=\begin{bmatrix} 1 & -1 & -1 \\ 1 & -2 & -1 \\ -1 & 3 & 2 \end{bmatrix},\ P^{-1}AP=\begin{bmatrix} 2 & 0 & 0 \\ 0 & 2 & 0 \\ 0 & 0 & 1 \end{bmatrix}$$

7. $p(t)=(t-1)^2(t-2)=0$, $\lambda_1=\lambda_2=1$, $\lambda_3=2$. λ_1에 관한 고유공간 E_1의 차원은 1이다. 정리 2.5.9에 의하여 A는 대각화불가능하다.

8. ① $p(t)=\begin{vmatrix} t-1 & -4 & 3 \\ 0 & t-3 & -1 \\ 0 & -2 & t+1 \end{vmatrix}=(t+1)(t^2-2t-5)$에서 $p(A)=(A+I)(A^2-2A-5I)=O$

② $p(t)=\begin{vmatrix} t-\lambda & -a & 0 & 0 \\ 0 & t-\lambda & -a & 0 \\ 0 & 0 & t-\lambda & -a \\ 0 & 0 & 0 & t-\lambda \end{vmatrix}=(t-\lambda)^4=0$에서 $p(A)=(A-\lambda I)^4=O$

연습문제 6.1

1. $|X|^2=1^2+1^2+1^2+(-1)^2=4$, $|Y|^2=2^2+2^2+3^2+1=18$, $\langle X, Y\rangle=X\cdot Y=1\cdot 2+1\cdot 2+1\cdot 3+(-1)\cdot 1=6$이므로 $\cos\theta=\dfrac{1}{\sqrt{2}}$, $\theta=\dfrac{\pi}{4}$

2. ① $\|f\|=\langle f, f\rangle^{\frac{1}{2}}=\left[\int_{-1}^{1} xx\,dx\right]^{\frac{1}{2}}=\left[\int_{-1}^{1} x^2dx\right]^{\frac{1}{2}}=\sqrt{\dfrac{2}{3}}$

$\|g\|=\langle g, g\rangle^{\frac{1}{2}}=\left[\int_{-1}^{1} x^2x^2dx\right]^{\frac{1}{2}}=\left[\int_{-1}^{1} x^4dx\right]^{\frac{1}{2}}=\sqrt{\dfrac{2}{5}}$

② $\langle f, g\rangle=\int_{-1}^{1} xx^2dx=\int_{-1}^{1} x^3dx=0$

$\langle h, l\rangle=\int_{-1}^{1} (2-x+x^2)(1+5x^2)dx=-\dfrac{5}{3}$

3. ① $AB^t=\begin{bmatrix} a_1 & a_2 \\ a_3 & a_4 \end{bmatrix}\begin{bmatrix} b_1 & b_3 \\ b_2 & b_4 \end{bmatrix}=\begin{bmatrix} a_1b_1+a_2b_2 & a_1b_3+a_2b_4 \\ a_3b_1+a_4b_2 & a_3b_3+a_4b_4 \end{bmatrix}$

이므로 $\mathrm{tr}(AB^t)=(a_1b_1+a_2b_2)+(a_3b_3+a_4b_4)=\sum_{i=1}^{4} a_ib_i$

② $\text{tr}(PQ^t)=\cos\alpha\cos\beta+\sin\alpha\sin\beta+\sin\alpha\sin\beta+\cos\alpha\cos\beta=2\cos(\alpha-\beta)$

③ $\|P\|=\{2(\cos^2\alpha+\sin^2\alpha)\}^{\frac{1}{2}}=\sqrt{2}$, $\|Q\|=\{2(\cos^2\beta+\sin^2\beta)\}^{\frac{1}{2}}=\sqrt{2}$

4. 영벡터는 $\langle u,\ \mathbf{0}\rangle=0$이므로 모든 벡터와 수직이다. 모든 v_i와 수직인 벡터를 w라 하면 임의의 벡터 $v=\alpha_1v_1+\cdots+\alpha_nv_n$에 대하여 $\langle w,\ v\rangle=\sum_{i=1}^{n}\alpha_i\langle w,\ v_i\rangle=0$. 특히 $v=w$이면 $\langle w,\ w\rangle=0$이므로 $w=\mathbf{0}$ 이다.

5. ① $\|u+v\|^2=\langle u+v,\ u+v\rangle=\|u\|^2+\langle u,\ v\rangle+\langle v,\ u\rangle+\|v\|^2$

$\|u-v\|^2=\langle u-v,\ u-v\rangle=\|u\|^2-\langle u,\ v\rangle-\langle v,\ u\rangle+\|v\|^2$

이므로 $\|u+v\|^2+\|u-v\|^2=2(\|u\|^2+\|v\|^2)$

② $\frac{1}{4}\{(\|u\|^2+2\langle u,\ v\rangle+\|v\|^2)-(\|u\|^2-2\langle u,\ v\rangle+\|v\|^2)\}$이므로

$\frac{1}{4}(4\langle u,\ v\rangle)=\langle u,\ v\rangle$

6. ① $\langle f,\ g\rangle=(-1)\cdot1+2\cdot0+1\cdot(-2)=-3$

② $\langle f,\ g\rangle=1\cdot(-1)+2\cdot0+0\cdot3=-1$

7. $v-v=\mathbf{0}$ 이므로 $\langle v,\ \mathbf{0}\rangle=\langle v,\ v-v\rangle=\langle v,\ v\rangle+\langle v,\ -v\rangle=\langle v,\ v\rangle-\langle v,\ v\rangle=0$. 따라서 $\langle v,\ \mathbf{0}\rangle=0$

8. $\langle(1,\ i,\ 2),\ (1,\ -i,\ -1)\rangle=1\cdot1+i\cdot(-i)+2\cdot(-1)=1+1-2=0$

$\langle(1,\ -i,\ -1),\ (1,\ -i,\ 0)\rangle=1\cdot1+i\cdot i+(-1)\cdot0=1-1=0$

$\langle(1,\ -i,\ 0),\ (1,\ i,\ 2)\rangle=1\cdot1+(-i)\cdot(-i)+0\cdot2=1-1=0$

9. $\langle u,\ u\rangle^2=\langle v,\ v\rangle^2$, $\langle u,\ u\rangle$, $\langle v,\ v\rangle\geq0$이므로 $\langle u,\ u\rangle=\langle v,\ v\rangle$이다. $\langle u-v,\ u+v\rangle=\langle u,\ u\rangle+\langle u,\ v\rangle-\langle v,\ u\rangle-\langle v,\ v\rangle=\langle u,\ u\rangle-\langle v,\ v\rangle+\langle u,\ v\rangle-\langle v,\ u\rangle=0$

10. $u=v$이면 $\langle u,\ w\rangle=\langle v,\ w\rangle$임은 분명하다. $w=\mathbf{0}$ 이면 $\langle u-v,\ O\rangle=\langle u,\ \mathbf{0}\rangle-\langle v,\ O\rangle=0$. $u-v=\mathbf{0}$, $u=v$

11. ① $\langle X,\ X\rangle=x_1^2-2x_2x_1+4x_2^2=(x_1-x_2)^2+3x_2^2\geq0$. $X\neq O$이면 $\langle X,\ X\rangle>0$이므로 $\langle,\ \rangle$은 내적이다.

② $y=\frac{1}{2}(-3\pm\sqrt{13})x$

12. ① $3\sqrt{2}$ ② $\sqrt{\frac{98}{15}}$

연습문제 6.2

1. ① $\langle(1,\ -1),\ (2,\ 3)\rangle=(1,\ -1)\cdot(2,\ 3)=1\cdot2+(-1)\cdot3=-1\neq0$

② $\langle(1,\ -1),\ (2,\ 3)\rangle=3\cdot1\cdot2+2\cdot(-1)\cdot3=0$

따라서 ①에서 수직이 아니고 ②에서는 수직이다.

2. $|u_1|=\sqrt{1^2+0^2+0^2+1^2}=\sqrt{2}$, $\|u_2\|=\sqrt{(-1)^2+0^2+2^2+1^2}=\sqrt{6}$, $\|u_3\|=\sqrt{2^2+3^2+2^2+(-2)^2}=\sqrt{21}$, $\|u_4\|=\sqrt{(-1)^2+2^2+(-1)^2+1^2}=\sqrt{7}$이므로 정규직교집합은 $\left\{\frac{1}{\sqrt{2}}u_1,\ \frac{1}{\sqrt{6}}u_2,\ \frac{1}{\sqrt{21}}u_3,\ \frac{1}{\sqrt{7}}u_4\right\}$

3. ① $A=\begin{bmatrix}1&0\\0&0\end{bmatrix}$, $B=\begin{bmatrix}0&1\\0&0\end{bmatrix}$, $C=\begin{bmatrix}0&0\\1&1\end{bmatrix}$, $D=\begin{bmatrix}0&0\\1&-1\end{bmatrix}$이라 놓으면 $\|A\|=\sqrt{1^2+0^2+0^2+0^2}=1$, $\|B\|=\sqrt{0^2+1^2+0^2+0^2}=1$, $\|C\|=\sqrt{0^2+0^2+1^2+1^2}=\sqrt{2}$, $\|D\|=\sqrt{0^2+0^2+1^2+(-1)^2}=\sqrt{2}$.

② $\langle A,\ B\rangle=1\cdot0+0\cdot1+0\cdot0+0\cdot0=0$, $\cdots$, $\langle C,\ D\rangle=0\cdot0+0\cdot0+1\cdot1+1\cdot(-1)=0$ 이므로 $\{A, B, C, D\}$는 직교집합이다. 그러나 각각의 크기는 1이 아니므로 정규직교집합은 아니다.

③ 직교집합은 일차독립이고 $M_{2\times2}$의 차원은 4이므로 이들은 기저이다.

4. $u_1=(1,\ -3)$, $u_2=(2,\ 2)$라 하면 $v_1=\frac{u_1}{\|u_1\|}=\frac{1}{\sqrt{10}}(1,\ -3)$, $v_2=u_2-\langle u_2,\ v_1\rangle v_1 =(2, 2)-\left\langle(2, 2),\ \frac{1}{\sqrt{10}}(1, -3)\right\rangle\left(\frac{1}{\sqrt{10}}(1,\ -3)\right)=(2,\ 2)+\frac{4}{\sqrt{10}}\cdot\frac{1}{\sqrt{10}}(1, -3)=(2,\ 2)+\frac{2}{5}(1, -3)=\left(\frac{12}{5},\ \frac{4}{5}\right)=\frac{4}{5}(3,\ 1)$. 따라서 정규직교기저는 $\left\{\left(\frac{1}{\sqrt{10}},\ \frac{-3}{\sqrt{10}}\right),\ \left(\frac{3}{\sqrt{10}},\ \frac{1}{\sqrt{10}}\right)\right\}$

5. $v_1=u_1=(1,\ 1,\ 1)$, $v_2=u_2-\frac{\langle u_2,\ v_1\rangle}{\|v_1\|^2}v_1=(0,\ 1,\ 1)-\frac{2}{3}(1,\ 1,\ 1)=\left(-\frac{2}{3},\ \frac{1}{3},\ \frac{1}{3}\right)$, $v_3=u_3-\frac{\langle u_3,\ v_2\rangle}{\|v_2\|^2}v_2-\frac{\langle u_3,\ v_1\rangle}{\|v_1\|^2}v_1=(0,\ 0,\ 1)-\frac{1}{3}(1,\ 1,\ 1)-\frac{1}{6}(-2,\ 1,\ 1)=\left(0,\ -\frac{1}{2},\ \frac{1}{2}\right)$이므로 정규직교기저는 $\left\{\left(\frac{1}{\sqrt{3}},\ \frac{1}{\sqrt{3}},\ \frac{1}{\sqrt{3}}\right),\ \left(-\frac{2}{\sqrt{6}},\ \frac{1}{\sqrt{6}},\ \frac{1}{\sqrt{6}}\right),\ \left(0,\ -\frac{1}{\sqrt{2}},\ \frac{1}{\sqrt{2}}\right)\right\}$

6. $\left\{\left(\frac{1}{\sqrt{3}},\ \frac{1}{\sqrt{3}},\ \frac{1}{\sqrt{3}}\right),\ \left(-\frac{1}{\sqrt{2}},\ \frac{1}{\sqrt{2}},\ 0\right),\ \left(\frac{1}{\sqrt{6}},\ \frac{1}{\sqrt{6}},\ -\frac{2}{\sqrt{6}}\right)\right.$

7. ① $u_1=(-1,\ 0,\ 1,\ 2)$, $u^2=(0,\ 1,\ 0,\ 1)$이라 놓으면 $v_1=u_1=(-1,\ 0,\ 1,\ 2)$, $v_2=u_2-\frac{\langle u_2,\ v_1\rangle}{\langle v_1,\ v_1\rangle}v_1=(0, 1, 0, 1)-\frac{2}{6}(-1, 0, 1, 2)=\left(\frac{1}{3},\ 1,\ -\frac{1}{3},\ \frac{1}{3}\right)$. W의 직교기저는 $\left\{(-1,\ 0,\ 1,\ 2),\ \left(\frac{1}{3},\ 1,\ -\frac{1}{3},\ \frac{1}{3}\right)\right\}$. 정규직교기저는 $\left\{\frac{1}{\sqrt{6}}(-1,\ 0,\ 1,\ 2),\ \frac{1}{\sqrt{12}}(1,\ 3,\ -1,\ 1)\right\}$

② $u_1=(-1, 0, 1, 2)$, $u_2=(1, 3, -1, 1)$이라 놓으면 $w_1=\frac{\langle w,\ u_1\rangle}{\langle u_1,\ u_1\rangle}u_1+\frac{\langle w,\ u_2\rangle}{\langle u_2,\ u_2\rangle}u_2 =\frac{7}{6}(-1,\ 0,\ 1,\ 2)+\frac{1}{12}(1,\ 3,\ -1,\ 1)=\left(-\frac{5}{4},\ -\frac{1}{4},\ \frac{5}{4},\ \frac{9}{4}\right)$, $w_2=w-w_1=(-1,\ 2,\ 6,\ 0)-\left(-\frac{5}{4},\ -\frac{1}{4},\ \frac{5}{4},\ \frac{9}{4}\right)=\left(\frac{1}{4},\ \frac{9}{4},\ \frac{19}{4},\ -\frac{9}{4}\right)$

8. $w=\alpha_1 v_1+\cdots+\alpha_n v_n$, $\alpha\in\mathbb{K}$, $i=1, \cdots, n$이라 하면 $\langle w, v_i\rangle=\langle \alpha_1 v_1+\cdots+\alpha_n v_n, v_i\rangle =\langle \alpha_i v_i, v_i\rangle=\alpha_i$. $\langle w, w\rangle=\langle \alpha_1 v_1+\cdots+\alpha_n v_n, \alpha_1 v_1+\cdots+\alpha_n v_n\rangle=\sum_{i,j=1}^{n}\alpha_i\bar{\alpha}_j\langle v_i, v_j\rangle =\sum_{i,j=1}^{n}\alpha_i\bar{\alpha}_j\delta_{ij}=\sum_{i=1}^{n}\alpha_i\bar{\alpha}_i=\sum_{i=1}^{n}|\alpha_i|^2$이므로 $\|w\|^2=\sum\langle w, v_i\rangle^2$

9. $p_1=1$, $p_2=x$, $p_3=x^2$이라 하자. $q_1=1$, $q_2=p_2-\dfrac{\langle p_2, q_1\rangle}{\langle q_1, q_1\rangle}q_1=x-\dfrac{1}{2}$, $q_3=p_3-\dfrac{\langle p_3, q_2\rangle}{\langle q_2, q_2\rangle}q_2-\dfrac{\langle p_3, q_1\rangle}{\langle q_1, q_1\rangle}q_1$, $\langle q_2, q_2\rangle=\int_0^1\left(x-\dfrac{1}{2}\right)^2dx=\dfrac{1}{12}$, $\langle p_3, q_2\rangle=\int_0^1 x^2\left(x-\dfrac{1}{2}\right)dx =\dfrac{1}{12}$, $\langle q_1, q_1\rangle=\int_0^1 dx=1$, $\langle p_3, q_1\rangle=\int_0^1 x^2dx=\dfrac{1}{3}$이므로 $q_3=x^2-\left(x-\dfrac{1}{2}\right)-\dfrac{1}{3}= x^2-x+\dfrac{1}{6}$. 직교기저는 $\left\{1, x-\dfrac{1}{2}, x^2-x+\dfrac{1}{6}\right\}$

10. ① $\langle f, g\rangle=\int_{-\pi}^{\pi}\cos mx\cos nx\,dx=\begin{cases}\pi, & m=n\\ 0, & m\neq n\end{cases}$, $\int_{-\pi}^{\pi}\sin mx\cos nx\,dx=\begin{cases}\pi, & m=n\\ 0, & m\neq n\end{cases}$, $\int_{-\pi}^{\pi}\cos mx\sin nx\,dx=0$이므로 $f\neq g$이면 $\langle f, g\rangle=0$, $f=g$이면 $\langle f, f\rangle=\pi$이다. 따라서 직교집합이다.

② $\|f\|=\sqrt{\langle f, f\rangle}=\sqrt{\pi}$이므로 $\left\{\dfrac{1}{\sqrt{2\pi}}, \dfrac{\cos x}{\sqrt{\pi}}, \dfrac{\sin x}{\sqrt{\pi}}, \cdots, \dfrac{\cos kx}{\sqrt{\pi}}, \dfrac{\sin kx}{\sqrt{\pi}}\right\}$는 정규직교집합이다.

11. $u_1=(-3, 0, 1)$, $u_2=(-2, 1, 0)$이라 놓으면 $v_1=(-3, 0, 1)$, $v_2=u_2-\dfrac{\langle u_2, v_1\rangle}{\langle v_1, v_1\rangle}v_1= (-2, 1, 0)-\dfrac{\langle(-2, 1, 0), (-3, 0, 1)\rangle}{\langle(-3, 0, 1), (-3, 0, 1)\rangle}(-3, 0, 1)=\left(-\dfrac{1}{5}, 1, -\dfrac{3}{5}\right)$. 정규직교기저는 $\left\{\left(-\dfrac{3}{\sqrt{10}}, 0, \dfrac{1}{\sqrt{10}}\right), \left(-\dfrac{1}{\sqrt{35}}, \dfrac{\sqrt{5}}{\sqrt{7}}, -\dfrac{3}{\sqrt{35}}\right)\right\}$

12. 임의의 $v=(x_1, x_2, x_3, x_4, x_5)\in W^{\perp}$는 $\langle v, v_1\rangle=\langle v, v_2\rangle=0$이므로 $x_1=-2x_2+13x_4-17x_5$, $x_3=-4x_4+5x_5$이다. x_2, x_4, x_5를 임의의 수라 하면 $x_2=1$, $x_3=x_4=0$, x_2-0, $x_4=1$, $x_5=0$, $x_2=x_4=0$, $x_5=1$에서 $u_1=u_1=(-2, 1, 0, 0, 0)$, $u_2=(13, 0, -4, 1, 0)$, $u_3=(-17, 0, 5, 0, 1)$이라 놓으면 $\{u_1, u_2, u_3\}$은 $W^{\perp}$의 기저이다.

13. Gram-Schmidt의 직교화법에 의하여
$u_1=v_1$, $u_2=v_2-\dfrac{\langle v_2, u_1\rangle}{\langle u_1, u_2\rangle}u_1=(1, 2, 1-i)-\dfrac{\langle(1, 2, 1-i), (1, i, 0)\rangle}{\langle(1, i, 0), (1, i, 0)\rangle}(1, i, 0)= (1, 2, 1-i)-\dfrac{1-2i}{2}(1, i, 0)=\dfrac{1}{2}(1+2i, 2-i, 2-2i)$, $\|u_2\|=\sqrt{1\cdot 1+i\cdot(-i)+0\cdot 0}= \sqrt{2}$, $\|u_2\|=\sqrt{(1+2i)\cdot(1-2i)+(2-i)\cdot(2+i)+(2-2i)\cdot(2+2i)}=3\sqrt{2}$이므로 정규직교기저는 $\left\{\left(\dfrac{1}{\sqrt{2}}, \dfrac{i}{\sqrt{2}}, 0\right), \left(\dfrac{1+2i}{3\sqrt{2}}, \dfrac{2-i}{3\sqrt{2}}, \dfrac{2-2i}{3\sqrt{2}}\right)\right\}$

14. ③ $\|X\|=5$, $\|X\|_2=\sqrt{5}$, $\|X\|_\infty=2$

15. ① $v\in(u+w)^{\perp}$이면 모든 $u\in U$, $w\in W$에 대하여 $\langle v, u+w\rangle=0$. 특히 $u=\mathbf{0}$이면 $\langle v, w\rangle=0$, $w=\mathbf{0}$이면 $\langle v, u\rangle=0$. 그러므로 $v\in U^{\perp}\cap W^{\perp}$이다. 역으로 $v\in U^{\perp}\cap W^{\perp}$이면 모든 $u\in U$, $w\in W$에 대하여 $\langle v, u\rangle=\langle v, w\rangle=0$, $\langle v, u\rangle+\langle v, w\rangle=\langle v, u$

$+w\rangle=0$. 그러므로 $v\in(U+W)^{\perp}$이다. 따라서 $(U+W)^{\perp}=U^{\perp}\cap W^{\perp}$

16. $w_1=\dfrac{\langle w,\ v\rangle}{\langle v,\ v\rangle}v$, $\langle v,\ v\rangle=1^2+2^2+1^2+(-3)^2=15$, $\langle w,\ v\rangle=0\cdot1+(-1)\cdot2+1\cdot1+2\cdot(-3)=-7$이므로 $w_1=\dfrac{-7}{15}v=\dfrac{-7}{15}\begin{bmatrix}1 & 2\\ 1 & -3\end{bmatrix}$

17. ① $\{(1,\ 2,\ 1,\ 0),\ (4,\ 4,\ 0,\ 1)\}$

② $\left\{\left(\dfrac{1}{\sqrt{3}},\ \dfrac{i}{\sqrt{3}},\ \dfrac{1}{\sqrt{3}}\right),\ \left(\dfrac{2i}{\sqrt{24}},\ \dfrac{1-3i}{\sqrt{24}},\ \dfrac{3-i}{\sqrt{24}}\right)\right\}$

18. 모든 v_j, $j=m+1,\ \cdots,\ n-m$가 모든 u_i, $i=1,\ \cdots,\ m$과 수직이므로 v_j의 일차결합은 u_i와 수직이다. 그러므로 모든 $v_j\in W^{\perp}$이다. 정리 6.2.11에 의하면 $\dim W^{\perp}=n-\dim W=n-m$이므로 $n-m$개의 일차독립인 벡터 $\{v_{m+1},\ \cdots,\ v_{n-m}\}$은 $W^{\perp}$의 기저이다.

19. ① $X=(x_1,\ x_2,\ x_3)$, $Y=(y_1,\ y_2,\ y_3)$이라 놓으면 cosine 법칙에 의하여 $|X-Y|^2=|X|^2+|Y|^2-2|X||Y|\cos\theta$. $|X||Y|\cos\theta=\dfrac{1}{2}(|X|^2+|Y|^2-|X-Y|^2)=\dfrac{1}{2}(x_1^2+x_2^2+x_3^2+y_1^2+y_2^2+y_3^2)-(x_1-y_1)^2-(x_2-y_2)^2-(x_3-y_3)^2=x_1y_1+x_2y_2+x_3y_3=X\cdot Y$. $|\cos\theta|\le1$이므로 $|X\cdot Y|\le|X||Y|$

② $|X+Y|^2=|X|^2$

20. $(1,\ 10,\ 3)$

21. $\{(1,\ 2,\ 1,\ 1),\ (2,\ -3,\ 2,\ 2),\ (-1,\ 0,\ 2,\ -1),\ (1,\ 0,\ 0,\ -1)\}$

22. $\{(0,\ 1,\ 0,\ 2),\ (5,\ -8,\ 0,\ 4),\ (4,\ 2,\ 3,\ -1)\}$

23. ① $\|u+v\|^2=\langle u+v,\ u+v\rangle=\langle u,\ u\rangle+\langle u,\ v\rangle+\langle v,\ u\rangle+\langle v,\ v\rangle=\|u\|^2+2\langle u,\ v\rangle+\|v\|^2$, $\|u-v\|^2=\|u\|^2-2\langle u,\ v\rangle+\|v\|^2$이므로 $\dfrac{1}{4}(\|u+v\|^2-\|u-v\|^2)=\dfrac{1}{4}(4\langle u,\ v\rangle)=\langle u,\ v\rangle$

② $\|u+v\|^2=\|u\|+\langle u,\ v\rangle+\langle v,\ u\rangle+\|v\|^2$, $\|u+iv\|^2=\langle u+iv,\ u+iv\rangle=\langle u,\ u\rangle+\langle u,\ iv\rangle+\langle iv,\ u\rangle+\langle iv,\ iv\rangle=\langle u,\ u\rangle+\bar{i}\langle u,\ v\rangle+i\langle v,\ u\rangle+i\cdot(\bar{i})\langle v,\ u\rangle=\|u\|^2-i\langle u,\ v\rangle+i\langle v,\ u\rangle+\|v\|^2$이므로 $\|u+v\|^2-\|u-v\|^2+\|u+iv\|^2-\|u-iv\|^2=4\langle u,\ v\rangle$

연습문제 6.3

1. $\mathbb{R}^2$의 표준기저에 관한 T의 행렬 $M=\begin{bmatrix}2 & 1\\ 1 & -3\end{bmatrix}$, $M^*=(\overline{M})^t=\begin{bmatrix}2 & 1\\ 1 & -3\end{bmatrix}$이므로 $T^*(x,\ y)=(2x+y,\ x-3y)$. 따라서 $T^*(1,\ 2)=(4,\ -5)$

2. 모든 $v=(x,\ y)$에 대하여 $x-2y=\langle(x,\ y),\ (x',\ y')\rangle=xx'+yy'$이면 $(1-x')x-$

$(2+y')y=0$. 모든 x, y에 대하여 이 식이 성립하면 $1-x'=0$, $2+y'=0$, $v=(1, -2)$

3. ① $\bar{A}=\begin{bmatrix} -i & -i & 1-2i \\ -1 & 0 & -i \\ -2i & 1 & 2i \end{bmatrix}$, $A^*=(\bar{A})^t=\begin{bmatrix} -i & -1 & -2i \\ -i & 0 & 1 \\ 1-2i & -i & 2i \end{bmatrix}$

② $\bar{A}=\begin{bmatrix} 1-i & 1+i & -i \\ 1-i & -i & -i \\ i & i & 1 \end{bmatrix}$, $A^*=(\bar{A})^t=\begin{bmatrix} 1-i & 1-i & i \\ 1+i & -i & i \\ -i & -i & 1 \end{bmatrix}$

4. 임의의 v, $v'\in V$, $\alpha\in\mathbb{K}$에 대하여 $T(v+v')=\langle v+v', w\rangle u=\langle v, w\rangle u+\langle v', w\rangle u=T(u)+T(u')$, $T(\alpha v)=\langle \alpha v, w\rangle u=\alpha\langle v, w\rangle u=\alpha T(v)$이므로 T는 선형사상이다. $\langle T(v), v'\rangle=\langle\langle v, w\rangle u, v'\rangle=\langle v, w\rangle\langle u, v'\rangle=\overline{\langle v', u\rangle}\langle v, w\rangle=\langle v, \langle v', u\rangle w\rangle$이므로 $T^*(v)=\langle v, u\rangle w$, $v\in V$

5. ① $M=\begin{bmatrix} 1 & -1 \\ -2i & i \end{bmatrix}$, $(\bar{M})^t=\begin{bmatrix} 1 & 2i \\ -1 & -i \end{bmatrix}$이므로 $T^*(x, y)=(x+2iy, -x-iy)$

② $M=\begin{bmatrix} 1 & -1 & 1+i \\ -i & 0 & i \\ 0 & i & 2-i \end{bmatrix}$, $(\bar{M})^t=\begin{bmatrix} 1 & i & 0 \\ -1 & 0 & -i \\ 1-i & -i & 2+i \end{bmatrix}$이므로

$T^*(x, y, z)=(x+iy, -x-iz, (1-i)x-iy+(2+i)z)$

6. 모든 u, $v\in V$에 대하여

① $\langle I(u), v\rangle=\langle u, v\rangle=\langle u, I(v)\rangle$이므로 $I=I^*$

② $\langle O(u), v\rangle=\langle \mathbf{0}, v\rangle=\mathbf{0}=\langle u, \mathbf{0}\rangle=\langle u, O(v)\rangle$이므로 $O^*=O$

③ $I=I^*=(TT^{-1})^*=(T^{-1})^*T^*$이므로 $(T^*)^{-1}=(T^{-1})^*$

7. $w\in W$이면 $T(w)\in W$이다. 임의의 $u\in W^\perp$에 대하여 $\langle w, T^*(u)\rangle=\langle T(w), u\rangle=0$. $T^*(u)\in W^\perp$. 따라서 $W^\perp$는 T^*-불변공간이다.

8. ① $v=T(u)$일 때 $\langle T(u), T(u)\rangle=0$, $T(u)=\mathbf{0}$, $u\in V$. 따라서 $T=O$

② 임의의 u, $v\in V$에 대하여 $\langle T(u+v), u+v\rangle=\langle T(u), u\rangle+\langle T(v), v\rangle+\langle T(u), v\rangle+\langle T(v), u\rangle=0$, $\langle T(u), v\rangle+\langle T(v), u\rangle=0$. v를 iv라 놓으면 $\langle T(u), iv\rangle=\bar{i}\langle T(u), v\rangle=-i\langle T(u), v\rangle$, $\langle T(iv), u\rangle=\langle iT(v), u\rangle=i\langle T(v), u\rangle$이므로 $-i\langle T(u), v\rangle+i\langle T(v), u\rangle=0$, $-\langle T(u), v\rangle+\langle T(v), u\rangle=0$. $\langle T(u), v\rangle=0$, u, $v\in V$이므로 ①에 의하여 $T=O$

③ V가 복소내적공간이면 ②에 의하여 분명하다. 실내적공간 V에서 자기수반사상 T는 $\langle T(u), v\rangle=\langle u, T(v)\rangle=\langle T(v), u\rangle$를 만족한다. $\langle T(u+v), u+v\rangle=\langle T(u), u\rangle+\langle T(u), v\rangle+\langle (v), u\rangle+\langle T(v), v\rangle=0$, $2\langle T(u), v\rangle=0$, $\langle T(u), v\rangle=0$이므로 ①에 의하여 $T=O$

9. $T:\mathbb{R}^2\to\mathbb{R}^2$, $T(x, y)=(y, -x)$

10. ① $T(x, y, z)=\dfrac{\langle (x, y, z), (3, 12, -1)\rangle}{\langle (3, 12, -1), (3, 12, -1)\rangle}(3, 12, -1)=\dfrac{3x+12y-z}{154}(3, 12, -1)$

$T(-10, 2, 8)=\dfrac{-14}{154}(3, 12, -1)$

② $S(x, y, z)=X-T(X)=(x, y, z)-\dfrac{3x+12y-z}{154}(3, 12, -1)=\dfrac{1}{154}(145x-36y+3z, -36x+10y+12z, 3x+12y+153z)$

③ $\langle T(X), X'\rangle=\left\langle \dfrac{3x+12y-z}{154}(3, 12, -1), (x', y', z')\right\rangle=\dfrac{1}{154}(3x+12y-z)(3x'+12y'-z')=\left\langle (x, y, z), \dfrac{1}{154}(3x'+12y'-z')(3, 12, -1)\right\rangle$이므로 $T^*(X)=\dfrac{1}{154}(3x+12y-z)(3, -12, 1)=T(X)$, $T^*=T$

11. ① 표준기저에 관한 행렬 $M=\begin{bmatrix}3 & 4\\ 2 & 1\end{bmatrix}$, $M^*=\begin{bmatrix}3 & 2\\ 4 & 1\end{bmatrix}$이므로 $T^*\left(\begin{bmatrix}x_1\\ x_2\end{bmatrix}\right)=\begin{bmatrix}3x_1+2x_2\\ 4x_1+x_2\end{bmatrix}$

② 표준기저에 관한 행렬 $M=\begin{bmatrix}2 & -1 & -1\\ 1 & 0 & -1\\ -1 & 1 & 2\end{bmatrix}$, $M^*=M^t=\begin{bmatrix}2 & 1 & -1\\ -1 & 0 & 1\\ -1 & -1 & 2\end{bmatrix}$이므로

$T^*\left(\begin{bmatrix}x_1\\ x_2\\ x_3\end{bmatrix}\right)=\begin{bmatrix}2x_1+y_1-z_1\\ -x_1+z_1\\ -x_1-y_1+2z_1\end{bmatrix}$

12. $\langle M_f(g), h\rangle=\langle fg, h\rangle=\int_0^1 f(t)g(t)\overline{h(t)}dt=\int_0^1 g(t)[\overline{\overline{f(t)}h(t)}]dt=\langle g, \bar{f}h\rangle$

이므로 $M_f^*=M_{\bar{f}}$, $M_{\bar{f}}(h)=\bar{f}h$, $h\in P$

13. ① $L(f+g)=(f+g)(z_0)=f(z_0)+g(z_0)=L(f)+L(g)$, $L(\alpha f)=(\alpha f)(z_0)=\alpha f(z_0)=\alpha L(f)$, $f, g\in P$, $\alpha\in\mathbb{C}$이므로 $L: P\to\mathbb{C}$는 선형사상이다.

② 모든 $f\in P$에 대하여 $L(f)=\langle f, g\rangle$가 되는 $g\in P$가 존재한다고 가정하면 $f(z_0)=\langle f, g\rangle=\int_0^1 f(t)\overline{g(t)}dt$이다. $h=x-z_0$라 놓으면 임의의 $f\in P$에 대하여 $(hf)(z_0)=[(x-z_0)f](z_0)=0$이므로 $0=\int_0^1 h(t)f(t)\overline{g(t)}dt$이다. $f=\bar{h}g$이면 $\int_0^1 |h(t)|^2|g(t)|^2dt=0$이므로 $hg=0$. $h\neq 0$이므로 $g=0$. 그러면 모든 f에 대하여 $L(f)=f(z_0)=\langle f, 0\rangle=0$이므로 $L=O$이다. 그러나 $L\neq 0$이므로 모순이다. 따라서 $L(f)=\langle f, g\rangle$, $f\in P$가 되는 $g\in P$는 존재하지 않는다.

③ 임의의 $f, g\in P$에 대하여 $\langle Df, g\rangle=f(1)g(1)-f(0)g(0)-\langle f, Dg\rangle$. 모든 $f\in P$에 대하여 $\langle Df, g\rangle=\langle f, D^*g\rangle$인 선형변환 $D^*: P\to P$가 존재한다고 가정하자. $\langle f, D^*g\rangle=f(1)g(1)-f(0)g(0)-\langle f, Dg\rangle$, $\langle f, D^*g+Dg\rangle=f(1)g(1)-f(0)g(0)$. 고정된 g에 대하여 $L(f)=f(1)g(1)-f(0)g(0)$으로 정의된 L은 $L\neq O$이면 $L(f)=\langle f, h\rangle$가 되는 선형범함수가 아니다. $h=D^*g+Dg$라 놓으면 $L(f)=\langle f, h\rangle=\langle f, D^*g+Dg\rangle=f(1)g(1)-f(0)g(0)=0$. 모든 f에 대하여 $f(1)g(1)=f(0)g(0)$이므로 $g(1)g(0)=0$. 그러므로 D^*g는 $g(0)=g(1)=0$인 다항식이다. 역으로 $g(1)=g(0)=0$이면 다항식 $D^*g=-Dg$는 $\langle Df, g\rangle=\langle f, D^*g\rangle$, $f\in P$를 만

족한다. $g(1)\neq 0$, $g(0)\neq 0$인 다항식 g에 대하여 D^*g는 정의되지 않는다. 즉 D^*g는 $g(1)=g(0)=0$인 다항식 g에 한하여 정의되므로 D^*는 존재하지 않는다.

14. $\langle T_P(A),\ B\rangle=\mathrm{tr}\{(P^{-1}AP)B^*\}=\mathrm{tr}\{P^{-1}AP(\overline{B})^t\}=\mathrm{tr}\{P(P^{-1}AP\overline{B}^t)P^{-1}\}=\mathrm{tr}(AP\overline{B}^tP^{-1})=\mathrm{tr}(A,\ (P\overline{B}^tP^{-1})^*)$이므로 $T_P^*(B)=(P^{-1})^*BP^*$. 따라서 $T_P^*(A)=(P^{-1})^*AP^*$

연습문제 6.4

1. ① $\langle T(1),\ T(x)\rangle=\langle x,\ x^2\rangle=\int_0^1 x^3dx=\frac{1}{4}$, $\langle 1,\ x\rangle=\int_0^1 xdx=\frac{1}{2}$. $\langle T(1),\ T(x)\rangle\neq\langle 1,\ x\rangle$이므로 T는 등장사상이 아니다.

② 등장사상이 아니다.

③ $\langle T(x,\ y,\ z),\ T(x',\ y',\ z')=\mathrm{tr}\left(\begin{bmatrix} x & 0 & 0 \\ y & 0 & 0 \\ z & 0 & 0 \end{bmatrix}\begin{bmatrix} x' & 0 & 0 \\ y' & 0 & 0 \\ z' & 0 & 0 \end{bmatrix}^t\right)=xy'+yy'+zz'=$ $\langle(x,\ y,\ z),\ (x,\ y,\ z)\rangle$이므로 T는 등장사상이다.

2. 직교행렬은 ②, ③, 비직교행렬은 ①, ④

① $\begin{bmatrix} 1 & 2 & 3 \\ 0 & 1 & 2 \\ 0 & 0 & 1 \end{bmatrix}\begin{bmatrix} 1 & 0 & 0 \\ 2 & 1 & 0 \\ 3 & 2 & 1 \end{bmatrix}=\begin{bmatrix} 14 & 8 & 3 \\ 8 & 5 & 2 \\ 3 & 2 & 1 \end{bmatrix}\neq\begin{bmatrix} 1 & 0 & 0 \\ 0 & 1 & 0 \\ 0 & 0 & 1 \end{bmatrix}$

② $\begin{bmatrix} -1 & 0 & 0 \\ 0 & -1 & 0 \\ 0 & 0 & 1 \end{bmatrix}\begin{bmatrix} -1 & 0 & 0 \\ 0 & -1 & 0 \\ 0 & 0 & 1 \end{bmatrix}=\begin{bmatrix} 1 & 0 & 0 \\ 0 & 1 & 0 \\ 0 & 0 & 1 \end{bmatrix}=\begin{bmatrix} -1 & 0 & 0 \\ 0 & -1 & 0 \\ 0 & 0 & 1 \end{bmatrix}\begin{bmatrix} -1 & 0 & 0 \\ 0 & -1 & 0 \\ 0 & 0 & 1 \end{bmatrix}$

③ $\begin{bmatrix} \cos\theta & -\sin\theta & 0 \\ \sin\theta & \cos\theta & 0 \\ 0 & 0 & -1 \end{bmatrix}\begin{bmatrix} \cos\theta & \sin\theta & 0 \\ -\sin\theta & \cos\theta & 0 \\ 0 & 0 & -1 \end{bmatrix}$

$=\begin{bmatrix} 1 & 0 & 0 \\ 0 & 1 & 0 \\ 0 & 0 & 1 \end{bmatrix}=\begin{bmatrix} \cos\theta & \sin\theta & 0 \\ -\sin\theta & \cos\theta & 0 \\ 0 & 0 & -1 \end{bmatrix}\begin{bmatrix} \cos\theta & -\sin\theta & 0 \\ \sin\theta & \cos\theta & 0 \\ 0 & 0 & -1 \end{bmatrix}$

④ $\begin{bmatrix} \frac{1}{2} & \frac{\sqrt{3}}{2} \\ \frac{\sqrt{3}}{2} & \frac{1}{2} \end{bmatrix}\begin{bmatrix} \frac{1}{2} & \frac{\sqrt{3}}{2} \\ \frac{\sqrt{3}}{2} & \frac{1}{2} \end{bmatrix}=\begin{bmatrix} 1 & \frac{\sqrt{3}}{2} \\ \frac{\sqrt{3}}{2} & 1 \end{bmatrix}$

3. $T(v)=\lambda v$, $\|T(v)\|=\|v\|$이면 $\|\lambda v\|=\|v\|$, $|\lambda|\|v\|=\|v\|$. $v\neq\mathbf{0}$ 이므로 $|\lambda|=1$

4. ① $\frac{1}{2}\{\|u+v\|^2-\|u\|^2-\|v\|^2\}=\frac{1}{2}\{\langle u+v,\ u+v\rangle-\langle u,\ u\rangle-\langle v,\ v\rangle\}=\frac{1}{2}\{\langle u,\ u\rangle+\langle u,\ v\rangle+\langle v,\ u\rangle+\langle v,\ v\rangle-\langle u,\ u\rangle-\langle v,\ v\rangle\}=\frac{1}{2}\langle\langle u,\ v\rangle=\langle v,\ u\rangle\rangle=\langle u,\ v\rangle$

② $\frac{1}{4}\{\|u+v\|^2-\|u-v\|^2-i\|u+iv\|^2+i\|u-iv\|^2\}=\frac{1}{4}\{\langle u+v,\ u+v\rangle-\langle u-v,\ u-v\rangle-i\langle u+iv,\ u+iv\rangle+i\langle u-iv,\ u-iv\rangle\}=\frac{1}{4}\{4\langle u,\ v\rangle\}=\langle u,\ v\rangle$

5. 모든 $w\in V$에 대하여 $\|T(w)\|^2=\|w\|^2$이면 $\langle u,\ v\rangle=\frac{1}{4}\{\|T(u+v)\|^2-\|T(u-v)\|^2-i\|T(u+iv)\|^2+i\|T(u-iv)\|^2\}=\langle T(u),\ T(v)\rangle$이다.

6. ① $T(v_2)=\pm\frac{v_1-v_2}{2}$,

② $T(v_2)=\frac{1}{3}(2v_1-2v_2+v_3)$, $T(v_3)=\frac{1}{3}(2v_2-2v_3)$

연습문제 6.5

1. ① $\begin{bmatrix}3&0&0\\0&3&0\\0&0&-3\end{bmatrix}$ ② $\begin{bmatrix}1&0&0\\0&2&0\\0&0&0\end{bmatrix}$ ③ $\begin{bmatrix}1&0&0\\0&-1&0\\0&0&-\frac{61}{11}\end{bmatrix}$ ④ $\begin{bmatrix}-3&0&0\\0&6&0\\0&0&6\end{bmatrix}$

2. ① $\lambda=5i$, $V_1=(-4-3i,\ 0)$, $v_2=(-4+3i,\ 0)$이므로 $P=\begin{bmatrix}-4-3i&-4+3i\\5&5\end{bmatrix}$에 의하여 $\begin{bmatrix}5i&0\\0&5i\end{bmatrix}$

② $\lambda_1=-3$, $\lambda_2=6$, $v_1=\left(\frac{1}{3},\ -\frac{2}{3},\ -\frac{2}{3}\right)$, $v_2=\left(\frac{2}{\sqrt{5}},\ \frac{1}{\sqrt{5}},0\right)$, $v_3=\left(\frac{2}{3\sqrt{5}},\ \frac{-4}{3\sqrt{5}},\ \frac{5}{3\sqrt{5}}\right)$이므로 $P=(v_1^t,\ v_2^t,\ v_3^t)$에 의하여 $\begin{bmatrix}-3&0&0\\0&6&0\\0&0&6\end{bmatrix}$

③ $\lambda=1,\ 2,\ 3$, $v_1=(1,\ 0,\ -1)$, $v_2=(-2,\ 1,\ 0)$, $v_3=(0,\ 1,\ -1)$이므로 $P=(v_1^t,\ v_2^t,\ v_3^t)$에 의하여 $\begin{bmatrix}1&0&0\\0&2&0\\0&0&3\end{bmatrix}$

④ $\lambda=\pm1,\ \pm i$, $v_1=(1,\ 1,\ 1,\ 1)$, $v_2=(1,\ -1,\ 1,\ -1)$, $v_3=(1,\ i,\ -1,\ -i)$, $v_4=(1,\ -i,\ -1,\ i)$이므로 정규행렬 P에 의하여 대각화된다.

$$P=\begin{bmatrix}1&1&1&1\\1&-1&i&-i\\1&1&-1&-1\\1&-1&-i&i\end{bmatrix},\ P^{-1}=\frac{1}{4}\begin{bmatrix}1&1&1&1\\1&-1&1&-1\\1&-i&-1&i\\1&i&-1&-i\end{bmatrix},\ P^{-1}AP=\begin{bmatrix}1&0&0&0\\0&-1&0&0\\0&0&i&0\\0&0&0&-i\end{bmatrix}$$

3. ① $A^*A=AA^*$이므로 A는 정규행렬이다. 즉

$$A^*=\begin{bmatrix}2+i&0&-i\\0&1-i&0\\-i&0&2+i\end{bmatrix},\ A^*A=\begin{bmatrix}6&0&-2\\0&2&0\\-2&0&6\end{bmatrix}=AA^*$$

② $U=\frac{1}{\sqrt{2}}\begin{bmatrix}1 & 0 & -1\\ 0 & \sqrt{2} & 0\\ 1 & 0 & 1\end{bmatrix}$, $U^{-1}AU=\begin{bmatrix}2 & 0 & 0\\ 0 & 1+i & 0\\ 0 & 0 & 2+i\end{bmatrix}$

4. ① $P=\frac{1}{\sqrt{6}}\begin{bmatrix}\sqrt{2} & \sqrt{3} & 1\\ \sqrt{2} & -\sqrt{3} & 1\\ \sqrt{2} & 0 & -2\end{bmatrix}$, $P^{-1}AP=\begin{bmatrix}3 & 0 & 0\\ 0 & 0 & 0\\ 0 & 0 & 0\end{bmatrix}$

② $P=\frac{1}{\sqrt{2}}\begin{bmatrix}1 & 0 & 0 & -1\\ 0 & 1 & -1 & 0\\ 0 & 1 & 1 & 0\\ 1 & 0 & 0 & 1\end{bmatrix}$, $P^{-1}AP=\begin{bmatrix}1 & 0 & 0 & 0\\ 0 & 1 & 0 & 0\\ 0 & 0 & -1 & 0\\ 0 & 0 & 0 & -1\end{bmatrix}$

5. ① $|A^t|=|A|=1$, $|I-A|=|I-A||A^t|=|A^t-AA^t|=|A^t-I|=|(A-I)^t|=|A-I|=|(-1)(I-A)|=(-1)^n(I-A)$이므로 $I-A=O$. 즉 1은 A의 고유값이다. $1=|A|=1^k(-1)^l\lambda_1\bar{\lambda}_1\cdots\lambda_m\bar{\lambda}_m(\lambda_i\bar{\lambda}_i=1)$이므로 l은 짝수이다.

② $|A^t|=|A|=-1$, $|I+A|=|{}^t(I+A)|=|I+A^t|=|AA^t+A^t|=|A+I||A^t|=-|A+I|$이므로 $|A-(-1)I|=0$. 즉 -1은 A의 고유값이다.

6. 정칙행렬 P, $B=P^{-1}AP$

① $B^t=(P^{-1}AP)^t=P^tA^t(P^{-1})^t=((P^{-1})^t)^{-1}A^t(P^{-1})^t=Q^{-1}A^tQ$, $Q=(P^{-1})^t$이므로 $B^t\sim A^t$

② $B^2=(P^{-1}AP(P^{-1}AP)=P^{-1}A^2P$이므로 $A^2\sim B^2$ ③ $B^{-1}=(P^{-1}AP)^{-1}=P^{-1}A^{-1}P=P^{-1}A^{-1}(P^{-1})^{-1}$이므로 $A^{-1}\sim B^{-1}$

7. ① $\langle T(v), T(v)\rangle=\langle v, T^*T(v)\rangle=\langle v, TT^*(v)\rangle=\langle T^*(v), T^*(v)\rangle$이므로 $T(v)=\mathbf{0}\Leftrightarrow T^*(v)=\mathbf{0}$

② $(T-\lambda I)(T-\lambda I)^*=(T-\lambda I)(T^*-\bar{\lambda}I)=TT^*-\lambda T^*-\bar{\lambda}T+\lambda\bar{\lambda}I=T^*T-\bar{\lambda}T-\lambda T^*-\bar{\lambda}\lambda I=(T^*-\bar{\lambda}I)(T-\lambda I)=(T-\bar{\lambda}I)^*(T-\lambda I)$이므로 $T-\lambda I$는 정규변환이다.

8. $S=\frac{1}{2}(T+T^*)$, $W=\frac{1}{2}(T-T^*)$이라 놓으면 $T=S+W$, $S^*=S$, $W^*=W$

9. ① A : 정규행렬$\Leftrightarrow AA^*=A^*A\Longleftrightarrow b^2=c^2$, $ab+cd=0$

② $b=0$ 또는 $c=0$이면 $A=\begin{bmatrix}a & 0\\ 0 & d\end{bmatrix}$, $a=0$, $d\neq0$이면 $A=\begin{bmatrix}0 & b\\ b & d\end{bmatrix}$, $a=0$, $d=0$, $b=c$이면 $A=\begin{bmatrix}0 & b\\ b & 0\end{bmatrix}$. $d=0$, $b=-c$이면 $A=\begin{bmatrix}a & b\\ -b & 0\end{bmatrix}$. 따라서 $d=0$, $b=-c$일 때 한하여 A는 교대칭행렬이다.

10. ① 정규변환의 고유값의 절대값은 1이다. 따라서 실벡터공간 위의 정규변환의 고유값은 ±1이다.

② $T(v)=\lambda v$, $T^*(v)=\bar{\lambda}v$에서 $T(v)=\lambda v=T^*(v)$이다. $(T+T^*)(v)=T(v)+T^*(v)=\lambda v+\lambda v=2\lambda v$이므로 $(T+T^*)(v)=\pm2v$, 즉 v에 대응하는 $T+T^*$의 고유값은 ±2이다.

11. $S(v_i)=\alpha_i v_i$, $T(v_i)=\beta_i v_i$인 기저 $\{v_1, \cdots, v_n\}$에서 $(T\circ S)(v_i)=T(S(v_i))=T(\alpha_i v_i)=\alpha_i T(v_i)=\alpha_i\beta_i v_i$, $(S\circ T)(v_i)=S(T(v_i))=S(\beta_i v_i)=\beta_i S(v_i)=\beta_i\alpha_i v_i$, $j=1, \cdots, n$. 따라서 $(T\circ S)(v_i)=(S\circ T)(v_i)$, 즉 $T\circ S=S\circ T$

12. ① $\langle T(v), T(w)\rangle=\langle T^*T(v), w\rangle=\langle TT^*(v), w\rangle=\langle T^*(v), T^*(w)\rangle \Leftrightarrow \langle v, TT^*(w)\rangle=\langle T^*(v), T^*(w)\rangle=\langle T(v), T(w)\rangle=\langle v, T^*T(w)\rangle$에서 $TT^*=T^*T$, T는 정규변환이다.

② T가 정규변환이면 ①에서 $\langle T(v), T(v)\rangle=\langle T^*(v), T^*(v)\rangle$, $\|T(v)\|=\|T^*(v)\|$. 역으로 체 $\mathbb{F}=\mathbb{R}$ 이면 $\langle T(v), T(w)\rangle=\frac{1}{4}\{\|T(v+w)\|^2-\|T(v-w)\|^2\}$에서 $\langle T(v), T(w)\rangle=0$. $\mathbb{F}=\mathbb{C}$ 이면 $\bar{a}\neq a$인 $a\in\mathbb{F}$에 대하여 $\langle T(v), T(w)\rangle=\frac{1}{2(\bar{a}-a)}\{a\|T(v+w)\|^2-\bar{a}\|T(v-w)\|^2-\|T(v+aw)\|^2+\|T(v-aw)\|^2\}$에서 $\langle T(v), T(w)\rangle=0$. 따라서 T는 정규변환이다.

13. ① $\|T(v)\|=\|T^*(v)\|$, $T(v)=\mathbf{0}\Leftrightarrow T^*(v)=\mathbf{0}$

② $\ker T^*=(\operatorname{Im} T)^{\perp}$, $\ker T=\ker T^*$이므로 $\ker T=(\operatorname{Im} T)^{\perp}$

③ $\operatorname{Im} T=(\ker T)^{\perp}=\operatorname{Im} T^*$

연습문제 7.1

1. ① $m(t)=(t-1)(t+1)(t+2)$

② $m(t)=(t-2)(t-3)$

2. ① $m(t)=(t-1)^2$

② $m(t)=(t-1)^3$

3. ① 집합 $\{v_1, \cdots, v_n\}$에서 $i<n$에 대하여 $T(v_i)=v_{i+1}$, $T(v_n)=-a_0v_1-a_1v_2-\cdots-a_{n-1}v_n$으로 주어진 선형변형 $T: V\to V$를 생각하자. 그러면 $f(T)(v_1)=(T^n+a_{n-1}T^{n-1}+\cdots+a_1T+a_0I)(v_1)=T^n(v_1)+a_{n-1}T^{n-1}(v_1)+\cdots+a_1T(v_1)+a_0v_1=T(v_n)+a_{n-1}v_n+\cdots+a_1v_2+a_0v_1=\mathbf{0}$, $f(T)(v_j)=f(T)(T^{j-1}(v_1))=T^{j-1}(f(T)(v_1))=\mathbf{0}$. $f(T)$는 V의 기저의 모든 원소에서 영이므로 $f(T)=O$이다. 이 기저에 관한 T의 행렬 A에 대해서도 $f(A)=O$. $T(v_1)=v_2$, $T(v_2)=v_3$, $\cdots$, $T(v_{n-1})=v_n$, $T(v_n)=-a_0v_1-a_2v_2-\cdots-a_{n-1}v_n$이므로 T에 대응하는 행렬은 A가 된다.

② $a_0=6$, $a_1=1$, $a_2=-1$, $a_3=-3$, $a_4=1$이므로 구하는 행렬은

$$\begin{bmatrix} 0 & 0 & 0 & -6 \\ 1 & 0 & 0 & -1 \\ 0 & 1 & 0 & 1 \\ 0 & 0 & 1 & 3 \end{bmatrix}$$

4. ① $p(t)=(t+9)^2(t-9)$, $m(t)=(t+9)(t-9)=t^2-81$이므로 $p(t)\neq m(t)$

② $p(t)=m(t)=x^2(x-1)^2$

5. $p(t)=t^3-at^2-bt-c$의 동반행렬이 A이므로 $p(t)$는 A의 최소다항식이다.

6. $A^2+A+I=O$, $A+I+A^{-1}=O$에서 $A^{-1}=-A+I$

7. $A=\begin{bmatrix} 0 & -1 \\ 1 & -1 \end{bmatrix}$, $A^3-I=O$, $A-I\neq O$

8. $f(T)=O$, $f(T)(B)=f(T(B))=f(A)B=O$. $B=I$이면 $f(A)=O$.

9. $f(A)=A^2+I=O$이면 $f(t)=t^2+1$이 기약다항식이므로 $f(t)$는 최소다항식이다. A의 고유다항식은 3차식이고 적어도 하나의 실근 α를 갖는다. $f(t)$의 근은 모두 허근이므로 α는 $f(t)=t^2+1$의 근이 될 수 없다. 정리 7.1.5에 의하면 고유다항식과 최소다항식은 같은 근을 갖는다. 따라서 $f(t)=t^2+1$은 최소다항식이 아니다. 즉 A는 $f(t)$의 해가 되지 못한다.

10. Cayley-Hamilton의 정리에 의하면 A를 근으로 갖는 영이 아닌 다항식이 존재한다. $m(t)$를 A를 근으로 갖는 최저차다항식으로 최고차항의 계수가 1이고 차수가 n인 다항식이라 하자. $m'(t)$가 최고차항의 계수가 1이고 차수가 n인 다항식으로 $m'(A)=O$이라 하면 $m(t)-m'(A)$는 차수가 n미만이고 A를 근으로 갖는 다항식이다. 이는 $m(t)$가 A를 근으로 갖는 차수가 가장 적은 다항식이라는 가정에 모순이다. 따라서 A를 근으로 갖는 최저차 모닉다항식은 오직 하나만 존재한다.

11. ① 고유다항식 $p_A(t)=(t-\lambda)^n$, 최소다항식 $m_A(t)=p_A(t)=(t-\lambda)^n$
② 고유다항식은 $p_B(t)=(t-\lambda)^n$, 최소다항식 $m_B(t)=t-\lambda$

12. 행렬 $A=\begin{bmatrix} 1 & 1 & 0 \\ 0 & 2 & 0 \\ 0 & 0 & 1 \end{bmatrix}$, $B=\begin{bmatrix} 2 & 0 & 0 \\ 0 & 2 & 2 \\ 0 & 0 & 1 \end{bmatrix}$의 고유다항식 $p_A(t)=(t-1)^2(t-2)$, $p_B(t)=(t-1)(t-2)^2$이고, 최소다항식 $m_A(t)=m_B(t)=(t-1)(t-2)$. 따라서 주어진 정리는 성립하지 않는다.

13. $(tI-A)^t=tI-A^t$이므로 $|tI-A|=|(tI-A)^t|=|tI-A^t|$. 따라서 $p_A(t)=p_{A^t}(t)$

14. ① $(t-2)^2(t-3)^2$
② $(t-1)^3$

15. ① $p(t)=(t-3)^5$, $m(t)=(t-3)^3$
② $p(t)=(t-2)^3(t-7)^2$, $m(t)=(t-2)^2(t-7)$

연습문제 7.2

1. ① $w\in \operatorname{Im} T$, $w\in V$, $T(w)\in \operatorname{Im} T$. $w\in \ker T$, $T(w)=\mathbf{0}$, $T(T(w))=T(\mathbf{0})=\mathbf{0}$, $T(w)\in \ker T$
② $v\in \ker T^n$, $n\geq 1$이면 $T^n(v)=\mathbf{0}$. $T^n(T(v))=T(T^n(v))=T(\mathbf{0})=\mathbf{0}$, $T(v)\in$

$\ker T^n$. 따라서 $v \in \ker f(T)$이면 $f(T)(v) \in \ker f(T)$

2. $v \in W$이면 $v \in W_i$, $T(v) \in W_i$, $T(v) \in \cap W_i = W$

3. $\mathbb{R}^2$과 $\{\mathbf{0}\}$은 $\mathbb{R}^2$의 불변부분공간이다. 이들과 같지 않은 불변부분공간 W의 차원은 1이다. $P_A(t) = |tI - A| = t^2 + 1$이므로 A의 고유값은 $\mathbb{R}$ 내에서 존재하지 않는다. 즉 $T(w) = \lambda w$, $w \neq \mathbf{0}$, $\lambda \in \mathbb{R}$인 λ, w는 존재하지 않으므로 차원이 1인 부분공간 W는 존재하지 않는다. 따라서 A에 관한 불변부분공간은 $\mathbb{R}^2$, $\{\mathbf{0}\}$뿐이다. $P_B(t) = |tI - B| = t^2 + 1$이므로 B에 관한 불변부분공간도 $\mathbb{R}$, $\{\mathbf{0}\}$뿐이다.

4. $\{w_1, \cdots, w_r\}$가 W의 기저이면 $\{w_1, \cdots, w_r, v_1, \cdots, v_{n-r}\}$가 V의 기저가 되는 벡터 $v_1, \cdots, v_{n-r}$가 존재한다. $T_W(w_1) = a_{11}w_1 + \cdots + a_{1r}w_r$, $\cdots$, $T_W(w_r) = a_{r1}w_1 + \cdots + a_{rr}w_r$, $T(v_1) = b_{11}w_1 + \cdots + b_{ir}w_r + c_{11}v_1 + \cdots + c_{1,n-r}v_{n-r}$, $\cdots$, $T(v_{n-r}) = b_{n-r,1}w_1 + \cdots + b_{n-r,r}w_r + c_{n-r,1}v_1 + \cdots + c_{n-r,n-r}v_{n-r}$라 놓으면 T에 관한 행렬은 $\begin{bmatrix} A & B \\ 0 & C \end{bmatrix}$, $A \in M_{r\times r}$, $B \in M_{r\times(n-r)}$, $C \in M_{(n-r)\times(n-r)}$

5. ① $(\alpha f(T) + \beta g(T))(v) = \alpha f(T)(v) + \beta g(T)(v) \in W$
② $(fg)(T) = f(T)g(T)$이므로 $(fg)(T)(v) = f(T)(g(T)v) \in W$, $fg \in S_T(v, W)$

6. T가 삼각행렬화가능하면 적당한 기저 E가 존재하여

$$[T]_E^E = \begin{bmatrix} a_{11} & a_{12} & a_{13} & \cdots & a_{14} \\ 0 & a_{22} & a_{23} & \cdots & a_{24} \\ \vdots & \vdots & \vdots & & \vdots \\ 0 & 0 & 0 & \cdots & a_{nn} \end{bmatrix}$$

이므로 고유다항식은 $p(t) = (t - a_{11}) \cdots (t - a_{nn})$이다. $a_{11}, \cdots, a_{nn}$은 T의 고유값이고 서로 다른 고유값을 $\lambda_1, \cdots, \lambda_r$, 이들의 중복도를 $n_1, \cdots, n_r$라 하면 $p(t) = (t - \lambda_1)^{n_1} \cdots (t - \lambda_r)^{n_r}$. T의 최소다항식은 $p(t)$의 약수이므로 $m(t) = (t - \lambda_1)^{m_1} \cdots (t\lambda_r)^{m_r}$이다. 역으로 T의 최소다항식이 $m(t) = (t - \lambda_1)^{m_1} \cdots (t - \lambda_r)^{m_r}$이라 하자. $v_1 \neq \mathbf{0}$, $(T - \lambda I)(v_1) = \mathbf{0}$, $v_2 \notin \langle v_1 \rangle$, $(T - \lambda I)(v_2) \in \langle v_1 \rangle$, $\cdots$, $(T - \lambda I)(v_n) \in \langle v_1, \cdots, v_{n-1} \rangle$, $v_n \notin \langle v_1, \cdots, v_{n-1} \rangle$인 벡터 $v_1, \cdots, v_n$이 존재하여 $E = \{v_1, \cdots, v_n\}$은 V의 기저이고, $T(v_j) = a_{1j}v_1 + \cdots + a_{jj}v_j$, $a_{jj} = \lambda = \lambda_i$, $i = 1, \cdots, n$이다. 따라서 기저 E에 관한 T의 행렬은 주대각성분이 T의 고유값으로 되어 있는 삼각행렬이다.

7. ① $u \in U = \ker T^i$, $T^i(u) = \mathbf{0}$, $T^{i+1}(u) = T(T^i(u)) = \mathbf{0}$이므로 $u \in \ker T^{i+1}$, 즉 $U \subset W$.
② $w \in W = \ker T^{i+1}$, $T^{i+1}(w) = T^i(T(w)) = \mathbf{0}$이므로 $T(w) \in \ker T^i$. 즉 $T(W) \subset U$

8. 문제 7에 의하여 분명하다.

9. 임의의 $v = w_1 + \cdots + w_i + \cdots + w_r$를 w_i에 대응시키는 사상 $T_i : T_i(v) = w_i$, $i = 1$은 주어진 조건을 모두 만족한다. 또한 주어진 조건을 모두 만족하는 것은 r개의 정사영뿐이다.

10. $v \in W_i$, $T_i(v) = v$, $T(v) = T(T_i(v)) = T_i(T(v))$이므로 $T(v) \in \operatorname{Im} T_i = W_i$. $T(W_i) \subset$

W_i이므로 W_i는 T-불변부분공간이다. 역으로 각 $T(W_i)\subset W_i$라 하자. $v\in V$에서 $v=T_1(v)+\cdots+T_r(v)$, $T(v)=(TT_1)(v)+\cdots+(TT_r)(v)$. $T(T_i(v))\subset W_i$이므로 $T(T_i(v))=T_i(w_i)$, $w_i\in W_i$가 존재하여 $(T_jTT_i)(v)=(T_jT_i)(w_i)=0$ 또는 $T_j(w_j)$. $(T_jT)(v)=(T_jTT_1)(v)+\cdots+(T_jTT_k)(v)=T_j(w_j)=(TT_j)(v)$. 따라서 $TT_j=T_jT$, $j=1, \cdots, r$

연습문제 7.3

1. ① $p(t)=(t-5)^2(t-3)^4$, $m(t)=(t-5)^2(t-3)^3$
② 세 개

2. $B=P^{-1}AP$, $B^n=(P^{-1}AP)^n=P^{-1}A^nP$. $A^n=O \Longleftrightarrow B^n=O$. 임의의 n차 삼각행렬 C에서 $C^n=O$. 그러나 $C^{n-1}=O$ 또는 $C^{n-1}\neq O$

3. $P=\begin{bmatrix} 0 & 0 & \cdots & 0 & 1 \\ 0 & 0 & \cdots & 1 & 0 \\ \vdots & \vdots & & \vdots & \vdots \\ 0 & 1 & \cdots & 0 & 0 \\ 1 & 0 & \cdots & 0 & 0 \end{bmatrix}$, $P^{-1}=P$, $P^{-1}JP=J'$

4. ① $J^2=\begin{bmatrix} 1 & 0 & 0 \\ -2 & 1 & 0 \\ 1 & -2 & 1 \end{bmatrix}$, $J^3=\begin{bmatrix} -1 & 0 & 0 \\ 3 & -1 & 0 \\ -3 & 3 & -1 \end{bmatrix}$, $J^4=\begin{bmatrix} 1 & 0 & 0 \\ -4 & 1 & 0 \\ 6 & -4 & 1 \end{bmatrix}$

② $A=\begin{bmatrix} 1 & 0 \\ 1 & 1 \end{bmatrix}$, $B=[2]$, $C=\begin{bmatrix} 1 & 0 & 0 \\ -1 & 1 & 0 \\ 0 & -1 & 1 \end{bmatrix}$,

$J=\text{Dia}[A, B, C]$, $J^2=\text{Dia}[A^2, B^2, C^2]$, $J^3=[A^3, B^3, C^3]$, $J^4=[A^4, B^4, C^4]$. 따라서

$J^2=\text{Dia}\left[\begin{bmatrix} 1 & 0 \\ 2 & 1 \end{bmatrix}, 4, \begin{bmatrix} 1 & 0 & 0 \\ -2 & 1 & 0 \\ 1 & -2 & 1 \end{bmatrix}\right]$, $J^3=\text{Dia}\left[\begin{bmatrix} 1 & 0 \\ 3 & 1 \end{bmatrix}, 8, \begin{bmatrix} 1 & 0 & 0 \\ -3 & 1 & 0 \\ 3 & -3 & 1 \end{bmatrix}\right]$,

$J^4=\text{Dia}\left[\begin{bmatrix} 1 & 0 \\ 4 & 1 \end{bmatrix}, 16, \begin{bmatrix} 1 & 0 & 0 \\ -4 & 1 & 0 \\ 6 & -4 & 1 \end{bmatrix}\right]$

5. ① $\begin{bmatrix} a_{11} & a_{12} & \cdots & a_{1n} \\ a_{21} & a_{22} & \cdots & a_{2n} \\ \vdots & \vdots & & \vdots \\ a_{n1} & a_{n2} & \cdots & a_{nn} \end{bmatrix}\begin{bmatrix} 0 & 0 & \cdots & 0 & 0 \\ 1 & 0 & \cdots & 0 & 0 \\ 0 & 1 & \cdots & 0 & 0 \\ \vdots & \vdots & & \vdots & \vdots \\ 0 & 0 & \cdots & 1 & 0 \end{bmatrix}=\begin{bmatrix} a_{12} & a_{13} & \cdots & a_{1n} & 0 \\ a_{22} & a_{23} & \cdots & a_{2n} & 0 \\ \vdots & \vdots & & \vdots & \vdots \\ a_{n2} & a_{n3} & \cdots & a_{nn} & 0 \end{bmatrix}$

$$J_n(0)A=\begin{bmatrix}0&0&\cdots&0&0\\1&0&\cdots&0&0\\0&1&\cdots&0&0\\\vdots&\vdots&&\vdots&\vdots\\0&0&\cdots&1&0\end{bmatrix}\begin{bmatrix}a_{11}&a_{12}&\cdots&a_{1n}\\a_{21}&a_{22}&\cdots&a_{2n}\\\vdots&\vdots&&\vdots\\a_{n1}&a_{n2}&\cdots&a_{nn}\end{bmatrix}=\begin{bmatrix}0&0&&0\\a_{11}&a_{12}&\cdots&a_{1n}\\a_{21}&a_{22}&\cdots&a_{2n}\\\vdots&\vdots&&\vdots\\a_{n-1,1}&a_{n-1,2}&\cdots&a_{n-1,n}\end{bmatrix}$$

$AJ_n(0)=J_n(0)A$이면 $a_{ij}=0,\ j>i,\ a_{11}=\cdots=a_{nn}=a_1,\ a_{21}=\cdots=a_{n,n-1}=a_2,\ \cdots,$ $a_{n-1,1}=a_{n2}=a_{n-1},\ a_{n1}=a_n$이므로 구하는 행렬

$$A=\begin{bmatrix}a_1&0&\cdots&0\\a_2&a_1&\cdots&0\\\vdots&\vdots&&\vdots\\a_n&a_{n-1}&\cdots&a_1\end{bmatrix}$$

② $A=a_1I+a_2J_n(0)+\cdots+a_nJ_n(0)^{n-1}$

③ $J_{m_i}(0)$의 계수가 m_i-1이므로 J의 계수는 $(m_1+\cdots+m_r)-r$

6. ① $\lambda=2,\ n=5,\ m=3,\ m_1=3\geq m_2\geq m_3\geq 1,\ m_1+m_2+m_3=5$에서 $m_2=2$ 또는 $m_2=1,\ m_3=1$. 따라서 $J=\text{Dia}[J_3(2),\ J_2(2)]$ 또는 $\text{Dia}[J_3(2),\ J_1(2),\ J_1(2)]$

② $V=W_1\oplus W_2\oplus W_3,\ W_1=\ker(T-2I)^3,\ W_2=\ker(T-3I),\ W_3=\ker T^2,\ \dim W_1=4,\ \dim W_2=2,\ \dim W_3=2$에서 $m_1=m_{11}=3,\ m_{12}=1,\ m_2=m_{21}=1,\ m_{22}=1,\ m_3=m_{31}=2$. 따라서 $J=\text{Dia}[J_3(2),\ J_1(2),\ J_1(3),\ J_1(3),\ J_2(0)]$

7. ① $p(t)=m(t)=t^4-8t^3+24t^2-32t+16=(t-2)^4$

② $J=J_4(2)$

③ $P=(X_1,\ X_2,\ X_3,\ X_4),\ X_1=(0,\ 0,\ 0,\ 1)^t,\ X_2=(A-2I)X_1=(0,\ 0,\ 1,\ 6)^t,$ $X_3=(A-2I)^2X_1=(0,\ 1,\ 4,\ 12)^t,\ X_4=(A-2I)^3X_1=(1,\ 2,\ 4,\ 8)^t$

8. ① 고유다항식 $p(t)=(t-1)(t-2)^2$, 최소다항식 $m(t)=(t-1)(t-2)$이므로 $v_1\neq\mathbf{0},\ T(v_1)\neq\mathbf{0},\ T(T(v))=3T(v_1)-2v_1.\ Z(v_1;\ T)=\langle v_1,\ T(v_1)\rangle.\ \mathbb{R}^3=Z(v_1;\ T)\oplus W$이면 W 위의 T-영화다항식은 $t-2$이므로 $w_1\in W,\ T(w_1)=2w_1$. 따라서 $\mathbb{R}^3$의 기저 $\{v_1,\ T(v_1),\ w_1\}$에 관한 행렬

$$B=\begin{bmatrix}0&-2&0\\1&3&0\\0&0&2\end{bmatrix}$$

② $v_1=e_1=(1,\ 0,\ 0),\ T(v_1)=Ae_1=(5,\ -1,\ 3).\ w_1=(x,\ y,\ z),\ T(w_1)=2w_1$인 벡터 $w_1=(2,\ 1,\ 0)$이고 $w_1\notin\langle v_1,\ T(v_1)\rangle$이다. $[T_A]_E^E=B$가 되는 기저 $E=\{(1,\ 0,\ 0),\ (5,\ -1,\ 3),\ (2,\ 1,\ 0)\}$이다.

9. $J_i(\lambda_i)\in M_{n_i\times n_i},\ J_i(\lambda_i)-\lambda_iI=J_i(0),\ J_i(0)^{n_i}=O$이므로 $\prod_{i=1}^{r}(J-\lambda_iI)^{n_i}=\prod_{i=1}^{r}\{\text{Dia}[J_1(\lambda_1-\lambda_i),\ \cdots,\ J_i(0),\ \cdots,\ J_r(\lambda_r-\lambda_i)]\}^{n_i}=\prod_{i=1}^{r}\text{Dia}[J_1(\lambda_1-\lambda_i)^{n_i},\ \cdots,\ 0,$ $J_r(\lambda_1-\lambda_i)^{n_i}]=0.$ $P^{-1}AP=J$이므로 $P_A(t)=\prod_{i=1}^{r}(t-\lambda_i)^{n_i}=P_J(t)$. 따라서 $P_A(A)=\prod_{i=1}^{r}(A-\lambda_iI)^{n_i}=0$

10. ① $m_{21}+m_{22}=5$, $m_{31}+m_{32}=3$이므로 $a=5$, $b=1$

② $p(t)=(t-3)^4(t-4)^5(t+2)^3$, $m(t)=(t-3)^2(t-4)^3(t+2)^2$

③ $J=\text{Dia}[J_2(3),\ J_1(3),\ J_1(3),\ J_3(4),\ J_2(4),\ J_2(-2),\ J_1(-2)]$

11. ① $W_1=\ker(T^2+T+2I)^2$, $W_2=\ker(T-3I)^2$, $\dim W_1=4$, $\dim W_2=2$. $V=W_1\oplus W_2\oplus W_3$, $\dim W_3=1$인 W_3이 존재하고 영화행렬은 $t-3$이다. $(T^2+T+2I)^2=T^4+2T^3+5T^2+4T+4$, $(T-3I)^2=T^2-6T+9$이므로 동반행렬은 각각 C_1, C_2, C_3이고, 유리표준형은 $\text{Dia}[C_1,\ C_2,\ C_3]$

$$C_1=\begin{bmatrix}0&0&-4\\1&0&-4\\0&1&-5\\0&0&-2\end{bmatrix},\ C_2=\begin{bmatrix}0&-9\\1&6\end{bmatrix},\ C_3=[3]$$

② 유리표준형은 $\text{Dia}[C_1,\ C_2,\ C_3]$, $C_1=\begin{bmatrix}0&-1\\1&2\end{bmatrix}$, $C_2=[1]$, $C_3=\begin{bmatrix}0&-4\\1&0\end{bmatrix}$

12. $\text{Dia}[J_2(3),\ J_2(3),\ J_2(5),\ J_2(5)]$, $\text{Dia}[J_2(3),\ J_2(3),\ J_2(5),\ J_1(5),\ J_1(5)]$, $\text{Dia}[J_2(3),\ J_1(3),\ J_1(3),\ J_2(5),\ J_2(5)]$, $\text{Dia}[J_2(3),\ J_1(5),\ J_1(5),\ J_2(5),\ J_1(5),\ J_1(5)]$

13. 복소행렬 A의 고유다항식은 $p(t)=\prod_{i=1}^{r}(t-\lambda_i)^{n_i}$, $n_i\geq 1$이므로 A의 Jordan표준형은 $J=\text{Dia}[J_1,\ \cdots,\ J_r]$이다. A^t의 Jordan표준형은 $J^t=\text{Dia}[J_1^t,\ \cdots,\ J_r^t]$이고, 문제 3에서 $J\sim J^t$이다. 따라서 $A\sim A^t$이다.

14. $D(1)=0$, $D(x)=1$, $D(x^2)=2x$, $D(x^3)=3x$이므로 $A=\begin{bmatrix}0&1&0&0\\0&0&2&0\\0&0&0&3\\0&0&0&0\end{bmatrix}$, $p(t)=t^4$, $m(t)=t^4$. 즉 $A^2=\begin{bmatrix}0&0&2&0\\0&0&0&6\\0&0&0&0\\0&0&0&0\end{bmatrix}$, $A^3=\begin{bmatrix}0&0&0&6\\0&0&0&0\\0&0&0&0\\0&0&0&0\end{bmatrix}$, $A^4=O$. 따라서 Jordan표준형은 $J^4(0)$이다.

연습문제 8.1

1. ① $f(X,\ Y)=X^tAY=[x_1\ \ x_2\ \ x_3]A[y_1\ \ y_2\ \ y_3]^t=(x_1+x_2-x_3)y_1+(x_2-x_3)y_2+(x_1+x_2)y_3$

② $f(X,\ Y)=[x_1\ \ x_2\ \ x_3\ \ x_4]A[y_1\ \ y_2\ \ y_3\ \ y_4]=(x_1-x_2-x_3)y_1+(2x_1+2x_2-x_3+x_4)y_2+(x_3-x_4)y_3+(x_1+x_2+x_4)y_4$

2. ① $A=P^tBP$, $A^t=(P^tBP)^t=P^tB^tP=P^tBP=A$

② $A^t=(P^tBP)^t=P^tB^tP=P^t(-B)P=-P^tBP=-A$

3. ① $f((x_1, x_2), (y_1, y_2))=[x_1 \ \ x_2]\begin{bmatrix} 3 & 2 \\ 2 & -5 \end{bmatrix}\begin{bmatrix} y_1 \\ y_2 \end{bmatrix}$, $A=\begin{bmatrix} 3 & 2 \\ 2 & -5 \end{bmatrix}=A^t$

② $f(x_1, x_2, x_3), (y_1, y_2, y_3)]=[x_1 \ \ x_2 \ \ x_3]\begin{bmatrix} 1 & -2 & 3 \\ -2 & 4 & 5 \\ 3 & 5 & 6 \end{bmatrix}\begin{bmatrix} y_1 \\ y_2 \\ y_3 \end{bmatrix}$

$A=\begin{bmatrix} 1 & -2 & 3 \\ -2 & 4 & 5 \\ 3 & 5 & 6 \end{bmatrix}=A^t$

4. $f(A+B, C)=n\,\mathrm{tr}(A+B)C-\mathrm{tr}(A+B)\,\mathrm{tr}\,C=n\,\mathrm{tr}(AC)+n\,\mathrm{tr}(BC)-\mathrm{tr}(A)\mathrm{tr}(C)-\mathrm{tr}(B)\mathrm{tr}(C)=f(A, C)+f(B, C)$. 마찬가지로 $f(A, B+C)=f(A, B)+f(A, C)$, $f(\alpha A, B)=f(A, \alpha B)=\alpha f(A, B)$. 따라서 f는 쌍일차형식이다. $\mathrm{tr}(AB)=\mathrm{tr}(BA)$이므로 $f(A, B)=f(B, A)$이다.

5. ① 기저 E에 관한 f의 행렬을 A라 하면 $f(X, Y)=X^tAY$, $f(Y, X)=Y^tAX$. $g(X, Y)=X^tAY+Y^tAX$라 놓으면 $g(X+X', Y)=g(X, Y)+g(X', Y)$, $g(X, Y+Y')=g(X, Y)+g(X, Y')$, $g(\alpha X, Y)=g(X, \alpha Y)=\alpha g(X, Y)$, $g(X, Y)=g(Y, X)$

② 기저 E에 관한 f의 행렬을 B라 하면 $g(X, Y)=X^tBY-Y^tBX$도 쌍일차형식이다. 또 $g(X, Y)=-g(Y, X)$

6. ① $g(X)=f(X, X)=X^tAX=[x_1 \ \ x_2 \ \ x_3]\begin{bmatrix} a_{11} & a_{12} & a_{13} \\ a_{12} & a_{22} & a_{23} \\ a_{13} & a_{23} & a_{33} \end{bmatrix}\begin{bmatrix} x_1 \\ x_2 \\ x_3 \end{bmatrix}=a_{11}x_1^2+a_{22}x_2^2+a_{33}x_3^2+2(a_{12}x_1x_2+a_{23}x_2x_3+a_{13}x_1x_3)$

② $a_{11}=3, a_{22}=3, a_{33}=3, 2a_{12}=0, 2a_{23}=0, 2a_{13}=-2$이므로 $A=\begin{bmatrix} 3 & 0 & -1 \\ 0 & 3 & 0 \\ -1 & 0 & 3 \end{bmatrix}$,

$f(X, Y)=X^tAY=3x_1y_1-x_1y_3+3x_2y_2+3x_3y_3-x_3y_1$, $X=(x_1, x_2, x_3)$, $Y=(y_1, y_2, y_3)$

7. $\alpha(f+g, h)=\int_0^1(f+g)(x)h(x)dx=\int_0^1 f(x)h(x)dx+\int_0^1 g(x)h(x)dx$이므로 $\alpha(f+g, h)=\alpha(f, h)+\alpha(g, h)$, $\alpha(f, g)=\int_0^1 f(x)g(x)dx=\alpha(g, f)$이므로 α는 대칭형식이다.

$\alpha(1, 1)=1$, $\alpha(1, x)=\frac{1}{2}$, $\alpha(1, x^2)=\frac{1}{3}$, $\cdots$, $\alpha(1, x^n)=\frac{1}{n+1}$,

$\alpha(x, 1)=\frac{1}{2}$, $\alpha(x, x^2)=\frac{1}{3}$, $\alpha(x, x^2)=\frac{1}{4}$, $\cdots$, $(x, x^n)=\frac{1}{n+2}$,

$\vdots$

$\alpha(x^{n-1}, 1)=\frac{1}{n}$, $\alpha(x^{n-1}, x)=\frac{1}{n+1}$, $\alpha(x^{n-1}, x^2)=\frac{1}{n+2}$, $\cdots$, $\alpha(x^{n-1}, x^n)=\frac{1}{2n}$,

$\alpha(x^n, 1)=\frac{1}{n+1}$, $\alpha(x^n, x)=\frac{1}{n+2}$, $\alpha(x^n, x^2)=\frac{1}{n+3}$, $\cdots$, $\alpha(x^n, x^n)=\frac{1}{2n+1}$
이므로 구하는 행렬은

$$A=\begin{bmatrix} 1 & \frac{1}{2} & \frac{1}{3} & \cdots & \frac{1}{n+1} \\ \frac{1}{2} & \frac{1}{3} & \frac{1}{4} & \cdots & \frac{1}{n+2} \\ \vdots & \vdots & \vdots & & \vdots \\ \frac{1}{n+1} & \frac{1}{n+2} & \frac{1}{n+3} & \cdots & \frac{1}{2n+1} \end{bmatrix}$$

8. ①, ② $S=\{Y\in\mathbb{K}^n \mid X^tAY=O,\ X\in\mathbb{K}^n\}=\{Y \mid AY=O\}$, $T=\{X\in\mathbb{K}^n \mid X^tAY=O,\ Y\in\mathbb{K}^n\}=\{X \mid X^tA=O\}=\{X \mid A^tX=O\}$이므로 S는 $AY=O$의 해공간, T는 $A^tX=0$의 해공간이다. 그런데 A, A^t의 계수는 같으므로 부분공간 S의 차원과 T의 차원은 같다.

③ $\ker R_f=S$, $\ker L_f=T$이므로 $\dim(\ker R_f)=\dim(\ker L_f)$. $\operatorname{Im} R_f\oplus\ker R_f=\operatorname{Im} L_f\oplus\ker L_f$에서 $\dim(\operatorname{Im} R_f)=\dim(\operatorname{Im} L_f)=\operatorname{rank}(f)$

④ $\operatorname{rank}(f)=\operatorname{rank}(R_f)=n=\dim V$이면 $\ker R_f=\{\mathbf{0}\}$이므로 $f(X, Y)=X^tAY=O$이면 $X=O$ 또는 $Y=O$

9. $f(X, Y)=[x_1\ \ x_2]\begin{bmatrix} a_{11} & a_{12} \\ a_{12} & a_{22}\end{bmatrix}\begin{bmatrix} y_1 \\ y_2\end{bmatrix}=[a_{11}x_1+a_{12}x_2,\ a_{12}x_1+a_{22}x_2]\begin{bmatrix} y_1 \\ y_2\end{bmatrix}=a_{11}x_1y_1+a_{12}x_2y_1+a_{12}x_1y_2+a_{22}x_2y_2$, $g(X)=a_{11}x_1^2+2a_{12}x_1x_2+a_{22}x_2^2$

① $a_{11}=0$, $a_{12}=\frac{3}{2}$, $a_{22}=-1$이므로 $f(X, Y)=X^tAY=\frac{3}{2}(x_1y_2+x_2y_1)-x_2y_2$

② $a_{11}=4$, $a_{12}=3$, $a_{22}=-3$이므로 $f(X, Y)=4x_1y_1+3(x_2y_1+x_1y_2)-3x_2y_2$

10. ① $f(X, Y)=x_1y_1+9x_2y_2$. $A=\begin{bmatrix} 1 & 0 \\ 0 & 9\end{bmatrix}$이므로 $\begin{bmatrix} 1 & 0 \\ 0 & 9\end{bmatrix}\begin{bmatrix} x_1 \\ x_2\end{bmatrix}=\begin{bmatrix} x_1 \\ 9x_2\end{bmatrix}=\begin{bmatrix} 0 \\ 0\end{bmatrix}$인 $X=(x_1, x_2)=0$뿐이다. 따라서 $\operatorname{null}(R_f)=0$, $\operatorname{rank}(R_f)=\operatorname{rank}(f)=2$

② $f(X, Y)=3(x_1y_2+x_2y_1)-1x_2y_2$, $A=\begin{bmatrix} 0 & \frac{3}{2} \\ \frac{3}{2} & -1\end{bmatrix}$, $\begin{bmatrix} 0 & \frac{3}{2} \\ \frac{3}{2} & -1\end{bmatrix}\begin{bmatrix} x_1 \\ x_2\end{bmatrix}=\begin{bmatrix} \frac{3}{2}x_2 \\ \frac{3}{2}x_1-x_2\end{bmatrix}=\begin{bmatrix} 0 \\ 0\end{bmatrix}$인 $X=(x_1, x_2)=0$이다. 따라서 $\operatorname{rank}(f)=\operatorname{rank}(R_f)=2$

11. ① f, $g\in S$이면 $(f+g)(u, v)=f(u, v)+g(u, v)=f(v, u)+g(v, u)=(f+g)$, (v, u), $(\alpha f)(u, v)=\alpha f(v, u)=(\alpha f)(v, u)$이므로 $f+g\in S$, $\alpha f\in S$. 따라서 S는 L의 부분공간이다.

② $\dim L=n^2$, $\dim S=\frac{1}{2}n^2$

12. ① p, $q\in Q$이면 $p(v)=f(v, v)$, $g(v)=g(v, v)$인 대칭쌍일차형식 f, g가 존재하여 $(p+q)(v)=p(v)+q(v)=f(v, v)+g(v, v)=(f+g)(v, v)$, $(\alpha p)(v)=$

$(\alpha f)(v, v)=\alpha f(v, v)$이고 $f+g$, $\alpha f\in V^*$이다. 따라서 Q는 V^*의 부분공간이다.

② $q\in Q$, $q(v)=f(v, v)$인 대칭쌍일차형식 f가 존재하여 $(T^*q)(v)=q(T(v))=f(T(v), T(v))=(T^*f)(v, v)$, $T^*f\in S(V, V, \mathbb{K})$. 따라서 $T^*q\in Q$.

③ $(T^*q)(u+v)=q(T(u+v))=q(T(u)+T(v))=f(T(u)+T(v))=f(T(u))+f(T(v))=q(T(u))+q(T(v))=(T^*q)(u)+(T^*q)(v)$, $(T^*q)(\alpha u)=q(T(\alpha u))=q(\alpha T(u))=f(\alpha T(u))=\alpha f(T(u))=\alpha(T^*q)(u)$. 따라서 T^*q는 V 위의 선형변환이다.

④ T가 일대일 대응이면 $T^*: Q\to Q$, $T^*(q): V\to\mathbb{K}$, $T^*(q)(v)=q(T(v))=f(T(v))$, $v\in V$도 일대일 대응이다.

13. ① 임의의 $(x_1', x_2')\in\mathbb{R}^2$에서 $T(x_1, x_2)=(x_1', x_2')$가 되는 x_1, x_2를 구하자. $q(T(x_1, x_2))=q(x_1', x_2')=2x_1'x_2'=2x_1^2-2x_2^2$, $x_1'x_2'=x_1^2-x_2^2=(x_1+x_2)(x_1-x_2)$. $x_1'=x_1+x_2$, $x_2'=x_1-x_2$라 놓으면 $x_1=\frac{1}{2}(x_1'+x_2')$, $x_2=\frac{1}{2}(x_1'-x_2')$. $T\left(\frac{1}{2}(x_1'+x_2'), \frac{1}{2}(x_1'-x_2')\right)=(x_1', x_2')$, $T(x_1, x_2)=(x_1+x_2, x_1-x_2)$는 $\mathbb{R}^2$위의 일대일 대응이다. 따라서 $T^{-1}(x_1, x_2)=\frac{1}{2}(x_1+x_2, x_1-x_2)$

② $T^{-1}(x_1', x_2', x_3')=(x_1, x_2, x_3)$이라 하면 $q(T(x_1, x_2, x_3))=x_1^2-x_2^2+x_3^2$에서 $x_1'x_2'-2x_1'x_3'+x_3'^2=x_1^2-x_2^2+x_3^2$. $x_3=x_3'$라 놓으면 $x_1'(x_2'-2x_3')=(x_1+x_2)(x_1-x_2)$. $x_1'=x_1+x_2$, $x_2'-2x_3'=x_1-x_2$라 하면 $x_1=\frac{1}{2}(x_1'+x_2'-2x_3')$, $x_2=\frac{1}{2}(x_1'-x_2'+2x_3')$. $T^{-1}(x_1', x_2', x_3')=\left(\frac{1}{2}(x_1'+x_2'-2x_3'), \frac{1}{2}(x_1'-x_2'+2x_3'), x_3'\right)$이므로 $T^{-1}(x_1, x_2, x_3)=\left(\frac{1}{2}(x_1+x_2-2x_3), \frac{1}{2}(x_1-x_2+2x_3), x_3\right)$이다.

14. ① $v\in V$, $f(v, \mathbf{0})=0$이므로 $v\in\{\mathbf{0}\}^\perp$. 따라서 $V=\{\mathbf{0}\}^\perp$

② $v\in V^\perp$이면 모든 $w\in V$에 대하여 $f(v, w)=0$. 즉 모든 $w\in V$에서 $f(v, w)=0$이면 $v=\mathbf{0}$. 따라서 $v\neq\mathbf{0}$이면 $f(v, w)\neq 0$인 $w(\neq\mathbf{0})$가 존재한다. $\ker R_f=\{\mathbf{0}\}$이므로 $\operatorname{rank}(f)=n$

연습문제 8.2

1. ① $q(x, y, z)=x^2+2y^2-z^2+4xy-5yz$

② $A=\begin{bmatrix} 1 & 2 & 0 \\ 2 & 2 & -\frac{5}{2} \\ 0 & -\frac{5}{2} & -1 \end{bmatrix}$

③ $[x\ \ y\ \ z]\begin{bmatrix} 1 & 2 & 0 \\ 2 & 2 & -\frac{5}{2} \\ 0 & -\frac{5}{2} & -1 \end{bmatrix}\begin{bmatrix} x \\ y \\ z \end{bmatrix}+[7\ 2\ 0]\begin{bmatrix} x \\ y \\ z \end{bmatrix}-3=0$

2. ① $\begin{bmatrix} 0 & \frac{1}{2} & \frac{1}{2} \\ \frac{1}{2} & 0 & \frac{1}{2} \\ \frac{1}{2} & \frac{1}{2} & 0 \end{bmatrix}$ ② $\begin{bmatrix} 3 & 1 & -\frac{3}{2} \\ 1 & 0 & 2 \\ -\frac{3}{2} & 2 & 7 \end{bmatrix}$

3. ① $9x^2+4y^2-36z=0$

② $x^2+y^2-2z^2+1=0$

4. ① $\lambda_1=2,\ \lambda_2=8$ ② $P=\begin{bmatrix} -\frac{1}{\sqrt{2}} & -\frac{1}{\sqrt{6}} & \frac{1}{\sqrt{2}} \\ \frac{1}{\sqrt{2}} & -\frac{1}{\sqrt{6}} & \frac{1}{\sqrt{2}} \\ 0 & \frac{2}{\sqrt{6}} & \frac{1}{\sqrt{3}} \end{bmatrix}$

③ $[x' \quad y' \quad z']\begin{bmatrix} 2 & 0 & 0 \\ 0 & 2 & 0 \\ 0 & 0 & 8 \end{bmatrix}\begin{bmatrix} x' \\ y' \\ z' \end{bmatrix}-3=0,\ 2x'^2+2y'^2+8z'^2=3,\ \dfrac{x'^2}{\frac{3}{2}}+\dfrac{y'^2}{\frac{3}{8}}+\dfrac{z'^2}{\frac{3}{8}}=1$

④ 타원면

5. ① $X^tAX+BX+4=0,\ A=\begin{bmatrix} 5 & -2 \\ -2 & 8 \end{bmatrix},\ B=\begin{bmatrix} \frac{20}{\sqrt{5}}, & \frac{-80}{\sqrt{5}} \end{bmatrix}$

② $P=\begin{bmatrix} \frac{2}{\sqrt{5}} & -\frac{1}{\sqrt{5}} \\ \frac{1}{\sqrt{5}} & \frac{2}{\sqrt{5}} \end{bmatrix}$

③ $P^{-1}AP=\begin{bmatrix} 4 & 0 \\ 0 & 9 \end{bmatrix},\ BP=[-8,\ -36]$이므로

$(X')^tDX'+(BD)X'+4=0$에서 $4(x'-1)^2+9(y'-2)^2=36$

④ $x'-1=x'',\ y'-2=y''$라 놓으면 $\dfrac{x''^2}{9}+\dfrac{y''^2}{4}=1$ (타원)

6. ① $X^tAX=0,\ A=\begin{bmatrix} 3 & -1 & 0 \\ -1 & 2 & -1 \\ 0 & -1 & 3 \end{bmatrix}$. A의 고유다항식 $p(t)=(t-3)(t-4)(t-1)$이고, 고유값 $\lambda_1=1,\ \lambda_2=3,\ \lambda_3=4$에 관한 정규직교기저는 $\left\{\left(\frac{\sqrt{6}}{6},\ \frac{\sqrt{6}}{3},\ \frac{\sqrt{6}}{6}\right),\ \left(\frac{\sqrt{2}}{2},\ 0,\ -\frac{\sqrt{2}}{2}\right),\ \left(\frac{\sqrt{3}}{3},\ -\frac{\sqrt{3}}{3},\ \frac{\sqrt{3}}{3}\right)\right\}$이다. $(PX')^tA(PX')=X'^tDX^t=0$에서 $x'^2+3y'^2+4z'^2=0$

② $\dfrac{5x'^2}{2}-\dfrac{5y'^2}{2}=10,\ x'^2-y'^2=4$

③ $A=\begin{bmatrix} 2 & 0 & \sqrt{2} \\ 0 & 3 & 0 \\ \sqrt{2} & 0 & 1 \end{bmatrix}$, $P=\begin{bmatrix} \frac{\sqrt{2}}{3} & 0 & \frac{\sqrt{3}}{3} \\ 0 & 1 & 0 \\ \frac{\sqrt{3}}{3} & 0 & \frac{-\sqrt{6}}{3} \end{bmatrix}$

$X'=PX$라 놓으면 $3x'^2+3y'^2+2\sqrt{3}x-2=0$

찾 아 보 기

■ 한재영
서울대학교 사범대학 수학교육학과 졸업
연세대학교 대학원 졸업
이학박사 학위논문: Non-Commutative Derivation Modules
미국 오리건대학, 신시내티대학 교환교수
울산대학교, 경상대학교 전임강사 역임
현재 충북대학교 자연과학대학 수학과 명예교수

■ 한응섭
인하대학교 수학과 졸업
인하대학교 대학원(이학박사)
미국 센추럴 플로리다대학, 브랜다이스대학 방문교수
현재 경성대학교 이과대학 수학과 교수

■ 김익성
동국대학교 수학과 졸업
동국대학교 대학원(이학석사, 이학박사)
현재 상지대학교 이과대학 응용통계학과 부교수

제5판

선형대수학

지은이 한재영 · 한응섭 · 김익성
펴낸이 조경희
펴낸곳 경문사
펴낸날 1995년 3월 2일 1판 1쇄
2020년 9월 1일 5판 5쇄
등 록 1979년 11월 9일 제1979-000023호
주 소 04057, 서울특별시 마포구 와우산로 174
전 화 (02)332-2004 팩스 (02)336-5193
이메일 kyungmoon@kyungmoon.com
facebook facebook.com/kyungmoonsa

값 30,000원

ISBN 978-89-6105-030-2

경문사 홈페이지에 오시면 즐거운 일이 생깁니다.
http://www.kyungmoon.com

한국과학기술출판협회 회원사